Kristallisation

Grundlagen und Technik

Von

Günther Matz

Zweite, völlig neu bearbeitete Auflage

Springer-Verlag Berlin Heidelberg New York 1969

Dr. phil. nat. GÜNTHER MATZ

Farbenfabriken Bayer, Wuppertal-Elberfeld

Das Buch enthält 174 Abbildungen

ISBN-13:978-3-642-47435-4   e-ISBN-13:978-3-642-47433-0
DOI: 10.1007/978-3-642-47433-0

Alle Rechte vorbehalten. Kein Teil dieses Buches darf ohne schriftliche Genehmigung
des Springer-Verlages übersetzt oder in irgendeiner Form vervielfältigt werden.
© by Springer-Verlag, Berlin-Heidelberg 1954, and 1969
Softcover reprint of the hardcover 2nd edition 1969
Library of Congress Catalog Card Number: 68-8889

Die Wiedergabe von Gebrauchsnamen, Handelsnamen, Warenbezeichnungen usw. in diesem Buche
berechtigt auch ohne besondere Kennzeichnung nicht zu der Annahme, daß solche Namen im Sinne
der Warenzeichen- und Markenschutz-Gesetzgebung als frei zu betrachten wären und daher von
jedermann benutzt werden dürften

Titelnummer 1513

Vorwort zur zweiten Auflage

In den 15 Jahren, die seit Erscheinen der ersten Auflage vergangen sind, wurden auf dem Gebiete der Kristallisation erstaunliche Fortschritte erzielt. 1952 wurde das Zonenschmelzen entdeckt, in den Jahren 1953—1955 erfüllte sich mit dem Gelingen der Diamant-Synthese ein Menschheitstraum. Seit 1955 hat die Bedeutung der adduktiven Kristallisation entscheidend zugenommen. 1958 erreichte die hydrothermale Synthese beim Quarz technische Ausmaße, im gleichen Jahr wurde die Fließbett-Sublimation entwickelt, und 1962 gelangen entscheidende Versuche zur Desublimation im Fließbett. Seit etwa 1965 wurden Ausfrierverfahren zur Gewinnung von Süßwasser aus Meerwasser technisch angewendet. Neue Heizquellen wurden für das Flammenschmelzverfahren erfolgreich herangezogen. Starke Impulse wendeten sich dem Gebiet der fraktionierten Kristallisation zu; hier wurden sowohl auf theoretischem Gebiet als auch bei der Entwicklung von Apparaturen beträchtliche Erfolge errungen, technische Anlagen wurden zur Reife entwickelt. Eine Fülle neuer Einkristalle mit besonderen piezoelektrischen oder elektrooptischen oder auch ferroelektrischen Eigenschaften wurde nach zum Teil ganz neuen Verfahren gezüchtet. Es scheint, daß die Woge der Neuerkenntnisse noch nicht verebbt.

Angesichts dieser ungewöhnlichen Situation war eine völlige Neubearbeitung der ersten Auflage geboten. Die neue Auflage ist wesentlich umfassender und mehr aufgegliedert als die erste. Die allgemeine Zielsetzung blieb erhalten, nämlich von der breiten Basis gesicherter Grundlagen aus zu einem Verständnis der technischen Kristallisation und der Kristallisatoren zu gelangen. Aber kein Spezialgebiet sollte besonders herausgearbeitet, sondern jedes Teilgebiet möglichst gleichmäßig berücksichtigt werden. Das Kapitel über die Grundlagen der Kristallisation wurde neu gegliedert, und die Umarbeitung mancher Paragraphen (z. B. Löslichkeit und Überlöslichkeit) ließ sich nicht vermeiden. Hier wurde großer Wert darauf gelegt, experimentelle Daten zu bringen, weil es bislang noch sehr an Stoffkonstanten (z. B. für Keimbildungs- oder Kristallwachstumsgeschwindigkeiten) fehlte.

Der Abschnitt über Kristallisatoren wurde erheblich erweitert. Insgesamt 74 Kristallisatoren wurden besprochen. Der Leser findet das Wesentliche über diese Kristallisatoren in zahlreichen Tabellen zusammengefaßt und durch viele Abbildungen veranschaulicht. Dieser Teil ist elementar geschrieben und kann ohne Kenntnis des theoretischen Teils verstanden werden und als Nachschlagewerk dienen.

Bezüglich der Voraussetzungen des Buches gilt das im Vorwort zur ersten Auflage Gesagte. Die Zahl der Tabellen wurde wesentlich vermehrt (auf 55) und ebenso die Zahl der Abbildungen (auf 174), um dem Leser eine rasche Übersicht zu ermöglichen.

Allen, die mir durch Diskussionen, Ratschläge und technische Hilfen bei der Abfassung der zweiten Auflage geholfen haben, sage ich herzlichen Dank. Herrn Dr. SALZER und Herrn Dr. SIGWART, Farbenfabriken Bayer, danke ich für die Unterstützung bei der Erstellung des Manuskriptes. Dem früheren Vorsitzenden des Fachausschusses „Kristallisation" in der Verfahrenstechnischen Gesellschaft im VDI, Herrn Prof. Dr. SEIFERT, und dem jetzigen Vorsitzenden, Herrn Prof. Dr. NEUHAUS, gebührt Dank für anregende Diskussionen auf zahlreichen Tagungen. Ferner danke ich allen Firmen, die bei der Besprechung der einzelnen Kristallisatoren genannt sind und mich durch Prospekt-Material unterstützt haben. Herrn HENSMANN, Farbenfabriken Bayer Wuppertal-Elberfeld, bin ich zu Dank für die Bildgestaltung der zweiten Auflage verpflichtet. Dem Verlag sage ich Dank für das Eingehen auf Sonderwünsche und die vorzügliche Ausgestaltung des Buches.

Wuppertal-Elberfeld, Ende 1968

Günther Matz

Inhaltsverzeichnis

I. Begriffsbestimmung der Kristallisation 1

II. Überblick über das thermische Trennverfahren Kristallisation 5

III. Grundlagen der Kristallisation 9

    A. Allgemeine Grundlagen 9

        1. Keimbildung 9
        2. Kristallwachstum 19

            a) Grenzflächentheorie 19
            b) Volmersche Grenzschichttheorie 23
            c) Diffusionstheorien 24
            d) Theorie von Kossel und Stranski 29
            e) Schraubenversetzungen 33
            f) Adsorptionstheorie 35
            g) Kristallwachstumsgeschwindigkeiten 38

        3. Einkristalle 42
        4. Realkristalle 47

    B. Grundlagen der Kristallisation aus Lösungen 50

        1. Temperatur-Löslichkeitsdiagramm 50
        2. Löslichkeit und Überlöslichkeit 59
        3. Trachtänderung von Kristallen 69
        4. Der Grundversuch 76
        5. Ausfällen (Fällungs-Kristallisation) 84
        6. Aussalzen 93
        7. Ausfrieren 94
        8. Fraktionierte Kristallisation aus Lösungen 99

    C. Grundlagen der Kristallisation aus Schmelzen 106

        1. Der Grundversuch 106
        2. Normales Erstarren und Zonenschmelzen 110
        3. Betrachtungen am Zustandsdiagramm 117
        4. Vergleich zwischen der Kristallisation aus Lösungen und Schmelzen 124

D. Grundlagen der Sublimation und Desublimation 132

    1. $p - T$-Diagramm 132
    2. Die beiden Arten der Sublimation 138

        a) Vakuum-Sublimation 138
        b) Trägergas-Sublimation 139

    3. Begrenzende Faktoren 140
    4. Fließbett-Sublimation 143
    5. Andere Arten der Sublimation 148
    6. Arten der Desublimation 151
    7. Fraktionierte Sublimation 155

E. Grundlagen der adduktiven Kristallisation 156

    1. Art und Aufbau der Addukte 156
    2. Thermodynamische Betrachtungen 159

F. Einwirkungen besonderer äußerer Einflüsse auf die Kristallisation . 165

    1. Ultraschall 165
    2. Strahlungen radioaktiver Stoffe 169
    3. Elektrische Felder 171
    4. Magnetische Felder 173

IV. Technik der Kristallisation 174

A. Wärmetechnische Gesichtspunkte der Kristallisation 174

    1. Latente Wärmen 174
    2. Krustenbildung 181
    3. Betrachtungen zum Wärmeübergang und Wärmedurchgang . . 183

B. Kornverteilung von Kristallisaten 190

    1. Problemstellung und Begriffsbestimmungen 190
    2. Messen von Kornverteilungen 192
    3. Mathematische Darstellung von Kornverteilungen 195
    4. Theorien zur Kornverteilung 201

C. Das Zusammenbacken der Kristalle 210

D. Kristallisatoren 214

    1. Kristallisatoren für die einfache Kristallisation 215

        a) Lösungskristallisatoren 215

            α) Kühlungskristallisatoren 218
            β) Verdampfungskristallisatoren 230
            γ) Vakuumkristallisatoren 244
            δ) Klassierende Kristallisatoren 261
            ε) Reaktions-Kristallisatoren 276
            ζ) Sprühkristallisatoren 285
            η) Kristallisatoren zur Züchtung von Einkristallen aus Lösungen 291

Inhaltsverzeichnis VII

    b) Schmelzkristallisatoren 305

        α) Schmelzkristallisatoren zur Erzeugung von Kristallisaten . 305
        β) Schmelzkristallisatoren zur Züchtung von Einkristallen . 313

  2. Fraktionierende Kristallisatoren 331
  3. Sublimatoren und Anordnungen zur Kristallisation aus der Gasphase 352
  4. Anordnungen zur adduktiven Kristallisation 363

V. Die Kristallisation im Rahmen der anderen thermischen Trennverfahren 370

Schrifttum 379

Namenverzeichnis 401

Sachverzeichnis 406

I. Begriffsbestimmung der Kristallisation

Kristalle sind eine häufige und wichtige Erscheinungsform des festen Aggregatzustandes der Materie, der sich vom flüssigen und gasförmigen Aggregatzustand sowie dem des Plasmas durch seine Formelastizität, also das Bestreben, bei einer Formänderung unter Zwang in den ursprünglichen Zustand zurückzukehren, und durch seinen merklichen Widerstand gegen Aufteilung in kleinere Bereiche unterscheidet. Festkörper mit einer regelmäßigen (periodischen) Anordnung der sie aufbauenden Atome, Ionen oder Moleküle in einem starren als Gitter bezeichneten Netzwerk werden als Kristalle von anderen Festkörpern mit einer regellosen, statistischen Verteilung ihrer Bausteine über größere Entfernungen, den amorphen Stoffen, unterschieden. Während Gase, Flüssigkeiten (mit Ausnahme der flüssigen Kristalle) und amorphe Festkörper isotrop sind, weisen Kristalle eine Richtungsabhängigkeit verschiedener elektrischer, optischer, thermischer und mechanischer Eigenschaften auf, sie sind anisotrop mit Ausnahme der dem regulären (kubischen) System angehörenden Kristalle, die optisch isotrop, aber elastisch anisotrop sind. Der kristalline, ideal geordnete Zustand steht begrifflich in kontradiktorischem Gegensatz zum gasförmigen, ideal ungeordneten Zustand. Der kristalline Zustand läßt sich ferner dem vitroiden Zustand gegenüberstellen, der nach DIETZEL [1] folgendermaßen definiert ist: ,,Ein Vitroid ist ein kompakter, physikalisch einheitlicher Stoff, der sich im amorphen Zustand befindet, bei niedriger Temperatur starr und spröde ist und bei höheren Temperaturen erweicht". Man kann nicht allgemein sagen, daß Substanzen nur im kristallinen oder nur im vitroiden Zustand vorkommen oder erhalten werden können; denn selbst Wasser läßt sich glasig erstarren [2], und Gläser können devitrifizieren (kristallisieren) [3]. Organische Verbindungen kann man oft in vitroiden Zustand bringen, makromolekulare Stoffe kristallisieren nie vollständig, sondern bereichsweise (Kristallinität), während Metalle immer kristallin erstarren. Für das Verfahren Kristallisation sind Kristalle ,,Endkörper", an die in der Regel besondere Anforderungen (Reinheit, Tracht, Korngröße, Kornform, Schüttgewicht und dgl.) gestellt werden. Als Impfkristalle können sie auch ,,Ausgangskörper" sein und müssen ebenfalls gewissen Bedingungen

(Korngröße, Modifikation und dgl.) genügen. Kristallisation ist ein Vorgang und ein thermisches Trennverfahren, das diesen benutzt. Der Vorgang, also der Aufbau von Festkörpern mit Gitterstruktur, verläuft im allgemeinen zweistufig: Der Keimbildung folgt das Kristallwachstum. Jede Kristallisation bedarf der Keimbildung. Keime sind winzige Kristallindividuen der gleichen Substanz, die entweder aus dem Vorrat der Übersättigung (Lösungskristallisation) oder der Unterkühlung (Schmelz-Kristallisation) entstehen oder vorgelegt werden (Impfkristalle) oder sich durch Abrieb anderer Kristalle bilden (sekundäre Keimbildung). Auch Partikel gewisser fremder Substanzen (Kerne, Nukleatoren) können die Keimbildung katalysieren (Diamant-Synthese). Kristallisation ist unmöglich, wenn die Keimbildung verhindert wird (Gläser); fehlt es an der ausreichenden Menge von Keimen, so ist die Kristallisation verzögert. Kristallisationsverzug kann bei sehr kleiner Unterkühlung oder Übersättigung eintreten oder wenn die Viskosität der Schmelze oder Lösung zu groß ist, um die Vorordnung im flüssigen Zustand, die der Keimbildung vorausgehen muß, zu gestatten. Keimbildung und Kristallwachstum verlaufen im allgemeinen nebeneinander. Man kann aber durch Vorlegen von Impfkristallen (Lösung) oder durch Erzeugen eines einzigen, geeignet orientierten Keims (Schmelze) und durch Vermeiden zu hoher Übersättigungen oder Unterkühlungen die weitere Keimbildung ausschließen, so daß nur noch Kristallwachstum stattfindet (Züchtung von Einkristallen). Das andere Extrem, die alleinige Keimbildung ohne nachfolgendes Kristallwachstum, ist viel seltener, weil die Kristallite meist nicht so schnell dem Kristallisationsmedium entrissen werden können, daß sie noch die Größe des kritischen Keims (s. Kap. III!) haben. Keimbildung und Kristallwachstum sind beide abhängig vom Grad der Überschreitung des Gleichgewichts (Übersättigung, Unterkühlung) und bestimmen durch ihr Wechselspiel die Kornverteilung des Kristallisates. Nicht jede Substanz läßt sich kristallisieren, aber vielfach kann man die physikalischen und stofflichen Bedingungen so wählen, daß Kristallisation möglich wird. Chemisch einheitliche Stoffe, die niedermolekular sind (Molekulargewicht unter 1000) können in der Regel kristallisiert werden. Die Kristallisations-Neigung nimmt mit wachsendem Molekulargewicht (Makromoleküle sind nur noch bereichsweise kristallin) und mit der Zahl der in der Mischung enthaltenen Stoffe (vgl. Teer, Pech, Harze und Polysaccharide) ab.

Der *ideale* Kristall ist aus Elementarzellen (Fundamentalzellen) aufgebaut. Die Elementarzelle stellt ein von drei nicht-komplanaren Vektoren a, b und c aufgespanntes Parallelepiped dar; die Längen der Vektoren, also a, b und c, werden als Elementarlängen (Gitterkonstanten, Translationsperioden) bezeichnet, sie sind von der Größenordnung 1 Å =

$= 10^{-8}$ cm. Durch Verschieben (Translation) der Elementarzelle um a in Richtung $\boldsymbol{a}$, um b in Richtung $\boldsymbol{b}$ und um c in Richtung $\boldsymbol{c}$ entsteht die Periodizität des Gitters. Das Volumen der Elementarzelle läßt sich aus den Elementarlängen und den Winkeln zwischen den Vektoren ($\alpha = \sphericalangle\, (\boldsymbol{b\,c})$, $\beta = \sphericalangle\, (\boldsymbol{c\,a})$ und $\gamma = \sphericalangle\, (\boldsymbol{a\,b})$ mit Hilfe der reziproken Vektoren berechnen. Je nach der Länge der Vektoren und der Größe der von ihnen eingeschlossenen Winkel lassen sich folgende, nach zunehmendem Symmetriegrad geordnete 7 Kristallsysteme unterscheiden: Triklines (asymmetrisches) System mit $a \neq b \neq c$ und $\alpha \neq \beta \neq \neq \gamma \neq 90°$ (keine Ebene oder Achse der Symmetrie; Symmetriezentrum aber möglich), monoklines (monosymmetrisches) System mit $a \neq b \neq c$ und $\alpha = \gamma = 90° \neq \beta$ (2-zählige Symmetrieachse oder eine Symmetrieebene), rhombisches (orthorhombisches) System mit $a \neq b \neq \neq c$ und $\alpha = \beta = \gamma = 90°$ (2 oder mehr 2-zählige Symmetrieachsen oder eine 2-zählige Symmetrieachse und 2 Symmetrieebenen), tetragonales (quadratisches) System mit $a = b \neq c$ und $\alpha = \beta = \gamma = 90°$ (eine 4-zählige Symmetrieachse), trigonales (rhomboedrisches) System mit $a = b = c$ und $\alpha = \beta = \gamma \neq 90°$ (eine 3-zählige Symmetrieachse), hexagonales System mit $a = b \neq c$ und $\alpha = \beta = 90°$, $\gamma = 120°$ (eine 6-zählige Symmetrieachse) und kubisches (reguläres) System mit $a = b = c$ und $\alpha = \beta = \gamma = 90°$ (mehr als eine Symmetrieachse, 3- oder 4-zählig). Außer den primitiven Elementarzellen, bei denen nur Eckpunkte des Parallelepipeds durch Bausteine besetzt sind, unterscheidet man nach Bravais Fundamentalzellen, die Bausteine in einzelnen Flächenmitten (einseitig flächenzentriert), in allen Flächenmitten (allseitig flächenzentriert) und im Mittelpunkt der Zelle (innen- und raumzentriert) besitzen. Im triklinen, trigonalen und hexagonalen System gibt es nur primitive Zellen, im tetragonalen primitive und raumzentrierte, im monoklinen primitive und einseitig flächenzentrierte, im kubischen primitive, allseitig flächen- und raumzentrierte und im rhombischen neben primitiven und raumzentrierten Zellen einseitig und allseitig flächenzentrierte. Die 7 Kristallsysteme führen also zu 14 Bravaisgittern. Nach dem Satz von HAÜY sind die Kristallflächen nicht willkürlich gerichtet, sondern schneiden auf den Kristallachsen ($\boldsymbol{a, b, c}$) Abschnitte ab, die in rationalen Zahlenverhältnissen zueinander stehen. Eine Ebene, die die Achsenabschnitte a/h, b/k und c/l liefert, wird durch das Symbol $(h\,k\,l)$ gekennzeichnet. Für kristallographisch gleichwertige Flächen, also eine Schar paralleler Ebenen, ist die Bezeichnung $\{h\,k\,l\}$ üblich. Netzebenen sind von Gitterbausteinen regelmäßig besetzt, die hier ein geordnetes Netzwerk bilden. Erweitert man die Verhältnisse $h:k:l$ für Netzebenen so, daß möglichst kleine ganze Zahlen entstehen, dann erhält man die *Millerschen Indizes* der Netzebene, von denen einer oder zwei Null sein können.

Die Symmetrien eines Kristalls lassen sich durch Deckoperationen erkennen, worunter man solche Operationen versteht, durch die alle gleichwertigen Richtungen des idealen, einheitlichen Kristalls in sich selbst übergehen, so daß die Indizes aller am Kristall vorhandenen Flächen paarweise in die einer anderen gleichwertigen Fläche verwandelt werden. Eine solche Deckoperation ist die Drehung um eine Achse. Die Drehachse heißt n-zählig, wenn die kleinste für eine Deckoperation nötige Drehung $360°/n$ beträgt. Eine andere Deckoperation ist die Spiegelung an einer im Kristall gedachten Ebene (Spiegelebene); ferner lassen sich Drehung und Spiegelung verbinden. Werden mehrere Symmetrieelemente verknüpft, so zeichnet sich ein Punkt wie das Symmetriezentrum aus, weil er bei den Operationen in sich selbst überführt wird. Die Symmetrieelemente (Symmetriezentrum, Spiegelebene sowie 3-, 4- und 6-zählige Drehspiegelachse) werden daher als Punktsymmetrieelemente bezeichnet. Aus diesen Elementen lassen sich unter Berücksichtigung der Gitterperiodizität 32 Punktgruppensymmetrien ableiten, die 32 Kristallklassen entsprechen. Berücksichtigt man außer den oben genannten Elementen der Makrosymmetrie noch die beiden Elemente der Mikrosymmetrie, nämlich die Schraubenachsen und die Gleitspiegelebene, so kommt man mit Hilfe der mathematischen Gruppentheorie auf 230 mögliche Kombinationen, die Raumgruppen (SCHÖNFLIES und HERMANN—MAUGUIN). Nach DONNAY [4] enthalten aber 41 Raumgruppen keine bekannte Substanz und 32 nur eine. Nur $^2/_3$ aller Raumgruppen kommen in der Natur vor und am stärksten belegt ist die monokline Gruppe $C_{2h}^5 - P_{2_1}/C$. Diese umfaßt 9% aller bekannten Stoffe einschließlich 22% der bekannten organischen Stoffe.

Eine Reihe von isomorphen Stoffen ist in der Lage, Mischkristalle oder feste Lösungen zu bilden. Notwendig ist dafür eine ungefähre Übereinstimmung der Kristallgitter (Achsenwinkel, Elementarlängen) und der Molvolumina der Komponenten. Kommt der gleiche Stoff in mehreren Modifikationen und verschiedenen Gittern vor, so spricht man von Polymorphie und, sofern es sich um Elemente handelt, von Allotropie. Sind die Modifikationen wechselseitig ineinander umzuwandeln, so liegt Enantiotropie vor; ist nur eine Umwandlung in einer Richtung, also von der thermodynamisch instabilen zur stabilen Form, möglich, so wird dies als Monotropie bezeichnet. Sind beide isomorphen Stoffe polymorph, so können mehrere Reihen von Mischkristallen gebildet werden, eine Erscheinung, die man Isopolymorphie (i. besonderen Isodimorphie, Isotrimorphie) nennt.

Bei der Beschreibung der äußeren Form der Kristalle werden die Kombination als Gesamtheit der beteiligten Einzelflächen, der Habitus als das Größenverhältnis der verschiedenen Flächenarten und die

Tracht als Gestaltbezeichnung, die Kombination und Habitus umfaßt, unterschieden [5]. Auch bei gleicher Elementarzelle können ganz verschiedene Trachten erhalten werden, je nachdem in welcher Weise die Elementarzellen aneinandergefügt werden. Von den 5 regelmäßigen (platonischen) Körpern kommen Tetraeder, Hexaeder, Oktaeder und Dodekaeder (in der rhombischen, nicht in der regulären Form) kristallin vor. Daneben gibt es noch zahlreiche Formen der 32 Kristallklassen, z. B. die rhombische Doppelpyramide, das hexagonale Trapezoeder, das tetragonale Bisphenoid und das kubische Hexakisoktaeder. Wichtig sind ferner die Kombinationsformen der Polyeder; so gibt es beispielsweise abgestumpfte Würfel, deren Ecken durch die Oktaederflächen (111), und abgestumpfte Oktaeder, deren Ecken durch die Würfelflächen (100) „abgeschliffen" sind. Als „Trivial"-Trachten kann man die folgenden ansehen: Fasern, Nadeln, Stengel, Prismen oder Säulen und Balken, Tafeln, Plättchen oder Lamellen und Blättchen. Sie sind von der größten vertikalen bis zur größten horizontalen Ausdehnung geordnet. In technischen Kristallisatoren muß mit Agglomeration von Einzelteilchen gerechnet werden. Man spricht dann von Primär- und Sekundär-Teilchen. Zweig- oder baumartige Kristalle, also stark verästelte Gebilde, werden als Dendriten (s. Kap. III B) bezeichnet. Ordnen sich Kristalle um einen Mittelpunkt, so spricht man von Sphärolithen.

II. Überblick über das thermische Trennverfahren Kristallisation

Bei der Benennung des thermischen Trennverfahrens, das die Bildung von Kristallen zum Ziel hat, kann man sich entweder für die Tätigkeit, das Kristallisieren, oder für den Vorgang, die Kristallisation, entscheiden. Hier wird die Bezeichnung „Kristallisation" vorgezogen, weil die Tätigkeit weitgehend durch den Vorgang bestimmt ist. Dies ist in Übereinstimmung mit einigen Standardwerken über den gleichen Gegenstand [6], [7], [8]. Die Einteilung des thermischen Trennverfahrens läßt sich nach verschiedenen Gesichtspunkten vornehmen. Man kann, je nach dem, ob es um das Individuum oder das Kollektiv geht, die Züchtung von Einkristallen und die Erzeugung eines Kristallisates unterscheiden. Ferner läßt sich in einfache und fraktionierte Kristallisation aufgliedern; bei der einfachen Kristallisation ist nur ein Stoff kristallisierbar, bei der fraktionierten sind es mindestens zwei. Ein weiteres Unterscheidungsmerkmal ist die Möglichkeit der Benutzung eines Hilfsstoffes; dieser Hilfsstoff ist bei der Kristallisation aus Lösungen das Lösungsmittel, bei der Trägergas-Sublimation das

Trägergas. Mehr und mehr finden auch Stoffe Verwendung, die mit einer Komponente des zu trennenden Systems kristalline Additionsverbindungen (Addukte, Clathrate) bilden; man spricht dann von adduktiver Kristallisation. Hilfsstoff-frei sind i. a. die Kristallisation aus der Schmelze und die Vakuum-Sublimation. Wird ein Flußmittel benutzt, so kann man dieses als Lösungsmittel (bei höheren Temperaturen als den herkömmlichen) auffassen. Je nach den äußeren Bedingungen, die bei der Kristallisation vorgegeben werden, kann man Kühlungs-, Verdampfungs-, Vakuum- und Druck-Kristallisation unterscheiden. Die Verdampfungs-Kristallisation ist auf Lösungen beschränkt. Die hydrothermale Kristallisation ist eine besondere Lösungs- und Druck-Kristallisation, bei der in wäßriger Phase bei überkritischen Temperaturen und Drucken gearbeitet wird. Die Synthese des Diamanten stellt eine Druck-Kristallisation bei Drucken über 50 kbar dar. Schließlich kann man entsprechend dem Kristallisations-Milieu aufgliedern in: Kristallisation in fester, flüssiger und dampfförmiger Mutterphase. Die 5 verschiedenen Unterteilungen sind in Abb. 1 veranschaulicht.

Die Kristallisation kann außer der Erzeugung von Kristallen mit besonderen Eigenschaften (Einkristalle) einem der drei Hauptzwecke Reinigung, Trennung oder Formgebung dienen. Obwohl Reinigung begrifflich einen Sonderfall der Trennung darstellt, ist es zweckmäßig, beide Tätigkeiten zu unterscheiden, weil ihre Arbeitsmethoden wesentlich verschieden sind. Unter den einfachen Lösungskristallisationen gibt es viele Umkristallisationen. Enthält das Roh-Produkt Verunreinigungen, die im Lösungsmittel unlöslich sind, so kann der zu reinigende Stoff durch Auflösen im Lösungsmittel, Abfiltrieren der Lösung (gegebenenfalls unter Zusatz eines geeigneten Adsorbens) und anschließendes Auskristallisieren von der Verunreinigung getrennt werden. Selbst wenn aber die Lösung vor der Kristallisation nicht filtriert wird, enthalten die neuentstandenen Kristalle meist weniger Verunreinigungen als das Roh-Kristallisat, weil die Kristallisationsfront die Verunreinigungen vor sich herschiebt, wenn das Kristallwachstum nicht zu überstürzt erfolgt (Selbstreinigungsvermögen). Auch bei der Kristallisation aus der Schmelze macht man von der unterschiedlichen Verteilung der Verunreinigungen in der Schmelze und im Kristall Gebrauch. So ist die Reinigung einer Substanz durch Zonenschmelzen (s. Kap. III C) immer dann möglich, wenn der Verteilungskoeffizient der Verunreinigung von Eins verschieden ist. Die Abtrennung eines gereinigten oder reinen Stoffes aus einem System, das Eutektikum bildet, gelingt entweder durch einfache Kristallisation (Salze aus wäßrigen Lösungen) oder mit Hilfe der Methoden der fraktionierten Kristallisation (Meerwasser-Entsalzung), die auch

II. Überblick über das thermische Trennverfahren Kristallisation

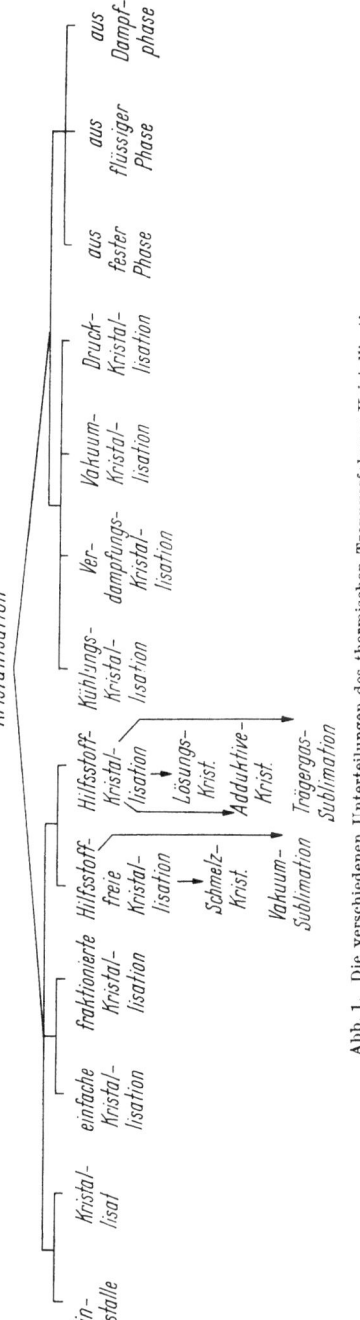

Abb. 1. Die verschiedenen Unterteilungen des thermischen Trennverfahrens Kristallisation.

zur Anreicherung oder Trennung der Komponenten eines Mischkristall-Systems heranzuziehen sind. Bei der Kristallisation aus der Dampfphase (Desublimation) wird die Reinigung entweder durch Heißfiltration (Trägergas-Sublimation) oder durch langsame Verdampfung bewirkt, so daß die Verunreinigungen nicht mitgerissen werden (Vakuum-Sublimation). Fraktionierte Desublimation führt hier mitunter zur Anreicherung einzelner Komponenten eines Gemisches sublimierender Stoffe.

In der Industrie sind Reinigung und Trennung oft die Hauptzwecke der Kristallisation. Jede Kristallisation ist aber gleichzeitig eine Formgebung. Häufig werden bestimmte Formen verlangt, so daß die Aufgabe darin besteht, die Kristallisation entweder durch geeignete Anpassung der physikalischen Veränderlichen (Temperatur, Übersättigung oder dgl.) oder durch Zusatz trachtändernder Substanzen (s. Kap. III B) so zu leiten, daß die gewünschten Formen entstehen (s. auch Kap. IV B). Schmelz- und Tripelpunkt einer Substanz — alle Substanzen, die sich nicht vorher zersetzen, haben einen Tripelpunkt, ausgenommen Helium — liegen unterhalb der atmosphärischen Siedetemperatur, zum Teil beträchtlich. Die Kristallisation arbeitet daher bei tieferen Temperaturen als Destillation und Rektifikation. Verträgt ein Stoff nicht einmal seine Schmelztemperatur, so kann man oft ein Lösungsmittel zu Hilfe nehmen und bei noch tieferer Temperatur kristallisieren. Für temperaturempfindliche Stoffe ist dies ein Vorteil, es kann aber ein wärmewirtschaftlicher Nachteil sein, wenn Kältemittel eingesetzt werden müssen, weil die Kältekalorie teurer als die Wärmekalorie ist. Die Rektifikation liefert i. a. ein Endprodukt, das keiner weiteren Bearbeitung mehr bedarf. Bei der Kristallisation ist dies nur in seltenen Fällen möglich. Kristalle aus Lösungen müssen in der Regel nach dem Abtrennen des größeren Teiles der Mutterlauge (durch Zentrifugieren, Abnutschen, Sedimentieren oder dgl.) gewaschen, vom Waschfiltrat getrennt und getrocknet werden. Einkristalle, ob aus der Lösung oder der Schmelze, müssen nach Beendigung der Kristallisation getempert und langsam abgekühlt werden, damit keine Spannungsrisse entstehen. Kristallisate aus der Schmelze müssen häufig (Schneckenmaschine) nachgekühlt, mitunter (Band) gebrochen werden. Manchmal kann die Kristallisation ein Problem lösen, das auf andere Weise nicht lösbar ist. Beispielsweise gelingt es, fast reines p-Xylol aus einer Mischung der Isomeren durch fraktionierte Kristallisation abzutrennen, während die Trennung durch Rektifikation unmöglich ist. Die Vielfalt des kristallinen Zustandes und die Massenerzeugung von Feststoffen in kristalliner Form (Salz, Zucker, Düngemittel) zeigen, daß Kristallisation ein häufig benutztes Trennverfahren ist. Dennoch ist der Schritt von der Labor-Kristallisation zur pilot plant und technischen Anlage wesentlich beschwerlicher als bei anderen Verfahren. Manche Autoren wie GARRETT [9] lehnen mittelgroße pilot plants (von etwa 10 bis 200 l Fassungsvermögen mit Gefäß-Durchmessern kleiner als 0,6—1,2 m) ab, weil sie schwierig zu betreiben und zu kontrollieren wären; so können Kristallablagerungen im Kristallisator und in den Leitungen ein ernstes Problem sein. Andererseits ist die Theorie der Kristallisation trotz großer Anstrengungen noch nicht so weit entwickelt worden, daß sofort mathematische Voraussagen wie bei anderen Verfahren möglich sind. SAEMAN [10] sagt, daß die Maßstabsvergrößerung selbst eine Verfahrens-Veränderliche ist, was ausdrückt, daß die Übertragung ins Große immer zusätzliche Schwierigkeiten bringt. Werden zur Erzeugung der Übersättigung Wärmeaustauschflächen benötigt (Verdampfungs- und Kühlungs-Kristallisation), so stellt sich in vielen Fällen das Problem der Krustenbildung (s. Kap. IV A). Andere wichtige Fragen sind hier: Laufende Entfernung überschüssiger Keime, optimaler Feststoffgehalt der Suspension im Kristallisator, zulässige Übersättigung u. a. mehr. Bei der Kristallisation aus Schmelzen oder viskosen Lösungen erfordert die Einleitung der Keimbildung mitunter besondere Mühe. Für die Sublimation sind die Wärmeübergangsverhältnisse meist recht wesentlich.

Trotz aller Unvollkommenheiten und Schwierigkeiten im einzelnen liefert die Kristallisation allgemein Produkte von gefälligem Äußern in gewünschter Größe oder Kornverteilung und mit Reinheitsgraden, wie sie den Forderungen entsprechen. Gröberes Korn, schmalere Kornverteilung und höherer Reinheitsgrad bedingen größeren apparativen Aufwand, wenn die Produktionsgeschwindigkeit eingehalten wird. Die Züchtung von Einkristallen, also kristallinen Feststoffen mit besonders wenig Unvollkommenheiten, und die Reinigung von Substanzen durch Zonenschmelzen, wobei der Spiegel der Verunreinigungen oft auf einige ppm (parts pro million) gesenkt werden kann, sind ausschließlich Domäne der Kristallisation und können durch kein anderes Verfahren geleistet werden.

III. Grundlagen der Kristallisation

A. Allgemeine Grundlagen

1. Keimbildung

Keimbildung ist die unerläßliche Voraussetzung jeder Kristallisation. Entstehen die Keime unbeeinflußt von fremden Stoffen, so spricht man von homogener Keimbildung (Eigenkeime); wird die Keimbildung durch andere Stoffe (Fremdkerne) katalysiert, so nennt

10 III. Grundlagen der Kristallisation

man dies heterogene Keimbildung. Ferner werden Keime, die allein aus dem Vorrat der Übersättigung oder Unterkühlung stammen, als primäre Keime von den sekundären Keimen unterschieden, die von Kristallen abgesplittert sind. Die Zahl der pro Zeit- und Volumeneinheit der Mutterphase entstandenen Keime (Keimzentren) wird als

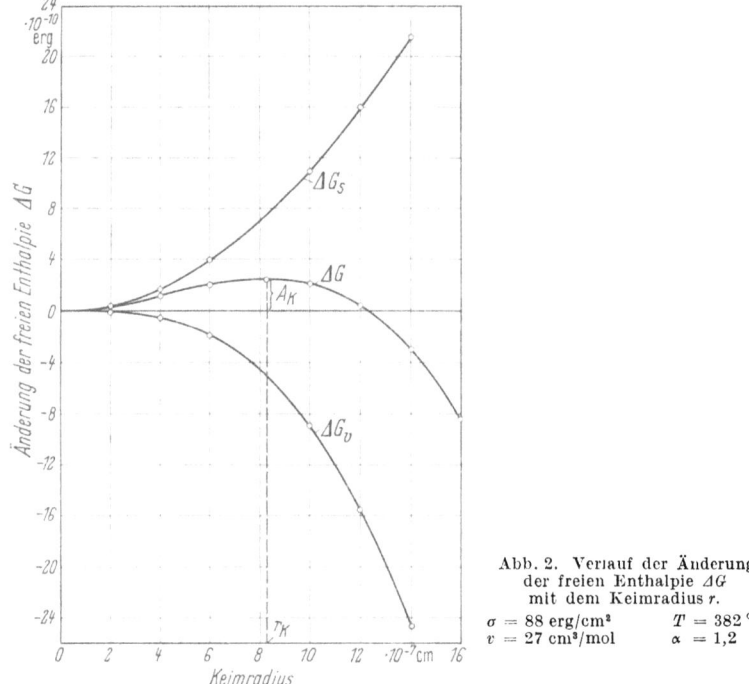

Abb. 2. Verlauf der Änderung der freien Enthalpie ΔG mit dem Keimradius r.
$\sigma = 88$ erg/cm² $T = 382\,°$C
$v = 27$ cm³/mol $\alpha = 1,2$

Keimbildungsgeschwindigkeit I bezeichnet. Bei gegebenem Volumen ist der Kehrwert von I die Wartezeit (Brüte- oder Induktionsperiode) τ. Zur Bildung eines Keims muß die Keimbildungsarbeit A_K aufgewendet werden. Jedes System hat unter den gewählten Zustandsbedingungen einen kritischen Keim. Nur Keime, die mindestens so groß wie dieser sind, können wachsen; die übrigen (Unterkeime, Embryos) verschwinden wieder in der Mutterphase. Wird in einem Einkomponenten-System isotherm-isobar aus der Mutterphase ein kugelförmiger Keim vom Radius r und Molvolumen v (cm³/mol) gebildet, so daß eine Grenzfläche mit der Spannung σ (erg/cm²) entsteht, so erfährt die Freie Enthalpie des Systems $(G = U - TS + pV)$[1] folgende Än-

---

[1] $U = $ innere Energie, $T = $ Temperatur (°K), $S = $ Entropie, $p = $ Druck und $V = $ Volumen. Im angelsächsischen Schrifttum wird G (ζ nach GIBBS, Φ nach FRENKEL und F nach LEWIS und RANDALL) Freie Energie genannt.

derung:
$$\Delta G = \Delta G_v + \Delta G_s = -\frac{4}{3}\frac{\pi r^3}{v}(\mu_1 - \mu_2) + 4\pi r^2 \sigma. \quad (1)$$

Der erste Term auf der rechten Seite entspricht der Energie, die nach außen abgegeben wird, wenn das Volumen der neuen Phase geschaffen wird, und der zweite Term der Energie, die zur Erzeugung der Grenzfläche nötig ist. Funktion (1) hat ein Maximum (s. Abb. 2), das sich aus den Bedingungen

$$\frac{\partial(\Delta G)}{\partial r} = 0 \qquad \frac{\partial^2(\Delta G)}{\partial r^2} < 0 \qquad \delta N = 0 \text{ (Erhaltung der Molzahl)}$$

ergibt und den Wert r_K für den Radius des kritischen Keims liefert. Es ergibt sich:

$$r_K = \frac{2\sigma v}{\mu_1 - \mu_2} = \frac{2\sigma v}{\Delta \mu} \quad \text{(cm)}. \quad (2)$$

Hierbei bedeutet μ_1 das chemische Potential des Keims $\left.\begin{array}{l}\\ \\ \end{array}\right\}$ in erg/mol
μ_2 das chemische Potential der gesättigten Mutterphase

Setzt man Gl. (2) in Gl. (1) ein, so erhält man:

$$|\Delta G_v|_K = \frac{32}{3}\frac{\pi \sigma^3 v^2}{(\Delta\mu)^2}, \qquad (\Delta G_s)_K = 16\frac{\pi \sigma^3 v^2}{(\Delta\mu)^2}$$

$$(\Delta G)_K = \frac{16}{3}\frac{\pi \sigma^3 v^2}{(\Delta\mu)^2} = \frac{1}{3}(\Delta G_s)_K = A_K \text{ (erg)}. \quad (3)$$

Die Keimbildungsarbeit ist also positiv und beträgt stets ein Drittel der für die Erzeugung der Grenzfläche nötigen Energie (s. Abb. 2). Ist der Keim nicht kugelförmig, so ist in Gln. (1) und (3) anstatt 4π der Gestaltsfaktor $\omega = \dfrac{\text{Keimoberfläche}}{r^2}$ einzuführen, wobei r dem Radius der dem Keim volumengleichen Kugel entspricht. Bildet sich ein Kristallkeim, so sind die Polyederflächen (i) mit Gestaltsfaktoren ω_i, Abständen vom Mittelpunkt (Wulff-Punkt; s. Kap. III A 2a) r_i und Grenzflächenspannungen σ_i zu berücksichtigen; häufig fehlt es aber an Werten für die σ_i.

Für dampfförmige Mutterphase hat man

$$\Delta\mu = RT \ln \frac{p}{p_\infty} \quad (R = 8{,}3144 \cdot 10^7 \text{ erg/grd mol}), \quad (4)$$

wobei p der Dampfdruck des Keims und p_∞ der Dampfdruck eines großen ($r = \infty$) Bereiches der neugebildeten Phase ist. Durch Einsetzen von Gl. (4) in Gl. (2) erhält man

$$r_K = \frac{2\sigma v}{RT \ln \dfrac{p}{p_\infty}} \quad \text{(cm)} \quad \text{(Gibbs-Thomson-Gleichung)} \quad (5)$$

III. Grundlagen der Kristallisation

Aus Gl. (5) lassen sich die erhöhten Dampfdrucke winziger Tröpfchen oder Feststoff-Teilchen r_K berechnen. Mit

$$\frac{p}{p_\infty} = \alpha = \text{Übersättigungszahl} \quad (6)$$

bekommt man für die Keimbildungsarbeit

$$A_K = \frac{4}{3} \frac{\omega \sigma^3 v^2}{(RT \ln \alpha)^2} \quad \text{(erg)} \quad (7)$$

VOLMER und FLOOD [11] haben die kritischen Übersättigungen, bei denen die Keimbildung spontan einsetzt, für die Tropfenkondensation verschiedener Stoffe gemessen und mit den nach Gln. (5), (6), (7) und (10) berechneten verglichen. Wie Tab. 1 ausweist, ist die Übereinstimmung gut.

Tabelle 1. *Kritische Keimbildungsdaten für die Tropfenkondensation nach* VOLMER *und* FLOOD [11]

Art des Dampfes		$\alpha = \frac{p}{p_\infty}$ gemessen	$\alpha = \frac{p}{p_\infty}$ berechnet	Zahl der Moleküle im krit. Keim	r_K in Å ($= 10^{-8}$ cm)
Wasser;	275,2 °K	4,2 ± 0,1	4,2	80	8,9
Wasser;	261,0 °K	5,0	5,0	72	8,0
Methanol;	270,0 °K	3,0	1,8	32	7,9
Äthanol;	273,0 °K	2,3	2,3	128	14,2
n-Propanol;	270,0 °K	3,0	3,2	115	15,0
i-Propanol;	265 °K	2,8	2,9	119	15,2
n-Butanol;	270 °K	4,6	4,5	72	13,6
Nitromethan;	252 °K	6,0	6,2	66	11,0
Äthylacetat;	242 °K	8,6 – 12,3	10,4	40	11,4

Bildet sich ein Kristallkeim aus übersättigter Lösung, so behält Gl. (7) ihre Gültigkeit, in Gl. (5) und (6) ist das Verhältnis

$$\frac{p}{p_\infty} \text{ durch } \frac{L}{L_\infty} = \frac{\text{Löslichkeit eines winzigen Teilchens}}{\text{Löslichkeit eines groben Kristalls}} \text{ zu ersetzen.}$$

Bei der Bildung eines Kristallkeims aus der Schmelze wird, anders als bei der Keimbildung aus dem Dampf, nicht die Temperatur, sondern der Druck konstant gehalten. Drückt man in Gl. (5) mit Hilfe der Clausius-Clapeyronschen Gleichung den Logarithmus der Schmelzdrucke durch die (jeweilige) Temperatur T (°K), die Schmelztemperatur T_m (°K) und die Schmelzwärme L_m (in erg/mol = 2,389 × × 10^{-8} cal/mol) aus, so folgt

$$r_K = \frac{2 \sigma T_m v}{L_m (T_m - T)} \quad \text{(cm)} \quad \text{und} \quad (8)$$

$$A_K = \frac{4}{3} \frac{\omega \sigma^3 T_m^2 v^2}{L_m^2 (T_m - T)^2} \quad \text{(erg)} \quad (9)$$

1. Keimbildung

Die Gln. (5), (6) und (8) besagen, daß der Radius des kritischen Keims um so kleiner ist, je größer die Übersättigung oder Unterkühlung ΔT ist. Für eine gesättigte Lösung ($\alpha = 1$) und für die Schmelztemperatur ($T = T_m$) wird die Keimbildungsarbeit unendlich; hier ist Keimbildung unmöglich.

Nach der Boltzmann-Statistik ist die Zahl der Teilchen, die sich in einem Zustand mit der Energie A_K befinden, proportional $\exp(-A_K/kT)$. Man bekommt daher für die Keimbildungsgeschwindigkeit (vgl. die Arbeiten von VOLMER und WEBER [12], FARKAS [13], STRANSKI und KAISCHEW [14] sowie BECKER und DÖRING [15])

$$J = J_0\, e^{-\frac{A_K}{kT}} \qquad (k = \text{Boltzmannsche Konstante} = 1{,}3805 \cdot 10^{-16}\text{ erg/grd} = 3{,}2984 \cdot 10^{-24}\text{ cal/grd}). \tag{10}$$

Die Aktionskonstante J_0, die der Zahl der Teilchenzusammenstöße pro Zeit- und Volumeneinheit entspricht, ist für die Keimbildung aus dem Dampf nur wenig von Druck und Temperatur abhängig. VOLMER [16] gibt für Wasserdampf bei Raumtemperatur $J_0 \sim 10^{25}\text{ cm}^{-3}\text{ s}^{-1}$ und die in Tab. 2 aufgeführten Wartezeiten an.

Tabelle 2. *Keimbildungsgeschwindigkeit und Induktionsperiode von Wasserdampf in Abhängigkeit von der Übersättigung nach* VOLMER [16]

Übersättigung α	1,1	2	3	4	5
J in cm^{-3} s^{-1}	10^{-5000}	10^{-69}	10^{-12}	10	10^{13}
τ pro cm^3		10^{62} Jahre	10^3 Jahre	10^{-1} s	10^{-13} s

Die Keimbildung wächst so rasch an, daß man von einer Keimbildungsgrenze ($\alpha = 4{,}2$ im Beispiel) spricht. Die Exponentialfunktion bestimmt so wesentlich den Wert von J in Gl. (10), daß es nach LA MER [36] „wenig Unterschied macht, ob J_0 genau bestimmt wird oder nicht".

Messungen TAMMANS [17] an *Schmelzen* zeigen, daß die Keimbildungsgeschwindigkeit in Abhängigkeit von der Unterkühlung ein ausgesprochenes Maximum hat (s. Abb. 3). Die Keimbildungsarbeit A_K hat nach Gl. (9) ein Minimum für $T = T_m/3$. Tatsächlich liegen die Temperaturen maximaler Keimbildung höher, bei den von TAMMAN geprüften organischen Substanzen zwischen 0,6 und 0,92 T_m. Dies rührt daher, daß mit zunehmender Unterkühlung die Verlangsamung des Diffusionsvorganges die Keimbildung wieder erschwert. Gl. (10) ist daher für Schmelzen durch den Ausdruck

$$J = J_0\, e^{-\frac{A_K + Q}{kT}} \tag{11}$$

zu ersetzen, wobei Q die Aktivierungsenergie der Diffusion in der Schmelze in erg ist. Aus der Bedingung $\frac{dJ}{dT} = 0$ ergibt sich die Temperatur der häufigsten Keimbildung zu

$$T_h = \frac{Q + A_k}{dA_k/dT}, \qquad (12)$$

wenn $dQ/dT = 0$ gesetzt werden kann, wie es innerhalb großer Temperatur-Intervalle möglich ist. Der praeexponentielle Faktor J_0 in Gl. (11) wird in der Regel durch Versuche bestimmt. Variiert man in

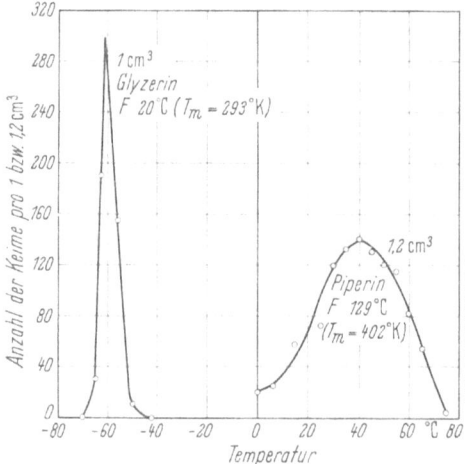

Abb. 3. Keimbildungsgeschwindigkeit und Unterkühlung nach Tamman [17] Beim Glyzerin wurde die Schmelze 20 Minuten auf Meßtemperatur unterkühlt und dann, zur Entwicklung der Keime, 10 Minuten auf 0 °C erwärmt. Beim Piperin wurde die Schmelze 10 Minuten auf Meßtemperatur unterkühlt und dann 4 Minuten auf 100 °C erhitzt.

Lösungen allein die Übersättigung bei konstanter Temperatur, so kann Gl. (10) benutzt werden, da $\exp(-Q/kT)$ konstant ist. Bei größeren Temperatur-Änderungen muß Gl. (11) herangezogen werden.

Exakte Messungen der Keimbildungsgeschwindigkeiten bereiten große Schwierigkeiten, weil Agglomeration der Keime die Ergebnisse verfälscht, und die Eliminierung von Fremdkernen meist nicht oder nur unvollkommen gelingt. Dies ist auch eine Hauptursache für schlechte Reproduzierbarkeit von Meßergebnissen. TURNBULL und VONNEGUT [18] bestimmten daher die Keimbildungsgeschwindigkeiten in kleinen Tropfen (50 μm), weil sich so die Verunreinigungen auf nur wenige Tropfen vereinzeln (s. Tab. 3). Es wurde ein temperierbares Dilatometer mit Öl als Hilfsflüssigkeit benutzt; das Erstarren der Schmelztröpfchen kann am Absinken des Meniskus beobachtet werden. Die Technik wird eingehend von POUND [20] beschrieben. PRECKSHOT und BROWN [21] maßen die Keimbildungsgeschwindigkeiten in ruhenden, übersättigten KCl-Lösungen, indem sie die Wartezeiten konduktometrisch bestimmten.

Tabelle 3. *Die niedrigsten Temperaturen spontaner Keimbildung aus der Schmelze nach* TURNBULL [19]

Substanz	T_m °K	Maxim. Unterkühlung, grd	
		Große Proben	Kleine Proben (50 $\mu\varnothing$)
Hg	234,1	14	46
Sn	505	31	110
H$_2$O	273	36,8	39
Ga	302,8	55	76
Bi	544	30	90
Ge	1232	5—10	227
S	393	70	165 (2 μ)

Die alte, aber bewährte Tammansche Methode zur Messung der Keimbildungsgeschwindigkeit in Schmelzen besteht darin, daß man die unterkühlte Schmelze eine bestimmte Zeit auf der Solltemperatur der Keimbildung hält und die zunächst noch unsichtbaren Keime bei höherer Temperatur zu Kristallen auswachsen läßt, die gezählt werden können. Durch vorheriges Überhitzen der Schmelze können hartnäckige Eigenkeime zerstört werden, nicht jedoch Fremdkerne. Zur Bestimmung der Bildung von Tropfenkeimen aus übersättigten Dämpfen bedient man sich vorwiegend der Nebelkammer-Technik [22], wählt aber das Expansionsverhältnis und damit die Übersättigung nur so hoch, daß gerade eine ausreichende Zahl von Keimen entsteht (s. Tab. 2). Bei der Keimbildung aus Lösungen kann man mit Hilfe photoelektrischer Methoden [23] den zeitlichen Verlauf der Extinktion verfolgen (s. Abb. 36) und daraus auf die Keimbildungsgeschwindigkeit schließen. Für langsame Fällungen kann man sich auch wie DUNNING und NOTLEY [24] der Methode des unmittelbaren Auszählens der Keime bedienen (vgl. Tab. 4), sofern die Teilchen groß genug sind. Vorausgesetzt daß Keimbildung überhaupt möglich ist, also die notwendige Übersättigung oder Unterkühlung vorherrschen, wird die Keimbildung stark durch äußere Einwirkungen beeinflußt. Hier sind abgesehen von Fremdkernen vor allem mechanische Erschütterungen und Ultraschallbehandlung zu nennen. Die Anwendung von Ultraschall führt in der Regel zu einer drastischen Verkürzung der Induktionsperiode. Druck erhöht nach TAMMAN die Keimbildung. Durch ionisierende Strahlen (α-, β- und γ-Strahlen) läßt sich die Zahl der Keimzentren oft beträchtlich erhöhen, weil die Ionen (wie in der Nebelkammer) als Fremdkerne wirken. Elektrische und magnetische Felder haben ohne sonstige Einwirkungen wenig Einfluß auf die Keimbildung.

Von den bislang besprochenen dreidimensionalen Keimen sind die zweidimensionalen zu unterscheiden. Nach Untersuchungen von

Tabelle 4. *Keimbildungsgeschwindigkeit von Zyklonit (Hexogen) bei 25°C in einem Lösungsmittel mit 52,4 Gew.% Aceton und 47,6 Gew.% H_2O nach* DUNNING *und* NOTLEY [24]

Übersättigung $\alpha = \dfrac{L}{L\infty}$	Keimbildungs- dauer in s	J in $cm^{-3}\,s^{-1}$
5,75	20	75 000
5,14	16,5	24 100
4,66	22	19 500
3,80	18,5	4 680
3,37	22	4 370
2,85	23	1 160
2,88	22,5	1 080
2,90	21,5	970

STRANSKI und KAISCHEW [25] ist bei einer Übersättigung, bei der ein dreidimensionaler Keim gerade noch bestehen kann, ohne sich aufzulösen, ein zweidimensionaler Keim der halben Größe lebensfähig. Der zweidimensionale Keim ist also energetisch vor dem dreidimensionalen begünstigt (s. Kap. III A 2 d). Nach der Frank'schen [26] Theorie des Spiralenwachstums (s. Kap. III A 2 e) kann ein spiralenförmiger zweidimensionaler Keim ausgehend von einer Gitterfehlstelle selbst noch bei sehr kleinen Übersättigungen wachsen.

Bildet sich ein *Tropfen*keim an einem festen Substrat (heterogene Keimbildung) und beträgt der Randwinkel zwischen Tropfen und Substrat ϑ, so hat man nach YOUNG:

$$\sigma_{sg} = \sigma_{sl} + \sigma_{lg} \cos \vartheta \,, \qquad (13)$$

wobei

σ_{sg} die Oberflächenspannung (spez. Oberflächenenergie) des Substrats,

σ_{sl} die Grenzflächenspannung zwischen Substrat und Tropfen,

σ_{lg} die Oberflächenspannung des Tropfens

(erg/cm^2)

ist. Wie VOLMER [27] gezeigt hat, ergibt sich die Arbeit der heterogenen Keimbildung zu

$$A'_K = A_K \frac{(2 + \cos \vartheta)(1 - \cos \vartheta)^2}{4}, \qquad (14)$$

wenn A_K die Arbeit der homogenen Keimbildung [nach Gl. (7)] bedeutet. Benetzt der Tropfen das Substrat vollkommen ($\vartheta = 0$), so wird $A'_K = 0$, d. h. das Substrat wirkt als Eigenkeim und die (dreidimensionale) Keimbildungsarbeit verschwindet. Bei vollkommener Nichtbenetzung hat man $\vartheta = \pi$ (180°), so daß $A'_K = A_K$ wird. In allen anderen Fällen, nämlich für $0 < \vartheta < \pi$, also bei teilweiser Affinität zwischen Keim und Substrat ist $A'_K < A_K$, die Keimbildung wird also erleichtert. TURNBULL [28] hat die Volmerschen Überlegungen auch auf die *Kristall*keimbildung an einem festen Substrat übertragen. Es zeigt sich, daß eine gute Übereinstimmung der Gitterkonstanten

Tabelle 5. *Kritische Unterkühlung von Wasser vor der Eisbildung in Anwesenheit pulverförmiger Substrate nach* WALTON [30]

Substrat	Kritische Unterkühlung °C
Teflon	größer 16
Benzophenon	größer 16
Thalliumjodid	6,2
Bleijodid	4,1
Silberjodid	2,5
Silberchlorid	4,5
Quecksilbersulfid	5,6
Cadmiumsulfid	6,5

von Keim und Substrat, wie sie NEUHAUS [29] auch für die Epitaxie (s. Kap. III B 3) fordert, eine Rolle spielt, aber nicht allein ausschlaggebend ist. Untersuchungen von WALTON [30] über die Bildung von Eiskristallen in unterkühltem Wasser erweisen die unterschiedliche Wirksamkeit verschiedener, pulverförmiger Substrate als Keimbildungs-Katalysatoren (Tab. 5); von ENGELHARDT und HINRICHSEN [31] konnten an frisch gespaltenen, durch Schleifen und Polieren hergestellten und durch nachträgliches Erhitzen bis dicht unter den Schmelzpunkt gereinigten Flächen von Alkalihalogeniden nachweisen, daß die mit verschiedenen Flüssigkeiten ermittelten Randwinkel von der Flächenlage abhängen.

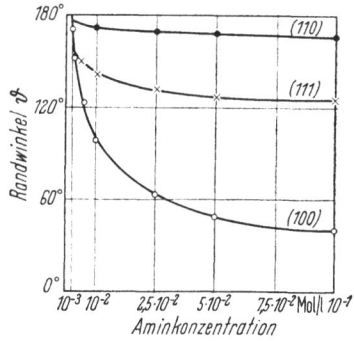

Abb. 4. Randwinkel auf Kristallflächen von Kalialaun zwischen gesättigter wäßriger Lösung und einer Lösung von Dodecylamin in Tetrachlorkohlenstoff in Abhängigkeit von der Amin-Konzentration nach v. ENGELHARDT und SELL.

Untersuchungen an einem System Kristall (Kalialaun)/Flüssigkeit 1 (gesättigte wäßrige Lösung des Kalialauns)/Flüssigkeit 2 (Lösung von Dodecylamin in Tetrachlorkohlenstoff) zeigten, daß die (in der Flüssigkeit 2 gemessenen) Randwinkel mit zunehmender Aminkonzentration abnehmen und auf den drei Flächen sehr verschieden sind (s. Abb. 4). Auf die jeweilige, genau horizontal gestellte Fläche des in seiner gesättigten Lösung befindlichen Kristalls wurde mit der Pipette ein Tropfen einer Lösung von Dodecylamin in Tetrachlorkohlenstoff gebracht; die Randwinkel wurden auf Photographien ausgemessen.

Nach Untersuchungen von MELIA und MOFFITT [32] erfolgt die *primäre* Keimbildung in wäßrigen Lösungen *stets* an Fremdstoffen, also heterogen. Erst die primären Keime induzieren die sekundäre Keimbildung. Am Beispiel der Keimbildung von KCl aus wäßrigen Lösungen zeigen die Autoren, daß die sekundäre Keimbildung von der Rührgeschwindigkeit, der Kühlungsgeschwindigkeit, der Unterkühlung der Lösung (s. Abb. 5) und dem Kristalltyp, der aus dem Keim entsteht, abhängt, aber unabhängig von Zahl, Größe, Oberflächen-Beschaffenheit und chemischer Natur der Primärkeime ist. Nach POWERS [33] gibt es zwei Möglichkeiten für die Entstehung der sekundären Keime: Einmal können lose an den primären Keimen angeheftete Moleküle des Gelösten, die einen gewissen Ordnungsgrad besitzen, aber noch nicht ins Gitter eingebaut wurden, unter dem Einfluß der Diffusion oder der Scherkräfte in der gerührten Lösung wieder abgetrennt werden, wie bei der Zuckerkristallisation, andererseits können die primären Keime dendritisch wachsen und kleine Partikel können unter dem Einfluß der Rührbewegung von der Oberfläche der Kristalle abgespalten werden (Abrieb) wie beim NH_4Cl. *Sekundäre Keimbildung ist eine allgemeine Erscheinung in Lösungen.* MASON und STRICKLAND-CONSTABLE [34] konnten sie in wäßrigen Lösungen von NH_4Cl, NH_4Br, KCl, KBr, $CaSO_4 \cdot 2 H_2O$ und $MgSO_4 \cdot 7 H_2O$ feststellen. Eine wirksame Beeinflussung der Korngrößen-Verteilung des Kristallisates setzt die Steuerung der sekundären Keimbildung voraus.

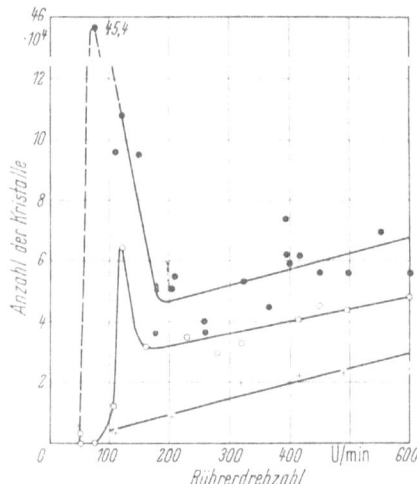

Abb. 5. Abhängigkeit der Zahl der sekundären Keime von Rührerdrehzahl und Unterkühlung für die sekundäre Keimbildung von KCl
Unterkühlung der Lösung { ●—— 3 °C
○—— 2 °C
+—— 1 °C }
Meßwerte nach MELIA und MOFFITT [32].

Das vorsätzliche Einbringen von Keimen in übersättigte oder unterkühlte Mutterphasen wird *Impfen* genannt. Zur Züchtung von Einkristallen bedient man sich einer besonderen Impftechnik (s. Kap. III A 3). Als am besten geeignete Impflinge werden Keime desselben Stoffes angesehen. Im allgemeinen müssen Impfkristalle feinkristallin, oft mehlfein sein. So genügt nach van Hook [35] ein halbes kg 5 μm großer Zuckerkristalle (hergestellt durch langes Mahlen in Isopropanol oder Mineralöl in einer Kugelmühle), um 45 000 l Füllmasse zu impfen. Vielfach können auch isomorphe Stoffe zum Impfen benutzt werden. Preckshot und Brown [21] verwendeten zur Keimbildung in ruhenden, wäßrigen KCl-Lösungen eine Reihe von kubischen Kristallen, deren Gitterkonstanten weniger als 10% von der des KCl verschieden waren. Am wirksamsten war PbSe, gefolgt von PbTe und SnTe; PbS hatte die geringste Wirkung (größte Unterkühlung). Trotzdem ist Impfen häufig eine empirische Technik, weil uns der Schlüssel für das völlige Verständnis der Natur der Nukleatoren fehlt.

2. Kristallwachstum

a) Grenzflächentheorie. Für Kristalle unter ≈ 1 μm, bei denen von der Einwirkung äußerer Kräfte (z. B. Schwerkraft) abgesehen werden kann, gilt die Gibbs'sche [37] Bedingung: Ein Kriställchen nimmt im *Gleichgewicht* (mit seiner Mutterphase) eine solche Grenzflächenform (Tracht) an, daß die gesamte freie Grenzflächenenergie einen Kleinstwert hat. Bezeichnet man die Grenzflächenspannung der Fläche O_i mit σ_i — jeder Fläche eines Kristalls vom Volumen V kommt eine eigene spezifische Grenzflächenenergie zu —, so ergibt sich bei n Flächen:

$$\delta \sum_{i=1}^{n} \sigma_i O_i = 0 \quad \text{für} \quad \delta V = 0. \tag{15}$$

Nach von Laue [38] ist ein absolutes Minimum erforderlich, d. h. von allen möglichen Flächenkombinationen, die ein relatives Minimum von (15) ergeben, ist die des kleinsten zu finden. Die Lösung von Gl. (15), als Wulffscher [43] Satz bezeichnet, lautet nach Ableitungen von Volmer [39], Dinghas [40] und von Laue [38]:

$$\frac{\sigma_1}{h_1} = \frac{\sigma_2}{h_2} = \cdots = \frac{\sigma_i}{h_i} = \cdots = \frac{\sigma_n}{h_n} = \frac{\mu_i - \mu_\infty}{2\,v_0} = \frac{\Delta\mu_0}{2\,v_0}. \tag{16}$$

Hierbei bedeutet h_i die Zentraldistanz der i-ten Fläche (Abstand vom „Wulff"-Punkt), v_0 das Volumen des Gitterbausteins, μ_i das chemische Potential pro Molekül der i-ten Fläche und μ_∞ das chemische Potential pro Molekül des unendlich großen Kristalls oder der mit diesem im Gleichgewicht stehenden, *gesättigten* Mutterphase. Die chemischen Potentiale aller Gleichgewichtsflächen sind nach Gl. (16) gleich. $\Delta\mu_0$ hat nach Gl. (4) für die Kristallisation aus der Dampfphase den Wert

$$\Delta\mu_0 = k\,T \ln \frac{p}{p_\infty}. \tag{4_0}$$

Allgemein erhält man auf Grund der Methode von STRANSKI-KAISCHEW [41], [42]

$$\Delta\mu_0 = \varphi_{1/2} - \overline{\varphi}_{hkl}, \tag{17}$$

wobei $\varphi_{1/2} = \varphi_\infty$ die Abtrennarbeit eines Bausteins von der Halbkristall-Lage (auf einer vollendeten Netzebene an einer abgeschlossenen Kante längs einer begonnenen, aber noch nicht vollendeten Reihe; s. Kap. III A 2 d!) ist und $\overline{\varphi}_{hkl}$ die mittlere Abtrennarbeit der Bausteine einer Oberflächennetzebene mit den Indizes h, k und l; diese Arbeit ermittelt man, indem man die Bausteine nacheinander abtrennt, die dazu erforderlichen Arbeiten summiert und durch die Zahl der Bausteine dividiert. Für $\Delta\mu_0 = 0$ wird $h_i \to \infty$ und $\overline{\varphi} = \varphi_{1/2}$: Auf einer unendlich ausgedehnten Kristalloberfläche stehen mit der gesättigten Mutterphase Bausteine im Gleichgewicht, die mit $\varphi_{1/2}$ gebunden sind. Für $\Delta\mu_0 > 0$ kann man durch Vorgabe von Gittermodellen die Abtrennarbeiten und nach Gl. (17) und (16) die spezifischen Grenzflächenenergien berechnen. Umgekehrt läßt sich die Gleichgewichtsform eines Kristalls finden, wenn man die Werte der σ_i kennt. Man fällt vom „Wulff"-Punkt auf alle möglichen Flächen die Lote h_i, trägt auf diesen die σ_i-Werte ab und errichtet in den Endpunkten die Normalebenen. Das kleinste Polyeder entspricht der Gleichgewichtsform. Ein Kristall ist also bei der Gleichgewichtsform von den Flächen kleinster spez. Grenzflächenenergie umgeben. Zur Abschätzung von $\varphi_{1/2}$ für Gleichgewichtsbetrachtungen zwischen *Dampf und Kristall* hat VOLMER [39] folgende Beziehung angegeben:

$$N_L \cdot \varphi_{1/2} = L_{lg}(T) + \frac{1}{2} R T \tag{18}$$

mit

L_{lg} = Verdampfungswärme in erg/mol (1 erg = $2{,}389 \cdot 10^{-8}$ cal),
N_L = Loschmidtsche Zahl = $6{,}02_3 \cdot 10^{23}$ (mol)$^{-1}$,
R = $8{,}3144 \cdot 10^7$ erg/grd mol.

HONIGMANN [44] bringt als einfachstes Beispiel zur Bestimmung der Gleichgewichtsform den Kossel-Kristall (einfach kubisches Gitter mit nichtpolarer Bindung) bei alleiniger Berücksichtigung der Bindung zwischen erstnächsten Nachbarn (φ_1 = Bindungsenergie zwischen erstnächsten Nachbarn >0). Mit den Grenzflächenspannungen

$$\sigma_{100} = \frac{1}{2}\left(\frac{\varphi_1}{d^2}\right); \quad \sigma_{110} = \frac{\sqrt{2}}{2}\left(\frac{\varphi_1}{d^2}\right) \quad \text{und} \quad \sigma_{111} = \frac{\sqrt{3}}{2}\left(\frac{\varphi_1}{d^2}\right) \tag{19}$$

erhält man, wenn man $h_{100} = a/2$ setzt, nach Gl. (16)

$$\frac{\sigma_{110}}{h_{110}} = \frac{\sigma_{111}}{h_{111}} = \frac{1}{a}\left(\frac{\varphi_1}{d^2}\right). \tag{20}$$

Hierbei ist d die Gitterkonstante des Kristalls und a die Kantenlänge des Würfels. Die Werte der σ_i wurden aus der allgemeinen Vorschrift bestimmt: Auf der Fläche i wird eine parallel-epipedische Säule beliebigen Querschnitts und beliebiger Neigung errichtet und die zu ihrer Abtrennung nötige Arbeit durch den doppelten Wert der Auflagefläche dividiert. Aus einem Vergleich von Gl. (19) und (20) folgt die Beziehung

$$h_{110} = \frac{\sqrt{2}}{2} a \quad \text{und} \quad h_{111} = \frac{\sqrt{3}}{2} a .$$

Aus Abb. 6 ersieht man, daß die Gleichgewichtsform nur Würfelflächen (100) enthält, weil sonst $h_{110} < \frac{a}{2}\sqrt{2}$ und $h_{111} < \frac{a}{2}\sqrt{3}$ sein müßten. Der Zusammenhang zwischen Sättigungsdampfdruck (p) und Kristallgröße (a) ergibt sich aus Gl. (16) und (4_0) zu

$$\Delta \mu_0 = k T \ln \frac{p}{p_\infty} = \frac{2 v_0}{a} \cdot \frac{\varphi_1}{d^2} = \frac{2 \varphi_1 d}{a} . \tag{21}$$

 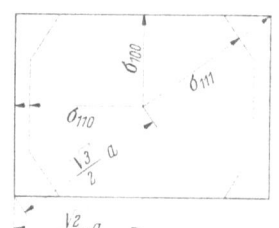

Abb. 6. Wulffsche Konstruktion der Gleichgewichtsform beim Kossel-Kristall nach HONIGMANN [44]. Ausgezogene Linien: Bindungskräfte nur zwischen erstnächsten Gitternachbarn.
Gestrichelte Linien: Bindungskräfte zwischen erst- und zweitnächsten Gitternachbarn.

Die Methode von STRANSKI-KAISCHEW führt zum gleichen Ergebnis, was folgendermaßen einzusehen ist: Bei n Bausteinen in der Würfelkante ist $a = n d$. Zunächst trennt man die $(n-1)^2$ Bausteine außer zwei Kantenreihen ab, von denen jeder mit $3 \varphi_1$ gebunden ist, dann die $2(n-1)$ Bausteine der Kantenreihen außer dem letzten Eckbaustein, die jeweils mit $2 \varphi_1$ gebunden sind, und schließlich den Eckbaustein, für den φ_1 aufzuwenden ist. So kommt:

$$\overline{\varphi}_{100} = \frac{(n-1)^2 \cdot 3 \varphi_1 + 2(n-1) \cdot 2 \varphi_1 + \varphi_1}{n^2} = 3 \varphi_1 - \frac{2 \varphi_1}{n} = \varphi_{1/2} - \frac{2 \varphi_1 d}{a}$$

oder $\tag{22}$

$$\Delta \mu_0 = \varphi_{1/2} - \overline{\varphi}_{100} = \frac{2 \varphi_1 d}{a} ,$$

was mit Gl. (21) nach der Methode von GIBBS-WULFF übereinstimmt.

Der Absolutwert von φ_1 kann an Hand von Gl. (18) für $\varphi_{1/2}$ näherungsweise berechnet werden.

Während die Methoden zur Bestimmung der Gleichgewichtsform für größere Kristalle nicht mehr gelten, wenn äußere Kräfte einwirken, muß bei sehr kleinen Kristallen auch die freie Energie der Kanten und Ecken berücksichtigt werden. Zudem wurden in Gl. (16) und (17) allgemein die Entropieterme vernachlässigt. Von den bislang betrachteten glatten (vollständigen) Flächen sind die vergröberten (unvollständigen) zu unterscheiden, die aus Erhöhungen (Subindividuen) bestehen, die durch glatte Flächenelemente begrenzt sind. Bezeichnet man diese mit O_j und ihre spezifischen Grenzflächenenergien mit σ_j, so folgt für die spezifische Grenzflächenenergie der vergröberten Fläche

$$_v\sigma_{h\,k\,l} = \sum_{j=1}^{m} \sigma_j\, O_j\, .$$

Nach dem Theorem von HERRING [47] vergröbert die Fläche $h\,k\,l$ spontan, wenn

$_v\sigma_{hkl} < {_g\sigma_{hkl}}$ (spez. Grenzflächenenergie der glatten Fläche).

Abb. 7 zeigt ein Polardiagramm der spezifischen Energien (gestrichelt) mit Würfelflächen als Gleichgewichtsform (stark ausgezogen) nach HONIGMANN [48]. Nach TOLMAN [45] und KIRKWOOD [46] ist die

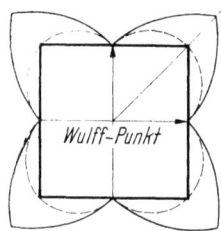

Abb. 7. Polardiagramm der spezifischen Grenzflächenenergie (Wulffsche Konstruktion) nach HONIGMANN [48].
Stark ausgezogene Linien: Gleichgewichtsform
Schwach ausgezogene Linien: σ-Diagramm glatter Flächen
Gestrichelt ausgezogene Linien: σ-Diagramm spontan vergröbernder Flächen.

spezifische Oberflächenenergie σ eines *kugelförmigen* Keims von dessen Radius r abhängig gemäß der Beziehung:

$$\sigma = \frac{\sigma_\infty}{\left(1 + \dfrac{2\,\delta}{r}\right)}, \tag{23}$$

wobei σ_∞ die Oberflächenspannung des groben Teilchens ($r \to \infty$), $\delta = r - r_0$ und r_0 der Radius des Keimes ist, bei dem die Übergangszone verschwindet, in der die Dichte des Keims nicht konstant ist. Für δ/r_0 werden Werte zwischen 0,1 und 0,2 angegeben. Im ersten Fall ergibt sich $\sigma = 0{,}85\,\sigma_\infty$ und im zweiten $\sigma = 0{,}753\,\sigma_\infty$. Allgemein läßt sich die Grenzflächenspannung σ (erg/cm²) in kalorischen Einheiten (cal/mol) ausdrücken. Für diese „kalorische" Grenzflächenspannung erhält man

$$\sigma_{\Delta H} = \sigma \cdot 2{,}389 \cdot 10^{-8} (N_L v^2)^{1/3} .$$

Setzt man den Wert der Loschmidtschen Zahl ein, so ergibt sich:

$$\sigma_{\Delta H} = \sigma v^{2/3} \cdot 2{,}0175 \text{ (cal/mol)}, \tag{24}$$

wobei v das Molvolumen (cm^3/mol) ist. Das Verhältnis von „kalorischer" Grenzflächenspannung $\sigma_{\Delta H}$ und Umwandlungswärme ΔH ist häufig konstant. So gilt nach Untersuchungen TURNBULLS [49] für *Metallschmelzen*

$$\sigma_{\Delta H} \approx 0{,}5\, \Delta H = 0{,}5\, L_m \tag{25}$$

(L_m = Schmelzwärme in cal/mol)

während STRANSKI und KAISCHEW [50] für die Kristallisation von Kristallen mit einfach kubischem Gitter (unter alleiniger Berücksichtigung erstnächster Nachbarn) aus *Lösungen* den Ausdruck

$$\sigma_{\Delta H} = 0{,}167\, \Delta H \tag{26}$$

(ΔH = Lösungswärme in cal/mol)

angeben.

b) **Volmersche Grenzschichttheorie.** VOLMER [16] beobachtete, daß ein aus einem Tropfen Schmelze entstandener Kristall von Benzophenon über seine ursprüngliche (kreisförmige) Begrenzung hinauswuchs, daß im Hochvakuum aus einem Dampfstrahl gewachsene Hg-Kristalle ein rund 10^4 mal stärkeres Breitenwachstum senkrecht zum Strahl als Dickenwachstum zeigten, und daß beim Abbau eines Benzophenonkristalls die Oberflächenmoleküle selbst von den fernsten Stellen her wanderten, wenn Quecksilber als adsorbierende Flüssigkeit benutzt wurde. Er schloß daraus, daß *die Bausteine (Moleküle, Atome, Ionen) in der dem Kristall anhaftenden Grenzschicht beweglich sind*. Ein solcher Baustein kann entweder, wenn seine Energie groß genug ist, in die Mutterphase zurückkehren, oder, wenn er einen Teil seiner Energie verloren hat, unter fortschreitender Wärmebewegung in der Grenzschicht einen geeigneten Platz fester Bindung finden oder schließlich mit anderen Bausteinen einen zweidimensionalen Keim bilden, wenn die Netzebene, der die Grenzschicht anliegt, vollendet ist. Die Grenzfläche eines Kristalls ist ein Potentialgebirge, in dem die Mulden den möglichen Ruhelagen der in der Grenzschicht adsorbierten Moleküle entsprechen, während die Höhe der Berge die Größe der potentiellen Energie mißt, die die Moleküle mindestens besitzen müssen, um ihren Platz zu wechseln. Für die mittlere Platzwechselzahl, also das Verhältnis der Verweilzeit auf der Grenzfläche zur Verweilzeit an einem Platz, gibt VOLMER bei der Kristallisation aus dem Dampf für das Temperaturgebiet von 100 bis 1000 °K einen Mittelwert von $5 \cdot 10^4$ für die dichteste Netzebene des Kristalls an. Gut bekannt sind die Oberflächenselbstdiffusionskoeffizienten einiger Metalle, so fand KUCZYNSKI [51] für Kupfer auf Grund von Sinterversuchen:

$$D_s = 7 \cdot 10^6 \exp(-56000/RT) \text{ im Intervall } 673° \leq T \leq 1273°$$

(D_s = Oberflächenselbstdiffusionskoeffizient in cm²/s, T = Abs. Temperatur in °K, R = Allgem. Gaskonstante = 1,9867 cal/mol grd). GJOSTEIN [52] konnte den Koeffizienten der Oberflächenselbstdiffusion von Gold aus der Furchenbildung an Korngrenzen und dem Verfallen einer Schar von Ritzen mit Hilfe interferometrischer Methoden bestimmen. Er erhielt:

$$D_s = 10^6 \exp(-54300/RT) \text{ für } 1138° \leq T \leq 1338° \, .$$

Die Aktivierungsenergien des Platzwechsels (56,0 und 54,3 kcal/mol) sind erheblich kleiner als die entsprechenden Verdampfungswärmen (72,81 und 81,8 kcal/mol). Nach TAYLOR und LANGMUIR [53] ist der Oberflächenselbstdiffusionskoeffizient D mit der mittleren Verweilzeit $\bar{\tau}$ in einer Potentialmulde und dem gegenseitigen Abstand d (mittlerer Abstand der auf der Grenzfläche befindlichen Gitterbausteine des Adsorbens) durch folgende Beziehung verknüpft:

$$D = \frac{d^2}{4\,\bar{\tau}} \, . \tag{27}$$

Für die Diffusion von Caesium auf der Oberfläche von Wolfram wurde eine Aktivierungsenergie des Platzwechsels von 14,1 kcal/mol gefunden, während die Verdampfungswärme *dünn besetzter Schichten* von Caesium 65 kcal/mol beträgt. Als weiteres Beispiel ist die rasche Wanderung von Silberatomen und Jod-Molekülen auf den Oberflächen von Quarz, Glimmer und Diamant zu nennen. Im Feldelektronenmikroskop nach E. W. MÜLLER [54], bei dem aus der Kathode einer feinen Wolframspitze (0,1 bis 0,2 μm Radius), bei Anlagen einer Hochspannung (10 kV) im Ultrahochvakuum (Restgasdruck $< 10^{-7}$ Torr) Elektronen austreten, die auf einem Leuchtschirm ein Bild der Oberfläche der Spitze liefern, kann z. B. die Bewegung von Barium-Atomen oder von Molekeln des großen Phthalocyanin auf verschiedenen Kristallflächen der Wolframspitze beobachtet werden. Dies ist ein sichtbarer Beweis für die Richtigkeit der Volmerschen Grenzschichttheorie.

c) **Diffusionstheorien.** Wenn ein Kristall in einer übersättigten Lösung wächst, muß das Gelöste aus dem Kern der Lösung zur Grenzfläche transportiert werden, die Kristall und Lösung trennt. Dieser Transport erfolgt in einer nicht gerührten Lösung, die keinen äußeren Kräften unterworfen ist, allein durch Diffusion; aber selbst bei großen

Relativgeschwindigkeiten zwischen Kristall und Lösung haftet dem Kristall eine Grenzschicht an, die von den zukünftigen Gitterbausteinen durch Diffusion überwunden werden muß. Ist L_0 die Sättigungskonzentration der Lösung bei der Arbeitstemperatur (g/cm³ Lösung), L_1 die mittlere Konzentration innerhalb der Volmerschen Grenzschicht und L_2 die Konzentration des Hauptteils der Lösung („Lösungskern"), so gilt für die Kristallisation $L_2 > L_1 > L_0$ (Für die Auflösung drehen sich die Ungleichheitszeichen um). Diffundiert die Masse dm (g) in der Zeit dt (s) aus dem „Lösungskern" zur Volmerschen Grenzschicht, so ergibt sich nach dem 1. Fickschen Gesetz

$$\frac{dm}{dt} = \frac{DO}{\delta}(L_2 - L_1),\qquad(28)$$

wobei D der Diffusionskoeffizient (cm²/s) für die Diffusion des Gelösten in der übersättigten Lösung, O der „wirksame Diffusionsquerschnitt" (cm²) (die Kristallgrenzfläche) und δ die Dicke der an die Volmersche Grenzschicht anschließenden Diffusionsschicht (cm) ist. Verläuft die „Reaktion am Kristall", also der Einbau der Teilchen ins Gitter, nach 1. Ordnung, so hat man

$$\frac{dm}{dt} = k_i\, O\, (L_1 - L_0),\qquad(29)$$

wobei k_i die Geschwindigkeitskonstante (cm/s) der „Grenzflächenreaktion" ist. Durch Eliminieren der experimentell schwer bestimmbaren Grenzflächenkonzentration L_1 erhält man aus (28) und (29)

$$\frac{dm}{dt} = \frac{O}{\dfrac{\delta}{D} + \dfrac{1}{k_i}}(L_2 - L_0) = K\, O\, (L_2 - L_0)\qquad(30)$$

mit

$$\frac{1}{K} = \frac{\delta}{D} + \frac{1}{k_i} = \frac{1}{k_0} + \frac{1}{k_i}.\qquad(31)$$

Der gesamte Stoffübergangswiderstand ($1/K$) setzt sich aus dem Diffusions- und Grenzflächen-Widerstand zusammen; er hängt von Temperatur und Übersättigung ab. Bei sehr schneller Grenzflächenreaktion ($k_i \to \infty$) ist die Kristallwachstumsgeschwindigkeit allein durch die Geschwindigkeit der Diffusion bestimmt. Welcher der beiden Einzelwiderstände in anderen Fällen geschwindigkeitsbestimmend ist, wird experimentell dadurch ermittelt, daß man die für verschiedene Temperaturen (T) gefundenen K-Werte in ein Arrhenius-Diagramm (ln K gegen $1/T$ aufgetragen) einzeichnet, die zugehörige Aktivierungsenergie berechnet und mit der auf ähnliche Weise erhaltenen Aktivierungsenergie der Diffusion vergleicht. Bei zähen Lösungen (z. B. Zucker) sollte die Aktivierungsenergie der Viskosität (Auftragen von ln $1/\eta$ gegen $1/T$ mit η = dynamische Viskosität der Lösung in g cm^{-1} s^{-1}) in den Vergleich miteinbezogen werden. So stellte VAN HOOK [55] für die Kristallisation von Saccharose aus wäßrigen Lösungen fest, daß bei niedrigen Temperaturen (unterhalb von etwa 45 °C) die Aktivierungsenergie des Kristallwachstums *wesentlich* größer ist als die Aktivierungsenergien der Diffusion und Viskosität, so daß in diesem Bereich die Grenzflächenreaktion das Wachstum kontrolliert, während oberhalb von ungefähr 45 °C das Wachstum diffusionsbestimmt ist (s. Abb. 8). RUMFORD und BAIN [56] kamen zu dem Ergebnis, daß das Wachstum von NaCl-Kristallen aus wäßrigen Lösungen unter ≈ 50 °C durch die Grenzflächenreaktion und oberhalb davon durch Diffusion bestimmt ist. Wird das Kristallwachstum durch die Diffusionsgeschwindigkeit bestimmt, so ergibt sich die Dicke der Diffusionsgrenzschicht nach Gl. (31) zu

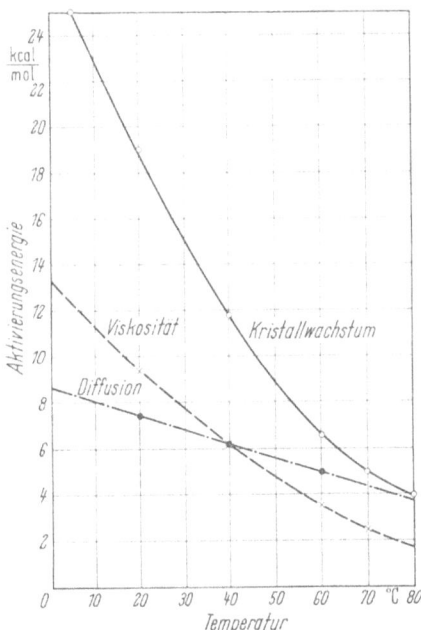

Abb. 8. Temperaturabhängigkeit der Aktivierungsenergien für Kristallwachstum, Viskosität und Diffusion bei der Kristallisation von Zucker aus wäßrigen Lösungen unter konstanter Übersättigung nach VAN HOOK [55] (Korrelation nach MULLIN [7]).

Übersättigung: $1{,}05 \dfrac{\text{\% Zucker in Lösung}}{\text{\% Zucker in gesättigter Lösung bei gleicher Temperatur}}$

$$\delta = \frac{D}{K} \text{ (cm)} \quad \text{da} \quad k_i \to \infty \,. \quad (32)$$

Für langsames Wachstum eines Kristalls oder einheitlicher Kristalle (O = const.) läßt sich aus Gl. (30) ein Ausdruck zur Berechnung der mittleren linearen Kristallwachstumsgeschwindigkeit r_g ableiten. Man findet

$$r_g = \frac{dm}{dt} \frac{1}{O\,\varrho_s} \text{ (cm/s) mit } \varrho_s = \text{Dichte des Feststoffs (g/cm}^3\text{)} \quad (33)$$

r_g ist eine pauschale Größe, bei der man von der unterschiedlichen Wachstumsgeschwindigkeit der einzelnen Flächen eines Kristalls oder verschiedener Kristalle eines Kollektivs absieht. Tab. 6 bringt einige K- und δ-Werte für die Fließbett-Kristallisation von NaCl aus wäßrigen Lösungen bei Strömungsgeschwindigkeiten der Lösung von 3 cm/s und Verwendung von 1 bis 1,65 mm groben Impfkristallen. Bei geringen

2. Kristallwachstum

Übersättigungen kann es vorkommen, daß die „Reaktion am Kristall" nach 2. Ordnung verläuft, also in Gl. (29) $dm/dt \approx (L_1 - L_0)^2$ ist. Substanzen, bei denen die Gesamtreaktion [Gl. (30)] nach 2. Ordnung verläuft, sind nach BUCKLEY [76] Kaliumsulfat, Kalium- und Ammoniumalaun, Kaliumdichromat und Silberacetat. Die Diffusionskonstanten der Lösungen sind von der Größenordnung 10^{-5} cm²/s oder 1 cm²/Tag. Für starke Elektrolyte läßt sich der Diffusionskoeffizient aus den Ionenbeweglichkeiten berechnen [57], für Nicht-Elektrolyten kann man sich der Abschätzungsmethode von WILKE [58] bedienen.

Tabelle 6. *Stoffübergangszahlen und Grenzschichtdicken für die Fließbett-Kristallisation von NaCl nach RUMFORD und BAIN [56]*

Temperatur °C	K cm/h	δ μm
52	45,7	22
62	57,2	21,5
73	77,4	20

Der Einfluß von Temperatur T und dynamischer Viskosität η wird häufig berücksichtigt, indem man annimmt, daß

$$\frac{D\eta}{T} = \text{const.} \quad (34)$$

ist.

Daß die Kristallwachstumsgeschwindigkeit von der Relativgeschwindigkeit zwischen Kristall und Lösung abhängt, konnten MC CABE und STEVENS [59] am Beispiel des $CuSO_4 \cdot 5\ H_2O$ zeigen. Sie fanden für die mittlere lineare Kristallwachstumsgeschwindigkeit r_g (μm/min) das folgende (empirische) Gesetz:

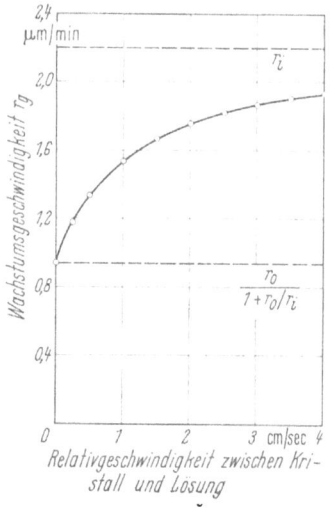

Abb. 9. Abhängigkeit der linearen Kristallwachstumsgeschwindigkeit r_g von der Relativgeschwindigkeit zwischen Kristall und Lösung (System $CuSO_4 \cdot 5\ H_2O$/Wasser, 28—27 °C) bei konstanter Übersättigung (1 °C entsprechend).
$r_0 = 1,65$ μm/min; $r_i = 2,2$ μm/min;
$\beta = 3,5 \dfrac{\text{s}}{\text{min}} \dfrac{\mu\text{m}}{\text{cm}}$.

$$\frac{1}{r_g} = \frac{1}{r_0 + \beta v} + \frac{1}{r_i} \quad \text{bei konstanter Übersättigung.} \quad (35)$$

Hierbei sind r_0 (μm/min), $\beta \left(\dfrac{\text{s}}{\text{min}} \dfrac{\mu\text{m}}{\text{cm}} \right)$ und r_i (μm/min) drei von der Übersättigung abhängige Konstanten und v (cm/s) ist die Relativgeschwindigkeit zwischen Kristall und Lösung. r_g wächst bei kleinen Relativgeschwindigkeiten zwischen Kristall und Lösung (Abb. 9) mit zunehmender Geschwindigkeit, nimmt aber bei größeren Relativgeschwindigkeiten kaum mehr zu und strebt einem „Sättigungswert" r_i zu ($v \to \infty$). Der Gesamtwiderstand des Kristallisationsvorganges $1/r_g$ ist gleich der Summe der Einzelwiderstände $\dfrac{1}{r_0 + \beta v}$ (Diffusions- und Strömungswiderstand) und $1/r_i$ (Grenzflächenwiderstand). Während Mc CABE und STEVENS die übersättigte Lösung umpumpten und die Impfkristalle, zwischen Siebgeweben eingeschlossen, entweder fest lagerten oder mit dem „Siebkorb" periodisch auf und ab bewegten, benutzten COULSON und RICHARDSON [60] einen einzelnen, drehbaren Kristall von Natriumthiosulfat, den sie in seiner wäßrigen, übersättigten Lösung mit verschiedenen Drehzahlen laufen ließen. Es ergaben sich in Abhängigkeit von der Drehzahl ganz ähnliche Kurven wie in Abb. 9, mit wachsender Übersättigung nach oben gestaffelt. Auch nach HIXSON und KNOX [61] sind die Wachstumsgeschwindigkeiten von $CuSO_4 \cdot 5 H_2O$ und $MgSO_4 \cdot 7 H_2O$ (gemessen an Einkristallen) einerseits von der Stoffübergangszahl für die Diffusion, k_0, und damit von der Relativgeschwindigkeit zwischen Kristall und Lösung, abhängig, andererseits von der Reaktionsgeschwindigkeitskonstante k_i und damit von der Temperatur. Sie erhielten die folgende Verknüpfung der dimensionslosen Kenngrößen Nu' (Nußelt-Zahl 2. Art) $\equiv Sh$ (Sherwood-Zahl), Re (Reynolds-Zahl) und Sc (Schmidt-Zahl):

$$Nu' \equiv Sh = C\, Re^{0,6}\, Sc^{0,3} \qquad (36)$$

mit

$$Nu' \equiv Sh = \frac{k_0\, d}{D_m}, \quad Re = \frac{\varrho_L\, v\, d}{\eta} \quad \text{und} \quad Sc = \frac{\eta}{\overline{M}\, D_m}$$

D_m = molarer Diffusionskoeffizient in mol/cms
d = Durchmesser der dem Kristall oberflächengleichen Kugel in cm,
k_0 = molare Stoffübergangszahl der Diffusion in mol/s cm²,
η = dynamische Viskosität der Lösung in g/cm s,
ϱ_L = Dichte der Lösung in g/cm³,
v = Relativgeschwindigkeit zwischen Kristall und Lösung cm/s,
$\overline{M}$ = Mittleres Molekulargewicht der Lösung in g/mol.

Die Konstante C betrug 0,29 für das Kupfer- und 0,48 für das Magnesiumsalz. Die Aktivierungsenergie für die „Grenzflächenreaktion" belief sich auf 13,6 kcal/mol beim Kupfersalz (Temperaturintervall: 19,4 bis 71,2 °C) und 24,3 kcal/mol beim Magnesiumsalz (Temperaturintervall: 19,6 bis 48,2 °C). Es lag in beiden Fällen eine Grenzflächen-Reaktion 2. Ordnung vor.

Interferometrische Messungen von GOLDSZTAUB und KERN [62] zeigten, daß Kurven gleicher Konzentration (L = const.) in der Nähe eines Kristalls parallel zu dessen Flächen verlaufen, und daß bei raschem Wachstum der Konzentrationsgradient an den Ecken größer ist als im Flächeninneren (s. Abb. 10). Gegenteilige Beobachtungen von BERG [63], BUNN [64] und HUMPHREYS-OWEN [65] führen die Autoren auf ungenauere Meßmethoden zurück.

d) Theorie von Kossel und Stranski. KOSSEL [66] und STRANSKI [67] haben die Vorstellung vom reihenweisen Aufbau der Netzebenen eines Kristalls entwickelt und die Einzelvorgänge des Wachstums am Kristall als Wiederholung ein und desselben „Grundvorgangs" aufgefaßt. Dazu wird die Energie berechnet, die beim Anbau eines Gitterbausteins an seinem Reihennachbar frei wird (Bindungsenergie) und die im Betrage der Arbeit entspricht, die aufgewendet werden muß, um den Baustein wieder abzutrennen (Abtrennarbeit). KOSSEL bezeichnet dieses Anfügen eines neuen Gitterbausteins als „wiederholbaren Schritt".

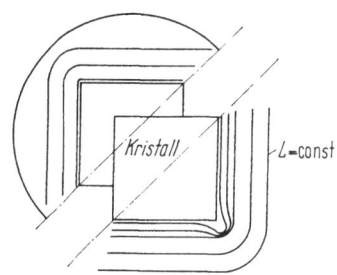

Abb. 10. Kurven gleicher Konzentration um einen Kristall bei langsamem Wachstum (oben) und schnellem (unten) nach GOLDSZTAUB und KERN [62].

Die Abtrennarbeiten sind von der Art des Kraftfeldes abhängig, das zwischen den Gitterbausteinen besteht. Die Theorie setzt voraus, daß der Kristall sich nahezu im Gleichgewicht mit seiner wenig übersättigten Mutterphase befindet, frei von Verunreinigungen und Fehlstellen, also ideal ist und daß zwischen den Bausteinen Zentralkräfte wirken; da Entropieterme unberücksichtigt bleiben, gelten die Betrachtungen streng genommen nur für den absoluten Nullpunkt. (Über die Gleichgewichtsformen bei endlichen Temperaturen hat LACMANN [71] berichtet.) Als Zentralkräfte kommen in Frage:

1. Die elektrostatische Anziehungskraft zwischen Ionen entgegengesetzter Ladung bei heteropolaren Kristallen (Ionenkristallen),

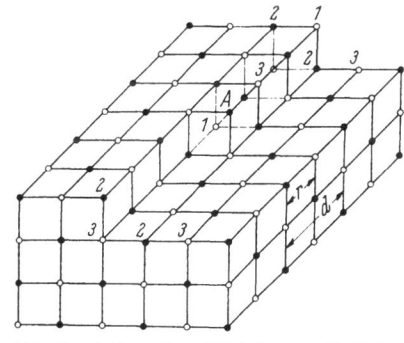

Abb. 11. Aufbau eines Kristalls vom NaCl-Typ.

2. Die van der Waalsschen Kräfte, die zwar 10 bis 20mal kleiner als die Ionenbindung, aber bei unpolaren Kristallen wichtig sind.

Beide Arten von Kräften sind nicht absättigbar, ändern sich also nicht, ob sich ein oder mehrere Teilchen angelagert haben.

Einfachstes Beispiel für den ersten Fall ist der ideale Ionenkristall mit NaCl-Gitter (s. Abb. 11). Faßt man die Ionen als starre nichtdeformierbare Kugeln mit dem Mittelpunktsabstand r auf und wird das Ion A an die (halbe) Reihe 1 — 1 angelagert, so beträgt der von dieser Reihe herrührende Energieanteil:

$$A_{11} = \frac{e_0^2}{r}\left(1 - \frac{1}{2} + \frac{1}{3} - \frac{1}{4} \pm \cdots\right) = \frac{e_0^2}{r}\ln 2 = 0{,}69315\,\frac{e_0^2}{r}\,(\text{erg})\,,\quad (37)$$

(e_0 = elektrisches Elementarquantum = $4{,}803 \cdot 10^{-10}$ el.-stat. cgs-Einh.)
weil das Ion vom nächsten Reihennachbar im Abstand r angezogen, vom übernächsten im Abstand $2r$ ($= d =$ Gitterkonstante) abgestoßen wird usf. Neben dieser elektrostatischen Wechselwirkung $\varphi(r) = e_0^2/r$ ist der Bornsche Abstoßungsterm $\varphi^b = -B/r^9$ zu berücksichtigen, der aber bei grundsätzlichen Betrachtungen und bei Vernachlässigung von Gitter- und Ionendeformationen entfallen kann, weil die einzelnen Abtrennarbeiten dadurch im Betrag nur etwas vermindert, in ihrer Reihenfolge aber nicht geändert werden [68]. Der von einer der beiden unmittelbar benachbarten Reihen 2 — 2 herrührende Energieanteil ist:

$$A_{22} = \frac{e_0^2}{r}\left[1 - 2\left(\frac{1}{\sqrt{1^2+1^2}} - \frac{1}{\sqrt{2^2+1^2}} + \frac{1}{\sqrt{3^2+1^2}} - \frac{1}{\sqrt{4^2+1^2}} \pm \cdots\right)\right] \quad (38)$$

Formt man diese schlecht konvergierende Reihe durch Substraktion der Einzelglieder der ln 2-Reihe, Addition von ln 2 und entsprechende Zusammenfassung der Glieder um, so ergibt sich:

$$A_{22} \approx 0{,}124\,\frac{e_0^2}{r}. \quad (38')$$

Der von einer der Reihen 3 — 3 herrührende Energieanteil beträgt:

$$A_{33} = -\frac{e_0^2}{r}\left[\frac{1}{\sqrt{2}} - 2\left(\frac{1}{\sqrt{2+1^2}} - \frac{1}{\sqrt{2+2^2}} + \frac{1}{\sqrt{2+3^2}} - \frac{1}{\sqrt{2+4^2}} \pm \cdots\right)\right] \quad (39)$$

oder nach ähnlichen Umformungen wie oben:

$$A_{33} \approx -0{,}028\,\frac{e_0^2}{r}. \quad (39')$$

Die Energieanteile der weiter entfernten Ionenreihen sind klein gegenüber den berechneten. Die gesamte an der Stelle A (Halbkristallage) freiwerdende Energie Φ_0 ist also die Summe dreier Beiträge, nämlich des Anteils Φ' der Kette 1 — 1, des Anteils Φ'', der von der seitlich in gleicher Höhe liegenden Ionenschicht herrührt, und der Anteil Φ''', der dem ganzen Block unterhalb des betrachteten Ions zukommt.

So ergibt sich:

$$\Phi \text{ (Halbkristallage)} = \Phi_0 = \Phi' + \Phi'' + \Phi''' = 0{,}8738 \frac{e_0^2}{r} \quad (40)$$

$$\Phi' = A_{11} = 0{,}69315 \frac{e_0^2}{r}$$

$$\Phi'' = A_{22} + \cdots = 0{,}11462 \frac{e_0^2}{r}$$

$$\Phi''' = A_{22} + 2 A_{33} + \cdots = 0{,}06601 \frac{e_0^2}{r}$$

Bei den Werten für Φ'' (Abtrennung von einer halben Netzebene) und Φ''' (Abtrennung vom Gitterblock) sind die weiter entfernten Ionenreihen ($\cdots$) berücksichtigt worden. Der Ausdruck für Φ''' ist dadurch bedingt, daß die nächsten Ionenketten im darunterliegenden Gitterblock die eine Reihe 2 — 2 und die beiden Reihen 3 — 3 sind.

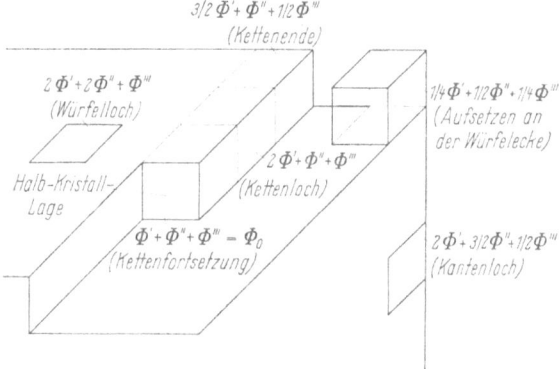

Abb. 12. Potentiale einzelner Gitterpunkte an der Oberfläche eines Kristalls mit einfach kubischem (NaCl-)Gitter nach STRANSKI.

Die Gesamtenergie Φ_0 ist unabhängig davon, wie die einzelnen Ionen aneinandergefügt werden. In Abb. 12 sind die Potentiale einzelner Gitterpunkte an der Oberfläche eines Kristalls mit einfach kubischem (NaCl-)Gitter angegeben. Wird ein Loch in der Netzebene geschlossen, so treten fünf Energiebeträge auf, nämlich die vom Block darunter herrührende Energie Φ''', die Energie der beiden Seitenketten, $2 \Phi''$, und die Energie der beiden Enden der vorher offenen und jetzt geschlossenen Reihe, $2 \Phi'$. Die Faktoren 1/2 und 1/4 für die Potentiale an Kettenende, Ecke und Außenkante rühren daher, daß hier die Nachbarn auf einer oder mehreren Seiten fehlen. Wird ein Ion an einer *Ecke* auf einer *vollendeten Netzebene* aufgesetzt, so wird die Energie

$$\Phi_E = \frac{1}{4} \Phi' + \frac{1}{2} \Phi'' + \frac{1}{4} \Phi''' = \frac{1}{4} A_{11} + \frac{3}{4} A_{22} + \frac{1}{2} A_{33} + \cdots$$
$$= 0{,}247 \frac{e_0^2}{r} \quad (41)$$

frei. Für ein Ion, das an einer Kante auf einer vollendeten Netzebene aufgesetzt wird, ergibt sich

$$\Phi_K = \frac{1}{2}\Phi'' + \frac{1}{2}\Phi''' = 0{,}0903\frac{e_0^2}{r}\,, \tag{42}$$

während ein Ion, das sich mitten auf eine vollendete Netzebene aufbaut, wie oben erwähnt, die Energie

$$\Phi_M = \Phi''' = 0{,}06601\frac{e_0^2}{r} \tag{43}$$

in Freiheit setzt. Da also für Ionenkristalle $\Phi_E > \Phi_K > \Phi_M$ ist, ist es am wahrscheinlichsten, daß nach Vollendung einer Netzebene ein neues Ion an einer Ecke gebunden wird. Bei nichtpolaren Kristallen (Einfachstes Modell: Der Kossel-Kristall mit einfach kubischem Gitter) ist das Kraftgesetz ein anderes. Untersuchungen von STRANSKI [69] ergaben (für Cadmium), daß die Bindungskraft etwa mit der 7. Potenz der Entfernung oder noch rascher abfällt. Deshalb genügt es, nur die nächsten Nachbarn bei der Energieberechnung zu berücksichtigen. Die Aufteilung der Gesamtenergie Φ_0 (Halbkristallage) in die Einzelenergien Φ', Φ'' und Φ''' wird beibehalten. Meistens pflegt man bei der Angabe dieser Energien die Zahl der Nachbarn 1. (im Abstand r), 2. (im Abstand $r\sqrt{2}$) und 3. (im Abstand $r\sqrt{3}$) Grades in dieser Reihenfolge, durch vertikale Striche voneinander getrennt, anzuschreiben, wobei man sich jede dieser Zahlen mit der Bindungsenergie zweier Bausteine multipliziert und das Ganze summiert denken muß. So ergibt sich für den Aufbau einer schon begonnene Reihe der (100)-Fläche

$$\Phi' = 1/0/0\,,$$

da der neue Gitterbaustein in seiner Reihe nur einen Nachbar 1. Ordnung hat (s. Abb. 11)

$$\Phi'' = 1/2/0\,,$$

da in der Netzebene gleicher Höhe nur ein Nachbar 1. Ordnung und 2 Nachbarn 2. Ordnung liegen.

$$\Phi''' = 1/4/4\,,$$

da im darunterliegenden Gitterblock ein Nachbar 1. Ordnung und 4 Nachbarn 2. und 3. Ordnung eingebaut sind. Mithin beträgt die Gesamtenergie des „wiederholbaren Schrittes"

$$\Phi_0\,(\text{Halbkristallage}) = \Phi' + \Phi'' + \Phi''' = 3/6/4\,.$$

Wird ein Baustein auf einer vollendeten Netzebene an einer Ecke gebunden, so wird folgende Energie frei

$$\Phi_E = 1/2/1\,. \tag{44}$$

Erfolgt die Bindung auf einer vollendeten Netzebene an einer Kante, so ergibt sich

$$\Phi_K = 1/3/2 \,. \tag{45}$$

Lagert sich der Baustein mitten auf der vollendeten Netzebene an, so wird

$$\Phi_M = 1/4/4 \,. \tag{46}$$

Für nichtpolare Kristalle ist daher $\Phi_M > \Phi_K > \Phi_E$, so daß die Anlagerungswahrscheinlichkeit in der Mitte am größten und an der Ecke am kleinsten ist, genau entgegengesetzt wie bei Ionenkristallen. Nach KOSSEL geht der Aufbau einer Netzebene, wenn er einmal begonnen hat, rasch vonstatten, hingegen dauert es länger, bis nach Vollendung der einen Netzebene die nächste begonnen wird. Das Wachstum trägt also oszillatorischen Charakter. STRANSKI und KAISCHEW [70] berechneten die Abtrennungsarbeit eines *zweidimensionalen* Keims (= Netzebeneninsel auf glatter Fläche) für den Kossel-Kristall auf (100) und fanden den Ausdruck:

$$A_{K2} = \frac{\varphi_1^2}{kT \ln \alpha} \text{ (erg)} \tag{47}$$

mit

$\varphi_1 =$ Bindungsenergie zwischen erstnächsten Nachbarn (in erg) [vgl. Gl. (18)],

$\alpha =$ Übersättigungszahl [vgl. Gl. (6)!].

Sie kamen zu dem Ergebnis, daß bei einer Übersättigung, bei der ein dreidimensionaler Keim gerade bestehen kann, ohne zu schwinden, ein zweidimensionaler Keim der halben Größe lebensfähig ist. Dies folgt aus dem Ausdruck für die Größe des zweidimensionalen kritischen Keims

$$r_{K2} = \frac{d\varphi_1}{2\,kT \ln \alpha} \tag{48}$$

und der auf das Molekül bezogenen Gibbs-Thomson-Gleichung [Gl. (5)]

$$r_K = \frac{2\,\sigma\,v_0}{k\,T \ln \alpha}, \tag{5_0}$$

weil beim Kossel-Kristall $v_0 = d^3$ und $2\sigma = \varphi_1/d^2$ [vgl. Gl. (19)] ist.

e) Schraubenversetzungen. Bei kleinen Übersättigungen sollten nach Gl. (47) und (48) nur geringe Wachstumsgeschwindigkeiten möglich sein. Versuche von VOLMER und SCHULTZE [72] zum Wachstum von Jod-Einkristallen aus dem Dampf zeigten jedoch, daß dabei auch große Geschwindigkeiten vorkommen. Dies bestätigten Versuche von HOCK und NEUMANN [73] an Einkristallen vom Kalium. Nach FRANK [74] kann das Wachstum bei niedrigen Übersättigungen von einer stufenartigen Versetzung (Abb. 13a) einer sonst glatten Netzebene ausgehen; diese Stufe wird durch das Wachstum nicht ausgeheilt, und der Kristall besteht nicht wie der Idealkristall aus vollkommenen, aufeinanderfolgenden Schichten, sondern einer einzigen spiralenförmigen Schicht. Dabei windet sich das Zentrum der Spirale fortlaufend nach innen unter gleichzeitigem Zentrifugal-Wachstum des Spiralenrandes (Abb. 13b und c). Wenn die Länge OP des Stufenrandes

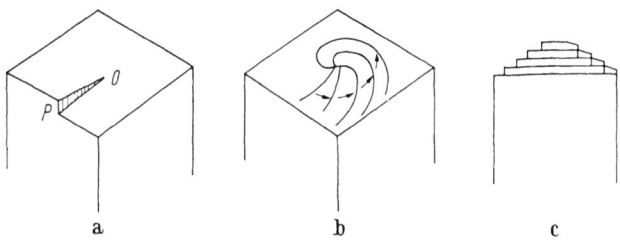

Abb. 13. Entwicklung einer Wachstumsspirale ausgehend von einer Schraubenversetzung.

kleiner als die Randlänge des zweidimensionalen Keims [vgl. Gl. (48)] ist, so ist eine Keimbildungsarbeit nötig; sie ist aber kleiner als A_{K2} [nach Gl. (47)], weil die Zahl der Gitterplätze längs Kante OP von der Zahl der insgesamt zu besetzenden Gitterplätze abgeht. Übertrifft die Stufenlänge OP die Randlänge des zweidimensionalen Keims, so bedarf es keiner zweidimensionalen Keimbildung, die Schraubenversetzung wirkt als kontinuierlicher Flächenkeim für das Kristallwachstum. Nach BURTON, CABRERA und FRANK [75] legt ein Gitterbaustein, bevor er fest gebunden wird oder wieder in die Mutterphase zurückkehrt, auf der Kristalloberfläche die mittlere „Volmersche" Weglänge

$$X_S \sim r \exp(3\varphi_1/2kT) \sim 400\, r \quad \text{für} \quad \varphi_1/kT = 4 \qquad (49)$$

zurück. Die Wachstumsgeschwindigkeit einer *geraden* Stufe beträgt

$$v_\infty = 2(\alpha - 1) X_S \nu \exp(-L_s/kT), \qquad (50)$$

wobei

L_s die Verdampfungswärme (cal/Molekül),
r der Abstand zwischen nächsten Gitternachbarn (cm),
ν die Schwingungsfrequenz der Gitterbausteine (10^{13} s^{-1})

ist.

Mit beispielsweise $L_s/kT = 24$, also $\varphi_1 = L_s/6$ (Baustein mit 6 nächsten Gitternachbarn), $r = 10^{-8}$ cm (1 Å) und $(\alpha - 1) = 10^{-2}$ wird

$$v_\infty = 3 \cdot 10^{-5} \text{ cm/s}. \qquad (50')$$

Das Wachstum einer Stufe vom Krümmungsradius ϱ ergibt sich zu

$$v_\varrho = v_\infty \left(1 - \frac{\varrho_c}{\varrho}\right) \quad \text{mit} \tag{51}$$

$$\varrho_c = \text{Radius des kritischen Oberflächenkeims} = \frac{r\,\varphi_1}{2\,k\,T\ln\alpha}. \tag{52}$$

Die Stufe wächst also nur, wenn $\varrho > \varrho_c$ ist.

Unter der Annahme, daß die Wachstumsspirale eine Archimedische Spirale ist, erhält man deren Kreisfrequenz zu

$$\omega_\varrho = 2\pi\,\nu_\varrho = \frac{v_\infty}{2\,\varrho_c} \tag{53}$$

und die Wachstumsgeschwindigkeit einer Fläche mit der Höhe h der Spiralstufe zu

$$v = h\,\nu_\varrho = h\,\frac{v_\infty}{4\,\pi\,\varrho_c} = h\,\frac{(\alpha-1)\,X_s\,\nu\,\exp(-L_s/k\,T)\,k\,T\ln\alpha}{\pi\,r\,\varphi_1} \tag{54}$$

Bei kleinen Übersättigungen, kann man $\ln\alpha \approx (\alpha-1)$ setzen, so daß $v \approx (\alpha-1)^2$ wird, was in Einklang mit den Untersuchungen VOLMERs und SCHULTZEs an Jod-Einkristallen steht (vgl. auch die Beobachtungen BUCKLEYs [76] in Kap. III A 2 c). Gl. (54) wird ungültig, wenn der mittlere Abstand der Schraubenversetzungen die Länge $2\,X_s$ unterschreitet, in diesem Fall hat man $v \approx \alpha$. Experimentelle Beispiele dafür sind die Messungen an Phosphor und Naphthalin [72]. Die Höhen der Spiralstufen sind meist ein Mehrfaches der Gitterkonstanten, oft sogar ein Vielfaches davon (multiple Versetzungen). So wurden am SiC von VERMA [77] Stufenhöhen von maximal 35 Å beobachtet (bei multiplen Versetzungen bis 2000 Å) und am CdJ_2 von FORTY [78] Höhen bis ebenfalls zu 2000 Å. Die Konzentration der Versetzungen liegt zwischen 10^4 und $10^8/cm^2$, so daß also grob geschätzt auf etwa 10^6 Atome eine Versetzung (1 ppm) kommt. Unter dem Einfluß plastischer Deformation kann die Dichte der Versetzungen auf $10^{12}/cm^2$ erhöht werden.

f) Adsorptionstheorie. Die Gleichgewichtsform eines Kristalls ist von den Flächen kleinster spez. Grenzflächenenergie umgeben (s. Kap. III A 2 a). Durch Adsorption eines Fremdstoffes können die spez. Grenzflächenenergien einzelner Flächen aber so stark erniedrigt werden, daß sich eine neue Gleichgewichtsform ergibt. Ausgehend von der Gibbs'schen Gleichung für die Erniedrigung der spezifischen freien Oberflächenenergie σ durch Adsorption eines Fremdstoffes

$$K = -\frac{n}{k\,T}\frac{d\sigma}{dn} \tag{55}$$

oder in integrierter Form

$$\Delta\sigma = -kTK_0 \int_0^n \frac{K}{K_0} \frac{dn}{n} \qquad (56)$$

und der Langmuirschen Adsorptions-Isotherme

$$\frac{K}{K_0} = \frac{n}{C+n} \; ; \quad C = K_0 \frac{\nu \exp(-\lambda/kT)}{(kT/2\pi m)^{1/2}} \quad (\text{cm}^{-3}) \qquad (57)$$

gelangten KNACKE und STRANSKI [79] zu folgender spezieller Form der von Szyskowskischen Gleichung

$$\Delta\sigma = kTK_0 \ln\left(1 - \frac{K}{K_0}\right) \leq 0 \, . \qquad (58)$$

Hierbei bedeutet

K = Anzahl der adsorbierten Fremdbausteine pro cm²,

K_0 = Maximale Belegungsdichte oder Adsorptionsplätze pro cm²,

n = Konzentration des Adsorbenden pro cm³ (Fremdgas),

ν = Schwingungsfrequenz der Atome $= 10^{13}$ s^{-1},

λ = Adsorptionswärme pro Molekül (cal/Molekül),

m = Masse eines adsorbierten Fremdbausteins (g),

$(kT/2\pi m)^{1/2}$ = mittlere gaskinetische Geschwindigkeit in einer Richtung.

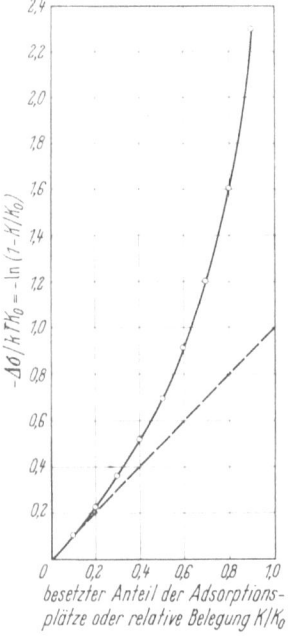

Abb. 14. Änderung der spezifischen freien Oberflächenenergie $\Delta\sigma$ in Abhängigkeit von der relativen Belegung K/K_0.

Ohne Adsorption ($K = 0$) ist $\Delta\sigma = 0$: der Fall $K = K_0$ hat keine praktische Bedeutung, da die Konzentration n des Adsorbenden (der Gasdruck) stets endlich bleibt und $\Delta\sigma \to -\infty$ und $\sigma \to 0$ die vollkommene Auflösung des Kristalls oder Bildung eines neuen dreidimensionalen Keims bedeuten. Setzt man für K_0 den typischen Wert $1{,}5 \cdot 10^{15}$ cm^{-2} ein, so erhält man bei 1000 °K: $kTK_0 = 1{,}3805 \cdot 10^{-16}$ $10^3 \cdot 1{,}5 \cdot 10^{15} = 207$ erg/cm². Wie Abb. 14 zeigt, ist die Verminderung der spez. freien Oberflächenenergie somit von der Größenordnung der Oberflächenenergie mancher reiner Flächen. Da die Grenzflächenenergie Kristall/Schmelze (oder Lösung) ungefähr eine Größenordnung kleiner ist als die Oberflächenenergie Kristall/Dampf, muß sich in

Schmelzen oder Lösungen die Adsorption besonders stark auswirken. Nach Gl. (57) und (58) ist die Verminderung $(-\Delta\sigma)$ um so größer, je höher die Konzentration des Adsorbenden (oder der Fremdgasdruck) ist, sofern Temperatur und Adsorptionswärme konstant sind. Bei gleichem Druck und gleicher Temperatur wird die spezifische freie Oberflächenenergie um so stärker vermindert, je größer die Adsorptionswärme ist. Wählt man nach STRANSKI als Adsorbenden ein einatomiges Gas mit 3 Adsorptionsvalenzen und betrachtet als einfachstes Modell den Kosselkristall, so ist auf Fläche (100) nur eine Valenz zu betätigen, auf (110) sind es zwei und auf (111) drei. Bei Adsorption wird also die Würfelfläche gegenüber der Rhombendodekaederfläche benachteiligt, was sich mit steigender Temperatur so auswirken kann, daß (111) als Gleichgewichtsfläche erscheint. Sind λ und n konstant, wird die Verminderung $(-\Delta\sigma)$ mit wachsender Temperatur größer. Unter dem Einfluß des Adsorbenden ändern sich auch die Bedingungen für die Entstehung von Flächenkeimen völlig. Nur Flächen mit großer Keimbildungsarbeit gehören zur Gleichgewichtsform, wenn die Wahrscheinlichkeit für Bildung und Auflösung eines Flächenkeims gleich groß ist. So ist im Falle des reinen Kosselkristalls die zweidimensionale Keimbildungsarbeit auf (100)

$$A_{K2} = \frac{1}{2}\varrho L = \frac{\varphi_1^2}{kT\ln\alpha} \text{ (erg) } [\text{vgl. Gl. (47)}] \quad (47')$$

mit

ϱ = spezifische freie Randenergie (erg/cm),
L = Umfang des (quadratischen) Flächenkeims (cm),

während die eindimensionale Keimbildungsarbeit für den Kettenkeim auf (110)

$$A_{K1} \approx \varphi_1 - kT\ln\alpha \quad (59)$$

beträgt und für die Oktaederfläche (111) gar keine Keimbildungsarbeit nötig ist, da nur Halbkristallagen zur Verfügung stehen. Für $\alpha \to 1$ wird $A_{K2} \to \infty$ und $A_{K1} \to \varphi_1$, so daß bei kleinen und mittleren Übersättigungen $A_{K2} \gg A_{K1}$ ist. Adsorbieren aber die Stufen auf der Würfelfläche stark (bevorzugt parallel zur Oktaederfläche), so wird ihre freie Randenergie herabgesetzt, die Keimbildungsarbeit vermindert sich [Gl. (47')], die Fläche wächst schneller und kann sich aus der Gleichgewichtsform eliminieren.

Untersuchungen von STRANSKI, GANS und RAU [80] zur Adsorption arteigener Bausteine (*Eigenadsorption*) aus der Schmelze führten zur Unterscheidung von Flächen, die ihren Oberflächenzustand bei Temperaturerhöhung bis zum Schmelzpunkt nur wenig ändern, in ihrer Netzebene mindestens eine dichteste Bausteinkette haben und durch die eigene Schmelze nicht vollkommen benetzt werden, und Flächen, die schon bei verhältnismäßig niedrigen Temperaturen einen hohen Unordnungsgrad aufweisen und von der eigenen Schmelze vollkommen benetzt werden (Ausnahme: Stoffe, die unter Dichtezunahme schmelzen, wie z. B. Eis, werden an der gesamten Oberfläche durch die eigene Schmelze benetzt). MOISAR und KLEIN [81] ließen tetradekaedrische Kristalle einer homodispersen AgBr-Emulsion durch gesteuerten Zulauf von $AgNO_3$- und KBr-Lösungen wachsen und beobachteten unter Vermeidung neuer Keimbildung, daß im Gebiet geringer Br^--Konzentrationen Kristalle mit kubischem Habitus entstanden, und daß sich bei zunehmendem Bromid-Überschuß vorzugsweise (111)-Flächen ausbilden, bis schließlich die oktaedrische Wachstumsform vorherrscht. Die Messungen der unterschiedlichen Adsorption von Bromidionen an den verschiedenen Flächen durch Differentialtitration (s. Abb. 15) ergab, daß im Bereich geringer (111)-Adsorption Kuben wuchsen, während bei erhöhter (111)-Adsorption Oktaeder entstanden.

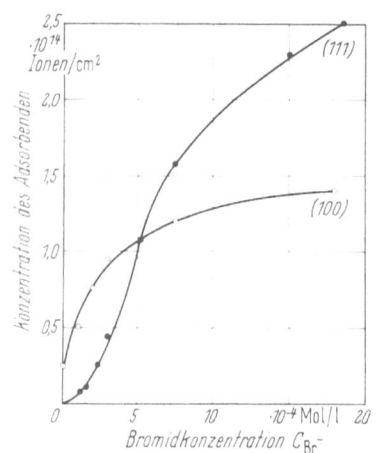

Abb. 15. Adsorptionsisothermen von Bromid an AgBr für (100)- und (111)-Flächen bei 40 °C nach MOISAR und KLEIN [81].

g) Kristallwachstumsgeschwindigkeiten. Als Wachstumsgeschwindigkeit einer Fläche wird deren Vorrücken in Normalen-Richtung definiert. Verschiedene Flächen eines Kristalls haben i. a. unter gleichen Bedingungen verschiedene Wachstumsgeschwindigkeiten. So ist z. B. nach Messungen von SPANGENBERG [82] an Kugeln (bei einer Temperatur von 29—30 °C und einer Übersättigung von 0,5%) beim KAl-Alaun die Wachstumsgeschwindigkeit der (012)-Fläche 27mal größer als die der (111)-Fläche. Eine geometrische Betrachtung (Abb. 16) lehrt, daß die schnell „vorprellenden" Flächen im Laufe des Wachstums immer mehr von den langsam vorrückenden Flächen überdeckt werden (Überlappungsprinzip). Kommt es nicht auf die Wachstumsgeschwindigkeiten einzelner Flächen an, so bedient man

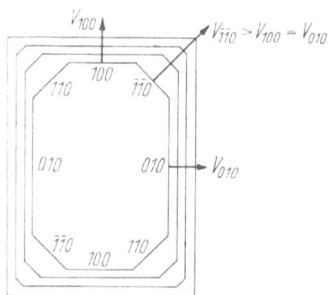

Abb. 16. Das Überlappungsprinzip.

sich einer pauschalen Größe, der durch Gl. (33) definierten, mittleren linearen Wachstumsgeschwindigkeit. Die Kristallwachstumsgeschwindigkeit ist häufig eine *lineare* Funktion der Übersättigung, bei geringen Übersättigungen können jedoch exponentielle oder parabolische Abhängigkeiten vorkommen wie bei den klassischen Versuchen von VOLMER und SCHULTZE [72] zum Wachstum von Jod aus der Dampfphase (vgl. Tab. 7), die von VAN HOOK [6] wiederholt und zum größten Teil bestätigt wurden. Nach Messungen von HONIGMANN und HEYER [83] zum Wachstum von Hexamethylentetramin bei niedrigen Übersättigungen aus der Dampfphase war die Wachstumsgeschwindigkeit glatter Flächen dem Quadrat der Übersättigung proportional, während gestörte Flächen nach einem linearen Gesetz und bei gleicher Übersättigung rascher wuchsen (vgl. Tab. 7). HONIGMANN [44] zeigt am Beispiel des Wachstums von NaCl aus übersättigten Lösungen, daß es für G-Flächen (wiederholbar wachsende glatte Flächen) bei sehr kleinen Übersättigungen einen „unwirksamen Übersättigungsbereich" gibt, in dem der Kristall keine Gewichtszunahme zeigt, wenn er nur von diesen Flächen begrenzt ist, daß jedoch vergröberte Flächen auch in diesem Bereich wachsen.

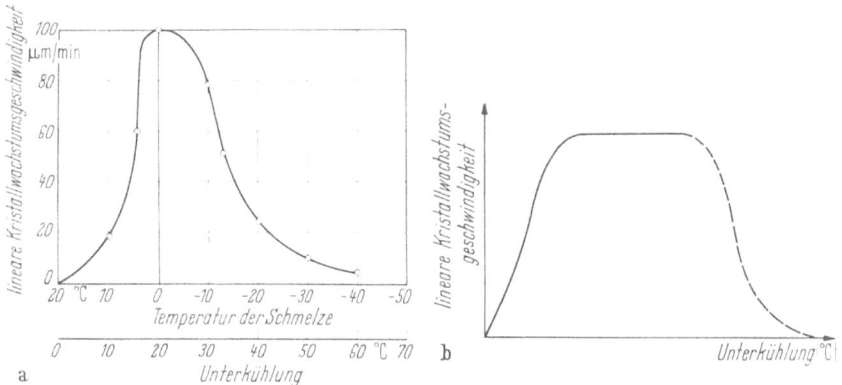

Abb. 17. Abhängigkeit der linearen Kristallwachstumsgeschwindigkeit von der Unterkühlung (nach TAMMAN [17]).
a) Glyzerin. Es stellt mit seinem verhältnismäßig spitzen Maximum einen Sonderfall dar.
b) Schematisches, für viele organische Stoffe gültiges Diagramm.

Nach TAMMAN [17] ist die Kristallwachstumsgeschwindigkeit (K.G.) in Schmelzen für konstante Unterkühlung konstant, nimmt unterhalb des Schmelzpunkts mit zunehmender Unterkühlung bis zu einem Maximalwert zu, um bei starker Unterkühlung wieder zu sinken (Abb. 17). Die Maxima der K.G. sind in der Regel stumpf, im Gegensatz zu den Maxima der Keimbildungsgeschwindigkeiten (vgl. Abb. 3). Mitunter bleibt der erreichte Maximalwert der K.G. für ein größeres Unterkühlungs-Intervall erhalten (Abb. 17b). Das Maximum wird, wie TIPSON [84] angibt, häufig 20 bis 30 °C unterhalb des Schmelzpunktes erreicht. Bei geringer Unterkühlung wird die freiwerdende Kristallisationswärme nur unzureichend abgeleitet, bei großer Unterkühlung ist der Stofftransport zur Grenzfläche durch die größere Viskosität der Schmelze merklich verlangsamt. Tab. 8 (nach VAN HOOK [6]) gibt eine Vorstellung von der Größenordnung der in Schmelzen vorkommenden maximalen Kristallwachstumsgeschwindigkeiten. Nach Messungen von HASSELBLATT [85] ändert sich der Temperatur*verlauf* der K.G. (s. Abb. 17) unter Druck nicht. Die maximale K.G. nimmt bei hohem Druck (1000 kp/cm^2) nur bei wenigen Stoffen zu [z. B. wächst sie bei $Ca(NO_3)_2 \cdot 4\ H_2O$ auf das 1,43-fache an], bleibt bei einigen konstant und nimmt bei der Mehrzahl, manchmal nicht unbeträchtlich, ab (z. B. beim Thymol um fast 50%).

Tabelle 7. *Wachstumsgeschwindigkeiten in Dämpfen*

Substanz	Unterkühlung °C	Kristallwachstumsgeschwindigkeit μm/min	
+Jod	0,037 0,15 0,45 0,76	$<1,67 \cdot 10^{-4}$ 0,055 2,33 3,66	Fläche I
+Naphthalin	0,037 0,15 0,45 0,76	0,233 1,333 3,08 4,66	Fläche I
+Phosphor	0,15 0,76 0,037 0,15	0,105 0,50 0,0267 0,0835	Fläche I
*Hexamethylentetramin, Einkristalle, glatte Flächen	0,1 1 5	0,017 1,32 16,66	

+ nach VOLMER und SCHULTZE [72]
* nach HONIGMANN [44] und HONIGMANN und HEYER [83]

In Lösungen sind die Wachstumsgeschwindigkeiten in der Regel von der Relativgeschwindigkeit zwischen Kristall(en) und Lösung abhängig (vgl. Abb. 9). Nach Untersuchungen von CARTIER, PINDZOLA und BRUINS [86] weist die Wachstumsgeschwindigkeit von Zitronensäure in H_2O eine ähnlich starke Abhängigkeit von dieser Relativgeschwindigkeit auf wie die von $CuSO_4 \cdot 5\ H_2O$, wohingegen die Wachstumsgeschwindigkeit von Itaconsäure innerhalb des Meßintervalls (≥ 15 cm pro s) von der Relativgeschwindigkeit völlig unabhängig war. Die Abhängigkeit der Wachstumsgeschwindigkeiten dieser beiden Stoffe von der Übersättigung bei sehr hohen Relativgeschwindigkeiten ($r_g \approx r_i$ n. Gl. 35) ist aus Tab. 9 ersichtlich. Experimentell wird die Wachstumsgeschwindigkeit entweder durch unmittelbare Längenmessungen mit Schraubentaster und Mikrometerschraube [82], [87] oder Objektmikrometer [88], [72], [89] bestimmt oder durch Filmen und Photographieren [90], [91] des wachsenden Kristalls und nachträgliche Längenbestimmungen an Hand der Bilder. Bei den Schmelzen läßt sich nach der Tammanschen Methode das Vorrücken der Kristallisationsfront in einem graduierten Röhrchen in Abhängigkeit von der Unterkühlung (Badtemperatur) beobachten. Da die Wachstumsge-

Tabelle 8. *Wachstumsgeschwindigkeiten in Schmelzen (nach van Hook [6])*

Substanz	Unterkühlung °C	Maxim. Kristl.-Geschw. mm/min
Azobenzol	30	600
Benzil	34,8	433
Benzol	5,5	2307 ⎫
Toluol	20—29	295 ⎪ lin.
p-Xylol	5,5	1620 ⎬ K.G.
Diphenyl	16	7500 ⎭
Glycerin	0,26	0,11
Tetrachlorkohlenstoff	2—7	∞
Natrium	43,5	360
$Li_2O \cdot 2\,SiO_2$	270	1,1
Phosphor	19	lin. K. G. > 60000
Wismut	—	20 und 36

Tabelle 9. *Wachstumsgeschwindigkeiten von Zitronen- und Itaconsäure aus wäßrigen Lösungen bei hohen Strömungsgeschwindigkeiten (nach Cartier, Pindzola und Bruins [86])*

Substanz (Fläche), Lösungsmittel	Temperatur °C	Übersättigung g/100 g H_2O	Wachstumsgeschwindigkeit μm/min
Zitronensäure (111), H_2O	24	2,14	1,5
		2,67	5,0
		3,90	15,0
Itaconsäure (001), H_2O	22	2,40	2
		2,70	3
		3,00	4
		3,30	5
		3,50	6
		3,70	7
		4,00	8

schwindigkeiten nicht nur von der Kristallfläche, der Übersättigung (Unterkühlung) und der Temperatur, sondern auch vom Gehalt an Verunreinigungen abhängen, kommt der Vorbehandlung der zu messenden Substanz und der Meßgefäße entscheidende Bedeutung zu (vgl. auch die Bemerkungen über Einkristalle, Kap. III A 3). Läßt man Schmelz- oder Lösungstropfen auf dem Objekt-Träger unter dem Mikroskop durch Kühlung oder Verdunsten des Lösungsmittels erstarren, so können die wachsenden Kristalle unmittelbar vermessen werden; hierbei sind jedoch Unterkühlung oder Übersättigung meist nicht regel- und meßbar. In der Wachstumszelle nach CARTIER, PINDZOLA und BRUINS [86] wird ein Kristall von 0,5 bis 1 mm Länge mit Kanadabalsam an einem Wolfram-Faden befestigt und in der Mitte eines von der meßbar übersättigten Lösung durchströmten Glasrohres angebracht; die Wachstumsgeschwindigkeiten der einzelnen Flächen können mit dem Mikroskop gemessen werden. Diese Anordnung hat den Vorteil, daß die Übersättigung genau definiert ist. Nach GOLDSZTAUB und KERN [62] kann man die Lösungskonzentration in unmittelbarer Nähe eines wachsenden Kristalls mit folgender Anordnung bestimmen: Ein linear polarisierter Strahl weißen Lichts durchtritt den Lösungsfilm zwischen zwei planparallelen Quarzplatten eines Lavartschen Polariskops, die in einem Winkel von 45° zur optischen Achse geschnitten und so übereinander angebracht sind, daß ihre optischen Achsen einen rechten Winkel miteinander bilden. Die durch Doppelbrechung entstehende Interferenzfigur kann nach dem Durchgang der Strahlen durch die Quarzplatten, das Objektiv eines Mikroskops und einen Analysator im Okular beobachtet werden. Die Kurven gleicher Lösungskonzentration entsprechen den Isochromaten. Die Erzeugung der Interferenz durch Doppelbrechung anstatt durch Vielfach-Reflektionen an halbversilberten Platten [63], [64], [65] hat den Vorteil höherer Empfindlichkeit und größerer Einfachheit. Zur Messung der mittleren Wachstumsgeschwindigkeit eines Kollektivs, also eines Kristallisates, bedarf es der Kornanalyse (z. B. Sieb- oder Sedimentations-Analyse) des vorgelegten Impfgutes und des erhaltenen Kristallisates sowie der Bestimmung der abgegebenen Übersättigung. Methode und Auswertungsverfahren wurden von MATZ [92] angegeben.

3. Einkristalle

Kristalle ohne Korngrenzen werden Einkristalle genannt. Diese enthalten i. a. weniger Baufehler (beispielsweise Einschlüsse von Fremdstoffen und Auftreten vergröberter Flächen) als polykristallines Material, sind aber nicht völlig frei von Fehlstellen. Jedoch ist die Unterscheidung einkristallin-polykristallin nicht von großer Trennschärfe, denn ein Exemplar, das für den einen Verwendungszweck polykristallin ist, kann für den anderen mitunter als einkristallin gelten. Die Bedeutung der Einkristalle hat in den letzten 30 Jahren stark zugenommen. Man kann nach NEUHAUS [93] folgende Gebiete der technischen Anwendung unterscheiden:

1. Optisch-technische Industrie: Verwendung als Prismen und Fenster im kurzwelligen Ultraviolett und langwelligen Ultrarot. Nach SMAKULA [94] sind für die optischen Einkristalle Wellenlängenbereich der Durchlässigkeit, Brechungsindex, Temperaturabhängigkeit des Brechungsindex, Dispersion, thermische Ausdehnung, Wasserlöslichkeit und Härte wichtig. Benutzt werden die Substanzen: LiF, CaF_2, CdF_2, NaCl, KCl, KBr, KJ, CsJ, TlBr und TlJ.

2. Feinmechanik und Juweliergewerbe: Verwendung als Uhren-, Lager- und Schmucksteine. Benutzt werden: Korund (Al_2O_3), Rubin ($Al_2O_3 + Cr_2O_3$), Saphir ($Al_2O_3 + Fe_3O_4 + TiO_2$), Spinell ($Al_2O_3 \cdot MgO$) und Rutil ($TiO_2$).

3. Elektroakustik und Hochfrequenztechnik: Verwendung als piezoelektrische Schwinger. Benutzt werden: Bariumtitanat ($BaTiO_3$), Signette-Salz ($KNaC_4H_4O_6 \cdot 4\,H_2O$), Äthylendiamintartrat (EDT: $C_6H_{14}N_2O_6$), andere Tartrate, Ammoniumdihydrogenphosphat (ADP: $NH_4H_2PO_4$), Lithiumsulfat ($Li_2SO_4 \cdot H_2O$), Quarz (SiO_2) u. a.

4. Transistoren. Benutzt werden: Silicium, Germanium, Aluminiumantimonid (AlSb) und andere Legierungen der 3. und 5. (bzw. der 2. und 6.) Gruppe des periodischen Systems.

5. Kristallzähler (Szintillations- und Stromstoß-Zähler). Benutzt werden: Thallium-aktiviertes KBr, KJ und besonders NaJ, silberaktiviertes NaCl, AgCl, $CdWO_4$, $CaWO_4$, ferner Naphthalin, Anthracen, Diphenyl, Stilben und Terphenyl.

Genau wie die polykristalline Materie werden Einkristalle entweder aus Lösung, Schmelze oder dem Dampf gezüchtet. Der Kühlungs- und Verdampfungs-Kristallisation stellt sich hier noch in Lösungen die hydrothermale Kristallisation zur Seite, eine Kristallisation in wäßriger Phase bei überkritischen Temperaturen und Drucken. Für die Kühlungskristallisation gibt es zwei Verfahren: Das Temperatur-Differenz-Verfahren (Krüger-Fincke-Prinzip), nach dem die umgewälzte Lösung in einem Behälter gesättigt wird und in einem anderen die Übersättigung an die Impfkristalle abgibt, und das Temperatur-Absenk-Verfahren, nach dem die Temperatur des Züchtungs-Thermostaten, in dem sich die Impfkristalle befinden, programmgesteuert erniedrigt wird. Die Impfkristalle sind an den Armen eines Rührers angebracht, der eine niedrige Drehzahl hat und dessen Drehrichtung nach einer Reihe von Umdrehungen geändert wird. Dies ist notwendig, um eine größere Relativgeschwindigkeit zwischen Kristall und Lösung zu erzeugen, die von wesentlichem Einfluß auf die Wachstumsgeschwindigkeit ist, und um Schleier auf den „Kielwasser"-Seiten des Kristalls zu vermeiden, die bei gleichsinniger Rotation entstehen. Zucht und Auswahl der Impfkristalle bedürfen besonderer Sorgfalt. Zu Beginn des Verfahrens, wenn nur kleine Impflinge zur Verfügung stehen, überzieht man zweckmäßigerweise die waagerechten Kristallträger mit einer Litze und läßt diese etwas über den Träger vorstehen, so daß der kleine Impfling im verbleibenden Hohlraum gehalten wird, fest genug angebracht ist und etwas herausragt. Sind die Impflinge größer geworden,

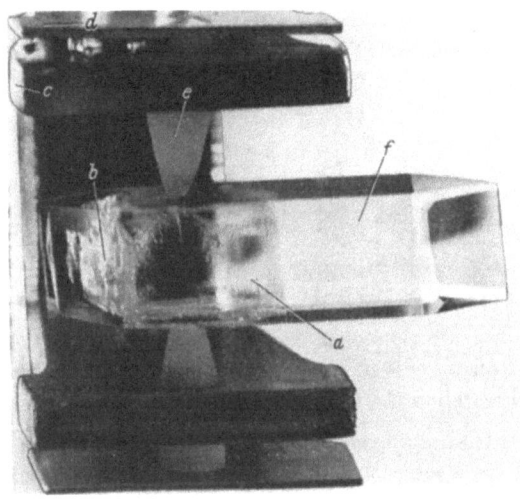

Abb. 18. Eingespannter Einkristall aus EDT Maßstab 5:1. *a)* Impfling mit Auflösungsschliere an der rechten Grenze; *b)* Ur-Impfling mit eingeschlossenem Lösungsmittel; *c)* Kristallträger; *d)* Anpreßblättchen; *e)* Einspannstifte aus Mipolam; *f)* Klar gewachsener Einkristall.

so können sie zwischen den waagerechten Trägerarmen mit Hilfe von Schrauben oder Einspannstiften (gegebenenfalls aus Kunststoff; s. Abb. 18) gehalten werden. Als Impflinge sind grundsätzlich alle Kristallbruchstücke geeignet, es ist jedoch günstiger, Kristalle zu verwenden, die schon die natürlichen Flächen aufweisen, weil dann kein „Ausheilprozeß" notwendig ist und einheitlicheres Wachstum ermöglicht wird. Für das Züchten von Kristallen, die die Form von länglichen Prismen mit aufgesetzten Endpyramiden haben, eignen sich besonders gut Platten als Impflinge, die senkrecht zur Prismenachse geschnitten sind. Diese Platten werden so eingespannt, daß die Lösung quer über die Schnittflächen strömt. An den Platten bilden sich, von den Kanten ausgehend, Endpyramiden, „Käppchen", aus. In diesem Stadium wird das Verfahren unterbrochen, die Impflinge werden entfernt und ausgemustert. Nur die am vollkommensten entwickelten Exemplare werden weiterhin als Impflinge benutzt, diesmal aber so eingespannt, daß die „Käppchen" nach außen kommen und eine freie Zirkulation über diese Flächen möglich ist. Die Bildung der „Käppchen" im ersten Stadium erfolgt nämlich so rasch, daß Mutterlauge eingeschlossen wird, wodurch die „Käppchen" ein milchiges Aussehen erhalten. Beim ADP bestehen die Platten aus (001)-Flächen, während die „Käppchen" von (101)-Flächen gebildet werden. Man erhält nur dann klare „Käppchen", wenn das Wachstum allein an den (101)-Flächen erfolgt. Die Anwesenheit von Eisen- und Chromionen beschleunigt zwar die „Käppchen"-Bildung, ist aber später unerwünscht, da die Kristalle dadurch dazu neigen, spitz zuzulaufen. — Tab. 10 und 11 geben einen Überblick über die Wachstumsgeschwindigkeiten von Einkristallen in wäßrigen Lösungen. Nach HOLDEN [96] beträgt die zulässige Wachstumsgeschwindigkeit für Salze, deren Löslichkeit im Bereich von 20 bis 50 Gew.-% liegt, 1,3 bis 2,5 mm/Tag

Tabelle 10. *Wachstumsgeschwindigkeiten von Einkristallen des Äthylendiamintartrat (EDT) in H_2O nach* KUNISAKI [95]

Wachstums-Temperatur °C	Übersättigungsgrad in % = $100 \frac{\Delta L}{L}$	Wachstumsgeschwindigkeiten µm/min	
		(110)	(100)
27,5	0,54	0,23	0,0236
	0,65	0,32	0,0396
	0,80	0,445	0,0626
	1,02	0,62	0,0835
42,0	0,56	0,995	0,16
	0,66	1,18	0,215
	0,75	1,35	0,25

Tabelle 11. *Wachstumsgeschwindigkeiten von Einkristallen des Ammoniumdihydrogenphosphat (ADP) in H_2O nach* KUNISAKI [95]

Wachstums-Temperatur °C	Übersättigungsgrad in % = $100 \frac{\Delta L}{L}$	Wachstumsgeschwindigkeiten µm/min	
		Pyramidal	Prismatisch
31	0,85	0,53	0,174
	1,25	—	0,375
	1,36	1,43	0,424
	1,98	2,65	0,722
38,5	0,73	0,97	0,292
	0,86	1,46	—
	1,20	2,16	—
	1,33	—	0,862
	1,59	3,51	—
	1,92	4,41	1,465

(0,9 bis 1,7 µm/min) oder etwa 100 bis 200 monomolekulare Schichten pro Sekunde. Für Salze, deren Löslichkeit geringer ist, ist auch die höchstzulässige Wachstumsgeschwindigkeit geringer. Bei der hydrothermalen Züchtung von Quarz [97] benutzt man Autoklaven mit einer wärmeren Nähr-Zone am Boden und einer kälteren Wachstumszone am Kopf, innerhalb deren die Impf-Kristalle mit Federklammern an einem Gestell befestigt sind. Die Wachstumszone hat etwa das doppelte Volumen der Nährzone. Beide Zonen sind durch ein Hindernis, nämlich eine Lochplatte, voneinander getrennt. Es konnte erreicht werden, daß in der Nährzone eine einheitliche Temperatur herrscht und ebenfalls in der Wachstumszone, daß also der gesamte Temperaturabfall zwischen den Zonen nur unmittelbar an der Lochplatte erfolgt. Als günstigste Arbeitsbedingungen werden von LAUDISE und SULLIVAN [98] die folgenden angegeben: Kopftemperatur 345 bis 360 °C, Temperatur-Unterschied zwischen Kopf und Boden 40 bis 60 °C, Füllungsgrad 80 bis 85 Vol.-%, Druck 1500 bis 2000 at, offene Fläche der Lochplatte 2 bis 3%, Verwendung von 1- bis 1,2-n Natronlauge. Die Wachstumsgeschwindigkeiten der einzelnen Flächen hängen linear von der Temperatur-Differenz zwischen Nähr- und Wachstumszone ab, der Logarithmus der Wachstumsgeschwindigkeit ist linear von der reziproken absoluten Temperatur der Wachstums-Zone abhängig. Die Basis-Ebene (0001), nach der geschnittene Platten auch technisch als Oszillator-Platten am wichtigsten sind, wächst am schnellsten. Es konnten Wachstumsgeschwindigkeiten bis 1,5 mm/Tag (1,04 µm/min) erzielt werden.

Die Züchtung von Einkristallen aus der *Schmelze* beruht auf folgendem Prinzip: Beim Abkühlen der Schmelze wird ein Keim ausgezeichnet, der allmählich zum Einkristall auswächst. Allgemein lassen sich Tiegel- und Zieh-Verfahren unterscheiden. Im ersten Fall wird der Tiegel im Temperatur-Gradienten-Feld abgesenkt, im zweiten Fall wird der Einkristall im Temperatur-Gradienten-Feld gehoben. Die Keimauslese kann durch einen konisch nach unten zulaufenden Schmelztiegel oder durch Einsatz eines beweglichen Kühlblocks erreicht werden, der zur Kegelspitze hochgeschoben wird. Bei den Ziehverfahren ist entweder durch die Bewegungsrichtung eines Kühlfingers oder die Ziehrichtung eines Impfhäkchens eine Vorzugsrichtung gegeben. Selbstreinigung und gutes Wachstum werden durch einen steilen Temperatur-Gradienten an der Wachstumsfront begünstigt. Absenk- und Zieh-Geschwindigkeiten liegen in der Größenordnung von etwa 1 mm/h. Gut geeignet für die Züchtung von Einkristallen aus der Schmelze ist das Zonenschmelzverfahren [99] (s. Kap. III C 2). Dazu bringt man innerhalb des Substanz-Behälters einen Stab des reinen Materials in Berührung mit der flachen Oberfläche eines Impfkristalls, läßt die Schmelzzone soweit wandern, bis sie den Impfkristall berührt, unterbricht die Bewegung für kurze Zeit und kehrt dann die Bewegungsrichtung um. Auf diese Weise konnten Einkristalle aus Germanium von 1 Zoll ⌀ und 30 cm Länge hergestellt werden. Die Wanderungsgeschwindigkeiten der Schmelzzone liegen zwischen 1 mm/h und 1 cm/h.

Einkristalle, die durch unmittelbare Kondensation aus der Dampfphase (Desublimation) gezüchtet werden, sind meist kleiner (5 bis 10 mm) als die aus Schmelzen und Lösungen, weil die Kontrolle der Übersättigung schwieriger ist. Häufig bedient man sich auch hier eines Temperatur-Differenz-Verfahrens [68]; Der Sublimator, in dem der Dampf entwickelt wird, und der Kondensator, in dem sich die Impfkristalle befinden, sind entweder im selben Gefäß untergebracht oder stehen miteinander in Verbindung, und die Anordnung arbeitet bei vorgegebenem Unterdruck. Auf diese Weise wurden z. B. Einkristalle von Jod, Phosphor, Naphthalin, Hexamethylentetramin, Mg, Cd, Zn, Se und As_4O_6 erhalten. Die Wachstumsgeschwindigkeiten von Jod, Naphthalin und Phosphor sowie Hexamethylentetramin sind in Tab. 7 angegeben. In einigen Fällen (z. B. CdS) erfolgt das Kristallwachstum im Anschluß an die chemische Reaktion [100] eines Gases (z. B. H_2S) mit dem Dampf eines Metalls (z. B. Cd). Ferner sind Verfahren bekannt, bei denen Einkristalle nach der Temperaturgradienten-Methode, aber nicht unter Vakuum, sondern in ruhender Gasatmosphäre (z. B. H_2S, Ar) gezüchtet werden [101].

4. Realkristalle

Realkristalle enthalten stets Gitterfehler; der Idealkristall ist nur ein vollkommenes Modell, während wirkliche Kristalle immer eine Fehlordnung aufweisen. Man kann zwischen Lage-, elektronischer und chemischer Fehlordnung unterscheiden [102]. Bei der Lagefehlordnung pflegt man atomare Fehler (Punktdefekte oder 0-dimensionale Gitterstörung) einerseits und gröbere Gitterfehler andererseits auseinanderzuhalten, die Versetzungen (1-dimensionale Gitterstörung), Zwillingsbildung bzw. Korngrenzen (2-dimensionale Gitterstörung) und Verwerfungen (3-dimensionale Gitterstörung) umfassen. *Punktdefekte* stellen die reversible Fehlordnung dar, nämlich eine Anordnung von Fehlstellen, die sich im Temperaturgleichgewicht mit dem Idealkristallgitter befindet. Zu ihnen gehören die Frenkelschen [103] Fehlstellen, eine Fehlordnung mit Anordnung von Gitterbausteinen auf Zwischengitterplätzen, und die Schottkyschen [104] Fehlstellen, das Auftreten von Leerstellen im Grundgitter (und zwar von gleich vielen in beiden Teilgittern bei Ionenkristallen) ohne Besetzung von Zwischengitterplätzen. Die Zahl der fehlgeordneten Bausteine pro Volumeneinheit n ist gemäß der Boltzmann'schen Statistik exponentiell von der absoluten Temperatur T abhängig. Man hat:

$$n = n_0\, e^{-\frac{E}{kT}}, \qquad (60)$$

wobei

n_0 die Gesamtzahl der Bausteine pro Volumeneinheit,
E die Fehlordnungsenergie (cal),
k die Boltzmann'sche Konstante $= 3{,}2984 \cdot 10^{-24}$ cal/grd

ist. E hat die Größenordnung von 1 eV ($= 1{,}602 \cdot 10^{-12}$ erg $= 3{,}827 \cdot 10^{-20}$ cal). Für beispielsweise $E = 3{,}827 \cdot 10^{-20}$ cal und $T = 1050\,°\mathrm{K}$ erhält man $n/n_0 = 1{,}589 \cdot 10^{-5}$.

Versetzungen sind lineare Gitterstörungen, die durch Gleitung verschiedener Kristall-Bezirke gegeneinander zustande kommen. Wird der obere Teil des Gitters gegenüber dem unteren so verschoben, daß in jenem die Bausteine um einen Atomabstand zusammengepreßt werden, dann entsteht senkrecht zur Gleitrichtung im Innern eine Versetzungslinie $V-V$ (s. Abb. 18a), die von einem deformierten Kristallbereich umgeben ist, und am Rand eine Stufe (Stufenversetzung). Gleiten die Bausteine eines Kristall-Bezirkes nicht senkrecht, sondern parallel zu einer rotierenden Versetzungslinie beim Verschieben, so entsteht eine Wendeltreppe mit der Schraubenachse PO (vgl. Abb. 13a), die vom deformierten Kristallbereich umgeben ist (Schraubenversetzung vgl. Kap. III A 2 e). Die Schraubenachse wandert mit der Gleitung (vgl. Abb. 13b) und hat stets deren Richtung.

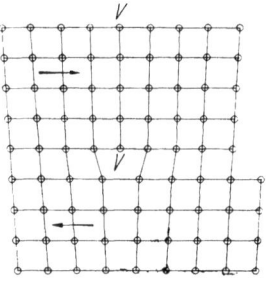

Abb. 18a. Stufenversetzung.
$V-V$ Versetzungslinie.

Korngrenzen treten auf, wenn benachbarte Kristallbereiche verschieden orientiert sind; man kann sie bei kleiner Winkeldifferenz als Folge paralleler Stufenversetzungen ansehen [116]. Untersuchungen [105] nach der Methode der Kleinwinkel-Streuung von Röntgenstrahlen zeigten, daß sich der regelmäßige Gitteraufbau nur in kleineren abgeschlossenen Bereichen (Mosaikblöcken) findet, deren Ausdehnung zu Hundert bis zu einigen Tausend Å angegeben wird. ZEHENDER [106], KOCHENDÖRFER [106] und GRAF [107] stellten an unverformten gegossenen Metallen Mosaikblöcke von sogar 1 μm (10^4 Å) Dicke fest. Zwillingsbildung [108] ist eine besondere Form zweidimensionaler Gitterstörung, bei der die Korngrenzen entlang bestimmter kristallographischer Ebenen verlaufen. Es gibt Fälle, in denen Symmetrie um eine Achse (Zwillingsachse), und andere, in denen Symmetrie um eine Ebene (Zwillingsebene) herrscht. Bei größeren Kristallen kann es vorkommen, daß die Korngrenzen der Mosaikblöcke nicht mehr eben und stärker (bis zu mehreren Graden) gegeneinander geneigt sind. Man spricht dann von Kristallverwerfungen [109].

Elektronische Fehlordnung liegt vor, wenn Bindungselektronen abgespalten und im Gitter frei beweglich werden. Für sie gilt eine der Gl. (60) analoge Beziehung.

Unter chemischer Fehlordnung versteht man den Einbau von Fremdatomen ins Gitter (Substitution). Die chemische Fehlordnung beeinflußt oft erheblich die anderen Arten von Fehlordnung. Die Technik des Zonenschmelzens (vgl. Kap. III C 2) hat es in vielen Fällen ermöglicht, den Gehalt der Fremdstoffe drastisch zu senken. So hat beispielsweise [110] rohes Germanium (nach der Reduktion von reinem Germaniumdioxyd mit Wasserstoff) eine Störstellenzahl von 10^{15} bis $10^{16}/cm^3$ Ge ($2,25 \times 10^{-8}$ bis $2,25 \times 10^{-7}$ Störstellen/Atom Ge), während durch Zonenschmelzen hochgereinigtes eine Störstellenkonzentration von etwa 2,5 bis $5 \times 10^{13}/cm^3$ Ge ($5,6 \times 10^{-10}$ bis $1,12 \times 10^{-9}$ Störstellen pro Atom Ge) aufweist.

Die von SMEKAL [111] getroffene Unterscheidung zwischen strukturempfindlichen Eigenschaften (Diffusion, Ionen- und Elektronenleitung in isolierten und Halbleiterkristallen, innerer Photoeffekt, Plastizität, Kristallfestigkeit, feinere Züge der optischen Absorption, Lumineszenz und Phosphoreszenz) und strukturunempfindlichen (Gitterstruktur, spezifische Wärme, Elastizitätsmodul, Wärmeausdehnung, Kompressibilität, Bildungsenergie, Hauptzüge der optischen Absorption und Dispersion, normale Elektronenleitung bei Metallen, Dia- und Paramagnetismus) wird als nicht sehr glücklich angesehen, da alle physikalischen Eigenschaften, nur in verschiedenem Grade, durch die Baufehler beeinflußt werden und die Struktur nicht geändert wird. Die Einteilung NIGGLI's [112] in schwach und stark störungsempfindliche Eigenschaften wird den Erscheinungen besser gerecht. Den Einfluß von Baufehlern auf die Festigkeitseigenschaften von Kristallen zeigen folgende Zahlen: Polykristallines Al hat eine Zerreißfestigkeit [6] von 2000 bis 3000 kp/cm², Al-Einkristalle von 42 000 kp/cm². Besonders hohe Festigkeiten haben fehlerfreie, haarförmige Kristalle (Whisker). So erreichen einkristalline Whisker des Al_2O_3 (Durchmesser 4 bis 20 μm) nach BRENNER [113] Zerreißfestigkeiten bis 10^5 kp/cm² bei Raumtemperatur und bis 15 000 kp/cm² bei 1800 °C. Allgemein nennt man Kristalle von prismatischen Querschnitt, einem Durchmesser in der Größenordnung von einigen μm und einer tausendmal größeren Länge Whisker; sie erreichen ihre größte Festigkeit, wenn sie einkristallin sind. Aber auch die festesten Whisker sind mitunter keine reinen Einkristalle, wie z. B. die aus Eisenhalogenid im Argonstrom mit $1^0/_{00}$ Wasserstoff hergestellten Eisenwhisker [114] (Zerreißfestigkeiten bis 11 000 kp/cm^2). Gelingt es bei größeren Einkristallen die Fehlstellen an der *Oberfläche* zu beseitigen, so können ähnlich hohe Festigkeitswerte wie bei Whiskern erzielt werden. So konnten MORLEY und PROCTOR [115] bei Al_2O_3-Stäbchen (750 μm Durchmesser) nach Durchziehen durch eine CO-Gasflamme eine maximale Biegefestigkeit von 72 000 kp/cm^2 erreichen.

B. Grundlagen der Kristallisation aus Lösungen

1. Temperatur-Löslichkeitsdiagramm

Im einfachsten Fall liegt das binäre System Lösungsmittel-Gelöstes vor. Häufig bildet das Lösungsmittel mit dem Gelösten bei dessen Auskristallisation Solvate, d. h. die Moleküle des Lösungsmittels werden in einem bestimmten, von der Temperatur abhängigen Mengenverhältnis in das Kristallgitter miteingebaut. Ist Wasser das Lösungsmittel, so spricht man von Hydraten. Alle Wechselwirkungen zwischen Lösungsmittel und Gelöstem sollen physikalischer Natur sein, beide Stoffe dürfen sich nicht chemisch miteinander umsetzen. Die Eignung eines Lösungsmittels ist an bestimmte Voraussetzungen gebunden; so sollte es billig oder leicht wiedergewinnbar, wenig toxisch und nicht zu leicht entflammbar, nicht zu viskos und nicht korrosionserzeugend sein. Auch Dampfdruck (bei Lagerungstemperatur nicht zu hoch) und Erstarrungspunkt (hinreichend niedrig) unterliegen in der Regel Einschränkungen. Alle Systeme Lösungsmittel-Gelöstes sind vom eutektikalen Typ; sie müssen es deshalb sein, weil innerhalb nicht zu enger Temperaturgrenzen Bodenkörper (Kristallisate) einheitlicher Zusammensetzung (dem reinen Gelösten oder einem bestimmten Solvat entsprechend) gefordert werden, was Systeme ausschließt, deren Komponenten eine Folge fester Lösungen bilden. Abb. 19 zeigt den wichtigsten Ausschnitt aus dem vollständigen Zustandsdiagramm des Systems H_2O–KCl. Es ist ein Repräsentant für alle Diagramme Lösungsmittel-Gelöstes ohne Solvatbildung. Charakteristisch ist der verhältnismäßig kurze linke, Eiskurve genannte, und der lange rechte, Löslichkeitskurve genannte Ast der Sättigungskurve (Liquidus), die das Existenzgebiet der homogenen Lösung von den Zustandsgebieten trennt, in denen die Lösung und jeweils *ein* Bodenkörper nebeneinander bestehen. Der tiefste Punkt der Sättigungskurve wird (in mehr metallurgischer Bezeichnungsweise) Eutektikum oder im Falle wäßriger Lösungen Kryohydrat genannt. Hat man z. B. durch Kühlen einer homogenen Lösung, deren Konzentration größer als die eutektische ist, den langen Ast der rechten Sättigungskurve erreicht, so kristallisiert zunächst reines Salz aus, denn die Lösung dieser Konzentration ist mit der reinen Komponente 2 (Salz) im Gleichgewicht. Durch Ausfallen des Salzes reichert sich die Lösung an der Komponente 1 (H_2O) an, d. h. sie wird weniger konzentriert, wobei die Zustandspunkte des rechten Astes der Sättigungskurve der Reihe nach durchlaufen werden (wenn man von Übersättigungserscheinungen absieht), bis der eutektische Punkt erreicht ist. Hier erstarrt die gesamte Lösung. Bei Abkühlung einer Lösung, deren Konzentration geringer als die eutektische ist, fällt zunächst beim Erreichen der Sättigungskurve festes Lösungsmittel („Eis") aus, bis wieder der eutektische Punkt erreicht ist. Der eutektische Punkt setzt der Kühlungskristallisation eine untere Grenze; denn über ihn hinaus ist keine Anreicherung an Lösungsmittel oder Salz mehr möglich. Die Eiskurve ist für das Ausfrieren (vgl. Kap. III B 7) wichtig. Längs der Löslichkeitskurve sind alle Temperatur-Intervalle theoretisch gleichberechtigt, die Erfahrung hat aber gezeigt, daß die Abtrennung der reinen Komponente 2 (Salz) um so schwieriger wird, je näher am eutektischen Punkt gearbeitet wird.

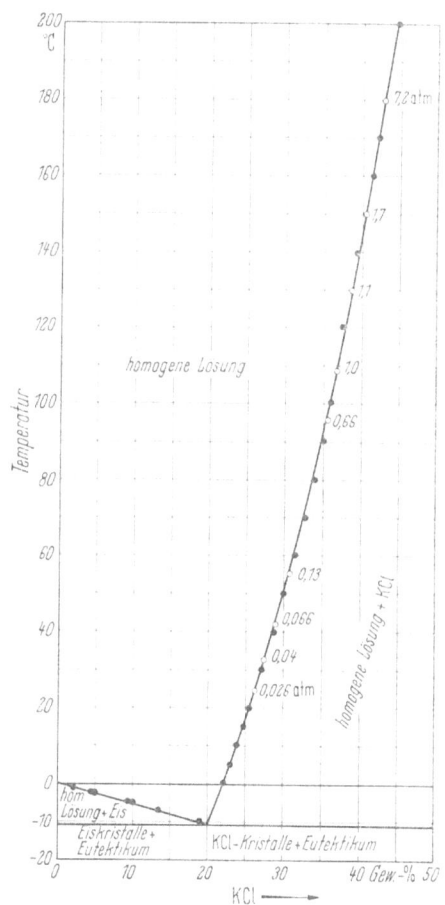

Abb. 19. Zustandsdiagramm des Systems $H_2O - KCl$.
FP des KCl: 776 °C.
Parameter längs der Löslichkeitskurve: Dampfdruck der Lösungen.

Da man im Bereich oberhalb der atmosphärischen Siedetemperatur der Lösung (um den Betrag der Siedepunktserhöhung höher als die des reinen Lösungsmittels) auf die Benutzung von Autoklaven oder Druckrohren angewiesen ist, beschränkt man sich meist auf das Intervall von Raumtemperatur bis zur atmosphärischen Siedetemperatur der Lösung. Im Falle der Solvat-Bildung weist die Löslichkeitskurve keine stetige Krümmung, sondern Knickpunkte auf; die Kurvenstücke zwischen den Knickpunkten entsprechen jeweils einheitlichen Bodenkörpern. So bildet beispielsweise Dinatriumhydrophosphat (Na_2HPO_4) außer dem wasserfreien Stoff das Di-, Hepta- und Dodeka-Hydrat als Bodenkörper.

Bezeichnet man die Zahl der Freiheitsgrade eines Systems mit f, die Zahl seiner Komponenten mit k und die Zahl der Phasen mit ph, so gilt nach der Gibbsschen Phasenregel

$$f = k + 2 - ph \ . \tag{61}$$

Mit $k = 2$ (Lösungsmittel + Gelöstes) und $ph = 3$ (1 dampfförmige, 1 flüssige, 1 feste) erhält man: $f = 1$.

Wählt man die Temperatur als Freiheitsgrad, so legt diese Dampfdruck und Konzentration der siedenden Lösung fest (s. Abb. 19). Für kondensierte Systeme, bei denen man über den Freiheitsgrad Druck bereits verfügt hat oder bei denen die Druckabhängigkeit des Gleichgewichts vernachlässigbar ist, nimmt das Gibbssche Phasengesetz die Form

$$f' = k + 1 - ph' \tag{61'}$$

an. Bei konstanter Temperatur ist die Löslichkeit nur wenig vom Druck abhängig, so daß für nichtsiedende Lösungen, also für die Kühlungskristallisation, Gl. (61') benutzt werden kann. Mit $k = 2$ und $ph' = 2$ (flüssig und fest) wird $f' = 1$, d. h.: Die Sättigungskonzentration (Löslichkeit) ist durch die Temperatur bestimmt. Beim Erreichen des eutektischen Punktes wird $ph' = 3$, weil außer der reinen Komponente 2 (Salz) eutektisches Gemenge ausfällt, und daher $f' = 0$, d. h., es gibt nur eine eutektische Temperatur und Konzentration, die vom System abhängen. In ähnlicher Weise zeigt man, daß binäre Lösungen, die mit zwei Bodenkörpern (z. B. einem Hydrat und dem nächst hydratwasserärmeren) im Gleichgewicht sind, monovariant ($f' = 0$) sind; die Knickpunkte der Löslichkeitskurve sind also für jedes solvatbildende System fixiert.

Der jenseits des Eutektikums gelegene, rechte Ausschnitt des binären Zustandsdiagramms (s. Abb. 19) wird Temperatur-Löslichkeitsdiagramm) genannt; es ermöglicht die Wahl des für ein gegebenes System geeigneten Kristallisationsverfahrens. Löslichkeiten werden meistens in g lösungsmittelfreies Gelöstes/100 g Lösungsmittel angegeben. Man unterscheidet (s. Abb. 20) folgende vier Arten von Löslichkeitskurven:

1. Die Löslichkeit nimmt mit steigender Temperatur stark zu (z. B. KNO_3),

2. Die Löslichkeit nimmt mit steigender Temperatur mäßig zu (z. B. KCl),

3. Die Löslichkeit nimmt mit steigender Temperatur kaum zu (z. B. NaCl),

4. Die Löslichkeit nimmt mit steigender Temperatur ab (z. B. Na$_2$SO$_4$).

Nimmt die Löslichkeit mit steigender Temperatur stark zu, so ist das geeignete Kristallisationsverfahren die Kühlungskristallisation. Hat man beispielsweise eine ungesättigte KNO$_3$-Lösung — sie möge bei einer Temperatur von 80 °C 80 g KNO$_3$/100 g H$_2$O enthalten —, so ist

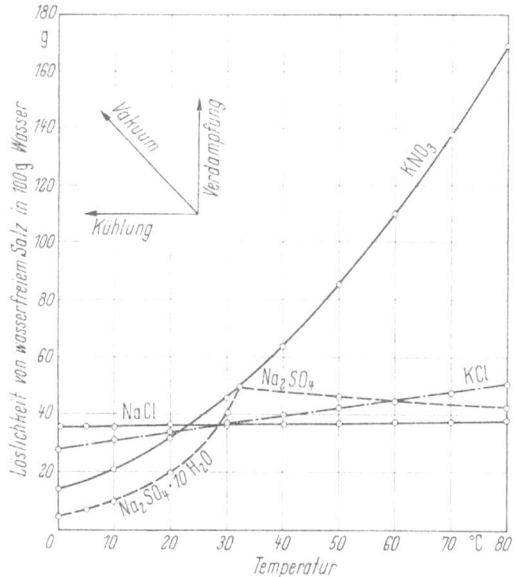

Abb. 20. Vier verschiedene Arten von Temperatur-Löslichkeitskurven.
W_L^∞ = Lösungswärme bei unendlicher Verdünnung in kcal/mol.

Salz	W_L^∞
Na$_2$SO$_4$ · 10 H$_2$O	−18,7
KNO$_3$	− 8,6
KCl	− 4,4
NaCl	− 1,2
Na$_2$SO$_4$	0,28

zunächst die Sättigung und dann als allgemeine wichtigste Voraussetzung der Kristallisation die Übersättigung der Lösung notwendig. Die kürzeste Verbindung von einem Punkt des ungesättigten Gebietes zur Sättigungskurve ist die Kurvennormale, die durch diesen Punkt geht (s. Abb. 20). Da der Anstieg der Löslichkeitskurve für KNO$_3$ sehr steil ist, weicht die Richtung der Kurvennormalen bei höheren Temperaturen nicht stark von der Temperaturachse ab, so daß man die Sättigungskurve am schnellsten und mit der größten Wirtschaftlichkeit erreicht, wenn man parallel zur Temperaturachse voranschreitet, also die Lösung kühlt. Würde man die ungesättigte Lösung bei 80 °C (unter Vakuum) eindampfen, so wäre das sehr unwirtschaftlich, da erst $\approx 53\%$ des Wassers verdampft werden müßten, ehe die Sättigungskurve erreicht würde. Dampfte man bei höherer Temperatur unter Atmosphärendruck ein, so müßte ein noch höherer Prozentsatz Lösungsmittel abgezogen werden, um Sättigung zu erlangen. Die später folgende Ertragsberechnung wird zeigen, daß beim KNO_3 durch Kühlungskristallisation ein hoher Prozentsatz des Gelösten auskristallisiert wird. Anders ist es im Falle des NaCl, bei dem die Löslichkeit nur sehr wenig mit der Temperatur zunimmt. Hier muß das Gelöste durch *Verdampfungskristallisation* gewonnen werden, denn hier führt der kürzeste Weg von einem Punkt des ungesättigten Gebietes zur Löslichkeitskurve parallel zur Konzentrationsachse, da die Sättigungskurve beinahe waagerecht verläuft. Kühlte man die NaCl-Lösung, so erhielte man auch bei einer Abkühlung um viele Grade nur einen niedrigen Prozentsatz des Gelösten als Kristallisat. Nimmt die Löslichkeit mit steigender Temperatur mäßig zu wie bei KCl, so ist die kürzeste Verbindungslinie eines Punktes des ungesättigten Gebietes mit der Sättigungskurve weder eine Parallele zur Temperatur-, noch zur Konzentrationsachse, sondern verläuft in einer Richtung zwischen beiden. Bei dieser Kristallisation muß also sowohl gekühlt als auch verdampft werden, was auf Anwendung einer Vakuumkristallisation hinausläuft. Salze wie Na_2SO_4, deren Löslichkeit (in Wasser) mit steigender Temperatur abnimmt — man spricht hier auch von ,,umgekehrter Löslichkeit" —, werden als ,,Krustenbildner" bezeichnet, weil sie sich an den wärmsten Stellen der Kristallisatoren bevorzugt absetzen und so eine Verkrustung der Apparaturen bewirken. Auch sie werden durch Verdampfungskristallisation gewonnen. Maßnahmen zur Einschränkung der Verkrustungen werden in Kap. IV A besprochen.

Mit Hilfe des Temperatur-Löslichkeitsdiagramms ist es möglich, den *Ertrag* eines Kristallisationsverfahrens zu berechnen, wenn man voraussetzt, daß die Sättigungskonzentrationen erreicht werden. Da im allgemeinen die Temperatur-Löslichkeitsdaten [117] nicht sehr exakt sind, wird auch der errechnete Betrag mehr als eine genaue Schätzung denn als exakter Wert anzusehen sein. Die Ertragsberechnung beruht auf einer Stoffbilanz des Gelösten. Im allgemeinsten, hier zu behandelnden Fall enthält der ausfallende Bodenkörper Kristalllösungsmittel und ein Teil des Lösungsmittels verdampft. Bezeichnet man die Löslichkeit (in g lösungsmittelfreies Gelöstes/100 g Lösungsmittel) bei der Temperatur T_1 mit L_1 und bei der Temperatur T_2 mit

L_2, mit X die Menge des Kristallisates (g), mit B die zunächst vorhandene Lösungsmittelmenge (g), mit G die insgesamt verdampfte Lösungsmittelmenge (g), mit M_K das Molekulargewicht des Solvates und mit M_0 das Molekulargewicht des Gelösten ohne Kristallösungsmittel, so erhält man folgende Bilanzgleichung für das Gelöste, wenn man annimmt, daß die Lösung zu Beginn und am Ende der Kristallisation gesättigt ist:

$$B \frac{L_1}{100} = X \frac{M_0}{M_K} + \left\{ B - G - X \left(1 - \frac{M_0}{M_K}\right) \right\} \frac{L_2}{100}. \qquad (62)$$

Links steht die Menge des Gelösten vor der Kristallisation. Das erste Glied rechts bedeutet die Menge des Kristallisates ohne Berücksichtigung des Kristallösungsmittels (X ist die Menge des Gelösten mit Einschluß des Kristallösungsmittels). Das zweite Glied rechts ist die Menge des Gelösten nach der Kristallisation. Der Ausdruck in der geschweiften Klammer ist die nach der Kristallisation verbleibende Lösungsmittelmenge, der Ausdruck $X\left(1 - \dfrac{M_0}{M_K}\right)$ ist die Menge an Kristallösungsmittel. Führt man noch die Größe $\mu = \dfrac{M_K}{M_0} \geq 1$ ein, so ergibt sich aus Gl (62):

$$\frac{X}{B} = \mu \; \frac{L_1 - \left(1 - \dfrac{G}{B}\right) L_2}{100 - (\mu - 1) L_2} \; \text{in} \; \frac{\text{g Kristallisat}}{\text{g anfangs vorhandenes Lösungsmittel}}. \qquad (63)$$

Für $\mu = 1$ (keine Bildung von Kristallösungsmittel) und $G = B$ (gesamte, anfangs vorhandene Lösungsmittelmenge verdampft) wird

$$\frac{X}{B} = \frac{L_1}{100}, \qquad (63')$$

d. h. die Gesamtmenge des Gelösten wird auskristallisiert, wie es sein muß.

Für $\mu = 1$ und $G = 0$ (kein Lösungsmittel verdampft) wird

$$\frac{X}{B} = \frac{L_1 - L_2}{100}, \qquad (63'')$$

d. h. die Menge des Kristallisates ist gleich der Differenz der Löslichkeiten multipliziert mit der Gesamtmenge des Lösungsmittels. Häufig ist es bequemer, mit der Gesamtmenge der *Lösung* an Stelle der Gesamtmenge des *Lösungsmittels* zu rechnen. Bezeichnet man die Gesamtmenge der Lösung mit $A(g)$, dann erhält man folgende Bilanzgleichung

$$A \frac{L_1}{100 + L_1} = X \frac{M_0}{M_K} + (A - G - X) \frac{L_2}{100 + L_2} \qquad (64)$$

oder durch Auflösung nach X/A:

$$\frac{X}{A} = \mu \, \frac{L_1 \dfrac{100+L_2}{100+L_1} - \left(1 - \dfrac{G}{A}\right) L_2}{100 - (\mu - 1) L_2} \text{ in } \frac{\text{g Kristallisat}}{\text{g anfangs vorhandener Lösung}} \quad (65)$$

Es ist üblich [118], den Ertrag nicht nur in g/g, sondern auch in Prozent anzugeben. Man definiert dann:

ξ = prozentualer Ertrag = $\dfrac{\text{Menge des Kristallisates}}{\text{Menge des Gelösten vor der Kristallisation}} \cdot 100$

oder

$$\xi = \frac{100 \, X}{A \, \mu \, L_1} (L_1 + 100) = \frac{X}{B \, \mu \, L_1} 10^4 \quad (66)$$

Der Faktor μ im Nenner von Gl. (66) kommt daher, weil der Menge des Gelösten vor der Kristallisation noch die Menge an Kristallösungsmittel hinzuzurechnen ist, die ihr stöchiometrisch entspricht.

Der Kehrwert von Gl. (63), die spezifische Lösungsmittelmenge, B/X in $\dfrac{\text{g anfangs aufzuwendendes Lösungsmittel}}{\text{g Kristallisat}}$, wird für die Abschätzung der benötigten Menge des Lösungsmittels gebraucht. Bei einem ökonomischen Kristallisationsverfahren muß nicht nur ξ hoch, sondern auch B/X klein sein.

Tabelle 12. *Ertragsberechnung für die Kühlungskristallisation (G = 0) in Wasser*

Bezeichnung	Dimension	Substanzen				
		KNO_3 $\mu=1$	KCl $\mu=1$	NaCl $\mu=1$	$Na_2SO_4 \cdot 10\,H_2O$ $\mu=2{,}27$	Salicylsäure $C_6H_4 \cdot OH \cdot COOH$ $\mu=1$
T_1	°K	353	353	353	303	373
L_1	$\dfrac{g}{100\,g\,H_2O}$	169	51,1	38,4	40,8	8,12
T_2	°K	313	313	313	283	293
L_2	$\dfrac{g}{100\,g\,H_2O}$	63,9	40,0	36,6	9,0	0,20
$\dfrac{X}{B}$	$\dfrac{g}{g}$	1,051	0,111	0,018	0,815	0,0792
$\dfrac{B}{X}$	$\dfrac{g}{g}$	0,9515	9,009	55,56	1,227	12,62
$\dfrac{X}{A}$	$\dfrac{g}{g}$	0,390	0,0735	0,013	0,579	0,0733
ξ	%	62,1	21,7	4,69	88,0	97,6

Man ersieht aus Tabelle 12, daß im Falle von KNO_3 und $Na_2SO_4 \cdot 10\ H_2O$ Kühlungskristallisation vorteilhaft ist, daß beim KCl zusätzlich Lösungsmittel verdampft werden muß ($G > 0$), um den Ertrag zu steigern, und daß beim NaCl nur Verdampfungskristallisation wirtschaftlich ist (weil $L_1 \approx L_2$ ist). Für die Kristallisation von Salicylsäure aus Wasser ist zwar der prozentuale Ertrag sehr hoch, aber es bedarf großer Lösungsmittelmengen. Obwohl das Lösungsmittel billig ist und wegen der geringen Restlöslichkeit nicht wiedergewonnen werden braucht, ist das Verfahren nachteilig, weil in großen Kristallisatoren nur kleine Kristallisat-Mengen erzeugt werden können (geringe Raum-Ausbeute). Löslichkeitsangaben für Temperaturen oberhalb des atmosphärischen Siedepunktes des Lösungsmittels sind viel spärlicher als die übrigen [117]. Bildet ein Stoff mehrere Solvate, so sind die Existenz-Bereiche der lösungsmittelärmeren Solvate nach höheren Temperaturen verschoben. Beispielsweise haben die stabilen Hydrate des $MgSO_4$ folgende Existenzbereiche:

Dodekahydrat (12 H_2O): $-3,9°$ bis $+1,8\ °C$,
Heptahydrat (7 H_2O): $1,8°$ bis $48,2\ °C$,
Hexahydrat (6 H_2O): $48,2°$ bis $67,5\ °C$,
Monohydrat (1 H_2O): $67,5\ °C$ bis zur kritischen Temperatur (365 °C).

Nach dem DBP 1032216 [119] „sind die Löslichkeiten vieler Verbindungen bei der kritischen Temperatur des Lösungsmittels (374,1 °C für H_2O) fast Null". So nimmt z. B. die Löslichkeit des $FeSO_4$ in H_2O von 43,8 g/100 g H_2O (80 °C) über 31,6 g/100 g H_2O (100 °C) auf 0 g/100 g H_2O (160 °C) ab. Für Na_2SO_4 lautet ein Zahlentripel: 41,7 (250 °C), 26,2 (300 °C) und 14,45 g/100 g H_2O (340 °C). Im allgemeinen sind jedoch nur die Löslichkeiten der hydrothermal kristallisierten Stoffe (Quarz, $AlPO_4$) in der Nähe des kritischen Punktes genauer untersucht worden.

EUCKEN [120] gibt für die Druckabhängigkeit der Löslichkeit in verdünnten Lösungen bei konstanter Temperatur und Lösungsmittelmenge folgenden Ausdruck an:

$$\left(\frac{\partial \ln \gamma_2}{\partial p}\right)_{T,\ n_1} = -\frac{\Delta V}{RT}. \tag{67}$$

Hierbei ist γ_2 der Molenbruch des Gelösten in der gesättigten Lösung, n_1 die Molzahl des Lösungsmittels und $\Delta V = V_2^* - V_2$ die Differenz der partiellen Molvolumina des Gelösten und des reinen Kristallisates. Nimmt also das Molvolumen des festen Körpers beim Lösen ab, so wächst die Löslichkeit mit steigendem Druck und umgekehrt (Le Chateliersches Prinzip). Angaben über die scheinbaren Molvolumina in Wasser gelöster Alkalihalogenide für 25 °C bei unendlicher Verdünnung findet man bei EUCKEN. Daraus geht hervor, daß die Molvolumina von fast allen Alkalihalogeniden beim Lösen abnehmen, daß also ihre

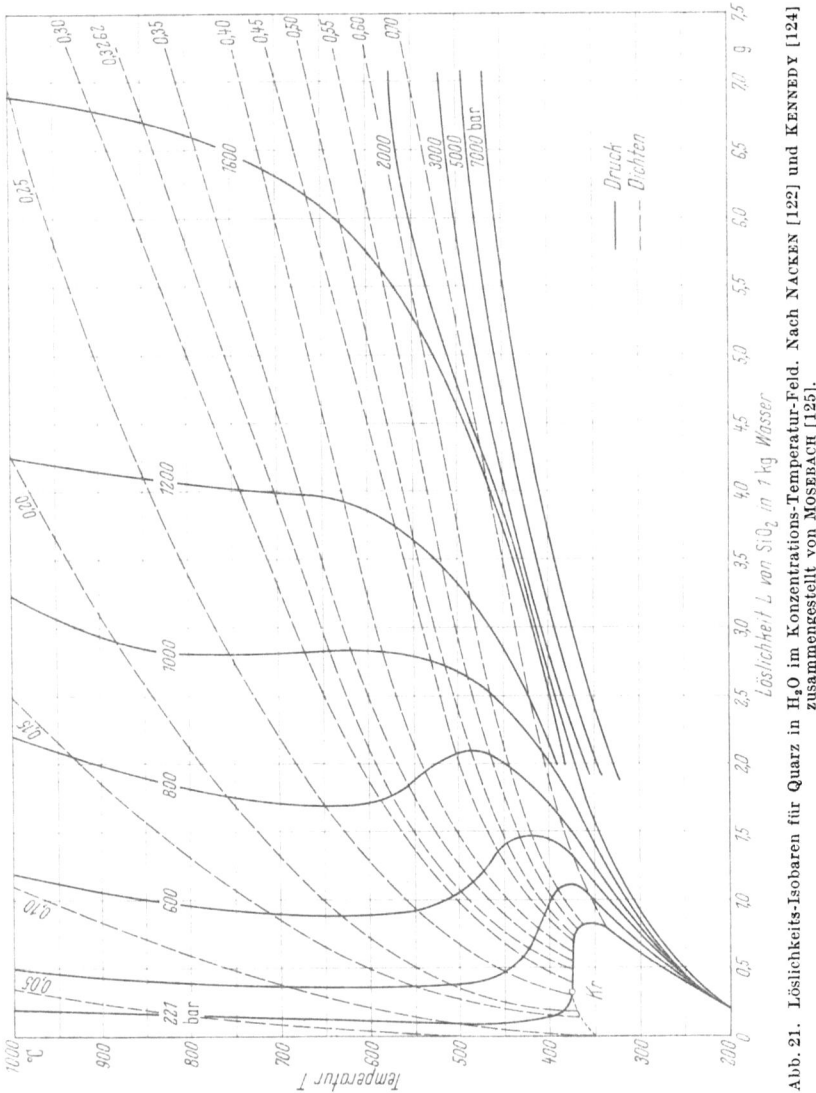

Abb. 21. Löslichkeits-Isobaren für Quarz in H_2O im Konzentrations-Temperatur-Feld. Nach NACKEN [122] und KENNEDY [124] zusammengestellt von MOSEBACH [125].

Löslichkeit bei großen Drucksteigerungen zunehmen muß. Bei Salzen mit doppelt geladenen Ionen ist diese Abnahme noch ausgeprägter. Bei $CaSO_4$ z. B. beträgt die Abnahme 46,9 cm³/mol, während sie bei LiBr nur 1 cm³/mol ausmacht. Dies stimmt mit Angaben PRIDERS

[121] überein, daß Gipskristalle bei hohem Druck größere Löslichkeit als bei normalem haben.

Abb. 21 zeigt das Temperatur-Löslichkeitsdiagramm für Quarz (SiO_2) in Wasser, das auf Messungen von NACKEN und Mitarbeitern [122], MOREY, HESSELGESSER, INGERSON [123] und KENNEDY [124] zurückgeht. Die ausgezogenen Kurven entsprechen den Löslichkeits-Isobaren, die gestrichelten den Isopyknen. Oberhalb der (nicht-gezeichneten) Horizontalen 374,1 °C (kritische Temperatur des Wassers) existiert neben der festen nur die eine fluide Phase, in der SiO_2 beträchtlich löslich ist, und zwar um so mehr, je höher der Druck ist. Bei unterkritischen Temperaturen bestehen Quarz und Flüssigkeit (Mutterlauge) nebeneinander; die punktierte Kurve umschließt das 3-Phasen-Gebiet (Quarz, Flüssigkeit und Dampf) in der linken unteren Ecke. Im kritischen Bereich ändert sich die Löslichkeit des SiO_2 stark: Bis zu einem Druck von 800 bar (1 bar = 0,98692 atm = 1,01972 at oder kp/cm² = = 750,06 Torr) nimmt die Löslichkeit im Temperatur-Intervall von 300 bis 500 °C nach Durchlaufen eines Maximums wieder ab. Da dieses Temperaturgebiet für die Züchtung des Quarz am günstigsten ist, arbeitet man oberhalb $\sim$800 bar, um von den Löslichkeits-Anomalien frei zu kommen, deren Ursache in starken Dichteanomalien der Nährphase in der Nähe des kritischen Bereiches liegt. MOSEBACH [125] gibt folgende empirische Gleichung für die Löslichkeit von SiO_2 in Wasser an:

$$L = 3334\, \varrho^2 \exp\left(-\frac{Q}{RT} + h\right) \quad \text{in g } SiO_2/\text{kg } H_2O. \tag{68}$$

wobei ϱ die Dichte der flüssigen Phase in g/cm³, Q die Lösungswärme des Quarzes (9470 cal/mol), $h = 0{,}362$ und $R = 1{,}9867$ cal/mol grd ist.

2. Löslichkeit und Überlöslichkeit

Kühlt man die Schmelze eines reinen Stoffes allmählich ab, so sollten sich beim Erreichen des Erstarrungspunktes (beim *reinen* Stoff mit dem Schmelzpunkt identisch) Kristallkeime bilden. Dies ist jedoch häufig nicht der Fall, vielmehr unterkühlt die Schmelze, und erst am Ende des Intervalls der Unterkühlung entstehen Keime. Auch binäre Systeme zeigen diese Erscheinung, und im Falle der Lösungen spricht man von Übersättigung. Jenes Intervall oder Grenzgebiet der Übersättigung wird nach Wi. OSTWALD [126] metastabil genannt, weil es in der Mitte zwischen dem stabilen Gebiet der Untersättigung und dem labilen der spontanen Keimbildung liegt. Wenn auch im metastabilen Bereich keine Kristallkeime entstehen, so wachsen dort schon in der Lösung vorhandene Kristalle (Impfkristalle). Diese Beobachtungen führten MIERS [127] zu der Vorstellung der „Überlöslichkeitskurve", einer Kurve, die in einigem Abstand ungefähr parallel zur Löslichkeitskurve verläuft und den labilen vom metastabilen Bereich (Ostwald-Miers-Bereich) trennt (s. Abb. 22). MIERS [128] hat ferner nachgewiesen, daß jeder der beiden Sättigungskurven (Liquidus Kurven) im vollständigen Zustandsdiagramm (s. Abb. 19) eine Überlöslichkeitskurve zukommt. Die beiden Überlöslichkeitskurven schneiden sich in einem Punkt, der nicht senkrecht unter dem eutektischen Punkt zu liegen braucht und als hypertektischer Punkt bezeichnet wird (Bekanntes Beispiel: Betol-Salol). Die Hauptbedeutung des Ostwald-Miers-Bereichs liegt darin, daß er für das Wachstum großer Kristalle günstig ist und daß das Gebiet jenseits der Überlöslichkeitskurve vermieden werden muß, wenn nicht feine Kriställchen erzeugt werden sollen.

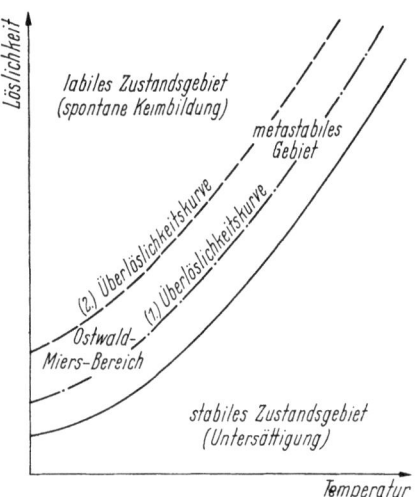

Abb. 22. Das metastabile Gebiet (Ostwald-Miers-Bereich).

Das Meiden des labilen Gebietes erweist sich meist als schwierig: *Ungeimpfte* Lösungen erreichen in der Regel einmal dieses Gebiet trotz allen Vorsichtsmaßnahmen. Am Beispiel einer mit $MgSO_4 \cdot 7 H_2O$ geimpften Magnesiumsulfat-Lösung haben MC CABE und HSÜ HUAI TING [129] den Einfluß verschiedener Größen auf die Lage der Überlöslichkeitskurven untersucht. Sie stellten im einzelnen fest:

1. Man kann zwischen einer ersten Überlöslichkeitskurve unterscheiden, bei deren Erreichen die ersten Kristallkeime erscheinen, und einer zweiten Überlöslichkeitskurve, bei deren Erreichen die Geschwindigkeit der spontanen Keimbildung plötzlich steigt und als Folge davon eine Wärmeentwicklung beobachtet wird. Kühlt man also, von der Löslichkeitskurve kommend, die Lösung ab, so erreicht man zunächst die erste, sodann die zweite Übersättigungskurve (vgl. Abb. 22).

2. Beim Rühren der Lösung nimmt die „Breite" beider Übersättigungsgebiete ab (maximal um 0,8 °C in dem behandelten Beispiel für Gebiet 2), wenn die Rührgeschwindigkeit von 146 auf 200 U/min gesteigert wird. Über 200 U/min wurde keine weitere Abnahme mehr festgestellt. (Der Kristallisator hatte 1 l Fassungsvermögen).

3. Die Breite beider Übersättigungsgebiete nimmt zu (maximal um 1,2 °C für Gebiet 2), wenn die Kühlungsgeschwindigkeit von 0,04 bis 0,1 °/min gesteigert wird. Bei einer Kühlungsgeschwindigkeit von 0,06 °/min wird diese Zunahme langsam.

4. Die Breite beider Übersättigungsgebiete nimmt ab (maximal um 0,6 °C für Gebiet 2), wenn die Masse der Impfkristalle von 0,05 g bis 1 g/kg Lösung gesteigert wird.

5. Die Lösungskonzentration beeinflußt die Breite der metastabilen Zonen so, daß diese Zonen für geringe Lösungskonzentrationen breiter sind als für hohe.

Zahlreiche dieser Beobachtungen wurden an anderen Systemen und auch an ungeimpften Lösungen bestätigt. Abb. 23 zeigt nach Untersuchungen von MATZ [130] den zeitlichen Verlauf der Übersättigung

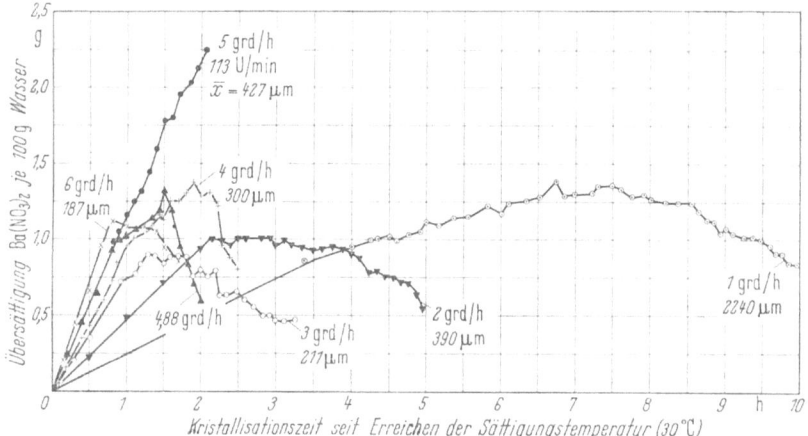

Abb. 23. Abhängigkeit der Übersättigung von der Kristallisationszeit für Ba(NO$_3$)$_2$ in Wasser nach MATZ [130].
Temperaturbereich 40 bis 20 °C; mittlere Rührgeschwindigkeit 340 U/min (soweit nicht anders angegeben); Anfangskonzentration 11,4 g Ba(NO$_3$)$_2$/100 g H$_2$O; Abkühlungsgeschwindigkeit in grd/h; $\bar{x}$ = Mittelkorn des Kristallisats (d. i. Korngröße, oberhalb derer 36,8% des Rückstands liegen).

einer ungeimpften, bei 30 °C gesättigten Lösung von Ba(NO$_3$)$_2$ in Wasser bei verschiedenen Kühlungsgeschwindigkeiten (1 bis 6 °/h). Die Drehzahl des Rührers mit kufenförmigem, nach oben spitz zulaufendem Blatt betrug 340 U/min in einem zylindrischen Kristallisator von etwa 3,5 l Fassungsvermögen (Umfangsgeschwindigkeit am Rand des Kristallisators $v = 3{,}16$ m/s). Man sieht, daß die Übersättigung nach Passieren der Löslichkeitskurve ein erstes, größtes Maximum durchschreitet. In der Regel kam es hier zu keinen größeren Unterkühlungen (Temperaturspanne von der Sättigungstemperatur bis zur Temperatur, bei der zuerst Kristalle erschienen). Bei den angewendeten Kühlungsgeschwindigkeiten (1 bis 8 °C/h im Temperaturbereich von 30 bis 20 °C) und bei den auftretenden Übersättigungen (maximal etwa 2,2 g Ba(NO$_3$)$_2$/100 g H$_2$O) ist die primäre Keimbildung, d. h. die Zahl der zuerst entstehenden Keime, beinahe abzählbar gering. Ein stärkerer Kristallausfall (sekundäre Keimbildung) erfolgt im allgemeinen erst

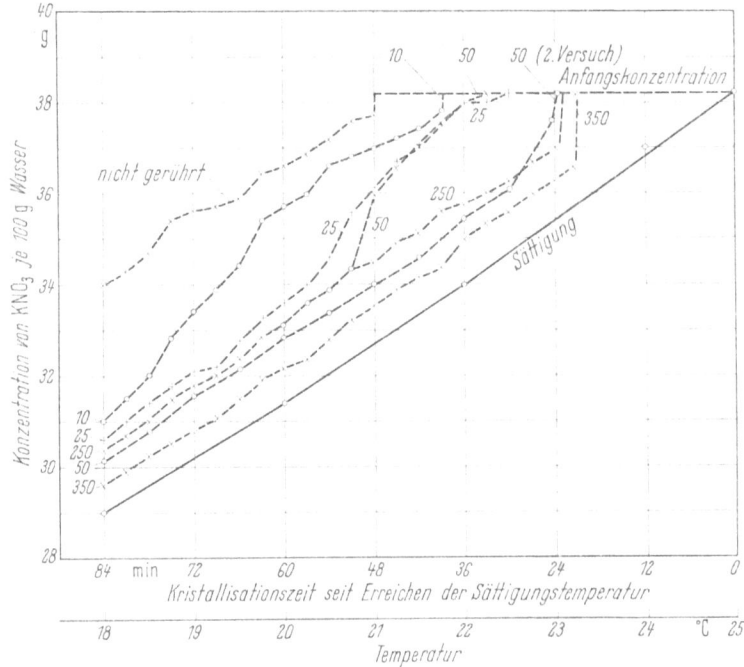

Abb. 24. Kristallisation von KNO$_3$; Abhängigkeit der Übersättigung von der Rührgeschwindigkeit nach MATZ [130].
Kühlungsgeschwindigkeit 5 grd/h. Die angeschriebenen Zahlen bedeuten die Rührerdrehzahl in U/min; $\bar{x}$ = Mittelkorn (vgl. Abb. 23).
350 U/min: $\bar{x}$ = 524 μm; 250 U/min: $\bar{x}$ = 982 μm; 50 U/min: $\bar{x}$ = 692 μm; 25 U/min: Nadeln bis 15 mm Länge, nichts < 200 μm.
10 U/min: Nadeln bis 3,5 cm Länge, großer Anteil 1 cm, größter Anteil 2—5 mm.
0 U/min: Nadeln bis 5,5 cm Länge, großer Anteil 2—3 cm.

unterhalb von 26 °C. In Abb. 24 ist der Verlauf der Übersättigung in Abhängigkeit von der Temperatur (oder der Kristallisationszeit seit Erreichen der Sättigungstemperatur) und der Rührerdrehzahl bei konstanter Kühlungsgeschwindigkeit (5 °C/h) für die Kristallisation ungeimpfter, bei 25 °C gesättigter, wäßriger KNO$_3$-Lösungen nach Messungen von MATZ [130] dargestellt worden. Die Übersättigung ist stark von der Rührgeschwindigkeit abhängig. Großen Rührgeschwindigkeiten entsprechen kleine Übersättigungen und umgekehrt. Die größten Übersättigungen treten auf, wenn die Lösung überhaupt nicht gerührt wird (bis 5,5 g KNO_3/100 g H_2O). Einer Rührerdrehzahl von 100 U/min entspricht eine Umfangsgeschwindigkeit von 0,93 m/s am Rande des Kristallisators. Abb. 25 zeigt den zeitlichen Verlauf der Übersättigung einer mit 113 U/min ($v = 1{,}05$ m/s) gerührten Lösung von $Ba(NO_3)_2$ in Wasser, die nach Abkühlung auf die Endtempe-

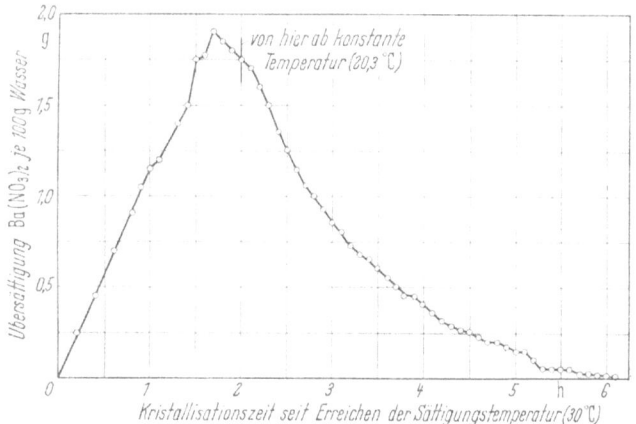

Abb. 25. Abhängigkeit der Übersättigung von der Kristallisationszeit für $Ba(NO_3)_2$ in Wasser nach MATZ [130].
Temperaturbereich 40 bis 20 °C; mittlere Rührgeschwindigkeit 113 U/min; Abkühlungsgeschwindigkeit bis 20,3 °C beträgt 5 grd/h; Mittelkorn $\bar{x} = 934$ μm.

ratur von 20,3 °C bei dieser Temperatur noch eine Zeitlang gerührt wurde. Infolge der relativ langsamen Rührgeschwindigkeit und der relativ hohen Kühlungsgeschwindigkeit baut sich anfänglich eine hohe Übersättigung auf, die dann ganz allmählich abnimmt. Diese langsame Verminderung der Übersättigung hielt die Bildung neuer Keime in mäßigen Grenzen und begünstigte die Erzeugung eines groben Korns (Mittelkorn $\bar{x} = 934$ μm). Die von McCABE und HSÜ HUAI TING festgestellten Befunde gelten auch für organische Stoffe. Für das System Acetylsalicylsäure/94 Gew.-%iger Äthylalkohol wurde der Abbau einer Anfangs-Übersättigung in Abhängigkeit von deren Größe und der Menge der vorgelegten Impfkristalle in einem Vibromischer von MATZ [131] untersucht. Die Anordnung bestand im wesentlichen aus einem zylindrischen Glasgefäß von etwa 100 ml Inhalt, umgeben von einem Temperiermantel und einem Vibromischer, Plattendurchmesser 23 mm, 50 Hz, 40 Watt, Hub 2 mm, zur Homogenisierung des Inhaltes. Bei allen Versuchen wurden 66,9 g alkoholischer Mutterlauge, die bei 30 °C gesättigt war und 33,8 g Acetylsalicylsäure/100 g Lösungsmittel enthielt, vorgelegt zusammen mit wechselnden Mengen an Impfgut (0,5; 1; 2; 5; 7,5 und 10% bezogen auf die Mutterlauge).

Nach Verschluß des Gefäßes wurde der Vibromischer in Gang gesetzt und die Temperatur der Suspension auf den Sollwert gebracht. Diese Sollwerte lagen stets zwischen 25 und 30 °C. Die auf diese Weise übersättigte Lösung hatte 5 bis 6 Minuten Zeit einen Teil der Übersättigung abzugeben. Man ersieht aus Abb. 26, daß die Anfangsübersättigung mit zunehmender Unterkühlung (wachsender Anfangs-Übersättigung) vollständiger abgebaut wird, und zwar um so mehr, je größer die vorgelegte Impfgutmenge ist. Am schlechtesten werden kleine Übersättigungen wenig geimpfter Lösungen abgebaut. Oberhalb der kritischen Übersättigung, bei der die Keimbildung stark zunimmt, ist der abgebaute Anteil der Anfangs-Übersättigung für *kleine* Impfgutmengen wesentlich größer als darunter. Man kann auch sagen: Bei der Keimbildung entlädt sich die Übersättigung. Vollständige Abgabe geringer Übersättigungen läßt sich nur durch große Impfgutmengen erzwingen.

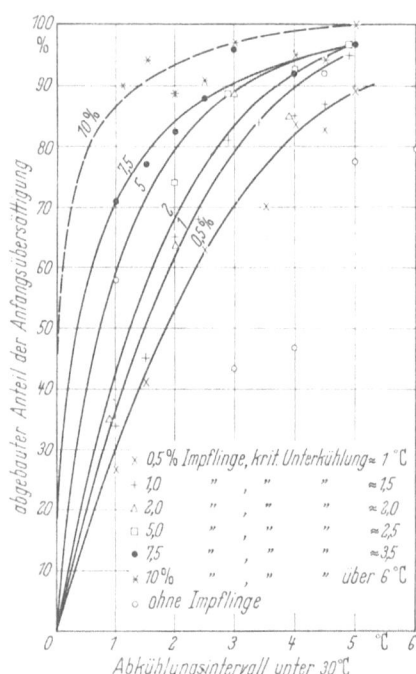

Abb. 26. Abgebauter Anteil der Anfangs-Übersättigung in Abhängigkeit vom Abkühlungsintervall unter 30 °iC. Keimbildungsversuche im Vibromscher nach MATZ [131].

Wünscht man keine feinen Kristalle (Kristallmehl), so ist es notwendig, keine zu großen Kühlungsgeschwindigkeiten der Lösung oder Verdampfungsgeschwindigkeiten des Lösungsmittels anzuwenden. Der Einfluß der Rührgeschwindigkeit kann im Hinblick darauf verstanden werden, daß mechanische Erschütterungen, wie YOUNG [132] zuerst festgestellt hat, die Keimbildung begünstigen. Er fand bei einer $CaCl_2$-Lösung, die durch Herabfallen von Quecksilber auf einen in der Lösung befindlichen „Amboß" erschüttert wurde, daß bei einem Gewicht von 40 p, das 1 cm tief fiel, die metastabile Zone 8,4 °C betrug, während sie bei einem 5 cm fallenden Gewicht von 100 p 2,1 °C ausmachte. Er sagt selbst, daß Lösungen trotz der Erschütterungen beträchtlich unterkühlt werden können. BUCKLEY [133] gibt für Lösungen zwei Beispiele von metastabilen Zonen, die als Extremfälle bezeichnet werden können: Kobaltnitrat hat eine sehr schmale meta-

2. Löslichkeit und Überlöslichkeit

stabile Zone, während beim Natriumsulfat die Breite dieser Zone 30 °C beträgt. Ferner weist er darauf hin, daß sich bei der Verdampfungskristallisation meistens nur ein Teil der verdampften Lösung an der Grenze des labilen Gebietes befindet, nämlich der an der Oberfläche befindliche Teil, während die Hauptmasse der Lösung metastabil ist, so daß hier die Gefahr des Ausfallens winziger Kriställchen weit geringer als bei der Kühlungskristallisation ist. Für die Züchtung von Einkristallen und die klassierende Kristallisation ist der Ostwald-Miers-Bereich besonders wichtig, weil nur hier, häufig nur in unmittelbarer Nähe der Löslichkeitskurve, fehlerfreies und gleichmäßiges Wachstum gewährleistet ist.

Die Breite der metastabilen Zone ist eng mit der Abhängigkeit der Löslichkeit von „der Korngröße" verknüpft (vgl. Kap. III A 1). Für diese leiteten ENÜSTÜN und TURKEVICH [134] auf Grund thermodynamischer Betrachtungen folgende, für Elektrolyten in verdünnten Lösungen geltende Beziehung ab:

$$\log \frac{a}{a_0} = \frac{2}{3} \frac{M f \bar{\sigma}}{2{,}303 \, n \, R \, T \, \varrho \, X} \tag{69}$$

mit

a = Mittlere Aktivität
a_0 = Normale Sättigungs-Aktivität $\Big\}$ des Elektrolyten in der Lösung
f = Charakteristischer geometrischer Faktor,
M = Molgewicht des Elektrolyten in g/mol,
n = Zahl der Ionen, die bei der Dissoziation des Elektrolyten entstehen,
R = Allgemeine Gaskonstante = $8{,}3144 \cdot 10^7$ erg/grd mol,
T = Abs. Temperatur in °K,
X = Charakteristische Dimension des Feststoffes (Länge, Breite, Höhe, Durchmesser) in cm,
ϱ = Dichte des Feststoffes in g/cm³,
$\bar{\sigma}$ = Mittlere Grenzflächenspannung zwischen Feststoff und Lösung in erg/cm².

Haben die Teilchen der Größe X vom Volumen $v = l X^3$ i Flächen der Abmessung $S_i = k_i X^2$, so gilt ferner

$$f = \frac{\sum_i k_i}{l}. \tag{69a}$$

Kristallisieren Würfel der Kantenlänge X aus, so ist $f = 6$. Auch im Falle kugelförmiger Partikel vom Durchmesser X wird $f = 6$. Gl. (69) ist dann mit der Gleichung von OSTWALD [126]—FREUNDLICH [135] identisch. Die Aktivitätskoeffizienten a sind an Hand der Theorie von DEBYE-HÜCKEL aus den Lösungskonzentrationen C zu bestimmen;

sie berücksichtigen die Abweichung der Lösung vom idealen Verhalten. ENÜSTÜN und TURKEVICH haben die Gültigkeit von Gl. (69) am System $SrSO_4/H_2O$ experimentell überprüft und sehr gute Übereinstimmung zwischen Theorie und Experiment gefunden. Zur Vermeidung experimenteller Fehler wurden folgende Maßnahmen getroffen:

a) Synthese feiner Partikel durch Fällung von $SrSO_4$ beim Mischen äquivalenter Mengen wäßriger $SrCl_2$- und Li_2SO_4-Lösungen in Lösungen von Methanol und Wasser. (Verzicht auf Mahlen grober Teilchen von $SrSO_4$.)

b) Bestimmung der Löslichkeit durch eine radioaktive Tracer-Technik mit S^{35} im Sulfat anstatt Leitfähigkeitsmessungen, um eventuelle Einflüsse adsorbierten Chlorids zu eliminieren.

c) Messung der Teilchengröße und ihrer Verteilung mit dem Elektronenmikroskop.

Die Untersuchungen zeigten, daß die Teilchen ungeladen waren, da sie agglomerierten. Eine Oberflächen-Ladung würde der Grenzflächenspannung entgegenwirken und Agglomeration verhindern. Folglich waren die theoretischen Ansätze von KNAPP [136] und LEWIS [137], die der Oberflächen-Ladung Rechnung tragen, ohne Belang. Es erwies sich, daß eine Lösung, die im Gleichgewicht mit feinen Teilchen war, keine Konzentrations-Änderung erfuhr, wenn sie mit groben Kristallen (100 µm) während 24 Stunden gerührt wurde. Umgekehrt stieg jedoch die Konzentration einer mit groben Kristallen im Gleichgewicht stehenden Lösung wesentlich, wenn sie für die gleiche Dauer mit feinen Partikeln versetzt wurde. Diese Lösung war also nicht mit den groben Teilchen im thermodynamischen Gleichgewicht, die keinen Einfluß auf die Löslichkeit hatten, sondern mit den kleinsten Partikeln. Die Lösung war daher in bezug auf die groben Teilchen übersättigt. Diese Übersättigung (Überlöslichkeit) baute sich langsam ab, weil die groben Kristalle auf Kosten der feinen wuchsen, ein Vorgang der „Ostwald-Reifung" genannt wird. DUNDON und MACK [138] konnten auch bei der Fällung von $CaSO_4 \cdot 2 H_2O$ Ostwald-Reifung beobachten, nur mit dem Unterschied, daß die Abnahme der Überlöslichkeit rascher als beim $SrSO_4$ und $BaSO_4$ erfolgte. Nach ENÜSTÜN und TURKEVICH kommt das langsame Kristallwachstum der groben Kristalle von $SrSO_4$ und $BaSO_4$ dadurch zustande, daß die Dehydratation vor dem Einbau der Bausteine ins Gitter Zeit braucht. Der experimentelle Befund erweist mithin, daß für X in Gl. (69) die kleinste Korngröße X_{min} einer Verteilung einzusetzen ist. Die Auftragung von $\log a/a_0$ gegen $1/X_{min}$ ergab beim $SrSO_4$ eine gerade Linie, wie es Gl. (69) verlangt. Mit den Werten $T = 298$ °K, $M = 183{,}7$ g/mol, $n = 2$, $\varrho = 3{,}96$ g/cm³ und $f = 7$ (experimentell bestimmt) konnte für $SrSO_4$ die mittlere

Grenzflächenspannung $\bar{\sigma}$ berechnet werden. Es ergab sich $\sigma =$ $= (84 \pm 8)$ erg/cm². Dieser Wert ist wesentlich kleiner als die von anderen Autoren früher bestimmten Grenzflächenspannungen. So ermittelten DUNDON und MACK [138] für $SrSO_4$ $\bar{\sigma} = 1400$ erg/cm² und für $BaSO_4$ $\bar{\sigma} = 1250$ erg/cm². ENÜSTÜN und TURKEVICH weisen beim Vergleich ihrer Ergebnisse mit denen aus älteren Arbeiten darauf hin, daß wahrscheinlich in den älteren Arbeiten die kleinste Korngröße (X_{min}) nicht erfaßt werden konnte, weil mit dem Lichtmikroskop und nicht mit dem Elektronenmikroskop beobachtet wurde. Hingegen kommen einige Autoren in neueren Arbeiten zu $\bar{\sigma}$-Werten, die von der gleichen Größenordnung sind wie der für $SrSO_4$ von ENÜSTÜN und

Tabelle 13. *Mittlere Grenzflächenspannung zwischen Feststoff und Lösung bei 25 °C*

System	Grenzflächen- spannung $\bar{\sigma}$ erg/cm²	Autor(en)
SiO_2/H_2O	46	ALEXANDER [139]
NaCl/Äthanol	171	VAN ZEGGEREN und BENSON [140]
$SrSO_4/H_2O$	84	ENÜSTÜN und TURKEVICH [134] experimentell
Saccharose/Mutterlauge	12	VAN HOOK und KILMARTIN [141]
$BaSO_4/H_2O$	150	ENÜSTÜN und TURKEVICH [134] berechnet

TURKEVICH bestimmte. Diese Werte wurden in Tab. 13 zusammengestellt. Die Größe des kritischen Keims beträgt beim $SrSO_4$ nach Abschätzungen von ENÜSTÜN und TURKEVICH 27 Einheitszellen oder 18 Å (ungefähr das 3-Fache der Gitterkonstanten $c = 6{,}84$ Å). Setzt man diesen Wert für X in Gl. (69) ein, so erhält man $a/a_0 = 7{,}68$, was einem Überlöslichkeits-Verhältnis von $C/C_0 = 24{,}2$ entspricht und gut zu den von FIGUROVSKI und KOMAROVA [143] angegebenen Verhältnissen (13 — 26) paßt. Die kritischen Keime des $SrSO_4$ haben also eine etwa 24mal höhere Löslichkeit als grobes Korn. Nach Untersuchungen von O'HERN und RUSH [142] ist beim $BaSO_4$ $C/C_0 < 20$ für Teilchen von 100 Å und kleiner als 4 für Partikel von 200 Å. Diese Beobachtungen können nur dann mit Gl. (69) in Einklang gebracht werden, wenn in diese für $\bar{\sigma}$ ein wesentlich niedrigerer Wert als der von DUNDON und MACK angegebene (1250 erg/cm²) eingesetzt wird.

Gl. (69) läßt sich folgendermaßen interpretieren: Ungeimpfte Lösungen übersättigen sich, weil es an den groben Kristallen fehlt, die sich mit ihnen ins thermodynamische Gleichgewicht setzen könnten, bis kritische Keime entstanden sind, denen dies möglich ist. Die

Löslichkeit feiner Partikel nimmt von größenordnungsmäßig 100 Å an mit abnehmender Teilchengröße merklich zu; der kritische Keim hat die größte Löslichkeit. Die dieser entsprechende Überlöslichkeit muß von der Übersättigung wenigstens zeit- und bereichsweise erreicht werden, damit Kristallwachstum möglich wird. Die früher gefundenen hohen Löslichkeiten im Feinstkorn-Bereich entsprechen wahrscheinlich Partikeln, die eine Zehnerpotenz kleiner waren, aber nicht mehr mit dem Lichtmikroskop zu erfassen sind. Demzufolge wurden auch die mittleren Grenzflächenspannungen $\bar{\sigma}$ zwischen Kristall und Lösung um ungefähr eine Zehnerpotenz zu hoch berechnet. VAN HOOK [6] erhält durch Gleichsetzen der Volumenenergie $4/3 \pi r^3 \varrho \Delta H$ (ϱ = Dichte des Keims in g/cm^3; ΔH = Umwandlungswärme in cal/g) und der Oberflächenenergie $4 \pi r^2 \bar{\sigma}$ eines Keims eine nützliche Beziehung zur Abschätzung von dessen Größe. Man bekommt für den Radius des kritischen Keimes:

$$r_K = 2{,}39 \cdot 10^{-8} \frac{3\bar{\sigma}}{\varrho \Delta H} = \frac{X_K}{2} \quad \text{(cm)} \tag{70}$$

mit $\bar{\sigma} = 150$ erg/cm^2, $\Delta H = 19{,}7$ cal/g und $\varrho = 4{,}5$ g/cm^3 (Beispiel: BaSO$_4$) wird

$$r_K = \frac{X_K}{2} \approx 12 \cdot 10^{-8} \text{ cm} = 12 \text{ Å}. \tag{70'}$$

Streng genommen müßte Gl. (69) die Breite des Ostwald-Miers-Bereiches beschreiben, sofern f und $\bar{\sigma}$ genau genug bekannt sind. Wenn in praxi Abweichungen davon auftreten, so rührt dies daher, daß Gl. (69) Aussagen über Gleichgewichtszustände (von Lösungen mit groben und feinen Partikeln) macht, während im Experiment häufig ein kinetisches Problem (Kühlungsgeschwindigkeit) vorliegt, so daß z. B. trotz genügend großer Impfgut-Menge eine meßbare Übersättigung (Überlöslichkeit) verbleibt. Ferner können bei konzentrierten Lösungen und Aufladung der Teilchen Abweichungen von Gl. (69) auftreten, da diese nur für ungeladene Teilchen in verdünnten Lösungen gilt. Da der Logarithmus des Überlöslichkeitsverhältnisses dem Molgewicht des Gelösten proportional ist, müßte die Breite der metastabilen Zone mit dem Molgewicht wachsen. Dies ist in Einklang mit Feststellungen TIPSON's [84] ,,daß unterkühlte Lösungen einer Verbindung ziemlich hohen Molgewichts, z. B. Zuckerlösungen, wenige Keime erzeugen, wenn sie frei von Staubteilchen gehalten und nicht gerührt werden, daß jedoch eine Substanz geringen Molgewichts bei schnellem und kräftigem Rühren viele Keime erzeugt." TIPSON weist aber auf Ausnahmen von diesem allgemeinen Verhalten hin: Während ziemlich komplizierte Vitamine, Enzyme, Hormone und Antibiotika kristallisiert werden konnten, gelang dies bei relativ einfachen Stoffen nicht.

3. Trachtänderung von Kristallen

Die Gesamtheit der beteiligten Einzelflächen eines Kristalls wird Kombination, das Größenverhältnis der verschiedenen Flächenarten Habitus genannt, und Tracht ist eine Gestaltbezeichnung, die Kombination und Habitus umfaßt. Trachtänderungen sind sowohl für Laborkristallisationen als auch für die technischen Verfahren von großer Bedeutung, da oft eine bestimmte Tracht gefordert wird und die Möglichkeiten des Lagerns und Verpackens der Kristalle sowie die Gefahr ihres Zusammenbackens entscheidend von der Tracht abhängen.

Die Tracht wird nicht nur von physikalischen Faktoren wie Temperatur, Übersättigung (Unterkühlung), Druck und Viskosität der Mutterphase beeinflußt, sondern auch von der stofflichen (chemischen) Umgebung während des Kristallwachstums. Allgemein kann nicht von einer „Normaltracht" gesprochen werden, wenn es auch „milieuinvariante" Kristalle gibt. So hängt bei der Lösungs-Kristallisation die Tracht oft von der Art des Lösungsmittels, mitunter auch vom p_H-Wert ab. Beispielsweise ist für das Wachstum großer Kristalle von Äthylendiamintartrat (EDT) ein p_H-Wert von 6 normal; eine Verminderung des p_H-Wertes verringert zwar die Neigung des Kristalls, spitz zuzulaufen, erhöht aber nicht die Ablagerungsgeschwindigkeit an den Prismenflächen (vgl. Abb. 18). Bei der Kristallisation von Ammoniumdihydrogenphosphat (ADP) hat die Lösung des primären Ammoniumphosphates einen p_H-Wert von 3,6. Steigert man den p_H-Wert durch Zugabe von NH_3 auf 5, so erhöhen sich die Wachstumsgeschwindigkeiten, aber die Lösung wird instabiler. Bei den Sulfaten von Barium, Calcium und Strontium ist die mittlere Kristallwachstumsgeschwindigkeit (K.G.) vom p_H-Wert abhängig. Die maximale K.G. wird für Bariumsulfat bei $p_H = 12{,}3$, für die beiden anderen Sulfate bei $p_H = 4{,}5$ bis 4,6 erreicht.

Trachtänderungen werden in vielen Fällen durch Verunreinigungen zustande gebracht. Nach BUCKLEY [144] versteht man unter einer Verunreinigung nicht das Lösungsmittel selbst, sondern die Ionen oder Zersetzungsprodukte des Lösungsmittels und Ionen oder neutrale Moleküle fremder Zusatzstoffe. Folgende, durch Verunreinigungen bedingte Vorgänge lassen sich an Kristallgrenzflächen unterscheiden:
1. Trachtänderung des Kristalls durch winzige adsorbierte Mengen einer Verunreinigung, die das Wachstum einer oder mehrerer Flächen hemmt (blockiert) und gegebenenfalls wieder desorbiert werden kann.
2. Selektive (flächenspezifische) Adsorption größerer Mengen einer Verunreinigung. 3. Orientiertes Aufwachsen (Epitaxie) einer Verunreinigung. 4. Überwachsen (Einschluß) einer Verunreinigung mit und ohne

Trachtänderung. 5. Mischkristallbildung zwischen arteigenen Bausteinen und denen der Verunreinigung. Es gibt alle Übergänge von der schwachen, durch elektrostatische Ladungen der Teilchen (oder das Kraftfeld) bedingten Adsorption bis zur chemischen Bindung (Solvatation; Komplexbildung). Bei der Adsorption handelt es sich um ein dynamisches Gleichgewicht: Adsorbierte Partikel können auch wieder verdrängt (desorbiert) werden. BUCKLEY [144] definiert die „Stärke" einer Verunreinigung folgendermaßen: Wenn x Gewichtsteile des Kristalls auf 1 Gewichtsteil der Verunreinigung kommen, um die beobachtete Trachtänderung hervorzurufen, dann ist die Stärke der

Tabelle 14. *Trachtänderung von K_2SO_4 in wäßriger Lösung bei Einwirkung verschiedener Substanzen (Beim reinen K_2SO_4 herrscht {021} vor, {010} ist verkümmert)*

Art der Wirkung	Farb-Index-Nr.	Art der Substanz	Stärke x
{001}	—	Ion S_2O_3''	100
{110} > {010}	331	Bismarckbraun	500
{110}, allein	1088	Alizarinhimmelblau 3R	2000
{010}	142	Methylorange	10000
	282	Ponceau S Extra	17500
	707	Wasserblau 3 B	20000
	438	Trypanrot	≤40000

Verunreinigung (ihre Standardzahl) x. Je größer x, desto wirksamer die Verunreinigung. Die Erfahrung lehrt, daß x für anorganische Verunreinigungen die Größenordnung 1, für organische Farben die Größenordnung 10^3 bis 10^4 hat. Tab. 14 (nach Werten von BUCKLEY [144], [145]) bringt einige an K_2SO_4 beobachtete Trachtänderungen. Die „stärksten" Verunreinigungen unter den *anorganischen* Substanzen sind in Tab. 15 (nach Angaben von BUCKLEY [144]) zusammengestellt.

Tabelle 15. *Die stärksten anorganischen Verunreinigungen, die Trachtänderungen bewirken, nach* BUCKLEY [144]

Stoff	Verunreinigung	
	Art	Stärke x
KMnO$_4$	SO$_4''$	7
	Cr$_2$O$_7$	10
K$_2$SO$_4$	S$_2$O$_3''$	100
NaClO$_3$	S$_2$O$_6''$	1000

3. Trachtänderung von Kristallen

Die Wachstumsgeschwindigkeit von Flächen, deren Wachstum durch adsorbierte Verunreinigungen gehemmt wird, genügen nach Messungen von BLIZNAKOV und KIRKOVA [146] folgender Beziehung:

$$v = v_0 - (v_0 - v_\infty) \, q(c) \text{ in } \frac{\mu m}{min}. \quad (71)$$

Hierbei ist v_0 die Wachstumsgeschwindigkeit der betrachteten Fläche bei konstanter Temperatur (T) und Übersättigung (α) in reiner Lösung, v_∞ der Grenzwert von v, wenn ausreichend viel Verunreinigungen in der Lösung sind, $q(c)$ der Teil der wirksamen Oberfläche, der durch adsorbierte Substanz eingenommen wird. Auf Grund experimenteller Untersuchungen ließ sich zeigen, daß $q(c)$ durch die Langmuirsche Adsorptionsisotherme ausgedrückt werden kann, so daß man

$$v = v_0 - (v_0 - v_\infty) \frac{C_a}{B + C_a} \quad (T \text{ und } \alpha \text{ konstant}) \quad (72)$$

erhält. B ist eine von Stoff und Fläche abhängige Konstante, C_a die Konzentration der Verunreinigung (z. B. in % oder einer anderen Einheit). BLIZNAKOV und KIRKOVA haben in einer Apparatur zum Wachstum von Einkristallen nach dem Prinzip der umlaufenden Lösung (F. KRÜGER/W. FINCKE; vgl. Kap. IV D 1 a η) die linearen Wachstumsgeschwindigkeiten v bestimmter Flächen eines Kristalls durch Beobachtung mit dem Mikroskop gemessen [147]. Verwendet wurden $NaClO_3$ als Kristall mit Na_2SO_4 als Verunreinigung und $Pb(NO_3)_2$ als Kristall mit Methylenblau als Verunreinigung. $NaClO_3$ kristallisiert in reiner Lösung kubisch, bei Anwesenheit von Na_2SO_4 tetraedrisch, während die normalerweise oktaedrische Tracht von $Pb(NO_3)_2$ durch Methylenblau zur kubischen geändert wird. Beim $NaClO_3$ hat normalerweise die Wachstumsgeschwindigkeit der Fläche (111), v_{111}, einen wesentlich größeren Wert als v_{100}. Nach Zugabe geringer Mengen von Na_2SO_4 ($<0,1^0/_{00}$) nehmen beide Wachstumsgeschwindigkeiten ab; während aber v_{100} bei Zugabe weiterer Verunreinigungen (Na_2SO_4) praktisch konstant (4,55 µm/min für eine prozentuale Übersättigung 100 $\Delta C/C = 3,5\%$; C = Konzentration des $NaClO_3$) bleibt, nimmt v_{111}, wenn auch langsamer weiter ab, erreicht für $C_a = 0,5\%$ die Größe von v_{100} und wird dann kleiner (s. Abb. 27). Daher dominieren die Tetraederflächen (111) für $C_a > 0,5\%$. Beim $Pb(NO_3)_2$ steigen die Wachstumsgeschwindigkeiten der Flächen (100) und (111), die in reiner Lösung praktisch gleich sind, bei Zugabe geringer Mengen von Methylenblau zunächst an, durchlaufen ein Maximum und nehmen bei höheren Gehalten an Methylenblau in der Weise ab, daß stets v_{111} größer als v_{100} bleibt.

72 III. Grundlagen der Kristallisation

Die Beobachtungen am $NaClO_3$ mit Na_2SO_4 als Verunreinigung wurden von FOLLENIUS [148] bestätigt, der sich der auf KERN [149] zurückgehenden interferometrischen Methoden bediente (Wachstum des Kristalls zwischen Objektträger und Deckglas unter dem Mikro-

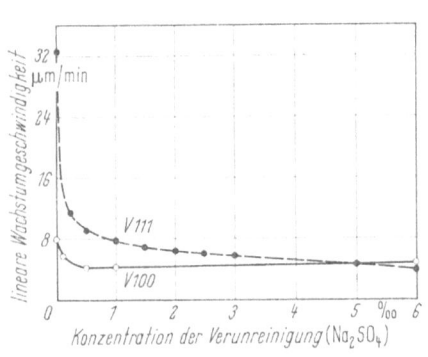 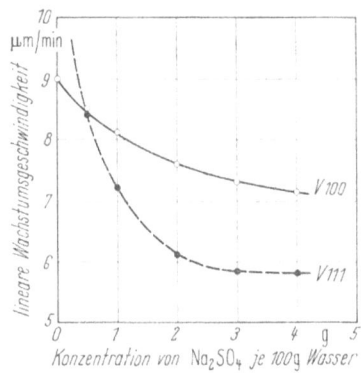

Abb. 27. Lineare Wachstumsgeschwindigkeit der Flächen (100) und (111) des $NaClO_3$ in Abhängigkeit vom Gehalt der Lösung an Na_2SO_4.
Experimentelle Werte nach BLIZNAKOV und KIRKOVA [146].
Übersättigung: $100\,\Delta C/C = 3{,}5\%$.
Temperaturbereich: $17-23\,°C$.

Abb. 28. Lineare Wachstumsgeschwindigkeit der Flächen (100) und (111) des $NaClO_3$ in Abhängigkeit vom Gehalt der Lösung an Na_2SO_4.
Experimentelle Werte nach FOLLENIUS [148].
Übersättigung: $100\,\Delta C/C = 17{,}1\%$.
Temperaturbereich: $20-40\,°C$.

skop und Aufnahme des ihn umgebenden Konzentrationsfeldes mit dem Interferometer, s. Abb. 10). Wie Abb. 28 zeigt, entspricht die kritische Konzentration der Verunreinigung C_a, bei der $v_{100} = v_{111}$ ist, genau dem von BLIZNAKOV und KIRKOVA gefundenen Wert. Die höheren Wachstumsgeschwindigkeiten von FOLLENIUS [148] sind auf die höhere Übersättigung (17,1% gegenüber 3,5%) zurückzuführen. Einen vollständigen Überblick über die Wachstumsformen erhält man aus den Morphodromen, die auf KERN, BIENFAIT und BOISTELLE [150] zurückgehen. Im Morphodrom wird die Konzentration der Verunreinigung als Abszisse und die Übersättigungszahl α (vgl. Kap. III A 1!) als Ordinate gewählt (vgl. Abb. 29). Die Kurven grenzen die Existenzbereiche der vorherrschenden Flächenarten gegeneinander ab. So ersieht man aus Abb. 29, daß bei hohen Übersättigungen NaCl selbst aus fast reinen Lösungen oktaedrisch wächst; mit steigendem Gehalt der Lösung an Formamid ist diese Tracht schon bei geringeren Übersättigungen erhältlich. Erhöht man bei konstantem Formamid-Gehalt der Lösung die Übersättigung, so entsteht aus der kubischen Form die Übergangsform, an der beide Flächen $\{100\}$ und $\{111\}$ beteiligt sind, und schließlich die oktaedrische Form. Formamid ($HCONH_2$) wirkt auf NaCl ähnlich trachtändernd wie Harnstoff

(NH$_2$CONH$_2$), dessen Einfluß schon 1783 von ROMÉ DE LISLE entdeckt worden war (früheste berichtete Trachtänderung).

Eine häufig vorkommende Wachstumsform stellen die Dendriten dar. Bei diesen verästelten Kristallen pflegt man Nebenäste 1. Ordnung zu unterscheiden, die vom Hauptstamm abzweigen, und Nebenäste 2. Ordnung, die von den Nebenästen 1. Ordnung ausgehen. Starke Überschreitung des Gleichgewichts (große Übersättigung in Lösungen und große Unterkühlung in Schmelzen) begünstigt die Dendritenbildung. Es gibt Stoffe, die zur Dendritenbildung neigen wie z. B. NH$_4$Cl und die Metalle, und solche, bei denen sie selten ist, wie z. B. NaCl. Wo sich örtliche Konzentrationsunterschiede nur langsam ausgleichen können wie in ruhenden Lösungen oder Schmelzen, ist die Dendritenbildung erleichtert. Nach PAPAPETROU [151] ist beim NaCl-Typus die Entstehung von Dendriten ein reiner Diffusionseffekt, da durch bevorzugte Stoffzufuhr zu den Ecken des Würfels, die sogenannte Spitzenwirkung der Diffusion, an den Würfelecken Spitzen und Vizinalflächen entstehen, die diese begrenzen. In ruhenden Schmelzen kann die Dendritenbildung nach VOGEL [152] als Problem der Wärmeleitung angesehen werden. Der Kristall wächst bei kleiner Temperaturleitzahl $\lambda/\varrho\, c$ (λ = Wärmeleitfähigkeit der Schmelze in cal/cm s grd, c = spezifische Wärme in cal/g grd, ϱ = Dichte in g/cm^3) der Schmelze bevorzugt an den Ecken, weil dort die abzuleitende Schmelzwärme

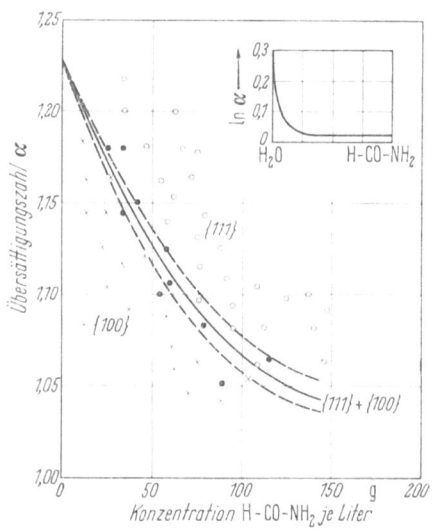

Abb. 29. Morphodrom von NaCl in Wasser bei Anwesenheit von Formamid s. BIENFAIT, BOISTELLE und KERN [150].
Kleines Diagramm oben rechts: Vollständiges Morphodrom über den gesamten Konzentrationsbereich (reines Wasser bis reines Formamid).

am kleinsten ist, während sich bei hoher Temperaturleitzahl diese Anisotropie nicht auswirken kann. Die Orientierung eines Dendriten wird durch die Gitter-Richtung beschrieben, die mit seiner Hauptwachstumsrichtung zusammenfällt. STRANSKI [153] erklärt die experimentellen Befunde an Hand der Theorien von VOLMER und STRANSKI, indem er die Keimbildungsgeschwindigkeit an der Ecke (J_E), Kante (J_K) und auf der Mittelfläche (J_F) eines Kubus von KCl bei der Kristallisation aus der Schmelze gemäß einer Gl. (11) analogen

Beziehung berechnet. Dabei wurden für A_K die berechneten Keimbildungsarbeiten jeweils für Ecke, Kante und Mittelfläche eingesetzt, die Aktivierungsenergie Q (für den Übergang der Molekeln aus der Schmelze in die Volmersche Grenzschicht) wurde zu 7,8 kcal/mol abgeschätzt, und die drei Konstanten J_0 (J_{0E}, J_{0K} und J_{0F}) ließen sich aus experimentellen Werten bestimmen. Es ergab sich, daß bei großen Übersättigungszahlen α die Keimbildungsgeschwindigkeit auf der Mittelfläche am größten ist, daß bei mittleren Übersättigungen die Keimbildung an der Kante und bei kleinen Übersättigungen die Keimbildung an der Ecke bevorzugt ist (s. Abb. 30).

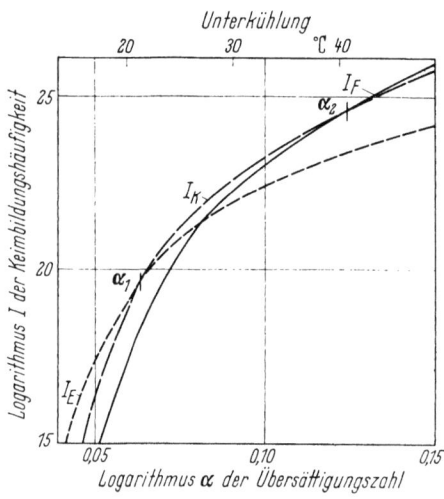

Abb. 30. Keimbildungs-Häufigkeit an Ecke I_E, Kante I_K und Fläche I_F der (100)-Ebene eines KCl-Kristalls.

Für Epitaxie ist nach NEUHAUS [154] gute Übereinstimmung des Gitters und der Bindungsenergien von „Wirtskristall" und „Gastkristall" an der Ebene, auf der das Aufwachsen erfolgt, notwendig. Die gerade noch erträglichen linearen Gitterabweichungen zwischen Träger und Gast, die „Toleranz-Weiten", betragen für Ion–Ion-, Dipol–Dipol- und Ion–Dipol-Partner ungefähr 25%, für metallische Partner 10 bis 15% und sind für Verwachsungen von Coulombpartnern mit unpolaren oder metallischen Partnern sehr klein. Das Gastgitter paßt sich in der Regel dem Wirtsgitter an. Träger und Gast bedürfen der Zuführung einer Aktivierungsenergie, damit Epitaxie möglich ist. Der Träger muß eine Mindesttemperatur haben, diese beträgt z. B. für das Aufwachsen von KBr mit (110) auf der (001)-Ebene von Orthoklas 360 °C, für NaCl mit (100) auf (001) von Orthoklas 500 °C, für ionogene Partner auf Quarz etwa 830 °C, auf Korund etwa 1000 °C und auf Diamant etwa 2000 °C.

Die technische Bedeutung von Trachtänderungen erläutert SEIFERT [155] am Beispiel der Ammoniumsulfat-Fabrikation in den Sättigern der Kokereien und der Stickstoff-Industrie. Die Entstehung der erwünschten Reiskörner des Ammoniumsulfates (rundliche, prismatische Stengel) ist von verschiedenen Einflußgrößen abhängig. Der p_H-Wert darf nicht zu niedrig sein, weil sonst die Stengel zu dünn

3. Trachtänderung von Kristallen

Tabelle 16. *Industriell wichtige Trachtänderungen nach* GARRETT [156]

Stoff	Verunreinigung	Art der Wirkung
Borsäure	Gelatine, Casein	Entstehen von Flocken
NH_4NO_3	Saure Magenta (Farb-Index Nr. 692); Zugabe von 0,3°/00	$\{110\} \to \{010\}$ (Platten) Geringeres Zusammenbacken
Pflaster von Paris, $CaSO_4 \cdot 2\,H_2O$	Natrium-Citrat, $Na_3C_6H_5O_7 \cdot 5\,H_2O$	$\{001\} \to \{010\}$ Nadeln $\to$ kurze tafelförmige Prismen Geringeres Schüttvolumen
$NH_4H_2PO_4$	Fe^{3+}, Cr^{3+}, Al^{3+} (0,06 g/l)	Kappenbildung (capping) Prismenwachstum verzögert
	Cr^{3+}	Grüne Färbung an Prismenflächen
	Ba^{2+}, SO_4^{2-}	Steigerung der elektrischen Leitfähigkeit
NaCl, KCl, NH_4Cl	Pb^{2+}	Erzeugt größere Kristalle
NH_4Cl, NaCl	Harnstoff H_2NCONH_2	Kuben $\to$ Oktaeder
KCl	Salze des Fe, Al, Th, Zn und Bi wie Pb^{2+}	Entstehen größerer Kristalle
NH_4Cl	Ammoniumsalze von PO_4^{2-}, CO_3^{2-}, SO_4^{2-}, F^-, J^- und SCN^-	Dendriten $\to$ Rosetten $\to$ Platten $\to$ Kuben bei steigender Konzentration der Verunreinigung
NaCl	Natriumferrocyanid $Na_4Fe(CN)_6$	Kuben $\to$ Dendriten Reduzierte Tendenz z. Backen
$CaCO_3$	Natriummetaphosphat $NaPO_3$	Wasser-Enthärtung Verhinderung der Kristallisation
$Na_2SO_4 \cdot 10\,H_2O$ Glaubersalz	Alkyl-Aryl-Sulfonate	Nadeln $\to$ gedrungene „Mandeln" und „Eier"
$(NH_4)_2SO_4$	Alkyl-Aryl-Sulfonate	Neigung zum Zusammenbacken vermindert
$CuSO_4 \cdot 5\,H_2O$	Neutrale Lösung $\to$ 0,3% H_2SO_4	Klotzige Kristalle $\to$ dünne, flache Kristalle
Natriumsesquicarbonat $Na_3H(CO_3)_2 \cdot 2\,H_2O$	Organische Zusätze	Vergrößerung der Kristalle, aber keine Trachtänderung
Borax $Na_2B_4O_7 \cdot 10\,H_2O$	Ölsäure pH = 9,7 optimal	Vermeidung von Aggregaten und Dendriten, größere Kristalle
$Na_2CO_3 \cdot 1\,H_2O$	Na_2SO_4 (>1%)	Aggregat-Bildung unterdrückt. Vergrößerung der Kristalle

werden; großen Einfluß hat das Fe^{3+}-Ion, das allein zu sternartigen Aggregaten führt, aber in Verbindung mit Phenol, Pyridin und flüssigem Teer eine Auflockerung der Aggregate bewirkt. Es wird selektive Adsorption schon bei unsichtbaren Keimen angenommen. In Tab. 16 sind die industriell wichtigen Trachtänderungen zusammengestellt, die GARRETT [156] aufgeführt hat. MATZ [157] hat in Untersuchungen zur *Korn*kristallisation von $NaClO_3$ unter Zugabe von Na_2SO_4 (alsVerunreinigung) gezeigt, daß die Ergebnisse von Versuchen an Einzelkristallen nur mit Vorsicht auf die Kornkristallisation übertragen werden dürfen. So ist es bei der Kornkristallisation von $NaClO_3$ keineswegs so, daß oberhalb von 0,5% Na_2SO_4 nur noch Tetraeder vorkommen. Bei Übersättigungen, die im allgemeinen unter 2% lagen (Temperaturbereich: 20—40 °C), ergab sich folgendes: Kristalle aus reinen wäßrigen Lösungen (ohne Na_2SO_4) sind kubisch, wenn auch meist stark verwachsen. Kristalle aus Lösungen mit 1% Na_2SO_4 sind von recht unterschiedlicher Tracht: Unter 600 µm treten kaum Tetraeder auf, in der Kornklasse 600/750 µm sind es schon 15% und über 1000 µm 70 bis 80%; die übrigen Kristalle sind Kuben mit abgeschnittenen Ecken (Übergangsform Kubus/Tetraeder). Aus Lösungen mit 2,5% Na_2SO_4 und darüber wurden nur Tetraeder erhalten. Die bei 40 °C gesättigten Lösungen waren ohne Impfkristalle mit Geschwindigkeiten zwischen 3 und 5 °C/h auf 20 °C abgekühlt worden. Die Rührerdrehzahlen im Kristallisator von ≈ 3 l Inhalt lagen zwischen 100 und 300 U/min.

Einer Rührerdrehzahl von 100 U/min entspricht eine auf den Blattdurchmesser d (92 mm) bezogene Reynolds'sche Zahl $Re = \pi n d^2/\nu = 18560$.

4. Der Grundversuch

Der Grundversuch im Labormaßstab soll zeigen, welche Möglichkeiten eine geplante technische Kristallisation bietet. Er ist beispielsweise vergleichbar den Untersuchungen in Laborkolonnen bei der Rektifikation oder Extraktion. Meist ist die Frage nach der *Art* des zu verwendenden Lösungsmittels nicht schwierig zu beantworten; denn häufig ist das Lösungsmittel schon vorgegeben, oder es ist Wasser wie bei vielen anorganischen Salzen oder der Grundsatz ,,Ähnliches wird von Ähnlichem gelöst'' hilft bei der Auswahl, wie es für die meisten organischen Substanzen zutrifft. In der Regel erweist eine Prüfung im Reagenzglas rasch, welche Lösungsmittel in engere Wahl zu ziehen sind. Für die Planung einer technischen Kristallisations-Anlage bedarf es aber außerdem einer Reihe eingehender und präziser, wenn auch zeitraubender Untersuchungen. Hier können empfohlen werden:

a) Entwurf eines Löslichkeits–Temperatur-Diagramms des Systems und Erforschung des metastabilen Gebietes (vgl. Abb. 22).

b) Messung oder anderweitige Ermittlung wichtiger Stoff-Konstanten, nämlich der spezifischen Wärmen von Lösung und Kristallen, der Kristallisationswärme, der Dichten von Lösung und Kristallen, der Viskosität und Oberflächenspannung der Lösungen und der behinderten Sedimentationsgeschwindigkeit der Kornklassen, die das Produkt enthalten wird.

c) Absatzweise Kristallisation bei verschiedenen Übersättigungen, also Kühlungs- oder Verdampfungsgeschwindigkeiten, und Rührerdrehzahlen mit und ohne Impfkristalle.

d) Durchlaufende Kristallisationen mit kontinuierlicher Einspeisung von Ausgangslösung und periodischer Entnahme von Kristallisat unter dauernder Überwachung der Übersättigung, wenn eine kontinuierliche Kristallisation geplant ist.

Für die Aufnahme des Temperatur–Löslichkeits-Diagrammes kann man beispielsweise ein zylindrisches Glasgefäß (100 ml Inhalt) benutzen, das von einem gläsernen Temperiermantel umgeben ist und in dem ein Vibromischer (Plattendurchmesser 23 mm, 50 Hz, 40 Watt, Hub 2 mm) für Homogenisierung sorgt. Zunächst erscheint es gleichgültig, von welcher Richtung her ein Punkt der Löslichkeitskurve (s. Abb. 22) erreicht wird; da jedoch eine vollkommene Abgabe der Übersättigung meist nicht oder nur in langen Zeiträumen gewährleistet ist, sollte eine Annäherung aus dem labilen und metastabilen Bereich jenseits der Löslichkeitskurve vermieden werden. Aus dieser Forderung ergibt sich folgende Arbeitsweise: Abgewogene Mengen von Lösungsmittel und Feststoff werden in das Glasgefäß eingefüllt, nach dessen Verschluß der Vibromischer in Gang gesetzt und die Temperatur so weit erhöht wird, bis sich die Kristalle restlos gelöst haben. Die homogene Lösung wird jetzt mit konstanter Geschwindigkeit (20 °C/h) abgekühlt, bis die ersten Kristalle ausfallen, was sich mit Hilfe des Tyndalleffektes exakt feststellen läßt, wenn die Lösungen nicht zu dunkel gefärbt oder durch eine zu große Menge unlöslicher Fremdstoffe (z. B. Papier, Holz oder dgl.) verunreinigt sind. Durch die bekannte Konzentration der Lösung und die an einem 1/10°-Thermometer abgelesene Temperatur der primären Keimbildung ist ein Punkt der 2. Überlöslichkeitskurve (Abb. 22) gegeben. Dieser Punkt ist unter Einhaltung der Kühlungsgeschwindigkeit und der Rührbedingungen reproduzierbar. Die Methode liefert also Überlöslichkeitskurven, die von System zu System miteinander vergleichbar sind (Relativ-Werte). Eine Absolut-Methode zur Bestimmung der Überlöslichkeitskurve, deren Verlauf von zahlreichen Einflußgrößen abhängt, gibt es nicht. Die ausgefallenen Kristallite ziemlich einheitlicher Form und Größe werden nun erneut restlos in Lösung gebracht. Die dabei gemessene Temperatur entspricht einem Punkt der Löslichkeitskurve. Die Maßnahme, den Sättigungspunkt erst beim zweiten Durchgang zu ermitteln, hat sich

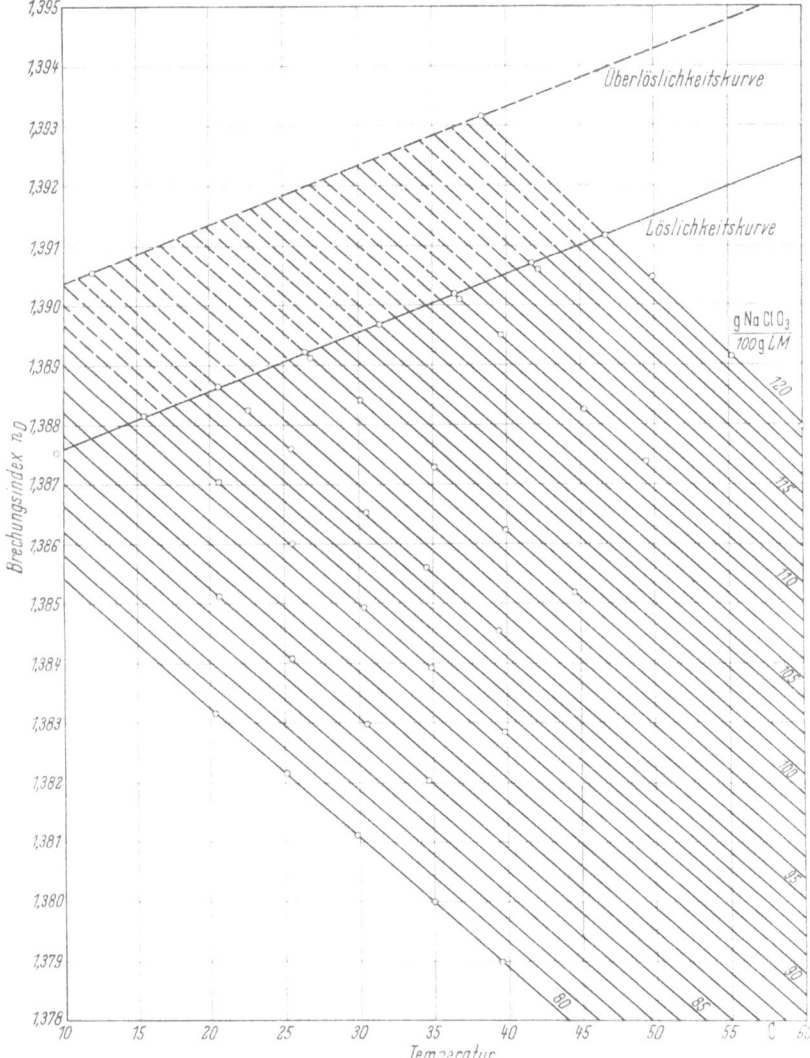

Abb. 31. Brechungsindex n_D von Lösungen des Natriumchlorats in H_2O mit 1% Na_2SO_4.

bewährt, weil durch sie unterschiedliche Auflösungsgeschwindigkeiten verschieden großer Körner des vorgelegten Feststoffes eliminiert werden. Sorgt man für druckfesten Verschluß des Glasgefäßes (Flansch) und druckfeste Durchführungen der Welle des Vibromischers, so kann man die Löslichkeiten am atmosphärischen Siedepunkt der Lösung und einige Grade darüber messen. Dies empfiehlt sich, weil Löslichkeitskurven oft unterhalb des Siedepunktes steil ansteigen, hier also einige Grade Temperaturabfall in Filtern oder Leitungen die Gefahr beträchtlichen Kristallausfalls mit sich bringen können. Das geschilderte Verfahren zur Löslichkeitsbestimmung ist zwar rasch — wer eingeübt ist, braucht für eine Kurve (Temperatur-Intervall: $+10$ bis $100\,°C$) etwa 2 Tage, wenn *ein* Löslichkeitswert bekannt ist, im anderen Falle 3 Tage —, aber es genügt nur mittleren Genauigkeits-Ansprüchen; denn beim Erwärmen der Lösung eilt die Temperatur der Sättigungstemperatur etwas voraus, so daß alle Löslichkeiten etwas zu klein gemessen werden, was für technische Anwendungen eine Abweichung nach der sicheren Seite bedeutet. Für technische Zwecke ist das Verfahren also völlig ausreichend. Eine Präzisionsmessung der Löslichkeit erfordert die Aufnahme eines Eich-Diagrammes, am besten für den Brechungsindex n_D der Lösungen. Dazu wird der Brechungsindex n_D von Lösungen bekannter Konzentration in Abhängigkeit von der Temperatur bis zur Keimbildung gemessen. Man erhält dann ein Brechungsindex-Temperatur-Konzentrations-Diagramm (s. Abb. 31 für das System $NaClO_3/H_2O$ mit 1% Na_2SO_4 bz. auf H_2O) [157], das die sichere Extrapolation der Isopyknen selbst in den Bereich des metastabilen Gebietes erlaubt, der nach dem Kristallausfall nicht mehr vermessen werden konnte. Liegt das Eich-Diagramm vor, so versetzt man das Lösungsmittel bei verschiedenen Temperaturen, die man aber der Reihe nach (pro Meßreihe) konstant hält, mit einem Überschuß an (zu lösendem) Feststoff und rührt in einem verschlossenen Gefäß so lange, bis der Brechungsindex gemäß Beobachtung mit dem Eintauch-Refraktometer (n_D wird hiermit auf 5 Dezimalen genau gemessen) nicht mehr zunimmt. Falls der Vorgang zu lange währt, kann man n_D zu verschiedenen Zeitpunkten messen und die aus den Meßwerten erhaltene Kurve graphisch bis zu ihrer Asymptote extrapolieren. Die Arbeitstemperatur und der asymptotische Brechungsindex legen die Konzentration der Lösungen eindeutig fest, die im Eichdiagramm abgelesen werden kann. Genau wie beim Vibromischer ist der dampfdichte Abschluß des Lösegefäßes von Bedeutung, weil Verdunsten von Lösungsmittel die zur Erreichung des Gleichgewichtes nötige Zeit verlängern und zu Übersättigungserscheinungen führen kann.

Zur Messung der Dichten von Lösungen (s. Abb. 32 für das System $NaClO_3/H_2O$) [157] eignet sich am besten die Mohrsche Waage. Zweckmäßigerweise verwendet man ein temperiertes, schlankes Meßgefäß mit verhältnismäßig kleiner Flüssigkeitsoberfläche, von der während der kurzen (minutenlangen) Meßzeit nur geringe Mengen an Lösungsmittel verdunsten. Die Viskositäten der Lösungen (s. Abb. 33 für das System $NaClO_3/H_2O$) [157] können mit Hilfe eines Fallkörper- oder eines Kapillarviskosimeters gemessen werden. Wie Abb. 33 zeigt, nimmt die (mit einem Fallkörperviskosimeter gemessene) dynamische Viskosität einer wäßrigen $NaClO_3$-Lösung bei konstanter Konzentration

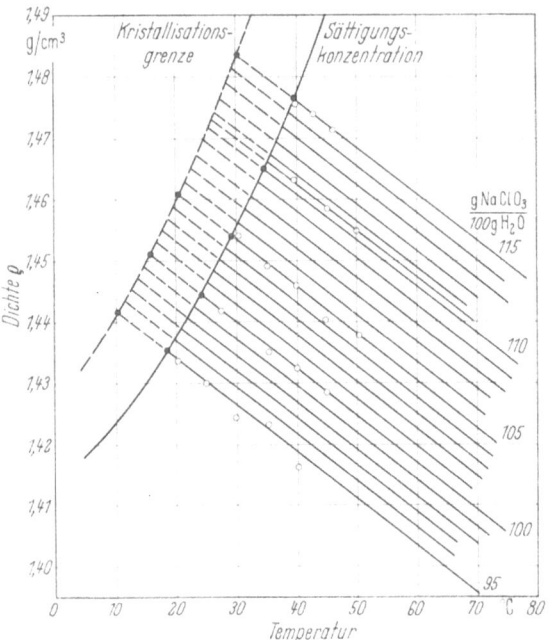

Abb. 32. Dichte von $NaClO_3$—H_2O-Lösungen.

mit abnehmender Temperatur sehr stark zu; bemerkenswert ist vor allem das sicher allgemein gültige große Anwachsen der Viskosität bei fallender Temperatur im metastabilen Feld. Viskosität kann in manchen Fällen (z. B. für Zucker) von wesentlichem Einfluß auf das Kristallwachstum sein. Da sich die Oberflächenspannung von Lösungen, die später zur Kristallisation gelangen, (s. Abb. 34 für das System $NaClO_3/H_2O$) [157] in der Regel ohne Verzögerung einstellt, ist man frei in der Wahl der Meßmethode. Die Ringabreißmethode und die Blasendruck-Methode mit 2 Kapillaren nach SUDGEN [158] können beispielsweise mit Vorteil herangezogen werden. Überall dort, wo es sich um Ober- und Grenzflächen-Erscheinungen handelt [vgl. Gl. (13)], ist die Kenntnis der Oberflächenspannung der Lösungen wichtig. Sie geht ferner in die von VÁHL [159] entwickelten theoretischen Vorstellungen zur Krustenbildung ein und ist nützlich für die Ab-

4. Der Grundversuch

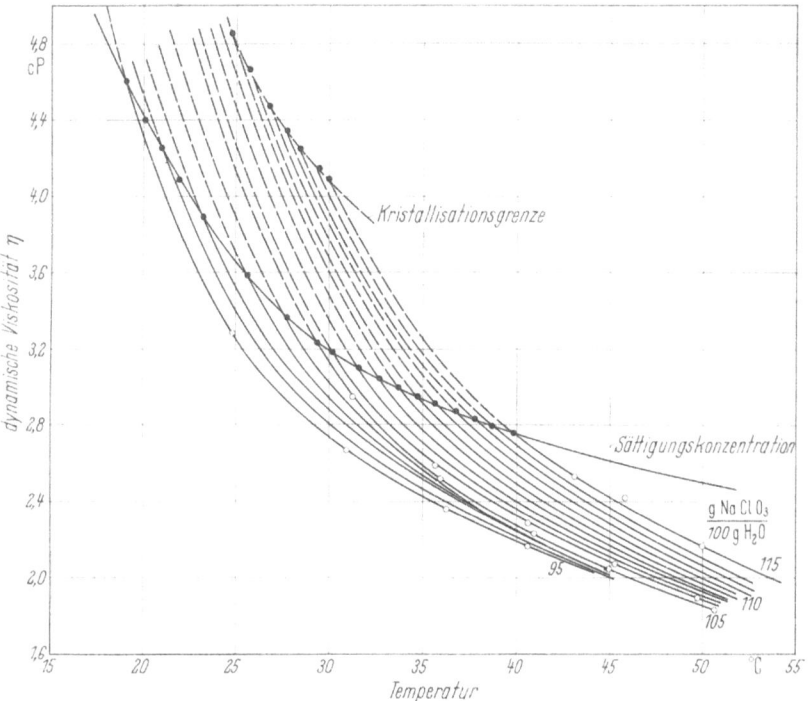

Abb. 33. Dynamische Viskosität von $NaClO_3$—H_2O-Lösungen.

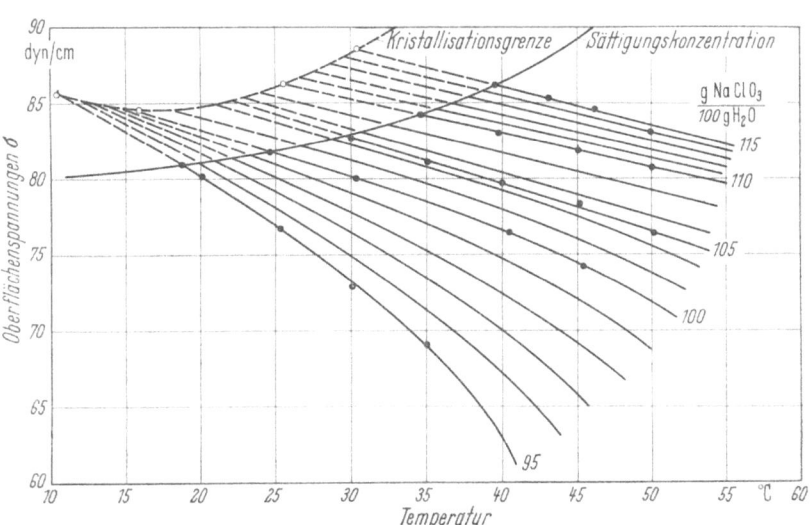

Abb. 34. Oberflächenspannung von $NaClO_3$-Wasser-Lösungen.

schätzung der mittleren Grenzflächenspannung zwischen Feststoff und Lösung [vgl. Gl. (69) und Tab. 13] nach der Gleichung von YOUNG.

Die spezifischen Wärmen von Lösung und Kristallen werden nach den üblichen kalorimetrischen Methoden gemessen; die Kristallisationswärme ist stets kleiner als die „Lösungswärme bei unendlicher Verdünnung" W_L^∞ (vgl. Kap. IV A), und diese bestimmt man am sichersten in einem Kalorimeter zur Vermischung der Reaktionspartner mit Zertrümmerungsvorrichtung für Ampullen [160]. Da kalorimetrische Messungen langwierig sind, ist auch die Abschätzung der Kristallisationswärme, die für die Auslegung jedes Kristallisators gebraucht wird, wichtig. Methoden dazu werden auch in Kap. IV A angegeben. Zur Messung der behinderten Sedimentationsgeschwindigkeit der Kornklassen [92] bedient man sich am einfachsten eines graduierten Fallrohrs, in dem man das Absinken des Trennspiegels zwischen dem Kristallschwarm und der darüber befindlichen klaren Mutterlauge beobachtet. Für alle Kristallisatoren und Eindicker ist nicht die Fallgeschwindigkeit des Einzelkorns, sondern die mittlere Sedimentationsgeschwindigkeit des Schwarms von Bedeutung. Diese hängt außer von der Temperatur von den Kornklassen ab, die den Schwarm bilden, und von der Feststoffkonzentration der Suspension.

Nach der Ermittlung des Temperatur-Löslichkeits-Diagrammes sind Chargen-Kristallisationen bei verschiedenen Übersättigungen [130] ein wesentlicher Teil des Grundversuches, gleichgültig, ob eine diskontinuierliche oder kontinuierliche Kristallisation beabsichtigt ist. Auch für die kontinuierliche Kristallisation ist der Chargenversuch eine Vorstufe. Bei der absatzweisen Labor-Kristallisation wird geklärt, welche Übersättigungen sich bei verschiedenen Verdampfungs- oder Kühlungsgeschwindigkeiten (vgl. Abb. 23) und Rührerdrehzahlen (vgl. Abb. 24) einstellen, welche Rührerart am besten geeignet ist und wie sich die Kornverteilung des Kristallisates in Abhängigkeit von diesen Einflußgrößen ändert. Die refraktometrische Messung der Übersättigung setzt ein binäres System (Feststoff/Lösungsmittel) voraus. Bei einem ternären System (2 lösliche Feststoffe/Lösungsmittel) muß eine zweite physikalische Meßgröße (z. B. die elektrische Leitfähigkeit) hinzugenommen werden. Selbst wenn die Mutterlauge des Betriebes eine Reihe von Lösungsgenossen enthält, die eine Betriebskontrolle der Übersättigung unmöglich machen, sollte auf diese Labor-Untersuchungen nicht verzichtet werden, da zunächst nicht klar ist, ob die Verunreinigungen Einfluß auf die Kristallisation haben und in welchem Maße dies geschieht. Natürlich kann im Chargen-Versuch unter Verzicht auf die Messung der Übersättigung untersucht werden wie sich der Zusatz von Lösungsgenossen oder die Veränderung des p_H-Wertes bei verschiedenen Kühlungs- oder Verdampfungsgeschwindigkeiten und Rührerdrehzahlen auswirken. Ferner läßt sich bei Verwendung eines metallischen Kristallisators klären, ob und in welcher Stärke mit Verkrustungen gerechnet werden muß. Auf diese Weise gibt der Chargen-Versuch, obwohl nur im Kolben ausgeführt, wichtige Hinweise auf die Art des einzusetzenden Kristallisators.

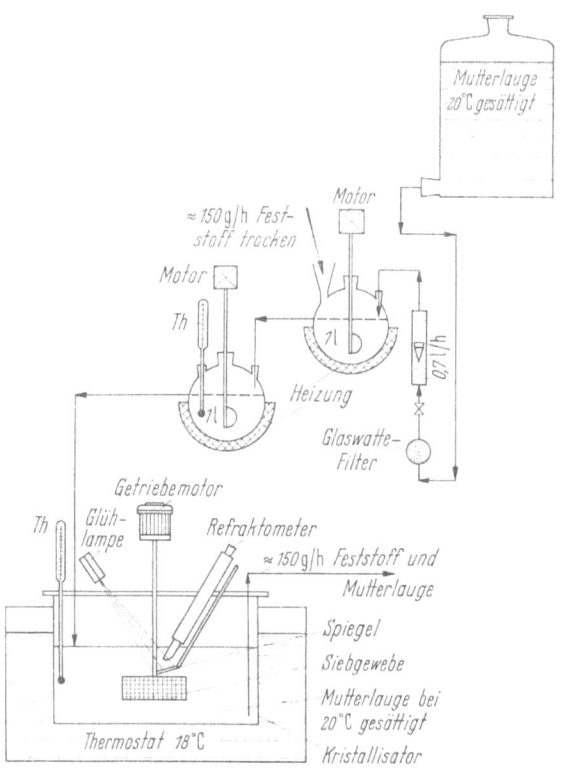

Abb. 35. Labor-Apparatur zur kontinuierlichen Kristallisation.
$Th = 1/10°$-Thermometer.
Die als Beispiel angegebenen Temperaturen entsprechen einem häufig vorkommenden Fall.

Kontinuierliche Laborkristallisationen sind wesentlich beschwerlicher als Chargen-Versuche, aber unerläßlich, wenn eine kontinuierliche technische Kristallisation geplant ist. Die in Abb. 35 dargestellte Apparatur besteht aus der Vorratsflasche für die (im Umlauf befindliche) Mutterlauge, dem Lösekolben, dem Entsättiger und dem Kristallisator, in dem die Übersättigung refraktometrisch gemessen wird. Die durch Glaswatte filtrierte und mit einem Rotamesser gemessene Mutterlauge fließt dem beheizten Lösekolben zu, in den unter kräftigem Rühren entweder kontinuierlich mit einer Dosierwaage oder periodisch von Hand trockener Feststoff eingegeben wird. Bei stärkerer Verdunstung des Lösungsmittels ist die periodische Zugabe von Hand mittels eines Einfülltrichters vorzuziehen, weil der dampfdichte Abschluß des Gefäßes und die Verhinderung der Klumpenbildung des Feststoffes beim Eindosieren mit der Waage in diesem Maßstab schwierig zu beherrrschen sind. Die schwer oder langsam auflösbaren Teilchen des eingetragenen Feststoffes werden im Entsättiger, der dem Löse-Kolben nachgeschaltet ist und gegebenenfalls auf etwas höherer Temperatur gehalten wird, aufgelöst. Die homogene Lösung fließt kontinuierlich dem Kristallisator zu, aus dessen unterem Niveau periodisch Suspension entnommen wird, so daß der Flüssigkeitsstand gehalten werden kann. Der Blattrührer aus Maschendrahtgewebe hat sich wohl infolge der Bildung von Mikrowirbeln als recht wirksam erwiesen. Nach Abtrennung der Mutterlauge werden die Kristalle der abgezogenen Suspension getrocknet und analysiert (Kornverteilung, Kornform). Die Übersättigung ist zeitlich nicht konstant, sondern schwankt im Rhythmus der Produkt-Entnahme. Und zwar steigt die Übersättigung unmittelbar nach der Entnahme an, weil sich die Menge der Kristalle, die die angebotene Übersättigung aufzehren, vermindert hat.

Die Messung der Keimbildungsgeschwindigkeit erfordert im allgemeinen einen großen Aufwand. PRECKSHOT und BROWN [21] untersuchten die Keimbildung in ruhenden übersättigten (wäßrigen) KCl-Lösungen mit Hilfe der elektrischen Leitfähigkeit. Für die Auslegung einer technischen Kristallisations-Anlage verzichtet man meist auf die Messung der Keimbildungsgeschwindigkeiten, weil man nie sicher ist, die Messungen am richtigen Objekt auszuführen; denn im technischen Maßstab können sich Verunreinigungen auswirken, die im Labor-Maßstab gar nicht zu erfassen sind. MATZ [92] beschreibt eine Methode zur Messung der Keimbildungsgeschwindigkeit als Funktion der Übersättigung und der Menge der vorgelegten Impfkristalle, die im wesentlichen darin besteht, daß die Differenz der spezifischen Kornzahlen der Impfkristalle und des Kristallisates nach der Keimbildung ermittelt wird. Dieses Verfahren, dessen zeitraubendster Teil die Messung der spezifischen Kornzahl in Abhängigkeit von Korngröße und Kornform ist, erlaubt auch Aussagen über sekundäre Keimbildung und Agglomeration.

5. Ausfällen (Fällungs-Kristallisation)

Wird die Löslichkeit eines Stoffes in seinem Lösungsmittel drastisch herabgesetzt oder fast völlig aufgehoben, so spricht man von Ausfällen (Fällung). Ausfällen ist eine schnelle Kristallisation, der entweder eine

5. Ausfällen (Fällungs-Kristallisation)

rasch ablaufende chemische Reaktion vorausgeht, bei der der später ausgefällte Reaktand entsteht, oder die Zumischung eines anderen Stoffes, der sich besser im Lösungsmittel löst als das Gefällte. Nach dem auf das Dissoziations-Gleichgewicht in Lösungen

$$M_m R_r \rightleftarrows m\, M^{m'+} + r\, R^{r'-} \tag{73}$$

($m\, m' = r\, r'$ auf Grund der Elektroneutralität)

angewandten Massenwirkungsgesetz ist das Aktivitäten-Löslichkeitsprodukt

$$(a_{M^{m'+}})^m \cdot (a_{R^{r'-}})^r = (C_{M^{m'+}} f_{M^{m'+}})^m (C_{R^{r'-}} f_{R^{r'-}})^r = K_L(T) \tag{74}$$

zweier Ionenarten ($M^{m'+}$ und $R^{r'-}$) bei konstanter Temperatur (T) konstant, wenn die Lösung an dem zugehörigen undissoziierten Stoff $M_m R_r$ gesättigt ist. Hierbei ist

a die jeweilige Ionenaktivität in g-Ion/l,
C die jeweilige Ionenkonzentration in g-Ion/l,
f der jeweilige Aktivitätskoeffizient (dimensionslos).

Für ein-einwertige Salze hat man $m = r = m' = r' = 1$ und für schwer lösliche (Löslichkeit 10^{-2} mol/l oder weniger) $f_{M^{m'+}} = f_{R^{r'-}} = 1$. Der Zusatz eines anderen Elektrolyten, der z. B. das gleiche Anion $R^{r'-}$ hat, bewirkt eine Zunahme von $a_{R^{r'-}}$, so daß K_L nur konstant

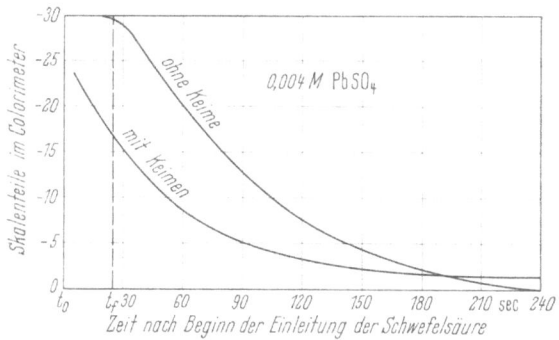

Abb. 36. Abnahme der Lichtintensität in Abhängigkeit von der Zeit für die Fällung von PbSO₄ nach HÄHNERT und KLEBER [23].

bleiben kann, wenn $a_{M^{m'+}}$ abnimmt, also festes $M_m R_r$ ausfällt. Starke Säuren setzen schwache Säuren aus ihren Salzen in Freiheit, wenn dabei gleichzeitig ein löslicher Stoff entsteht; bildet sich ein unlöslicher Stoff, kann sich der Sachverhalt umkehren. Obwohl Fällungen rasch vor sich gehen, bedarf es einer Mindestzeit, bis die ersten Keime erscheinen. Nach CHRISTIANSEN und NIELSEN [161] wird diese Zeit t_f als Fällungszeit bezeichnet; im angelsächsischen Schrifttum [6] ist der Ausdruck induction period (Induktionsperiode) üblich. Abb. 36 (nach

HÄHNERT und KLEBER [23]) zeigt die Abnahme der mit einem Kolorimeter gemessenen Lichtintensität von der Zeit für die Fällung von PbSO$_4$ aus Pb(NO$_3$)$_2$-Lösung mit H$_2$SO$_4$ (tropfenweise) bei (4×10^{-3})-molarer Konzentration der Reagentien. Ohne Impflinge setzt die Keimbildung (Abnahme der Lichtintensität) erst nach der Zeit t_f ein, während mit Impflingen eine sofortige Abnahme der Lichtintensität zu beobachten ist. Nach sich ergänzenden Untersuchungen von LA MER und DINEGAR [162] sowie CHRISTIANSEN und NIELSEN [161] sind bei der Fällung von BaSO$_4$ Fällungszeit t_f (in s) und mittlere Ionenkonzentration C ($\sqrt{[Ba^{2+}] \cdot [SO_4^{2-}]}$, beide in mol/l) durch die Beziehung

$$C^p \cdot t_f = \text{const.} \quad \text{(für 25 °C)} \tag{75}$$

Tabelle 17. *Fällungszeiten einiger Salze aus wäßrigem Medium bei 25 °C in Abhängigkeit von der relativen Übersättigung (nach VAN HOOK [163])*

Substanz	$\frac{C-C_0}{C_0}=$ Konzentration-Sättigungskonzent. / Sättigungskonzentration					
	Fällungszeit t_f in s, außer Nr. 9					
1. Natrium-Oxalat	0,29	0,62	0,74	0,77	0,98	1,15
	12 600	6300	≈720	600	300	0
2. Natrium-Pikrat-Monohydrat	0,153	0,179	0,325	0,288	0,55	—
	420	360	195	90	90	—
3. Bleisulfat	0,5	0,7	1,01	1,5	—	—
	54	38	13	8	—	—
4. Bleijodid (1,2%ige Agar-Lsg.)	0,26	0,5	0,75	0,84	1	—
	≈72 h	30	9	0	6	—
5. Bariumsulfat	9	14	19	29	39	49
	128	108	90	63,5	39	21
6. Strontiumsulfat	1,1	3	9	14	19	24
	62	30	21	15	11	5
7. Calciumsulfat-Dihydrat	2	4	5	6	9	12
	224	148	55	29	15	5
8. Calcium-Oxalat	9	14	19	—	—	—
	580	75	25	—	—	—
9. Bariumsuccinat	0,8	1	2	3	4	—
	24 h	21,1 h	2,34 h	1,85 h	0,3 h	—

miteinander verknüpft. Je größer die molare Ionenkonzentration, desto kürzer die Fällungszeit. p ist innerhalb eines Zeitintervalls, das etwa 6 Zehnerpotenzen umfaßt, konstant und hat den Wert 6, so daß diese Fällung eine Reaktion 7. Ordnung darstellt, was nach LA MER [36] so zu erklären ist, daß die Anlagerung eines 7. Ions an einen Schwarm von 3 Ba^{2+} und 3 SO_4^{2-}-Ionen der geschwindigkeitsbestimmende Vorgang ist.

Aus Tabelle 17 geht die Abhängigkeit der Fällungszeit einiger Salze aus wäßrigem Medium von der *Übersättigung* hervor.

Weil einerseits ganz bestimmte Kornklassen des Gefällten gefordert werden und andererseits die Nachbehandlung (Nutschen, Filtrieren) wesentlich durch die Korngröße bestimmt ist, ist die Beeinflussung der Korngröße des Gefällten ein wichtiges verfahrenstechnisches Problem. Der Zusammenhang zwischen mittlerer Korngröße des Gefällten und Übersättigung ist durch eine von VOLMER [39] aufgestellte Beziehung gegeben:

$$\bar{V} = K_1 \exp\left[(K_2/\ln S)^{6/5}\right], \qquad (76)$$

wobei

$\bar{V}$ = das mittlere Volumen des ausgefällten Teilchens,

$$S = \frac{C}{C_0} = \frac{\text{Konzentration der Ausgangslösung}}{\text{Sättigungskonzentration des Gefällten}}$$

bei konstanter Temperatur ist und K_1 und K_2 Konstanten sind. Je kleiner also die Konzentration C der Ausgangslösung, desto gröber das Ausgefällte bei konstanter Sättigungskonzentration (s. Abb. 37); je geringer die Löslichkeit C_0 des Gefällten im entstandenen Lösungsmittel, desto feiner das gefällte Korn bei konstanter Konzentration C. HÄHNERT und KLEBER [23] konnten Gl. (76) gut bestätigen, z. B. bei der Fällung von PbJ_2 aus einer $Pb(NO_3)_2$-Lösung mit einer KJ-Lösung (tropfenweise): Je verdünnter diese Reagenzien waren, um so gröber die Fällung. Bei 0,1 molaren Lösungen betrug die mittlere Korngröße 1 µm und bei $5 \cdot 10^{-3}$ molaren Lösungen 49 µm. Konzentrierte Ausgangslösungen und geringe Löslichkeit des Gefällten bewirken große Übersättigungen und erhöhen dadurch die Zahl der gebildeten Keime. Bei gleicher Konzentration der Ausgangslösungen ist beispielsweise gefälltes $PbSO_4$ gröber als gefälltes $BaSO_4$, weil dieses die geringere Löslichkeit ($2,3 \cdot 10^{-4}$ g/100 g H_2O gegenüber $4,21 \cdot 10^{-3}$ g/100 g H_2O bei 20 °C) hat. Für 0,1 molare Konzentration betrug die mittlere Korngröße 0,5 µm beim $BaSO_4$ und 5 µm beim $PbSO_4$. Eine wichtige andere Einflußgröße ist die Mischungszeit oder die Zulaufgeschwindigkeit der Reagenzien. Erfolgt die Vermischung rasch oder laufen die Reagenzien schnell zusammen, so wird die Übersättigung des Auszufällenden groß, die Keimbildung ist begünstigt, und die mittlere Korngröße des Ausgefällten bleibt klein. O'HERN und RUSH JR. [142] untersuchten die Fällung von BaSO$_4$ durch *kontinuierliche* Vermischung von Bariumhydroxyd- und Schwefelsäure-Lösungen im Hartridge-Roughton-Schnellmischer (Strahlmischer, wahlweise mit 4 und 8 Strahlen betrieben; Mischzeit 1 Millisekunde) und in einem Rührgefäß (750 ml Füllung; 4-blättriger Schaufelrührer, 560 U/min, 4 senkrechte

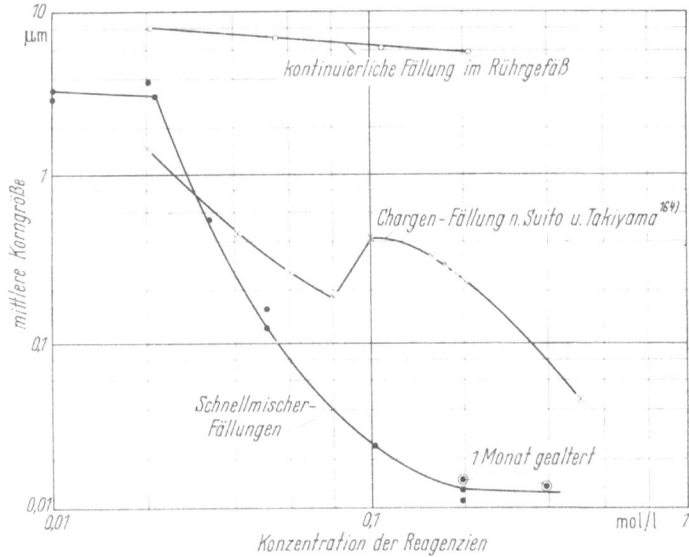

Abb. 37. Teilchengrößen von Bariumsulfat-Fällungen.
○ Kontinuierliche Fällung im Rührgefäß; × Chargen-Fällungen; ● Schnellmischer-Fällungen; ⊙ 1 Monat gealtert.

Strombrecher, Einführung der beiden Lösungen am Boden auf entgegengesetzten Seiten) und verglichen ihre Ergebnisse mit den von SUITO und TAKIYAMA [164] in herkömmlichen Chargen-Fällungen erhaltenen. Wie Abb. 37 zeigt, macht sich bei geringen Konzentrationen der Reagenzien, bei denen die Fällung langsam vor sich geht, der Unterschied in der Rührgeschwindigkeit nur wenig bemerkbar, bei höheren Konzentrationen aber sehr. Bei niedrigen Konzentrationen ist die Keimbildungsgeschwindigkeit nicht so stark von der Konzentration abhängig wie bei höheren und Wachstum kann an Fremdkernen erfolgen. Bezeichnet man mit V_A das Volumen der H$_2$SO$_4$-Lösung, mit V_B das der Ba(OH)$_2$-Lösung, mit a_0 die Anfangskonzentration der H$_2$SO$_4$-Lösung und mit b_0 die Anfangskonzentration der Ba(OH)$_2$-Lösung, so folgt für die entsprechenden Konzentrationen nach Vermischung von V_A und V_B

$$a = \frac{a_0 V_A}{V_A + V_B} = \frac{a_0 r}{r+1}, \qquad b = \frac{b_0 V_B}{V_A + V_B} = \frac{b_0}{r+1}$$

mit $r = V_A/V_B$. Mithin ergibt sich für das Quadrat der mittleren Ionenkonzentration

$$m^2 = a\, b = a_0\, b_0 \frac{r}{(r+1)^2}. \tag{77}$$

Diese Größe hat ein Maximum für $r = 1$. Die feinsten Fällungen, die der maximalen mittleren Ionenkonzentration entsprechen, sind also nur zu erreichen, wenn *gleiche* Volumina der Reagenzien vollständig vermischt werden. Fügt man ein Reagens, langsam oder schnell, einer großen Menge des anderen zu, so sind die Keimbildungsgeschwindigkeiten bei raschem Verbrauch des hinzugefügten Reagens niedrig, ältere Teilchen wachsen, und das Endkorn wird grob.

Hohe Rührgeschwindigkeiten, also stark turbulentes Verrühren der Reagenzien, Ultraschall-Einwirkung (vgl. Kap. III F 1) und möglichst feine Verteilung des Gases, wenn dieses ein Reaktions- und Fällmittel ist, sind somit zur Erzielung feiner Fällungen vorteilhaft.

Sehr wesentlich ist die Fällungstemperatur. Für viele Stoffe nimmt die Löslichkeit C_0 mit steigender Temperatur zu. Diese Stoffe können nach Gl. (76) und vielen Erfahrungen bei höherer Temperatur gröber als bei tieferer gefällt werden.

Der Einfluß verschiedener Lösungsmittel-Zusätze läßt sich auf Grund der geänderten Löslichkeit nach Gl. (76) verstehen. BLIZNAKOV und KIRKOWA [146] haben bei Kristallisation von $Pb(NO_3)_2$ unter Zusatz von Methylenblau experimentell nachgewiesen, daß die mittlere Anzahl der ausgefallenen Kristalle bei geringer Konzentration des Zusatzes zunächst ansteigt, mit wachsender Konzentration von Methylenblau ein Maximum erreicht und schließlich abfällt. Das Ansteigen der Keimzahl wird durch die Erniedrigung der Keimbildungsarbeit infolge Adsorption von Lösungsgenossen erklärt. HÄHNERT und KLEBER konnten bei der Fällung von $PbSO_4$ unter Einfluß von Lösungsgenossen (u. a. Harnstoff, Pikrinsäure, β-Naphthol) eine Zunahme der mittleren Kristallitgröße um 100 bis 400% beobachten, was sie auf eine Erhöhung der Löslichkeit des $PbSO_4$ durch die Zusätze zurückführen. Auch die Alterung der Fällungs-Reagenzien kann eine Rolle spielen. HÄHNERT und KLEBER zeigen am Beispiel des $BaSO_4$, daß bei Verwendung frisch hergestellter Reagenzien ($BaCl_2$-Lösung) die mittlere Korngröße des Gefällten kleiner ist als bei gealterten Ausgangslösungen. Sie sehen die Ursache darin, daß Fremdkerne ($BaCl_2$-Kristallite) in frischen Lösungen als Keimbildner wirken, in gealterten aber Zeit haben sich aufzulösen. Mehr noch als bei anderen Kristallisationen ist der p_H-Wert für die

Fällungen von Bedeutung, besonders wenn Säuren oder Laugen als Fällungsmittel dienen. In der Konstanten K_1 [Gl. (76)] ist der Faktor $D^{3/5}$ enthalten, wobei D der Diffusionskoeffizient der gefällten Substanz in der entstandenen Lösung ist. In zäheren Lösungen sollte daher unter sonst gleichen Bedingungen ein feineres Korn ausgefällt werden, weil die Diffusionsgeschwindigkeiten hier verringert sind. Oft besteht noch die Möglichkeit, nach der Fällung Einfluß auf die mittlere Korngröße des Gefällten zu nehmen („Reifen"). Wird die Suspension erwärmt und unter Rühren langsam abgekühlt, so kann man, falls die Löslichkeit bei höherer Temperatur größer ist, einen Teil des Gefällten wieder auflösen und an dem nicht-gelösten Anteil auskristallisieren lassen. Häufig führt auch die längere Aufenthaltsdauer des Gefällten in der Mutterlauge ohne Temperaturerhöhung zum Ziel. Für diese Kornvergröberung gibt es zwei Ursachen:

a) Sind Teilchen höherer Löslichkeit (vgl. Kap. III B 2) vorhanden, so können sich diese im Laufe der Zeit wiederauflösen; die entstehende Übersättigung kommt dem Wachstum der gröberen Teilchen zugute („Ostwald-Reifung"). Dazu bedarf es jedoch Teilchen unter größenordnungsmäßig 100 Å, da erst bei diesen die höhere Löslichkeit merklich wird, es sei denn, man unterstützt den Vorgang durch löslichkeitssteigernde Zusätze (z. B. durch NH_3 beim „Digerieren" von AgBr-Emulsionen nach MOISAR und KLEIN [81]). Abb. 37 weist aus, daß $BaSO_4$-Partikel mit einem Mittelkorn von 150 Å (100—400 Å Korngrößenbereich) und 160 Å (70—400 Å), die durch Alterung während eines Monats erhalten wurden, nur wenig gröber (30 Å) geworden waren als das nicht-gealterte Gefällte. Auch eine 11-monatige Alterung hatte keinen stärkeren Einfluß. Durch Verdünnung der Suspension mit Wasser im Verhältnis 50:1 konnten jedoch Teilchen unter 200 Å aufgelöst werden.

b) Die Teilchen können zunächst agglomerieren und dann rekristallisieren. Agglomerationen sind bei vielen Fällungen nicht auszuschließen. O'HERN und RUSH, JR. benutzten zur Vermeidung von Agglomerationen bei ihren feinsten Fällungen einen Chrom-Komplex der Stearin-Säure (Quilon), von dem sie etwa 3 Tropfen, in 100 ml destilliertem Wasser gelöst, 2 bis 10 ml der Fällungs-Suspension zugaben. In manchen Fällen hat man eine ganze Skala verschiedener Agglomerationen. Agglomerate können aber nur dann rekristallisieren, wenn noch eine Rest-Übersättigung zur Verfügung steht. Je geringer diese ist, um so längerer Zeit bedarf das Reifen.

Das Herausdrängen eines starken Elektrolyten (Salzes) aus wäßriger Lösung durch einen Nicht-Elektrolyten oder schwachen Elektrolyten ist eine besonders wichtige Fällung durch Zumischung eines

Stoffes, der sich im Lösungsmittel besser als das Gefällte löst. Drei
ternäre Zustandsdiagramme sind hier von Bedeutung. Abb. 38a zeigt
ein System $H_2O(A)$-Lösungsmittel (B)-Salz (C), bei dem das Salz ein
Hydrat (H) bildet. Im Bereich a liegt eine Phase (homogene Lösung)

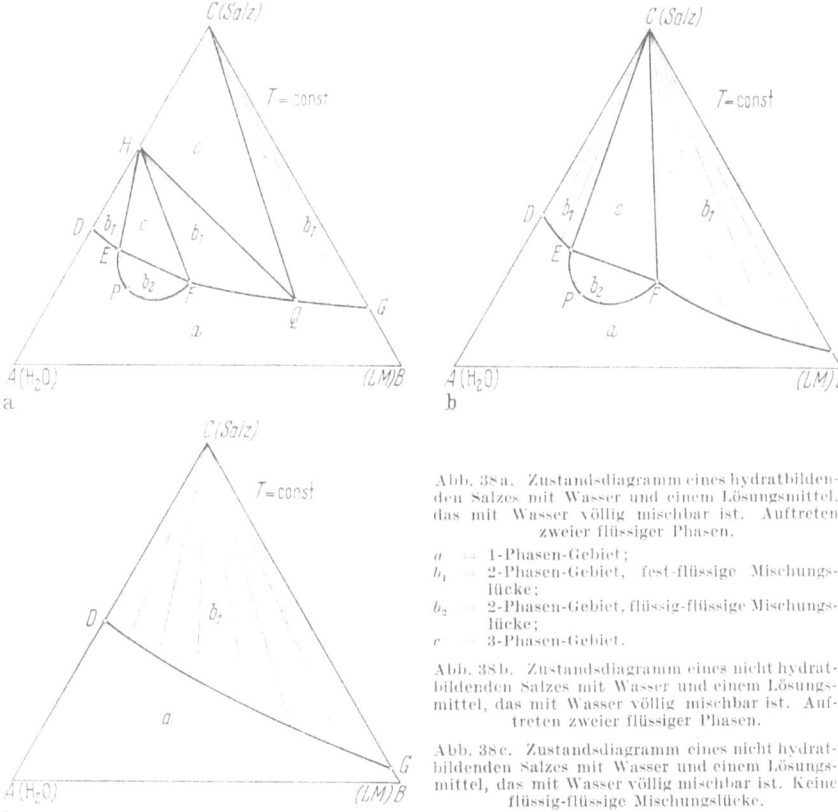

Abb. 38a. Zustandsdiagramm eines hydratbildenden Salzes mit Wasser und einem Lösungsmittel, das mit Wasser völlig mischbar ist. Auftreten zweier flüssiger Phasen.
a = 1-Phasen-Gebiet;
b_1 = 2-Phasen-Gebiet, fest-flüssige Mischungslücke;
b_2 = 2-Phasen-Gebiet, flüssig-flüssige Mischungslücke;
c = 3-Phasen-Gebiet.

Abb. 38b. Zustandsdiagramm eines nicht hydratbildenden Salzes mit Wasser und einem Lösungsmittel, das mit Wasser völlig mischbar ist. Auftreten zweier flüssiger Phasen.

Abb. 38c. Zustandsdiagramm eines nicht hydratbildenden Salzes mit Wasser und einem Lösungsmittel, das mit Wasser völlig mischbar ist. Keine flüssig-flüssige Mischungslücke.

vor, die Bereiche b sind die Zwei-Phasen-Gebiete. In den Gebieten b_1
existieren feste und flüssige Phase nebeneinander, sie sind von den
Feststoff-Konoden durchzogen, die im Salz- und Hydratpunkt enden;
im Gebiet b_2, das von den Flüssigkeits-Konoden durchzogen ist,
existieren zwei flüssige Phasen, nämlich eine salzreiche und eine
lösungsmittelreiche. c sind Drei-Phasen-Gebiete. Mischungen, deren
Zustandspunkt in diese Gebiete fällt, zerfallen nach Maßgabe der
Punkte des jeweiligen Dreiecks. Als Beispiel ist das System H_2O-
Äthanol-$Al_2(SO_4)_3$ bei 30° oder 80 °C zu nennen: hier gibt es sogar
nach Untersuchungen von GEE [169] zwei Hydrate, das Hexadeka-

und das Dekahydrat. Bildet das Salz kein Hydrat, bleibt aber die flüssige Mischungslücke bestehen, so wandert Punkt H in die Spitze C, und es entsteht Abb. 38b. Ein Beispiel ist das System H_2O-Isopropanol-KNO_3 oberhalb der kritischen Temperatur von 47,2 °C. Mit abnehmender Temperatur zieht sich die Flüssigkeits-Mischungslücke zusammen, unterhalb der kritischen Temperatur wird das Zustandsdiagramm nur noch von einer Löslichkeitskurve durchzogen (Abb. 38c), der Drei-Phasen-Bereich c verschwindet, und es gibt allein Feststoff-Konoden, die meist nicht gezeichnet werden. Als Beispiele sind zu nennen: H_2O-Isopropanol-KNO_3 unterhalb von 47,2 °C und H_2O-Äthanol-KNO_3. Nach Untersuchungen von GINNINGS und CHEN [165]

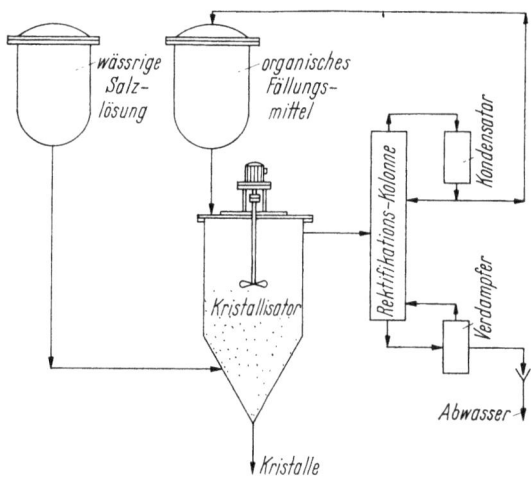

Abb. 39. Allgemeines Verfahrens-Schema für das Ausfällen mit einem niedriger als Wasser siedenden organischen Lösungsmittel nach VENER und THOMPSON.
Anm.: Die Mutterlauge nach dem Abtrennen der Kristalle (Nutsche, Schleuder) wird in den Kristallisator zurückgeleitet. Der Überlauf des Kristallisators muß gegebenenfalls filtriert werden.

bildet Isopropanol mit bei weitem mehr Salzen zwei flüssige Phasen als Äthanol und Methanol, aber mit weniger Salzen als n-Propanol und tertiäres Butanol. Isopropanol/H_2O haben mit folgenden Salzen flüssige Mischungslücken bei 25 °C: $(NH_4)_2HPO_4$, $(NH_4)_2SO_4$, NaBr, NaCl, K_2CO_3, KF, KCl, $NaNO_3$, $MgSO_4$ und Na_2CO_3. FRANKFORTER und TEMPLE [166] haben die ternären Zustandsdiagramme von Wasser und folgenden Komponenten bei 20 °C bestimmt: n-Propanol/Na_2CO_3, n-Propanol/KF, Isopropanol/K_2CO_3 Allylalkohol/KF, Allylalkohol/K_2CO_3, Allylalkohol/Na_2CO_3 und Allylalkohol/NaCl. VENER und THOMPSON [167] haben ein allgemeines Verfahrens-Schema für das Ausfällen mit einem niedriger als Wasser siedenden organischen Lösungsmittel angegeben (s. Abb. 39). Die wäßrige Salzlösung wird dem mit einem Rührwerk ausgerüsteten Kristallisator, der im unteren Teil als Absitzer ausgebildet ist, unten zugeführt, während das organische Lösungsmittel (Fällungsmittel) oben zuläuft. Der Überlauf des Kristallisators wird einer Rektifikationskolonne zugeleitet, in der das Lösungsmittel wiedergewonnen wird, während der Sumpfablauf verworfen wird. Der Kristallbrei wird aus dem Konus des Kristallisators abgezogen. Diese einfache Anordnung setzt voraus, daß die Kristalle trotz Fällung grob genug auswachsen, um so gut zu sedimentieren, daß der Überlauf keine nennenswerten Mengen an Schwebeteilchen mehr enthält. Ferner muß die Löslichkeit des Feststoffes in der überlaufenden Mutterlauge so gering sein, daß der Kolonnen-Ablauf ohne wesentliche Salz-Einbuße verworfen werden kann. GEE und Mitarbeiter [168] zeigten in einer kleintechnischen Anlage (Leistung 2 t/d), daß man kontinuierlich eisenfreies Aluminiumsulfat mit Äthanol ausfällen kann. Das Verfahren ist zwar wirtschaftlich nicht konkurrenzfähig, aber bei Verwendung billiger Lösungsmittel (z. B. Methanol) und Gewinnung wertvoller Salze besteht die Möglichkeit dazu. VENER und THOMPSON [167] haben die Verwendung von Glykol ($Kp_{760} =$ $= 197{,}4\,°C$) bei der Konzentrierung von Glaubersalz-Lösungen im Verdampfungs-Kristallisator zu wasserfreiem Na_2SO_4 vorgeschlagen; das organische Lösungsmittel ändert die Löslichkeit, so daß die Krustenbildung an den Heizrohren sehr stark eingeschränkt ist. Auch Äthanol kann als Fällungsmittel von Na_2SO_4 benutzt werden; das organische Lösungsmittel sollte mit der wäßrigen Salzlösung vollkommen mischbar sein, ferner sollte die Löslichkeit des Na_2SO_4 darin mit wachsender Temperatur zunehmen oder höchstens konstant bleiben, aber nicht wie beim Wasser abnehmen, um die Krustenbildung zu vermeiden.

6. Aussalzen

Wird ein Nicht-Elektrolyt oder ein schwacher Elektrolyt aus wäßriger Lösung durch Zugabe eines starken Elektrolyten (Salzes) herausgedrängt, so nennt man diesen Vorgang Aussalzen. Der Nicht-Elektrolyt bzw. schwache Elektrolyt kann ein gelöstes Gas (z. B. H_2, O_2 oder NH_3), eine gelöste Flüssigkeit (z. B. Aceton oder Phenol) oder ein gelöster Feststoff (z. B. Bernsteinsäure oder Zucker) sein. Bis zu einer Elektrolyt-Konzentration von 4—5 mol/l gilt meist recht gut die Beziehung:

$$\log \frac{f}{f^0} = \log \frac{S^0}{S} = K_s\, C_S \qquad (78)$$

mit

f = molarer Aktivitätskoeffizient des Nicht-Elektrolyten in der Salz-Lösung,
f^0 = molarer Aktivitätskoeffizient des Nicht-Elektrolyten in Wasser,
S = molare Konzentration des Nicht-Elektrolyten in der Salzlösung (mol/l),
S^0 = molare Konzentration des Nicht-Elektrolyten in Wasser (mol/l),
C_S = molare Konzentration des Elektrolyten (mol/l),
k_S = Aussalz-Konstante (l/mol).

Ist $k_S > 0$, so liegt Aussalzen vor; für $k_S < 0$ hat man es mit „Einsalzen", also einer Erhöhung der Löslichkeit des Nicht-Elektrolyten durch Salz-Zugabe, zu tun. Salze dieser Art werden hydrotropische Salze genannt; Salze mit großen Anionen oder Kationen wie z. B. die Natrium- und Kalium-Salze der Toluol-, Xylol- und Naphthalin-Sulfonsäuren gehören zu dieser Gruppe. LONG und MC DEVIT [170] haben die Wirkung zahlreicher Salze (vor allem der Alkalihalogenide) auf die wäßrigen Lösungen folgender Substanzen bei Raumtemperatur untersucht: H_2, O_2, Benzol, salpetrige Säure, SO_2, NH_3, γ-Butyrolacton, Trimethylamin, Benzoesäure, Bernsteinsäure, Phenol, Phthalsäureanhydrid, Aceton und Diaceton-Alkohol. Für Benzoesäure beispielsweise hat die Aussalz-Konstante folgende Werte: 0,17 bei Zugabe von NaCl, 0,14 bei KCl und $-0,22$ bei Natriumbenzoat. Natriumbenzoat salzt also Benzoesäure stärker ein als die Alkalihalogenide aus. Mitunter benutzt man auch anstelle des logarithmischen Konzentrations-Verhältnisses in Gl. (78) das einfache, dessen Kehrwert von KELLY [171] Löslichkeitskoeffizient genannt wird. KELLY hat die ternären Zustandsdiagramme von Wasser-Saccharose und jeweils einem der folgenden Salze bei 30 °C bestimmt: KCl, NaCl, $MgSO_4$, $CaCl_2$, NH_4NO_3, CdJ_2 und $CuSO_4$. Ferner wurden die Diagramme der Systeme Wasser–Saccharose–Glukose, Wasser–Saccharose–Fruktose, Wasser–Glukose–KCl und Wasser–Fruktose–KCl ausgemessen. KCl, NaCl, NH_4NO_3 und CdJ_2 erhöhen die Wasser-Löslichkeit der Saccharose, während Fruktose, Glukose, $CaCl_2$, $MgSO_4$ und $CuSO_4$ sie vermindern. Saccharose erhöht die Wasserlöslichkeit von CdJ_2, NaCl, KCl und Fruktose und vermindert die Löslichkeit von $CaCl_2$, Glukose, $MgSO_4$ und $CuSO_4$; die Löslichkeit von NH_4NO_3 bleibt ungeändert.

7. Ausfrieren

Ausfrieren ist die besondere Art der Lösungs-Kristallisation, bei der nicht das Gelöste, sondern der im Überschuß vorhandene Anteil, das Lösungsmittel, auskristallisiert wird. Da das Lösungsmittel im

7. Ausfrieren

allgemeinen die niedrigerschmelzende Komponente des Systems ist, liegen die Arbeitstemperaturen beim Ausfrieren meist viel niedriger als bei sonstigen Kristallisationen. Während bei diesen das Kristallisat ohne Schwierigkeit mit frischem Lösungsmittel nachgewaschen und durch Trocknung vom anhaftenden Lösungsmittel befreit werden kann, ist beim Ausfrieren das Nachwaschen mit Lösungsmittel beschwerlich, weil es einfriert; das Verdrängen eines Teils der den Lösungsmittel-Kristallen anhaftenden Mutterlauge ist nur durch mechanische Mittel möglich. Dies bedingt, daß vielfach mit mehreren (praktischen) Stufen gearbeitet wird, obwohl nur eine theoretische Stufe (vgl. Kap. III B 8) erforderlich ist. Ausfrieren ist daher häufig, wenn auch nicht immer, eine besondere Art der fraktionierten Kristallisation. Zweck des Ausfrierens ist es, entweder das Lösungsmittel ohne thermische Behandlung (Verdampfen) wiederzugewinnen, sei es, daß es höhere Temperaturen nicht verträgt oder dabei andere Erschwernisse (z. B. Schaum- oder Krustenbildung) auftreten, oder den (thermolabilen) gelösten Stoff schonend zu konzentrieren.

Im Temperatur-Konzentrations-$(t-X)$Diagramm (vgl. Abb. 19 und Abb. 40) ist der vom Schmelzpunkt des Lösungsmittels t_f bis zum eutektischen Punkt E verlaufende Ast der Liquiduskurve (bei wäßrigen Lösungen Eiskurve genannt) wichtig; nur eutek-

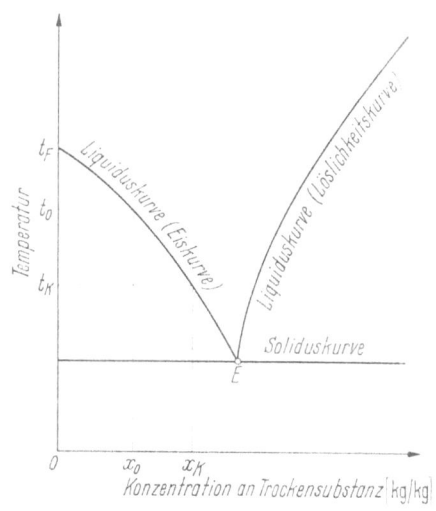

Abb. 40. Für das Ausfrieren wichtiger Ausschnitt eines binären Schmelzdiagramms.

tikumbildende Systeme kommen bislang für das Ausfrieren in Frage. Mit zunehmender Annäherung an den eutektischen Punkt wird das Ausfrieren des Lösungsmittels immer schwieriger, im eutektischen Punkt ist es unmöglich. Meist hat es auch keinen Sinn, die Konzentrierung des gelösten Stoffes zu weit zu treiben, weil mit wachsender Steilheit der Tangente der Liquiduskurve immer weniger Gramm Trockensubstanz (Gelöstes) pro Grad Abkühlung angereichert werden. Hoher Trennaufwand führt dann nur zu einem geringen weiteren Gewinn an Konzentration der Trockensubstanz. Je weiter der Schmelzpunkt des Lösungsmittels t_F und der eutektische Punkt E auseinander liegen, desto mehr ist das Ausfrieren des Lösungsmittels begünstigt. Nach einem

Erfahrungssatz wandert der eutektische Punkt umsomehr zu hohen Lösungsmittel-Konzentrationen hin, je größer der Schmelzpunktunterschied zwischen Gelöstem und Lösungsmittel ist. Das System Saccharose (FP: 185 °C)–H_2O beispielsweise hat seinen eutektischen Punkt bei 62,6 g Saccharose/100 g Mischung ($-14{,}5$ °C), während der eutektische Punkt des Systems NaCl (FP: 801 °C)–H_2O bei 23,5 g NaCl/100 g Mischung ($-21{,}2$ °C) liegt. Für alle *Gleichgewichts*-Rechnungen, die von der Liquiduskurve (nicht von der Überlöslichkeitskurve) ausgehen, ist das Hebelgesetz der Phasenmengen von Bedeutung. Hat man z. B. 1 kg Ausgangslösung mit der Konzentration X_0 des Gelösten (s. Abb. 40) und hat die durch Ausfrieren konzentrierte Lösung die Konzentration $X_K > X_0$, so beträgt die Menge m^* des ausgefrorenen Lösungsmittels (Eises) nach dem Hebelgesetz:

$$m^* = 1 - \frac{X_0}{X_K} \left[\frac{\text{kg}}{\text{kg}}\right] \tag{79}$$

und die Menge der konzentrierten Lösung

$$1 - m^* = \frac{X_0}{X_K} \left[\frac{\text{kg}}{\text{kg}}\right]. \tag{80}$$

Bei konstanter Anfangskonzentration X_0 der Lösung ist die Menge der konzentrierten Lösung umso größer, je kleiner ihre Konzentration X_K, je höher also ihre Gleichgewichtstemperatur t_K ist. Je mehr die Lösung konzentriert wird, je weniger erhält man von ihr. In der Praxis wird die Gleichgewichtsmenge m^* nicht erreicht, weil das ausgefrorene Lösungsmittel noch Trockensubstanz enthält. Die von HEISS und SCHACHINGER [172] eingeführte Ausbeuteziffer ε mißt die Abweichung vom Gleichgewicht und ist folgendermaßen definiert:

$$\varepsilon = \frac{M_K X_K}{M_0 X_0} \tag{81}$$

mit

M_0 = Masse der Ausgangslösung in kg,
M_K = Masse der End-Lösung (des Konzentrates) in kg.

Aus der Mengenbilanz des Gelösten folgt für den Trockensubstanzgehalt des ausgefrorenen Lösungsmittels (Eises):

$$X_E = \frac{M_0 X_0 - M_K X_K}{M_0 - M_K} = \frac{M_0 X_0 - M_K X_K}{M} \tag{82}$$

und speziell für $M_0 = 1$ kg ($M = m$)

$$X_E = \frac{X_0 - (1-m) X_K}{m} \tag{82'}$$

7. Ausfrieren

Die Menge des ausgefrorenen Lösungsmittels ergibt sich mithin zu

$$m = \frac{X_K - X_0}{X_K - X_E} \left[\frac{\text{kg}}{\text{kg}}\right]. \tag{83}$$

Nur für $X_E = 0$ wird $m = m^*$.

Durch Kombination von Gl. (81) und (82) erhält man

$$\frac{X_E}{X_0} = \frac{\dfrac{X_K}{X_0}(1-\varepsilon)}{\dfrac{X_K}{X_0} - \varepsilon}. \tag{84}$$

Je höher die Ausbeuteziffer ε und je größer das Konzentrationsverhältnis X_K/X_0 ist, desto kleiner der Trockensubstanzgehalt des ausgefrorenen Lösungsmittels im Verhältnis zur Ausgangskonzentration. Wird Gleichgewicht erreicht, so ist unabhängig von X_K/X_0 $\varepsilon = 1$ und $X_E = 0$. Die Trennung der konzentrierten Lösung vom ausgefrorenen Lösungsmittel, das dabei zum Teil wieder aufschmilzt, ist schwierig; meist ist außerdem dessen Trockensubstanzgehalt X_E nicht innerhalb der gesamten Masse konstant. Daher wird auch die Menge m [nach Gl. (83)] nicht erreicht. HENDRICKSON [173] hat bei der Gewinnung von Eis aus Sole folgende Größe als *Trennwirksamkeit* für die mechanische Abtrennung des (noch Soleeinschlüsse enthaltenden) Eises von der konzentrierten Sole definiert:

$$E_s = 100\,\frac{m_w}{m} = m_w\,\frac{X_k - X_E}{X_K - X_0} \cdot 100 \quad [\%]. \tag{85}$$

Hierbei bedeutet m_w den Anteil des Eises mit Trockensubstanzgehalt X_E an der gesamten, ursprünglichen Eismasse. Zentrifugieren erbrachte Trennwirksamkeiten von $\approx 50\%$, Abnutschen von 66 bis 71%, je nach Güte des angewandten Vakuums und Auspressen bei Drucken von 70 bis 130 kp/cm² E_s-Werte bis zu 95%.

Es gibt vier wesentlich verschiedene Arten des Ausfrierens:

1. Entzug der Wärme durch Wandungen. Hier sind das Blockeis-, das Röhreneis- und das Walzen-Kristallisationsverfahren zu nennen. Das Blockeis-Verfahren ist für die Gewinnung von Trinkwasser aus Meerwasser nicht besonders wirksam und kann durch Lufteinblasen nur wenig verbessert werden; in den Kristall-Zwischenräumen befindet sich noch so viel konzentrierte Sole, daß der Salzgehalt des Eises viel zu hoch ist. Das Ringzellenverfahren [174], bei dem ein ringförmiger, oben offener Gefrierbehälter benutzt wird, der allseitig von Kühlmittel (−8 bis −10 °C) umspült wird und an dessen Innenwandungen sich die Eis-Kristalle radial ansetzen, erbringt nach Abtauen des Eisblocks, Abschleudern des Eises und Nachwaschen mit Süßwasser schon viel geringere Salzgehalte des Eises (2800 bis 420 ppm). Das Röhreneis-Verfahren hat nach Angaben von Trépaud [175] gute Chancen, wenn das fraktionierte Ausfrieren mit fraktioniertem Aufschmelzen verbunden wird; man muß also einen Teil des ausgefrorenen Eises wieder durch Aufschmelzen (indem man beispielsweise warme Luft durch eine dünne Eisschicht bläst) opfern, um den Rest in größerer Reinheit zu erhalten (Salzgehalte des Eises je nach aufgeschmolzener Menge 500 bis 3000 ppm). Auch beim Walzen-Kristallisationsverfahren kann man nach Untersuchungen von Okabe [176] auf eine Nachbehandlung des an der Walze ausgefrorenen Eises (teilweises Aufschmelzen und Abschleudern) nicht verzichten (Salzgehalte des Eises: 200 bis 2000 ppm).

2. Entzug der Wärme durch Verdampfen des Lösungsmittels (Vakuum-Ausfrieren). Hier ist zwischen dem Absaugen der Brüden und ihrer Kondensation zusammen mit dem Treibmitteldampf des Strahlers in der Schmelzkammer des Eises einerseits und der Absorption des Wasserdampfes in hygroskopischen Medien, also z. B. wäßrigen Lösungen von LiBr, NaOH und H_2SO_4, die genügend niedrigen Dampfdruck haben, andererseits zu unterscheiden. Im ersten Fall sind große Volumina abzusaugen (1 kg Wasserdampf erfüllt bei 0 °C und 4,58 Torr 206 m³), im zweiten Fall muß die Konzentration der wäßrigen Lösung so gewählt werden, daß ihr Dampfdruck niedrig genug ist, damit ein Druckgefälle vom Verdampfer zum Kondensator aufrecht erhalten werden kann, aber nicht zu hoch, damit die Löslichkeitsgrenze nicht überschritten wird. Nach Untersuchungen von Messing [177] ist eine Natronlauge von 30 Gew.-% bei +5 °C gut als Absorptionsflüssigkeit geeignet und in Mehrfach-Verdampfern unschwer zu regenerieren.

3. Verdampfung eigens zugegebener, leichtflüchtiger und mit dem auszufrierenden Lösungsmittel (z. B. H_2O) nicht mischbarer Flüssigkeiten, wie beispielsweise n-Butan ($Kp_{760} = -0,5\ °C$). Dieses Verfahren hat den Vorteil, daß die Vakuumpumpen nicht den voluminösen Wasserdampf, sondern den viel dichteren des flüchtigen Hilfsstoffes abzusaugen brauchen.

4. Verdampfung eines leichtflüchtigen, unmischbaren Hilfsstoffes, der ein Gashydrat bildet, wie z. B. Propan (s. Kap. III E: Grundlagen der adduktiven Kristallisation). Nach Winans [178] bestehen die Hauptvorzüge dieser Arbeitsweise darin, daß man bei Betriebstemperaturen von +1,7° (Reaktor; Gashydrat-Bildung) und 7 °C (Schmelzkammer) den mittleren Meerestemperaturen viel näher ist als bei den anderen Ausfrierverfahren und die Hydratkristalle beträchtlich oberhalb des Gefrierpunktes mit Süßwasser gewaschen werden, wobei keine

Verstopfungen durch einfrierendes Wasser zu befürchten sind. Keines der übrigen Verfahren hat diesen Vorteil.

Die Entfernung der den Eiskristallen anhaftenden Mutterlauge ist beim Ausfrieren das größte Problem. Man bedient sich folgender Methoden:

1. Auspressen des Kristallisates (s. a. Kap. III C 3 und Kap. IV D 2). Beim Auspressen von Eisbrei zur Gewinnung von Süßwasser aus Meerwasser konnten HENDRICKSON und MOULTON [179] den Salzgehalt des Eises auf 500 ppm durch Anwendung eines Druckes von 100 at herabsetzen.

2. Teilweises Wiederaufschmelzen des Kristallisates und erneutes Abtrennen der entstandenen Mutterlauge (fraktioniertes Schmelzen).

3. Verdrängen der den Lösungsmittel-Kristallen anhaftenden konzentrierten Mutterlauge durch Nachwaschen mit reinem Lösungsmittel. Im allgemeinen müssen dazu mindestens 10% des erzeugten, gereinigten Lösungsmittels aufgewendet werden.

4. Flotation des Kristallisates, wenn es (wie Eis) leichter als die Mutterlauge ist, Dekantieren und Waschen mit reinem Lösungsmittel. Die höchsten Reinheitsgrade werden durch fraktioniertes Schmelzen und wiederholtes Auspressen erzielt. In der Regel muß ein Kompromiß zwischen hoher Ausbeute und hohem Reinheitsgrad geschlossen werden. Nach DÖGE [180] ist eine wirtschaftliche Trennung des Eis-Sole-Gemisches nur mit größten Einheiten der Schwingzentrifuge (Vibration der Trommel in axialer Richtung mit einer Frequenz von 1500 min^{-1} bei einer Hublänge von maximal 8 mm und stehendem Schubteller) möglich.

8. Fraktionierte Kristallisation aus Lösungen

Fraktionierung (von lat. fractus = gebrochen) wird die mehrfache, oft vielfache Wiederholung des folgenden Grundvorganges genannt: Vermischen zweier nicht im Gleichgewicht stehender Phasenströme, bis durch Stoffaustausch Phasengleichgewicht ganz oder annähernd erreicht ist, und erneute Trennung der Phasen. Die Fraktionierung mit fester und flüssiger Phase wird fraktionierte Kristallisation genannt; man unterscheidet fraktionierte Kristallisation aus Lösungen und aus Schmelzen. Der Grundvorgang kann sich kontinuierlich oder chargenweise wiederholen. Das Chargenverfahren herrscht vor, neuerdings setzen sich aber, besonders bei leichteren Fraktionierungen, kontinuierliche Verfahren stärker durch. Bei der fraktionierten Kristallisation aus Lösungen wird jedes Kristallisat bis zur Beendigung des Vorganges mit einer „geeigneten" Mutterlauge neu versetzt und umkristallisiert (rekristallisiert), und jede Mutterlauge dient zum Auf-

100   III. Grundlagen der Kristallisation

lösen und Umkristallisieren eines „geeigneten" Kristallisates. Der Vorgang wird durch einmalige oder wiederholte Aufwendung reinen Lösungsmittels eingeleitet oder fortgeführt. Es ist sicher zweckmäßig, die fraktionierte Kristallisation als umfassendes Verfahren von der wiederholten Kristallisation (Rekristallisation) zu unterscheiden, bei der nur die feste Phase (das Kristallisat) weiterbehandelt (gereinigt) wird, nicht jedoch die abgetrennte Mutterlauge. Fraktionierte Kristalli-

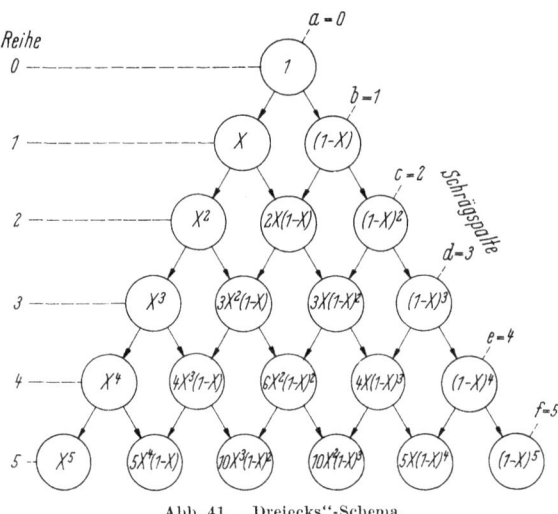

Abb. 41. „Dreiecks"-Schema.

sation aus Lösungen kann im Chargenbetrieb nach verschiedenen Schemen (Vermischungsplänen) erfolgen [181]. Eine rationelle Wiederverwendung der Mutterlaugen ist beim Arbeiten nach dem Dreiecks-Schema (Abb. 41) gewährleistet. Handelt es sich (außer dem Lösungsmittel) um ein System mit den Komponenten A und B und wird in jeder durch einen Kreis gekennzeichneten Stufe der gleiche Bruchteil x der Komponente A auskristallisiert, so ergibt sich durch Entwicklung des binomischen Ausdrucks

$$[x + (1-x)]^n = 1 \tag{86}$$

für den Bruchteil von A, der in der Reihe n (≥ 0) und der Schrägspalte r (≥ 0) erscheint:

$$x_{n,r} = \frac{n!}{r!(n-r)!} x^{n-r}(1-x)^r . \tag{87}$$

Die Pfeile nach rechts unten kennzeichnen die abgetrennte Mutterlauge, die Pfeile nach links unten das abgetrennte Kristallisat. Die Zahl der Reihen n richtet sich nach der erzielten Reinheit des Kristallisates n, a. Die Kristallisate auf der äußeren linken Dreiecksseite (Schrägspalte 0) werden aus frischem Lösungsmittel erhalten und wieder umkristallisiert; sie sind innerhalb einer Reihe am meisten an der weniger löslichen Komponente B angereichert, während die Mutterlaugen auf der äußeren rechten Dreiecksseite an der besser löslichen Komponente A angereichert sind. Große Bedeutung kommt den Fraktionen zu, die die gleiche Zusammensetzung haben wie die Ausgangsmischung. Die erste Fraktion, für die dies möglich ist, ist Fraktion 2b. Wird von der Komponente B in jeder Stufe der konstante Bruchteil $y\ (>x)$ auskristallisiert, so lautet die Bedingung dafür, daß Fraktion 2b die Ausgangszusammensetzung hat:

$$2\,x\,(1-x) = 2\,y\,(1-y)\,, \tag{88}$$

der durch die Lösung

$$x = 1 - y \tag{89}$$

genügt wird. Alle Fraktionen *senkrecht* unter 2b (4c, 6d usw.) haben, wenn Gl. (89) erfüllt ist, ebenfalls die Ausgangszusammensetzung, und zusätzliches Ausgangsmaterial kann in diese Stufen eingespeist werden. Ist Gl. (89) gültig, so haben ferner sämtliche anderen, senk-

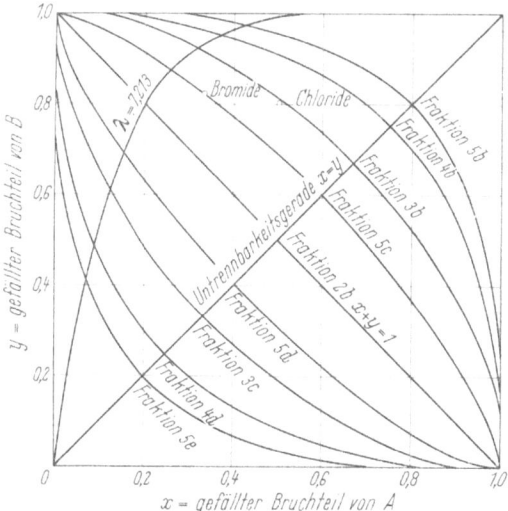

Abb. 42. Arbeits-Kurven und -Punkte für Systeme von sich wiederholender Zusammensetzung.

recht untereinander stehenden Fraktionen die gleiche Zusammensetzung jedoch nicht die Ausgangszusammensetzung. In Abb. 42 ist y gegen x aufgetragen. Die Diagonale $x - y = 0$ ist die Untrennbarkeits-Gerade der Komponenten, die den Bereich der Anreicherung von B (oben) mit $y/x > 1$ vom Bereich der Anreicherung von A (unten) trennt.

Die Diagonale $x + y = 1$ ist die Arbeitsgerade für den Fall, daß Fraktion 2 b die gleiche Zusammensetzung hat wie die Ausgangsmischung (Gl. 89). Die Arbeitskurven für andere Fraktionen mit sich wiederholender Ausgangszusammensetzung (3b, 3c, 4b, 4d, 5b, 5c, 5d, 5e) sind ebenfalls eingezeichnet. JOY und PAYNE [182] fanden für Bariumchlorid (A) $x = 0{,}5$ neben Radiumchlorid (B) $y = 0{,}8$; hier sollte also Ausgangsmaterial erneut in Stufe 3b hinzugefügt werden. Für Barium(A)-/Radium(B)-bromid lauten die Werte $x = 0{,}333$ und $y = 0{,}831$; Hinzufügung von Ausgangsmaterial in Stufe 5c. Für eine Reihe von Salzen, z. B. die Barium-Radium-Chromate, gilt die Gleichung von DOERNER und HOSKINS [184]

$$\frac{\log(1-y)}{\log(1-x)} = \frac{\log(\text{Bruchteil des in Lösung gebliebenen Radiums})}{\log(\text{Bruchteil des in Lösung gebliebenen Bariums})} = \lambda, \tag{90}$$

wobei λ eine nur von der Temperatur abhängige Konstante ist. Für die Chromate ist $\lambda = 7{,}213$ bei 0 °C. Die ebenfalls in Abb. 42 eingezeichnete Kurve $\lambda = 7{,}213$ ergibt durch ihre Schnittpunkte mit den Kurven sich wiederholender Ausgangskonzentration Arbeitspunkte für Fraktionierungen mit Einspeisungs-Stufen, die diesen Kurven entsprechen. Für kleine x (Arbeitspunkte auf dem unteren Ast der λ-Kurve) ist zwar die Anreicherung von B, y/x, pro Fraktionsstufe am größten, aber die wiedergewonnene Menge an B am kleinsten. Verschiebt man den Arbeitspunkt auf der λ-Kurve nach oben, so steigt der wiedergewonnene Anteil an B, aber die Anreicherung nimmt etwas ab. JOY und PAYNE haben die maximale Trennwirksamkeit, die einem Arbeitspunkt in mittlerer Höhe der λ-Kurve entspricht, durch thermodynamische Betrachtungen bestimmt. Danach ist die Trennwirksamkeit einer einzelnen Stufe durch das Verhältnis der Entropie-Änderung der Stufe zur maximal möglichen Entropie-Änderung des Systems gegeben. Da die Punkte maximaler Entropie-Änderung nicht mit den Punkten sich wiederholender Fraktionen übereinstimmen, muß man etwas Trennwirksamkeit opfern, um den Vorteil der Fraktionen sich wiederholender Zusammensetzung ausnutzen zu können. Für Fällungen und Kristallisationen, die einem Verteilungsgesetz gehorchen, beträgt die optimale Entropie-Änderung 50% der maximalen. Stufe 2b, die einfachste „Wiederholungsstufe", erlaubt für die erwähnten Chromate den besten Kompromiß zwischen hoher Anreicherung und hohem Ertrag an B (Radium). Die Anreicherung in den Endfraktionen (Schrägspalte a in Abb. 41) beträgt in der n-ten Reihe $(y/x)^n$. Abb. 42 hat zwar Ähnlichkeit mit dem herkömmlichen Gleichgewichtsdiagramm, wie es uns von der Rektifikation vertraut ist, darf aber nicht mit diesem verwechselt werden, weil x und y anders definiert sind und sich auf die gleiche Phase (die feste) beziehen.

Das einfache Dreiecks-Diagramm (ohne zusätzliche Einspeisung in den Stufen sich wiederholender Ausgangszusammensetzung) hat den Nachteil, daß von der leichterkristallisierenden Komponente um so weniger gewonnen wird, je mehr Stufen n nötig sind, um sie rein zu erhalten. Beim „Diamant"-Schema (Abb. 43) wird ein höherer Ertrag erzielt, weil

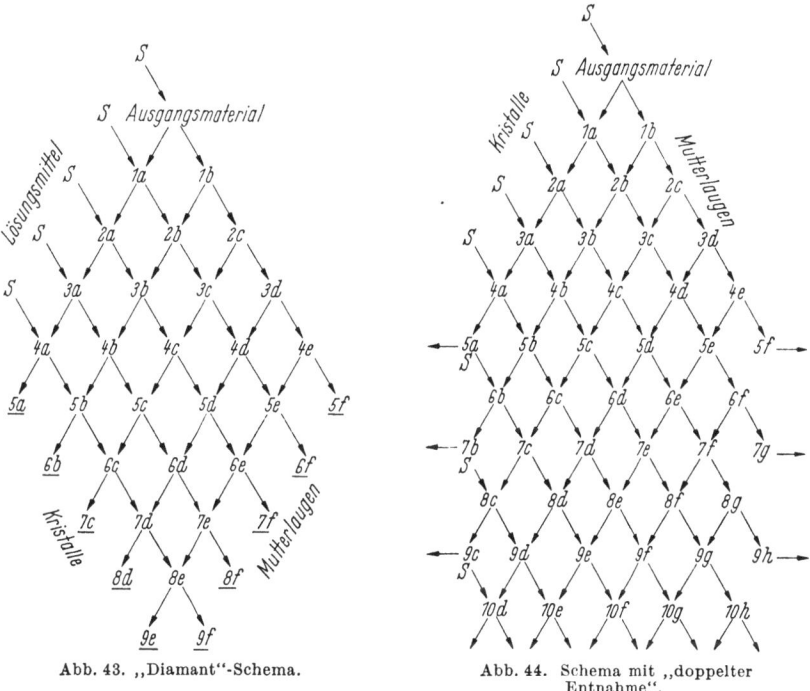

Abb. 43. „Diamant"-Schema.   Abb. 44. Schema mit „doppelter Entnahme".

die Fraktionierung fortgesetzt wird, wenn die äußerste Fraktion (5a in Abb. 43) die gewünschte Reinheit erreicht hat. Man erhält dann zwar zusätzliche Kristallisate (6b, 7c, 8d, 9e usw.), aber von unterschiedlicher Reinheit, weil 5a aus frischem, 6b aus einmal gebrauchtem, 7c aus zweimal gebrauchtem Lösungsmittel usw. kristallisiert wird. Diese Schwierigkeit läßt sich durch Verwendung des Schemas mit „doppelter Entnahme" (s. Abb. 44) beheben. Es gleicht bis zur Entnahme der äußersten Fraktionen 5a und 5f dem „Diamant"-Schema. Das Kristallisat 6b wird aber nicht abgezogen, sondern mit frischem Lösungsmittel (S) versetzt und erneut umkristallisiert zum Kristallisat 7b. Haben die senkrecht untereinander stehenden Fraktionen die gleiche Zusammensetzung, so gewährleistet dieses Schema eine rationelle Arbeitsweise.

Zur Ermittlung des Trenn-Aufwandes bei der kontinuierlichen fraktionierten Kristallisation aus Lösungen bedient man sich am besten einer Darstellung, die das Diagramm nach PONCHON-SAVARIT und nach MC CABE-THIELE miteinander vereint (Abb. 45) [183]. Im Ponchon-Savarit-Diagramm (oben) gelten die auf der Abszissenachse abgetragenen Prozentgehalte wahlweise für die Zusammensetzung des trockenen Feststoffes (Kristallisates), x, oder die Konzentration des Gelösten der Mutterlauge, y; auf der Ordinate ist die spezifische Lösungsmittelmenge N (kg Lösungsmittel/kg Gelöstes) abgetragen. Die Komponenten des als Beispiel gewählten Systems $Pb(NO_3)_2/Ba(NO_3)_2$ bilden eine lückenlose Reihe von Mischkristallen, aber keine Hydrate. Daher fällt die Kurve $N - x$ mit der Abszissenachse zusammen (die Gleichgewichtsfeuchtigkeit des trockenen Feststoffs ist vernachlässigt) und die Kurve $N - y$ zeigt einen stetigen Verlauf ohne ausgezeichnete Punkte. Das breite Feld der ,,Mischungslücke" zwischen Abszissenachse und $N - y$-Kurve ist, ähnlich wie bei der Extraktion, von Konoden durchzogen, deren Endpunkte der Zusammensetzung der Phasen entsprechen, die miteinander im Gleichgewicht stehen. Die Gleichgewichtswerte im Ponchon-Savarit-Diagramm lassen sich auf folgende Weise zur Konstruktion der Gleichgewichtskurve im Mc Cabe-Thiele-Diagramm (Abb. 45 unten) benutzen: Der jeweilige Konoden-Endpunkt auf der $N - y$-Kurve wird heruntergelotet bis zur Diagonalen $y = x$ im unteren Diagramm. Von diesem Punkt wird die Waagerechte nach links gezogen und zum Schnitt mit dem Lot vom anderen Endpunkt der Konode ($N = 0$) gebracht. Der Schnittpunkt ist ein Punkt der Gleichgewichtskurve.

Die kontinuierliche fraktionierte Kristallisation kann in einer zweigeteilten Trennsäule vor sich gehen, deren innerer Aufbau hier zunächst außer Betracht bleiben soll. Im oberen Teil der Kolonne, in der Kristallisations-Säule, kristallisiert die weniger lösliche Komponente [$Ba(NO_3)_2$] aus, im unteren Teil, in der Verstärkungs-Säule, lösen sich die leichterlöslichen Anteile des Kristallisates auf und dessen Gehalt an der weniger löslichen Komponente wird verstärkt. Ein Teil des unten abgezogenen Kristallisates, dem Raffinat der Extraktion vergleichbar, wird gelöst als Rücklauf der Verstärkungs-Säule unten wieder aufgegeben. Ein Teil der oben abgezogenen Lösung, der Extraktphase der Extraktion vergleichbar, wird nach Abdampfen des Lösungsmittels als Feststoff (Extrakt der an der leichterlöslichen Komponente angereichert ist) der Kristallisations-Säule zur Einleitung der Kristallisation der schwerer löslichen Komponente wieder aufgegeben. Liegen die Konzentration der Einspeisung (Punkt F in Abb. 45, oben), die zu

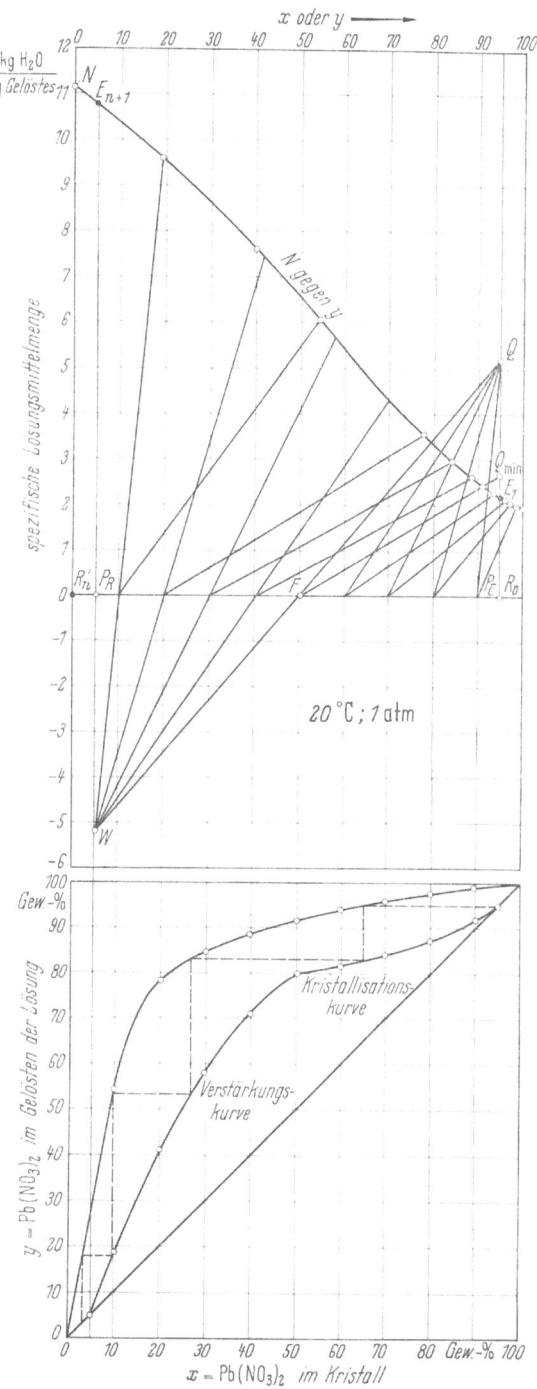

Abb. 45.
PONCHON- und MCCABE-THIELE-Diagramm für die fraktionierte Kristallisation von Pb(NO₃)₂ und Ba(NO₃)₂ aus Wasser.

fordernde Reinheit des Kristallisates (Punkt P_R; Rücklauf R'_n) und des Extraktes (Punkt P_E) fest, so lassen sich nach Wahl des Rücklaufverhältnisses die Arbeitskurven beider Säulen konstruieren, und die Zahl der theoretischen Böden kann bestimmt werden. Die durch Punkt F gehende Konode, die die Vertikale durch Punkt P_E im Punkt $Q_{\min}$ schneidet, entspricht dem Mindestrücklaufverhältnis

$$v_{\min} = \frac{N_{Q\min} - N_{E1}}{N_{E1} - N_{PE}}. \qquad (91)$$

Punkt E_1 bezeichnet die vom obersten Boden der Kristallisations-Säule ablaufende Lösung und Punkt E_{n+1} den Rücklaufstrom am unteren Ende der Verstärkungs-Säule. Für ein Rücklaufverhältnis $v > v_{\mathrm{Min}}$ verläuft der Arbeitsstrahl durch Punkt F steiler als die Konode und legt den ,,Lösungspol" Q und den ,,Kristallisatpol" W fest. Die von diesen Polen ausgehenden Strahlen werden zur Konstruktion der Kristallisations- und Verstärkungs-Kurve (Abb. 45, unten) in der gleichen Weise wie die Konoden benutzt. Für das gewählte Rücklaufverhältnis ($v = 1,36$) braucht man 4 theoretische Stufen, um aus einer Mischung mit 50 Gew.-% $Ba(NO_3)_2$ ein Kristallisat mit 95 Gew.-% $Ba(NO_3)_2$ und am anderen Ende eine Lösung zu erhalten, deren Gelöstes 95 Gew.-% $Pb(NO_3)_2$ enthält.

Sonderfälle des Ponchon-Savarit-Diagramms (Bildung von Solvaten, Doppelsalzen und dgl.) wurden von MATZ [183] diskutiert.

Für die kontinuierliche fraktionierte Kristallisation ist die Beobachtung folgender Grundsätze wichtig: Gegenstromführung von Kristallisat (Raffinat) und Mutterlauge (Extrakt-Phase), möglichst gleichmäßige Verteilung des Feststoffes auf den Kolonnenquerschnitt, Rücklauf an einem oder an beiden Enden (doppelter Rücklauf) der Trennsäule, Kompromiß zwischen einem feinen Korn mit großer spezifischer Stoffaustauschfläche und einem groben Korn, das leichter von der Mutterlauge abgetrennt werden kann, sowie ausreichende mittlere Verweilzeit des Kristallisates in der Kolonne.

C. Grundlagen der Kristallisation aus Schmelzen

1. Der Grundversuch

Ähnlich wie bei Lösungen hat auch jeder technischen Kristallisation aus Schmelzen der Grundversuch im Labormaßstab vorauszugehen. Handelt es sich im wesentlichen um nur eine Komponente, so bedarf es der Messung des Schmelzpunktes (oder Schmelzintervalles bei Anwesenheit von Verunreinigungen), am besten unter mikroskopischer Beobachtung auf einem Heiz- oder Kühltisch, mitunter im Vakuum oder unter Schutzgas (zur Vermeidung von Oxydationen), und der Bestimmung der Schmelzwärme in einem Kalorimeter. Für ein System aus zwei Komponenten empfiehlt sich die Aufnahme eines vollständigen Zustandsdiagrammes (vgl. Abb. 19) und in manchen Fällen eine röntgenographische oder andersartige Struktur-Untersuchung der festen Phasen; ferner ist es zweckmäßig, die Abhängigkeit der Schmelzwärmen von der Zusammensetzung zu ermitteln. Auch bei einem ternären System ist die mühsame Aufnahme des vollständigen Zustandsdiagrammes für das fest-flüssige Phasengebiet noch vertretbar, bei Systemen mit mehr als drei anteilmäßig starken Komponenten wird man sich auf Stichproben-Messungen des Schmelzintervalls im interessierenden Konzentrations-Bereich beschränken.

Der Messung dieser statischen oder Gleichgewichtswerte sollte eine kinetische Untersuchung folgen. Da sowohl die Keimbildungsgeschwindigkeit (vgl. Abb. 3) als auch die Kristallwachstumsgeschwindigkeit (vgl. Abb. 17) in Abhängigkeit von der Unterkühlung ein Maximum, aber an verschiedenen Stellen, haben, ist kristallines Erstarren nicht stets gewährleistet, sondern es müssen die günstigsten Bedingungen dafür gefunden werden. Dies wird durch folgende Beispiele erläutert: LUYET [185] gelang es durch Abschrecken sehr feiner Wassertröpfchen in flüssiger Luft amorphes, glasartiges Wasser zu erhalten. Schreckt man eine Schwefelschmelze (z. B. durch Eingießen in kaltes Wasser) ab, so entsteht ein halbflüssiger, plastischer Schwefel, der nach einigen Tagen erstarrt und neben der rhombischen eine (in CS_2) unlösliche, amorphe Modifikation (S_μ) enthält. Durch langsames Verdampfen von Zuckerlösungen, die in ihrem Verhalten wegen der hohen Konzentrationen des Gelösten mehr Schmelzen ähneln, kann man bei unbedingter Keimfreiheit amorphe Saccharose erzeugen [186]. Auch langsam abgekühlte Polymere sind nicht vollkommen kristallin; beim Abschrecken der Schmelze eines Hochpolymeren kann man Kristallisation meistens vollkommen verhindern, die Substanz erstarrt glasig. Erhöht man die Temperatur wieder, so erfolgt rasche Kristallisation, die sich dann jedoch außerordentlich verlangsamt (Tempern).

Alle diese Erscheinungen lassen sich gut in einer Kristallisierwanne beobachten, die einen temperierten Boden (Temperiermantel mit mäanderartigem Pfad der Bad-Flüssigkeit) hat. Für viele unserer Untersuchungen hat sich eine Wanne von 24 cm Breite und 30 cm Länge aus V4A bewährt, die 230 bis 380 g Schmelze aufnehmen kann, so daß sich bei gleichmäßiger Verteilung (horizontaler Lagerung) Schichtdicken zwischen 4,5 und 7,5 mm ergeben, wenn man eine Dichte der Schmelze von 0,7 g/cm³ zu Grunde legt. Die Temperaturen werden für jede Seite durch 3 Thermoelemente angezeigt und registriert, die 6 mm von der Seitenwand entfernt und im Abstand von 3 mm über dem Wannenboden angebracht sind. Parallel zur Längsachse kann innerhalb des von Thermoelementen umgrenzten Gebietes in einer Führung eine Kratzbürste bewegt werden, die aus 33 metallischen Zinken besteht, die in 3 gegeneinander versetzten Reihen angeordnet sind. Zur Verfolgung des Erstarrens wird die Schmelze konstanter Temperatur in die genügend lange auf Solltemperatur gehaltene Wanne rasch und möglichst gleichmäßig eingegossen. Meist setzt die Kristalli-

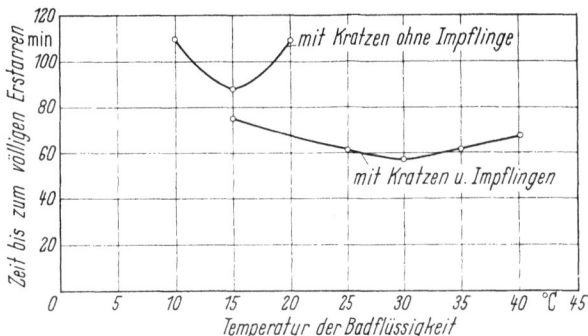

Abb. 46. Untersuchungen in der Schmelzwanne. Zeit bis zum völligen Erstarren in Abhängigkeit von der Temperatur (Unterkühlung).
Schichtdicke ≈ 3,5—4 mm.
Schmelzintervall = 78—80 °C;

sation in verschiedenen Bereichen zu verschiedenen Zeiten ein; der Versuch ist beendet, wenn alles erstarrt ist. Es reicht in der Regel aus, mit dem unbewaffneten Auge zu beobachten, gegebenenfalls kann eine Lupe zu Hilfe genommen werden. In wie starkem Maße häufig die Zeit bis zum völligen Erstarren davon abhängt, ob Impfgut vorgelegt und gekratzt wird, zeigt Abb. 46. Den Maxima von Keimbildungs- und Kristallwachstumsgeschwindigkeit entsprechend hat diese Zeit ein Minimum für eine bestimmte Wannen-Temperatur; aber diese optimale Temperatur liegt beim Impfen und Kratzen wesentlich höher als ohne diese. Die Zinken des Kratzers sorgen für schnellere Fortpflanzung der Keimbildung, da sie aus schon teilweise erstarrten Zonen Impfgut in noch ungeimpfte Bereiche übertragen. Die Temperaturen an den einzelnen Meßstellen nehmen im allgemeinen monoton ab; ein flacher Wiederanstieg zeigt eine stärkere Auskristallisation oder vollkommenes Erstarren an.

Da das spezifische Volumen im kristallisierten Zustande bei fast allen Stoffen (Ausnahmen sind Wasser und Wismut) kleiner als im flüssigen Zustand ist, kann man aus dem v,T-Diagramm (spezifisches Volumen-Temperatur-Diagramm) wichtige Aufschlüsse über das Kristallisationsverhalten bekommen. So haben die Hochpolymeren keinen scharfen Schmelzpunkt, sondern schmelzen (und kristallisieren) innerhalb eines ziemlich großen Temperaturbereiches (s. Abb. 47, schematisches v,T-Diagramm nach JENCKEL [187]). Ist der Stoff bei tiefen Temperaturen in „kristallinem Zustand", so hat er das kleinste spezifische Volumen a, im Bereich zwischen b und c nimmt das spezifische Volumen stark zu, den Punkt c kann man als „Schmelzpunkt" bezeichnen. Bei weiterem Erhitzen der „Schmelze" nimmt dann das spezifische Volumen nur noch mäßig zu ($c-d$). Das Schmelzintervall ist stoffabhängig, auch die Lage des Punktes c ändert sich von Stoff zu Stoff. So beträgt der maximale Schmelzpunkt beim Polyäthylen 110 °C, beim Poly-

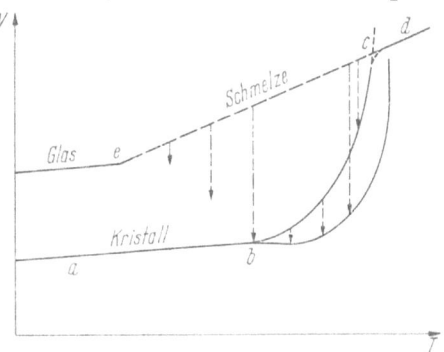

Abb. 47. Änderung des spezifischen Volumens mit der Temperatur bei einem kristallisierenden hochpolymeren Stoff.
Erklärung der Buchstaben im Text.

urethan etwa 180 °C und beim Kautschuk 21 °C. Zur Bestimmung des spezifischen Volumens bedient man sich in der Regel eines Dilatometers, also eines Glasgefäßes mit angesetzter Kapillare,

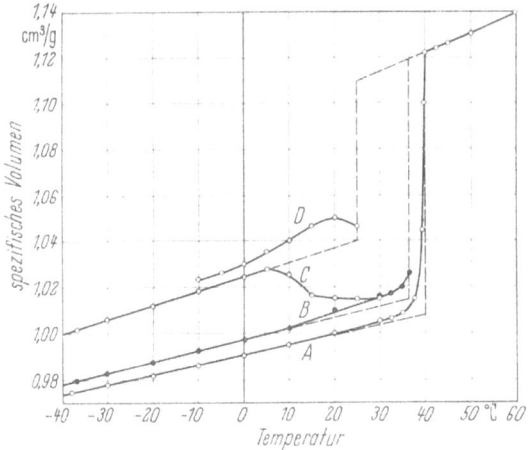

Abb. 48. Dilatometrische Kurven für verschiedene Modifikationen des 2-Palmito-oleostearins.
A Form I; B Form II; C Form III; D Form III nach Stoß-Verfahren.

an der die Volumenänderung abgelesen wird. Abb. 48 zeigt das v,T-Diagramm mehrerer Modifikationen des polymorphen 2-Palmitooleostearins, eines Triglycerids, nach Messungen von LANDMANN, LOVEGREN und FEUGE [188]. Die hochschmelzende Form, Kurve A, wurde durch tagelanges Tempern der Probe bei Raumtemperatur und anschließendes kürzeres Tempern bei 37 °C erhalten. Kurve B ergab sich nach folgender Behandlung: Aufschmelzen der Probe, 5-minütiges Erstarren im Eisbad, 20 Minuten Tempern bei 25 °C und dann Abschrecken auf −37 °C. Diese Modifikation wandelt sich in der Nähe ihres Schmelzpunktes rasch in die höherschmelzende Modifikation um. Für Kurve C wurde die Probe in Eiswasser zum Erstarren gebracht, auf −37 °C abgeschreckt und dann langsam erwärmt, wobei jede Testtemperatur 20 min lang gehalten wurde. Hält man die Probe 0,5 h bei 5 °C, so findet nur geringe Umwandlung zur nächsthöherschmelzenden Modifikation statt, bei Temperaturen zwischen 10 °C und 20 °C ist die Umwandlungsgeschwindigkeit höher und bei 25 °C vollständig innerhalb einer halben Stunde. Die einzelnen Punkte von Kurve D wurden unabhängig voneinander im ,,Stoß-Verfahren'' gemessen. Oft gewinnt man auch durch Messung der linearen Kontraktion beim Erstarren von Schmelzen einen guten Einblick in deren Kristallisationsverhalten. Eine Versuchsanordnung für diesen Zweck wurde von LOVEGREN und FEUGE [189] beschrieben.

2. Normales Erstarren und Zonenschmelzen

Der Trennfaktor eines binären Systems im fest-flüssigen Phasengebiet, auch relative Schmelzbarkeit φ genannt, ist folgendermaßen definiert:

$$\varphi = \frac{\dfrac{\text{Leichterschmelzendes}}{\text{Schwererschmelzendes}} \text{ in der Schmelze}}{\dfrac{\text{Leichterschmelzendes}}{\text{Schwererschmelzendes}} \text{ im Kristall}} \tag{92}$$

oder, wenn y und z die Molenbrüche der leichterschmelzenden Komponente (1) in der Schmelze und im Kristall bedeuten

$$\varphi = \frac{y(1-z)}{z(1-y)}. \tag{93}$$

Für eine wesentlich vorgereinigte Komponente (2), deren Schmelzpunkt durch Komponente (1) erniedrigt wird, kann man in Gl. (93) $(1-z) \approx 1$ und $(1-y) \approx 1$ setzen und erhält mit dem linearen Ansatz

$$z = k_{12}\, y, \tag{94}$$

$$\varphi = \frac{y}{z} = \frac{1}{k_{12}}. \tag{95}$$

k_{12} ist der dem Gleichgewicht der Phasen entsprechende Verteilungskoeffizient (segregation coefficient) der Komponente 1 in der Kompo-

2. Normales Erstarren und Zonenschmelzen

nente 2. Da die Verunreinigung (Komp. 1) den Schmelzpunkt des zu reinigenden Stoffes (Komp. 2) erniedrigt, enthält (löst) die Schmelze mehr an der Verunreinigung als der mit ihr im Gleichgewicht stehende Feststoff. Folglich ist $z < y$ und $k_{12} < 1$. Wird $k_{12} = 1$, so ist eine Reinigung (durch Schmelzen und Wieder-Erstarren) unmöglich. Ist umgekehrt die wesentlich vorgereinigte Komponente 1, deren Schmelzpunkt durch die Komponente 2 erhöht wird, weiter zu reinigen, so kann in Gl. (93) $y \approx z \approx 1$ gesetzt werden, so daß sich mit dem linearen Ansatz

$$1 - z = k_{21}(1 - y) \qquad (96)$$

die Beziehung

$$\varphi = \frac{1-z}{1-y} = k_{21} \qquad (97)$$

ergibt.

k_{21} ist der Gleichgewichts-Verteilungskoeffizient von Komp. 2 in Komp. 1. Da die Verunreinigung (Komp. 2) den Schmelzpunkt des zu reinigenden Stoffes (Komp. 1) erhöht, enthält (löst) die Schmelze weniger an der Verunreinigung als der mit ihr im Gleichgewicht stehende Feststoff. Folglich ist $(1 - z) > (1 - y)$ und $k_{21} > 1$. Für $k_{21} = 1$ ist wiederum eine Reinigung unmöglich. Systeme mit k_{12} (<1) sind häufig. Selbst für ideale Systeme (mit konstantem Trennfaktor φ), die also im gesamten Konzentrationsbereich ideale feste Lösungen bilden, können k_{12} und k_{21} nicht für alle Konzentrationen (y oder z) konstant sein, da sie der (aus den Gl. (94) und (96) ableitbaren) Bedingung

$$y = \frac{k_{21} - 1}{k_{21} - k_{12}} \qquad (98)$$

für alle y genügen müssen. Ist z. B. $y = 0$ (reine Komp. 2), so wird nach Gl. (98)

$$k_{21} = k_{22} = 1 \text{ (Selbstverteilungskoeffizient d. Komp. 2)}.$$

Ist $y = 1$ (reine Komp. 1) so wird nach Gl. (98)

$$k_{12} = k_{11} = 1 \text{ (Selbstverteilungskoeffizient der Komp. 1)}.$$

Der tatsächliche (effektive) Verteilungskoeffizient $k_{\text{eff.}} = k$ stimmt nicht mit dem Gleichgewichts-Verteilungskoeffizienten (hinfort k_0 genannt) überein, weil beispielsweise im Falle $k_0 < 1$ die zur Schmelze rückdiffundierenden Teilchen des Fremdstoffs bei merklicher Erstarrungsgeschwindigkeit von der Erstarrungsfront „überrollt" werden. k und k_0 sind durch folgende Beziehung [195] verknüpft:

$$k = \frac{k_0}{k_0 + (1 - k_0)\exp(-f\,\delta/D)} \qquad (99)$$

112   III. Grundlagen der Kristallisation

mit

f = Erstarrungsgeschwindigkeit in cm/s,
D = Diffusionskoeffizient der Verunreinigung in der Schmelze in cm²/s,
δ = Diffusionsgrenzschicht in cm.

Wird $f = 0$, so ist nach Gl. (99) $k = k_0$; für $f = \infty$ ergibt sich $k = 1$, bei sehr raschem Erstarren ist also keine Reinigung möglich. Der effektive Verteilungskoeffizient wächst bei konstanter Grenzschicht-Dicke δ mit wachsender Erstarrungsgeschwindigkeit f und bei konstanter Erstarrungsgeschwindigkeit mit wachsender Grenzschicht-Dicke an. δ läßt sich durch Erhöhung der Relativgeschwindigkeit zwischen Schmelze und Erstarrungsfront vermindern, was durch elektromagnetisches Rühren der Schmelze gelingt. Dieses Rühren erlaubt bei gleichem k eine höhere Erstarrungsgeschwindigkeit.

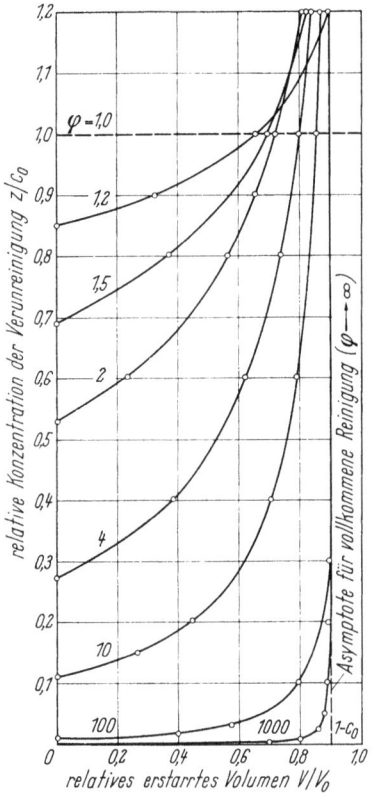

Abb. 49. Konzentrations-Verlauf der Verunreinigung in Abhängigkeit vom erstarrten Volumen für verschiedene Trennfaktoren und eine Anfangskonzentration $C_0 = 0,1$. Normales Erstarren.

Schon wenn eine Schmelze von einem Ende aus langsam erstarrt (*Normales Erstarren*; normal freezing) kommt es, sofern der Verteilungskoeffizient der Verunreinigung $k \neq 1$ ist, zu einer Reinigung. Ist nach dem Aufschmelzen eines beispielsweise zylindrisch gedachten Barrens einer binären Legierung (oder Mischung) das Volumen V bereits kristallisiert, nachdem die Schmelze zu Beginn ($V = 0$) das Volumen V_0 einnahm und die Konzentration C_0 der Verunreinigung hatte, so gilt unter Vernachlässigung der Änderung des Molvolumens beim Erstarren:

$$\frac{[1 + (\varphi - 1) z]^{\varphi - 1} \left(\dfrac{1 - z}{1 - C_0} \right)}{\left(\dfrac{\varphi z}{C_0} \right)^{\varphi}} = \left(\dfrac{V_0 - V}{V_0} \right)^{\varphi - 1}. \qquad (100)$$

2. Normales Erstarren und Zonenschmelzen

Zur numerischen Auswertung von Gl. (100) geht man am besten so vor, daß man diskrete Werte von z vorgibt und die zugehörigen Werte von V ausrechnet. Abb. 49 zeigt die gewonnenen Kurven für $\varphi = 1{,}2$; $1{,}5$; 2, 4, 10, 100 und 1000 und $C_0 = 0{,}1$. Ist im Sonderfall $(\varphi - 1)\, z \ll 1$ und $C_0 \ll 1$, also erst recht $z \ll 1$, so erhält man aus Gl. (100)

$$z = \frac{C_0}{\varphi}\left(1 - \frac{V}{V_0}\right)^{\frac{1}{\varphi}-1} = k_0\, C_0 \left(1 - \frac{V}{V_0}\right)^{k_0-1}, \tag{100'}$$

wenn man $1/\varphi \equiv k_0$ setzt (vgl. Gl. 95).

Das 1952 durch PFANN [190] entdeckte *Zonenschmelzen* ist ein Reinigungsverfahren, bei dem eine möglichst scharf begrenzte Schmelzzone vorgegebener geringer Breite durch einen Stab oder Barren mit gewählter und konstanter Geschwindigkeit (Ziehgeschwindigkeit) wandert. Falls die Verunreinigung in der Schmelze leichter löslich ist als im Feststoff, kann man nach mehrfachen Zonendurchgängen eine Anreicherung der Verunreinigung am Stabende erzielen. Für das Zonenschmelzen ist es notwendig, ein durch andere Methoden schon weitgehend vorgereinigtes Material zu benutzen; es können dann Stoffe von außerordentlicher Reinheit gewonnen werden, wie sie z. B. in der Halbleitertechnik benötigt werden. Die Anreicherung der Verunreinigung am Stabende bedingt, daß man bei der Reinigung nur wenig Substanz-Verlust erleidet. Wandert eine Schmelzzone der Länge l längs eines zylindrischen Barrens konstanten Querschnitts einer binären Mischung, so ergibt sich für die Konzentration z der Verunreinigung im Feststoff im Querschnitt x (vom Stabanfang aus gezählt) nach einmaligem Zonendurchgang:

$$-\frac{[1 + (\varphi - 1)\, C_0]^2}{\varphi}\, \frac{x}{l} = \ln\left[\frac{c_0 - z}{1 + (\varphi - 1)\, z}\, \frac{\varphi}{C_0\, (1 - C_0)\, (\varphi - 1)}\right] \\ + \frac{1 + (\varphi - 1)\, C_0}{1 + (\varphi - 1)\, z} - \frac{C_0\,(1 - C_0)\,(\varphi - 1)^2}{\varphi} - 1\,. \tag{101}$$

Auch zur numerischen Auswertung von Gl. (101) gibt man zweckmäßigerweise diskrete Werte von z vor und rechnet die zugehörigen Werte von x aus. Es gilt $z \leq C_0$ für alle x und $\varphi > 1$, da das starke Ansteigen der Konzentration z der Verunreinigung am Ende des Stabes, wenn die Zone selbst erstarrt, durch Gl. (101) nicht beschrieben wird. Abb. 50 zeigt die so für einige Trennfaktoren berechneten Konzentrationsprofile. Man sieht aus Abb. 50, daß x/l bei hohem Trennfaktor einen asymptotischen Wert, x_{as}/l, erreicht, der folgender Gleichung genügt:

$$\frac{x_{\mathrm{as}}}{l} = \frac{1 - C_0}{C_0} \quad \text{(vollkommene Reinigung)}\,. \tag{102}$$

Bei vollkommener Reinigung ist also der Stab bis zur Länge x_{as} vollkommen frei von Verunreinigungen, während die Konzentration der Verunreinigung $z = 1$ in der anschließenden Schmelzzone der Breite l beträgt. Auch beim Normalen Erstarren gibt es für vollkommene Reinigung ein asymptotisches Volumen, das der Beziehung

$$\frac{V_{as}}{V_0} = 1 - C_0$$

genügt (vgl. Abb. 49).

Wenn $(\varphi - 1) C_0 \ll 1$ und erst recht $C_0 \ll 1$ ist, nimmt Gl. (101) die Form an:

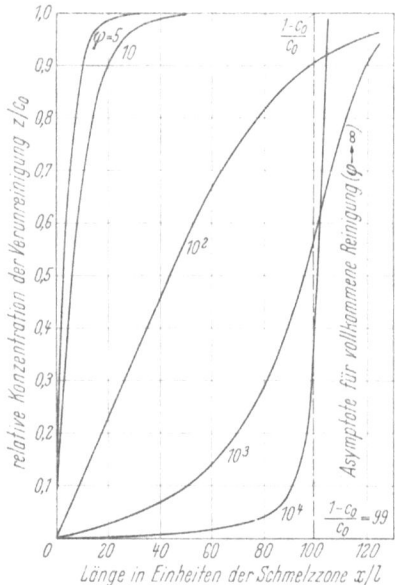

Abb. 50. Konzentrations-Verlauf längs des Stabes beim einmaligen Zonenschmelzen.
$C_0 = 10^{-2} (1\%)$.
Trennfaktoren $\varphi = 5, 10, 10^2, 10^3$ und 10^4.

$$-\frac{x}{\varphi\, l} = \ln\left[\frac{(C_0 - z)\,\varphi}{C_0\,(\varphi - 1)}\right], \quad (101')$$

die mit $1/\varphi \equiv k_0$

$$-k_0 \frac{x}{l} = \ln\left[\frac{C_0 - z}{C_0\,(1 - k_0)}\right] \quad (101'')$$

oder

$$\frac{z}{C_0} = 1 - (1 - k_0) \exp\left(-\frac{k_0}{l} x\right) \quad (101''')$$

geschrieben werden kann.

Man ersieht aus Abb. 50, daß es beispielsweise bei einem Trennfaktor $\varphi = 10$ (Verteilungskoeffizient $k_0 = 0,1$) keinen Sinn hat, längere Stäbe als 50 l zu verwenden oder, da der Stab meist vorgegeben ist, schmalere Zonen als 1/50 der Stablänge. Wiederholte Zonendurchgänge ermöglichen eine bessere Reinigung, was vor allem für φ-Werte unter 10 (k_0-Werte über 0,1) wichtig ist. Gleichungen zur Berechnung der Konzentrationsprofile nach n Zonendurchgängen haben SCHREIBER und SCHUBERT [191] angegeben. G. MATZ [192] diskutiert in einer erweiterten Theorie des Zonenschmelzens die damit zusammenhängenden Probleme.

Die wichtigste stoffbedingte Einflußgröße ist beim Normalen Erstarren und beim Zonenschmelzen der Verteilungskoeffizient k_0. In Tab. 18 sind für die Halbleiter Germanium und Silicium einige k_0-Werte zusammengestellt worden. Unter den nicht stoffbedingten

Einflußgrößen haben Zonenbreite und Ziehgeschwindigkeit die größte Bedeutung. Den Einfluß der Zonenbreite erkennt man, wenn man Gl. (101''') nach x differenziert; dieser Differentialquotient ist nämlich ein Maß für die Gleichmäßigkeit der Verteilung der Verunreinigung längs des Stabes, er ist der Zonenbreite umgekehrt proportional. Will

Tabelle 18. *Verteilungskoeffizienten k_0 in Silicium und Germanium*

Fremdstoff	k_0 in Si	k_0 in Ge
Cu	—	$1{,}5 \cdot 10^{-5}$
Au	$3 \cdot 10^{-5}$	$3 \cdot 10^{-5}$
Al	$1{,}6 \cdot 10^{-3}$	10^{-1}
Ga	$4 \cdot 10^{-3}$	10^{-1}
Sb	—	$3 \cdot 10^{-3}$
In	$3 \cdot 10^{-4}$	$1{,}1 \cdot 10^{-3}$
As	$7 \cdot 10^{-2}$	$4 \cdot 10^{-2}$
B	$6{,}8 \cdot 10^{-1}$	20

man also eine möglichst gleichmäßige Verteilung (dz/dx klein) eines Fremdstoffes erzielen (*Zone levelling*), so muß man eine breite Schmelzzone wählen. Umgekehrt muß für das Zonenreinigen, bei dem der Konzentrationsquotient groß sein soll, die Schmelzzone schmal sein. Üblich sind Zonenbreiten von $1/20$ bis $1/10$ der Stablänge. Ist die Ziehgeschwindigkeit zu groß, so erhöht sich der k-Wert [vgl. Gl. (99)], und die Reinigung verschlechtert sich; ist sie zu gering, wird der Zeitaufwand beträchtlich. Die Ziehgeschwindigkeit richtet sich nach dem Material; die üblichen Werte liegen im Intervall 0,5 bis 25 cm/h ≈ 85 bis 4200 μm/min ≈ 1,4 bis 70 μm/s für das Zonenreinigen und im Bereich 3 bis 12 mm/h ≈ 50—200 μm/min ≈ 0,8 bis 3,5 μm/s für den Zonenausgleich (Zone levelling).

Da es nur auf die Wanderung der Schmelzzone relativ zum Stab ankommt, kann sich entweder die Zone bewegen und der Stab ruhen oder umgekehrt. Beide Anordnungen werden benutzt, die erste häufiger. Es gibt horizontale Anordnungen mit einer wandernden Zone und mit mehreren in nicht zu kleinen Abständen aufeinanderfolgenden Zonen. Das Mehrzonen-Verfahren verkürzt die Reinigungszeit. Beim Ringzonen-Verfahren ist der Schmelztiegel zu einem unterbrochenen Ring zusammengebogen. Hebt sich der kontrahierende Feststoff von der Tiegelwand ab, so daß die Schmelze entgegen der Ziehrichtung darunter laufen kann, oder hat man es mit sinkenden oder flotierenden Verunreinigungen zu tun, so verwendet man ein senkrechtes Rohr; für sinkende Fremdstoffe muß die Zone abwärts wandern, für flotierende aufwärts. Bei einem Verfahren, das Substanzen von so hoher Reinheit liefert, ist es wichtig, durch die Tiegelwände keine zusätzlichen Verunreinigungen einzuschleppen. Das Tiegelmaterial richtet sich nach dem zu reinigenden Stoff. Für Metalle nimmt man Graphit oder Silicium mit Graphitfutter, für viele Sulfide, Selenide und Arsenide Silicium und für organische Stoffe meist Glas oder Silicium. Besonders empfindliche Materialien wie z. B. Silicium sind auf tiegelfreies Zonenreinigen nach dem Verfahren der Schwimmzone (floating zone) angewiesen. Hierzu wird der Stab ohne Wandberührung in ein senkrechtes Rohr eingeschlossen, oben und unten eingespannt und meist zur guten Durchmischung der Schmelze in rasche Rotation versetzt; die Schmelzzone wird durch die Oberflächenspannung gehalten. Weil das Gewicht der Schmelze dem Quadrat des Stabradius proportional ist, die durch die Oberflächenspannung erhaltene Tragkraft aber nur der 1. Potenz des Radius, gibt es eine obere Grenze für den Radius der Stäbe. In der Mehrzahl der Zonenreinigungen muß für eine definierte Gasatmosphäre gesorgt werden, wenn man nicht unter Vakuum arbeiten muß. Meist strömt das erforderliche Gas langsam im Ringsaum zwischen Tiegel und Außenrohr oder zwischen Stab und Außenrohr. Keinesfalls darf das Gas die Ausbildung der Zone oder die örtlichen Temperaturverhältnisse beeinflussen. Ein steiler, aber nicht zu großer Temperatur-Gradient sollte an der Phasengrenze herrschen. Die Erzeugung der Schmelzzone, also die Beheizung, richtet sich wieder nach der zu reinigenden Substanz. Man benutzt elektrische Widerstandsheizungen, Thermostatenheizungen, Infrarot-(Strahlungs-)Heizungen, Beheizungen durch Bogenentladung oder Elektronenbeschuß und Induktionsheizungen (Hochfrequenz-Heizungen). Bei niedrigschmelzenden Stoffen ist eine nachgeschaltete Kühlung erforderlich, die nicht nur die Begrenzung der Schmelzzone gewährleistet, sondern auch durch Wärmekonvektion für turbulente Durchmischung der Schmelze sorgt. Sublimierende Stoffe (z. B. Naphthalin) müssen in geschlossenen Tiegeln oder Rohren gereinigt werden. Beim Galliumarsenid, das bei 1235 °C und einem Dissoziationsdruck von 0,9 atm schmilzt, schließt man mit dem Tiegel am anderen Ende des Rohres einen Vorrat an Arsen ein, der dauernd auf 600 °C gehalten wird, so daß sein Dampfdruck dem des Arsenids gleichkommt. Da das Zonenreinigen ohne Korngrenzen gleichmäßiger vonstatten geht, ist das Wachstum von Einkristallen vorteilhaft, was sich durch Anheften und Verschmelzen eines Impfkristalls von gleicher Querschnittsgröße und -form wie der Stab unschwer einleiten läßt. In der Endstufe des Zonenreinigens von Halbleitern für Dioden- und Transistor-Zwecke führt man die zu dotierende Verunreinigung mit kleinen Verteilungskoeffizienten ($k_0 \leq 10^{-2}$) in die Schmelze ein. Da der Koeffizient klein ist, wird nur wenig von der Verunreinigung in den Einkristall eingebaut, die Schmelze behält längs des Barrens ihre Zusammensetzung, und die Dotierung ist gleichmäßig. *Zonenerstarren,* also die Wanderung einer Erstarrungszone durch die Schmelze (Lösung), wird zur Entsalzung von Seewasser herangezogen. HIMES [193] und Mitarbeiter haben zwei technische Verfahren vorgeschlagen. Bei dem einen Verfahren werden zahlreiche senkrecht angeordnete Rohre benutzt, innerhalb deren sich Eiszonen, getrennt durch Luftpolster und Schmelze, nach oben bewegen, wobei die Sole oben überläuft und das gereinigte Wasser unten abläuft, während bei dem anderen Verfahren eine rotierende Schlange (Trommel mit Doppelmantel und spiralenförmigem Strömungspfad im Ringraum) angewandt wird, innerhalb deren sich bei der Rotation abwechselnd Eis- und Schmelzzonen bilden, weil die Schlange unten in ein Kühlbad und oben in eine Heizzone eintaucht, so daß ein Gegenstrom von konzentrierter Sole und gereinigtem Wasser stattfindet; das Seewasser wird am einen Ende der Schlange eingespeist, das gereinigte Wasser am anderen Ende abgezogen. Bei dem von ELDIB [194] entwickelten *Zonenfällen* wandert eine heiße, flüssige Zone entlang einer Säule, die aus einem gelartig erstarrten Gemisch eines Lösungsmittels und des zu fraktionierenden Materials besteht. Nach dem Zonendurchgang ist die Säulenfüllung hinter der Zone an der höchstlöslichen Komponente verarmt und in Richtung der Zonenwanderung daran angereichert. Beim Zonenschmelzen erfolgt das Erstarren aus der Schmelze, beim Zonenfällen aus der Lösung. Die Wahl des Lösungsmittels ist hier von großer Bedeutung; Lösungsmittel mit geringem Aufnahmevermögen, die Kristallisation bei höheren Temperaturen ermöglichen, sind erwünscht. Für nicht-polare Substanzen wie die Petroleumwachse bevorzugt man polare Lösungsmittel (Methyläthylketon, sek. Butylacetat). Auch beim Zonenfällen verbessert eine größere Zahl von Zonendurchgängen die Reinigung. Für das System Petroleumwachs/Butylacetat erbrachte eine Steigerung des Lösungsmittel/Wachs-Verhältnisses von 1 auf 3 eine Verbesserung der Fraktionierung, weil die Viskosität der Lösung wesentlich abnimmt.

3. Betrachtungen am Zustandsdiagramm

Für Systeme mit mehr als einer Komponente sind Zusammensetzung (Konzentration), Temperatur und Druck wesentliche Zustandsgrößen. In den ebenen Zustandsdiagrammen wird die gegenseitige Abhängigkeit von Zustandsgrößen veranschaulicht, so daß die Existenzbereiche der verschiedenen Phasen durch Gleichgewichtskurven getrennt sind. Da Systeme mit mehreren festen Phasen nicht selten vorkommen, erklärt sich die Mannigfaltigkeit der Zustands- oder Phasendiagramme im fest-flüssigen Phasenbereich. Häufig bilden auch die Komponenten eine Verbindung stöchiometrischer Zusammensetzung (m- und p-Kresol), was eine weitere Unterteilung des Zustandsdiagrammes zur Folge hat. Sehr oft kommen Systeme vor, deren Komponenten ein Eutektikum miteinander bilden, im festen Zustand also überhaupt nicht mischbar sind (vgl. Abb. 19 und 40); zahlreich sind auch Systeme, deren Komponenten feste Lösungen bilden (Ag/Au, Naphthalin/β-Naphthol) und die einen Minimum-Schmelzpunkt besitzen ($CaCl_2$/$SrCl_2$, KCl/NaCl, NaCl/LiCl, Au/Cu), während Systeme mit Maximum-

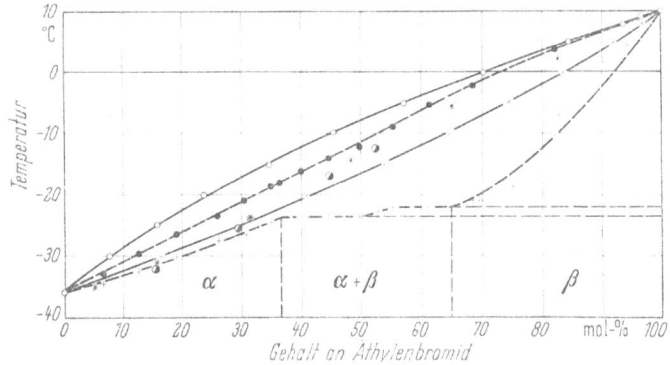

Abb. 51. Schmelzdiagramm von Äthylenbromid-Äthylenchlorid.
* Liquiduswerte nach F. WETTIG   ○ × Ideale Werte berechnet
◐ Soliduswerte nach MICHEL   ● + Eigene Meßwerte.

Schmelzpunkt (Pb/Te, C/Mn) zahlenmäßig zurückbleiben. Wie man mit Zustandsdiagrammen zu arbeiten hat, bei denen die Komponenten nur bereichsweise feste Lösungen bilden, also ein Entmischungsgebiet und Peritektikum aufweisen, wird an Hand der Abbildungen 51 und 52 erläutert. Abb. 51 zeigt das Schmelz- oder $T-x$-Diagramm des Systems Äthylenbromid-Äthylenchlorid. An Hand der Schmelzwärmen der beiden reinen Komponenten kann man Liquidus- und Solidus-Kurve für den Fall konstruieren, daß das System *ideal* wäre, also das Raoultsche Gesetz sowohl für die Sublimations- als auch die Dampfdrucke gälte [196]. Diese Kurven sind (ausgezogen) in Abb. 51 eingezeichnet. Der Trennfaktor

$$\varphi = \frac{\dfrac{C_2H_4Cl_2}{C_2H_4Br_2} \text{ in der Schmelze}}{\dfrac{C_2H_4Cl_2}{C_2H_4Br_2} \text{ im Kristall}} \tag{92'}$$

hat für reines Äthylenchlorid (1,2-Dichloräthan) etwa den Wert 3,4 und für reines Äthylenbromid (1,2-Dibromäthan) ungefähr den Wert

2,0. In Wirklichkeit weicht das Schmelzdiagramm aber erheblich von der idealen Lanzette ab. Die aus der Literatur bekannten Solidus-Werte nach MICHEL [197] für Konzentrationen bis zu 52,5 mol-% Äthylenbromid liegen bei kleinen Gehalten an Äthylenbromid fast auf der idealen Solidus-Kurve, aber die Werte für 44,5 und 52,5 mol-% Äthylenbromid zeigen größere Abweichungen davon. WETTIG [198] hat festgestellt, daß das System bei −24 °C eine Peritektale aufweist. Das gesamte Schmelzdiagramm wurde auf dem Koflerschen Kühltisch erneut aufgenommen, zum Teil auch weil oberhalb von 52,5 mol-% $C_2H_4Br_2$ keine Literatur-Werte zur Verfügung standen. Man ersieht aus Abb. 51, daß die durch Messung bestimmten Liquidus-Punkte für Konzentrationen unter 60 mol.-% $C_2H_4Br_2$ merklich von der idealen Liquidus-Kurve abliegen. Es wurden sogar zwei Peritektikalen gefunden, die eine bei −23,5 °C, was mit Angaben von WETTIG gut übereinstimmt, die andere bei −22 °C. In Anbetracht des geringen Temperaturunterschiedes beider wurde in Abb. 51 nur ein Entmischungsgebiet ($\alpha + \beta$) eingezeichnet, dessen vertikal gestrichelte Grenzen hypothetisch sind, weil sie experimentell nicht ermittelt wurden. Die polymorphe Umwandlung von Roozeboomschen Typ I (Mischkristalle oder feste Lösungen) nach Typ IV (Peritektikum), also das Auftreten eines Peritektikums und Entmischungsgebietes, bauchen die Solidus-Kurve auf, so daß die an $C_2H_4Br_2$ reichen Mischungen leichter zu fraktionieren sind, als wenn das System ideal wäre. Im Gebiet α scheiden sich äthylenchlorid-reiche und im Gebiet β äthylenbromid-reiche Mischkristalle ab. An Hand der gemessenen spezifischen Wärmen einschließlich der Umwandlungswärmen verschiedener fester und flüssiger Mischungen sowie der Schmelzwärmen ließ sich das vollständige Wärmeinhalt (Enthalpie I)-Konzentrations (x)-Diagramm des Systems für die fraktionierte Kristallisation zeichnen (Abb. 52). Als Enthalpie-Nullpunkt wurde der Wärmeinhalt des reinen, festen Äthylenchlorids an seinem Schmelz- oder Erstarrungspunkt (−35,3 °C) gewählt. Da der Wärmeinhalt auf die Gewichts-Einheit bezogen ist, wurde die Konzentration x in Gew.-% angegeben, wie dies auch bei der Rektifikation allgemein üblich ist. Die Isothermen im oberen Teil von Abb. 52 wurden aus dem Schmelzdiagramm (Abb. 51) übernommen. Durch die bei der fraktionierten Kristallisation aus Lösungen (Abb. 45) erwähnte Konstruktion-Herunterloten des Schnittpunktes der jeweiligen Isotherme mit der Liquidus-Kurve bis zur Diagonalen $y = x$ im unteren Teil von Abb. 52, Waagerechte nach links und Herunterloten des (anderen) Schnittpunktes der Isothermen mit der Solidus-Kurve — wird die Gleichgewichtskurve im unteren y-x-Diagramm von Abb. 52 gewonnen. Die starke Ausbauchung dieser Kurve zwischen $x = 5 \cdots 46$ Gew.-% $C_2H_4Cl_2$ ist durch das Peritektikum bedingt. Folgendes Beispiel sei gegeben: Ein bei −11 °C eingespeistes Gemisch aus Schmelze und Kristallen mit $x_m = 21$ Gew.-% $C_2H_4Cl_2$ möge so fraktioniert werden, daß die am Boden einer Druckkolonne

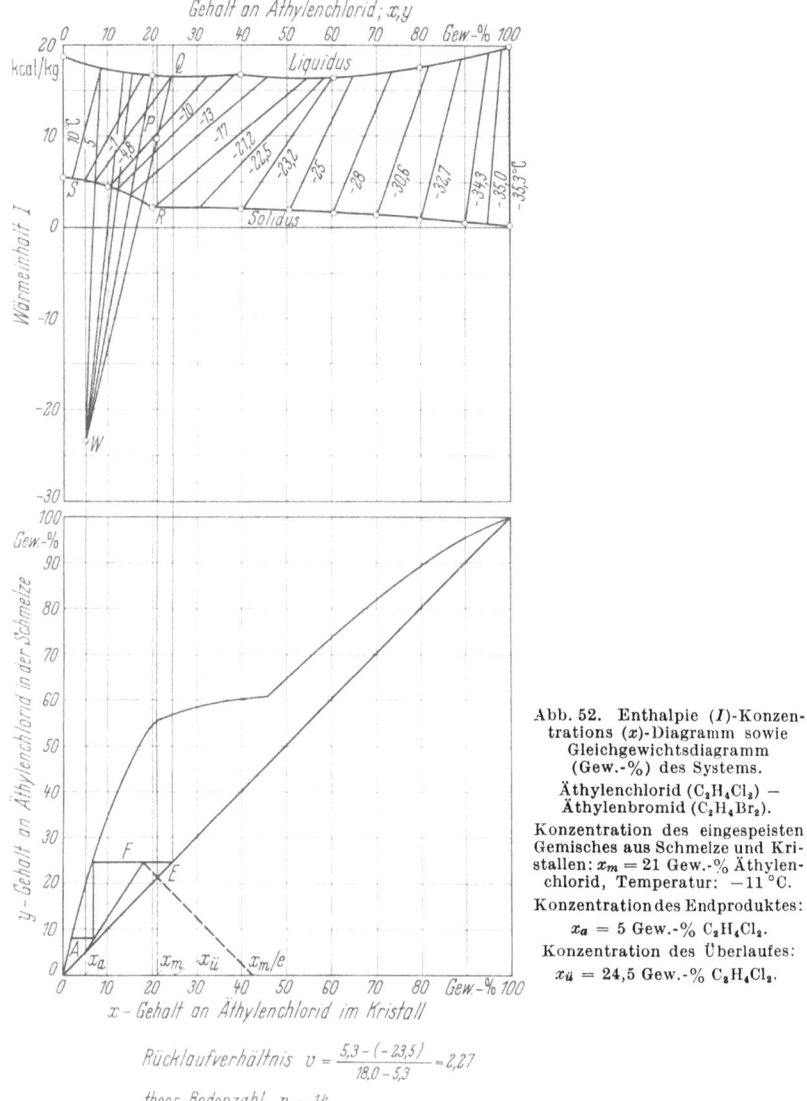

Abb. 52. Enthalpie (I)-Konzentrations (x)-Diagramm sowie Gleichgewichtsdiagramm (Gew.-%) des Systems. Äthylenchlorid ($C_2H_4Cl_2$) — Äthylenbromid ($C_2H_4Br_2$). Konzentration des eingespeisten Gemisches aus Schmelze und Kristallen: $x_m = 21$ Gew.-% Äthylenchlorid, Temperatur: −11 °C. Konzentration des Endproduktes: $x_a = 5$ Gew.-% $C_2H_4Cl_2$. Konzentration des Überlaufes: $x_ü = 24{,}5$ Gew.-% $C_2H_4Cl_2$.

Rücklaufverhältnis $v = \dfrac{5{,}3 - (-23{,}5)}{18{,}0 - 5{,}3} = 2{,}27$

theor. Bodenzahl $n = 1{,}4$

abgezogene Schmelze $x_a = 5$ Gew.-% $C_2H_4Cl_2$ enthält und der mit der Restschmelze vermischte Rücklauf mit einer Konzentration von $x_ü = 24{,}5$ Gew.-% $C_2H_4Cl_2$ überläuft. Im $I-x$-Diagramm ist der der

Einspeisung entsprechende Punkt P durch den Schnittpunkt der Vertikalen $x_m = 21$ Gew.-% $C_2H_4Cl_2$ mit der Isothermen -11 °C festgelegt. Das (Abtriebs-) Rücklaufverhältnis v in der bezüglich Äthylenchlorid als Abtriebs-Säule aufgefaßten Druckkolonne wird nun durch einen Arbeitsstrahl durch P (der notwendig steiler als die Isotherme sein muß) so gewählt, daß dieser die Vertikale $x_ü = 24{,}5$ Gew.-% $C_2H_4Cl_2$ in einem Punkte Q schneidet, der auf der Liquidus-Kurve liegt. Diese Festsetzung trägt dem Umstand Rechnung, daß die Druckkolonne nur eine Abtriebs-, aber keine Verstärkungs-Säule (bezüglich $C_2H_4Cl_2$) darstellt und mithin das Verstärkungs-Rücklaufverhältnis Null sein muß. Der Strahl PQ schneidet die Vertikale $x_a = 5$ Gew.-% $C_2H_4Cl_2$ im Abtriebs-Rücklaufpol W, durch den weitere Arbeitsstrahlen gezogen werden. Wiederholt man die oben erwähnte Konstruktion mit den Schnittpunkten dieser Strahlen mit Liquidus- und Solidus-Kurve, so erhält man im Gleichgewichtsdiagramm die Abtriebs-Kurve $A-F$, die fast gerade ist. Der der Einspeisung entsprechende Punkt F liegt deshalb nicht auf der Vertikalen $x_m = 21$ Gew.-% $C_2H_4Cl_2$, weil in die Kolonne nicht nur Feststoff, sondern auch Flüssigkeit eingespeist wird. Die Gerade FE entspricht der „Schnittpunktsgeraden" KIRSCHBAUMS [199]; sie schneidet die Abszissenachse im Punkt x_m/e. Hierbei hat e folgende Bedeutung

$$e = 1 + \frac{q_s - q_m}{r} \tag{103}$$

mit

$q_m =$ Wärmeinhalt je kg zuströmender Mischung (kcal/kg),
$q_s =$ Wärmeinhalt je kg Feststoff auf dem Einlaufboden mit der Schmelztemperatur t_s (Solidus-Temperatur der Mischung) (kcal/kg),
$r =$ Schmelzwärme der Mischung in kcal/kg.

Im vorliegenden Fall ist $q_m > q_s$, da die Einspeisung nicht nur Feststoff, sondern auch Flüssigkeit enthält. Aus dem $I-x$-Diagramm (oberer Teil von Abb. 52) liest man ab:

$q_m = 9{,}5$ kcal/kg (Punkt P) $q_s = 2{,}1$ kcal/kg (Punkt R).

Ferner ist
$$r = 14{,}6 \text{ kcal/kg}.$$
Also wird:

$$1 - e = \frac{9{,}5 - 2{,}1}{14{,}6} = \frac{7{,}4}{14{,}6} = 0{,}507 \quad \text{und} \quad e = 0{,}493,$$

$$\frac{x_m}{e} = \frac{2{,}1}{0{,}493} = 42{,}6 \text{ Gew.-\% } C_2H_4Cl_2.$$

Wie Abb. 52 zeigt, schneidet die Vertikale $x_a = 5$ Gew.-% $C_2H_4Cl_2$, auf der der Pol W ($-23,5$ kcal/kg) liegt, die Liquidus-Kurve im Punkt T (18,0 kcal/kg) und die Solidus-Kurve im Punkt S (5,3 kcal/kg). Mithin erhält man für das Rücklaufverhältnis der Abtriebs-Säule:

$$v = \frac{5,3 - (-23,5)}{18,0 - 5,3} = 2,27 \ .$$

Zeichnet man den Treppenzug nach Mc CABE-THIELE zwischen Gleichgewichtskurve und Abtriebsgerade ein, so ergibt sich, daß zur Lösung des Trennproblems $n = 1,4$ theoretische Böden erforderlich sind.

Bei den ternären Zustandsdiagrammen, deren Mannigfaltigkeit naturgemäß noch wesentlich größer als die der binären ist, beschränken wir uns auf die rechnerische Bestimmung des Gleichgewichtsdiagrammes eines Systems, das ein ternäres Eutektikum bildet. Da die experimentelle Ermittlung eines solchen Diagrammes viel Aufwand und Zeit erfordert, besteht häufig der Wunsch nach einer ungefähren Abschätzung der Gleichgewichtsverhältnisse. Zunächst müssen die Gefrierpunktserniedrigungs-Kurven der 3 Komponenten berechnet werden. Hierzu lassen sich nach Mc KAY [200] und Mitarbeitern folgende Gleichungen benutzen:

$$-\ln N = \frac{\Delta H (T_0 - T)}{R T_0 T} \quad (104\,a)$$

$$-\ln N = A (T_0 - T) [1 + B (T_0 - T) + \cdots] \quad (104\,b)$$

mit

$$A = \frac{\Delta H}{R T_0^2} \quad \text{und} \quad B = \frac{1}{T_0} - \frac{\Delta C_p}{2 \Delta H}$$

$$-\ln a = \frac{\Delta H}{R} \frac{T_0 - T}{T_0 T} - \Delta C_p \frac{T_0 - T}{R T} + \frac{\Delta C_p}{R} \ln \frac{T_0}{T} \ . \quad (104\,c)$$

Im einzelnen bedeutet:

a = Aktivität der reinen Komponente,
ΔC_p = Unterschied der spezifischen Wärmen von flüssiger und fester Phase am Schmelzpunkt T_0 (°K) in cal/mol grd,
ΔH = Schmelzenthalpie in cal/mol (Positive Größe!),
N = Konzentration der reinen Komponente, Molenbruch,
R = Allgemeine Gaskonstante = 1,986 cal/mol grd,
T = Absolute Temperatur in °K.

Die Van't Hoff'sche Gleichung (104a) wird wegen ihrer Einfachheit am häufigsten gebraucht, was aber nur für kleine Gefrierpunktserniedrigungen korrekt ist. Gl. (104b) erfodert die Kenntnis der kryoskopischen Konstanten A und B, also insbesondere des Wertes ΔC_p, und gilt nur für ideale Mischungen. Hildebrands Gleichung (104c) kann

3. Betrachtungen am Zustandsdiagramm

auch auf nicht-ideale Mischungen angewandt werden, setzt aber die Kenntnis der Aktivitätskoeffizienten voraus. Mischungen der Xylol-Isomeren sind nach Mc Kay ideal. Die Werte für ΔH und ΔC_p sind in der folgenden Tab. 19 zusammengestellt.

Tabelle 19. *Kryoskopische Werte für die Xylol-Isomeren*

Isomeres	ΔH in cal/mol	ΔCp in cal/mol grd
o-Xylol	3247,7	6,708
m-Xylol	2763,0	9,611
p-Xylol	4227,2	5,847

Setzt man diese Werte in die kryoskopischen Konstanten und in Gl. (104b) ein, so lassen sich die in Abb. 53 gezeichneten Kurven der Gefrierpunktserniedrigung berechnen. Als nächstes werden die 3 binären Eutektika bestimmt, indem man je zwei Kurven kombiniert und die Temperatur ermittelt, bei der sich die an ihnen abgelesenen Prozentzahlen zu 100 ergänzen (Durch Striche angedeutet). In entsprechender Weise wird das ternäre Eutektikum gefunden. Die Tab. 20 ermöglicht einen Vergleich der so berechneten und der von Pitzer und Scott [201] gemessen eutektischen Werte.

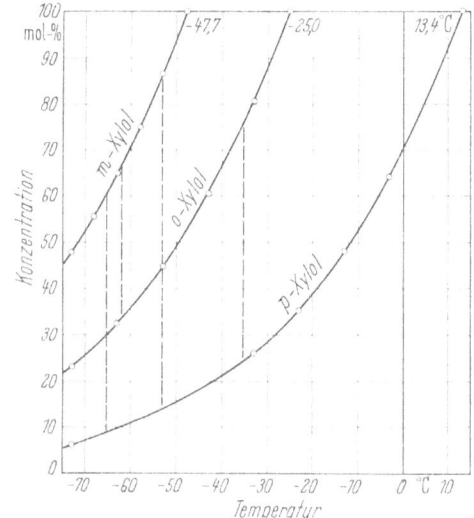

Abb. 53. Gefrierpunktserniedrigung von Xylolen.

Jeder der drei binären eutektischen Punkte ist mit dem ternären eutektischen Punkt durch eine eutektische Kurve verbunden (s. Abb. 54), deren Punkte so bestimmt werden, daß man wiederum ähnlich wie in Abb. 53 je zwei Kurven der Gefrierpunktserniedrigung kombiniert und den an 100 fehlenden Prozentsatz der jeweils dritten Komponente zuordnet. Da somit die Gleichgewichtstemperaturen längs der Dreiecks-Seiten und der binären Eutektikalen bekannt sind, ist die näherungsweise Einzeichnung der Isothermen im gesamten Zustandsfeld möglich. Abb. 54 zeigt ein aus Literaturwerten und eigenen Messungen entwickeltes Dreiecksdiagramm für die Isomeren des Nitrochlorbenzols (NClB). In jeden der drei durch die binären Eutetikalen abgegrenzten Vierecke scheidet sich solange die Komponente ab, die der zugehörigen Dreiecksspitze entspricht, bis eine der binären Eutektikalen erreicht ist, wonach sekundäre Kristallisation

Tabelle 20. *Eutektische Werte für die Xylol-Isomeren*

Eutektikum	Zusammensetzung		Temperatur	
o-m-Xylol	exp.	32 % o-X.	exp.	−61,1 °C
	theor.	33,5% o-X.	theor.	−62,0 °C
m-p-Xylol	exp.	87,5% m-X.	exp.	−52,7 °C
	theor.	86,0% m-X.	theor.	−53,0 °C
o-p-Xylol	exp.	76,2% o-X.	exp.	−34,9 °C
	theor.	75,5% o-X.	theor.	−35,3 °C
o-m-p-Xylol	exp.	30,5% o-X. 61,4% m-X.	exp.	−64,0 °C
	theor.	30,5% o-X. 60,5% m-X.	theor.	−65,3 °C

einsetzt, bis im ternären Eutektikum alles erstarrt ist. Beispielsweise beginnt aus einer Mischung, die Punkt P in Abb. 54 entspricht, nach Abkühlung auf etwa 32 °C p-NClB auszukristallisieren, wonach die Konzentration der Schmelze an p-NClB längs der Geraden p-NClB/P abnimmt, bis nach Erreichen von Punkt M bei ungefähr 4 °C auch o-NClB auskristallisiert. Bei weiterem Abkühlen kristallieren o- und p-NClB zusammen aus, bis die Restschmelze längs der binären Eutektikalen p-o-NClB den ternären eutektischen Punkt erreicht hat und vollkommen bei −5 °C erstarrt.

4. Vergleich zwischen der Kristallisation aus Lösungen und Schmelzen

In der Regel verläuft die Kristallisation eines Stoffes aus einem Lösungsmittel in einem niedrigeren *Temperaturbereich* als die Kristallisation desselben Stoffes aus seiner Schmelze. Für den Temperaturbereich der Lösungskristallisation gibt es eine untere Grenze, nämlich die eutektische Temperatur von Lösungsmittel und Gelöstem (falls ein Eutektikum existiert, wie es bei sehr vielen Lösungssystemen der Fall ist), und eine obere Schranke, nämlich die atmosphärische Siedetemperatur der Lösung. Die untere Grenze wird selten erreicht, da man bei zu tiefen Temperaturen Gefahr läuft, daß auch Verunreinigungen ausfallen, und weil wärmewirtschaftliche Überlegungen mitunter den Verzicht auf Kältemittel erfordern. Die obere Schranke ist von großer praktischer Bedeutung (z. B. für Verdampfungskristallisa-

4. Vergleich zwischen der Kristallisation aus Lösungen und Schmelzen 125

tionen); manchmal wird auch bei mäßigem Überdruck gearbeitet, beispielsweise bei mehrstufigen Verdampfungsanlagen. Die meisten Kristallisationen aus wäßrigen Lösungen erfolgen im Intervall von 25 bis 115 °C. Die Mehrzahl der gesättigten, wäßrigen Lösungen unterschreitet nämlich die atmosphärische Siedetemperatur von 115 °C,

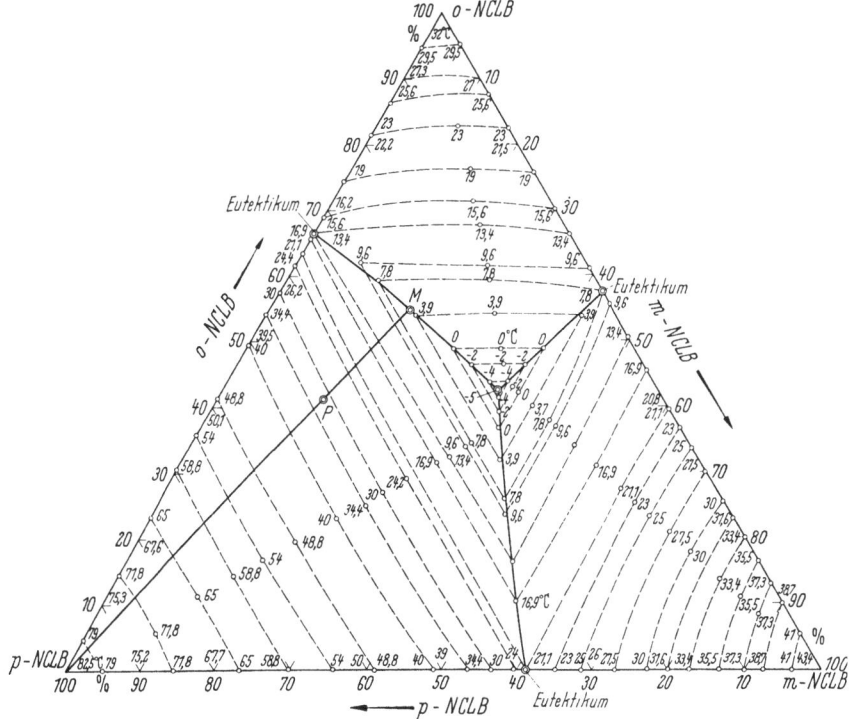

Abb. 54. Schmelzdiagramm o-/m-/p-NClB (Nitrochlorbenzol).
Ternäres Eutektikum:
Experimentell: −3,4 °C   47,2 o;   34,2 m;   18,6 p;
Theoretisch: −5,0 °C   42,4 o;   36,4 m;   21,2 p.

und eine untere Temperatur von 25 °C läßt sich meist auch noch mit Rückkühlwasser erreichen. Eine Ausnahme stellt das hydrothermale Kristallwachstum (vgl. Abb. 21) dar, für das man im Falle des Quarz bei 380—400 °C und ungefähr 1000 bar (= 986,9 atm) arbeitet. Wesentlich höhere Temperaturen werden bei der Kristallisation aus einem Flußmittel erhalten. Nach WHITE [202] umfaßt das Kristallwachstum aus Flußschmelzen den Bereich von 700 bis 1400 °C. Die Anwendung eines solchen Verfahrens setzt die Kenntnis geeigneter Lösungsmittel voraus; für die Kristallisation von Halogenen sind z. B. folgende Lösungsmittel geeignet: LiCl, NaCl, NaF, KCl, KF, $CaCl_2$,

$BaCl_2$, BaF_2, $PbCl_2$, PbF_2, ZnF_2, BiF_3 und Na_3AlF_6. Für die Kristallisation einer einzigen Substanz aus ihrer Schmelze gibt die Schmelztemperatur einen Richtwert. Alle Schmelztemperaturen liegen zwischen dem Schmelzpunkt von Helium ($-272,4$ °C bei 26 atm) und von Kohlenstoff (Tripelpunkt von Graphit: ≈ 3700 °C, 100 atm). Ein Beispiel einer technischen Tieftemperatur-Kristallisation ist die Abtrennung von p-Xylol aus einem Isomeren-Gemisch durch Vorkristallisation in einem Kratzkühler bei -73 °C (und anschließende Gegenstrom-Kristallisation in einer Preßkolonne); als Beispiel einer Kristallisation bei hoher Temperatur (4000 °K) und Höchstdruck (10^5 atm) kann die Diamant-Synthese genannt werden. Eines wachsenden Anwendungsbereiches erfreut sich das Verneuil-Verfahren, bei dem pulverförmige Nährsubstanz entweder durch Flamme, Lichtbogen oder Plasmabrenner aufgeschmolzen und die Schmelze behutsam auf einem langsam mit vorgegebener Geschwindigkeit abgesenkten Impfkristall kristallisiert wird.

Für organische Stoffe liegt die obere Grenze der vorkommenden Schmelztemperaturen [203] bei ungefähr 350 °C (vgl. Theobromin: $F = 351$ °C). Für ein binäres System Lösungsmittel/Gelöstes ist das Temperatur-Löslichkeits-Diagramm (vgl. Abb. 20) der wichtigste Ausschnitt des vollständigen *Schmelzdiagrammes* (vgl. Abb. 19). Die Druckabhängigkeit der Löslichkeit genügt bei konstanter Temperatur und Lösungsmittelmenge der Clausius-Clapeyronschen Gleichung (67). Merkliche Löslichkeitsänderungen machen sich jedoch erst bei Drucken von der Größenordnung 10^3 atm bemerkbar. Ein analoges Verhalten zeigt der Schmelzpunkt im Einkomponenten-System. Hier ist der Verlauf der vom Tripelpunkt ausgehenden Schmelzdruckkurve wichtig. Die Druckabhängigkeit des Schmelzpunktes wird durch folgende Clausius-Clapeyronsche Gleichung beschrieben:

$$\frac{dT}{dp} = \frac{T \, \Delta v}{\Delta H} \qquad (105)$$

mit

Δv = Differenz der Molvolumina von Flüssigkeit und Feststoff in cm³/mol,

ΔH = Schmelzenthalpie in cm³ atm/mol (1 cm³ atm = $2,422 \times 10^{-2}$ cal), nach absoluter Größe und Vorzeichen (positiv) mit der Schmelzwärme übereinstimmend,

p = Schmelzdruck in atm,

T = Absolute Temperatur in °K.

Im allgemeinen dehnt sich der Feststoff beim Schmelzen aus, so daß sich der Schmelzpunkt mit wachsendem Druck erhöht; beispielsweise wächst die Schmelztemperatur von Benzol, die bei 1 atm 5,49 °C

4. Vergleich zwischen der Kristallisation aus Lösungen und Schmelzen

beträgt, auf 32,5 °C bei 1000 atm. Nur wenige Substanzen zeigen ein umgekehrtes Verhalten, darunter H_2O, Bi, Ga und metallisches Sb sowie bestimmte intermetallische Verbindungen.

Die Kinetik des Kristallisationsvorganges wird durch die *Wechselwirkung* zwischen Partikeln bestimmt. In Lösungen muß mit der Wechselwirkung zwischen den Molekülen von Lösungsmittel und Kristall oder Gelöstem gerechnet werden, während in Schmelzen beim Einkomponenten-System nur Moleküle einer Art aufeinander einwirken. Oft wandelt sich die Tracht der Kristalle entscheidend mit dem Lösungsmittel. Während beispielsweise Naphthalin aus Cyclohexan nadelförmig kristallisiert, kann es aus Methanol in Form dünner Plättchen erhalten werden. Bisweilen spielt auch der p_H-Wert bei wäßrigen Lösungen eine erhebliche Rolle. Der Grad der Wechselwirkung zwischen Lösungsmittel und Gelöstem, zwischen Lösung und Kristall, kann verschieden hoch sein. Das in der Volmerschen Grenzschicht enthaltene Lösungsmittel kann bei zu raschem Aufbau des Kristallgitters in dieses eingeschlossen werden (z. B. bei KNO_3-Nadeln aus wäßriger Lösung); bei Solvaten ist das Lösungsmittel im stöchiometrischen Verhältnis zum Gelösten Gitterbaustein. Die Viskosität von Lösungen nimmt im metastabilen Bereich bei konstanter Konzentration und abnehmender Temperatur zwar stark zu (vgl. Abb. 33), sie zeigt aber im allgemeinen (das Verhalten von Lösungen der Hochpolymeren bleibt hier außer Betracht, weil diese nur bereichsweise kristallin sind. Ferner kann angenommen werden, daß die Mehrzahl der zur Kristallisation gelangenden Lösungen newtonisch ist.) und im Gegensatz zur Viskosität von Schmelzen keine Anomalien. Auch konzentrierte Zucker-

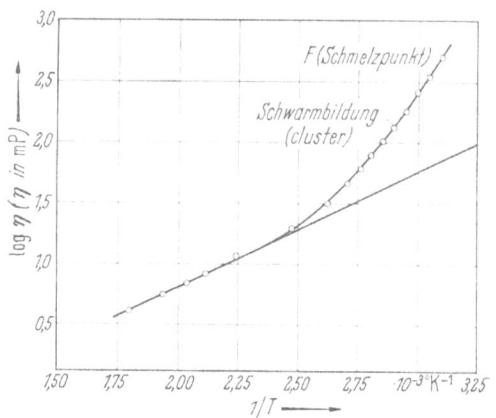

Abb. 55. Verstärktes Anwachsen der dynamischen Viskosität bei Annäherung an den Erstarrungspunkt für o-Terphenyl (1,2-Diphenylbenzol).

lösungen stellen keine Ausnahme von dieser Regel dar, da diese mehr eine Lösung von Wasser in Zucker als das Umgekehrte sind. Die Viskosität der Schmelzen chemisch einfach aufgebauter Substanzen (z. B. der Metalle) ist in der Regel nicht groß; so hat Blei eine dynamische Viskosität von 3,2 cP an seinem Schmelzpunkt (327 °C). Benzol befolgt im Temperaturintervall 180 bis 0 °C (unterkühlte

Schmelze; $F = +5,5$ °C) die bekannte Exponentialgleichung für die dynamische Viskosität:

$$\eta = A \exp(B/T) \qquad (106)$$

mit
$$A = 7,5 \cdot 10^{-3} \text{ cP} \quad \text{und} \quad B = 1308 \text{ °K}.$$

Aber in den Schmelzen komplizierter aufgebauter Verbindungen können sich beim Abkühlen noch vor dem Erstarrungspunkt Schwärme oder Molekül-Pakete (cluster) bilden, die ein mehr als exponentielles Anwachsen der Viskosität zur Folge haben, wie UBBELOHDE [204] gezeigt hat (s. Abb. 55). Bei glasigem Erstarren (vgl. Abb. 47) sind die Viskositäten besonders hoch. Viskosität und Diffusionskoeffizient D sind eng miteinander verknüpft. So wurde an verschiedenen Systemen gefunden [205], daß innerhalb eines Temperaturbereiches, in dem sich η wie 1:4 ändert, die mittlere Änderung des Diffusionsfaktors

$$F = \frac{T}{D\eta} \left[\text{in } \frac{\text{grd}}{\frac{\text{cm}^2}{\text{s}} \cdot \text{Poise}} = \frac{\text{s}^2 \text{ grd}}{\text{g cm}} \right] \qquad (107)$$

unter 5% bleibt. Wenn der Radius r der diffundierenden Molekel groß gegen den der Lösungsmittelmolekeln r_L ist, die Flüssigkeit also als Kontinuum behandelt werden kann (beispielsweise für die Diffusion großer, kugelförmiger Molekeln oder Kolloide), gilt die Stokes-Einsteinsche Gleichung

$$D = \frac{kT}{6\pi\eta r} \qquad (108)$$

mit

k = Boltzmannsche Konstante = $1,3805 \cdot 10^{-16}$ erg/grd,
T = Absolute Temperatur in °K,
η = Dynamische Viskosität in Poise = dyn s cm^{-2} = g cm^{-1} s^{-1},
r = Radius der diffundierenden Partikel in cm (Bei Elektrolyten infolge Solvation problematisch),
D = Diffusionskoeffizient in cm^2/s.

Trifft die Voraussetzung nicht mehr zu, so hat man auf Grund des Löchermodells der Flüssigkeiten nach WIRTZ [206] zu setzen

$$D = \frac{kT}{6\pi\eta r f} \qquad (109\text{a})$$

mit

$$f = \frac{1}{1,5 \dfrac{r_L}{r} + \dfrac{1}{1 + r_L/r}}. \qquad (109\text{b})$$

4. Vergleich zwischen der Kristallisation aus Lösungen und Schmelzen

Für $r \gg r_L$ wird der „Mikroreibungsfaktor" $f = 1$ und für $r = r_L$ erhält man $f = 0,5$ (z. B. Selbstdiffusionskoeffizient). Für Nicht-Elektrolyten werden in Perry's Chemical Engineer's Handbook [207] die folgenden Richtwerte des Molekül-Durchmessers $(2\,r)$ angegeben: 2,9 Å (Molekulargewicht $M = 10$ g/mol), 6,2 Å $(M = 100)$ und 13,2 Å $(M = 1000)$. In einem von WILKE [208] entworfenen Diagramm kann für *verdünnte* Lösungen von Nicht-Elektrolyten der Diffusionsfaktor F in Abhängigkeit vom Molvolumen des Gelösten (hierfür ist die Summe der Atomvolumina oder das Molvolumen am atmosphärischen Siedepunkt einzusetzen) ermittelt werden. Der Parameter Φ der von WILKE gezeichneten Kurvenschar berücksichtigt das Molvolumen des Lösungsmittels. Das Berechnungsverfahren wird ausführlich von TREYBAL [209] erläutert. Bei starken Elektrolyten läßt sich der Diffusionskoeffizient auf Grund der Ionenbeweglichkeiten u berechnen. Beispielsweise hat man für 1-1-wertige Elektrolyte

$$D = 1{,}78 \cdot 10^{-9} \cdot T \cdot \frac{u^+ \cdot u^-}{u^+ + u^-} \quad [\text{cm}^2/\text{s}]. \tag{110}$$

So ergibt sich im Falle der Diffusion von NaCl in wäßriger Lösung bei *unendlicher Verdünnung* und 18 °C mit $u^+ = u(\text{Na}^+) = 43{,}5$ cm² V⁻¹ s⁻¹ und $u^- = u(\text{Cl}^-) = 65{,}5$ cm² V⁻¹ s⁻¹.

$$D = 1{,}355 \cdot 10^{-5} \text{ cm}^2/\text{s}.$$

Da es sich bei der Kristallisation in der Regel um konzentrierte Lösungen handelt, können die Formeln für verdünnte Lösungen nur zur näherungsweisen Abschätzung der Diffusionskoeffizienten herangezogen werden. Falls die Konzentrationsabhängigkeit des Aktivitätskoeffizienten a des Gelösten, also der Differentialquotient $d\ln a/dc$, bekannt ist, kann man folgende Beziehung benützen:

$$\frac{D\,\eta}{D_0\,\eta_0} = 1 + \frac{d\ln a}{dc}, \tag{111}$$

wobei sich D_0 und η_0 auf die verdünnte und D und η auf die konzentrierte Lösung bei konstanter Temperatur beziehen. Die Aktivitätskoeffizienten einiger anorganischer Salze sind für 10 verschiedene Konzentrationen im „Handbook of Chemistry and Physics" [210] zusammengestellt. Für verdünnte Lösungen sind die Aktivitätskoeffizienten nach der Theorie von DEBYE und HÜCKEL [275] berechenbar, für höher konzentrierte Lösungen nach Arbeiten von WICKE und EIGEN [280] sowie von FALKENHAGEN und KELBG [281] (vgl. Kap. IV A 1).

Die *Keimbildungsgeschwindigkeit* ist stets vom Grade der Überschreitung des Gleichgewichtes abhängig, in Schmelzen also von der Unterkühlung und in Lösungen von der Übersättigung. Während jedoch bei Schmelzen die Keimbildungsgeschwindigkeit für eine bestimmte Unterkühlung ein Maximum erreicht (vgl. Abb. 3), weil bei weiterer Unterkühlung die Diffusion zunehmend erschwert wird, wächst die Keimbildungsgeschwindigkeit in Lösungen monoton (und sehr stark) mit zunehmender Übersättigung, bis diese durch spontane Keimbildung abgebaut wird. Eine Rückkoppelung dieser Art zwischen Keimbildungsgeschwindigkeit und Gleichgewichts-Überschreitung ist bei Schmelzen nur dann gegeben, wenn bei starker Keimbildung die Erstarrungswärme nicht schnell genug abgeführt werden kann. Bei Schmelzen ist die maximal erreichbare Unterkühlung (ΔT_{Max}) außerdem von der Menge der Schmelze abhängig, wie TURNBULL [28] zeigen konnte, weil sich heterogene Keimbildner (Fremdkerne) in kleinen Proben vereinzeln. Für die meisten Flüssigkeiten ist nach TURNBULL $\Delta T_{Max} > 0{,}15\, T_m$ (T_m = Schmelztemperatur in °K), für Metalle, die flächen- oder raumzentrierte Gitter aufbauen, hat man $\Delta T_{Max} \sim 0{,}18\, T_m$. GOPAL [211] hat festgestellt, daß unter annähernd gleichen experimentellen Bedingungen die Neigung übersättigter Lösungen zur spontanen Kristallisation, wie sie der Änderung der freien Energie beim isothermen Übergang vom Zustand der Übersättigung in den gesättigten Zustand bei der Temperatur T entspricht, durch die Gleichung

$$(T_s - T)^i\, W_L = \text{const.} \qquad (112)$$

beschrieben werden kann. Hierbei ist T_s die absolute Sättigungstemperatur, T die absolute Temperatur der spontanen Kristallisation der jeweiligen Lösung und $^i W_L$ die integrale Lösungswärme. Die Beziehung (112) wurde an wäßrigen Lösungen zahlreicher anorganischer Stoffe (insbesondere Kalium-, Natrium- und Ammonium-Salze) geprüft, wobei sich für die Konstante Werte zwischen 62220 und 91490 cal/(grd mol) ergaben. Beispielsweise wurde für KCNS mit $^i W_L = 6100$ cal/mol und $(T_s - T) = 13\,°$ gefunden: $(T_s - T)\,^i W_L = 79300$ cal/(grd mol). Genau wie bei der Kristallisation aus Lösungen die für die Keimbildung günstigste Temperatur nicht gleichzeitig für das Kristallwachstum am günstigsten ist, fallen auch bei der Kristallisation aus der Schmelze die Temperaturen größter Keimbildungshäufigkeit und größter Kristallwachstumsgeschwindigkeit nicht zusammen (vgl. Abb. 3 mit Abb. 17a). Die Wachstumsgeschwindigkeiten in Lösungen liegen in der Größenordnung einiger µm/min, in Schmelzen sind Wachstumsgeschwindigkeiten von einigen m/min keine Seltenheit (vgl. Tab. 8 und 9). Besonders niedrig sind die Wachstumsgeschwindigkeiten von Zucker aus wäßrigen Lösungen (4 mµ/min für eine bei 30 °C gesättigte Lösung bei Abkühlung um 1 °C nach VAN HOOK [212]), die noch unter den für das Züchten von Einkristallen erforderlichen Geschwindigkeiten (vgl. Tab. 10 und 11) liegen. Abgesehen von Stoffen,

4. Vergleich zwischen der Kristallisation aus Lösungen und Schmelzen

die spontan aus der Schmelze bei Erreichen des Erstarrungspunktes auskristallisieren (also eine unendlich große Wachstumsgeschwindigkeit haben), werden von VAN HOOK [213] folgende Stoffe mit sehr großer Wachstumsgeschwindigkeit aufgeführt: Phosphor mit über 60 m/min (Unterkühlung 19 °C), p-Dichlorbenzol mit 25 m/min (20 °C) und p-Dinitrobenzol mit 15 m/min (41 °C).

Ein allgemeines Kennzeichen der Kristallisation ist, daß gewisse *Verunreinigungen* einen nachhaltigen Einfluß auf die Kinetik des Vorganges, oft auch auf die Form des Endproduktes, haben können; dies gilt für Lösungen wie für Schmelzen. Manche Verunreinigungen erhöhen den Schmelzpunkt einer Substanz, die meisten führen zu der wohlbekannten Schmelzpunkterniedrigung. In Lösungen sind oft sehr geringe Mengen an Verunreinigungen (z. B. Farben) ausreichend, eine weitgehende Trachtänderung der Kristalle zu verursachen (vgl. Kap. III B 3). Realkristalle enthalten *Baufehler*, auch wenn sie noch so sorgsam gezüchtet sind. Nach Untersuchungen von ADDINK [214] waren Alkalichloride, die aus der Lösung kristallisiert wurden, hinsichtlich ihres Gitteraufbaues vollkommener als aus der Schmelze gezüchtete. Man kann sich zwar vorstellen, daß in der Lösung bei zu rascher Kristallisation durch Aufbau vieler Kristalle eine größere Fehlordnung des einzelnen Kristalls vermieden wird, aber solche Gesichtspunkte sind meist nicht für die Wahl des Kristallisationsverfahrens entscheidend. Nehmen wir z. B. den Fall des NaCl: Für das Speisesalz ist der Grad der Fehlordnung unerheblich und für die Züchtung von NaCl-Prismen (Ultrarot-Spektroskopie) bleibt keine andere Wahl als das Schmelzverfahren, weil die Neigung zur Keimbildung in wäßrigen Lösungen zu groß ist, wie NEUHAUS [215] betont. Die *Korngrenzen* eines aus der Schmelze kristallisierten Feststoffes lassen sich häufig durch mechanische und thermische Nachbehandlung verändern. So wandelt sich beim Metall unter dem Einfluß plastischer Deformation durch Kaltbearbeitung (Ziehen, Walzen, Pressen und dgl.) die Kornstruktur und beim Wiedererhitzen (Glühen) bilden sich neue, größere Körner. Die kristallinen Bezirke von Kunststoffen können durch Tempern unterhalb des Schmelzpunktes vergrößert werden (vgl. Kap. III C 1). Diese spätere Einflußnahme ist bei Kristallisaten aus Lösungen nicht möglich, weshalb hier auch mit häufig breiten Kornverteilungen gerechnet werden muß, sofern es sich nicht um Fällungen handelt, die meist erheblich gleichmäßiger sind, oder Maßnahmen zur Beeinflussung der Kornverteilung während der Kristallisation (Klassieren) getroffen werden. *Dendritenwachstum* erfolgt sowohl in Lösungen als auch in Schmelzen unter geeigneten Bedingungen (vgl. Kap. III B 3 und Abb. 30). So zeigen namentlich die Metalle zu Beginn des Wachstums eine Vorliebe für die Dendritenbildung.

Beim Züchten von Einkristallen aus der Schmelze macht man von der Möglichkeit Gebrauch, daß ein Keim infolge seiner besonders günstigen Lage konkurrierende Keime „abdrängen", also unwirksam machen kann; nur dadurch gelingt überhaupt das Wachstum eines Einkristalls. In Lösungen können überschüssige Keime nicht abgedrängt werden; man ist höchstens in der Lage, sie mechanisch abzusondern und wieder aufzulösen. Bei der Züchtung von Einkristallen aus Lösungen vermeidet man ihr Entstehen durch hinreichend niedrige Übersättigung. Bei der Kristallisation aus Lösungen wird *Wärme* frei (exotherm) oder Wärme verbraucht (endotherm), je nach dem ob die Löslichkeit des betreffenden Stoffes im gewählten Lösungsmittel mit der Temperatur anwächst oder abfällt (vgl. Abb. 20). Wie später (vgl. Kap. IV A) gezeigt wird, ist der negative Wert der Lösungswärme bei unendlicher Verdünnung, W_L^∞, ein guter Richtwert für die Kristallisationswärme. Diese Lösungswärme ist in den meisten Nachschlagewerken nur für wäßrige Lösungen angegeben: W_L^∞ liegt für die meisten anorganischen Feststoffe unter 50 kcal/mol und für die organischen Feststoffe im wesentlichen unter 10 kcal/mol; negative und positive Wärmetönungen halten sich die Waage. Die Schmelzwärme wird dagegen stets frei. Die meisten anorganischen und organischen Stoffe haben Schmelzwärmen unter 10 kcal/mol.

In Tab. 21 sind die besprochenen Unterschiede und Gemeinsamkeiten der Kristallisation aus Lösungen und Schmelzen stichwortartig zusammengestellt. Eine Kristallisation aus Lösungen empfiehlt sich, wenn der betreffende Stoff seinen Schmelzpunkt nicht verträgt und bei niedrigeren Temperaturen aus Lösungen kristallisiert werden kann (Mangel an thermischer Stabilität), wenn das Rohgut sehr stark verunreinigt ist, so daß die Schmelze zu verschmutzt ist, um aus ihr reine Kristalle zu erhalten (Verdünnung von Verunreinigungen) und wenn eine Aufteilung des Produktes in Kornklassen gefordert wird (körniges Kristallisat). Eine Kristallisation aus der Schmelze ist angebracht, wenn die metastabile Zone in Lösungen zu schmal ist, um die Keimbildung gering halten zu können (Einkristalle), wenn die Schmelze rein und leicht kristallisierbar ist (Geringe Mengen an Verunreinigungen und niedrige Unterkühlung) und wenn die geeigneten Lösungsmittel zu teuer oder zu schwer wiedergewinnbar sind.

D. Grundlagen der Sublimation und Desublimation

1. $p-T$-Diagramm

Sublimation wird der unmittelbare Übergang vom festen in den dampfförmigen Aggregat-Zustand genannt. Der Umkehrvorgang, also die Kondensation des Dampfes unmittelbar zum Feststoff, wird meist

Tabelle 21. *Vergleich der Kristallisation aus Lösungen und Schmelzen*

Begriff		Lösungen	Schmelzen
Temperaturgebiet		Eutektikum-Siedepunkt wäßr. Lösungen: 25 bis 115 °C Hydrothermale Ln: 380 bis 400 °C und 1000 bar beim Quarz. Flußmittel: 700—1400 °C	Je nach Schmelzpunkt von —272,4 (He) bis 3700 °C (Graphit). Org. Stoffe: bis ~350 °C Verneuil-Verf. mit Flamme, Lichtbogen und Plasmabrenner für anorg.-Stoffe
Zustands-Diagramm. Druckabhängigkeit		Temperaturlöslichkeits-Diagramm. Lösl. nach Clausius-Clapeyronscher Gl. (67) vom Druck abhängig. Je nach Gelöstem Zu- oder Abnahme. Erst bei ~10^3 atm merkliche Löslichkeitsänderungen	Vom Tripelpunkt ausgehende Schmelzdruckkurve; nach Clausius-Clapeyronscher Gl. (105) vom Druck abhängig. Bei ~10^3 atm starke Schmelzpunktänderungen. I. a. Schmelzpunkterhöhung bei Druckerhöhung (Ausnahmen: H_2O, Bi, Ga und metallisches Sb)
Wärmetönung		Lösungswärme je nach Syst. pos. (exotherm) oder negativ (endotherm). Größenordnung: Anorg. Stoffe <50 kcal/mol Org. Stoffe <10 kcal/mol	Erstarrungswärme positiv (exotherm), Schmelzwärme negativ (endotherm). Größenordnung: Für anorg. und org. Stoffe <10 kcal/mol
Kinetische Größen	Wechselwirkung	Zwischen den Molekülen von Lösungsmittel und Gelöstem. p_H-Wert, Einschlüsse, Solvatbildung	Einwirkung der eigenen Moleküle aufeinander. Schwarmbildung (cluster)
Kinetische Größen	Viskosität	Zunahme mit wachsender Übersättigung bei konstanter Temperatur. Keine Anomalien	Bei einfach aufgebauten Verbindungen expon. Anstieg mit der Temperatur (Gl. 106). Niedrige Visk. b. Metallen. Bei kompliziert aufgebauten Stoffen Schwarmbildung und überexpon. Anwachsen d. Visk. Vor Glasbildung bes. hohe Visk.
Kinetische Größen	Diffusion	Geschwindigkeit von Temperatur und Viskosität abhg.	
Kinetische Größen	Diffusion	Volumen-Diff. i. Kern d. Lösung, Oberfl.-Diff. i. d. Volmerschen Grenzschicht. Berechn.: Für verd. Nichtelektrolyten Methode v. Wilke; für verd. Elektrolyten aus Ionenbeweglichkeiten; für konzentrierte Lösungen nach Gl. (111)	Abschätzung des Selbstdiffusions-Koeffizienten nach WIRTZ' Gl. (109)

Tabelle 21. (Fortsetzung)

Begriff		Lösungen	Schmelzen
Kinetische Größen	Keimbildungsgeschwindigkeit	Vom Grade der Überschreitung des Gleichgewichts abhg.	
		Wächst monoton mit der Übersättigung. Max. Übersättigung nach GOPALS Gl. (112) für anorg. Salze in Wasser	Erreicht in Abh. v. Unterkühlung ein Maximum. Max. Unterkühlung ferner von der Menge der Schmelze abhängig
	Kristallwachstumsgeschwindigkeit	Temperatur für größte Keimbildungshäufigkeit und größte Wachstumsgeschwindigkeit verschieden	
		K.G. einige µm/min Aber Zucker: wenige mµ/min	K.G. einige m/min Aber Phosphor: >60 m/min
Verunreinigungen		Gewisse Verunreinigungen beeinflussen Kristallwachstumsgeschwindigkeit	
		Kleinste Mengen (100 ppm) oft wirksam	Veränderung des Schmelzpunktes
Baufehler		In den besten Realkristallen unvermeidlich	
		Können bei Aufbau kleiner Kristalle und langsamem Wachstum geringer als in Schmelzen sein	Lösungsmittel-Einwirkung entfällt
Korngröße Korngrenzen		Klassierende Arbeitsweise während der Kristallisation oder nachherige mechan. Trennung der Kornklassen, wenn einheitliches Korn nötig	Korngrenzen können durch Kaltbearbeitung und Glühen (Metalle) oder Tempern (Kunststoffe) geändert werden
Keimauslese		Mechanisches Absondern und Vernichten überschüssiger Keime oder Herabsetzen der Keimbildung durch Arbeiten bei niedriger Übersättigung	„Abdrängen" ungünstig orientierter Keime
Dendritenbildung		Mitunter bei labilen Bedingungen	Oft bei Metallen zu Beginn der Kristallisation

als Desublimation bezeichnet. Die Sublimationsdruckkurve, die im Tripelpunkt (hier und im weiteren ist nur der Tripelpunkt gemeint, an dem die drei Phasen fest, flüssig und dampfförmig im Gleichgewicht sind, nicht andere mögliche Tripelpunkte, an denen zwei feste Phasen mit der flüssigen im Gleichgewicht sind, wie z. B. beim Wasser oder

Kohlenstoff) endet (s. Abb. 56), trennt die Gebiete der festen und dampfförmigen Phase. Die Sublimationsdrucke p genügen, ähnlich wie die Dampfdrucke, einer Clausius-Clapeyronschen Gleichung

$$\frac{dp}{dT} = \frac{L_{sg}}{(v_g - v_s)\,T}. \tag{113}$$

L_{sg} = Sublimationswärme in cm³ atm/mol (1 cm³ atm = 2,422 × × 10⁻² cal),
v_g = Molvolumen des Dampfes in cm³/mol,
v_s = Molvolumen des Feststoffes in cm³/mol,
T = abs. Temperatur in °K,
p = Sublimationsdruck in atm.

Im Tripelpunkt ist die Summe von Verdampfungswärme L_{lg} und Schmelzwärme L_{sl} gleich der Sublimationswärme; es gilt also hier

$$L_{sg} = L_{lg} + L_{sl} = L. \tag{114}$$

Die drei latenten Wärmen sind ebenso wie die ihnen entsprechenden Enthalpien positive Größen. Außer Helium, bei dem die Schmelz-

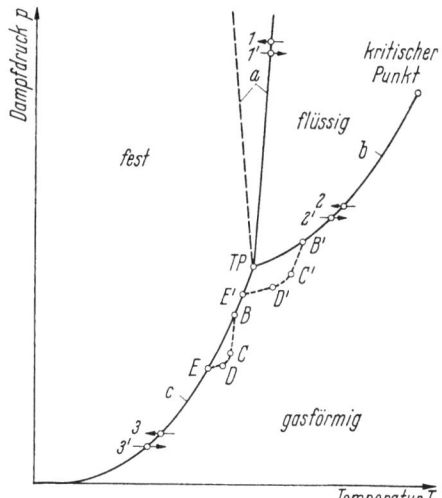

Abb. 56. $p - T$-Diagramm eines sublimierenden Stoffes.
Kurven: a Schmelzdruckkurven (——— normal, --------- anomal wie z. B. Wasser, Wismut), b Dampfdruckkurve, c Sublimationsdruckkurve;
Punkte: 1' Schmelzpunkt, 1 Erstarrungspunkt, 2' Siedepunkt, 2 Taupunkt, 3' Sublimationspunkt, 3 Schneipunkt, TP Tripelpunkt, $BCDE$ Sublimations-Desublimationszyklus, $B'C'D'E'$ Pseudo-Sublimation, s. Kap. III D2.

druckkurve des Feststoffes den Dampfdruckkurven der beiden flüssigen Modifikationen (I und II) sowohl für He³ als auch für He⁴ ausweicht, hat jede Substanz, die sich nicht bei tieferer Temperatur schon zersetzt (wie z. B. Hexamethylentetramin) einen Tripelpunkt, dessen Lage über das Sublimationsvermögen des Stoffes entscheidet. Ist der Dampfdruck am Tripelpunkt gleich 1 atm (760 Torr) oder größer, so sublimiert der Stoff bei Atmosphärendruck, und man kann, dem Siedepunkt Kp_{760} beim Verdampfen entsprechend, einen Sublimationspunkt Sp_{760} einführen. Man spricht dann von einfacher Sublimation. Meist liegt der Tripelpunktsdruck erheblich unter 1 atm, so daß „einfache" Sublimationen selten sind. Es gibt etwa 3 organische und 30 anorganische Stoffe, die „einfach" sublimieren. Am bekanntesten sind von diesen Kohlendioxid CO_2 („Trockeneis"), Uranhexafluorid (UF_6),

Tabelle 22. *Organische Stoffe, die „einfach" sublimieren*

Substanz	Formel	Sublimations-Temperatur Sp_{760} °C	Schmelzdaten	
			Temperatur F °C	Druck atm
Acetylen	C_2H_2	−83,6	−81,8	1,17
Chloranil	$C_6Cl_4O_2$	162,6	290	n. angegeben
Hexachloräthan	C_2Cl_6	185,6	186,6	n. angegeben

Tabelle 23. *Anorganische Stoffe, die „einfach" sublimieren*
(Die Literaturangaben variieren zum Teil beträchtlich; es wurden die wahrscheinlichsten Werte genommen)

Substanz	Formel	Sublimations-Temperatur Sp_{760}	Schmelzdaten	
			Temperatur F °C	Druck atm
Kohlendioxid	CO_2	−78,5	−56,6	5,2
Cyanfluorid	CNF	−72,6	nicht angegeben	
Schwefelhexafluorid	SF_6	−63,5	−50,8	n. angegeben
Selenhexafluorid	SeF_6	−46,6	−39	n. angegeben
Jodheptafluorid	JF_7	4,5	5,5	n. angegeben
Ammoniumcyanid	NH_4CN	31,7	36	n. angegeben
Schwefeltrioxid	$SO_3(\alpha)$	51,6	62,2	n. angegeben
Uranhexafluorid	UF_6	56,4	69,2	2
Ammoniumcarbamat	$NH_4CO_2NH_2$	58,3	nicht angegeben	
Phosphoniumjodid	PH_4J	62,3	nicht angegeben	
Berylliumborhydrid	$Be(BH_4)_2$	90	123	n. angegeben
Ammoniumazid	NH_4N_3	133,8	160	n. angegeben
Cyanjodid	CNJ	141,1	146,5	n. angegeben
Aluminiumchlorid	Al_2Cl_6	177,8	190	2,5
Selendioxid	SeO_2	317,0	340,0	n. angegeben
Zirkontetrachlorid	$ZrCl_4$	331	437	n. angegeben
Ammoniumchlorid	NH_4Cl	337,8	520	34,5
Zirkontetrabromid	$ZrBr_4$	357	450	n. angegeben
Ammoniumbromid	NH_4Br	396	542	n. angegeben
Ammoniumjodid	NH_4J	404,9	551	n. angegeben
Phosphor (violett)	P (violett)	417	590	n. angegeben
Zirkontetrajodid	ZrJ_4	431	499	n. angegeben
Berylliumbromid	$BeBr_2$	474	490	n. angegeben
Arsen	As	615	814	36
Nickelchlorid	$NiCl_2$	987	1001	n. angegeben
Cadmiumoxid	CdO	1559	nicht angegeben	
Kohlenstoff (Graphit)	C (Graphit)	3540	3727	100

Ammoniumchlorid (NH_4Cl) und Zirkontetrachlorid ($ZrCl_4$). Die Tab. 22 und 23 bringen eine Zusammenstellung der „einfach" sublimierenden Stoffe.

Besondere $p-T$-Diagramme sind die des Helium [216] (Tiefst-Temperatur-Diagramm ohne Tripelpunkt) und des Kohlenstoffs (Hochdruck-Diagramm mit Tripelpunkt). Nach E. SCHMIDT [217] hat Kohlenstoff (Graphit) einen Sublimationspunkt Sp_{760} von 3540 °C und schmilzt nach STEINLE und BASSET [218] bei 3727 °C (Dampfdruck am Tripelpunkt 100 atm). Soll eine organische Substanz technisch sublimierbar sein, so muß sie bei nicht zu hohen Temperaturen (Zersetzungsgefahr!) unterhalb des Schmelzpunktes einen genügend hohen Dampfdruck (rd. 1 Torr und darüber) besitzen. Zu dieser Gruppe von Stoffen gehören außer den in Tab. 22 aufgeführten noch: Anthracen, Anthrachinon, Benzoesäure, d-Campher, Naphthalin, β-Naphthol, Phthalsäureanhydrid, o-Phthalimid, Pyrogallol und Salicylsäure. Zur Sublimation der (meist thermostabilen) anorganischen Stoffe ist ein genügend hoher Dampfdruck unterhalb des Schmelzpunktes nötig; technisch werden sublimiert: Calcium, Eis (Gefriertrocknung), Jod, Magnesium, Schwefel (Schwefelblumen) und Uranhexafluorid. Sublimierbar sind ferner $HgCl_2$ („Sublimat", weil es durch Sublimation dargestellt wird), $HgBr_2$, HgJ_2 und MgJ_2 sowie im Fein- und Hochvakuum viele Metalle [219].

Kühlt man einen Dampf bei konstantem Druck unterhalb des Tripelpunkt-Druckes ab, so werden nach Passieren der Sublimationsdruckkurve ebenso wenig sofort Kristalle ausfallen wie beim Abkühlen einer Lösung nach Passieren der Sättigungskurve (vgl. Abb. 22). Es läßt sich daher eine in Abb. 56 nicht gezeichnete Übersättigungskurve links neben der Sublimationsdruckkurve konstruieren, die dieser bereichsweise parallel ist und von ebenso vielen Einflußgrößen abhängt wie die Überlöslichkeitskurve. MATZ hat den Schnittpunkt der über den Tripelpunkt verlängerten Dampfdruckkurve mit der Übersättigungskurve Unterkühlungspunkt genannt. Liegt der Dampfdruck zwischen dem Druck am Tripelpunkt und am Unterkühlungspunkt, so kondensiert der Dampf als Flüssigkeit und desublimiert nicht. Nach KOFLER [203] sind fast 80% aller *organischen* Verbindungen sublimierbar; für eine ganze Reihe von ihnen besteht ein linearer Zusammenhang zwischen der Schmelztemperatur und der untersten Sublimationstemperatur, die bei der Mikroschmelzpunkt-Bestimmung auf dem Heiztisch gemessen wird. Dabei gilt im Temperatur-Bereich zwischen 40 und 260 °C die empirische Gleichung

$$\vartheta_{SU} = 0{,}726\, \vartheta_F + 5{,}5 \tag{115}$$

mit

ϑ_{SU} = „Niedrigste" Sublimationstemperatur auf dem Heiztisch bei Atmosphärendruck in °C und

ϑ_F = Schmelztemperatur in °C (F).

2. Die beiden Arten der Sublimation

Wenn, wie in der Mehrzahl der Fälle, keine „einfache" Sublimation möglich ist, muß der Druck gesenkt werden. Wird der *Gesamtdruck* unter den Sublimationsdruck des Feststoffes bei der Arbeitstemperatur erniedrigt, so handelt es sich um eine Vakuum-Sublimation (Sublimation ohne Hilfsstoff), wird der *Partialdruck* unter diesen Druck gesenkt, so liegt eine Trägergas-Sublimation (Sublimation mit Hilfsstoff) vor.

a) Vakuum-Sublimation. Ist der Dampfdruck des Sublimanden bei der festgelegten Arbeitstemperatur niedrig (<1 Torr), so benutzt man die Vakuum-Sublimation. Andernfalls brauchte man zu große Trägergas-Mengen, um nennenswerte Mengen an Desublimat zu erzeugen. Bei der Vakuum-Sublimation ist die Desublimation der Dämpfe leichter als bei der Trägergas-Sublimation, weil sie nicht durch das Inertgas beeinträchtigt wird. Eine Kühlfalle hinter den Kondensatoren und vor der Vakuumpumpe genügt in der Regel zum Vermeiden von Substanzverlusten und zum Schutz der Pumpe. Nachteilig ist bei dem Verfahren der meist schlechte Wärmeübergang an das Rohgut im Sublimator (Gefahr der örtlichen Überhitzung) und die Gefahr von Lecks und Lufteinbrüchen (vor allem bei größeren Einheiten im Hoch- und Feinvakuum). Ferner ist es unmöglich, die Dämpfe des Sublimanden vor der Desublimation, also heiß, zu filtrieren, weil sonst zu großer Druckverlust entsteht (Gefahr des Mitreißens von Verunreinigungen). Handelt es sich um größere, durch Sublimation zu reinigende Mengen, so ist dies Chargen-Verfahren zeitraubend. Kontinuierliche Vakuum-Sublimationen gibt es in der Regel nicht, weil das Ein- und Ausschleusen des Feststoffes problematisch ist. Bekannte Anwendungsbeispiele der Vakuum-Sublimation sind die Vakuum-Metallurgie [220] (Reinigung von Metallen durch Sublimation und Aufdampfen von Metallen), die Gefriertrocknung [221], [222] und die Reinigung von Oxyanthrachinonen. Die Temperaturen im Sublimator bei der Gefriertrocknung (Sublimation von Eis) und damit das erforderliche Vakuum richten sich nach der Temperaturempfindlichkeit des zu trocknenden Gutes. Für die Entfernung des Wasserdampfes gibt es drei Verfahren: 1. Desublimation bei einer Temperatur unterhalb der Sublimationstemperatur; die maximale Dampfgeschwindigkeit wird beim kritischen Druckverhältnis erzielt, wenn also der Dampfdruck im Kondensator 54% des Dampfdruckes im Sublimator beträgt. 2. Verwendung von Trockenmitteln, die entweder den Wasserdampf chemisch binden (CaCl$_2$, Drierit) oder adsorbieren (Silikagel, Aluminiumoxid). 3. Unmittelbares Abpumpen des Wasserdampfes mit vielstufigen Dampfstrahlern unter Zwischen-Kondensation oder Öl-Diffusionspumpen.

b) Trägergas-Sublimation. Die Trägergas-Sublimation ist ein kontinuierliches Verfahren. Das Gas/Dampf-Gemisch kann hinter dem Sublimator, also heiß, zur Abscheidung mitgerissener Verunreinigungen, filtriert werden. Die Sublimatdämpfe lassen sich aber schlechter desublimieren, meist entsteht ein Desublimat geringen Schüttgewichts. Den Kondensatoren muß stets ein Filter, mitunter vorher noch ein Zyklon, nachgeschaltet werden, damit Staubverluste vermieden werden. Der Arbeitsgang eines Sublimations-Desublimations-Zyklus [223] ist in Abb. 56 durch den (gestrichelten) Kurvenzug $BCDE$ veranschaulicht. Punkt B bezeichnet den Sublimationsdruck des Feststoffes bei der Arbeitstemperatur des Sublimators. Steigt der Dampf im Sublimator hoch, so wird er im Trägergas-Strom verdünnt, sein Partialdruck sinkt, und seine Temperatur nimmt bis zum Eintritt in den Kondensator (Punkt C) ebenfalls ab. Dort kann der Partialdruck des Sublimates beim Einblasen von Kühlungsluft (quenching air) weiter sinken (Punkt D), und durch zusätzliche Kühlung kann bei konstantem Partialdruck der Punkt E der Gleichgewichtskurve erreicht werden. Das Verfahren, bei dem der feste Körper zunächst geschmolzen, die Schmelze destilliert und der Dampf desublimiert wird (Arbeitskennlinie B', C', D', E'), wird „Pseudo-Sublimation" genannt und ist recht beliebt, weil der Wärmeübergang an die Schmelze im Verdampfer wesentlich besser ist als an den Feststoff im Sublimator. Sind die Dampfdrücke des Sublimanden sehr viel kleiner als 760 Torr (was in vielen Fällen zutrifft), so entartet die Arbeitskurve der Sublimation (die die Kühlung im Kondensator durch Zumischung kalter Luft beschreibt) zur *Kühlungsgeraden*, die nach NORD [224] der Gleichung

$$p = \frac{P}{T_S - t}(T - t) \qquad (116)$$

genügt, ehe Desublimation einsetzt. Hierbei ist p der Partialdruck [Torr] des Sublimanden bei der Temperatur T [°K], P der Partialdruck [Torr] des Sublimanden im Sublimator, t die Temperatur der Kühlungsluft [°K] und T_S die Temperatur im Sublimator [°K]. Die Temperatur der Kühlungsluft muß also so niedrig sein, daß die Kühlungsgerade die Sublimationsdruckkurve schneidet. Die maximale Temperatur der Kühlungsluft ist durch den Abszissen-Abschnitt der Tangente vom

Sublimator-Arbeitspunkt (P, T_S) an die Übersättigungskurve gegeben (s. Abb. 57). Eines der bekanntesten Beispiele [225] ist die Sublimation von Salicylsäure im Strom eines Luft/Kohlendioxid-Gemisches

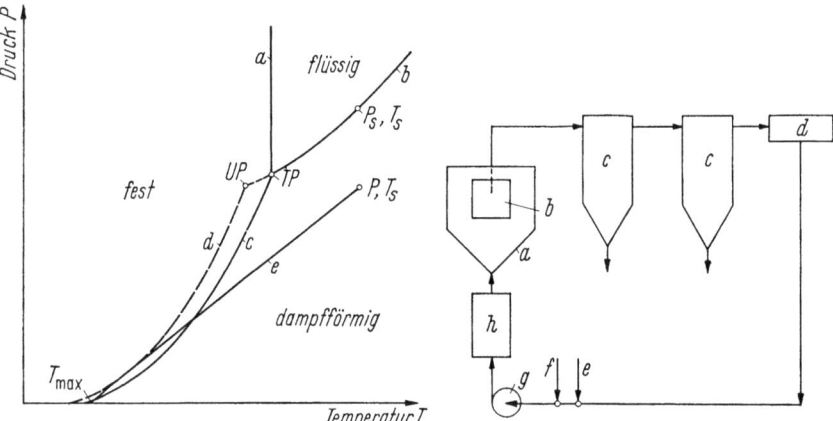

Abb. 57. Kühlungsgerade bei der Trägergas-Sublimation im $p - T$-Diagramm.
a, b, c wie Abb. 56, d Übersättigungskurve, e Kühlungsgerade, TP Tripelpunkt, UP Unterkühlungspunkt; P, T_s Sublimator-Arbeitspunkt, T_{max} Punkt der maximalen Kühlungsluft-Temperatur.

Abb. 58. Schema der Trägergas-Sublimation von Salicylsäure nach MULLIN [225].
a Sublimator; b Salicylsäure; c Kondensatoren; d Kühlfalle oder Filter; e Luft-Einspeisung; f Kohlendioxid-Einspeisung; g Gebläse; h Erhitzer.

(s. Abb. 58). Kohlendioxid ist erforderlich, um die Decarbonisierung der Salicylsäure bei den Sublimationstemperaturen zu unterdrücken. Das Rohgut in den Behältern wird von dem Trägergas-Gemisch, das Tauchrohren entströmt, durchwirbelt, damit ein möglichst hoher Sättigungsgrad erreicht wird. In der Regel kann auf ein (nicht gezeichnetes) Heißfilter nicht verzichtet werden.

3. Begrenzende Faktoren

Die Sublimationsgeschwindigkeit richtet sich nach dem langsamsten der fünf aufeinanderfolgenden, von VERNON [223] zusammengestellten Vorgänge. Es sind folgende:

I. Geschwindigkeit des Wärmeübergangs an den Feststoff. Hier kann die Fließbett-Technik von großem Nutzen sein (vgl. Kap. III D 4 „Fließbett-Sublimation").

II. Geschwindigkeit des Stoffübergangs von der festen zur gasförmigen Phase. Am größten ist die Sublimationsgeschwindigkeit, wenn der Stoff in ein absolutes Vakuum diffundiert. Nach HERTZ und KNUDSEN gilt in diesem Fall:

$$G_{\text{Max}} = 5{,}83 \cdot 10^{-2}\, \beta\, p\, \sqrt{M/T} \quad [\text{g/s cm}^2] \,. \tag{117}$$

In Gl. (117) bedeutet M das Molekulargewicht des Sublimanden in g/mol, p den Dampfdruck des Sublimanden in Torr bei der Temperatur T in °K, β den Kondensations(Sublimations-)Koeffizienten oder den Bruchteil der Dampf-Molekeln, der auf die Kondensationsfläche trifft und ohne Reflexion dort verbleibt. Gl. (117) ist vor allem für die Molekular-Sublimation wichtig, bei welcher der Abstand zwischen Sublimator und Kondensator kleiner gemacht wird, als die mittlere freie Weglänge der Molekeln beim angewendeten Druck. Angaben über Sublimationskoeffizienten findet man in einer Arbeit von SHERWOOD und JOHANNES [226], deren Versuchsanordnung in Abb. 59 dargestellt ist. Bemerkenswert ist daran die Benutzung dünner Hohlkugeln (12,7 und 19 mm ⌀) aus Kupfer, die im Inneren eine Widerstands-Heizung hatten, an ihrer Oberfläche ein Thermoelement von 25 µm trugen und wiederholt so lange in die Schmelze des zu prüfenden Stoffs getaucht wurden, bis sehr glatte und regelmäßige Überzüge von 2 mm Dicke entstanden. Diese Kugeln wurden mit einer Federwaage gewogen und befanden sich in unmittelbarer Nähe eines mit einem Trockeneis-Bad gekühlten Kondensators. Die Arbeitsdrücke lagen unter 10^{-5} Torr. Unabhängig vom Thermoelement konnten die Oberflächentemperaturen des sublimierenden Überzugs mit Hilfe eines Thermistor-Bolometers gemessen werden. Die gefundenen β-Werte liegen zum Teil erheblich unter 1 (Campher 0,18; Thymol 0,14), sie sind spezifisch für die sublimierende Substanz und nehmen mit wachsender Temperatur nur wenig ab. Die Beobachtung von ALTY [227], daß β mit wachsen-

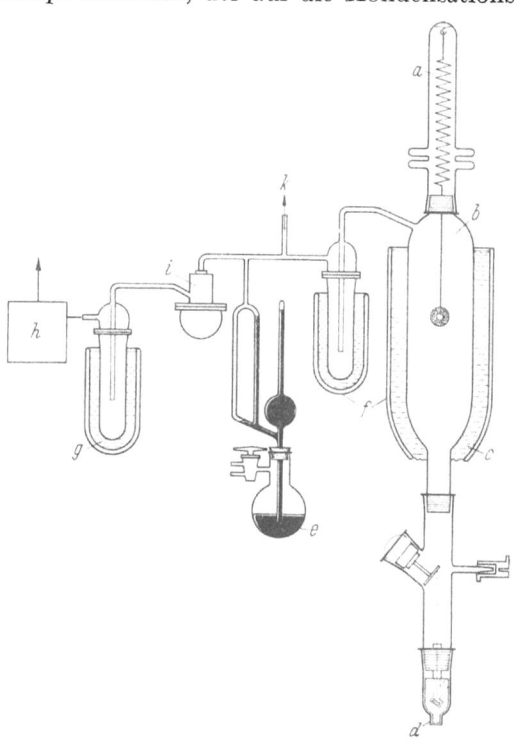

Abb. 59. Versuchsanordnung zum Messen des Sublimationskoeffizienten nach SHERWOOD und JOHANNES [226].
a Federwaage; b Verdampferrohr; c Trockeneis-Bad; d Bolometer; e McLeod-Manometer; f DewarMantel; g Kühlfalle; h Vorpumpe; i Öldiffusionspumpe; k zur Pumpe.

dem Dipolmoment des Sublimanden abnimmt, konnte im wesentlichen bestätigt werden.

III. Geschwindigkeit, mit welcher der Dampf vom Sublimator zum Kondensator strömt. Die Diffusion des Dampfes durch stagnierendes Inertgas ist ein so langsamer Vorgang, daß er möglichst vermieden werden muß. Enthält die Gasphase keine inerte oder nichtkondensierbare Komponente, so ist die Druckdifferenz zwischen Sublimator und Kondensator (und damit die Strömungsgeschwindigkeit) durch die Temperaturdifferenz beider gegeben. Da der Dampf beim Ausströmen aus dem Sublimator (Druck P_S) die Schallgeschwindigkeit nicht überschreiten kann, ist der minimale Druck P_c im Kondensator durch das kritische Druckverhältnis

$$\frac{P_c}{P_S} = \left(\frac{2}{\varkappa + 1}\right)^{\varkappa/\varkappa - 1} \tag{118}$$

gegeben. Für drei- und mehratomige ideale Gase ist $\varkappa = 1{,}33$, so daß $P_c = 0{,}54\, P_S$ wird. Bei der Trägergas-Sublimation ist die Menge des Sublimates durch

$$w_{b1} = v_{a1}\, \varrho_{b1}\, \frac{p_{b1}}{P - p_{b1}} \tag{119}$$

gegeben. Hierbei bedeutet p_{b1} den Dampfdruck des Sublimanden bei der Sublimatortemperatur in Torr, P den Gesamtdruck in Torr, v_{a1} die Trägergasgeschwindigkeit in Nm³/h, w_{b1} die Menge des Sublimates in kg/h und ϱ_{b1} die auf Normalzustand (0 °C, 760 Torr) bezogene Dichte des Sublimatdampfes in kg/Nm³. Der Index a bezieht sich auf das Trägergas, der Index b auf den Sublimanden. Gl. (119) setzt voraus, daß im Sublimator (Index 1) Gleichgewicht erreicht wird. Für den Kondensator (Index 2) läßt sich eine ähnliche Gleichung anschreiben.

IV. Geschwindigkeit des Stoffübergangs von der gasförmigen zur festen Phase (Keimbildungs- und Kristallwachstumsgeschwindigkeit). Die Kristallwachstumsgeschwindigkeit richtet sich nach der Substanz und ist von der Übersättigung $\Delta p/p$ oder der Unterkühlung ΔT abhängig. VOLMER und SCHULTZE [72] maßen bei ΔT-Werten zwischen 0,037 und 0,76 grd für Naphthalin Kristallwachstumsgeschwindigkeiten zwischen 0,13 und 4,33 µm/min, für weißen Phosphor zwischen 0,02 und 0,38 µm/min und für Jod zwischen $6{,}7 \cdot 10^{-4}$ und 4,5 µm/min. HONIGMANN und HEYER [91] beobachteten am Hexamethylentetramin bei einer Übersättigung von 0,16 ($\Delta T = 2$ grd) Wachstumsgeschwindigkeiten zwischen 2 und 30 µm/min (der größere Wert entspricht fehlerhaftem Wachstum); Geschwindigkeiten über 10 µm/min waren selten. In allen Fällen, also beim Naphthalin und Phosphor sowie beim

Jod und Hexamethylentetramin nimmt die Kristallwachstumsgeschwindigkeit linear oder fast linear mit der Übersättigung zu.

V. Wärmeübergangsgeschwindigkeit vom Feststoff an die Umgebung. Diese Geschwindigkeit bestimmt Korngröße und Kornverteilung des Produktes. Ist sie groß, so wird die Keimbildung begünstigt, das Kristallwachstum tritt zurück. Dies ist der Fall bei Abstrahlung der Wärme an eine kalte Wand oder bei Abkühlung durch Konvektion (beispielsweise Zumischung von Kühlungsluft). Wird die Wärme durch einen an einer kalten Wand desublimierten Kristall abgeleitet, so wird zwar das Kristallwachstum begünstigt, aber die Geschwindigkeit des Wärmeübergangs vermindert sich durch die isolierende Wirkung der Kristallschicht.

4. Fließbett-Sublimation

Der Wärmeübergang im Sublimator läßt sich wesentlich verbessern, wenn eine Fließbett-Anordnung benutzt wird. Da das Rohgut nicht

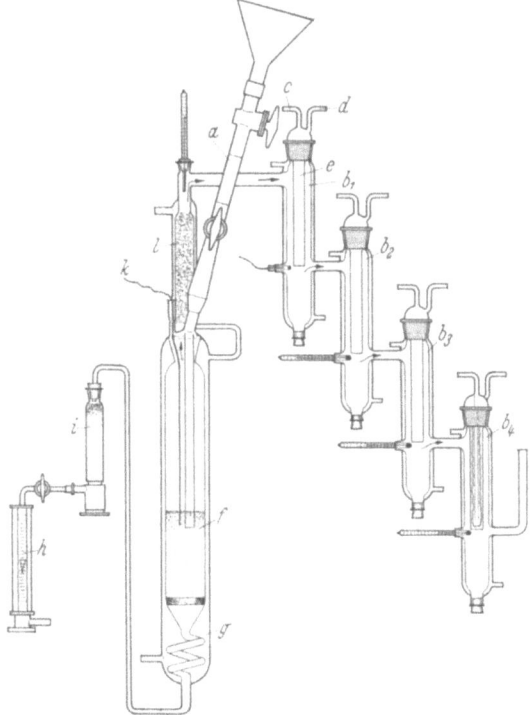

Abb. 60. Kleine Fließbett-Sublimationskolonne, mit Flüssigkeitsmantel und vier Kondensatoren.
a Schleuse; b_1 bis b_4 Kondensatoren; c Kühlluft-Eintritt; d Kühlluft-Austritt; e Kühlschlauch;
f Wirbelschicht-Sublimator; g Siliconöl-Bad; h Rotamesser; i Trockner; k Thermoelement; l Filter aus Glaswolle.

in jedem Falle fließfähig ist und die Teilchen zudem beim Sublimieren so klein werden, daß schließlich keine Fluidisation mehr möglich ist, bedarf es eines inerten *abriebfesten Fließmittels*, das kontinuierlich eingespeist und mit einem Teil des nicht-sublimierbaren Rückstandes ausgetragen wird. Die auf MATZ und WEHN [228] zurückgehenden Gedanken führten zu einer Reihe von Patenten [229]. Eine vorteilhafte Versuchs-Anordnung ist in Abb. 60 dargestellt. Als Fließmittel ist Seesand geeignet; das Mengenverhältnis von Fließmittel zu Rohgut sollte die Größenordnung 20 haben. Die US-Atomenergie-Kommission [230] benutzt nach einem Verfahren der Union Carbide Uran-IV-fluorid (UF_4) als Fließmittel zur Rückgewinnung von Fluor. Dieses Fließmittel reagiert bei 370 °C mit Fluor zu Uran-VI-fluorid (UF_6), das absublimiert, während die nicht-flüchtigen anderen Reaktionsprodukte (U_2F_9, U_4F_{17} und UF_5) durch Zentrifugieren und Filtration abgetrennt werden. Auch eine Vakuum-Fließbett-Sublimation [228] läßt sich betreiben, indem man nur so wenig „Falschluft" durch das Bett saugt, als zu dessen Fluidisation beim Arbeitsdruck erforderlich ist [231]. Als „Grenzvakuum" wurde der niedrigste Druck bezeichnet, bei dem ein Fließbett noch aufrechtzuerhalten ist. Das Grenzvakuum ist abhängig von der Schichthöhe des Fließbettes, von Art und Korngrößenbereich des Fließmittels,

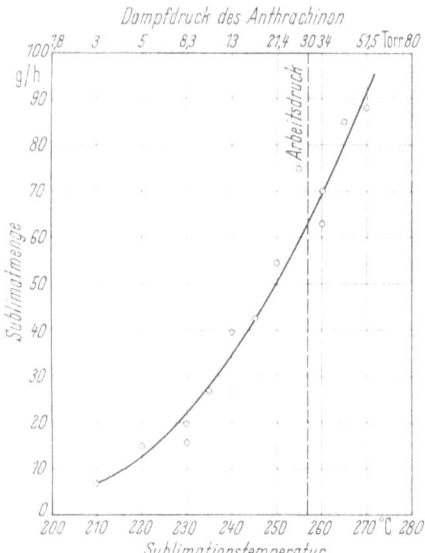

Abb. 61. Abhängigkeit der Sublimatmenge von der Sublimationstemperatur bei der Vakuum-Fließbett-Sublimation von ANTHRACHINON [228].
Arbeitsdruck: 30 Torr vor dem Fließbett (vor der Fritte); Fließbettrohr von 100 mm Dmr.; Schichthöhe des Fließbettes 60 mm; Vakuumpumpe: S_2; Fließmittel: Seesand 100–150 µm Korngröße; erforderliche Gasmenge: 18 Nl/h.

vom Durchmesser des Fließbettes, von der Sauggeschwindigkeit der Vakuumpumpe und vom Druckverlust der dem Fließbett nachgeschalteten Räume. Abb. 61 zeigt, wie stark die Sublimationsgeschwindigkeit anwächst, wenn sich die Sublimationstemperatur jener Temperatur nähert, bei der der Dampfdruck des Sublimanden mit dem Arbeitsdruck übereinstimmt. RUSHTON [232] hat in einer Arbeit über die Sublimation von Granalien (4 bis 5,5 mm ⌀) aus d-Campher, Naphthalin und Benzoesäure bei ungefähr 1 Torr die Temperaturen gemessen, bei denen das beobachtete Teilchen beweglich wird (Beginn der *Eigen-*

fluidisation). Die benutzte Versuchsanordnung ist in Abb. 62 dargestellt. Sobald die Heizplatte, deren Temperatur mit einem eingeschobenen Thermoelement gemessen wurde, die Gleichgewichtstemperatur erreicht hatte, wurde das System evakuiert, die gewogene zylindrische Pille aus dem Vorratsbehälter a durch Rohr b zum Haltestab c abgesenkt und mit diesem dann sanft und in aufrechter Lage auf die Heizplatte gebracht.

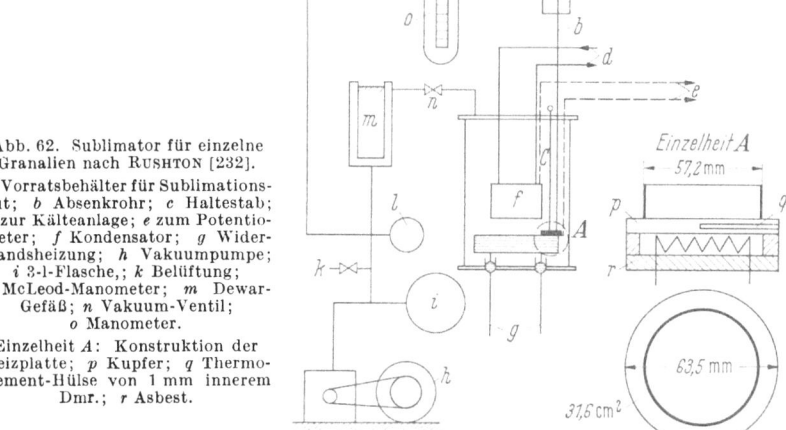

Abb. 62. Sublimator für einzelne Granalien nach RUSHTON [232].
a Vorratsbehälter für Sublimationsgut; b Absenkrohr; c Haltestab; d zur Kälteanlage; e zum Potentiometer; f Kondensator; g Widerstandsheizung; h Vakuumpumpe; i 3-l-Flasche,; k Belüftung; l McLeod-Manometer; m Dewar-Gefäß; n Vakuum-Ventil; o Manometer.
Einzelheit A: Konstruktion der Heizplatte; p Kupfer; q Thermoelement-Hülse von 1 mm innerem Dmr.; r Asbest.

Betrachtet man [233] Granalien gleichen Anfangs-Durchmessers ($d_0 = 2\,r_0$) und setzt voraus, daß alle Teilchen stets um den gleichen Betrag schwinden und die Zahl N der Teilchen erhalten bleibt, so bekommt man durch Gleichsetzen der aus der Abnahmegeschwindigkeit der Teilchen berechneten, auf den freien Strömungsquerschnitt F bezogenen Dampfgeschwindigkeit mit der 3,5fachen Lockerungsgeschwindigkeit der Partikel einen Ausdruck für den Radius r, den die Partikel zur Zeit t haben müssen, wenn sie durch ihren eigenen Dampf fluidisiert werden sollen. Es ergibt sich:

$$r_0 - r = \frac{3{,}5}{150\,\pi} \frac{F}{N} \frac{(\varrho_F - \varrho_G)\,g}{\nu\,\varrho_F} \cdot \frac{\varepsilon_L^3}{1 - \varepsilon_L} t \,. \tag{120}$$

Hierbei bedeutet F die Grundfläche des zylindrischen Sublimators in cm², r den Teilchenradius in cm (r_0 = anfänglicher Teilchenradius) = $d/2$, N die Teilchenzahl = const., t die Sublimationszeit in s, ε_L das Zwischenkornvolumen der Teilchen am Lockerungspunkt = 0,406 für Kugeln, ϱ_F die Feststoffdichte in g/cm³, ϱ_G die Dampfdichte in g/cm³, ν die kinematische Viskosität des Sublimatdampfes in cm²/s, g = = 980,6 cm/s² die Erdbeschleunigung. Die 3,5fache Lockerungsgeschwindigkeit ($v = 3{,}5\,v_L$) wurde deshalb zugrunde gelegt, weil nach SCHYTIL [234] bei dieser Geschwindigkeit mit einem gleichmäßigen Fließzustand gerechnet werden kann. Gl. (120) gilt nur für $Re_L = v_L\,d/\nu < 10$. Hat man über die Größe des Sublimators (F), die anfängliche Füllung (N), den anfänglichen Teilchenradius (r_0) und den Druck P verfügt, so kann für die Sublimation einer Charge der Teilchenradius $r = r(t)$

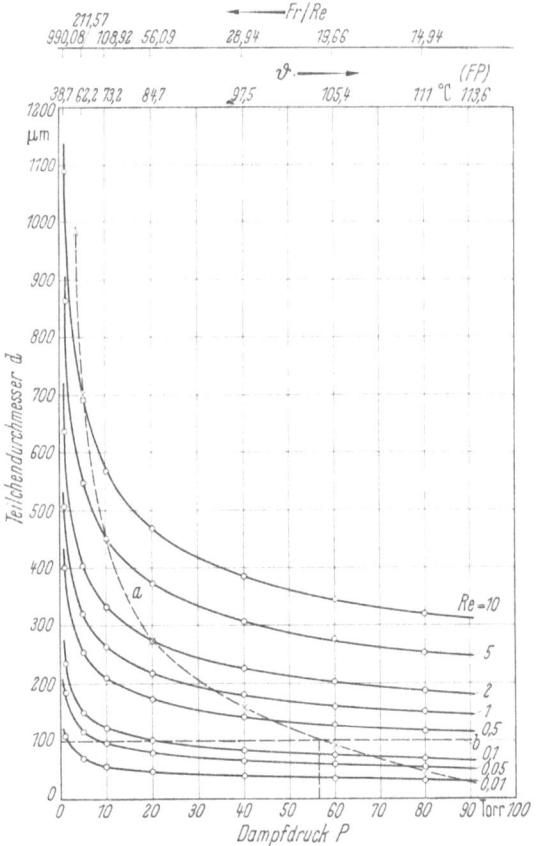

Abb. 63. Eigenfluidisation von Jod (J_2) bei 3,5-facher Lockerungsgeschwindigkeit. Dargestellt ist der Teilchendurchmesser d in Abhängigkeit vom Dampfdruck P.
a Grenze der Wärmezufuhr für ein Fließbett von 200 mm Dmr. und 100 mm Betthöhe in ruhendem Zustand; *b* Agglomerationsgrenze.
ϑ = Gleichgewichts-(Bett-)Temperatur, Fr/Re = Verhältnis von Froude- zu Reynolds-Zahl.
$P = 1$ Torr, $d = 2190{,}4\,\mu$m, $Re = 81{,}1$, Zwischenkornvolumen im ruhenden Zustand $\varepsilon_0 = 0{,}3$.

nach Gl. (120) berechnet werden, da der Dampfdruck P die Temperatur T festlegt und durch diese die übrigen Stoffkonstanten bestimmt sind. Um grundsätzlich beurteilen zu können, unter welchen Bedingungen bei den oben genannten (idealen) Voraussetzungen Eigenfluidisation möglich ist, bedient man sich am besten eines Diagramms, auf dessen Abszisse der Dampfdruck P und auf dessen Ordinate der Teilchendurchmesser d abgetragen ist und in das Kurven gleicher Reynolds-Zahl ($Re = v\,d/\nu$ mit d = Partikeldurchmesser und v = 3,5-facher Lockerungsgeschwindigkeit) eingezeichnet sind (s. Abb. 63). Zunächst ist offensichtlich, daß der Existenz-Bereich der Eigenfluidisation nach rechts durch die Isobare des Tripelpunkt-Drucks begrenzt ist, weil am Schmelzpunkt und darüber kein Fließbett bestehen kann. Nach unten ist der Bereich durch den Korndurchmesser begrenzt, bei dem die spezifische Oberfläche der Teilchen so groß ist, daß die einsetzende Agglomeration Fluidisation unmöglich macht (im Beispiel zu 100 μm angesetzt). Bei gleichem Druck muß die zuzuführende Wärme um so größer sein, je größer der Teilchendurchmesser ist, damit die der 3,5fachen Lockerungsgeschwindigkeit entsprechende Dampfgeschwindigkeit erzeugt werden kann. Folglich muß auch die Übertemperatur der Wand ϑ_W über die Temperatur des Fließbettes ϑ_S mit wachsendem Partikel-Durchmesser bei konstantem Druck zunehmen. Die obere Grenze ist erreicht, wenn ϑ_W mit der Schmelztemperatur ϑ_F zusammenfällt, weil dann jeweils die Teilchen, die mit der Wand in Berührung kommen, an- oder aufschmelzen. Abb. 63 gilt allgemein für Jod (J_2) mit Ausnahme der oberen Grenze (Wärmezufuhr-Grenze), die erst nach Angabe der speziellen Bedingungen bestimmt ist. Als Beispiel wurden gewählt: Fließbett-Durchmesser $D = 20$ cm, $F = 314$ cm², Schichthöhe im ruhenden Zustand $H_0 = 10$ cm, Zwischenkornvolumen im ruhenden Zustand $\varepsilon_0 = 0,3$. Die gesamte Heizfläche F_S möge sich aus der Grundfläche F und der jeweiligen, vom Feststoff berührten Mantelfläche $\pi D H$ zusammensetzen. Das jeweilige Zwischenkornvolumen ε ist, da über die Strömungsgeschwindigkeit bereits verfügt wurde (3,5fache Lockerungsgeschwindigkeit v_L für alle Teilchendurchmesser) nur vom Partikeldurchmesser d abhängig. Nach Versuchswerten von BRÖTZ [235] findet man für kugelförmige Teilchen und $v = 3,5\,v_L$:

$$\varepsilon = 0{,}406 + 0{,}594\,(1 - e^{-6{,}35\,d}) \qquad (121)$$

(d in cm, ε dimensionslos). Damit erhält man ferner

$$F_S = 0{,}0314 + \frac{0{,}014\,\pi}{1 - \varepsilon} \quad [\text{m}^2]\,. \qquad (122)$$

Die Masse der Fließbett-Teilchen nimmt allgemein ab gemäß

$$\frac{dM}{dt} = \frac{F\,\eta\,R\,e}{d} \quad [\text{g/s}] \qquad (123)$$

(F in cm²), wobei η die dynamische Viskosität des Sublimatdampfes in g/cm s ist. Für die notwendige Heizflächenbelastung kann man daher allgemein schreiben

$$Q = 3{,}6 \frac{dM}{dt} \frac{L}{F_S} \quad [\text{kcal/m}^2\,\text{h}], \qquad (124)$$

wobei L die Sublimationswärme in kcal/kg ist. Die Wärmeübergangszahl von der Wand an das Fließbett, für die es keine universelle Beziehung gibt, wurde auf Grund von Versuchswerten SCHYTILS [234] nach folgender Gleichung berechnet:

$$\alpha = 113\,(v\,H_L/H)^{0{,}3}\,d^{-0{,}7} + 10 \quad [\text{kcal/m}^2\,\text{h grd}] \qquad (125)$$

$$v = Re\,\nu/d \quad [\text{m/s}]$$

$$\frac{H_L}{H} = \frac{1-\varepsilon}{1-\varepsilon_L} = \frac{1-\varepsilon}{0{,}594}$$

In Gl. (125) ist d in mm einzusetzen.

5. Andere Arten der Sublimation

Wegen der Ähnlichkeit zwischen Sublimation und Trocknung können zahlreiche Trockner auch für die Sublimation verwendet werden. Jedoch ist hierbei nicht der zurückgebliebene Feststoff, sondern der entwickelte Dampf das wertvolle Produkt. Liegt das Rohgut in so feiner Form vor, daß es pneumatisch getrocknet werden könnte, so läßt es sich auch pneumatisch sublimieren. Als Beispiel möge die *pneumatische Sublimation* von Anthrachinon ($C_{14}H_8O_2$) betrachtet werden. Das Trägergas (Luft) soll die Sublimationswärme (rd. 127 kcal/kg) allein aufbringen, und die den Strom-Sublimator verlassende Luft darf zu 95% mit Anthrachinon bei ihrer Austrittstemperatur gesättigt sein. Es soll ein Strom-Sublimator für 80 kg/h Anthrachinon ausgelegt werden. Aus der Wärmebilanz und aus Gl. (119) läßt sich eine Beziehung ableiten, mit der man die zulässige Abkühlung der Luft in Abhängigkeit von Dampfdichte, Dampfdruck und Sublimationswärme des Sublimanden sowie von Dichte und spezifischer Wärme der Luft berechnen kann. Nimmt man an, daß das in der Trägerluft enthaltene Anthrachinon nach heißer Filtration des Trägerluft/Dampf-Gemisches vollkommen desublimiert wird, so gilt nach Gl. (119), weil die Luft bei ihrer Austrittstemperatur zu 95% mit Anthrachinon-Dampf beladen sein darf:

$$w_{b1} = v_{a1}\,\varrho_{b1}\,\frac{p_{b1}}{P - p_{b1}} \cdot 0{,}95 . \qquad (119')$$

Bezeichnet man die Menge der Trägerluft mit G [kg/h], die spezifische Wärme der Luft mit C_p [kcal/kg grd], die Sublimationswärme mit L [kcal/kg] und die Dichte der Luft mit ϱ_{a1} [kg/Nm³], so ergibt sich

5. Andere Arten der Sublimation

folgende Wärmebilanz-Gleichung

$$G\, C_p\, \Delta\vartheta = w_{b\,1}\, L$$

$$G = \frac{w_{b\,1}\, L}{C_p\, \Delta\vartheta} \qquad (126)$$

($\Delta\vartheta$ = Abkühlung der Luft in grd). Hierbei wurde angenommen, daß die Heißluft nur die Sublimationswärme bei Luftaustrittstemperatur aufzubringen hat und das zugeführte Rohgut *außerhalb des Sublimators* auf diese Sublimationstemperatur erhitzt wird. Aus Gl. (126) folgt nach Division durch $\varrho_{a\,1}$:

$$v_{a\,1} = \frac{G}{\varrho_{a\,1}} = \frac{w_{b\,1}\, L}{\varrho_{a\,1}\, C_p\, \Delta\vartheta}. \qquad (127)$$

Setzt man diesen Wert für $v_{a\,1}$ in Gl. (119') ein und löst diese nach der einzigen Unbekannten $\Delta\vartheta$ auf, so bekommt man:

$$\Delta\vartheta = 0{,}95\, \frac{L}{C_p}\, \frac{\varrho_{b\,1}}{\varrho_{a\,1}} \cdot \frac{p_{b\,1}}{P - p_{b\,1}}. \qquad (128)$$

Nach Einführen der numerischen Werte erhält man:

$$L/C_p = 127/0{,}247 = 515\ \text{grd}, \quad \frac{\varrho_{b\,1}}{\varrho_{a\,1}} = \frac{9{,}3}{1{,}2928} = 7{,}2$$

$$\Delta\vartheta = 0{,}95 \cdot 515 \cdot 7{,}2\, \frac{p_{b\,1}}{P - p_{b\,1}} = 3520\, \frac{p_{b\,1}}{P - p_{b\,1}}.$$

In Tab. 24 sind für verschiedene Dampfdrücke $p_{b\,1}$ des Anthrachinons und Ablufttemperaturen $\vartheta_{b\,1}$ die Werte von $\Delta\vartheta$ und die erforderlichen Mindest-Temperaturen der eintretenden Luft ϑ_e zusammengestellt worden.

Tabelle 24. *Temperaturen und Drucke für die pneumatische Sublimation von Anthrachinon, $P = 760$ Torr*

$\vartheta_{b\,1}$ °C	$p_{b\,1}$ Torr	$\dfrac{p_{b\,1}}{P - p_{b\,1}}$	$\Delta\vartheta$ grd	$\vartheta_e = \vartheta_{b\,1} + \Delta\vartheta$ °C
219	5	0,00662	23,3	242,3
234	10	0,01332	47,0	281
248	20	0,0270	95,0	343
264	40	0,0555	195,3	459,3
273	60	0,0858	302	575

Anthrachinon schmilzt bei 286 °C; der Siedepunkt Kp_{760} liegt bei 380 °C. Will man mit der Lufteintrittstemperatur ϑ_e unterhalb der Schmelztemperatur bleiben, so muß man sich mit $\Delta\vartheta = 47$ grd begnügen. Diese niedrige Lufteintrittstemperatur ϑ_e ist zwar nicht unbedingt nötig, da Anthrachinon thermisch sehr stabil ist, empfiehlt sich aber vielleicht, um Verklebungen am Eintrag des Feststoffes (beispielsweise durch eine beheizte Förderschnecke) in das Rohr zu vermeiden. Nach Gl. (128) ist die Abkühlung $\Delta\vartheta$ der Luft unabhängig vom Durchsatz und hängt außer von Stoffkonstanten nur vom Dampfdruck des Sublimanden bei der Ablufttemperatur ab. Mit $\Delta\vartheta = 47$ grd erhält man für die erforderliche Luftmenge zur Sublimation von $w_{b\,1} = 80$ kg/h nach Gl. (127):

$$v_{a\,1} = \frac{80 \cdot 127}{0{,}247 \cdot 1{,}2928 \cdot 47} = 677 \text{ Nm}^3/\text{h} \,. \tag{127'}$$

Das Verhältnis von Sublimatdampf zu Trägerluft beträgt also $80/(677 \cdot 1{,}2928) = 0{,}0914$ kg Anthrachinon/kg Luft. Nach PERRYS „Chemical Engineer's Handbook" [236]) beträgt die spezifische Leistung bei pneumatischen *Trocknern* 0,05 bis 1,0 kg Feststoff/kg Trägergas, und nach Angaben von KRÖLL [237] 0,02 bis 0,8 kg/kg. Das zu reinigende Rohgut möge aus Teilchen mit einer maximalen Korngröße von 50 µm bestehen. Für kugelförmige Teilchen von 50 µm ⌀ (Dichte 1,5 g/cm³) beträgt die Schwebegeschwindigkeit $w_f = 0{,}105$ m/s. Im Strom-Sublimator soll eine Strömungsgeschwindigkeit von $w_L = 25$ m/s herrschen. Die erforderliche Sublimationszeit könnte man nach einer analogen Beziehung bestimmen, wie sie bei der pneumatischen Trocknung benutzt wird. Aber einmal ist der in dieser Beziehung enthaltene Korndurchmesser d nicht konstant, weil das Korn schwindet, zum anderen müßte die Kühlgrenztemperatur einem $I - x$-Diagramm für Anthrachinon entnommen werden, das es nicht gibt. Es soll daher mit einer geschätzten Sublimationszeit von 0,2 s für Teilchen von anfangs 50 µm ⌀ gerechnet werden. Der Strom-Sublimator muß somit einen Querschnitt

$$F = \frac{677 + 80/9{,}3}{25 \cdot 3600} \cdot \frac{531}{273} = 0{,}01482 \text{ m}^2$$

und einen Durchmesser

$$D = \sqrt{\frac{0{,}01482}{0{,}785}} = 0{,}1374 \text{ m} \approx 150 \text{ mm}$$

haben. Das Rohr muß 5 m lang sein. Etwa 680 Nm³/h strömen mit 281 °C in das Rohr ein und verlassen es bei 234 °C mit einer Sättigung von 95% Anthrachinon. Im Unterschied zur pneumatischen Trocknung muß das heiße Trägergas/Dampf-Gemisch filtriert werden; die erforderlichen Trägergasmengen sind merklich höher als bei der Fließbett-Sublimation, weil allein das Trägergas die Sublimationswärme aufzubringen hat.

Bekannt ist der Turbinen-Sublimator [224], bei dem der Feststoff rotierende Teller von oben nach unten passiert, während das Trägergas unten in den Sublimator einströmt und diesen oben verläßt.

Auf den einzelnen Drehtellern streicht das Trägergas, von den Turbinen angesaugt und ausgestoßen, über die Gutfläche hin, entweder radial nach innen oder nach außen. Auch andere Tellertrockner sind für die Sublimation geeignet, Schaufel- und Taumeltrockner wohl auch für die Vakuum-Sublimation, wenn das Mitreißen nicht-sublimierbaren Rückstandes vermieden wird.

6. Arten der Desublimation

Mehr Schwierigkeiten als die Sublimation macht die Desublimation, weil abgelagerte Kristall-Schichten als Isolation wirken und die Wärmeübergangszahlen stark vermindern. Man rechnet hier im allgemeinen mit Wärmeübergangszahlen von höchstens 10 kcal/m² h grd [vgl. Gl. (125)]. Zur Vermeidung von Ablagerungen bedient man sich der Kratz-Kondensatoren, die aber infolge der nur trockenen Reibung meist großem Verschleiß unterliegen. Bei der Trägergas-Sublimation benutzt man häufig mehrere hintereinandergeschaltete, weite Kammern als Kondensatoren und macht die Kammerwände entweder elastisch (Abklopfen mit Schwinggewichten), oder kehrt sie mit Bürsten ab. WEHN [228] schlug Desublimation an elastischen, periodisch abgerüttelten Schläuchen vor. Weite Kammern sollen die Trägergas-Geschwindigkeit vermindern und die mittlere Verweilzeit des Sublimatdampfes erhöhen. Die Aufteilung in verschiedene Kammern erlaubt eine Art fraktionierter Desublimation; selbst bei nur einer sublimierenden Komponente sind Kristallform und Größe oft recht verschieden, weil auch die Übersättigungsgrade unterschiedlich sind. Für nichtwasserlösliche Stoffe kann eine Wasserdampf-Sublimation vorteilhaft sein — diese wird beispielsweise beim Anthrachinon häufig in den USA angewandt —, die die Schwierigkeiten bei der Desublimation behebt, aber die anschließende Trocknung des Desublimates nach mechanischer Abtrennung vom Wasser verlangt, falls das gereinigte Produkt nicht feucht weiterverarbeitet werden kann. Entsprechendes gilt für die Verwendung anderer Trägerdämpfe. Auch der Einspritz-Kondensator hat bei der Desublimation sein Gegenstück: Spritzt man ein niedrigsiedendes Lösungsmittel in das Trägergas/Dampf-Gemisch, so entzieht es diesem durch Verdampfung Wärme, und das Desublimat fällt als feiner Schnee aus.

RISCHE [238] hat mit Stickstoff/Benzoldampf-Gemischen Versuche an einem Doppelrohrwärmeaustauscher mit herausnehmbaren Rohrstück in der gekühlten Versuchsstrecke gemacht, um die Gesetzmäßigkeiten bei der Bildung von Reifschichten in Rohren zu erfassen. Nach der Theorie von HAUSEN [239] entscheidet die von den Strömungsbedingungen (also der Reynoldschen Zahl) und dem Quotienten Temperaturleitzahl/Diffusionskoeffizient abhängige Lewis'sche Zahl

$$\varepsilon = \frac{\alpha}{\beta \varrho_M C_{PM}}. \qquad (129)$$

α = Wärmeübergangszahl an die Rohrwand in kcal/m² h grd,
β = Stoffübergangszahl in m/h,
ϱ_M = Dichte ⎫ des Dampf-Träger- ⎫ kg/m³
C_{PM} = spezifische Wärme ⎭ Gemisches in ⎭ kcal/kg grd

darüber, ob sich Dampf aus einem Dampf-Trägergas-Gemisch als Reif (Kondensation) oder Schnee (Desublimation) abscheidet. Für einen weit vom Einlauf entfernten Rohrquerschnitt gilt allgemein:

$$\varepsilon = \frac{C - C_{SW}}{C_S - C_{SW}} \qquad (130)$$

mit

C = Konzentration des Dampfes im Rohrinneren (Kern)
C_S = Sättigungskonzentration bei der Temperatur im Rohrinneren (Kern)
C_{SW} = Sättigungskonzentration bei der Wandtemperatur.

z. B. in
kg Dampf
kg Mischung

Nur für $\varepsilon > 1$, also übersättigtes Trägergas im Rohrinnern, ist Schneebildung möglich, während sich für $\varepsilon \leq 1$ der Dampf an der Wand niederschlägt. Ob für $\varepsilon > 1$ die mögliche Schneebildung wirklich erfolgt, richtet sich nach der jeweiligen (von System und Arbeitsbedingungen abhängigen) Lage von Unterkühlungspunkt UP und Übersättigungskurve d in Abb. 57. Am System Stickstoff/Benzol beobachtete RISCHE, daß sich bei hohen Strömungsgeschwindigkeiten (auf den lichten Durchmesser des von Reif freien Rohres bezogene Reynoldssche Zahl $Re = 55000$) eine dichte Reifschicht mit verhältnismäßig glatter Oberfläche ausbildete, während bei niedrigen Reynoldsschen Zahlen (2800) eine sehr poröse und stark zerklüftete Reifschicht mit rauher Oberfläche entstand. Die Entstehung von Schnee konnte in keinem Falle festgestellt werden. (Die Eintrittstemperaturen des Gemisches lagen zwischen 8 und 24 °C, und der Taupunkt betrug in der Mehrzahl der Versuche 5 °C, etwa 0,5 °C unterhalb des Schmelzpunktes von Benzol). So bildete sich bei einem mit $+16{,}5$ °C einströmenden Gemisch (Taupunkt 5 °C) und bei einer Wandtemperatur von $-7{,}5$ °C sowie laminarer Strömung ($Re = 1700$) mit $\varepsilon = 2{,}48$ unter Bedingungen, bei denen die Abkühlungskurve die über den Tripelpunkt verlängerte Dampfdruckkurve ($TP-UP$ in Abb. 57) schnitt, nur Nebel (aus wahrscheinlich unterkühlten Flüssigkeitströpfchen), aber kein Schnee. RISCHE führt dies darauf zurück, daß die Keimbildung von Tropfen durch Fremdkerne erleichtert wird und deshalb nach der Volmerschen Theorie bei niedrigerer Übersättigung erfolgt als die Keimbildung der festen Phase; dies bedeutet also, daß unter den erwähnten Arbeitsbedingungen die Übersättigungskurve d in Abb. 57 sehr weit nach links verschoben war.

CIBOROWSKI und Mitarbeiter haben sich in einer Reihe von Arbeiten [240], [241] der Kristallisation aus der Gasphase an Granalien desselben Stoffes im Fließbett angenommen, eines Problems, auf das MATZ [228] früher schon hingewiesen hatte. Versuche von CIBOROWSKI und WRONSKI [240] mit Naphthalin haben zunächst gezeigt, daß man einen vom Trägergas mitgeführten Sublimat-Dampf in einem Fließbett des gleichen Materials desublimieren kann. Bei der benutzten Versuchsanordnung war innerhalb des Fließbettes ein Schlangenkondensator angebracht, der sich nach Belegen mit Desublimat durch kurzzeitiges Erwärmen (1 min) über den Schmelzpunkt des Desublimates (80 °C) rasch wieder reinigen ließ. Es konnten Kondensationsgrade von 83 bis 89% erzielt werden; die maximale Kondensationsgeschwindigkeit betrug für Teilchengrößen zwischen 500 und 770 μm 130 kg/h m³ Bettvolumen. In einer weiteren Arbeit von CIBOROWSKI und WRONSKI [241] über die Kondensation sublimierbarer Stoffe in einem Fließbett wurde bei der Desublimation von Naphthalin aus Luft in einem Fließbett feinkörnigen Gutes (0,16 bis 1,1 mm) des gleichen Stoffes indirekt (durch eine Wandung) und direkt (mit zusätzlich eingeblasener Kaltluft) gekühlt (s. Abb. 64). Für die indirekte Kühlung sind die Desublimationsgrade hoch, nämlich im allgemeinen größer als 80%, für die direkte Kühlung niedriger, nämlich im allgemeinen größer als 50%. Die „relative Wirksamkeit", die ein Maß für die Annäherung an das Gleichgewicht bei der Desublimation ist, hängt weder von der Masse des Bettes noch vom Durchmesser der Partikel ab, jedoch von der Beladung des eintretenden Gases und von der Gasgeschwindigkeit, wenn indirekt gekühlt wird. Bei direkter Kühlung ist eine Mindest-Betthöhe (bzw. Masse) erforderlich. In der Diskussion ihrer Versuchsergebnisse kommen CIBOROWSKI und WRONSKI zu dem Schluß, daß die Desublimation bei indirekter Kühlung nicht durch die Kristallisationsgeschwindigkeit begrenzt ist, weil die „relative Wirksamkeit" von der Masse des Bettes unabhängig ist. Grundsätzlich wird der Ertrag der Kristallisation an den Partikeln des Fließbettes durch die Eigenkeimbildung des Sublimates in der Gasphase bedingt, weil die Keime zum größten Teil (neben dem Abrieb) den Staub darstellen, der aus dem Fließbett geblasen wird. Die Ergebnisse aller Versuche zur Desublimation im gekühlten Fließbett ließen sich korrelieren. Trägt man nämlich in einem Diagramm die Größe $\lg[\eta_W(C_0-C_b)^{0,1}]$ in Abhängigkeit von der Größe $\lg[Fr(G/G_0)^{1,1}]$ auf, so erhält man eine gerade Linie, der sich die Versuchspunkte anschmiegen. Hierbei bedeutet η_W die „relative Wirksamkeit" (d. h. das Verhältnis der tatsächlich abgelagerten Masse zur maximal möglichen Masse, wenn Gleichgewicht erreicht wird), C_0 die Naphthalin-Konzentration im einströmenden Gas in kg/kg, C_b die Sättigungskonzentration des Gases an Naphthalin bei der Temperatur des Fließbettes in kg/kg, $Fr = v_M^2/(g\,d)$ die Froude-Zahl für minimale Fließgeschwindigkeit v_M, d den Durchmesser der Fließbettpartikel in mm, G die Massengeschwindigkeit des Gases in kg/m² s und G_0 die minimale Massengeschwindigkeit des Gases zur Fluidisation in kg/m² s. Die genannte Gerade genügt der Gleichung

$$\eta_W = 93\,Fr^{-0,18}\,(G/G_0)^{-0,2}\,(C_0 - C_b)^{-0,1}. \tag{131}$$

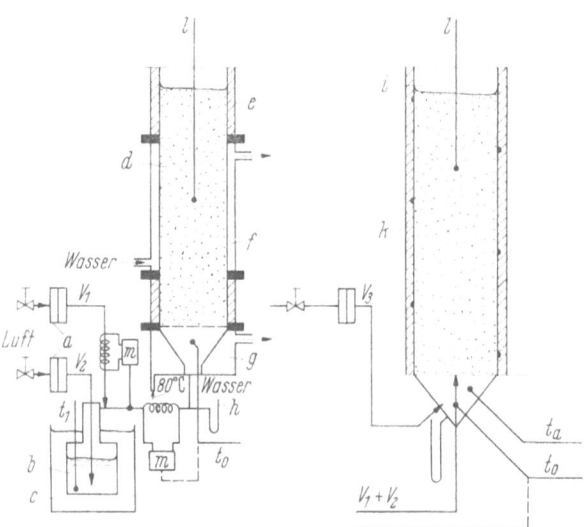

Abb. 64. Desublimation im Fließbett [241].
a Meßblende; *b* Sättiger; *c* Wasserbad; *d* Fließbettrohr mit Wasser-Mantel; *e* Isolation; *f* Kühler; *g* thermostatischer konischer Boden; *h* Manometer; *i* Fließbett zum Mischen; *k* Isolationsschicht mit Heizschlange; *l* Thermistor; *m* Temperaturregler; t_1, t_0, t_a Thermoelemente.

Der Faktor (G/G_0) verbürgt die Ähnlichkeit, wenn mit Fließbetten unterschiedlicher Teilchengröße gearbeitet wird, während der Faktor $(C_0 - C_b)$ der Übersättigung Rechnung trägt. Die Abweichung der Meßpunkte von der Geraden (131) übersteigt nicht $\pm 4\%$, abgesehen von einer einzigen Ausnahme. — Phthalsäureanhydrid wird in sehr großen Kammern desublimiert. CIBOROWSKI und SURGIEWICZ [242] haben untersucht, ob man die Desublimation durch Zumischen kalter Luft verbessern könnte. Dies ist am besten unter folgenden Bedingungen möglich: Gas/Dampf-Geschwindigkeiten von 0,5 bis 0,6 m/s im Mischer (1 s mittlerer Verweilzeit) und 11 s mittlere Verweilzeit im

Sammelbehälter für das Desublimat; n (Verhältnis der Menge Kühlluft zur Menge des heißen Luft-Dampf-Gemisches) = 1 bis 1,5. Je nach Dampfbeladung der heißen Luft können Desublimationsgrade von 92 bis 96% und Raum-Zeit-Ausbeuten von 3,4 bis 6,8 kg/m³ h erzielt werden, während sich mit dem Kammerverfahren bei Desublimationsgraden von 94 bis 97% Raum-Zeit-Ausbeuten von nur 0,3 kg Desublimat/m³ h erreichen lassen. Die Verfasser warnen allerdings vor Überschätzung der Methode, da das kontinuierliche Austragen des Feststoffes Schwierigkeiten bereiten kann.

7. Fraktionierte Sublimation

Eine fraktionierte Sublimation ist nur als Trägergas-Sublimation und am zweckmäßigsten in einer Fließbett-Anordnung möglich; denn es ist Gegenstrom zwischen fester und gasförmiger Phase notwendig, der sich durch Fluidisation des Feststoffs auf untereinander angeordneten Böden am besten erreichen läßt. Wie jede Fraktionierung [243] bedarf auch die fraktionierte Sublimation des Rücklaufs; die leichter sublimierbare Komponente, die in einem Fließbett-Kondensator bevorzugt desublimiert wird, stellt den „festen" Rücklauf dar. Über technische Anordnungen dieser Art ist bislang noch nichts bekannt geworden. Auch Gleichgewichtskurven von Systemen aus festen und gasförmigen Stoffen sind spärlich. PICON und FLAHAUT [244] haben festgestellt, daß Mangansulfid (MnS) und Graphit ein Sublimations-Azeotrop mit über 14 Gew.-% Kohlenstoff bei 1375 °C und 10^{-2} Torr bilden, während reiner Graphit unter dem gleichen Druck erst bei 2300 °C sublimiert (MnS hat einen Schmelzpunkt von 1610 °C). SLOAN [245] berichtet, daß Tetracen (Naphthacen $C_{18}H_{12}$) und Anthracen ein Sublimations-Eutektikum bilden. Auf WEISBERG und ROSI [246] geht das Zonensublimieren zurück, ein dem Zonenschmelzen verwandtes Verfahren, bei dem an Stelle einer Schmelzzone unter vermindertem Druck eine Dampfzone durch den zu reinigenden Stab wandert. Diese Methode wird vorteilhaft bei Systemen angewendet, deren Dampfdruck am Schmelzpunkt hoch ist; die erreichbare Trennung ist jedoch viel geringer als beim Zonenschmelzen, so daß man auf das Zonensublimieren nur dann zurückgreift, wenn Zonenschmelzen unmöglich ist. WEISBERG und ROSI reinigten Arsen (vgl. Tab. 23) in einem Spezial-Pyrex-Rohr (mit nur geringer Unrundheit) mit Graphit-Kolben (Abb. 65). Die zu reinigende Substanz wird zwischen den Kolbentellern eingeschlossen; am Ende eines Durchganges werden beide Kolben um eine Zonenlänge entgegen der Ziehrichtung verschoben. Nach 6 Durchgängen hatten sich Silicium, Eisen, Aluminium und Kupfer am Stirnende um den Faktor 3 angereichert. Blei und Wis-

156   III. Grundlagen der Kristallisation

mut um den gleichen Faktor am anderen Ende, während Magnesium und Silber einheitlich verteilt blieben. SLOAN [245] konnte Tetracen (Naphthacen) von Anthracen durch Zonensublimieren trennen; nach 6 Durchgängen mit einer Ziehgeschwindigkeit von 12 mm/h konnte die ursprüngliche Tetracen-Konzentration von rd. 1 Gew.-% am verunreinigten Ende auf das Vierfache gesteigert werden.

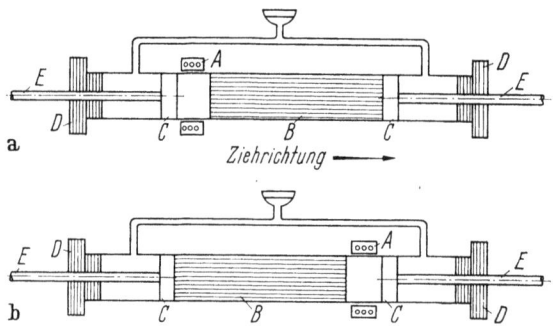

Abb. 65. Anordnung zum Zonensublimieren nach WEISBERG und ROSI [246].

a) Beginn eines Durchgangs

A = Heizung, B = evakuierbares Rohr, C = Kolbenteller (rostfr. Stahl, Graphit oder Teflonpolytetrafluoräthylen-Harz), D = Dichtungen, E = Kolben-Schaft (rostfr. Stahl);

b) Ende eines Durchgangs

Die Teller C werden jetzt um eine Zonenlänge entgegen der Ziehrichtung, also nach links verschoben.

E. Grundlagen der adduktiven Kristallisation

1. Art und Aufbau der Addukte

Unter adduktiver Kristallisation versteht man die Kristallisation eines sonst (unter gleichen Bedingungen) nicht kristallisierenden Stoffes, der nach Zugabe eines Hilfsstoffes mit diesem eine kristallisierbare Additionsverbindung (Addukt; Komplexverbindung) bildet. Die einfachsten Addukte sind die Solvate (z. B. die Hydrate); das sonst nicht kristallisierende Lösungsmittel kristallisiert mit dem vorher Gelösten als Hilfsstoff in festen Molverhältnissen. Eine andere Gruppe von Additionsverbindungen stellen die Gashydrate dar; die normalerweise nicht kristallisierbaren Gase (z. B. eine Reihe von Edelgasen oder Propan) bilden mit dem Hilfsstoff Wasser kristallisierbare Gashydrate. Aceton geht mit Natrium-hydrogensulfit die Additionsverbindung $(CH_3)_2C(OH)SO_3Na$ ein, die gut kristallisiert; andere Ketone reagieren ähnlich. Bekannt sind ferner die Ammoniakate (z. B. $CaCl_2 \cdot 8\ NH_3$, $NiSO_4 \cdot 6\ NH_3$, $AgCl \cdot 3\ NH_3$), Anlagerungsverbindungen mit H_2O_2 und Alkoholen sowie die Hydrate alkylierter quarternärer Ammoniumsalze [247]. Allgemein lassen sich die Additionsverbindungen in Molekül-Verbindungen, Käfig-Einschlußverbindungen (Clathrate von griechisch „κλεῖϑρον" — Käfig) und Kanal-Einschlußverbindungen untergliedern. Die *Molekül-Verbindungen* stellen einen losen Addukt dar, der als einphasiger molekularer Kristall kristallisiert und dessen Komponenten-Verhältnis sich durch eine ganze Zahl ausdrücken läßt (z. B. $MgSO_4 \cdot H_2O$, $MgSO_4 \cdot 2\ H_2O$, $MgSO_4 \cdot 4\ H_2O$, $MgSO_4 \cdot 6\ H_2O$ und $MgSO_4 \cdot 7\ H_2O$). Bei den *Clathraten* bildet der Hilfsstoff („Wirt") ein allseitig geschlossenes, käfigartiges Gitter, in dessen Innerem der Partner („Gast") eingefangen ist. Bis zu einem maximalen Anteil des Gasts sind alle Zusammensetzungen möglich. Beispielsweise kann das Hydrat des Propans, C_3H_8, maximal 8 Moleküle Propan auf 136 Moleküle H_2O aufnehmen. Gashydrate sind eine Hauptgruppe der Clathrate: In der einen Form kristallisiert das Wasser mit 46 Molekülen und 6 Molekülen des Gasts pro Einheitszelle (Würfel von 12 Å Kantenlänge) in einer anderen mit 136 Molekülen und 8 Molekülen des Gasts pro Einheitszelle (Würfel von 17,3 Å Kantenlänge). Während die erste Zelle 8 etwa kugelförmige Würfel von je 5,2 Å Durchmesser (2) und 5,9 Å Durchmesser (6) enthält, umfaßt die zweite Zelle 16 Löcher von je 4,8 Å und 8 Hohlräume von je 6,9 Å Durchmesser. Die erste Form wird z. B. von den Gästen A, Kr, Xe, H_2S, CO_2, Cl_2, SO_2 eingenommen, die zweite von Verbindungen wie CH_3J, $CHCl_3$, C_2H_5Cl, C_2H_5Br und C_3H_8. Eine vollständige Aufstellung findet man bei JEFFREY [247]. Eine andere wichtige Gruppe von Clathraten sind die Addukte, die Hydrochinon („Wirt") mit 3 eigenen Molekülen [$3\ C_6H_4(OH)_2$] und je einem Molekül folgender „Gäste" bildet: A, Kr, Xe, Rn, CO_2, CO, SO_2, H_2S, HCl, HCOOH, CH_3OH und CH_3CN. Zu erwähnen ist ferner das Clathrat, das Monoamminnickelcyanid [$Ni(NH_3)(CN)_2$] im Molverhältnis 1:1 mit den Gästen Benzol, Thiophen, Furan, Pyrrol, Anilin und Phenol bildet. Die von POWELL und RAYNER [248] aufgeklärte Struktur des Komplexes mit Benzol ist in Abb. 66 dargestellt. Da die Affinität des Benzols zur Nickelverbindung wesentlich höher ist als die des Thiophens, kann man auf diese Weise thiophenfreies Benzol erhalten, wie EVANS und Mitarbeiter [249] gefunden haben. Eine Liste zahlreicher anderer Clathratbildner wurde von FINDLAY [250] aufgestellt. Bei den *Kanal-Einschlußverbindungen* werden die Gäste in einem Tunnel gehalten, der von den Molekülen des Wirtes gebildet wird. Diese Addukte haben zwar eine definierte Zusammensetzung,

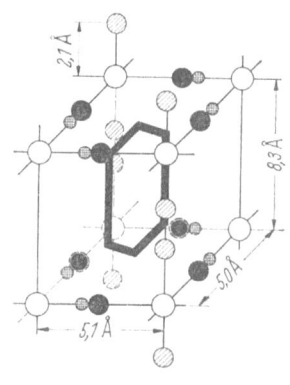

Abb. 66. Struktur des Clathrates [$Ni(NH_3)(CN)_2$]-Benzol nach POWELL und RAYNER [248].

das molare Verhältnis der Komponenten ist aber nur im Ausnahmefall eine ganze Zahl. Große verfahrenstechnische Bedeutung haben die Addukte erlangt, die Harnstoff mit geradkettigen Kohlenwasserstoffen und Thioharnstoff mit verzweigt-kettigen und Ring-Kohlenwasserstoffen aufbaut. Harnstoff gehört normalerweise dem tetragonalen Kristallsystem an; die Elementarzelle hat die Maße $a = 5{,}67$ Å und $c = 4{,}73$ Å, sie enthält 2 Moleküle. Danach errechnet sich die Dichte zu $1{,}311$ g/cm³, die mit der gemessenen Dichte ($d_4^{20} = 1{,}335$ g/cm³) ungefähr übereinstimmt. In den Harnstoff-Kanalverbindungen baut der Harnstoff eine hexagonale Elementarzelle (s. Abb. 67) mit den Maßen $a = 4{,}75$ Å und $c = 11{,}1$ Å auf; diese bildet einen Tunnel, an dessen Wänden 6 Harnstoff-Moleküle spiralenförmig angeordnet sind und in dessen Innerem die langkettigen Kohlenwasserstoffe eingeschlossen werden können, die die sterischen Voraussetzungen erfüllen, also weder zu klein sind, daß sie durch die Netzmaschen des Gitters entschlüpfen können, noch zu groß, daß sie nicht in den freien Querschnitt passen. Der Durchmesser des Kanals variiert zwischen 5 und 6 Å, so daß n-Paraffine mit 4,1 Å Durchmesser leicht eingefangen werden. Die Dichte des hexagonalen Harnstoffs ergibt sich an Hand der Zellenabmessungen zu 0,919/cm³, für die Addukte wurden Dichten von 1,2 bis 1,3 g/cm³ bei 20 °C mit dem Pyknometer unter Verwendung einer inerten Flüssigkeit gemessen. Die kleinen hexagonalen Nadeln der Addukte sind voluminös und ergeben eine sehr poröse Masse niedrigen Schüttgewichts. Thioharnstoff gehört normalerweise dem rhombischen Kristallsystem an; die Elementarzelle hat die Maße $a = 5{,}50$ Å, $b = 7{,}68$ Å und $c = 8{,}57$ Å sie enthält 4 Moleküle. Danach errechnet sich die, Dichte zu $1{,}396$ g/cm³, die mit der gemessenen Dichte (1,405 g/cm³) ungefähr übereinstimmt. In den Kanal-Einschlußverbindungen baut Thioharnstoff eine rhomboedrische Elementarzelle mit $a = 5{,}37$ Å und $c = 12{,}5$ Å auf, in der 6 Moleküle untergebracht sind (berechnete Dichte: 0,810 g/cm³); der Abstand übereinander liegender Moleküle beträgt 4,2 Å anstatt 3,7 Å beim Harnstoff-Addukt. Der Durchmesser des Tunnels liegt bei 8 Å. So ist verständlich, daß in diesem Fall die sperrigen Kohlenwasserstoffe mit verzweigter Kette und Ring-Kohlenwasserstoffe eingefangen, die schmalen geradkettigen Kohlenwasserstoffe aber nicht gehalten werden können.

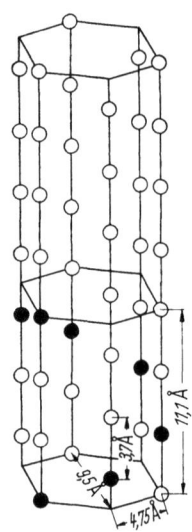

Abb. 67. Hexagonale Elementarzelle der Harnstoff-Kanal-Einschlußverbindung nach SCHLENK [251].

● Harnstoff-Molekül der eigenen Zelle;
○ Harnstoff-Molekül der Nachbarzelle.

2. Thermodynamische Betrachtungen

Das vollständige Zustands-Diagramm eines Systems mit zwei Komponenten ist das Druck(p)-Temperatur(T)-Konzentrations(X)-Diagramm. Für Addukte existieren nur wenige solcher Diagramme, da die experimentellen Schwierigkeiten zu ihrer Bestimmung (beispielsweise durch Einschluß von Mutterlauge) groß sind. Häufiger trifft man, so im Falle der Gashydrate, $p - T$-Diagramme für bestimmte Konzentrationen (z. B. Überschuß einer Komponente). Abb. 68 zeigt ein solches Diagramm [252] des Systems Wasser-Propan, das für die Entsalzung von Seewasser Bedeutung erlangt hat, und zwar bei Überschuß von Propan (a) und von Wasser (b). Während die Druck-Kurven

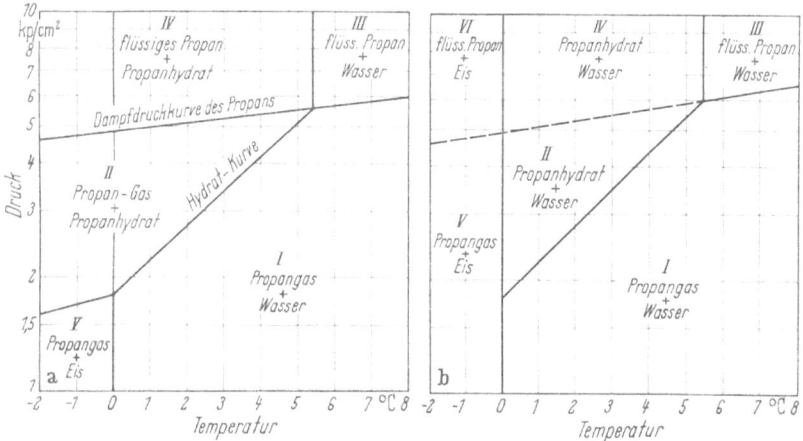

Abb. 68a. $p - T$-Diagramm des Systems Propan/H$_2$O bei Propan-Überschuß nach WINANS [252].

Abb. 68b. $p - T$-Diagramm des Systems Propan/H$_2$O bei Wasser-Überschuß nach WINANS [252].

im $p - T$-Diagramm einer Komponente die Existenz-Bereiche einzelner Phasen voneinander trennen (s. Abb. 56), sind hier in den abgegrenzten Gebieten jeweils 2 Phasen koexistent und längs der Druckkurven stehen 3 Phasen miteinander im Gleichgewicht. Der Schnittpunkt von zwei (oder mehr) Druckkurven ist ein Quadrupelpunkt (4 koexistierende Phasen); denn bei zwei Komponenten und 4 Phasen wird das System nach der Gibbs'schen Phasenregel [Gl. (61)] nonvariant. Oberhalb der Dampfdruckkurve (Gebiet III und IV) von Propan in Abb. 68a existiert nur flüssiges, darunter (I, II und V) nur gasförmiges Propan. Unterhalb und rechts der schräg nach oben verlaufenden Hydratkurve ist keine Hydratbildung möglich, in den anderen Bereichen (II und IV) bilden sich Hydrate. Bereich V ist nach rechts durch die Schmelzdruckkurve von Wasser begrenzt. Die Temperatur, die dem Schnittpunkt der Hydratkurve und der Dampfdruckkurve des Propans (rechter, oberer Quadrupelpunkt) entspricht, wird höchste oder kritische Zersetzungstemperatur des Hydrates genannt (5,7 °C). Ist nicht Propan, sondern Wasser im Überschuß vorhanden (Abb. 68b), so wandelt sich das Zustands-Diagramm: Links der Schmelzdruckkurve von Wasser ist Eis mit gasförmigen (V) oder flüssigem Propan (zusätzlicher Bereich VI) koexistent; die Gebiete II und IV verschmelzen, weil hier Wasser (anders als Propan) keine Zustandsänderung erfährt. Die obere Zersetzungs-Temperatur des Hydrates (5,7 °C) bleibt erhalten, eine untere (0 °C) kommt aber hinzu, da hier beim Einfrieren des im Überschuß vorhandenen Wassers das Clathrat zusammenbricht. Kühlt man das System bei konstantem Druck im Gebiet I ab, so bildet sich bei Erreichen der Hydratkurve Hydrat oberhalb des Erstarrungspunktes von Wasser, und die Temperatur bleibt dann solange konstant, bis die im Unterschuß vorhandene Komponente völlig verbraucht ist. Darauf fällt die Temperatur wieder, und das System gelangt in das Gebiet II. Umgekehrt erhöht sich die Temperatur eines in Bereich II befindlichen Systems bei isobarem Erwärmen, bis die Hydratkurve erreicht ist und sich das Hydrat bei konstanter Temperatur zersetzt.

Die Edelgase außer Helium und Neon bilden mit Hydrochinon Addukte. Man unterscheidet Kristallisation im wäßrigen und nichtwäßrigen Medium sowie lösungsmittelfreie Kristallisation. In wäßrigen Lösungen wächst der Edelgas-Gehalt der Hydrochinon-Clathrate mit wachsendem Druck (bis zu etwa 70 kp/cm² beim Argon). Je kleiner die Hydrochinon-Konzentration der Lösung, je höher der Edelgas-Gehalt des Komplexes bei gleichem Druck, was vermutlich damit zusammenhängt, daß bei niedrigen Konzentrationen vorzugsweise die allein in den Clathraten vorkommende β-Form des Hydrochinons gebildet wird. Mit abnehmender Kühlungsgeschwindigkeit nimmt der Edelgas-Gehalt der Clathrate zu. Da die Edelgase in vielen organischen Lösungsmitteln besser löslich sind als in Wasser, ist es möglich durch Kristallisation in diesen Medien stärker angereicherte Komplexe zu erhalten. Auch hier begünstigen hoher Druck, geringer Hydrochinon-Gehalt der Lösung und langsame Kühlung einen hohen Edelgasgehalt der Addukte. Als Lösungsmittel wurden Aceton, Äthanol, Äther, Amylacetat, Butylacetat, n-Heptan, n-Pentan und Toluol geprüft. Nach Angaben von MOCK und Mitarbeitern [253] betrug der höchste Argon-Gehalt, der in einer einheitlichen Charge von Kristallen gemessen wurde, 10,4% (96% des Clathrat-Hohlraumes waren erfüllt) bei einem Druck von 175 kp/cm² und einer Hydrochinon-Konzentration von 0,1 g/ml Amylacetat. Als lösungsmittelfreie Verfahren wurden ein Hochdruck-Schmelzverfahren und die Desublimation untersucht. Beim Schmelzverfahren steigt der Argon-Gehalt der Cla-

2. Thermodynamische Betrachtungen

thrate linear mit dem Druck (untersuchter Bereich bis 140 kp/cm²), bei der Desublimation strebt er asymptotisch mit dem Druck einem Grenzwert ($\approx 6,5\%$) zu, liegt aber bei gleichem Druck erheblich über dem durch das Schmelzverfahren erzielten Gehalt. Unter 22 geprüften organischen Verbindungen ist außer Hydrochinon nur p-Fluorphenol zur Clathrat-Bildung mit den Edelgasen geeignet.

Bei den Kanal-Einschlußverbindungen [254], die Harnstoff mit geradkettigen Partnern bildet, beträgt die minimale Kettenlänge des einbaufähigen Reaktanden für Paraffine 6 Kohlenstoff-Atome; bei den Alkoholen ist Hexanol das niedrigste Glied der homologen Reihe, bei den Fettsäuren Buttersäure und bei den Ketonen Aceton, das erste Glied der Reihe. Im allgemeinen wächst die Stabilität der Komplexe mit der Kettenlänge des Reaktanden. Es gibt auch eine obere Grenze für die Größe des Reaktanden; so bildet nach SCHLENK [251] Oktaeikosan, $C_{28}H_{58}$, noch ohne Schwierigkeiten ein Addukt, während dies $C_{55}H_{112}$ nicht mehr möglich ist. Nach FETTERLY [255] liegt die Ursache hierfür in der geringeren Reaktionsgeschwindigkeit der hohen Homologen. Auch Ester und ungesättigte Monokarbonsäuren (z. B. Ölsäure), Halogen- und andere Substitutionsverbindungen, sogar verzweigtkettige Verbindungen mit langer gerader Kette (z. B. 3-Methyl-Eikosan) bilden Addukte. Allgemeine Voraussagen sind aber nicht möglich. Nicht zur Adduktbildung fähig sind unter anderem Benzol, Tetrachlorkohlenstoff, Methanol, Isopropanol, n-Pentan und Essigsäure. Die Anzahl m der Mole Harnstoff pro Mol des reagierenden Stoffes nimmt für alle untersuchten Verbindungen linear mit der Zahl n der Kohlenstoff-Atome zu, ist jedoch meist keine ganze Zahl. Im einzelnen gilt:

$$m = 0{,}6848\, n + 1{,}496 \quad \text{für n-Paraffine mit } n \geq 6, \quad (132)$$

$$m = 0{,}71\, n + 1{,}08 \quad \text{für n-Säuren mit } n \geq 4, \quad (133)$$

$$m = 0{,}66\, n + 1{,}55 \quad \text{für n-Alkohole mit } n \geq 6. \quad (134)$$

Die Additionsverbindungen stellen keine Adsorbate, sondern einheitliche chemische Verbindungen dar, so daß die klassischen (insbesondere thermodynamischen) Gesetze auch für sie gelten (z. B. die Clausius-Clapeyronsche Gleichung). Die Kanal-Einschlußverbindungen haben keinen definierten Schmelzpunkt, sondern dissoziieren (im unteren Molekulargewichtsbereich), bevor der Schmelzpunkt erreicht ist. Komplexe, die unterhalb des Schmelzpunktes von Harnstoff (132,1 °C) nicht dissoziieren, zerfallen bei dieser Temperatur. Die Gleichgewichtskonstante für die Dissoziation

$$\text{Komplex (Feststoff)} \rightleftarrows \text{Reaktand} + m \text{ Harnstoff} \quad (135)$$

ist durch die Gleichung

$$K = \frac{a_r(a_u)^m}{a_c} \tag{136}$$

definiert, wobei a die Aktivitäten der Partner sind (der Index r bezieht sich auf Reaktand, u auf Harnstoff und c auf Komplex). Wird eine wäßrige Harnstoff-Lösung benützt, so bildet der Reaktand eine zweite flüssige Phase und $a_r = 1$, während für den festen Addukt $a_c = 1$ ist; die Dissoziationskonstante ist dann durch die Aktivität a_u der Harnstoff-Lösung bestimmt, die von deren Temperatur und Konzentration abhängt. Liegt eine Lösung des Reaktanden in einem Lösungsmittel vor und ist Harnstoff (als Bodenkörper) im Überschuß vorhanden, also $a_u = 1$, so ist die Dissoziationskonstante durch die Aktivität des Reaktanden gegeben. Abb. 69 zeigt die Abhängigkeit der Dissoziationskonstanten von der Temperatur für eine Reihe von n-Paraffinen und Abb. 70 die Abhängigkeit von der Zahl der C-Atome für eine Reihe von Temperaturen. Die Additionsverbindung ist nach Gl. (136) um so stabiler, je kleiner K ist. Die Dissoziation wächst bei einem Reaktanden mit steigender Temperatur und bei konstanter

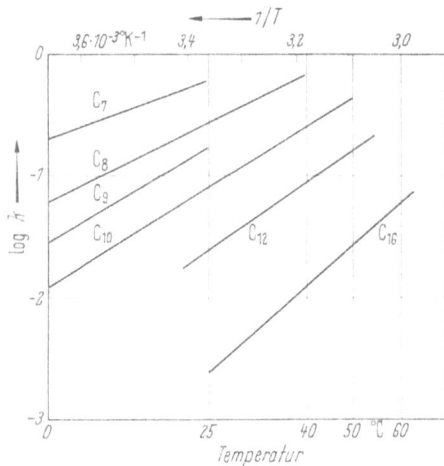

Abb. 69. Abhängigkeit der Dissoziationskonstanten der Addukte der n-Paraffine von der Temperatur.
K = Gleichgewichts- oder Dissoziationskonstante.

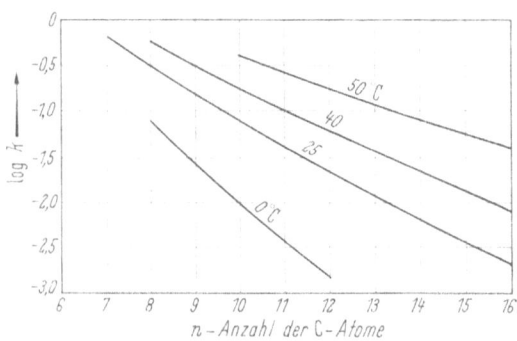

Abb. 70. Einfluß der Kettenlänge der n-Paraffine auf die Dissoziationskonstanten (Gleichgewichtskonstanten) ihrer Harnstoff-Addukte.
K = Gleichgewichts- oder Dissoziationskonstante.

Temperatur mit abnehmender Zahl der C-Atome der Reaktanden. Für wäßrige Harnstoff-Lösungen liegen die Stabilitätsfelder der Addukte (s. Abb. 71 für n-Paraffine) zwischen der (gestrichelten) Sättigungskurve des Harnstoffs und der (ausgezogenen) Dissoziationsgeraden. Rechts und unterhalb der Dissoziationsgeraden ist der Komplex nicht beständig, der Schnittpunkt der Sättigungskurve des Harnstoffs mit der jeweiligen Dissoziationsgeraden stellt die Zersetzungs-

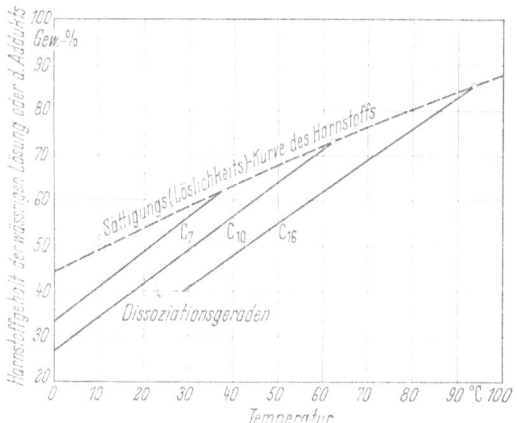

Abb. 71. Stabilitätsfelder der Addukte der n-Paraffine.

temperatur des entsprechenden Addukts dar. Dissoziationskonstante K und Molverhältnis m genügen folgender Beziehung

$$\left.\begin{array}{l}\log K = 2{,}20 - 0{,}403\ m \text{ für n-Paraffine}, \\ \log K = 1{,}9 - 0{,}4\ m \text{ für n-Säuren}, \\ \log K = 2{,}5 - 0{,}43\ m \text{ für n-Alkohole}.\end{array}\right\} \text{ bei } 25\ °\text{C}$$

(137)
(138)
(139)

Die Bildungswärmen der Kanal-Einschlußverbindungen lassen sich auf Grund der Gleichung von VAN'T HOFF

$$R\left[\frac{\partial \ln K}{\partial (1/T)}\right]_p = -\Delta H^0 = \text{Bildungswärme} \qquad (140)$$

berechnen. Sie nehmen fast linear mit dem Molverhältnis zu. Für die n-Paraffine gilt beispielsweise

$$-\Delta H^0 = -6{,}5 + 2{,}37\ m \text{ (in kcal/mol)}. \qquad (141)$$

Da das positive Glied auf der rechten Seite von Gl. (141) größer ist als das negative, ist die Adduktbildung ein exothermer Vorgang. Für den Addukt des n-Heptans erhält man nach Gl. (132) und (141) eine Bildungswärme von 8,4 kcal/mol und für den des n-Hexadecans 23,0 kcal/mol, während als gemessene Werte 7,6 bzw. 21,0 (22,8) kcal/mol angegeben werden. Nach REDLICH [256] und Mitarbeitern ist der Komplex von gemischten Reaktanden, die in der Praxis am häufigsten vorkommen, eine feste Lösung. Liegt beispielsweise ein binäres Gemisch vor und ist die Aktivität des einzelnen Reaktanden im festen Komplex gleich seinem Molenbruch y_i und die Aktivität dieser Komponente in der Mutterlauge gleich ihrem Molenbruch x_i, so hat man:

$$\frac{y_1}{y_2} = \frac{K_2 x_1}{K_1 x_2} a_u^{(m_1 - m_2)} . \tag{142}$$

Ist Harnstoff im Überschuß vorhanden, so folgt $a_u = 1$, und die erzielbare Trennung wird durch das Verhältnis der Dissoziationskonstanten bestimmt. Dieses spielt für $a_u = 1$ oder $m_1 = m_2$ (gleiches Molverhältnis der Reaktanden mit Harnstoff) die gleiche Rolle wie die relative Flüchtigkeit bei der Rektifikation. Das Hauptproblem bei der Berechnung eines Mehrkomponenten-Systems ist die Bestimmung der Molenbrüche x_i und y_i in Mutterlauge und festem Komplex, wenn die Ausgangs-Zusammensetzung der Mischung und die Dissoziationskonstanten vorgegeben und bekannt sind. Meist wird das Problem durch Probieren gelöst, nachdem eine Materialbilanz für jede Komponente aufgestellt ist.

Bei flüchtigen Reaktanden können die Addukte durch einfache thermische Dissoziation zersetzt werden. Im allgemeinen bedient man sich aber eines Lösungsmittels. Drei Arten von Lösungsmitteln können unterschieden werden: Solche, die den Reaktanden allein lösen, solche, die Harnstoff allein lösen und solche, die beide lösen. Im ersten Fall ist der Dissoziationsgrad bei relativ stabilen Komplexen oft sehr gering, im letzten Fall muß man große Volumina aufwenden, um einen hohen Dissoziationsgrad zu erreichen. Wasser ist ein Lösungsmittel für den zweiten Fall; es hat den Vorteil eines großen Temperaturkoeffizienten der Löslichkeit für Harnstoff und gewährleistet wegen seiner Nichtmischbarkeit mit den Reaktanden deren gute Wiedergewinnung.

Nach FINDLAY [250] bilden sich Harnstoff-Addukte verhältnismäßig rasch; die erforderlichen Reaktionszeiten liegen zwischen wenigen Minuten und einer Stunde und nehmen mit dem Molgewicht des „Gastes" zu. Die Anwesenheit von Verunreinigungen in den Petroleum-Fraktionen verzögert und verhindert jedoch oft die Bildung von Addukten. Als Verunreinigungen wirken Schwefel-Verbindungen und Peroxide. Mitunter läßt sich die Hemmung durch Animpfen beseitigen, meist wird aber ein „Aktivator" (ein geeignetes Lösungsmittel) gebraucht. Beispielsweise bildete n-Hexadecan, dem 0,25% eines Hemmstoffes zugemischt waren, kein Addukt; nach Zugabe von 0,4% Methanol erfolgte die Addukt-Bildung.

Thioharnstoff bildet mit zahlreichen Verbindungen Addukte, die dies mit Harnstoff nicht tun. Dazu gehören stark verzweigte Paraffine, einige Cycloparaffine sowie stark chlorierte und bromierte Verbindungen. Hier sind zu nennen Cyclopentan, Tetrachlorkohlenstoff, Methylcyclohexan, Acetophenon, d-Borneol und d-Campher. Die Bildungswärmen der Thioharnstoff-Addukte (Größenordnung: 3 bis 5 kcal/mol) sind aber viel geringer als die der Harnstoff-Addukte, woran sich ihre geringere Stabilität zeigt. Die Komplexe dissoziieren leicht, auch schon bei niedrigen Temperaturen.

F. Einwirkungen besonderer äußerer Einflüsse auf die Kristallisation

1. Ultraschall

Es ist eine Reihe von Fällen bekannt, in denen ein Stoff aus unterkühlter Schmelze oder übersättigter Lösung spontan auskristallisierte, nachdem die Schmelze (oder Lösung) mit Ultraschall behandelt worden war. So berichten WOOD und LOOMIS [255a] über die spontane Kristallisation geschmolzenen Paraffins und die Fällung von Natriumhyposulfit aus wäßrigen Lösungen. Bei diesem konnte eine Änderung der Kristallwachstumsgeschwindigkeit und Kristalltracht gegenüber einem Kristallisat aus nicht beschallter Lösung festgestellt werden. SOLLNER [256a] beobachtete, daß die Struktur von Metallen und Legierungen durch Ultraschalleinwirkung während der Verfestigung in dem Sinne geändert wird, daß die Korngröße abnimmt und die Neigung zum Dendritenwachstum gefördert wird. SCHMID und JETTER [257] untersuchten die Fällung von Bariumsulfat aus 16 cm³ einer „Bariumkomponente" (1 Vol 1/6 m $BaCl_2$ + 2 Vol. 5 n HCl) und 20 cm³ einer „Sulfatkomponente" (1 Vol. 1/6 m H_2SO_4 + 2 Vol. 5 n HCl), die vorher mit Ultraschallwellen von 175 kHz behandelt worden war. Die beiden filtrierten Komponentenlösungen wurden zur Einleitung der Fällung gleichzeitig in ein Gefäß gegossen und turbulent verrührt. Die Autoren nennen die Fällung ohne Vorbehandlung einer Komponente „Testfällung" und die Zeit vom Zusammengießen bis zur Trübung der Fällungslösung (verglichen mit einer standardisierten Vergleichslösung) „Fällungszeit". Die maximale Korngröße wurde gemessen und die Einheitlichkeit der Fällung beobachtet. Man muß grundsätzlich wieder zwischen zwei Arten des Impfens der Lösung unterscheiden: Impfen durch eigene Keime (also $BaSO_4$-Keime) und durch Fremdkerne. Da nun bei der Ultra-Beschallung einer der beiden Komponentenlösungen keine anderen dispergierfähigen Stoffe anwesend waren, können Fremdkerne nur aus der Glaswand stammen. Es braucht sich dabei allerdings nicht um Kerne aus Glas zu handeln, sondern die Kerne können auch aus Stoffen bestehen, die an der Glaswand fest adhäriert waren. Bei wiederholten Ultra-Beschallungen ließ die Gefäßwand in der Kernabgabe nach und war nach der 10. Ultra-Beschallung erschöpft. Abspülen der Glaswand z. B. mit warmer konzentrierter Schwefelsäure macht die Entkeimung sofort wieder zunichte. Für die Größe der „Glaskerne" fanden SCHMID und JETTER durch Betrachtung im Elektronenmikroskop etwa 5 bis 10 mµ. Die Vorstellung einer „absolut reinen oder keimfreien Oberfläche" ist also eine Fiktion; wenn man die Gefäße nicht kurz vor ihrer Benutzung mindestens 10mal mit Ultraschall behandelt, muß man stets mit Fremdkernen rechnen. Dies ist z. B. auch bei der Testfällung der Fall. Hier wirken Eigenkeim- und Fremdkernimpfung zusammen, was eine geringe Einheitlichkeit des Kristallisates zur Folge hat. Liegt nur Eigenkeimimpfung oder nur Fremdkernimpfung vor, so ist das Kristallisat einheitlich (homodispers). Ein bidisperses Kristallisat konnte durch Zusatz vorher ultrabeschallter Bariumsulfatlösung (sogen. Keimflüssigkeit) zur Testfällung 4 s nach Beginn der spontanen Ausscheidung gefällt werden. Stellt man sich durch Verdünnung der Keimflüssigkeit weitere Flüssigkeiten mit Eigenkeimen her, so gilt für den Zusammenhang zwischen dem Teilchendurchmesser d eines Korns der Fällung und der Verdünnung φ der Keimflüssigkeit bzw. der Zahl z der eingeführten Eigenkeime folgende Beziehung:

$$d \sim \varphi^{1/3} \sim z^{-1/2} . \tag{143}$$

Je mehr Keime also vorhanden sind, um so mehr Teilchen werden ausgefällt, und dieses Wachstum einer Vielzahl von Teilchen geht auf Kosten der Größe des einzelnen. Während bei der Testfällung die Fällungszeit 6 s betrug, war sie bei der Testfällung ohne Ultra-Beschallung im entkeimten Gefäß 15 s; im letzten Fall stehen nämlich nur eigene Keime zur Verfügung, während im ersten Fall auch Fremdkerne impfen. Wie stark die Fremdkernimpfung die Fällungszeit verkürzt, zeigt die Testfällung mit vorher ultrabeschallter „Sulfatkomponente". Hier betrug die Fällungszeit nur 1 s. Im Wettkampf zwischen Eigenkeim und Fremdkern schneiden also die Fremdkerne günstiger ab. Daß die Fällung einheitlich (homodispers) ist, wenn nur eine Art der Impfung vorliegt, ist auf den für alle Teilchen gleichen Beginn des Wachstums und auf gleiche Wachstumsgeschwindigkeiten der Partikel zurückzuführen. Die Ergebnisse der Untersuchungen von SCHMID und JETTER sind in Tab. 25 zusammengestellt. Die beiden Autoren zeigen ferner, daß die maximale Korngröße durch Zusatz von Propylalkohol herabgesetzt werden kann, was nach den Ausführungen über Ausfällen (Kap. III B 5) und auf Grund der Volmerschen Gl. (76)

leicht verständlich ist, und daß Kupferkerne besonders wirksam sind. Es gelang ihnen, durch Zusatz von 2 cm³ Propanol zur Testfällung, nachdem die Bariumkomponente zusammen mit einer Kupferfolie ultrabeschallt worden war, eine maximale Korngröße von 2,5 µm zu erhalten. Wurden bei gleicher Menge an Kupferkernen 8 cm³ Propylalkohol zugesetzt, so betrug die maximale Korngröße nur 0,6 µm. Grundsätzlich ist es möglich, nur durch Zusatz genügender Mengen Propylalkohol ohne Anwendung von Ultraschall auf die gleiche Kornfeinheit zu kommen (Kap. III B 5). Auch dabei wird die Fällung nicht an Kühlwänden, sondern im Kern der Lösung erfolgen. SCHMID und

Tabelle 25. *Fällungen von* $BaSO_4$ *unter Einwirkung von Ultraschall bei Raumtemperatur*

Art der Fällung	Fällungszeit in s	Maximale Korngröße in µm	Einheitlichkeit	Art des Impfens
Testfällung	6	17	gering (polydispers)	Eigenkeim und Fremdkern
Testfällung ohne Ultra-Schall im entkeimten Gefäß	15	14	groß (homodispers)	Eigenkeim
Testfällung mit vorher ultrabeschallter Sulfatkomponente	1	8	groß (homodispers) ·	Fremdkern
Testfällung im entkeimten Glasgefäß. Sulfatkomponente in Gegenwart von 70 Glaskugeln vorher ultrabeschallt	—	6	groß (homodispers)	Fremdkern
Testfällung mit Zusatz vorher ultrabeschallter $BaSO_4$-Lösung	—	3,9	groß (homodispers)	Eigenkeim
Bekeimung 4 s nach Beginn der spontanen Ausscheidung	—	9 5	bidispers	spontane Keimbildung; künstliche Bekeimung
Ultra-Beschallung während der Testfällung	—	17	stark-polydispers	Eigenkeim und Fremdkern

JETTER beobachteten keine Trachtänderung der $BaSO_4$-Kristallite, die aus einer Testfällung gewonnen wurden, nachdem die Bariumkomponente vorher zusammen mit Kupferfolie ultrabeschallt worden war, gegenüber der gewöhnlichen Testfällung; dies ist hervorzuheben, weil

WOOD und LOOMIS beim Ausfällen von Natriumhyposulfit aus einer wäßrigen Lösung und SOLLNER beim Ultra-Beschallen erstarrender Metalle Trachtänderungen feststellten. SCHMID und JETTER benutzten einen fokussierenden Nickelschwinger (Atlas-Werke) mit einer Frequenz von 175 kHz. Ähnliche Versuchsergebnisse konnten sie mit Frequenzen von 284, 100 und 10 kHz erhalten. TIPSON [258] berichtet, daß Keimbildungsgeschwindigkeiten und Kristallwachstumsgeschwindigkeiten von Piperin, das normalerweise 30 bis 70 °C unterkühlt, mit der Intensität des Ultraschalls steigen; auch die Keimbildungsgeschwindigkeit von unterkühltem Phenylsalicylat konnte durch Einwirkung von Ultraschall erhöht werden, wohingegen Schallwellen von 256 bis 895 Hz die Zahl der Keimzentren verminderten. TIPSON führt dies auf die Zerstörung der kleinen orientierten Büschel kurzer Lebensdauer (der sogen. Cybomas) zurück, in denen sich die Moleküle schwankungsmäßig sogar bei Temperaturen oberhalb des Schmelzpunktes zusammenfinden (vgl. Kap. III C 4).

Nach Untersuchungen VAN HOOK's [259] nimmt die Zahl der Kristalle pro Volumeneinheit in Zuckerlösungen, die mit Ultraschall behandelt wurden, nach Art einer S-Kurve mit der Dauer der Ultraschall-Einwirkung zu. Ferner wächst die spezifische Kristallzahl bei gleicher Frequenz und Dauer der Ultraschall-Einwirkung sehr stark mit der Übersättigung an, wie Tab. 26 für die Frequenz von 8 kHz und die Dauer von 30 s zeigt.

Tabelle 26. *Einfluß der Übersättigung auf die spezifische Kristallzahl bei Ultraschall-Einwirkung von 30 s Dauer bei 8 kHz nach* VAN HOOK [259]

Übersättigungszahl = $\dfrac{\text{g Zucker in Lösung}}{\text{g Zucker in ges. Lösung gleicher Temperatur}}$	1,1	1,2	1,4	1,5	1,75	2,0	2,2
Relative spezifische Kristallzahl	1,0	2,0	3,5	3,0	5,5	7,0	12

Dies gilt jedoch nur, wenn der Einfluß von Fremdkernen vorher nicht ausgeschaltet wurde. Tut man dies, so ist die Zahl der gebildeten Impfkristalle im allgemeinen geringer und kaum verschieden von der in nicht-ultrabeschallten Lösungen. VAN HOOK schließt daraus, daß die Energie der Ultraschallwellen hauptsächlich zur Verstärkung der heterogenen Keimbildung dient, die homogene Keimbildung aber in geringerem Maße beeinflußt. In Zuckerlösungen läßt sich durch Anwendung von Ultraschall eine Vervielfachung der Wachstumszentren und damit ein einheitlicheres Korn erreichen. Auf die Kristallwachstumsgeschwindigkeiten von Zuckerkristallen hat Ultraschall dagegen keinen größeren Einfluß, als er durch Rühren der Lösungen erzielt wird. KAPUSTIN [260], der seine experimentellen Untersuchungen sowie die seiner Kollegen über Kristallisation und Auflösung in Ultraschallfeldern verschiedener Frequenzen und Stärke zusammengestellt hat, betont, daß die Einwirkungen des Ultraschalls auf Kristallisation und Auflösung komplex sind. Er sagt: ,,Die Verschiedenheit der Faktoren, die Keimbildung, Wachstum und Struktur beeinflussen, ist selbst ohne Ultraschall so groß, daß es schwierig ist, eine gemeinsame Theorie aufzubauen, die alle Wirkungen erklären kann." Die Sammlung und Veröffentlichung der Erfahrungen an speziellen Systemen bringt im einzelnen: Methoden und Apparate zum Studium von Kristallisation und Auflösung in Ultraschall-Feldern, Arbeiten über die Einwirkung von Ultraschall-Energie auf rekristallisierendes oder sich auflösendes Material, Kristallisations-Verfahren für organische Verbindungen, Wirkung verschiedener Agentien auf die Keimbildung im Ultraschall-Feld sowie Wachstum und Auflösung von Einkristallen.

2. Strahlungen radioaktiver Stoffe

Ebenso wie beim Ultraschall ist es bei den Strahlungen radioaktiver Stoffe schwierig zu entscheiden, ob deren Einflüsse primär wirken oder ob sekundäre Einflüsse eine Rolle spielen, wenn nicht die untersuchten Lösungen oder Schmelzen einen hohen Reinheitsgrad besitzen, also frei von Verunreinigungen, Lösungsgenossen und dergleichen sind. Eine Untersuchung in abgeschlossenen Gefäßen ist also stets notwendig, am besten wird die zu untersuchende Schmelze im Vakuum in ein (mit Ultraschall) entkeimtes Glasgefäß hineindestilliert, das nachher zugeschmolzen wird. Eine mehrmalige Vordestillation des Stoffes ist ebenfalls erforderlich. FRISCHAUER [261] untersuchte unter Umständen, die den meisten dieser Voraussetzungen entsprechen, den Einfluß der Strahlen von $RaBr_2$ auf die Kristallisation von Schwefel (spezifische elektrische Leitfähigkeit flüssigen Schwefels bei 115 °C: $1 \cdot 10^{-12}$ Ω^{-1} cm^{-1}). Er beobachtete eine Vielzahl von Tropfen (Durchmesser des Einzeltropfens 54 bis 90 μm), die sich auf dem Objektträger eines Mikrokopes unter einem Deckglas befanden. Die eine Hälfte des Objektträgers wurde bestrahlt — der Abstand der 25 mg $RaBr_2$ enthaltenden Ampulle vom Deckglas betrug 6 mm —, die andere Hälfte wurde durch eine Bleiplatte genügender Dicke vor Strahlung geschützt. Schwefel wurde deshalb verwendet, weil er stark zu Unterkühlungen neigt und die Gefahr einer spontanen ,,Keimbildungslawine" nicht besteht. Ohne Bestrahlung ergibt sich folgendes Bild:

Anzahl der Tage	1	2	3	4	5	6	8
Anzahl der Keimzentren	0	2	2	4	5	5	8

170   III. Grundlagen der Kristallisation

Ist die Anzahl der Keimzentren im nichtbestrahlten Teil gleich 100, so beträgt sie im bestrahlten

nach	Stunden				Tagen			
	3	6	9	15	1	2	3	4
	106,5	119	128	160	180	214	257	282

Die Keimbildung schritt außerdem von Tropfen zu Tropfen fort, am Ende des 4. Tages war die Gesamtzahl der kristallisierten Tröpfchen, die der Strahlung ausgesetzt waren, 3- bis 5mal größer als die der nicht-bestrahlten kristallisierten. Nach 28 Tagen war die Anzahl der Keimzentren fast 5mal und die Anzahl der kristallisierten Tropfen fast 11mal größer als auf der nicht-bestrahlten Seite. Die Wirkung muß auf die β-Strahlen zurückgeführt werden, da die α-Strahlen durch das Glas von 0,9 mm Dicke vollkommen zurückgehalten werden. Ähnliche Ergebnisse konnte FRISCHAUER durch Bestrahlung des Schwefels innerhalb eines Zylinders mit den α-Strahlen der Radiumemanation (Rn) erzielen. SAMURACAS [262] ließ Röntgenstrahlen kurze Zeit auf Lösungen von Schwefel und Phosphor in Schwefelkohlenstoff einwirken. Er verwendete gerade Schwefelkohlenstoff, weil dieser sich durch niedrige spezifische elektrische Leitfähigkeit ($1,2 \cdot 10^{-17}\,\Omega^{-1}\,\text{cm}^{-1}$) auszeichnet und in Nichtelektrolyten eine besonders wirksame Absorption der Strahlung zu erwarten war. Im einzelnen ergaben sich die in Tab. 27 zusammengestellten Ergebnisse.

Tabelle 27. *Röntgen-Bestrahlung von Lösungen in CS_2*

Stoff	Bestrahlungsdauer	Zahl der Keimzentren/cm²	
		ohne Röntgenstrahlen	mit Röntgenstrahlen
Lösung von S in CS_2	2'30''	10	75
Lösung von P in CS_2	3'30''	14	59

In anderen Versuchen, in denen außerdem Betol und Santonin untersucht wurden, wurden die Stoffe längere Zeit bestrahlt, gekühlt und die Zeiten vom Erreichen der Temperatur von 15 °C bis zum Erscheinen des ersten Keims bestimmt. Tab. 28 erlaubt einen Vergleich dieser „Fällungszeiten" mit und ohne Einwirkung der Strahlung.

Für Betol betrug die Anzahl der Keimzentren/cm² ohne Einwirkung von Röntgenstrahlen 29, mit Einwirkung 87; für Santonin lauten die entsprechenden Zahlen 18 bzw. 65. Die Wellenlängen der benutzten Röntgenstrahlen betrugen K_α-Linie $\lambda = 1,932 \cdot 10^{-8}$ cm und K_β-Linie

Tabelle 28. *Röntgen-Bestrahlung von Lösungen und Schmelzen*

Stoff	Bestrahlungsdauer	Fällungszeit	
		ohne Röntgenstrahlen	mit Röntgenstrahlen
Lösung von S in CS_2	4 h	2′	8″
Lösung von P in CS_2	4 h	1′36″	6″
Betol	6,5 h	3′20″	15″
Santonin	7,5 h	3′ 9″	11″

$\lambda = 1{,}754 \cdot 10^{-8}$ cm; das Material der Antikathode bestand aus Eisen. Die in beiden Fällen erhöhte Keimbildungsgeschwindigkeit ist auf die durch die energiereiche und kurzwellige Strahlung bewirkte Ionisation der Schmelzen bzw. Lösungen zurückzuführen. Hochisolierende (schlecht leitende) Flüssigkeiten verhalten sich energiereichen Strahlen gegenüber wie Gase; solche Flüssigkeiten absorbieren ionisierende Strahlen besser als Luft. So gibt POHL [263] für Hexan rund 200 Ionen/s cm³ an, also 20mal mehr als in Luft bei Atmosphärendruck und Raumtemperatur unter dem Einfluß der Strahlung der stets auf dem Festland vorhandenen radioaktiven Stoffe und der kosmischen Höhenstrahlung. Diese Ionen wirken offensichtlich in der gleichen Weise in Lösungen und Schmelzen als Kerne wie die Gasionen in der Nebelkammer.

3. Elektrische Felder

KONDOGURI [264] stellte bei unterkühltem Salol (Dipolmoment $3{,}15 \cdot 10^{-18}$ dyn$^{1/2}$ cm²) in Versuchen, die sich bis zu 16 Tagen hinzogen, fest, daß sich die Anzahl der Keimzentren unter der dauernden Einwirkung eines elektrostatischen Feldes von 7,5 kV/cm beträchtlich erhöht gegenüber einer unbeeinflußten Probe; aber SCHAUM und SCHEIDT [265] bemerken dazu, daß bei einem Tropfendurchmesser von 0,5 mm, einer Tropfendicke von 0,03 mm und Versuchstemperaturen von 16 bis 18 °C, wie es den Versuchsbedingungen KONDOGURIS entspricht, sehr rasch eine Kristallisation der Tropfen erfolgen muß, da die Kristallwachstumsgeschwindigkeit von Salol bei 18,6 °C 3,5 mm pro min beträgt. SCHAUM und SCHEIDT haben andererseits ihre Versuche in offenen Gefäßen gemacht, so daß es unmöglich ist, zu beurteilen, ob die beobachteten Wirkungen — auch sie stellten an Salol, Urethan, Benzophenon, Acetophenon, Nitrobenzol und Benzol kurze Zeit nach Einschalten des elektrischen Feldes eine merkliche Erhöhung der Anzahl der Keimzentren fest — *allein* auf die Feldwirkung zurückzuführen sind. SWINNE [266] untersuchte in einer grundlegenden Arbeit den Einfluß elektrostatischer Felder bis zu einer Stärke von 5 kV/cm auf Nitrobenzol, d-Fenchon, Benzonitril und Benzol. Diese Flüssigkeiten waren einem extremen Reinigungsprozeß unterworfen (z. B. 12mal im Vakuum destilliert) und in Glasampullen hineindestilliert worden, die unmittelbar danach zugeschmolzen wurden. Die Keimbildung konnte nie, auch nicht bei der höchsten angewandten Feldstärke von 5 kV/cm, durch die alleinige Wirkung des Feldes hervorgerufen werden; dazu bedurfte es stets einer mechanischen Erschütterung am Thermometerstutzen der Ampulle, seitwärts von den Elektroden. Von dieser Stelle wuchsen die Keime dann strahlenförmig nach verschiedenen Richtungen. Ohne Einwirkung des Feldes entstanden zwischen den Plattenelektroden im allgemeinen keine Kristalle. Beim Anlegen des Feldes verhielten sich die polaren Flüssigkeiten anders als Benzol. Die benutzten Flüssigkeiten haben folgende Dipolmomente:

Polare Flüssigkeiten		Unpolare Flüssigkeiten
Nitrobenzol $\mu = 3{,}95 \cdot 10^{-18}$ d-Fenchon $\mu = 2{,}92 \cdot 10^{-18}$ Benzonitril $\mu = 4{,}10 \cdot 10^{-18}$	$\mathrm{dyn}^{1/2}\,\mathrm{cm}^2$	Benzol $\mu = 0\ \mathrm{dyn}^{1/2}\,\mathrm{cm}^2$

Bei den polaren Flüssigkeiten entstanden unter der Einwirkung des Feldes auch zwischen den Elektroden Kristalle bei langsamem Kristallwachstum, sobald die von der Reibungsstelle sich ausbreitenden Kristalle bis zum Bereich der Plattenelektroden hin gewachsen waren. Insbesondere Benzonitril ergab ohne Feld eine bedeutend geringere Kristallbildung als mit Feld. Beim unpolaren Benzol war kein Unterschied in der Kristallbildung zu beobachten, ob das Feld eingeschaltet war oder nicht. SWINNE untersuchte auch das Vorhandensein sekundärer Einflüsse, kam jedoch zu einem negativen Ergebnis, nachdem sich beim Nitrobenzol, das mehrere Wochen einem Feld von 1,5 kV/cm ausgesetzt war, nach Erhöhen der Feldstärke auf 4,5 kV/cm die gleichen Erscheinungen, die oben beschrieben wurden, zeigten. Das Erscheinen der Kristalle zwischen den Elektroden bei den polaren Flüssigkeiten ist der Richtwirkung des Feldes auf die Dipole zuzuschreiben, wozu noch Elektrophorese auf Grund der Inhomogenität des Feldes gekommen sein dürfte. Diese Richtwirkung genügte aber nicht, die Keime zu bilden; die andernorts entstandenen Kristalle mußten vielmehr bis zum Bereich der Plattenelektroden wachsen, bevor Kristallisation zwischen den Elektroden einsetzte. Von der Richtwirkung des elektrischen Feldes macht man auch bei der Herstellung der Elektrete Gebrauch, die, im elektrischen Feld erstarrt, auch nach Abschalten dieses Feldes ein eigenes elektrisches Feld bewahren, wie ein permanenter Magnet sein Magnetfeld.

4. Magnetische Felder

MAYR [267] beobachtete, daß die aus einer wäßrigen Lösung auskristallisierenden Keime des diamagnetischen Silbernitrates unter dem Einfluß eines magnetostatischen Feldes eine bevorzugte Orientierung zeigen, so daß die Kristalle manchmal Faserstruktur aufweisen, sich aber mitunter auch in größerer Menge parallel anordnen, so daß eine Lamellenstruktur entsteht. Ähnlich wie beim elektrostatischen Feld müssen diese Erscheinungen auf die Richtwirkung des magnetostatischen Feldes zurückgeführt werden. Beim Messen der Suszeptibilität von Nickelnitrat, Nickelsulfat und Kobaltchlorid — alle drei Salze sind paramagnetisch —, die durch Aufdampfen, Kühlen einer gesättigten Lösung oder Erstarren der Schmelze kristallisiert wurden, zeigte sich, daß Unterschiede von 2 bis 4% auftraten, wenn einmal das Magnetfeld eingeschaltet war und das andere Mal nicht. Auch bei Wismut und Cadmium (beide diamagnetisch), die aus der Schmelze kristallisiert wurden, wurden ähnliche Erscheinungen beobachtet. Beim Wismut war die magnetische Suszeptibilität in Richtung des Feldes um etwa 4% kleiner und in der Richtung senkrecht dazu um etwa 5% größer als bei normalem, polykristallinem Material. Auch der spezifische elektrische Widerstand von Wismutstäbchen erfuhr eine Änderung von 3,5 bis 5%, je nach der Richtung des Feldes gegenüber einer nicht unter dem Einfluß des Magnetfeldes erstarrten Probe. Das magnetostatische Feld kann bei gewissen Stoffen also das Kristallwachstum beeinflussen, aber die Größe dieser Einwirkung ist nicht sehr erheblich. MAYR sagt selbst, daß ,,die gefundene Anisotropie der Kristallmasse nur einige Prozent der des Einkristalls beträgt und überdies sehr wesentlich von der Art des Kühlens abhängt". BAGDASAROV und SCHIEBER [268] untersuchten Auflösung und Wachstum von Kaliumalaun, $KAl(SO_4)_2 \cdot 12\ H_2O$, und Ammonium-Eisen-Sulfat (Mohrsches Salz), $(NH_4)_2Fe(SO_4)_2 \cdot 6\ H_2O$ in wäßrigen Lösungen verschiedener Konzentration bei verschiedenen Temperaturen und Magnetfeldern bis zu 150 kOe. Die Wirkung des Magnetfeldes ist gering, wenn auch meßbar, und der Wirkung des Druckes auf den Schmelzpunkt gemäß der Clausius-Clapeyronschen Gl. (105) vergleichbar. Die Lösungen der paramagnetischen Salze wurden nicht gerührt und bei sehr kleinen Übersättigungen gehalten (Temperaturmessung mit Transistoren). Nur hohe Feldstärken beeinflussen Wachstum und Auflösung; parallel zu den Feldlinien wird die Kristallwachstumsgeschwindigkeit erhöht und in entgegengesetzter Richtung vermindert.

IV. Technik der Kristallisation

A. Wärmetechnische Gesichtspunkte der Kristallisation

1. Latente Wärmen

Für die Kristallisation sind die folgenden latenten Wärmen von Bedeutung: Erstarrungs- oder Schmelzwärme (Kristallisation aus der Schmelze), Verdampfungswärme des Lösungsmittels (Vakuum- oder Verdampfungskristallisation aus Lösungen), Sublimationswärme (Kristallisation aus dem Dampf) und die verschiedenen Arten von Lösungswärmen (Kristallisation aus Lösungen). Die Schmelzwärmen, deren Größe für die meisten anorganischen und organischen Stoffe unter 10 kcal/mol liegt, werden, sofern sie nicht aus der Literatur [269] bekannt sind, am besten calorimetrisch gemessen. Im allgemeinen wächst die Schmelzwärme mit der Schmelztemperatur, aber der Troutonschen Regel für die Verdampfungswärme (beim atmosphärischen Siedepunkt) entsprechende Regeln sind nur für die Elemente annähernd erfüllt. WENNER [270] gibt die folgenden Regeln an, die aber nur benutzt werden sollten, wenn keine experimentellen Daten zur Verfügung stehen oder eine Messung nicht rasch genug abgeschlossen werden kann:

$$\frac{\Delta H}{T_0} = 2 - 3 \text{ (Elemente)} \qquad (144\,\text{a})$$

$$\frac{\Delta H}{T_0} = 5 - 7 \text{ (anorgan. Substanzen)} \qquad (144\,\text{b})$$

$$\frac{\Delta H}{T_0} = 9 - 11 \text{ (organische Substanzen)} \qquad (144\,\text{c})$$

mit

ΔH = Schmelzenthalpie in cal/mol,
T_0 = Schmelztemperatur in °K,

Danach findet man beispielsweise für NaCl mit $T_0 = 1074$ °K, $\Delta H = 1074 \cdot 6 = 6444$ cal/mol, während der experimentelle Wert 7220 cal/mol beträgt. Ferner ergibt sich für Anthrachinon mit $T_0 = 559$ °K, $\Delta H = 559 \cdot 10 = 5590$ cal/mol, während 7808 cal/mol gemessen wurden. Eine genauere Berechnung der Schmelzwärme ist möglich, wenn die kryoskopischen Konstanten A und B, bekannt sind. Man erhält nämlich nach Gl. (104b)

$$\Delta H = A\,R\,T_0^2 \qquad (104\,\text{b}')$$

mit

A = 1. kryoskopische Konstante in 1/°K,
R = Allgemeine Gaskonstante = 1,986 cal/mol grd,
T_0 = Schmelztemperatur in °K.

1. Latente Wärmen

ROSSINI [271] und DREISBACH [272] haben die Konstanten A und B für eine große Anzahl organischer Verbindungen angegeben. Für Äthylbenzol ergibt sich z. B. mit

$$A = 3{,}471 \cdot 10^{-2} \; [°K]^{-1} \quad \text{und} \quad T_0 = 178{,}2 \; °K \;,$$

$$\Delta H = 3{,}471 \cdot 1{,}986 \cdot 1{,}782^2 \cdot 10^2 = 2189 \; \text{cal/mol} \;.$$

Ist nicht die Schmelzwärme der reinen Komponente, sondern einer an dieser Komponente reichen Lösung gesucht, deren Schmelzpunkt T um $\Delta T°$ erniedrigt ist, so hat man ebenfalls nach Gl. (104b)

$$\Delta H_L = A\,R\,T^2\,(2\,B\,\Delta T + 1) \;, \qquad (104\,\text{b}'')$$

wobei die 2. kryoskopische Konstante B in $1/°K$ einzusetzen ist, damit sich ΔH_L in cal/mol ergibt. Die Verdampfungswärmen der vorwiegend benutzten Lösungsmittel sind in der Regel für deren atmosphärischen Siedepunkt bekannt oder lassen sich, wenn die Dampfdruckkurve der Substanz zur Verfügung steht, an Hand der integrierten Clausius-Clapeyronschen Gleichung

$$4{,}573 \,(\log p_2 - \log p_1)\,\frac{T_1 T_2}{T_2 - T_1} = L_{\text{lg}} = r \qquad (145)$$

abschätzen. Hierbei sind p_i (Torr oder atm) die den Temperaturen T_i (°K) entsprechenden Dampfdrucke, und die Verdampfungswärme L_{lg} (cal/mol) ergibt sich als *mittlere* Verdampfungswärme im Intervall $(T_2 - T_1)$ für die mittlere Temperatur $\dfrac{T_1 + T_2}{2}$ um so genauer, je enger dieses Intervall ist. Für den Fall, daß nur die kritischen Daten des Lösungsmittels bekannt und außer dem atmosphärischem Siedepunkt keine weiteren Punkte der Dampfdruckkurve verfügbar sind, empfiehlt MULLIN [7] die Gleichung von GIACALONE [273] zur Abschätzung der Verdampfungswärme:

$$r = L_{\text{lg}} = 4{,}573 \, \frac{T_c\,T_s}{T_c - T_s} \log p_c \;. \qquad (146)$$

L_{lg} ergibt sich für die atmosphärische Siedetemperatur T_s (°K) in cal/mol, wenn der kritische Druck p_c bei der kritischen Temperatur T_c in atm eingesetzt wird. Gl. (146) gilt sowohl für polare als auch unpolare Lösungsmittel. So hat man z. B. für Methanol mit $T_c = 513\,°K$, $T_s = 337{,}65\,°K$ und $p_c = 78{,}7$ atm

$$r = L_{\text{lg}} = 4{,}573 \, \frac{513 \cdot 337{,}65}{175{,}35} \cdot 1{,}8960 = 8565 \; \text{cal/mol} \qquad (146')$$

gegenüber dem experimentellen Wert von 8420 cal/mol.

Ferner ergibt sich für n-Heptan mit $T_c = 539{,}8\,°K$, $T_s = 371{,}43$ und $p_c = 26{,}8$ atm

$$r \equiv L_{\mathrm{lg}} = 4{,}573 \frac{539{,}8 \cdot 371{,}43}{168{,}37} \cdot 1{,}4281 = 7778 \text{ cal/mol} \qquad (146'')$$

gegenüber dem experimentellen Wert von 7575 cal/mol.

Die Verdampfungswärme einer Lösung ist streng genommen nur in Ausnahmefällen der Verdampfungswärme des zugehörigen Lösungsmittels gleich. Wird nämlich dem reinen Lösungsmittel bei der Temperatur T zu lösender Feststoff zugesetzt, so erniedrigt sich der Dampfdruck von p auf p', der Dampf leistet also pro mol die (calorisch gemessene) Ausdehnungsarbeit $RT \ln p/p'$, und diese Wärmemenge muß dem System zusätzlich zugeführt werden, um Abkühlung zu vermeiden. Hierbei wird der (überhitzte) Dampf in erster und zulässiger Näherung als ideales Gas aufgefaßt. Es gilt also nach W. MATZ [274]:

$$r_L = r + RT \ln \frac{p}{p'} = r + 4{,}573\, T\, (\log p - \log p') \qquad [(147)$$

mit

p = Dampfdruck des Lösungsmittels bei der Temperatur T (°K) in Torr oder atm,

p' = Dampfdruck der Lösung bei der Temperatur T (°K) in Torr oder atm,

r = Verdampfungswärme des Lösungsmittels in cal/mol,

r_L = Verdampfungswärme der Lösung in cal/mol.

$\Big\}$ bei der Temperatur T (°K).

Eine unter $p' = 760$ Torr bei $T = 273 + 108{,}2 = 381{,}2\,°K$ siedende gesättigte wäßrige Ammoniumsulfat-Lösung beispielsweise hat mit $p = 1011$ Torr eine Verdampfungswärme von

$$r_L = 9611 + 4{,}573 \cdot 381{,}2 \cdot 0{,}12395 = 9611 + 216$$
$$= 9827 \text{ cal/mol}. \qquad (147')$$

Die Verdampfungswärme der 115,3 g $(NH_4)_2SO_4$/100 g H_2O enthaltenden Lösung ist mithin um $100\,\frac{216}{9611} = 2{,}25\%$ höher als die des Lösungsmittels bei gleicher Temperatur. Nur bei drastischen Siedepunktserhöhungen oder Dampfdruckerniedrigungen der Lösungen (Beispiel: Kaliumacetat in Wasser) ist somit der Unterschied der Verdampfungswärmen von Lösung und Lösungsmittel von Belang.

Die Sublimationswärme L_{sg} kann entweder aus der integrierten Clausius-Clapeyronschen Gleichung (145) abgeschätzt werden, wenn die Sublimationsdruckkurve experimentell bestimmt wurde, oder für die Umgebung des Tripelpunktes als Summe von Schmelz- und Verdampfungswärme berechnet werden (vgl. Gl. 114). In der Literatur findet man nur wenige Angaben über Sublimationswärmen. Beispiele sind: Eis (658 kcal/kg bei -40 °C und 670,5 kcal/kg bei -10 °C) und J_2 (56,9 kcal/kg bei 113,6 °C, am Tripelpunkt). Die Sublimationswärmen der „einfach" sublimierenden anorganischen Stoffe am Sublimationspunkt $S_{p_{760}}$ sind in Tab. 29 zusammengestellt worden.

Tabelle 29. *Sublimationswärmen „einfach" sublimierender anorganischer Stoffe (nach J. H. PERRY, Chemical Engineer's Handbook, 3. Aufl. S. 210/212)*

Substanz	Formel	Sublimationstemperatur $S_{p_{760}}$ °C	Sublimationswärme in cal/mol
Aluminiumchlorid	Al_2Cl_6	177,8	26 750
Arsen	As	615	31 000
Cadmiumoxid	CdO	1559	53 820
Cyanbromid	CNBr	n. angegeben	11 010
Kohlendioxid	CO_2	$-78,5$	6 030
Jodheptafluorid	JF_7	4,5	7 460
Nickelchlorid	$NiCl_2$	987	48 360
Phosphor (violett)	P_4 (violett)	417	25 600
Selenhexafluorid	SeF_6	$-46,6$	6 350
Siliciumtetrafluorid	SiF_4	$-94,8$	6 130
Hexafluordisilan	Si_2F_6	$-18,9$	10 400
Schwefelhexafluorid	SF_6	$-63,5$	5 600
Tellurhexafluorid	TeF_6	$-38,6$	6 700
Uranhexafluorid	UF_6	56,4	9 990
Zirkontetrabromid	$ZrBr_4$	357	25 800
Zirkontetrachlorid	$ZrCl_4$	331	25 290
Zirkontetrajodid	ZrJ_4	431	29 030

Alle latenten Wärmen sind temperaturabhängig. Sind Dampf- oder Sublimations-Druckkurve eines Stoffes bekannt, so lassen sich Verdampfungs- oder Sublimationswärme längs dieser Kurven für verschiedene Temperaturen und innerhalb enger Temperaturintervalle abschätzen. Nach dem Kirchhoffschen Satz gilt für die Temperaturabhängigkeit einer latenten Wärme L (cal/mol):

$$\frac{dL}{dT} = \frac{dL(T)}{dT} = C_{P1} - C_{P2} = C_{P1}(T) - C_{P2}(T) \ . \tag{148}$$

Hierbei ist C_{P1} (cal/mol grd) die spezifische Wärme der bei Zufuhr von L entstehenden Phase und C_{P2} die Molwärme der dabei schwindenden Phase. Gl. (148) läßt sich nur auswerten, wenn die spezifischen Wärmen der jeweiligen beiden Phasen und ihre Temperaturabhängigkeit bekannt sind; ferner ist diese Gleichung streng nur für Wärmetönungen bei konstantem Druck gültig. Man kann sie also im Falle der Verdampfungswärme nicht bis zum kritischen Punkt benützen, aber nach EUCKEN [275] steht ihrer praktischen Verwendung nichts im Wege, solange die Dampfdichte etwa 1000mal kleiner als die Kondensatdichte ist. Kennt man die kritische Temperatur T_c und die Verdampfungswärme r_2 bei einer Temperatur T_2 unterhalb des kritischen Punktes, so läßt sich nach WATSON [276] die Verdampfungswärme r_1 bei der Temperatur T_1 gemäß der Beziehung

$$\frac{r_1}{r_2} = \left(\frac{T_c - T_1}{T_c - T_2}\right)^n \tag{149}$$

abschätzen. Ein guter Erfahrungswert für den Exponenten ist $n = 0,36$. So ergibt sich beispielsweise für Propan mit $T_c = 368,6\ °K$, $T_2 = 216,4\ °K$, $r_2 = 105,2$ kcal/kg und $T_1 = 321,8\ °K$

$$r_1 = 105,2 \left(\frac{46,8}{152,2}\right)^{0,36} = 105,2 \cdot 0,3075^{0,36} = 105,2 \cdot 0,6541$$

$$= 68,8 \text{ kcal/kg}, \tag{149'}$$

während der gemessene Wert 71,7 kcal/kg beträgt. Zur Berechnung der Temperaturabhängigkeit der Schmelzwärme ΔH schlägt WENNER die vereinfachte Plancksche Gleichung vor

$$\frac{d\Delta H}{dT} = C_P(\text{Flüssigkeit}) - C_P(\text{Feststoff}) + \frac{\Delta H}{T} = \Delta C_P + \frac{\Delta H}{T}. \tag{148a}$$

Für Wasser z. B. beträgt der Unterschied der spezifischen Wärmen bei 0 °C 0,502 cal/g grd, so daß sich die Schmelzwärme $\Delta H = 79,7$ cal/g für 1° Temperaturverminderung (Unterkühlung) um $0,502 + \frac{79,7}{273} = 0,794$ cal/g erniedrigt.

Es gibt drei verschiedene Arten von Lösungswärmen, nämlich:

1. Die differentielle Lösungswärme ^dW_L; das ist die Wärmetönung, die man beim Zusatz eines g-Mols des festen zu lösenden Stoffes zu einer verhältnismäßig großen Menge einer *bereits fertigen* Lösung beobachtet.

2. Die differentielle Verdünnungswärme ^dW_D; das ist die Wärmetönung, die man beim Zusatz eines g-Mols Lösungsmittel zu einer verhältnismäßig großen Menge einer *bereits fertigen* Lösung beobachtet.

3. Die integrale Lösungswärme ^iW_L; das ist die Wärmetönung, die man bei isothermer Auflösung eines g-Mols im *reinen Lösungsmittel* beobachtet. Diese drei Größen sind durch die folgende Beziehung miteinander verknüpft.

$$^iW_L = \frac{n_1}{n_2}\, ^dW_D + \,^dW_L = N\, ^dW_D + \,^dW_L. \tag{150}$$

Hierbei ist n_1 die Molzahl des Lösungsmittels, n_2 die Molzahl des Gelösten und $N = n_1/n_2$ die sogenannte „Verdünnung". Trägt man N

1. Latente Wärmen

als Abszisse und ^iW_L als Ordinate auf, so erhält man i. a. die in Abb. 72 gezeichnete Kurve. Ist der untersuchte Stoff nicht unbeschränkt im Lösungsmittel löslich, so geht die Kurve nicht durch den Nullpunkt, sondern schneidet die Abszissenachse in einem Punkt mit $N > 0$; kennt man für das zu untersuchende System den Verlauf dieser Kurve, so können ^dW_D und ^dW_L für eine bestimmte Verdünnung N sofort graphisch ermittelt werden. Man legt in dem dieser Verdünnung entsprechenden Kurvenpunkt die Tangente an die Kurve und zieht durch den Schnittpunkt dieser Tangente mit der Ordinatenachse die Parallele zur Abszissenachse. Der Abstand zwischen dieser Parallelen

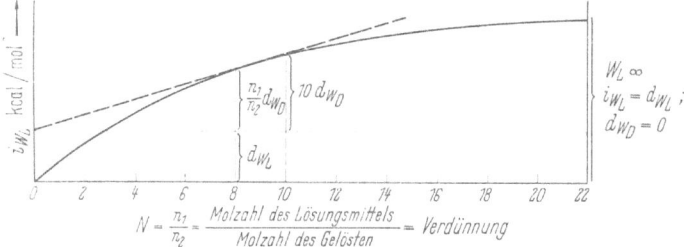

Abb. 72. Abhängigkeit der integralen Lösungswärme ^iW_L von der Verdünnung N.

und der Abszissenachse ist dann gleich ^dW_L, der Abstand zwischen dem Kurvenpunkt und der Parallelen gleich $n_1/n_2 \cdot {}^dW_D$. Man erkennt aus Abb. 72, daß mit abnehmender Verdünnung der Anteil der Größe $N\,{}^dW_D$ an der integralen Lösungswärme immer größer wird, während mit zunehmender Verdünnung schließlich die Tangente horizontal verläuft, so daß für $N \to \infty$ bzw. $n_2 \to 0$ gilt:

$$^dW_D = 0 \quad \text{und} \quad {}^iW_L = {}^dW_L = W_L^\infty \,. \tag{151}$$

Man pflegt diese Lösungswärme W_L^∞ als „erste Lösungswärme" oder als „Lösungswärme bei unendlicher Verdünnung" zu bezeichnen. In der Regel wird in den Nachschlagewerken [277] diese Lösungswärme angegeben. Sie ist sehr oft negativ, mitunter aber auch positiv. Ist die Lösungswärme negativ, so verläuft die Auflösung endotherm, die Temperatur der Lösung sinkt; man kann auch sagen, daß die Gesamtenthalpieänderung von Lösungsmittel und Gelöstem positiv ist. Da die Lösungswärme sehr oft negativ ist, sind viele Kristallisationen aus Lösungen exotherme Vorgänge. Daten über differentielle Lösungs- und Verdünnungswärmen sind nur spärlich vorhanden [278], so daß man sich in der Regel mit dem Wert W_L^∞ begnügen muß. Dies ist jedoch kein entscheidender Mangel; denn Abb. 72 zeigt, daß die Lösungswärme ^iW_L mit abnehmender Verdünnung sinkt. Wurde die notwendige Kühlfläche auf Grund von W_L^∞ berechnet, so muß sie für höhere Lösungskonzentrationen erst recht ausreichen. Ist der Wert von W_L^∞ unbekannt, so kann er im allgemeinen nur durch Messung in einem Calorimeter ermittelt werden. Sind Daten über Konzentrations- und Temperatur-Abhängigkeit des mittleren molaren Aktivitätskoeffizienten f eines Elektrolyten verfügbar, so läßt sich die Lösungswärme ${}^i W_L$ bei der Temperatur T (°K) und der Sättigungskonzentration C_s (z. B. in mol/l oder g/100 g Lösungsmittel) nach folgender von SEIDELL [279] angegebenen Gleichung berechnen:

$$- {}^i W_L = n\,R\,T^2 \frac{dC_s}{dT}\left[\left(\frac{\partial \ln f}{\partial C_s}\right)_T + \frac{1}{C_s}\right] \quad \text{in cal/mol} \quad (152)$$

mit

$R = 1{,}986$ cal/mol grd,
$n = $ Anzahl der bei Auflösung eines Moleküls entstehenden Ionen.

Tab. 30 weist aus, daß die nach dieser Gleichung berechneten Lösungswärmen gut mit calorimetrisch gemessenen übereinstimmen.

Für verdünnte Lösungen, bei denen $f = 1$ gesetzt werden kann, hat man im besonderen:

$$- {}^i W_L = n\,R\,T^2 \frac{d \ln C_s}{dT}. \quad (152')$$

Tabelle 30. *Vergleich der berechneten und gemessenen Lösungswärmen von Elektrolyten (in H_2O)*

Substanz	Temperatur in °C	Lösungswärmen ${}^i W_L$	
		nach Gl. (152) cal/mol	calometrisch gemessen cal/mol
KCl	25	− 3380	− 3300
Ba(NO$_3$)$_2$	25	− 6805	− 6974
Na$_2$CO$_3 \cdot$ 10 H$_2$O	20	−13500	−13960
NaOH	25	+ 2750	+ 2585

Gl. (152) gilt auch für Nichtelektrolyten, wenn man $n = 1$ setzt. Für wenig lösliche Stoffe nimmt der Term des Aktivitätskoeffizienten mit $1/C_s$ ab, und nach der Theorie von DEBYE und HÜCKEL kann

$$\left(\frac{\partial \ln f}{\partial C_s}\right)_T \approx \frac{f-1}{2\,C_s} = \frac{A\sqrt{C_s}}{2\,C_s} \quad (A = \text{Konstante}) \quad (153)$$

gesetzt werden, so daß man für kleine Temperaturintervalle $\Delta T = T_2 - T_1$, in denen sich ${}^i W_L$ und f wenig ändern, die integrierte Form von Gl. (152)

$$- {}^i W_L = \left(\frac{1+f}{2}\right) \frac{n\,R\,T_1\,T_2}{T_2 - T_1} \ln \frac{C_2}{C_1} \quad (154)$$

benutzen kann. Hierbei sind C_1 und C_2 die den Temperaturen T_1 und T_2 entsprechenden Löslichkeiten. Die Theorie von DEBYE und HÜCKEL — Proportionalität des Aktivitätskoeffizienten mit $\sqrt{C_s}$ — gilt nur für verdünnte Lösungen, z. B. bei 1-1-wertigen Elektrolyten bis 10^{-3} mol/l. E. WICKE und M. EIGEN [280] sowie H. FALKENHAGEN und K. KELBG [281] haben durch Berücksichtigung des infolge Ionenhydratation vergrößerten Eigenvolumens der Ionen den Gültigkeitsbereich des Gesetzes von DEBYE-HÜCKEL auf höher konzentrierte Lösungen (bis 1-molar) ausgedehnt. Zum Vergleich: Eine bei 20 °C gesättigte NaCl-Lösung ist 5,43-molar. Für das Vorzeichen der Lösungswärmen gilt nach Gl. (152), daß Stoffe, deren Löslichkeit mit steigender Temperatur wächst ($dC_s/dT > 0$), eine negative Lösungswärme aufweisen und umgekehrt (vgl. Abb. 20). Wie in Kap. III C 4 schon angegeben, liegt W_L^∞ für die meisten anorganischen Feststoffe unter 50 kcal pro mol und für die organischen Feststoffe im wesentlichen unter 10 kcal/mol. Als größte Lösungswärme der anorganischen Substanzen ist in den Nachschlagewerken [7] die Lösungswärme (W_L^∞) von $Al_2(SO_4)_3$ in H_2O (bei Raumtemperatur) mit $+120$ kcal/mol aufgeführt; bei den organischen Stoffen [277] steht Kaliumoxalat ($K_2C_2O_4$) mit $+24,7$ kcal/mol an der Spitze. Bei den anorganischen Salzen ist die negative Lösungswärme um so größer, je größer der Kristallwassergehalt ist. EUCKEN [282] gibt als Beispiel Dinatriumhydrophosphat (Na_2HPO_4) an. Hier hat man folgende Lösungswärmen W_L^∞ in Wasser bei 18 °C:

Na_2HPO_4 $+ 5,6$
$Na_2HPO_4 \cdot 2\,H_2O$ $- 0,4$
$Na_2HPO_4 \cdot 7\,H_2O$ $-11,3$ kcal/mol
$Na_2HPO_4 \cdot 12\,H_2O$ $-22,7$

Die Erscheinung ist dadurch zu erklären, daß das (eingefrorene) Kristallwasser geschmolzen und *mindestens* die Schmelzwärme des Eises (1,43 kcal/mol) aufgebracht werden muß.

2. Krustenbildung

Beide Stufen der Kristallisation, Keimbildung und Kristallwachstum, bedürfen der Überschreitung des Gleichgewichtes, also der Übersättigung oder Unterkühlung. Werden Wärmeübertragungsflächen benutzt, um diese zu erzeugen, so muß grundsätzlich mit deren Verkrustung gerechnet werden, wenn sie nicht dauernd abgekratzt werden. Es gilt also nicht, die Krustenbildung zu vermeiden, sondern sie so gering zu halten, daß die Betriebszeiten der Kristallisatoren zwischen zwei Reinigungen möglichst lang sind. CHANDLER [283] hat den Einfluß der Übersättigung und Strömungsbedingungen auf den Beginn der Krustenbildung in einem Rohr-Ringspalt (äußerer Mantel aus Glas; inneres Rohr wahlweise aus rostfreiem Stahl, Nickel oder Messing) mit Lösungen von Na_2HPO_4 (Entstehung von Keimen mit 7 bzw. 12 mol H_2O) und Na_2SO_4 (Entstehung von Keimen mit 10 mol H_2O) untersucht. Die Keimbildungsgeschwindigkeit ist sehr wesentlich von der Übersättigung an der Wärmeübertragungsfläche abhängig, und zwar gilt:

$$\frac{dN}{dt} = K f(\text{Re}) C^n \qquad (155)$$

mit

N = Keimzahl in m^{-2},
t = Zeit in h,
K = Konstante,
C = Übersättigung der Lösung an der Oberfläche in g/100 g H_2O,
Re = Reynolds-Zahl (mit dem hydraulischen Durchmesser gebildet).

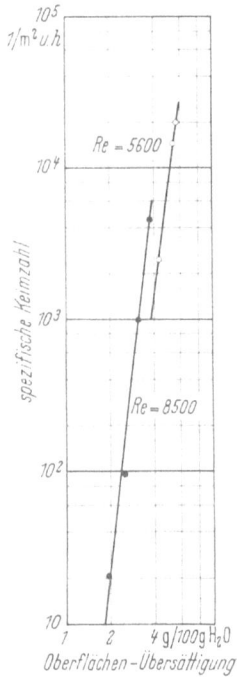

Abb. 73. Abhängigkeit der spezifischen Keimzahl von der Oberflächen-Übersättigung.
Keimbildung von $Na_2HPO_4 \cdot 7\ H_2O$ an Oberflächen aus rostfreiem Stahl 18/8.
Temperaturbereich: 36,9–38,6 °C.

Für ziemlich glatte Oberflächen liegen die Werte von n zwischen 6 und 10. Es gibt also eine kritische Übersättigung (vgl. Abb. 73), unterhalb deren die Keimbildungsgeschwindigkeit so klein ist (vgl. auch Tab. 1), daß die Wahrscheinlichkeit der Krustenbildung gering ist. Da kein Unterschied im Verhalten glatter und korrodierter Metallflächen beobachtet wurde, schließt CHANDLER, daß an polierten Flächen die Keimbildungsgeschwindigkeit genau so groß ist wie an unpolierten, daß die Keime aber schwächer anhaften und abgespült werden, bevor sie stärker wachsen. Die Steigerung der Reynolds-Zahl vermindert zwar die Neigung zur Krustenbildung, aber dieser Einfluß ist nicht sehr bedeutend, weil gesteigerte Turbulenz zwar die Übersättigung an der Oberfläche herabsetzt, jedoch die kritische Übersättigung ebenfalls abnimmt. (s. Abb. 73). JUNGHAHN [284] hat einige Verfahren zum Herabsetzen oder Verhindern der Krustenbildung beschrieben, die sich im wesentlichen auf irgendeine Veränderung der krustenbildenden Lösung oder konstruktive Verbesserungen der festen Oberfläche beziehen. Er kommt zu dem Schluß, „daß man von vornherein kein Verfahren nennen kann, das für jeden Bedarfsfall Erfolg hat, da jede Verkrustung unterschiedliche Merkmale aufweist". Im amerikanischen Schrifttum wird zwischen Salzablagerung (salting) und Krustenbildung (scaling) unterschieden; von Salzablagerung spricht man bei Feststoffen, deren Löslichkeit mit wachsender Temperatur steigt (z. B. KNO_3, $Na_2HPO_4 \cdot 12\ H_2O$, $Na_2HPO_4 \cdot 7\ H_2O$, $Na_2SO_4 \cdot 10\ H_2O$ oder KCl; vgl. Abb. 20) und von Krustenbildung bei Feststoffen, deren Löslichkeit mit zunehmender Temperatur abnimmt („umgekehrte Löslichkeit") und die an den heißen Stellen bevorzugt ausfallen. Zu dieser Gruppe gehören z. B. Na_2SO_4, $Na_2CO_3 \cdot H_2O$, $CaSO_4$, $FeSO_4 \cdot H_2O$ und verschiedene Calciumsalze organischer Säuren. BADGER [285] hat die zeitliche Abnahme des Gesamtwärme-Durchgangskoeffizienten k während der Bildung von Krusten untersucht und konnte die folgende von MCCABE und ROBINSON [286] aufgestellte empirische Gesetzmäßigkeit bestätigen:

$$k = \frac{1}{\sqrt{a + b\tau}} \qquad (156)$$

mit

k = Gesamtwärmedurchgangszahl in kcal/m² h °C,

τ = Betriebsdauer in min,

a = Konstante in m⁴ h² grd²/kcal²,

b = Konstante in m⁴ h² grd²/kcal² min.

So wurde z. B. für die Verdampfung einer Na_2SO_4-Lösung in einem Kalander-Verdampfer gefunden: $a = 1{,}396 \cdot 10^{-7}$ und $b = 4{,}917 \cdot 10^{-9}$ in den oben genannten Einheiten. Der k-Wert sank von anfänglich 2677 kcal/m² h °C innerhalb von $\tau_{1/2} = 3\,a/b \approx 84$ min auf die Hälfte ab.

3. Betrachtungen zum Wärmeübergang und Wärmedurchgang

Die zu übertragenden Wärmemengen Q müssen in jedem Falle berechnet oder abgeschätzt werden, weil sich dabei erst zeigt, ob die Größe eines Kristallisators durch die erforderliche mittlere Verweilzeit der Kristalle oder die notwendige Wärmeübertragungsfläche bestimmt wird. Werden beispielsweise durch Kühlungskristallisation aus der Lösung (Abkühlung um $\Delta\vartheta$ °C) P kg/h trockenes Kristallisat gewonnen und fallen gleichzeitig M_L kg/h Mutterlauge an, so setzt sich die abzuführende Wärmemenge $\bar{Q}$ (Die Schreibweise $\bar{Q} = -Q$ soll daran erinnern, daß es sich um Wärmeabfuhr handelt!) aus folgenden Beiträgen zusammen:

$$\left.\begin{aligned}&Q_1 = \text{Kristallisationswärme} = -\frac{W_L^\infty}{M} P \\ &Q_2 = \text{Fühlbare Wärme zur Abkühlung der Mutterlauge} \\ &\quad = C_L \, \Delta\vartheta \, M_L \\ &Q_3 = \text{Fühlbare Wärme zur Abkühlung der Kristalle} \\ &\quad = C_s \, \Delta\vartheta \, P \\ &\qquad\qquad Q = Q_1 + Q_2 + Q_3 \end{aligned}\right\} \text{ in kcal/h} \quad (157)$$

mit

$W_L^\infty =$ Lösungswärme bei unendlicher Verdünnung in cal/mol,
$M \;\;\;=$ Molekulargewicht des Gelösten in g/mol,
$C_L \;\;=$ Mittlere spez. Wärme der *Mutterlauge* im Intervall $\Delta\vartheta$ in kcal/kg grd,
$C_s \;\;=$ Mittlere spez. Wärme der Kristalle im Intervall $\Delta\vartheta$ in kcal/kg grd.

Hierbei wurde angenommen, daß zu Beginn der Kühlung alle Kristalle ausfallen. Wenn erst am Ende der Kühlung alle Kristalle ausfallen, ergibt sich:

$$\left.\begin{aligned}Q_1 &= -\frac{W_L^\infty}{M} P \,, \\ Q_2' &= C_L' \, \Delta\vartheta \, (M_L + P) \,, \\ Q_3' &= 0 \,, \\ Q' &= Q_1 + Q_2' \end{aligned}\right\} \text{ in kcal/h} \quad (158)$$

mit

$C_L' =$ Mittlere spez. Wärme der *Ausgangslösung* im Intervall $\Delta\vartheta$ in kcal/kg grd.

Da nun weder *alle* Kristalle zu Beginn noch am Ende ausfallen, sondern Kristallausfall während des ganzen Temperaturintervalles $\Delta\vartheta$ erfolgt, empfiehlt sich die Verwendung des Mittelwertes:

$$\overline{Q} = Q_1 + \frac{Q_2 + Q_3 + Q_2'}{2} \,. \quad (159)$$

Die spezifischen Wärmen der Lösung müssen in Abhängigkeit von Konzentration und Temperatur gemessen werden, da verläßliche Berechnungsmethoden nicht zur Verfügung stehen. Im Schrifttum [287] sind die spezifischen Wärmen wäßriger Lösungen der bekanntesten anorganischen Salze und weniger organischer Stoffe angegeben.

3. Betrachtungen zum Wärmeübergang und Wärmedurchgang

Werden bei der Verdampfungskristallisation P kg/h Kristallisat durch Verdampfung von L_m kg/h Lösungsmittel gewonnen, wird die Ausgangslösung bei Siedetemperatur eingespeist und das Produkt bei Siedetemperatur seiner Mutterlauge abgezogen, so ist die Wärmemenge

$$Q = \bar{r} L_m + \frac{W_L^\infty}{M} P \quad [\text{kcal/h}] \tag{160}$$

zuzuführen, wobei $\bar{r}$ die mittlere Verdampfungswärme von Ausgangslösung (Anfang) und Mutterlauge (Ende) in kcal/kg ist. Für Stoffe, die exotherm kristallisieren ($W_L^\infty < 0$), vermindern sich also die Verdampfungskosten, während sich diese für Stoffe erhöhen, die sich exotherm lösen. Für wäßrige Lösungen hat man aber sehr häufig: $\left|\frac{W_L^\infty}{M}\right| \ll \bar{r}$. Am genauesten lassen sich diese Wärmeberechnungen an Hand eines vollständigen Enthalpie-Konzentrationsdiagramms (I,x-Diagramm; vgl. auch Abb. 52) ausführen, aber es gibt solche Diagramme nur für wenige Systeme (z. B. H_2O–$CaCl_2$; H_2O–KOH; H_2O–$MgSO_4$).

Die notwendige Kühl- oder Heizfläche eines Kristallisators oder seiner wärmeübertragenden Teile wird im allgemeinen nach der bekannten Beziehung

$$F = \frac{Q}{k \cdot \Delta\vartheta_l} \quad [\text{m}^2] \tag{161}$$

abgeschätzt. Hierbei ist Q die zu übertragende Wärmemenge (Bei Wärmeentzug ist hierfür Q einzusetzen) in kcal/h (s. oben),

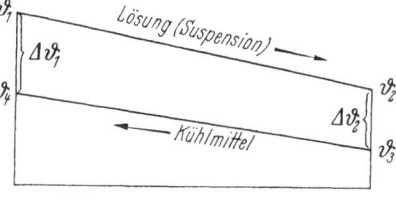

Abb. 74. Temperaturschema einer Gegenstrom-Anordnung.

k die Gesamtwärmedurchgangszahl in kcal/m² h grd und
$\Delta\vartheta_l$ der mittlere logarithmische Temperaturunterschied in °C.

Bezeichnet man den Temperaturunterschied zwischen Kühl- oder Heizmittel und Lösung oder Suspension am Anfang mit $\Delta\vartheta_1 = \vartheta_1 - \vartheta_4$ und am Ende mit $\Delta\vartheta_2 = \vartheta_2 - \vartheta_3$, so gilt

$$\Delta\vartheta_l = \frac{\Delta\vartheta_1 - \Delta\vartheta_2}{\ln \Delta\vartheta_1 - \ln \Delta\vartheta_2}, \tag{162}$$

falls k konstant ist und sich die Mengenströme nicht ändern. Die latenten Wärmen bei der Entstehung der festen Phase(n) müssen in Q berücksichtigt sein. Abb. 74 zeigt das Temperaturschema für eine Gegenstrom-Anordnung (z. B. Kratzkühler oder Kühler in einem Kristallisator mit Umwälzung von Lösung oder Suspension). Für einen Durchlauf-Kristallisierkessel hat man beispielsweise $\vartheta_1 \approx \vartheta_2$, ähnlich wie beim Verdampfer, bei dem außerdem noch $\vartheta_3 = \vartheta_4$ zu setzen ist. Problematischer als die Abschätzung von Q ist die Bestimmung der Gesamtwärmedurchgangszahl k. Drei „klassische Methoden" stehen dafür zur Verfügung, nämlich:

1. Berechnung von k auf Grund der Wärmeübergangszahlen α_1 und α_2 an beiden Seiten der Fläche F,
2. Zurückgreifen auf meist erheblich streuende Erfahrungswerte für den einzelnen Kristallisator-Typ,
3. Messungen und Versuche an einem Modell des geplanten Kristallisators.

Wie die Berechnung nach 1. verläuft, soll am einfachen Beispiel der *absatzweisen* Kühlungskristallisation eines Salzes aus einer Lösung in einem wandgekühlten Rührkessel erläutert werden. Für die Wärmeübergangszahl α_1 zwischen Wandung und Lösung (bzw. Suspension) gilt die von KRAUSSOLD [288] sowie von CHILTON, DREW und JEBENS [289] angegebene Beziehung:

$$Nu_1 = \text{Nusseltsche Zahl} = \frac{\alpha_1 D}{\lambda} = 0{,}36\, Re^{0{,}66}\, Pr^{0{,}33}\, (\eta_W/\eta_m)^{-0{,}14} \quad (163)$$

mit

$$Re = \text{Reynolds-Zahl} = \frac{n\, d^2}{\nu} \cdot 60,$$

Pr = Prandtl.-Zahl = $\frac{\eta_m C_p}{\lambda}$,

d = Rührerbreite in m,
D = Kessel-Innendurchmesser in m,
n = Drehzahl in U/min,
C_p = mittlere spez. Wärme der Lösung (bzw. Suspension) in kcal/kg grd,
α_1 = Wärmeübergangszahl zwischen Wand und Lösung (bzw. Suspension) in kcal/m² h grd,
λ = Wärmeleitfähigkeit der Lösung (bzw. Suspension) in kcal/m h grd,
η_W = Dynamische Viskosität der Lösung (bzw. Suspension) bei Wandtemperatur in kg/m h (1 P = 10^2 cP = 360 kg/m h),
η_m = Dynamische Viskosität der Lösung (bzw. Suspension) bei mittlerer Temperatur in kg/m h,
ν = kinematische Viskosität der Lösung (bzw. Suspension) bei mittlerer Temperatur in m²/h (1 St = 10^2 cSt = 0,36 m²/h).

Gl. (163) wurde für Blattrührer, Turbinenrührer und Turbinenrührer mit geschränkten Flügeln verifiziert. Angenommen, es hat sich erwiesen, daß ein Turbinenrührer für das gestellte Problem geeignet ist und dessen optimale Drehzahl wurde ermittelt, so sind D, d und n

4. Betrachtungen zum Wärmeübergang und Wärmedurchgang

festgelegt. Die Bestimmung der Materialkonstanten η, ν und λ bereitet indessen große Schwierigkeiten; denn zu Beginn hat man es mit einer homogenen Lösung, später, nach Einsetzen der Kristallisation, mit einer Suspension zu tun, deren Feststoff-Gehalt im Laufe der Zeit ansteigt. Die Viskosität einer Suspension hängt von 5 Einflußgrößen ab: Der Temperatur, dem rheologischen Verhalten der Mutterlauge (oder Lösung), dem Feststoffgehalt der Suspension, der Teilchenform und der Teilchengröße des suspendierten Feststoffes. Dabei ist schon vorausgesetzt, daß die Strömungsbedingungen konstant bleiben. Ist die Mutterlauge eine Newtonsche Flüssigkeit, was von wäßrigen Lösungen im allgemeinen angenommen werden kann, so ist das Verhältnis der dynamischen Viskosität η_s der Suspension und der dynamischen Viskosität η_0 der zugehörigen homogenen Lösung, also die spezifische Viskosität, bei kugelförmigen Teilchen von deren Größe unabhängig und richtet sich nur nach dem Feststoffgehalt (Volumenanteil) ξ der Suspension. Nach kritischen Untersuchungen von FORD [290] empfiehlt es sich, nicht die Viskositäten η, sondern ihre Kehrwerte die Fluiditäten φ heranzuziehen, weil das Verhältnis φ_s/φ_0, die spezifische Fluidität, eine bessere Linearität mit ξ aufweist als die spezifische Viskosität. Für verdünnte Suspensionen, bei denen die Abstände der Kugeln groß gegen ihren Durchmesser sind, gilt die Einsteinsche Gleichung

$$\Phi = \frac{\varphi_s}{\varphi_0} = 1 - 2{,}5\,\xi\,. \qquad (164)$$

Bei geringen und selbst bei mäßigen Konzentrationen tendiert das in ξ quadratische Glied zu verschwinden, was beim entsprechenden Viskositätsverhältnis nicht der Fall ist (Die unzulässige Extrapolation auf $\Phi = 0$ erbringt den Volumenanteil $\xi_0 = 0{,}4$). Für höher konzentrierte Suspensionen kann man die von FORD [290] empfohlene, auf Messungen VANDS [291] an Glaskugeln von 125 bis 205 µm Durchmesser zurückgehende Gleichung benützen.

$$\Phi = \frac{\varphi_s}{\varphi_0} = 1 - 2{,}5\,\xi + 11\,\xi^5 - 11{,}5\,\xi^7\,. \qquad (165)$$

Der 3. und 4. Term tragen der Annäherung der Partikel aneinander Rechnung; der 3. Term wird bei $\xi = 0{,}25$ und der 4. Term bei $\xi = 0{,}45$ wichtig. Für die kubische Packung der Kugeln mit der Packungsdichte $\xi_0 = \dfrac{4/3\,\pi\,r^3}{8\,r^3} = 0{,}5236$ (r = Kugelradius) wird $\Phi = 0$ (s. Abb. 75). FORD betont, daß der Wert $\Phi = 0$ wahrscheinlicher für die kubische Packungsdichte angenommen wird als für die dichteste Kugelpackung (mit $\xi = 0{,}74$). Nun haben Kristalle in den seltensten Fällen genau Kugelgestalt. Sind die Kristalle balken-, nadel- oder plättchenförmig oder haben sie die Form gestreckter oder abgeplatteter Rotationsellipsoide, so erhöht sich die Viskosität gegenüber einer Suspension mit gleichem Volumenanteil ξ an kugelförmigen Teilchen beträchtlich. Zudem wird die spezifische Viskosität η_s/η_0 von den Abmessungen der Teilchen abhängig sowie von Geschwindigkeitsgradienten, die durch Ausrichtungseffekte bedingt sind. Die dann zu benutzenden, komplizierten Gleichungen wurden von W. KUHN und H. KUHN [292] abgeleitet. Streng genommen müßte man die dynamischen Viskositäten an der Wand und für eine zwischen Wand- und Kesselinnentemperatur gelegene mittlere Temperatur zu Beginn, am Ende und für eine mittlere Feststoff-Konzentration der Charge berechnen. Den Unsicherheiten in η entsprechen die Unsicherheiten in ν. Zur Auswertung von Gl. (163) müssen ferner die Wärmeleitfähigkeiten der homogenen Lösung am Anfang und der verschiedenen Suspensionen im Verlaufe der Kristallisation berechnet werden. Die Wärmeleitfähigkeit wäßriger Lösungen starker Elektrolyte (und der wäßrigen Mischungen verschiedener organischer Verbindungen) wurden von RIEDEL [293] grundlegend untersucht. Er gibt außer einer Liste der bislang gemessenen Wärmeleitfähigkeiten eine Vorschrift an, nach der man unbekannte Wärmeleitfähigkeiten wäßriger Lösungen starker Elektrolyte für beliebige Temperaturen im Intervall von $-40\ ^\circ\text{C}$ bis $110\ ^\circ\text{C}$ zuverlässig abschätzen kann, was für die hochkonzentrierten kristallisierenden Lösungen in der Regel notwendig sein wird. Für die Wärmeleitfähigkeiten von Mischphasen haben HAMILTON und GROSSER [294] eine sehr nützliche Beziehung angegeben, nämlich:

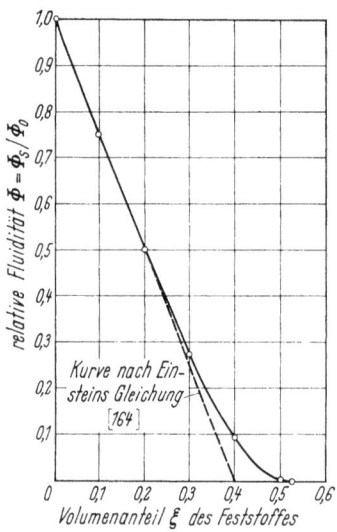

Abb. 75. Abhängigkeit der relativen Fluidität Φ einer Suspension vom Volumenanteil ξ ihres Feststoffes. Newtonsche Mutterlauge; kugelförmige, starre Teilchen.

$$\lambda = \lambda_1 \left[\frac{\lambda_2 + (n-1)\lambda_1 - (n-1)\xi(\lambda_1 - \lambda_2)}{\lambda_2 + (n-1)\lambda_1 + \xi(\lambda_1 - \lambda_2)} \right] \quad (166)$$

mit

λ = Wärmeleitfähigkeit der Mischung (Suspension) in kcal/m h grd,
λ_1 = Wärmeleitfähigkeit der kontinuierlichen Phase (Lösung) in kcal/m h grd,
λ_2 = Wärmeleitfähigkeit der diskontinuierlichen Phase (Feststoff) in kcal/m h grd,
ξ = Volumenbruch der diskontinuierlichen Phase.

3. Betrachtungen zum Wärmeübergang und Wärmedurchgang

Für Mischungen, bei denen die Wärmeleitfähigkeit der diskontinuierlichen Phase um mehr als zwei Zehnerpotenzen größer ist als die der kontinuierlichen, ist

$$n = 3/\psi$$

zu setzen mit

$$\psi = \text{Sphärizität} = \frac{\text{Oberfläche der dem Teilchen volumengleichen Kugel}}{\text{Oberfläche eines Teilchens}}.$$

In allen anderen Fällen, die die Regel sind, bekommt man mit $n = 3$

$$\lambda = \lambda_1 \left[\frac{\lambda_2 + 2\lambda_1 - 2\xi(\lambda_1 - \lambda_2)}{\lambda_2 + 2\lambda_1 + \xi(\lambda_1 - \lambda_2)} \right]. \tag{166'}$$

Für $\xi = 0$ ist $\lambda = \lambda_1$ und für $\xi = 1$ ist $\lambda = \lambda_2$.

Dieses, im Rahmen der Kristallisation einfache, Beispiel zeigt, welcher Fülle von Materialdaten es bedarf und daß die Unsicherheiten in der Bestimmung der Viskosität, die in Re, Pr und den Korrekturfaktor eingeht, das für Nu erhaltene Ergebnis fragwürdig erscheinen lassen. KRAUSSOLD erwähnt Untersuchungen von CUMMINGS und WEST [295], die für Ionenaustauscherteilchen von 0,25 bis 1 mm, die in Toluol bis zu einem maximalen Feststoffgehalt von 25% suspendiert waren, eine Abnahme der Wärmeübergangszahl an der Schlange um etwa 25% feststellen konnten. Da die Gesamtwärmedurchgangszahl k in unserem Beispiel durch die Wärmeübergangszahl α_1 von der Lösung (bzw. Suspension) an die Wand bestimmt ist und dies um so mehr, als sich Salz an der Wand ablagert, wird man nicht erwarten dürfen, durch Berechnung zu einem verläßlichen k-Wert zu kommen. Bei strömungstechnisch komplizierter gebauten Kristallisatoren (z. B. Kratzkühlern) ist schon die Anwendung einer der Gl. (163) analogen Beziehung (z. B. für die turbulente Rohrströmung) problematisch. Da man stets zu Annahmen oder gewagten Schätzungen gezwungen ist, kann man auch von vornherein mit einem pauschalen k-Wert rechnen, der zwar mitunter einen großen Streubereich hat, wie es der Verschiedenheit der untersuchten Systeme entspricht, aber immerhin für den gewählten Kristallisator gilt und auf Messungen an diesem zurückgeht. Das entspricht der oben erwähnten und am häufigsten angewandten Methode 2. Später, bei der Besprechung der einzelnen Kristallisatoren (vgl. Kap. IV D!), werden diese pauschalen k-Werte angegeben. In Tab. 31 sind vorweg einige dieser Werte zusammengestellt worden, um einen Überblick über die Größenordnung zu ermöglichen. Das zweifellos sicherste Verfahren zur Bestimmung des k-Wertes besteht gemäß Methode 3. darin, an einem Modell des geplanten Kristallisators Messungen und Versuche von hinreichend langer Dauer vorzunehmen, besonders dann, wenn es sich um keinen „herkömmlichen" Kristallisatortyp, sondern um „Eigenbau" handelt oder das vorgelegte System schwierig ist. Je schwieriger das Problem, desto umfassender muß das

Tabelle 31. *Pauschale Gesamtwärmedurchgangszahlen k für einige Kristallisatoren*

Kristallisator-Art	Pauschale Gesamtwärme-durchgangszahl kcal/m² h °C	Quellenangabe
Kristallisierwiege nach WULFF-BOCK	≈10	E. HEGELMANN und C. BECK [296]
SWENSON-WALKER Kratzkühler	50—120	D. E. GARRETT und G. P. ROSENBAUM [297]
Kalander-Verdampfer mit Propeller	750—2200	W. L. BADGER und F. C. STANDIFORD
Zwangsumlauf-Verdampfer	2100—3200	W. L. BADGER und F. C. STANDIFORD [298]
Klassifizierender Kühlungskristallisator	800 (120 h lang)	A. W. BAMFORTH [299]
Votator, Kratzkühler	730—3200	A. P. HOSKING [300]
Dünnschichtverdampfer Sambay	2500—4000 (380 Torr, NaCl-Lösg.)	K. DIETER [301]

Labor-Studium und desto größer die pilot plant sein. GARRETT [302] warnt vor mittelgroßen pilot plants (etwa von 10 bis 200 l Betriebsinhalt mit Gefäß-Durchmessern von 0,6 bis 1,2 m) weil diese mühsam zu betreiben und kontrollieren sind; so können Salzablagerungen in Kristallisator und Leitungen ein ernstes Problem sein.

B. Kornverteilung von Kristallisaten

1. Problemstellung und Begriffsbestimmungen

Sieht man von der Züchtung von Einkristallen ab, so hat man es bei den Kristallisaten in der Regel mit einer Mannigfaltigkeit von Kristallen verschiedener Korngröße zu tun. Ein isodisperses Kristallisat ist selten; denn selbst bei Fällungen (vgl. Kap. III B 5) entstehen meist mehrere Kornklassen, und sogar das Produkt eines klassierenden Kristallisators (vgl. Kap. IV D 1 a δ) verteilt sich auf einen, wenn auch mehr oder minder engen Korngrößenbereich. Die Verteilung der einzelnen Kristallkörner auf die verschiedenen Kornklassen muß ermittelt werden, weil sie Einblick in den Mechanismus der Kristallisation und Aufschluß über die Wirksamkeit eines Kristallisationsverfahrens und eines Kristallisators gibt. Ferner wird vom Kunden bei

1. Problemstellung und Begriffsbestimmungen

vielen kristallinen Produkten eine ganz bestimmte Kornverteilung verlangt, sei es, daß Fein- oder Grob-Anteile unerwünscht sind, sei es, daß ein enger „Korn-Schnitt" angestrebt wird; mitunter wird sogar eine vorgegebene Standard-Kornverteilung gefordert. Der insgesamt zu umfassende Kornbereich läßt sich nicht streng abgrenzen, aber ungefähr abschätzen. Die untere Grenze dürfte beim 10-fachen des kritischen Keims — sagen wir (vgl. Abb. 2 und Tab. 1) bei 10^{-6} cm — liegen; für die obere Grenze kann man 0,5 cm als guten Anhaltswert nehmen. Selbstverständlich kann es im Einzelfalle, besonders bei ungelenkter Kristallisation gröbere Kristalle geben. Bedient man sich der in der Kolloidchemie üblichen Einteilung, so kann man sagen, daß bei der Kristallisation kolloiddisperse (Teilchen von 10^{-7} bis

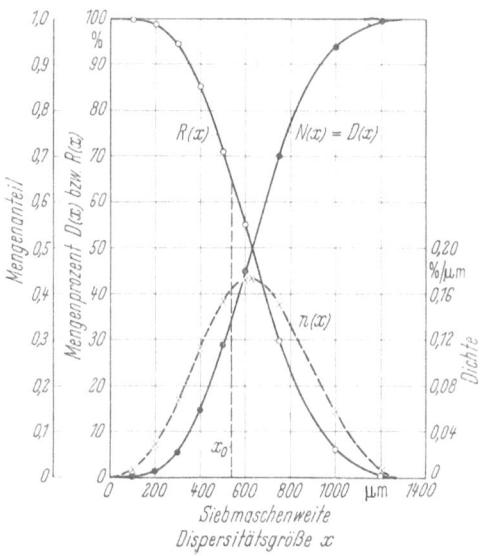

Abb. 76. Darstellung einer Kornverteilung.
Beispiel: Kristallisation von NaClO$_3$ aus wäßriger, bei 40 °C gesättigter Lösung während der Abkühlung auf 20 °C mit einer Geschwindigkeit von 5 °C/h in einem Gefäß von 4,35 kg Inhalt mit Blattrührer (Drehzahl 200 U/min). Kubische Kristalle. Dispersitätsgröße = Siebmaschenweite. Mengenart = Masse der Teilchen.

$3-7 \cdot 10^{-5}$ cm) und grobdisperse (Teilchen über 0,3 bis 0,7 µm) Produkte vorkommen. Nach einer von RUMPF [303] gegebenen allgemeinen Systematik ist es zweckmäßig zwischen Dispersitätsgröße und Mengenart zu unterscheiden. Als Dispersitätsgröße wird eine meßbare Größe bezeichnet, die für das Einzelkorn einen definierten Wert annimmt. Verwendet werden z. B. die Sinkgeschwindigkeit, das Volumen oder eine geometrische Abmessung. Als Mengenarten werden wahlweise Anzahl, Oberfläche oder Masse der Teilchen benutzt. Ist die Art der Messung festgelegt, so sind Dispersitätsgröße und Mengenart gegeben und durch Ermittlung der Mengenanteile, die zwischen bestimmten Werten der Dispersitätsgröße liegen, wird die Verteilungsfunktion (Abb. 76) gewonnen. Man unterscheidet die Summenverteilung $N(x)$, die angibt, welcher Mengenanteil zwischen $x = 0$ und einem veränderlichen Wert $x = x_0$ der Dispersitätsgröße liegt, und der Dichteverteilung $n(x)$, von BATEL [304] Häufigkeitskurve genannt, die anzeigt, welcher Mengenanteil pro Einheit der Dispersitätsgröße einem bestimmten Wert x_0 der Dispersitätsgröße zukommt. An der Kurve $N(x)$ ist abzulesen, wieviel Prozent der Gesamtmenge *kleiner* als eine vorgegebene Dispersitätsgröße x_0 sind. Im Falle der Masse als Mengenart ist $N(x)$ mit dem Durchgang $D(x)$ identisch, während man als Rückstand $R(x)$ die Summenverteilung bezeichnet, die angibt, wieviel Prozent der Gesamtmenge *größer* als eine vorgegebene Dispersitätsgröße x_0 sind. Man hat also die folgenden Beziehungen:

$$N(x) = D(x) = 1 - R(x), \quad \text{Summenverteilungen} \quad (167)$$
$$\text{(Summenkurven)}$$

$$\frac{dN(x)}{dx} = \frac{dD(x)}{dx} = -\frac{dR(x)}{dx} = n(x). \quad \begin{array}{l}\text{Dichteverteilung}\\ \text{(Häufigkeitskurve)}\end{array} \quad (168)$$

2. Messen von Kornverteilungen

Nach der von RUMPF [303] gegebenen Einteilung gibt es drei grundsätzlich verschiedene Methoden zur Ermittlung von Kornverteilungen, nämlich Zählverfahren, Sedimentationsverfahren und präparative Trennverfahren. Da beim Zählverfahren jedes Teilchen gezählt wird, ist stets die Anzahl die Mengenart, während die Dispersitätsgröße je nach Meßverfahren unterschiedlich sein kann. Man benutzt entweder eine geometrische Abmessung oder die Projektionsfläche des Teilchens oder die durch das suspendierte Teilchen veränderte Leitfähigkeit eines Elektrolyten als Dispersitätsgröße. Für das mikroskopische Präparat, in dem die Teilchen im allgemeinen bei stabiler Lage eine verhältnismäßig große Projektionsfläche einnehmen, ist der Durchmesser des Kreises gleicher Projektionsfläche, auch „Äquivalentdurchmesser des projektionsflächengleichen Kreises" genannt, eine zweckmäßige Dispersitätsgröße. Da diese mittlere Projektionsfläche nach dem Theorem von CAUCHY dem vierten Teil der Teilchenoberfläche gleich ist, fällt der Durchmesser des projektionsflächengleichen Kreises mit dem Durchmesser der oberflächengleichen Kugel zusammen. Teilchen unter 1 µm können mit dem Lichtmikroskop nicht mehr ausgemessen und nach ihrer Form beurteilt werden, weil beim Doppelten bis Dreifachen des Auflösungsvermögens (0,3 µm für hochauflösende Immersionssysteme) das Bild durch Beugung verfälscht wird. Man benutzt dann das Elektronenmikroskop, dessen Auflösungsvermögen bei 2 mµ (für Tischmodelle bei 10 mµ) liegt [305]. Für sehr grobe Teilchen ist die mikroskopische Auszählung problematisch, weil die Zahl der Teilchen auf dem Objektträger zu klein wird. Bei Teilchen über 1,5 mm Hauptabmessung sollte die Methode nicht mehr verwendet werden. Automatische Zählverfahren [306], [307] gehen entweder vom mikroskopischen Präparat oder von der Mikrophotographie aus; die Abtastung der Teilchen erfolgt mit Lichtpunkt (flying spot) oder Lichtschlitz (scanning slit). Der Coulter-Counter, für Teilchen unter 150 µm geeignet, bedient sich einer kurzen Kapillare, deren Durchmesser sich nach dem Kornintervall richtet und durch die ein Elektrolyt strömt, in dem die zu messenden Teilchen suspendiert sind. Vorausgesetzt, daß die elektrische Leitfähigkeit des Elektrolyten und der Teilchen verschieden ist, dann verändert sich die Leitfähigkeit, wenn sich ein Teilchen in der Kapillare befindet. Die Zählverfahren sind besonders für die Analyse von gefällten Produkten, für Untersuchungen zur Keimbildungsgeschwindigkeit und für die Bestimmung der erhöhten Löslichkeit sehr feiner Teilchen (vgl. Kap. III B 2) wichtig. Da Agglomeration bei der Kristallisation, vor allem bei der raschen Kristallisation nicht zu vermeiden ist, interessiert sehr oft die Größenverteilung der Agglomerate, die nur durch Messung der Teilchen in der Strömung ermittelt werden kann. Verfahren, die sich der Messung der von den Teilchen ausgesandten Streulicht-Intensität bedienen, sind zum Teil noch in Erprobung [303].

Bei den Sedimentverfahren ist die von Größe, Form und Dichte der Teilchen, von der Art des Kraftfeldes sowie von Dichte und Viskosität der Dispergierflüssigkeit abhängige Sinkgeschwindigkeit die Dispersitätsgröße, während die Mengenart vom speziellen Meßverfahren abhängt. Für Pipette-Gerät und Sedimentationswaage ist die Masse, für das Photosedimentometer die Oberfläche die Mengenart. Die Sedimentationsverfahren, geeignet für Teilchen im Korngrößenbereich 1—60 µm, lassen sich in „Incremental"-Methoden einteilen, nach denen die Konzentration in einem Meßquerschnitt gemessen wird, und die kumulativen Methoden, bei denen die Gesamtmenge bestimmt wird, die in Abhängigkeit von der Zeit aus einer Meßebene heraus- bzw. in diese hineinsedimentiert. Pipette-Verfahren und Photosedimentation sind von der ersten, die Sedimentationswaage von der zweiten Art. Das Pipette-Verfahren nach ANDREASEN [308] besteht darin, daß man einige Zentimeter über dem Boden des Sedimentationsgefäßes jeweils das gleiche Volumen Suspension mit einer speziellen Pipette abpipettiert, die Dispergierflüssigkeit eindampft und den Rückstand wiegt. Aus den Fallzeiten kann man auf Grund des Stokesschen Gesetzes und seiner Modifikationen auf die Korngrößen schließen. Es ist möglich bis zu einer unteren Korngrenze von 0,1 µm zu arbeiten, bei einer Fallhöhe von 20 cm sind aber die Fallzeiten für den Feinstanteil sehr lang. Diesen Nachteil vermeidet das Pipette-Gerät nach ANDRE-

ASEN-BÖRNER [309], das eine in der Höhe verschiebbare Pipette besitzt, die es erlaubt, die Teilchen schon bei einer Fallhöhe von 3 cm zu erfassen. Bei der Sedimentationswaage [310] wird der zeitliche Verlauf der Belastung einer Waagschale registriert, die dicht über dem Boden des Standzylinders für die Sedimentation hängt. Die Korngrößenverteilung wird aus der Gewichts-Zeit-Kurve nach einer einfachen graphischen Methode (Differentiation) als Rückstandssumme gewonnen. Die durch die graphische Differentiation der im Bereich großer Sinkgeschwindigkeiten stark gekrümmten Gewichtskurve entstehenden Fehler vermeidet die Waage nach LESCHONSKI [311], deren Schale einen über den Rand des Sedimentationszylinders hinausragenden Kragen besitzt. Diese Anordnung eliminiert auch die Dichte-Konvektionsströmung, die mit einem Austausch der über der Waage befindlichen dichteren Suspension und der dünneren unter der Schale verbunden ist.

Da die Intensität I eines durch eine Sedimentationsküvette hindurchtretenden Lichtstrahles kleiner als die der reinen Dispergierflüssigkeit I_∞ ist, kann man die Intensitätsschwächung, auch Transmission $T(x) = I/I_\infty$ genannt, die exponentiell von der Summe der mittleren Projektionsflächen der im Meßquerschnitt befindlichen Teilchenfraktionen abhängt, zur Ermittlung der Kornverteilung feiner Kristallisate benützen. Nach diesem Prinzip arbeitende Geräte werden Photosedimentometer [312] genannt. Aus der Projektionsfläche läßt sich der Massenanteil $D(x)$ berechnen und der gemessenen Sinkgeschwindigkeit bzw. dem äquivalenten Stokesdurchmesser zuordnen. Weil bei Teilchen unterhalb von 20—40 μm diese Zuordnung durch Streuung und möglicherweise durch korngrößenabhängige Absorption verändert wird, ist nach ROSE [313] die Berücksichtigung der Extinktionskoeffizienten unerläßlich.

Zu den präparativen Trennverfahren, bei denen die Körnung in zwei (Grobgut/Feingut) oder mehrere Fraktionen getrennt wird, gehören Sieben, Dekantieren, Schlämmen und Windsichten. Da jede Fraktion gewogen wird, ist die Masse Mengenart. Die Dispersitätsgröße, deren Bestimmung problematisch ist, hängt vom Trennprinzip ab. Für Kristallisate über 60 μm bedient man sich in vielen Fällen der Siebanalyse mit einem Satz von Labor-Prüfsieben, die übereinander so angeordnet werden, daß die Maschenweite von unten nach oben zunimmt. Das Siebgut wird dem obersten Sieb aufgegeben, und der Siebsatz wird in schwingende oder rüttelnde Bewegung gebracht, um das Durchtreten des Feingutes durch die Sieböffnungen zu erleichtern, so daß nach Ablauf von etwa 10 bis 30 Minuten die Rückstandsmengen auf den verschiedenen Sieben gewogen werden können. Die Prüfsiebgewebe (Drahtgewebe) sind genormt, in Deutschland nach

DIN 4188 (1957), in den USA nach ASTM (1939) und Tyler, in England nach BS 410 (1943), in Frankreich nach Afnor X11—501 und in den Niederlanden nach N 480 (1952). Das feinste Siebgewebe nach DIN hat eine lichte Maschenweite von 40 µm, das gröbste eine solche von 25 mm. Bei der Prüfsiebung wird das Trennergebnis nicht nur von der Größe der Teilchen, sondern auch von ihrer Form bestimmt; denn nur für kugelförmige Körner stimmt die Korngröße, bei der der Trennschnitt (in Grob- und Fein-Gut) erfolgt, auch Trenngrenze oder Trennkorngröße genannt, mit der Siebmaschenweite überein. Langgestreckte Kristalle, beispielsweise Nadeln, können die Prüfsiebe mit ihrem kleinsten Querschnitt passieren. RUMPF [303] weist darauf hin, daß das in die Trennzone gelangende Teilchen dort seine eigenen Trennbedingungen antrifft; so können einige Teilchen an ausnehmend grobe Maschen geraten, während andere lange von Steg zu Steg springen. Die Fehlermöglichkeiten beim Sieben werden ausführlich von BATEL [304] besprochen. Man muß mit folgenden Einflußgrößen rechnen: Probenumfang, Toleranzen der Maschenweite, Siebdauer sowie Riesel- und Fließverhalten des Kristallisates.

Allgemein ist ein Vergleich zweier Teilchen nur dann sinnvoll, wenn sie auf Grund der gleichen physikalischen Eigenschaft (z. B. der Sinkgeschwindigkeit bei den Sedimentationsmethoden oder einer geometrischen Abmessung bei der Prüfsiebung) gemessen wurden; beim Übergang von einer physikalischen Methode zur anderen muß mit „Anschluß-Differenzen" gerechnet werden. Glücklicherweise sind aber so breite Kornverteilungen, die einen Wechsel der zu messenden physikalischen Eigenschaft erfordern, bei Kristallisaten selten.

3. Mathematische Darstellung von Kornverteilungen

Man kann nicht erwarten, daß alle Kornverteilungen einem einzigen Verteilungsgesetz gehorchen, in der Regel kommt man jedoch mit den folgenden Verteilungen aus: Normalverteilung, logarithmische Normalverteilung und Verteilung nach ROSIN-RAMMLER-SPERLING [314]. Die Dichteverteilung oder Häufigkeitskurve der Normalverteilung (auch Gaußsche Normalverteilung genannt) genügt folgender Gleichung:

$$n(x) = \frac{100}{\sigma \sqrt{2\pi}} \cdot \exp\left[-\frac{(x-x_h)^2}{2\sigma^2}\right] = \frac{dD}{dx} = -\frac{dR}{dx}. \qquad (169)$$

Durch Differentiation von Gl. (169) erhält man

$$n'(x) = \frac{dn(x)}{dx} = -n(x)\frac{(x-x_h)}{\sigma^2}. \qquad (170)$$

Für die häufigste Korngröße $x = x_h$ hat also die Häufigkeitskurve ein Maximum. Sie verläuft zu beiden Seiten dieser Korngröße spiegelbildlich; denn es ist für alle x': $n(x_h + x') = n(x_h - x')$. Die Häufigkeitskurve erstreckt sich beiderseits ins Unendliche. Obwohl es nur positive Korngrößen gibt, ist die Integration zur Ermittlung der Summenverteilung für $x = -\infty$ zu beginnen; aber der steile Abfall der Häufigkeitskurve (Glockenkurve) vom Maximum gewährleistet, daß der durch die endliche Breite des Kornintervalles bedingte Fehler sehr gering ist. Nach Differentiation von Gl. (170) ergibt sich:

$$n''(x) = \frac{d^2 n(x)}{dx^2} = \frac{n(x)}{\sigma^4}[(x - x_h)^2 - \sigma^2]. \tag{171}$$

Die Wendepunkte der Glockenkurve liegen also bei $x = x_h \pm \sigma$. Je kleiner die *Standardabweichung* σ, desto schmaler die Glockenkurve. Mit der Substitution $\dfrac{x - x_h}{\sigma} = t$ nimmt Gl. (169) die Form an:

$$n(t) = \frac{100}{\sqrt{2\pi}} \exp\left(-\frac{t^2}{2}\right) = \frac{dD}{dt} = -\frac{dR}{dt}. \tag{172}$$

Der Ausdruck

$$D(\xi) = \frac{100}{\sqrt{2\pi}} \int_{-\infty}^{\xi} e^{-\frac{t^2}{2}} dt \tag{173}$$

wird normiertes $[D(\infty) = 100]$ Gaußsches Fehlerintegral genannt. Einer Funktionstafel dieses Integrals entnimmt man folgende Werte $D(-1) = 15{,}8655 \approx 15{,}9\%$ und $D(1) = 84{,}1345 \approx 84{,}1\%$. Zwischen $x = 0$ (streng genommen $x = -\infty$) und $x = x_h - \sigma$ (oder zwischen $x = x_h + \sigma$ und $x = \infty$) liegen also 15,9% der gesamten unterhalb der Glockenkurve befindlichen Fläche, während der Anteil zwischen $x = x_h - \sigma$ und $x = x_h + \sigma$ $84{,}1 - 15{,}9 = 68{,}2\%$ ausmacht. Mithin ergibt sich:

$$\sigma = \frac{1}{2}(x_{84} - x_{16}) \tag{174}$$

bei Benutzung des Durchgangs D.

Zur Prüfung, ob eine Körnung normal verteilt ist, verwendet man das arithmetische Wahrscheinlichkeitsnetz, dessen Abszisse linear und dessen Ordinate nach dem normierten Gaußschen Fehlerintegral geteilt ist (Abb. 77). Da die Normalverteilung symmetrisch (in bezug auf x_h) ist, liegen unterhalb der Glockenkurve jeweils links oder rechts von x_h 50% der Gesamtfläche; der *Medianwert* x_{50} fällt also mit x_h zusammen. Häufig wird diese Korngröße auch „mittlere Korngröße" $\bar{x}$ (im angelsächsischen Schrifttum mean aperture, MA) genannt. Ferner

3. Mathematische Darstellung von Kornverteilungen

ist es üblich, zur weiteren Kennzeichnung der Kornverteilung den Variationskoeffizienten δ (im angelsächsischen Schrifttum coefficient of variation, CV) zu benützen gemäß der Definition:

$$\delta = 100 \frac{\sigma}{\bar{x}} \quad (\%). \tag{175}$$

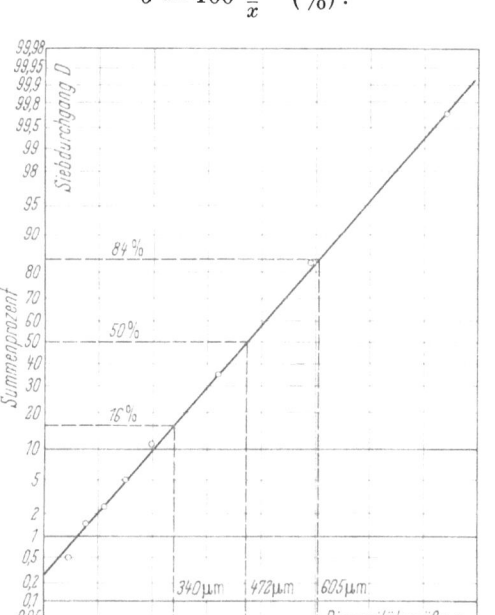

Abb. 77. Kornverteilung von körnigem Zucker nach VAN HOOK [317].
Abhängigkeit des Siebdurchgangs (Summenprozent) von der Siebmaschenweite.

Ergibt die Folge der Summenprozente im arithmetischen Wahrscheinlichkeitsnetz eine Gerade, dann sind die Korngrößen normal verteilt; man begnügt sich im allgemeinen damit, wenn diese Geradlinigkeit im Summen-Intervall von 10 bis 90% erfüllt ist, obwohl jede Intervall-Einschränkung problematisch ist. Abb. 77 zeigt, daß der körnige Zucker normal verteilt ist. Mit den abgelesenen Werten $x_{16} = 340$ μm, $x_{50} = \bar{x} = 472$ μm und $x_{84} = 605$ μm errechnet man nach Gl. (174) $\sigma = 0{,}5\,(605 - 340) = 132{,}5$ μm und nach Gl. (175) $\delta = 100 \frac{132{,}5}{472} =$ $= 28{,}1\%$. Benutzt man die angelsächsische Schreibart MA/CV, dann ist die Kornverteilung durch 472/28 gekennzeichnet. Ein Variationskoeffizient von 28% ist nicht hoch. BENETT [315] hat für nichtklassierte Kristallisate δ-Werte bis maximal 54% angegeben und für klassierte Körnungen δ-Werte zwischen 12 und 44% je nach Produkt

198 IV. Technik der Kristallisation

und Kristallisator. Nach POWERS [316] und VAN HOOK [317] ist die Normal-Verteilung für ungemahlenen Zucker meist gut erfüllt, weil die Wachstumsbedingungen in den Vakuum-Pfannen eine Zufalls-Verteilung der Korngrößen begünstigen.

Die logarithmische Normalverteilung geht aus der Gaußschen Normalverteilung (169) hervor, wenn man die Korngröße x durch ihren natürlichen Logarithmus ersetzt. Es ergibt sich dann:

$$n(\ln x) = \frac{100}{\sigma_l \sqrt{2\pi}} \cdot \exp\left[-\frac{\ln x - \ln x_{50}}{2\sigma_l^2}\right] = \frac{dD}{d\ln x} = -\frac{dR}{d\ln x} \quad (176)$$

mit

$$\sigma_l = \frac{1}{2}\ln\frac{x_{84}}{x_{16}}. \quad (177)$$

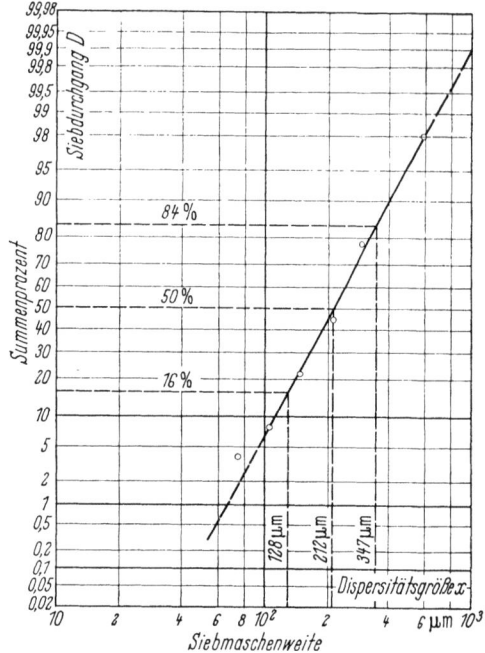

Abb. 78. Kornverteilung von $Na_2CO_3 \cdot H_2O$.
Abhängigkeit des Siebdurchgangs (Summenprozent) von der Siebmaschenweite.
Erzeugung des Kristallisates in einem Zwangsumlauf-Verdampfer, pilot plant. Stündliche mittlere Daten für mindestens 12-stündigen, stationären Betrieb nach BENNETT [315].

Im logarithmischen Wahrscheinlichkeitsnetz ist die Abszisse logarithmisch und die Ordinate wiederum nach dem normierten Gaußschen Fehlerintegral geteilt. Liegen die Meßpunkte einer untersuchten Körnung im Summen-Intervall von 10 bis 90% auf einer Geraden, so ist die Kornverteilung eine logarithmisch-normale (lognormale) (s. Abb. 78).

Das im Zwangsumlaufverdampfer erzeugte Natriumcarbonat-Monohydrat (auch Kristallcarbonat genannt) hat nach Abb. 78 einen Medianwert $x_{50} = \bar{x} = 212$ μm, für die Standardabweichung findet man nach Gl. (177)

$$\sigma_l = 0{,}5 \ln \frac{347}{128} = 0{,}5 \ln 2{,}71 = 0{,}498 \,.$$

Während bei der Gaußschen Normalverteilung die häufigste Korngröße (dem Maximum der Häufigkeitskurve entsprechend) und der Medianwert (der die Fläche unter der Häufigkeitskurve in zwei gleiche Teile teilt, von BATEL [304] Halbwertskorngröße genannt) zusammenfallen, ist dies bei der lognormalen Verteilung nur dann der Fall, wenn man die Häufigkeit $n(\ln x) = dD/d \ln x$ nach Gl. (176) aufträgt, nicht jedoch die Häufigkeit $n(x) = dD/dx$. Jede beliebige, aus den Momenten einer lognormalen Verteilung abgeleitete Verteilung ist wiederum lognormal [318]. Ist also beispielsweise die Zahl der Teilchen lognormal verteilt, so gilt dies ebenso für die Verteilung der Oberfläche und des Volumens oder der Masse auf die einzelnen Kornklassen.

Die von ROSIN, RAMMLER und SPERLING [314] angegebene Verteilung (kurz RRS-Verteilung genannt) hat folgende mathematische Form:

$$n(x) = 100 \frac{n}{x'} \left(\frac{x}{x'}\right)^{n-1} \cdot \exp\left[-\left(\frac{x}{x'}\right)^n\right] = \frac{dD}{dx} = -\frac{dR}{dx}\,. \quad (178)$$

Durch Integration der Dichteverteilung (178) bekommt man für die Summenverteilung:

$$R(x) = 100 - D(x) = 100 \cdot \exp\left[-\left(\frac{x}{x'}\right)^n\right]. \quad (179)$$

Durch zweimaliges Logarithmieren von Gl. (179) ergibt sich

$$\log\left(\ln \frac{100}{R}\right) = n(\log x - \log x')\,. \quad (180)$$

Im Körnungsnetz nach DIN 4190 ist die Abszisse einfach logarithmisch und die Ordinate nach $\log(\log 100/R)$ geteilt, so daß Kornverteilungen, die in diesem Netz gerade Linien ergeben, RRS-Verteilungen darstellen. x' (bzw. d') ist die Korngröße, oberhalb deren $100/e = 36{,}82\%$ des Rückstandes liegen; häufig wird x' auch mittlere Korngröße genannt. n ist durch die Neigung der Geraden im Körnungsnetz (s. Abb. 79) bestimmt und wird als Gleichmäßigkeitszahl bezeichnet. Die häufigste Korngröße x_h erhält man aus der Bedingung $n'(x_h) = 0$ zu

$$\frac{x_h}{x'} = \sqrt[n]{\frac{n-1}{n}}\,. \quad (181)$$

Ist also $n \leq 1$, so weist die Häufigkeitskurve kein Maximum auf, sondern verläuft im Gebiet des Feinsten sehr steil. Diese schlechte

Konvergenz von $n(x)$ für $n < 1$ und $x \to 0$ bedingt, daß auch das Integral für die spezifische Oberfläche der Körnung für $n < 1$ nicht mehr konvergiert, wenn die untere Integrationsgrenze nach Null wandert, so daß man sich zu Annahmen über die untere Integrationsgrenze oder zu der Empfehlung, diese experimentell zu bestimmen, genötigt sah [319], [320]. Bei Fällungen oder sehr raschen Kristallisationen, also im Feinkornbereich, kann es vorkommen, daß die untere Korngrenze x_{min} unbekannt oder schwer zu ermitteln ist. In diesen Fällen erscheint eine Prüfung der Kornverteilung nach RRS nicht zweckmäßig. Bei allen anderen Kristallisationen ist jedoch die untere Korngrenze (ebenso natürlich die obere) wohlbekannt. Kristallisate mit $n \leq 1$ kommen selten vor und zeigen überdies an, daß die Kristalli-

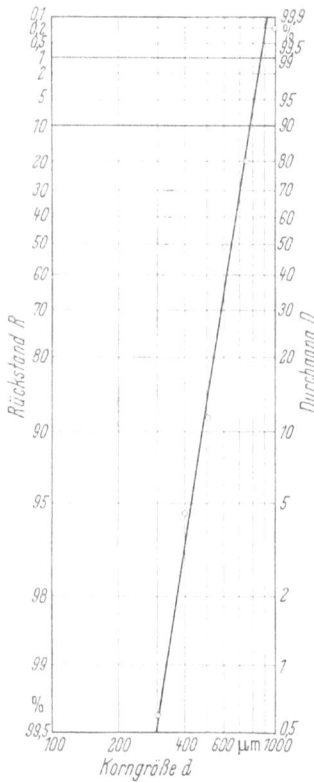

Abb. 79. Verdampfungskristallisation von NaCl (Körnungsnetz nach ROSIN, RAMMLER und SPERLING).
Mittlere Verdampfungsgeschwindigkeit: 2,0 cm³/min;
mittlere Rührgeschwindigkeit: 300 U/min;
eingesetzte Lösungsmittelmenge: 500 cm³ H₂O;
verdampfte Lösungsmittelmenge: 400 cm³ H₂O;
Anfangskonzentration der Lösung: 36,4 g NaCl/100 g H₂O;
mittlere Siedetemperatur: 108 °C;
mittlere Korngröße: $x = 692\,\mu$;
Gleichmäßigkeitszahl $n = 6{,}15$;
Siebverlust: 0,08%;
prozentuale Streuung der mittleren Verdampfungsgeschwindigkeit: 0,56%.

sation in wenig gelenkter Weise vor sich ging. BATEL [321] vergleicht Gaußsche Normalverteilung, logarithmische Normalverteilung und RRS-Verteilung. Die RRS-Verteilung mit $n > 1$ ist eine asymmetrische Verteilung wie die (über x, nicht $\ln x$ aufgetragene) Lognormal-Verteilung, nähert sich aber mit wachsendem n der Gaußschen Normalverteilung an, wie aus dem Aneinanderrücken von häufigster Korngröße x_h [Gl. (181)], Medianwert $x_{50} = x' \sqrt[n]{0{,}6935}$ und arithmetisch (unter Berücksichtigung der Häufigkeit) gemittelter Korngröße $x_m = x'\, \Pi(1/n)$ geschlossen werden kann. Π ist die Gammafunktion. Überschreitet n den Wert 3, so sind die Unterschiede zwischen den genannten Kennwerten für technische Belange vernachlässigbar klein. Oberhalb von $n = 3{,}5$ weichen Gaußsche und RRS-Verteilung wieder mehr von einander ab, was sich hauptsächlich im

Bereich des feinsten und des gröbsten Korns auswirkt. Umgekehrt läßt sich eine Gaußsche Normalverteilung unter der Bedingung

$$T = \text{Grundspanne} = (x_{95} - x_5) < 1{,}2\, x_h \qquad (182)$$

genügend genau als RRS-Verteilung ansehen. Abb. 76 stellt eine RRS-Verteilung mit $x' = 705$ μm und $n = 3{,}145$ dar, die sich nur wenig von einer Gaußschen Normalverteilung mit $x_{50} = x_h = x_m = 625$ μm und $\sigma = 225$ μm ($\delta = 36\%$) unterscheidet. Mit $T = 730$ μm und $1{,}2\, x_h = 750$ μm ist Bedingung (182) erfüllt.

4. Theorien zur Kornverteilung

Nach experimentellen Untersuchungen von Mc Cabe [322] ist die lineare Wachstumsgeschwindigkeit (gemessen als Anwachsen einer kennzeichnenden Länge) des Einzelkorns unabhängig von dessen Größe. Dieser im angelsächsischen Schrifttum ΔL-Gesetz genannte Befund gilt aber nur dann, wenn alle Kristalle unbeschadet ihrer Größe vollkommen gleichen Wachstumsbedingungen unterworfen sind und der Formfaktor konstant bleibt. Große Kristalle können jedoch schneller als kleine wachsen, wenn sie eine größere Relativgeschwindigkeit zur Lösung haben (vgl. Abb. 9). Bei Gültigkeit des ΔL-Gesetzes kann aus der Kornverteilung von Impf-Kristallen die Kornverteilung der Produkt-Kristalle bestimmt werden, sofern die Massen-Zunahme der Impfkristalle bekannt ist oder an Hand der Löslichkeitskurve berechnet werden kann. Bransom, Dunning und Millard [323] leiteten für die Summen-Verteilung der Kristallzahl bei *kontinuierlicher* Kristallisation in *einem* Durchlaufbehälter folgende Gleichung ab:

$$n(t) = n_0\, e^{-\frac{\dot{v}}{v} t}. \qquad (183)$$

Hierbei bedeuten:

t die Lebensdauer oder das Alter der Kristalle,
v das Betriebsvolumen des Durchlauf-Behälters,
$\dot{v}$ die Volumengeschwindigkeit des Durchflusses oder Abflusses,
n_0 die Zahl der pro Volumen- und Zeiteinheit gebildeten Keime,
n die Zahl der pro Volumen- und Zeiteinheit gewachsenen Kristalle.

Gl. (183) ist so zu interpretieren, daß die Zahl der gewachsenen Kristalle mit zunehmender Lebensdauer mehr und mehr abnimmt, weil eine immer größer werdende Zahl dieser Kristalle mit dem Ablauf den Behälter verläßt. Am Beispiel der kontinuierlichen *Fällung* von Zyklonit (Hexogen $C_3H_6N_3(NO_2)_3$) aus konzentrierter Salpetersäure mit Wasser wurde Gl. (183) durch Ermittlung der Korngrößen-Verteilung mit einem photoelektrischen Sedimentometer bestätigt. Die beobachteten Teilchen-Durchmesser lagen zwischen ≈ 40 und 280 μm. SAEMAN [324] begründet in seiner Arbeit über die Korngrößen-Verteilung in durchmischten Suspensionen bei kontinuierlicher Kristallisation ausführlich den Ansatz für die Abnahmegeschwindigkeit der Kristallzahl: „Man kann den Korngrößen-Bereich in Intervalle gleicher Größe unterteilen, wobei n die Bevölkerungsdichte der Kristalle innerhalb des Intervalls ist. Würden keine Kristalle als Produkt entnommen, so würde die Zahl der Kristalle, die jedes Korngrößen-Intervall betreten und verlassen, gleich sein, weil die Kristallwachstumsgeschwindigkeit unabhängig von der Größe angenommen wird (ΔL-Gesetz). Die aus jedem Intervall als Produkt abgezogenen Kristalle werden jedoch die Bevölkerungsdichte ändern und, weil die Zahl der pro Zeiteinheit abgezogenen Kristalle der Bevölkerungsdichte und der Abzugsgeschwindigkeit proportional ist, gilt":

$$\frac{dn}{dt} = -\frac{n}{t_0}. \qquad (184)$$

Durch Integration von Gl. (184) ergibt sich wiederum Gl. (183) in der ein wenig abgewandelten Form

$$n = n_0 e^{-t/t_0} = n_0 e^{-x/\bar{x}} = n_0 e^{-a}. \qquad (183\text{a})$$

Die Bedeutung der Symbole ist etwas verschieden von Gl. (183), und zwar: t = Zeit oder Alter der Kristalle; t_0 = Abzugszeit oder mittlere Verweilzeit; n = Zahl der Kristalle pro Korngrößen-Intervall; n_0 = anfängliche Bevölkerungsdichte der Impf-Kristalle pro Korngrößen-Intervall (nicht pro Volumen- und Zeiteinheit!). Bei Annahme der Gültigkeit des ΔL-Gesetzes ist die Einteilung in Zeitintervalle mit der in Korngrößenintervalle identisch, $a = x/\bar{x} = t/t_0$; x = variable (laufende) lineare Korngröße (Siebmaschenweite); $\bar{x}$ = lineare Korngröße, die der Abzugszeit oder mittleren Verweilzeit entspricht (mittlere Korngröße). SAEMAN gewinnt aus der *Kornzahl*-Verteilung, Gl. (183a), durch Multiplikation mit der 3. Potenz der linearen Korngröße x und konstanten Faktoren (Dichte der Kristalle, Kehrwert des Formfaktors) eine Gleichung für die *Massen*-Verteilung, deren Integration über x unter Berücksichtigung der Bedingung $D = 0$ für $x = 0$ folgenden Ausdruck für den Rückstand in %, der gröber oder gleich x ist, liefert:

$$R = 100 - D = \frac{100\, e^{-a}}{6}(6 + 6a + 3a^2 + a^3). \qquad (185)$$

Dabei ist D der Durchgang in %, also die prozentuale Gesamtmasse der Teilchen, die feiner oder gleich x sind. ROBINSON und ROBERTS [325] gehen in ihrer mathematischen Studie des Kristallwachstums in einer Kaskade von Rührwerkskesseln von wahrscheinlichkeitstheoretischen Betrachtungen aus (wiederum mit dem Ansatz für die Kornzahl-Verteilung beginnend) und erhalten für die Kornzahl-Verteilung in der Kaskade das *Poissonsche Verteilungsgesetz*. Der Übergang von der Zahl-Verteilung zur Massen-Verteilung durch Multiplikation mit der 3. Potenz der Korngröße und konstanten Faktoren sowie anschließende Integration erbringt schließlich folgenden allgemeinen Ausdruck für den Rückstand R_K [%] im K-ten Rührwerkskessel, der gröber oder gleich x ist:

$$R_K = \frac{100\,e^{-a}}{(K+2)!} \sum_{i=0}^{K+2} P_i^{K+2}\, a^{K+2-i} . \quad (186)$$

Hierbei bedeuten K die Anzahl Rührkessel gleichen Betriebsinhaltes, und P_i^{K+2} die Permutationen von $(K+2)$ Elementen zur i-ten Klasse, also:

$$P_i^{K+2} = (K+2)(K+1)\cdots(K+2-i+1) . \quad (187)$$

Im besonderen hat man

Für $K = 1$: $R_1 = \dfrac{100\,e^{-a}}{3!}(a^3 + 3a^2 + 6a + 6)$. (186a)

Für $K = 2$: $R_2 = \dfrac{100\,e^{-a}}{4!}(a^4 + 4a^3 + 12a^2 + 24a + 24)$. (186b)

Für $K = 3$: $R_3 = \dfrac{100\,e^{-a}}{5!}(a^5 + 5a^4 + 20a^3 + 60a^2 + 120a + 120)$.

(186c)

Ferner ist $a = \dfrac{t}{t_0} = \dfrac{\text{Wahre Verweilzeit der Kristalle in der Kaskade}}{\text{Mittlere Verweilzeit im Einzelkessel}}$.

(188)

Gl. (186a) stimmt mit Gl. (185) überein, stellt also eine Verallgemeinerung des Ausdrucks (185) für eine Folge gleichgroßer, hintereinandergeschalteter und ideal durchmischter Rührwerkskessel dar. Der Ableitung von Gl. (186) liegt die Voraussetzung zugrunde, daß sich *nur im ersten* Kessel Keime bilden und daß die Übersättigung in allen Kesseln gleich groß ist. Trägt man R_K gegen a auf, so erhält man S-förmige Kurven, die Ähnlichkeit mit experimentell bestimmten haben (vgl. Abb. 80). BRANSOM [326] läßt in einer Untersuchung über die Einflußgrößen beim Entwurf kontinuierlicher Kristallisatoren eine Abhängigkeit der linearen Kristallwachstumsgeschwindigkeit (dx/dt) von der Korngröße (x) zu und diskutiert den Ansatz

$$\frac{dx}{dt} = C\, x^m\, \overline{S}^b . \quad (189)$$

Hierbei ist $\overline{S}$ die mittlere Übersättigung, während b, C und m Konstanten sind. Wird die Übersättigung nach einer Reaktion 1. Ordnung abgebaut, so ist $b = 1$. Durch Auswertung der Versuchs-Ergebnisse von HIXSON und KNOX [61] an wäßrigen Lösungen von Kupfer- und Magnesium-Sulfat konnte BRANSOM die folgenden Werte berechnen:

$$m \approx 0{,}65 \text{ für } CuSO_4 \cdot 5\,H_2O$$

und

$$m \approx 0{,}30 \text{ für } MgSO_4 \cdot H_2O\,.$$

Er zeigt ferner an Hand der Berechnung der Gesamtmasse der suspendierten Kristalle, daß $m < 1$ sein *muß*, weil sonst diese Masse nicht mit wachsender Korngröße zunähme, was vernünftigerweise gefordert werden muß. Ausgehend vom Ansatz (183) leitet er unter Berücksichtigung des Wachstumsgesetzes (189) für die Summenverteilung den Ausdruck

$$D(x) = B \int_{x_u}^{x} x^3 \exp\left[-C_0\, x^{1-m}\right] dx \qquad (190)$$

ab. $D(x)$ ist hierbei die Masse der Teilchen, die $\leq x$ sind, x_u die anfängliche Korngröße (Korngröße der Impfkristalle), während B und C_0 Konstanten darstellen. Im Faktor C_0 sind die mittlere Verweilzeit der Kristalle und die mittlere Übersättigung während der Kristallisation enthalten. SCHOEN [327] stellte für die kontinuierliche Arbeitsweise alle differentialen und integralen Verteilungs-Gleichungen nach SAEMAN (nämlich für Masse, Fläche, Abmessung und Zahl der Kristalle) zusammen und wies besonders auf die Voraussetzungen der Theorie hin, nämlich: 1. Die Suspension ist ideal durchmischt. 2. Das System ist im stationären Zustand. 3. Die numerische Abzugsgeschwindigkeit des Produktes (einschl. des Feinanteils) ist der Keimbildungsgeschwindigkeit gleich. 4. Der Formfaktor ist konstant. Praktisch vorkommende Kornverteilungen können jedoch, wie SCHOEN betont, durch mehr oder minder große Abweichungen von den idealen Bedingungen 1. bis 4. zustandekommen. So können zerbrechliche Kristalle bei hohen Rührgeschwindigkeiten Abrieb erleiden und bei unvollkommenem Mischen und hoher Übersättigung können sich Agglomerate bilden, was Bedingung 3. außer Kraft setzt. RANDOLPH und LARSON [328] geben in ihrer Arbeit über flüchtige und stationäre Kornverteilungen in kontinuierlichen, ideal durchmischten Kristallisatoren die Voraussetzung der alleinigen Keimbildung im ersten einer Reihe von hintereinandergeschalteten, gleichgroßen Rührbehältern auf und lassen Keimbildung in jedem von diesen zu. Im Ansatz wird wiederum vom Kornzahl-Verteilungsgesetz (183) ausgegangen, so daß schließlich ein Ausdruck entsteht, der Gl. (186) nach ROBINSON und ROBERTS als Sonderfall miteinbegreift. BENNETT [315], der zahlreiche Siebanalysen von Kristallisaten aus Kristallisatoren groß- und klein-technischen

Maßstabes zum Vergleich dieser Kornverteilungen mit SAEMANS Gl. (185) und BRANSOMS Gl. (190) heranzog, zeigt, daß SAEMANS „durchmischtem (also nichtklassiertem) Produkt" nach Gl. (185) ein Variationskoeffizient $\delta = 52,3\%$ entspricht (einer graphischen Auftragung von R gegen a, [vgl. Abb. 80] entnimmt man leicht die Werte a_{16}, a_{84} und a_{50}, die gemäß den Gln. (174) und (175) zur Berechnung von δ zu benützen sind), während nach BRANSOMS Theorie die Variations-

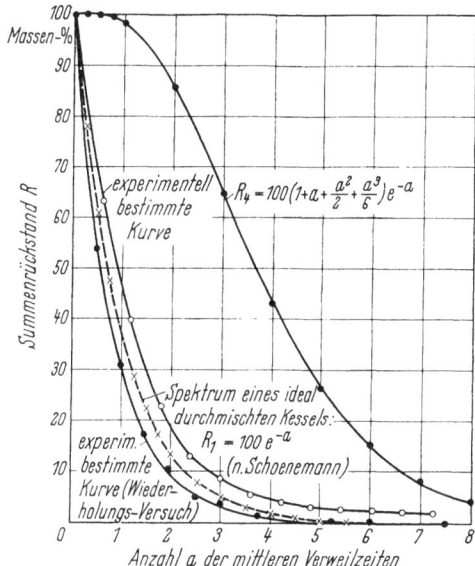

Abb. 80. Verweilzeitspektrum eines organischen Salzes in einem Durchlaufkessel. Abnahme durch Steigrohr mit der Pumpe $x' = 520$ µm; $n = 8,55$ (abgesiebt). Fast alles gröber als 300 µm.

koeffizienten über 55% liegen, wenn die Kristallwachstumsgeschwindigkeit mit wachsender Korngröße zunimmt und m Werte zwischen 0 und 1 hat. BENNETT weist demgegenüber nach, daß für durchmischte Suspensionen, wie sie im Zwangs-Umlauf-Verdampfer, im Kalander-Verdampfer und im Kristallisator mit Leitrohr (DTB) vorliegen, die Variationskoeffizienten der Kornverteilungen in den Bereich von 30 bis 50% fallen (für NaCl liegen sie sogar um die 25%-Marke!). Die meisten der untersuchten Produkte hatten also eine wesentlich schmalere Kornverteilung, als die beiden aufgeführten Theorien angeben. MATZ [329] betont, daß sich das Verweilzeit-Spektrum fester Partikel nicht von dem flüssiger Partikel unterscheiden darf, wenn eine homogen und ideal durchmischte Suspension der Feststoff-Teilchen in der Mutterlauge vorliegt, wie es alle Theorien voraussetzen. Nach Untersuchungen von SCHOENEMANN [330] u. a. [331], [332] gilt für den

Massen-Anteil [%] flüssiger Teilchen, deren Verweilzeit $\geq a$ mittlere Verweilzeiten ist, die Beziehung:

$$R_1 = 100 - D_1 = 100 \, e^{-a} \, . \tag{191}$$

Bei vier gleichgroßen, hintereinandergeschalteten Behältern hat man mit a nach Gl. (188):

$$R_4 = \frac{100 \, e^{-a}}{6} (6 + 6\,a + 3\,a^2 + a^3) \, , \tag{192}$$

was ersichtlich mit Gl. (185) bzw. (186a) übereinstimmt. Man erhält also das seltsame Ergebnis, daß die *Massen*-Summenkurve der Feststoff-Teilchen für einen Kessel nach SAEMAN sowie ROBINSON und ROBERTS mit der Massen-Summenkurve flüssiger Partikel für vier hintereinandergeschaltete gleichgroße Kessel nach SCHOENEMANN zusammenfällt. Eine experimentelle Prüfung, ob Gl. (191) oder Gl. (192) für Feststoff-Partikel in ideal durchmischten Suspensionen bei *einem* Durchlaufkessel Gültigkeit habe, ergab folgendes: Abb. 80 zeigt zwei Summen-Verweilzeit-Kurven für ein organisches Salz (RRS-Verteilung: $x' = 520$ μm, $n = 8{,}55$; fast alles gröber als 300 μm), das in einem Durchlaufkessel (12 l) mit Gitter-Rührer (Drehzahl 125 U/min) zunächst in seiner Mutterlauge suspendiert gehalten und dann allmählich durch feststoff-freie Mutterlauge verdrängt wurde. Zum Vergleich sind in Abb. 80 außerdem die Summenkurven nach Gl. (191) und (192) eingezeichnet worden. Die Summenkurve nach Gl. (191) liegt, wie man sieht, zwischen den beiden experimentellen Kurven. Die Abweichungen kommen dadurch zustande, daß sich die Bedingung der idealen Durchmischung nicht voll erfüllen ließ. Es wird aber deutlich, daß die Summenkurve nach Gl. (192) weitab von den experimentellen Kurven liegt, also für das Verweilzeitspektrum in einem Durchlauf-Kessel keine Gültigkeit haben kann. MATZ [329] weist darauf hin, daß die oben erwähnte Bedingung 3., also die Gleichheit von *numerischer* Abzugsgeschwindigkeit des Produktes und Keimbildungsgeschwindigkeit, in technischen Kristallisatoren wohl nur selten erfüllt sein dürfte, weil dort, wo es sich nicht nur um Fällungen handelt, mit Agglomeration und Abrieb der Kristalle gerechnet werden muß. Er behält deshalb zwar die Bedingung 1. (Suspension ideal durchmischt) bei, interpretiert aber Bedingung 2. (Stationärer Zustand des Systems) dahin, daß nicht die Gesamtzahl der im Kristallisator befindlichen Kristalle stationär ist, sondern die Gesamtmasse oder das Gesamtgewicht der Kristalle oder auch der Feststoffgehalt der Suspension. Bezeichnet man mit $M(t)$ die Masse der Teilchen im Kristallisator deren Verweilzeit t beträgt, so ist die durch die kontinuierliche Entnahme von Produkt bedingte Abnahme dieser Masse, $-dM$, propor-

4. Theorien zur Kornverteilung

tional $M(t)$, weil um so mehr Produkt abgezogen wird als vorhanden ist. Wir ersetzen also Gl. (184) durch den Ansatz

$$- dM = k \, M(t) \, dt \, . \tag{193}$$

Die Massenabnahme entspricht der Masse der Teilchen, deren Verweilzeit zwischen t und $t + dt$ liegt. Da Partikel, die eine Verweilzeit zwischen t und $t + dt$ haben, im (linearen) Korngrößen-Intervall zwischen x und $x + dx$ liegen (Korngröße und Verweilzeit sind proportional), ist mit der Integration von Gl. (193) nach der Zeit auch die nach der Korngröße erfaßt. Mit der Anfangsbedingung $M = M_0$ für $t = 0$ (alle Teilchen des Kristallisates von der Gesamtmasse M_0 haben Verweilzeiten über Null) erhält man nach Integration von Gl. (193)

$$M = M_0 \, e^{-kt} \, . \tag{194}$$

M ist dann die Masse der Teilchen, deren Verweilzeit $\geq t$ ist. Denkt man sich M_0 zu 100 normiert, so kann man R statt M schreiben und bekommt schließlich mit $k = 1/t_0$ ($t_0 =$ mittlere Verweilzeit) den Ausdruck

$$R = 100 \, e^{-t/t_0} = 100 \, e^{-a} \, . \tag{191'}$$

Um von der Verweilzeit t der Teilchen auf ihre (lineare) Korngröße x schließen zu können, bedarf es der Kenntnis der linearen Kristallwachstumsgeschwindigkeit dx/dt. Für diese setzen wir an

$$\frac{dx}{dt} = \frac{c \, \overline{S}^b}{x^{n-1}} \tag{195}$$

wobei $\overline{S}$ die mittlere Übersättigung ist, während b, c und n Konstanten sind. Durch Integration von Gl. (195) erhält man mit der Anfangsbedingung $x = x_u$ (kleinste, noch vorkommende Korngröße) für $t = 0$

$$x^n - x_u^n = n \, c \, \overline{S}^b \, t \tag{196}$$

unter der Voraussetzung, daß $n \neq 0$ und die Übersättigung konstant, also unabhängig von der Verweilzeit oder Korngröße der Teilchen ist. Da der mittleren Verweilzeit t_0 die mittlere Korngröße x' entspricht, hat man

$$\frac{t}{t_0} = \frac{x^n - x_u^n}{x'^n - x_u^n} = \frac{\left(\dfrac{x}{x'}\right)^n - \left(\dfrac{x_u}{x'}\right)^n}{1 - \left(\dfrac{x_u}{x'}\right)^n}, \tag{197}$$

was für $\left(\dfrac{x_u}{x'}\right)^n \ll 1$ in den Ausdruck

$$a = \frac{t}{t_0} = \left(\frac{x}{x'}\right)^n - \text{const} \, . \tag{198}$$

übergeht, wie sich durch Entwicklung des Nenners als geometrische Reihe ergibt. Wählt man für x_u die Korngröße, oberhalb deren 99% des Kristallisates liegen ($R = 99\%$) so ist die Bedingung $\left(\dfrac{x_u}{x'}\right)^n \ll 1$ unabhängig von x' und n stets erfüllt. Setzt man Gl. (198) in Gl. (191') ein und bezieht die Konstante in den Normierungsfaktor ein, so gelangt man zu der empirischen RRS-Verteilung

$$R = 100 \, e^{-(x/x')^n} \,. \tag{179'}$$

Als Sonderfälle lassen sich unterscheiden:

$n = 1$: Die lineare Kristallwachstumsgeschwindigkeit ist unabhängig von der linearen Korngröße (Mc Cabes ΔL-Gesetz); die lineare Korngröße ist der Verweilzeit des Teilchens proportional.

$n = 2$: Die Oberfläche der Teilchen ist ihrer Verweilzeit proportional.

$n = 3$: Volumen, Masse oder Gewicht der Teilchen sind ihrer Verweilzeit proportional.

Gl. (195) ist ähnlich aufgebaut wie Gl. (189), unterscheidet sich von dieser aber durch die reziproke Korngrößen-Abhängigkeit der Kristallwachstumsgeschwindigkeit. Dadurch wird einem *stabilen* Wachstum Rechnung getragen: Rasch zu Beginn, verlangsamt es sich mit wachsender Korngröße mehr und mehr. Ferner wird verständlich, warum den Kristallisatoren keine kieselsteingroßen Körner entnommen werden können: Dies vertrüge sich nicht mit der Geometrie der Anordnung, sie würden durch Rührflügel, Pumpen und gegenseitigen Abrieb zerkleinert, was auf Grund von Gl. (195) so erklärt wird, daß ihre Wachstumsgeschwindigkeiten zu klein sind, als daß sie entstehen könnten. Eine Extrapolation von Gl. (195) für $x < x_u$ oder gar bis zur Größe des kritischen Keimes ist physikalisch unzulässig. Gl. (195) trägt zwar den Agglomerations- und Abriebserscheinungen im Kornintervall der Messung Rechnung, macht aber keine Aussagen über den Konkurrenzkampf der verschiedenen Flächen am Einzelkristall, wie er sich nach der Grenzflächentheorie des Kristallwachstums (Kap. III A 2 a) unterhalb einer Korngröße von 1 μm abspielt. Zudem muß im Feinstkorn-Bereich mit der gegenseitigen Beeinflussung von Keimbildung und Kristallwachstum gerechnet werden: Was der Keimbildung zugutekommt, fehlt dem Kristallwachstum. Bei einem kontinuierlichen Kristallisator ist ferner unbekannt, wieviel Keime primär (aus dem Vorrat der Übersättigung) und wieviele sekundär (als Abrieb, Kristallsplitter) entstehen. Hier ist noch ein weites, unerforschtes Feld.

Wendet man Gl. (196) auf die mittlere Korngröße x' an, so wird

$$c\,\overline{S}^b = \dfrac{x'^n}{n\,t_0}\,. \tag{199}$$

4. Theorien zur Kornverteilung

Durch Einsetzen von Gl. (199) in Gl. (195) erhält man

$$\frac{dx}{dt} = \frac{x}{n\, t_0}\left(\frac{x'}{x}\right)^n. \qquad (200)$$

Gl. (200) enthält neben den aus der Siebanalyse bekannten Werten x' und n nur noch die mittlere Verweilzeit t_0 des Kristallisates im Kristallisator, die sich als Quotient von „Kristallisationsvolumen" und Volumendurchsatz der Suspension in der Regel genau genug berechnen läßt. Folglich lassen sich die linearen Kristallwachstumsgeschwindigkeiten der einzelnen Kornklassen unter den aufrecht erhaltenen Wachstumsbedingungen nach Gl. (200) bestimmen. Es liege beispielsweise ein Kristallisat mit einer mittleren Korngröße von $x' = 480\ \mu m$ und einer Gleichmäßigkeitszahl $n = 2,88$ vor: die Kornanteile über 1000 μm und unter 100 μm sind dann relativ gering, so daß es genügt, die Wachstumsgeschwindigkeiten im Kornintervall 100 bis 1000 μm zu berechnen. Die mittlere Verweilzeit t_0 in *einem* Durchlauf-Kristallisator betrage 120 min. In Abb. 81 ist der Verlauf der linearen Kristallwachstumsgeschwindigkeit in Abhängigkeit von der linearen Korngröße dargestellt. Die Zahlen längs der allgemeinen Hyperbel entsprechen den wahren Verweilzeiten der zugehörigen Kornklasse im Kristallisator in Minuten. Die gröbsten Teilchen von 1000 μm haben also eine Verweilzeit von 994 min = 16,6 h. Die feinste Kornklasse von 100 μm hat eine lineare Kristallwachstumsgeschwindigkeit von $\approx 26{,}5\ \mu m/min$ (nicht eingezeichnet) und eine Verweilzeit von $\approx 1{,}3$ min. Die Wachstumsgeschwindigkeit des Mittelkorns, dx'/dt, beträgt 1,4 μm/min.

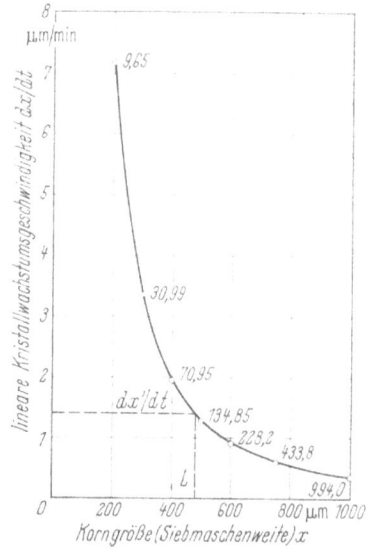

Abb. 81. Abhängigkeit der linearen Kristallwachstumsgeschwindigkeit von der Korngröße.

Die Zahlen längs der Kurve geben die Verweilzeiten der Teilchen im Kristallisator in Minuten an.

$x' = 480\ \mu m;\ n = 2{,}88;\ t_0 = 120$ min.

Zusammenfassend läßt sich über die Theorien der Kornverteilungen sagen: Ein äußerst behutsames Vorgehen, das dem besonderen Fall Rechnung trägt, ist zu empfehlen. Bei Fällungen oder sehr raschen Kristallisationen ist sicher die Zahlverteilung vorzuziehen und SAEMANNs Gl. (185) nützlich; bei Langzeit-Kristallisationen, besonders auch im technischen Maßstab, wird man die RRS-Verteilung und das

Wachstumsgesetz (195), das Agglomeration und Abrieb berücksichtigt, heranziehen, sich aber keine Extrapolation in den nicht vermessenen Feinkornbereich erlauben dürfen. Werden die Kristalle, wie es häufig in Labor-Anordnungen geschieht, einem härteren Existenzkampf entzogen (z. B. in Versuchen von Mc Cabe und Stevens [59], die die vorgelegten Kristalle von $CuSO_4 \cdot 5\,H_2O$ zwischen Siebgeweben einschlossen), so kann das ΔL-Gesetz Gültigkeit haben. Es ist wohl hoffnungslos, die Kornverteilungen *aller* Kristallisate, die einen Korngrößenbereich von mindestens 6 Zehnerpotenzen überdecken, einer einzigen Theorie subsummieren zu wollen.

C. Das Zusammenbacken der Kristalle

Wenn Kristalle während der Lagerung zusammenbacken, so kann dies verschiedene Ursachen haben, von denen folgende die wichtigsten sind: 1. Das Produkt enthält noch Lösungsmittel (im Falle der Lösungskristallisation). 2. Das Produkt ist nicht völlig oder nicht vollkommen kristallin erstarrt (im Falle der Kristallisation aus Schmelzen). 3. Das Produkt enthält Verunreinigungen. 4. Zu geringe Korngröße, ungünstige Kornform (Kristalltracht) und ungleichmäßige Körnung. 5. Zu hoher Lagerungsdruck und zu große Schwankungen der Lagerungstemperatur. 6. Umwandlung der Kristalle von einer Kristallform zur anderen. 7. Zersetzung der Kristalle (Dissoziation).

Das im Produkt enthaltene Lösungsmittel kann entweder an den Kristallen adhäriert oder in ihnen eingeschlossen sein. Zur Befreiung des eingeschlossenen Lösungsmittels bedarf es in der Regel entweder des Zerbrechens der Kristalle (z. B. durch den Lagerungsdruck) oder höherer Temperaturen. So ist es bei Hydraten schwer möglich, eingeschlossenes Wasser zu befreien ohne nicht gleichzeitig zumindest einen Teil des Kristallwassers auszutreiben. Das adhärierte Lösungsmittel bildet an den Kristallen eine gesättigte Lösung, und die Lösungsmittel — „Höfe" einzelner Körner können sich bei enger Packung des Produktes vereinigen. Schwankt die Lagerungstemperatur, so kann aus diesen „Höfen" Kristallisation erfolgen (Rekristallisation), und dabei können einzelne Körner zusammenbacken. Unter den aus Wasser kristallisierten Stoffen gibt es zahlreiche, die nach der Trocknung wieder Feuchtigkeit aus der Luft aufnehmen, die also hygroskopisch sind. Ob sich ein Stoff hygroskopisch verhält, richtet sich nach dem Dampfdruck der gesättigten (wäßrigen) Lösung dieses Stoffes bei der Lagerungstemperatur, da man damit rechnen muß, daß die Kristalle, wenn sie überhaupt noch feucht sind, von einer gesättigten Lösung umgeben sind. Und zwar kommt es auf das prozentuale Verhältnis zwischen dem Dampfdruck der Lösung p_L und des Wassers p_0

(bei Lagerungstemperatur) an, das als „kritische Feuchtigkeit" φ_k bezeichnet wird. Es gilt also:

$$\varphi_k = 100 \frac{p_L}{p_0}. \tag{201}$$

Da (gesättigte) Lösungen gegenüber dem reinen Lösungsmittel eine Dampfdruckerniedrigung erleiden (Raoultsches Gesetz), muß $p_L < p_0$ sein. Ist nun die relative Feuchtigkeit der Luft größer als die „kritische Feuchtigkeit" des in Frage kommenden Stoffes, so nimmt dieser weitere Feuchtigkeit auf, der Stoff verhält sich hygroskopisch. Ist die relative Luftfeuchtigkeit kleiner als φ_k, so nimmt die Substanz kein Wasser auf, sondern gibt umgekehrt Feuchtigkeit ab (verwittert). In Tab. 32 sind die kritischen Feuchtigkeiten einer Reihe anorganischer Stoffe und in Tab. 33 die φ_k-Werte einiger organischer Stoffe jeweils für 20 °C zusammengestellt. Substanzen, deren kritische Feuchtigkeit stets unter der relativen Luftfeuchtigkeit bleibt, adsorbieren dauernd Feuchtigkeit und lösen sich schließlich in dieser auf (zerfließen). Unter den hiesigen klimatischen Bedingungen gehören zu dieser Gruppe $NaOH$, $LiCl$ und $MgCl_2$. Die Anwesenheit von Verunreinigungen, selbst in geringen Mengen, kann häufig die Neigung zum Zusammenbacken fördern. So ist beispielsweise mit Magnesiumchlorid verunreinigtes Kochsalz deshalb hygroskopisch, weil seine kritische Feuchtigkeit durch diese Verunreinigung merklich herabgesetzt wird (vgl. Tab. 32). Ähnlich vermindert Invertzucker die kritische Feuchtigkeit der Saccharose. Die kritische Feuchtigkeit kann sich erheblich mit der Temperatur ändern; so beträgt beim NH_4NO_3 die kritische Feuchtigkeit für 40 °C nur noch 51% und für 60 °C etwa 44%, was zum Teil die großen Schwierigkeiten bei der Lagerung dieses Salzes erklärt. Bei Kristallisation aus der Schmelze kann es zu beträchtlichem Zusammenbacken kommen, wenn Teile des Produktes erst während der Lagerung erstarren. Niedrigschmelzende organische Substanzen, die zunächst glasig erstarren, können später gegebenenfalls wieder aufschmelzen, wenn die Kristallisationswärme beim Übergang vom glasigen (amorphen) in den kristallinen Zustand plötzlich frei wird.

Die Kristallform hat erheblichen Einfluß auf die Neigung zum Zusammenbacken. Am günstigsten verhält sich Kugelkorn einheitlicher Größe (z. B. Harnstoff aus Spritztürmen), das die geringste Zahl von Berührungsstellen hat; unvorteilhafter ist schon uneinheitliches Kugelkorn, weil sich Feinkorn in das Zwischenkornvolumen des Grobkorns einfügt und zu einer Vervielfachung der Kontaktstellen führt. Längliche Kristalle (Balken, Stäbchen, z. B. NH_4ClO_3 aus H_2O) haben auch bei unregelmäßiger Schichtung zahlreiche Berührungsflächen gemeinsam, selbst wenn die Kristalle einheitlich sind; das Gleiche gilt für Plättchen (KClO$_3$ aus H$_2$O) und Blättchen (SrCl$_2 \cdot$ 2 H$_2$O). Da das Zwischenkornvolumen bei gröberem Korn größer als bei feinerem ist,

Tabelle 32. *Kritische Feuchtigkeiten φ_k von anorganischen Stoffen bei 20°C (ohne Verunreinigungen)*

Substanz	Formel	Kristallwassergehalt des bei 20°C mit der Lösung im Gleichgewicht stehenden Bodenkörpers	Prozentuale kritische Feuchtigkeit φ_k
Lithiumchlorid	LiCl	1 H$_2$O/2 H$_2$O	14
Magnesiumchlorid	MgCl$_2$	6 H$_2$O	35
Natriumhydroxid	NaOH	1 H$_2$O	38
Ammoniumnitrat	NH$_4$NO$_3$	0 H$_2$O	63
Magnesiumnitrat	Mg(NO$_3$)$_2$	6 H$_2$O	65
Natriumnitrat	NaNO$_3$	0 H$_2$O	74
Natriumchlorid	NaCl	0 H$_2$O	77
Natriumsulfat	Na$_2$SO$_4$	0 H$_2$O	83
Kaliumchlorid	KCl	0 H$_2$O	87
Kaliumnitrat	KNO$_3$	0 H$_2$O	94
Natriumsulfat	Na$_2$SO$_4$	10 H$_2$O	96
Kupfersulfat	CuSO$_4$	5 H$_2$O	99
Kaliumsulfat	K$_2$SO$_4$	0 H$_2$O	99,5

Tabelle 33. *Kritische Feuchtigkeiten φ_k von organischen Stoffen bei 20°C (ohne Verunreinigungen)*

Substanz	Formel	Kristallwassergehalt des bei 20°C mit der Lösung im Gleichgewicht stehenden Bodenkörpers	Prozentuale kritische Feuchtigkeit φ_k
Kaliumtartrat	K$_2$C$_4$H$_4$O$_6$	0,5 H$_2$O	77
Harnstoff	CH$_4$ON$_2$	0 H$_2$O	80
Resorcin	C$_6$H$_4$(OH)$_2$	0 H$_2$O	89
Rohrzucker	C$_{12}$H$_{22}$O$_{11}$	1 H$_2$O	90

sollte man aus lagerungstechnischen Gründen grobe Kristalle erzeugen, sofern dies nicht anderen Forderungen (z. B. Kundenwünschen) widerspricht. Lagerungsdruck und Lagerungstemperatur können die Neigung zum Zusammenbacken erheblich beeinflussen. Nach einer Regel von HÜTTIG [333] über den Einfluß der Temperatur auf den Sintervorgang ist im Intervall von 33 bis 45% der absoluten Schmelztemperatur einer Substanz ein Zusammenbacken der Partikel zu erwarten. HEDVALL [334] stellt fest, daß die hauptsächlich an Metallpulvern angestellten Untersuchungen über Sintervorgänge auch auf andere Pulver übertragen werden können. Die Sinterung ist wesentlich von der Korngröße der Teilchen abhängig und SHALER [335] zeigt, daß die Adhäsionsdrucke p_A im *kalten* Zustand des Pulvers die Gleichung

$$p_A = 9{,}9 \cdot 10^{-4} \cdot \frac{1}{r} \quad \text{(kp/cm}^2\text{)} \tag{202}$$

befolgen. Hierbei ist r der Krümmungsradius der Berührungsfläche in cm. Bei Berührungsflächen von 1 µm Krümmungsradius beträgt der Adhäsionsdruck schon rund 10 at. Auch die Umwandlung eines Stoffes von einer Modifikation in eine andere kann für das Zusammenbacken wichtig sein. So beobachteten LOWRY und HEMMINGS [336] beim Erhitzen von Ammoniumnitrat auf 32,3 °C eine abrupte Änderung der Textur, indem die groben Kristalle der unterhalb von 32,3 °C stabilen (rhombischen) Modifikation zusammenbuken und in spröde pseudomorphe oder, beim Rühren des Produktes, in schneeähnliche Kristalle übergingen. Unter Pseudomorphie versteht man die Erscheinung, daß die Kristalle der beständigen Form nur winzig oder mikroskopisch erkennbar sind. Eine solche Texturänderung braucht nicht immer vorzukommen; z. B. erfolgt die Umwandlung des Ammoniumnitrates bei 84 °C ohne Texturänderung. In der Kinetik der allotropen Umwandlungen nimmt man an, daß sich die neuentstehende Phase beim Überschreiten des Umwandlungspunktes in Form winziger Keime ausbildet, die beim Erreichen einer kritischen Größe zum Wachstum befähigt sind (vgl. Kap. III A 1). Es ist zweckmäßig Umwandlungspunkte auch dann zu vermeiden, wenn sich die Textur nicht ändert, weil stets, wenn die Umwandlungswärme frei wird (für enantiotrope Umwandlungen beim Abkühlen), dem Sintern Vorschub geleistet wird. Auch Zersetzungs- oder Dissoziations-Erscheinungen können die Neigung zum Zusammenbacken beeinflussen. So verliert z. B. Natriumbisulfat ($NaHSO_3$) SO_2, wenn es mit Wasserdampf gesättigter Luft ausgesetzt wird. Durch die Dissoziation des SO_2 tritt eine Sinterung der Kristalle ein. Auch das Verwittern der Hydrate, das erfolgt, wenn der Wasserdampfdruck dieser Kristalle größer ist als der Partialdruck des Wasserdampfes in der Luft (z. B. im Falle des $Na_2SO_4 \cdot 10\, H_2O$ bei Raumtemperatur), gehört zu diesen Vorgängen. Bei den Hydraten stellten LOWRY und HEMMINGS [336] fest, daß stets dann Zusammenbacken oder merkliche Kontraktion stattfinden, wenn nur teilweise dehydriertes Salz und freies Wasser (abgesättigte Lösung) im gleichen Produkt zugegen sind.

Eine wichtige vorbeugende Maßnahme, das Zusammenbacken von Kristallen zu vermindern, besteht darin, für eine günstige Kristallform durch die Methoden der Trachtänderung (vgl. Kap. III B 3) zu sorgen. Bei besonders kritischen Stoffen, wie z. B. Ammoniumnitrat, hilft man sich durch Bestäuben der Kristalle mit Zusatzpulvern. Hier werden unter anderen Kaolin, Talkum, Tricalciumphosphat, Gips, Magnesia, Kalk, Torf, Kieselgur und Bitterspat verwendet. Die Stäube bilden um die Kristalle eine Schutzschicht, deren Wirkung eine mehrfache sein kann: Einmal kann der Staub, wenn er geringe Löslichkeit in Wasser hat, die Ausbildung eines gesättigten „Lösungshofes" um den

Kristall verhüten, zum anderen wird er auch die Neigung zum Sintern herabsetzen, wenn sein Schmelzpunkt wesentlich höher liegt als der des Produktes. Zur Verhinderung des Zusammenbackens sind also insgesamt folgende Gesichtspunkte zu beachten:

1. Beeinflussung der Tracht der Kristalle während des Wachstums.
2. Geringstmögliche Feuchtigkeit des Produktes (Aufnahme der Sorptionsisothermen)
3. Größtmögliche Einheitlichkeit der Körnung (klassierende Kristallisation, Absiebung und dgl.)
4. Geringe relative Feuchtigkeit der Lagerräume (stetige Feuchtigkeitskontrolle)
5. Konstante Lager- und Produkttemperatur (stetige Temperaturkontrolle)
6. Meidung von Umwandlungspunkten
7. Meidung zu hohen Lagerungsdruckes
8. Einsatz von „Zusatzstäuben".

D. Kristallisatoren

Ein Kristallisator ist ein Raum, in dem Bedingungen aufrecht erhalten werden, die das Wachstum der im gleichen Raum neu entstandenen Keime oder vorgelegten Impfkristalle gewährleisten. Diese sehr allgemeine Definition weist darauf hin, daß es keinen Kristallisator für alle Zwecke geben kann, weil die Wachstumsbedingungen zu verschieden sind; dies gilt sowohl für die angewandten Temperaturen und Drucke als auch die Art der Erzeugung von Übersättigung oder Unterkühlung sowie Art und Zahl der gleichzeitig auftretenden Phasen. Kristallisatoren sind zum größten Teil Maschinen (Räume mit bewegten Teilen) und nur in wenigen Fällen Apparate (Räume mit starren Teilen), weil der Transport der kristallinen Materie, sei es in Form der erstarrten Schmelze, sei es als suspendierter Feststoff, häufig unerläßlich, zumindest aber vorteilhaft ist. Viele der im folgenden beschriebenen Kristallisatoren können kontinuierlich betrieben werden, vielfach macht man auch von der periodischen Betriebsweise (kontinuierlicher Durchsatz einer Charge) Gebrauch. Bei großen Durchsätzen empfiehlt sich eine kontinuierliche Kristallisation, bei sehr langen Kristallwachstumszeiten (Züchtung von Einkristallen) kommt nur eine diskontinuierliche Arbeitsweise in Betracht. Auch bei komplizierten wiederholten und fraktionierten Kristallisationen gibt man dem Chargen-Verfahren den Vorzug, um genügend Zeit zu haben, unerwartete Änderungen der Ausgangs-Stoffe oder Zwischenprodukte zu kompensieren. Die Darstellung des einzelnen Kristallisators umfaßt seine Beschreibung (einschließlich der Einflußgrößen, die man zur Verfügung hat, ihn zu steuern), die Gegenüberstellung seiner Vor- und Nachteile, die Angabe technischer Daten (Abmessungen, Durchsatz, Berechnungsunterlagen) und die Benennung seines Anwendungsgebietes. Diese vier Angaben können jedoch nicht immer gemacht werden, da manchmal keine Einzelheiten über einen Kristallisator mitgeteilt werden und mitunter unbekannt ist, ob und wie ein Kristallisator desselben Typs aber größerer Abmessung benutzt werden kann. Kristallisatoren sind hydrodynamisch sehr interessante, aber wenig untersuchte Räume. Man könnte beispielsweise mit gefärbten Flüssigkeiten und ausgesiebten unveränderlichen Feststoffen in vorgegebenen Konzentrationsverhältnissen untersuchen, wie das Strömungsprofil (in verschiedenen Zonen) ist, wo Wirbelzentren liegen und an welchen Stellen Ablösungs- und Turbulenz-Erscheinungen auftreten. In der Regel werden jedoch Kristallisatoren nicht strömungstechnisch voruntersucht, sondern sogleich mit kristallisierenden Systemen geprüft. Manchmal, wie z. B. bei Walzenkristallisatoren oder Kristallisierbändern, ist nur diese Art der Prüfung möglich, weil der Kristallisator anders nicht funktionstüchtig ist. In welcher Weise ein Kristallisator meß- und regeltechnisch ausgerüstet sein sollte, wird später am Beispiel eines Verdampfungs-Kristallisators vom Wachstumstyp (Erzeugung grober Kristalle mit schmalem Korngrößenbereich bei enger Kontrolle des Kristallisationsverfahrens) gezeigt werden (s. Kap. IV D 1 a δ).

1. Kristallisatoren für die einfache Kristallisation

Bei der einfachen Kristallisation ist im Gegensatz zur fraktionierten Kristallisation nur ein Stoff kristallisierbar. Man unterscheidet zweckmäßig zwischen Lösungskristallisatoren und Schmelzkristallisatoren, weil sich diese Gruppen in Aufbau und Wirkungsweise wesentlich voneinander unterscheiden.

a) Lösungskristallisatoren. Es gibt Lösungskristallisatoren ohne Rührer oder Pumpen, ferner solche, bei denen nur die Mutterlauge ohne die Kristalle umgewälzt wird und schließlich solche, bei denen der gesamte Brei zirkuliert. Eine andere Unterteilung wählt die Art der Erzeugung der Übersättigung als Merkmal; danach unterscheidet man Kühlungs-, Verdampfungs- und Vakuum-Kristallisatoren. Kristallisatoren, bei denen während des Wachstums Einfluß auf Korngröße und Konverteilung genommen wird, werden als klassierende Kristallisatoren bezeichnet. Eine Sonderstellung nehmen Sprühkristallisatoren und Kristallisatoren zur Züchtung großer Einkristalle ein.

Tabelle 34. *Lösungskristallisatoren*

Lfd. Nr.	Art des Kristallisators (Kristallisatortyp)	Beschreibung (Wirkungsweise)
1	Kristallisiertrog oder Kristallisierwanne	Oben offener, nicht gerührter Behälter, der mit heißer, gesättigter Lösung gefüllt wird, die sich im Verlaufe einiger Tage durch Verdunstung des Lösungsmittels und Konvektion abkühlt. Manchmal Einhängen von Stäben, an denen die Kristalle wachsen. Mitunter Verstärkung der Kühlung durch Ein- oder Darüberleiten von Luft. Bei Batterie-Schaltung kontinuierlicher Zulauf heißer Lösung und kontinuierlicher Ablauf verarmter Mutterlauge möglich
2 (Abb. 82)	Kristallisierwiege [296] nach WULFF-BOCK	Langer Trog von elliptischem Querschnitt, der auf Rollen gleitend, periodisch hin- und hergeschaukelt wird und in dem sich die am einen Ende zulaufende, heiße Lösung durch Verdunstungskühlung und Konvektion abkühlt. Die Kristalle werden am anderen Ende kontinuierlich abgezogen. Der Trog fällt vom Einlauf bis zum Austrag leicht ab. Die Strömung kann durch eingezogene Zwischenwände in eine Zickzackbahn gelenkt werden. Kaskadenschaltung möglich. Lange mittlere Verweilzeiten gewährleisten grobes und einheitliches Kristallisat.
3 (Abb. 83)	Rollkristaller (Zahn, G.m.b.H.)	In einem Drehrohr werden Kühlungsluft und heiße Lösung im Gegenstrom zueinander geführt. Durch Verdunstung des Lösungsmittels und Konvektion entstehen Kristalle. Die als Schöpfrinnen wirkenden längs verlaufenden Einbauten des Drehrohrs sorgen für gute Flüssigkeitsverteilung und Bildung einer großen Flüssigkeitsoberfläche. Abkühlung bis auf wenige Grade über Raumtemperatur
4 (Abb. 84)	Schlauchkristaller (Zahn, G.m.b.H.)	In einem senkrecht angeordneten Rohr aus Weichgummi fließt die oben aufgegebene heiße Lösung über konisch abwärts weisende Einbauten (auch aus Weichgummi) herab im Gegenstrom zur Kühlungsluft. Die Lösung wird durch Verdunstung und Konvektion auf wenige Grade über Raumtemperatur abgekühlt, wobei körnige Kristalle entstehen.

1. Kristallisatoren für die einfache Kristallisation

mit Verdunstungskühlung durch Luft

Technische Daten	Hinweise (Vor- und Nachteile und dgl.)	Anwendungsgebiet
Größte Behälter 2,5 m breit, 10 m lang und 3 m tief. Kleinste Wannen mit 0,5 m $\varnothing$. Alle Arten von Auskleidung möglich. Gesamtwärmedurchgangszahlen k höchstens einige kcal/m² h grd.	Vorteile: Außerordentlich grobes Kristallisat; fast jeder Behälter geeignet. Nachteile: Durch Einschluß von Mutterlauge verunreinigte Kristalle, viel Handarbeit, lange Kühlzeiten, keine Verfahrenskontrolle	$CuSO_4 \cdot 5\,H_2O$ $FeSO_4 \cdot 7\,H_2O$ Soda KBr
Normale Größe: 15 m lang, 2 m breit. Leistungsbedarf 1,5 PS. Größte Einheiten: 30 m Länge. Maximaler Durchsatz: 300 kg/h und bei Kristallen von 8 bis 12 mm 100 kg/h. Steuerung: Veränderung von Flüssigkeitsstand und Durchflußmenge, von Amplitude und Frequenz der schaukelnden Bewegung. Wärmeabfluß in bestimmten Zonen	Vorteile: Grobe Kristalle, keine bewegten Teile in der Kristallisationszone. Nachteile: Hohe Investitionskosten bezogen auf den Durchsatz, erheblicher Platzbedarf. Produkt-Veränderungen bei Schwankungen von Temperatur und Feuchtigkeit der Luft.	$Na_2S_2O_3 \cdot 5\,H_2O$ $Na_2HPO_4 \cdot 12\,H_2O$ $NaC_2H_3O_2$ $Na_2SO_4 \cdot 10\,H_2O$ KCl, $KMnO_4$ Alaune
Kleinste Einheit: 4 m lang; 0,6 m $\varnothing$. Durchsatz: 400 l/h. Größte Einheit: 12,5 m lang; 1,9 m $\varnothing$. Durchsatz 3300 l/h. Kühlungsleistungen: 14 000 bis 150 000 kcal/h. Mittlere Einheit: 9,5 m Länge und 1,4 m $\varnothing$ hat eine Kühlleistung von 70 000 kcal/h und je 4 kW Leistungsbedarf für den Antrieb und Ventilator	Vorteile: Keine beweglichen Teile in der Kristallisationszone bei kontinuierlichem Betrieb. Auch Durchsatz einer Charge leicht möglich. Nachteil: Bei geringem Betriebsinhalt an Flüssigkeit nur feine Kristalle ($\approx 500\,\mu m$)	$FeSO_4 \cdot 7\,H_2O$ (Regenerierung von Beizbädern)
4 m Höhe und 0,6 m $\varnothing$. Flüssigkeits-Durchsätze bis 500 l/h	Vorteile: Geringer Platzbedarf bei guter Anpassung an örtliche Verhältnisse. Einfache korrosions-sichere Konstruktion. Rasches Anlaufen bei Aufnahme des Betriebes. Nachteile: Bei kleinem Betriebsinhalt und kleiner Verweilzeit feine Kristalle	$FeSO_4 \cdot 7\,H_2O$ (Regenerierung von Beizbädern)

Tabelle 34.

Lfd. Nr.	Art des Kristallisators (Kristallisatortyp)	Beschreibung (Wirkungsweise)
5 (Abb. 85)	Benetztes Rohr nach CHANDLER [338]	In ein horizontal gelagertes, leeres Rohr wird am gleichen Ende Luft von Raumtemperatur eingeblasen und heiße Lösung (ohne Düse) eingespeist. Im Gleichstrom kühlt sich die Lösung unter Verdunsten des Lösungsmittels ab, während sich die Luft unter Aufnahme des Wasserdampfes erwärmt. Leistung des Gebläses bei 840 m³/h und 220 mmWS Pressung 2 kW (Rohr von 100 mm l. W.)

x) *Kühlungskristallisatoren.* Kühlungskristallisatoren werden eingesetzt, wenn die Löslichkeit des zu kristallisierenden Stoffes mit fallender Temperatur stark abnimmt (z. B. KNO_3 in H_2O; vgl. Abb. 20). Die heiße Ausgangs-Lösung kann entweder direkt durch Verdunstung des Lösungsmittels oder indirekt unter Zwischenschaltung von Wänden durch Kühlmittel gekühlt und zur Kristallisation gebracht werden. Die wichtigsten Kristallisatoren mit Verdunstungskühlung durch Luft sind in Tab. 34 zusammengestellt. Sie sind im wesentlichen auf wäßrige Lösungen beschränkt, da sich bei Verwendung organischer Lö-

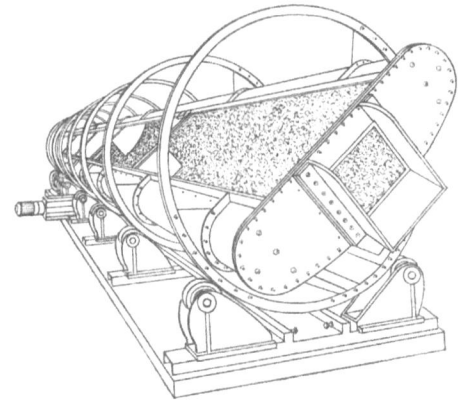

Abb. 82. Auf Rollen gelagerte große Kristallwiege (Passburg Block G.m.b.H.).

sungsmittel die Probleme der Vermeidung der Explosionsgrenzen, der Lösungsmittel-Rückgewinnung und der Geruchsbelästigung stellen. Wenn sich der Zustand (Temperatur, Feuchtigkeit) der Kühlungsluft ändert, ist ein Wandel der Kristallisationsbedingungen möglich. So weist BAMFORTH [337] darauf hin, daß die Wulff-Bocksche Kristallisierwiege (Nr. 2; Abb. 82), die normalerweise ansehnliche, grobe Kristalle (beim Glaubersalz 5—6 mm große Kristalle) liefert, beim Absinken der Lufttemperatur um 10 °C (während der Nacht) Feinkorn erzeugen kann. Ein apparativer Vorteil der Verdunstungs-Kristallisatoren besteht darin, daß sie keiner bewegten Teile *innerhalb der Kristallisationszone* bedürfen. Während die Kristallisierwiege bei verhältnismäßig großem Betriebsinhalt grobe Kristalle erzeugt, kommt man beim Roll-

(Fortsetzung)

Technische Daten	Hinweise (Vor- und Nachteile und dgl.)	Anwendungsgebiet
Luftgeschwindigkeit: ≈30m/s. In einem Rohr von 100 mm l. W. Durchsätze von 500 bis 1500 kg/h. Kristallisat (je nach Steilheit der Löslichkeitskurve) für NaCl 57 kg/h, bei Durchsatz von 1360 kg/h Mutterlauge und Abkühlung der Lösung von 100 °C auf 67 °C.	Vorteile: Einfache und billige Anordnung. Nachteile: Nur feine Kristalle, nur für wäßrige Lösungen geeignet. Suspensionen mit höherem Feststoff-Gehalt nicht zu verarbeiten.	Anorganische Salze mit steiler Löslichkeitskurve. Z. B.: $CuSO_4$, KNO_3, CH_3COOK, K_2SO_4, $Al_2(SO_4)_3$, Na_3PO_4, und CH_3COONa.

kristaller (Nr. 3; Abb. 83) mit geringem Betriebsinhalt aus, was An- und Abstellen des Kristallisators verkürzt, aber mit der Entstehung

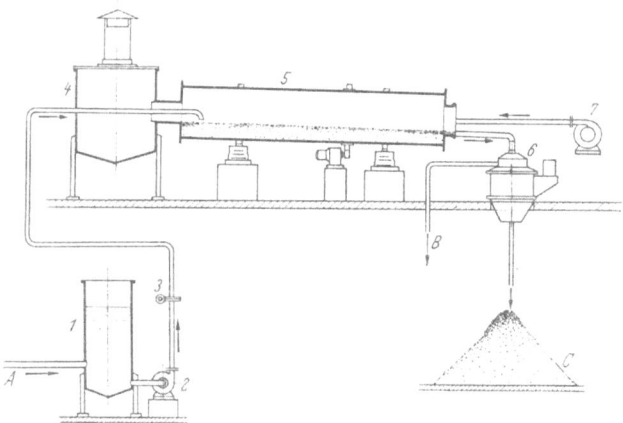

Abb. 83. Schema eines luftgekühlten Rollenkristallers (Zahn & Co.).
A Zulauf der Lösung; *B* Mutterlauge; *C* Feuchtes Kristallisat; *1* Vorgefäß; *2* Pumpe; *3* Durchflußmesser; *4* Brüdenabzug; *5* Rollkristaller; *6* Zentrifuge; *7* Kühlluftventilator.

feinerer Kristalle erkauft ist. Auch der Schlauchkristaller (Nr. 4; Abb. 84) ist wie der Rollkristaller eine Anordnung, in der Luft und Lösung im *Gegenstrom* zueinander geführt werden. Der korrosionsbeständige Apparat hat geringen Platzbedarf und Betriebsinhalt. Ein *Gleichstrom-Apparat* ist das horizontal gelagerte, benetzte Rohr nach CHANDLER [338] (Nr. 5; Abb. 85), in dem die wirksame Phasengrenzfläche (zwischen Lösung und Luft) bei hohen Verhältnissen von Flüssigkeit und Luft die Größe der Wandfläche übertreffen kann, weil Wellenbildung einsetzt. Für niedrige Verhältnisse beider Phasen wird die Rohrwand nicht mehr vollkommen benetzt, und der Stoffübergang verschlechtert sich. Nach Vorgabe von Menge und Temperatur der

Ausgangslösung und Endtemperatur der Mutterlauge (bzw. Kristall-Suspension) wird die Produktionsgeschwindigkeit durch die Luftmenge, deren Ein- und Austrittstemperatur und die dazugehörigen Feuchtigkeitsgehalte bestimmt. Bei der Kristallisation von NaCl beispielsweise wurden 1421 kg/h bei 100 °C gesättigter Lösung mit dieser Temperatur eingespeist. Diese Lösung wurde mit 960 kg/h Luft auf 67 °C abgekühlt. Die eintretende Kühlungsluft hatte eine Temperatur von 28 °C (Taupunkt 21 °C) und erwärmte sich bis auf 49 °C (Taupunkt 48 °C). Luft mit einem Taupunkt von 48 °C entspricht ein Wasserdampf-Gehalt von 79,9 g/kg Luft, während beim Taupunkt 21 °C dieser Gehalt 16,18 g/kg Luft beträgt, so daß 960 kg/h Luft ingesamt $9,6 \times (7,99 - 1,618) = 9,6 \cdot 6,372 = 61,17$ kg/h Wasser durch Verdunstung aufnehmen. Da dieses Wasser ursprünglich bei 100 °C mit NaCl gesättigt war (Sättigungskonzentration: 39,8 g NaCl/100 g H_2O), werden durch seine Verdunstung $0,398 \cdot 61,17 = 24,35$ kg/h NaCl kristallisiert. Aus den verbleibenden $1421 - (61,17 + 24,35) = 1335,48$ kg/h Lösung, die ursprünglich $39,8 \cdot 1335,5/139,8 = 0,285 \cdot 1335,5 = 380$ kg/h NaCl und 955,5 kg/h H_2O enthielten, kristallisieren beim Abkühlen auf 67 °C (Sättigungskonzentration: 37,7 g NaCl/100 g H_2O) $9,555 \times (39,8 - 37,7) = 9,555 \cdot 2,1 = 20,06$ kg/h NaCl aus. Folglich können durch Verdunstung und Kühlung zusammen 44,4 kg/h NaCl erzeugt werden. Kühlt sich die Suspension nach Abtrennung im Zyklon (s. Abb. 85a) im nachgeschalteten Eindicker weiter ab, so muß der zusätzliche Kristallausfall berücksichtigt werden. Herrscht im Eindicker eine Temperatur von 30 °C, so fallen zusätzlich $9,555 (37,7 - 36,3) = 9,555 \cdot 1,4 = 13,38$ kg/h NaCl aus.

In ähnlicher Weise lassen sich unter Berücksichtigung der Gegenstromführung von Luft und Lösung die Produktionsgeschwindigkeiten von Roll- und Schlauch-Kristaller berechnen, wenn Menge, Temperatur und Wassergehalte der Luft vorgegeben sind. Umgekehrt kann man für eine geforderte Produktionsgeschwindigkeit die notwendige Luft-

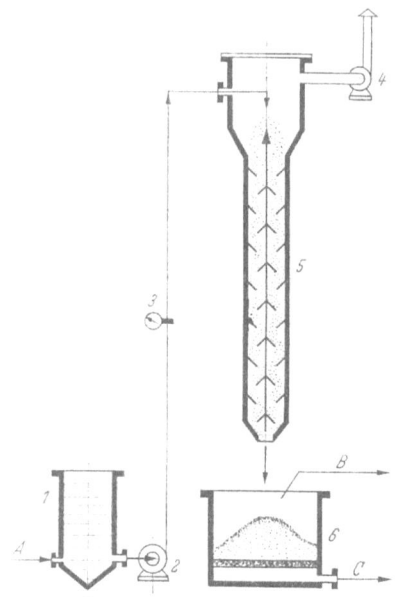

Abb. 84. Schema einer Schlauchkristalleranlage (Zahn & Co.).
A Zulauf der Lösung; *B* feuchtes Kristallisat; *C* Mutterlauge.
1 Vorgefäß; *2* Pumpe; *3* Durchflußmesser; *4* Ventilator; *5* Schlauchkristaller; *6* Filterkasten.

menge ermitteln, wenn über deren Zustandsgrößen (für Ein- und Austritt) verfügt ist.

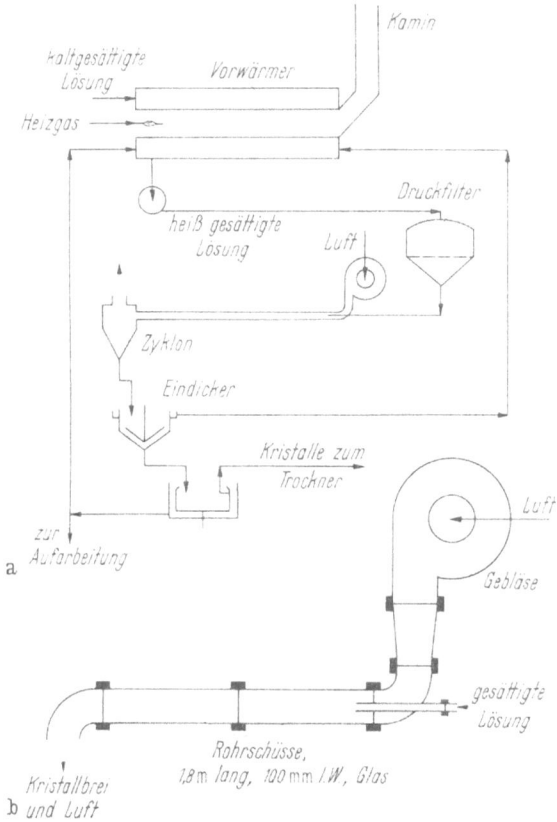

Abb. 85a. Allgemeines Verfahrens-Schema des Rohrkristallisators nach CHANDLER [338].
Abb. 85b. Der Rohrkristallisator nach CHANDLER [338].

Der Vorteil der Verdunstungskristallisatoren, keine bewegten Teile in der Kristallisationszone zu benötigen, bedingt andererseits, daß Suspensionen mit hohem Feststoff-Gehalt nicht erzeugt und verarbeitet werden können. Dazu bedarf es der mechanischen Bewegung und Förderung, die in zahlreichen Kristallisatoren mit Wandkühlung aufrecht erhalten werden. Tab. 35 gibt einen Überblick über die wichtigsten Lösungskristallisatoren mit Wandkühlung. Bei der Kühlung durch Wandungen stellt sich das Problem der Krustenbildung an diesen und der Verschlechterung des Wärmedurchgangs, das bei einigen Kristallisatoren (Nr. 11, Abb. 86 und Nr. 12, Abb. 87) durch Abkratzen der wärmeübertragenden Flächen, bei anderen durch Wiederentfernen (oder „Abtauen") der Krusten (Nr. 6), durch deren

Tabelle 35.

Lfd. Nr.	Art des Kristallisators (Kristallisatortyp)	Beschreibung (Wirkungsweise)
6	Behälter (ohne Rührer) mit eingehängten Kühlelementen	In nicht gerührte Behälter (vgl. Nr. 1) sind Kühlelemente eingehängt, die sich im Verlaufe der Kristallisation mit Krusten belegen. Läßt der Wärmedurchgang nach, werden die Kühlelemente aus den Behältern gezogen, und die Kristalle werden mechanisch (Abklopfen, Abkratzen) entfernt oder durch Beschicken der Kühlelemente mit Dampf abgetaut.
7	Rührwerksbehälter	Dampfdicht verschlossene Behälter (Kessel) mit Rührwerk sind entweder von einem Kühlmantel umgeben oder mit einer Kühlschlange ausgerüstet (Typ A). Diese Kristallisatoren sind mitunter auch im Durchlauf zu betreiben (Typ B). Wird der Kristallbrei umgepumpt, so kann der Kühler außerhalb des Kristallisators angeordnet werden (Typ C). In rinnenartigen Behältern werden rotierende Kühlrohrsysteme (ACME Coppersmitting & Machine Co.) benutzt (Typ D) [341].
8 (Abb. 88)	Pachuca-Kristallisator (Wachstums-Typ) [9] American Potash & Chemical Corp., Trona	Unten zylindrischer, oben sich konisch erweiternder Behälter. Die Ausgangslösung wird einem von unten angetriebenen Rührer oder Schleuderrad aufgegeben. Das dicht oberhalb des Rührers angebrachte Leitrohr sorgt für intensive Zirkulation. Der obere konische Teil wirkt als Beruhigungszone und Abscheider für die Kristalle, die verarmte Mutterlauge verläßt diese Zone oben. Keine zusätzliche Kühlung durch die Wandung oder mit Luft.
9	Drehrohr-Kristallisatoren	Drehrohr, das von außen gleichmäßig mit Kühlwasser berieselt wird, das etwas gegen die Horizontale geneigt ist und an dessen einem Ende die Ausgangslösung eingespeist wird, während Kristalle und Mutterlauge am anderen Ende entleert werden. Im Inneren werden die Kristalle durch eine Kette abgeklopft (Typ A; Kestner-Drehrohr) [343]. Drehrohr mit radial angeordneter Kühlrohr-Mannigfaltigkeit im Innern (Typ B); Lafeuille-Drehrohr [342].

1. Kristallisatoren für die einfache Kristallisation

Lösungskristallisatoren mit Wandkühlung

Technische Daten	Hinweise (Vor- und Nachteile und dgl.)	Anwendungsgebiet
Verschiedene Arten von Kühlelementen: Plattenkühler, „Bananen"-Kühler, Schlangen-Kühler	Vorteil: Besseres Ausbringen der Kristalle. Nachteile: Grobe Kristallaggregate mit Lösungsmittel-Einschlüssen, die intensive Nachbehandlung erfordern	$Na_2S \cdot 9 H_2O$ Schwefel aus Lösungsmitteln (z. B. Anilin)
Behälter verschiedener Größe und Form im Einsatz (Typ A) Berücksichtigung von Kühlfläche, mittlerer Verweilzeit der Kristalle und Feststoffgehalt (Typ B). Geringe Abkühlung (Übersättigung) bei rascher Umwälzung des Breies möglich (Typ C)	Vorteil: Einheitlichere Übersättigung durch Rühren oder Umpumpen und gleichmäßigere Kristalle. Bei langer Dauer (Typ A) grobe (1 mm) Kristalle. Nachteil: Kristall-Ablagerungen an den Kühlflächen. Häufiges Auswaschen (Typ B)	Ammonium-Alaun (Typ A) $Na_2CO_3 \cdot 10 H_2O$ (Typ C)
Große technische Einheiten von mehreren Metern Höhe und Durchmesser des Abscheiders	Vorteil: Vorgelegte Impf-Kristalle wachsen bei verhältnismäßig vollständigem Abbau der Übersättigung zu groben Kristallen aus	$Na_2B_4O_7 \cdot 10 H_2O$ (Borax) bei grosser Konzentration an Impf-Kristallen
Labormodell: 2,2 m lang, 0,9 m ⌀ und 1,15 m hoch. Drehzahlen 1–20 U/min möglich. Neigungswinkel 0 bis 5° gegen Horizontale. 0,75 PS für Antrieb (Typ A)	Vorteil: Rasche Kristallisation bei großen Durchsätzen. Nachteil: Relativ kleine Kristalle (100–500 µm) für Typ A	$CuSO_4 \cdot 5 H_2O$, $NiSO_4 \cdot 7 H_2O$, $BaCl_2 \cdot 2 H_2O$, $NaKC_4H_4O_6 \cdot 4 H_2O$ (Seignette- oder Rochelle-Salz) für Typ A.
Spezifische Kühlfläche: 2 m²/m³. Großtechnische Kristallisatoren mit 2,9 m ⌀ und 7,9 m Länge (Typ B)	Vorteil: Rasche Kristallisation bei großer Kühlfläche. Nachteil: Ablagerungen an den Kühlelementen (Typ B)	Zucker für Typ B

IV. Technik der Kristallisation

Tabelle 35.

Lfd. Nr.	Art des Kristallisators (Kristallisatortyp)	Beschreibung (Wirkungsweise)
10 (Abb. 89)	Teller-Kristallisator (Schnell-Kristallisator nach Werkspoor N. V.) [339]	Trogartiger Behälter mit horizontal gelagerter Welle, auf der in regelmäßigen Abständen Hohlteller angebracht sind, die von Kühlwasser im Gegenstrom zur kristallisierenden Lösung durchflossen werden und die für den Durchtritt dieser Lösung sektorenförmige Ausschnitte haben. Sanftes Durchrühren des Kristallbreies durch die Teller und die sie verbindenden Kühlwasser-Leitungen
11	SWENSON-WALKER [344] (Abb. 86) und	Halbzylindrischer, oben offener (aber abdeckbarer) mantelgekühlter Trog mit spiralförmigem Rührer, der dicht an der Wand entlangstreicht und diese von Krusten frei hält. Der Rührer läßt die Kristalle durch die übersättigte Lösung rieseln und fördert sie zum Austragsende (Wehr). Kaskadenschaltung von maximal 4 Kristallisatoren (SWENSON-WALKER, Typ A).
	Kratzkühler (Borsig AG)	Doppelrohr mit einspindeliger Kratzschnecke. Serienschaltung von Rohren mit Krümmern, Antrieb mittels Kegel-Stirnradgetriebe und Schneckengetriebe (Borsig-Kratzkühler, Typ B).
12	Votator (Abb. 87) und	Mantelgekühltes Rohr, dessen Wandung durch ebene, mit Federn angepreßte Kratzblätter abgeschabt wird. (Votator, Typ A).
	Armstrong-Wärmeaustauscher	Wärme-Austauscher mit ebenen Kratzblättern. Grund-Einheit 150 mm $\varnothing$ und 3,7 m lang. Antrieb 0,5 PS. Kaskade aus 12 Kühlern, je 150 mm $\varnothing$ und 6,1 m lang (Armstrong—Wärme-Austauscher, Typ B).
13 (Abb. 90)	Walzen-Kristallisator [340]	Gekühlte Walze, die mit einem Teil ihrer Oberfläche in die Lösung eintaucht (a) und auf der sich bei Rotation ein Film von Kristallen bildet, die bei hochglanzpolierten Oberflächen (z. B. Gußeisen, chromplatiert) mit einem Messer, bei empfindlichen Oberflächen (z. B. verbleiter Stahl) mit Walzen abgenommen werden. Kaskaden- und Gegenstrom-Schaltung mehrerer Walzen möglich. Anordnung mit Auftragwalzen (b). Für die Aufgabe eines Kristallbreis Doppelwalzen mit Sumpf (c).

1. Kristallisatoren für die einfache Kristallisation

(Fortsetzung)

Technische Daten	Hinweise (Vor- und Nachteile und dgl.)	Anwendungsgebiet
Großtechnische Kristallisatoren (600 installiert); die größten haben über 2 m ⌀ und mehrere m Länge	Vorteile: Einfaches Verfahren, sanfte Bewegung der Kristalle. Nachteil: bei zu großem Temperaturgefälle zwischen Kühlmittel und Kristallbrei Verkrustung der Teller	Hauptanwendung: Als Maische für Zucker. $Na_2SO_4 \cdot 10 H_2O$ aus Spinnbädern
600 mm breit und 675 mm tief, 3 m lang. Wirksame Kühlfläche 3,25 m². Rührerdrehzahlen: 5—10 U/min. Wärmedurchgangszahlen 50 bis 120 kcal/m² h °C. Leistungen 5—15 t/d	Vorteile: Keine Krustenbildung, keine Einschlüsse in den Kristallen. Relativ kleines Betriebsvolumen, ökonomischer Kühlmittel-Einsatz. Nachteile: Breite Kornverteilung, Kristall-Abrieb	$Na_3PO_4 \cdot 12 H_2O$, Oxalsäure, Naphthalin, $Na_2SO_4 \cdot 10 H_2O$, Lactose.
Standard-Größe 70 m², Rohrlängen von 10 m üblich		p-Xylol aus Isomeren-Gemisch.
75—600 mm ⌀ und 30 bis 300 cm Länge. Bei Drehzahlen zwischen 300 und 2000 U/min Wärmedurchgangszahlen zwischen 730 und 3200 kcal/m² h grd. 25 PS für Einheit von 600 mm ⌀ und 5,6 m² Kühlfläche	Vorteile: Sehr guter Wärmedurchgang, kleiner Betriebsinhalt. Nachteile: Starke Keimbildung, sehr feine Kristalle, Kristallabrieb	Paraffin-Wachs, viskose Stoffe wie Schmalz und Margarine, p-Xylol aus Isomeren-Gemisch, $NaClO_3$, Harnstoff.
Walzen-Durchmesser zwischen 500 und 1500 mm. Breiten zwischen 500 und 2000 mm, Oberflächen zwischen 0,79 und 9,4 m². Drehzahl einer 2 m²-Walze: 12 U/min. Spez. Leistungen von 25—50 kg/m² und h in günstigen Fällen möglich	Vorteile: Für manche Produkte ist die Schuppenform günstig. Kompakte Bauweise. Nachteile: Nur geeignet für Stoffe, die an der Walzen-Oberfläche adhärieren und einen zusammenhängenden Film bilden	NaOH (Ätznatron), $MgCl_2$, Phthalsäureanhydrid, Na_2S, $CaCl_2$, $Na_2SO_4 \cdot 10 H_2O$ aus Spinnbädern, Na_3PO_4.

Wiederauflösen in der nächsten Charge (Nr. 7 A) oder deren turnusmäßiges Auswaschen nach Abstellen und Entleeren des kontinuierlich betriebenen Kristallisators (7 B und 7 C) gelöst wird. Bei Rührwerks-Kristallisatoren müssen Art und Drehzahl des Rührers in der Regel empirisch ermittelt werden; denn eine Berechnung ohne Versuche mit dem speziellen System führt meist nicht zum Ziel, da unbekannte Lösungsgenossen (manchmal im Konzentrationsbereich einiger ppm) großen Einfluß auf Keimbildung und Kristallwachstum haben können (vgl. Kap. III B 3). Selbst ein und dasselbe System kann sich oft ganz verschieden verhalten, wenn Menge und Art der

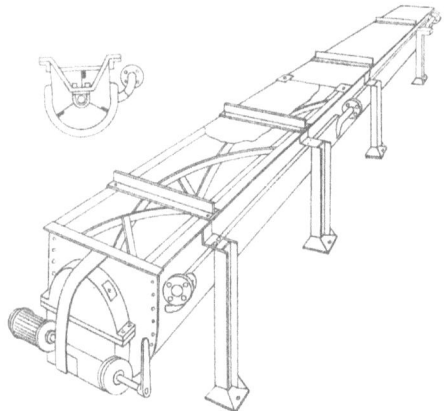

Abb. 86. Swenson-Walker Kristallisator [344].

Verunreinigungen unterschiedlich sind, wenn in anderen Temperaturbereichen gearbeitet wird oder wenn der Feststoff-Gehalt der entstehenden Suspension verschieden ist.

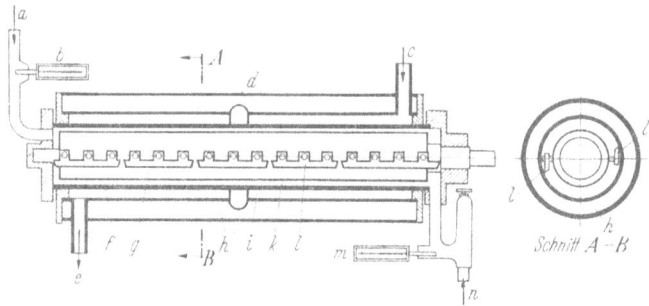

Abb. 87. Doppelmantel Kristallisator (Votator).
a Produkt-Zulauf; b Zulauf-Temperatur; c Kühlmittel-Zulauf; d Metall-Deckplatte; e Kühlmittel-Ablauf; f Kühlmittelrohr; g Wischerwelle; h Isolation; i Kühlmantel; k Ringspalt für Produkt; l Kratzblätter; m Austrittstemperatur; n Ventil (Produkt-Auslaß).

Der Pachuca-Kristallisator [9] (Nr. 8; Abb. 88) ist ein kontinuierlicher Wachstums-Kristallisator, in dem vorgelegte Impfkristalle die Übersättigung der eingespeisten Lösung bei langer Verweilzeit ziemlich vollständig abbauen, wobei Kühlung nur durch Konvektion erfolgt. Der Teller-Kristallisator [339] (Nr. 10; Abb. 89), in dem eine auf das Betriebsvolumen bezogene große Kühlfläche untergebracht ist, eignet sich nur für Systeme, die nicht zur Krustenbildung neigen, hauptsächlich als Maische für Zucker. Nach Untersuchungen von

1. Kristallisatoren für die einfache Kristallisation

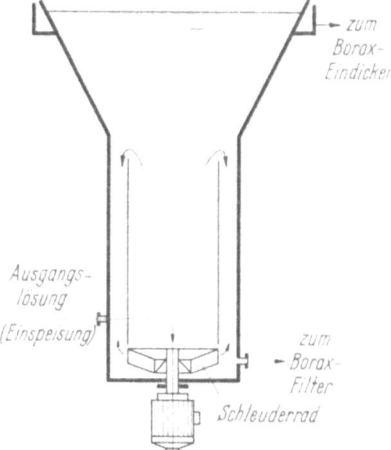

Abb. 88. Pachuca-Kristallisator (American Potash & Chemical Corp., Trona) (Borax-Kristallisator) [9]

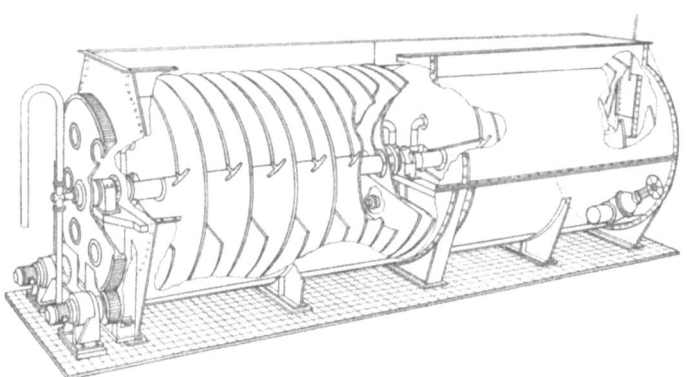

Abb. 89. Teller-Kristallisator (Schnell-Kristallisator nach Werkspoor NV) [339].

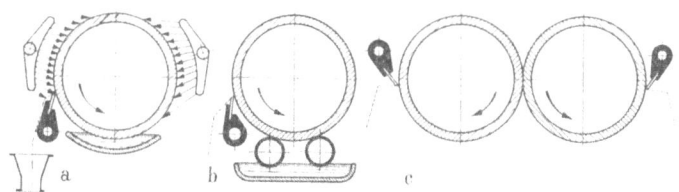

Abb. 90. Walzen Kristallisatoren (Escher Wyss A-G).
a Kühlwalze mit Tauchwanne und Belüftungseinrichtung; b Kühlwalze mit Auftragwalzen; c Doppelkühlwalze.

CHATY und O'HERN [340] ist beim Walzen-Kristallisator (Nr. 13; Abb. 90) das Rühren in der Lösungswanne, in die die Walze taucht, vorteilhaft. So nimmt die durch die Gleichung

$$E = 100 \frac{x_l - x_s}{x_l} \quad \text{(Spezielle Gleichung für eutektikum-bildende Systeme)} \tag{203}$$

x_l = Gew.-Bruch Trockensubstanz (Gelöstes) in der Lösung,
x_s = Gew.-Bruch Trockensubstanz im auskristallisierten Feststoff (Lösungsmittel-Eis)

definierte Trennwirksamkeit mit wachsender Rührerdrehzahl in der Wanne (linear) zu. Ferner ist die Trennwirksamkeit höher, also die Verunreinigung des Kristallisates durch eingeschlossene Lösung geringer, wenn die Temperatur des Kühlmittels der Walze höher ist. Die für eine 3%-ige NaCl-Lösung gemessenen Trennwirksamkeiten waren verhältnismäßig niedrig; so wurde bei einer Rührerdrehzahl von 1400 U/min in der Wanne, einer Walzendrehzahl von 5,5 U/h (Walze von 116 mm ⌀ und 171 mm Länge, hochglanz-poliert) und einer Kühlmittel-Temperatur von −1,7 °C eine Trennwirksamkeit von 28% erzielt, die auf 18% absank, wenn die Kühlmitteltemperatur unter Beibehaltung der anderen Bedingungen auf −13,6 bis −15,4 °C erniedrigt wurde. Beim Eis ist die Keimbildung an der Walze langsam, das Wachstum jedoch rasch. Die Schichtdicke nimmt mit der Kontakt-Zeit zu und erreicht einen asymptotischen Wert (0,75 mm).

Für die Festlegung der Größe von Lösungskristallisatoren mit Wandkühlung ist die Berechnung der erforderlichen Kühlfläche wichtig und, sofern es auf die Kristallgröße nicht wesentlich ankommt, allein entscheidend. Sollen beispielsweise 200 kg/h bei 50 C° gesättigter, wäßriger KNO_3-Lösung mit Kühlwasser (Eintritts-Temperatur 15 °C, Ablauf 20 °C) auf 25 °C abgekühlt und zur Kristallisation gebracht werden, so verläuft diese Berechnung folgendermaßen: Bei 50 °C beträgt die Löslichkeit 85,5 g KNO_3/100 g H_2O; die Ausgangs-Lösung enthält also 85,5/185,5 · 200 = 0,461 · 200 = 92,2 kg/h KNO_3 und 107,8 kg/h H_2O. Bei 25 °C beträgt die Löslichkeit 38,2 g KNO_3/100 g H_2O, also enthält die abfließende Mutterlauge noch 38,2 · 1,078 = = 41,1 kg/h KNO_3 gelöst, und bei vollkommener Abgabe der Übersättigung kristallisieren 92,2 − 41,1 = 51,1 kg/h KNO_3 aus. Nach Abb. 20 ergibt sich die maximal abzuführende Kristallisationswärme zu $Q_1 = 51{,}1 \cdot 8{,}6/0{,}1011 = 4350$ kcal/h. Nimmt man für die Lösung (bzw. Mutterlauge) eine mittlere spezifische Wärme von 0,63 kcal/kg grd an, so sind zur Abkühlung der 148,9 kg/h Mutterlauge um 25 °C $Q_2 =$ = 148,9 · 0,63 · 25 = 2345 kcal/h abzuführen. Zur Abkühlung der gesamten Ausgangs-Lösung um 25 °C wären $Q_2' = 200 \cdot 0{,}63 \cdot 25 =$ = 3150 kcal/h und zur Abkühlung der Kristalle (geschätzte spezifische

1. Kristallisatoren für die einfache Kristallisation

Wärme: 0,235 kcal/kg grd) $Q_3 = 51{,}1 \cdot 0{,}235 \cdot 25 = 300$ kcal/h abzuführen. Mithin erhält man nach Gl. (159) für die insgesamt abzuführende Wärmemenge:

$$\overline{Q} = Q_1 + \frac{Q_2 + Q_3 + Q_2'}{2} = 4350 + \frac{2345 + 300 + 3150}{2} = 4350 + 2897{,}5$$
$$= 7247{,}5 \text{ kcal/h} . \quad (159')$$

Wenn Lösung und Kühlwasser im Gegenstrom zueinander geführt werden, ergibt sich nach Abb. 74 und Gl. (162) das mittlere logarithmische Temperaturgefälle zu

$$\Delta \vartheta_l = \frac{30 - 10}{\ln \dfrac{30}{10}} = \frac{20}{\ln 3} = \frac{20}{1{,}0986} = 18{,}25 \text{ °C} . \quad (162')$$

Mit einer mittleren Gesamtwärmedurchgangszahl von $k = 100$ kcal/m² h grd bekommt man für die notwendige Kühlfläche nach Gl. (161)

$$F = \frac{\overline{Q}}{k \, \Delta \vartheta_l} = \frac{7247{,}5}{100 \cdot 18{,}25} = 3{,}98 \text{ m}^2 . \quad (161')$$

Der Feststoff-Gehalt der den Kristallisator verlassenden Suspension beträgt $100 \cdot 51{,}1/200 = 25{,}5\%$. Da KNO_3-Kristalle ohne Rührerbewegung leicht Mutterlauge einschließen, scheidet Kristallisator Nr. 6 (Behälter mit eingehängten Kühlelementen) aus. Wegen der steilen Löslichkeitskurve (Abb. 20) ist mit rascher Verkrustung einer nichtabgekratzten Kühlfläche zu rechnen, so daß ein Durchlauf-Kessel (Nr. 7 B und 7 C), ein Drehrohr (Nr. 9) und ein Teller-Kristallisator (Nr. 10) nicht zu empfehlen sind. Da das Salz infolge seiner Verwendung als Düngemittel nicht in Schuppenform, sondern feinkristallin geliefert werden soll, scheidet auch der Walzenkristallisator (Nr. 13) aus, und es bleiben die Kratzkühler übrig. Entscheidet man sich für den Swenson-Walker (Nr. 11 A; Abb. 86), so erkennt man, daß eine Normalrinne mit 3,25 m² wirksamer Kühlfläche nicht ganz ausreicht. In diesem Falle muß man die Investititionskosten und den größeren Platzbedarf für zwei dieser Rinnen gegen die erhöhten Betriebsmittelkosten beim Kühlen einer Rinne mit Sole abwägen. Rechnet man mit einer mittleren Dichte der Lösung von 1,28 kg/l, so strömen $200/1{,}28 = 156$ l/h durch den Kratzkühler normaler Bauart, falls man sich für einen einzigen entscheidet, und bei einem Betriebsinhalt von 500 l beträgt die mittlere Verweilzeit der Mutterlauge im Kristallisator $\bar{\tau} = 500/156 = 3{,}2$ h. Die mittlere Verweilzeit der Kristalle ist kürzer, da nicht alle Kristalle am Eintritt der Ausgangs-Lösung entstehen, sondern die Kristallisation längs des Kratzkühlers fortschreitet. Bei großen Durchsätzen sind erhebliche Kühlflächen nötig, so daß eine Batterie von Kratzkühlern in diesem Fall mit anderen Kristallisatoren nicht konkurrieren kann. SEAVOY und CALDWELL [344] verglichen die Kosten von mechanischen Kristallisatoren und Vakuumkristallisatoren und kamen zu dem Schluß, daß sich besonders bei hohen Durchsätzen stark korrodierender Lösungen, die keine zu große Siedepunkterhöhung aufweisen, ein Vakuumkristallisator bezüglich Neuanschaffungs- und Betriebsmittelkosten günstiger stellt als ein mechanischer Kristallisator.

β) *Verdampfungskristallisatoren.* Verdampfungskristallisatoren werden eingesetzt, wenn die Löslichkeit des zu kristallisierenden Stoffes mit fallender Temperatur wenig abnimmt (z. B. NaCl in H_2O; vgl. Abb. 20) oder zunimmt (z. B. Na_2SO_4 in H_2O; vgl. Abb. 20). Der Verdampfungskristallisator hat mit dem Vakuumkristallisator gemein, daß Lösungsmittel, wenn auch meist in einem anderen Druckbereich, abdestilliert wird; der entscheidende Unterschied zwischen diesen beiden Kristallisator-Arten besteht darin, daß im Verdampfungskristallisator stets Wärme von außen (z. B. durch Heizdampf, heiße Luft, Heizgas, Heizöl oder elektrische Beheizung als Widerstands- oder Induktions-Heizung) zugeführt wird, wohingegen der Vakuumkristallisator adiabatisch arbeitet. Die wichtigsten Verdampfungskristallisatoren sind in Tab. 36 (Nr. 14—20) zusammengestellt. Die Körnungswanne (im angelsächsischen Schrifttum [298], [345] grainer genannt) wird trotz altertümlicher Bau- und primitiver Wirkungsweise auch heute noch in den Salzsiedereien benutzt, weil nur in diesem Kristallisator trichterförmiges NaCl entsteht, dessen einzelne Kristalle von der Oberfläche nach unten (innen) wachsen, bis sie zu Boden sinken, wenn sie zu schwer geworden sind (Nr. 14). Handelt es sich um die Kristallisation kleinerer Chargen und werden an die Werkstoffe infolge erhöhter Korrosionsgefahr besondere Ansprüche gestellt, so verwendet man nicht gerührte Behälter mit eingehängten Heizelementen (Nr. 15; Typ A), von denen die Kristalle periodisch mechanisch entfernt oder abgetaut werden. Kommt es auf eine gut durchmischte Suspension an und ist eine häufige Reinigung der Heizflächen notwendig, so bedient man sich bei kleineren Chargen des Rührkessels (Nr. 15, Typ B). Die Verdampfungskristallisatoren Nr. 16—19 sind Verdampfer, die für die Kristallisation geeignet sind; nicht alle Verdampfer besitzen nämlich diese Eignung, weil bei Ausfall von Feststoff die Probleme der Salzablagerung, der Verkrustung der Heizflächen sowie des Transportes und des Ausbringens der Kristalle gemeistert werden müssen, die beim alleinigen Konzentrieren von Lösungen nicht auftreten. So ist es für alle Verdampfungskristallisatoren mit Heizregister (Kalander) wichtig, daß in den Heizrohren kein Sieden stattfindet, der Flüssigkeitsspiegel im Verdampfer also hoch genug ist (s. Abb. 91, 93 und 94). Dadurch verringern sich zwar die Gesamtwärmedurchgangszahlen k, aber die

1. Kristallisatoren für die einfache Kristallisation

Salzablagerung wird vermindert. Für den Entwurf von Verdampfungskristallisatoren ist die pro Zeiteinheit zu übertragende Wärmemenge

$$Q = k\,F\,\Delta\vartheta \ \ [\text{kcal/h}] \tag{161a}$$

eine wesentliche Bestimmungsgröße. Die wirksame Temperatur-Differenz $\Delta\vartheta$ zwischen Heizmittel und Lösung oder Suspension ist eine meist nicht genau angebbare Größe. Wird beispielsweise Heizdampf verwendet, so kann man zwar aus seinem Druck nach den Dampftafeln auf seine Kondensationstemperatur schließen, aber die Überhitzung des Dampfes und die Abkühlung des Kondensates bleiben in der Regel unberücksichtigt. Bei Mehrfach-Verdampfern werden die Brüden der vorhergehenden Stufe als Heizdampf in der nächstfolgenden benutzt, so daß es bei merklicher Siedepunktserhöhung der Lösung zu merklicher Überhitzung der von ihr aufsteigenden Brüden kommt. Ähnlich liefert eine Druckmessung im Brüdenraum zwar die dem Druck entsprechende Sattdampf-Temperatur, die aber nur mit der Temperatur der siedenden Lösung übereinstimmt, wenn diese keine Siedepunktserhöhung hat. Die Siedepunktserhöhung, also der bei gleichem Dampfdruck (des Lösungsmittels) gemessene Unterschied zwischen der Siedetemperatur der Lösung und des Lösungsmittels, wächst mit der 2. Potenz der absoluten Siedetemperatur des Lösungsmittels und proportional zur Konzentration der Lösung. Die einfache Gleichung für die molekulare Siedepunktserhöhung gilt nur für verdünnte Lösungen, kann also meist für kristallisierende Lösungen nicht herangezogen werden. In Perry's Chemical Engineer's Handbook [354] ist ein Nomogramm für die Siedepunktserhöhung wäßriger Lösungen zahlreicher anorganischer Substanzen gezeichnet; Leitern für den Siedepunkt der Lösung und die Lösungs-Konzentration tragen diesen beiden Einflußgrößen Rechnung. In Tab. 37 sind die Siedepunktserhöhungen der gesättigten, wäßrigen Lösungen einiger Substanzen für 1 atm (also der beim atmosphärischen Siedepunkt gesättigten, wäßrigen Lösungen) zusammengestellt. Stehen keine Literaturwerte zur Verfügung, so hilft oft die Dühringsche Regel weiter: Trägt man die verschiedenen Siedetemperaturen einer Lösung bestimmter Konzentration in Abhängigkeit von den ihnen bei den gleichen Dampfdrucken entsprechenden Siedepunkten des Lösungsmittels auf, so erhält man eine gerade Linie. Auf diese Weise entsteht ein Diagramm mit einer Schar von Geraden, die den einzelnen Lösungskonzentrationen zugeordnet sind. Unterhalb von 1 atm verlaufen die Geraden nahezu, aber nicht völlig parallel. Außerhalb dieses Bereiches muß man mit einer Krümmung der Geraden rechnen, besonders wenn größere Druckintervalle umfaßt werden. Der Vorteil der Dühringschen Regel besteht darin, daß man für eine Lösung bestimmter Konzentration zu jedem

IV. Technik der Kristallisation

Tabelle 36.

Lfd. Nr.	Art des Kristallisators (Kristallisatortyp)	Beschreibung (Wirkungsweise)
14	Körnungs-Wanne (GRAINER) [345]	Seichte, offene Pfanne mit Heizschlangen (o. Heizrohren), unterhalb denen hin- und hergehende Rechen die Kristalle entfernen. Mitunter wird die Sole auch auf 99 °C gehalten, indem sie durch dampfbeheizte Wärmeaustauscher gepumpt wird (230—460 m³/h). Bei der Verdampfung bilden sich an der ruhenden Oberfläche trichterförmige NaCl-Kristalle. Bisweilen Zirkulation von Luft zur Unterstützung der Verdampfung.
15	Kristallisatoren mit verschieden geformten Heizflächen [346]	In nicht gerührte Behälter (vgl. Nr. 1 und 6) sind Heizelemente eingehängt, von denen die Kristalle periodisch entweder mechanisch entfernt oder abgetaut werden (Typ A). Kessel mit zentrisch oder exzentrisch angeordnetem Rührer haben einen Heizmantel oder aufgeschweißte Dampfschlangen. Nach Entleeren einer Charge von Kristall-Suspension lassen sich die an der Wand gebildeten Krusten in der nächsten Charge wieder auflösen (Typ B).
16	Verdampfer mit Korb-Kalander („Roberts") und Propeller-Rührer [347], [298]	Umwälzen der Suspension durch ein im Verdampfer senkrecht angeordnetes Heizrohrregister (Korb-Kalander) mit weitem zentralem Abzug. Die thermische Zirkulation wird durch einen im zentralen Abzug, dicht unterhalb des Kalanders befindlichen Propeller-Rührer unterstützt (Typ A; Abb. 91). Die Kochapparate der Zucker-Industrie arbeiten ohne Rührer und teilweise mit eingehängtem Röhrenheizkörper (Ringraum für die äußere Zirkulation der Füllmasse, kein zentraler Abzug).
		Der Escher-Wyss-Salzverdampfer [348] hat einen speziellen Propeller-Rührer, weit unhalb der Flüssigkeits-Oberfläche (Typ B; Abb. 96).
17	Verdampfer mit Zwangsumlauf	Zwangsumlauf der Suspension mittels einer Pumpe durch ein waagrecht angeordnetes Heizregister außerhalb des Verdampfers und Zirkulation im Verdampfer nach Passieren eines lamellierten Diffusors (Typ A, „Zaremba") (Abb. 93) [349].
		Die dünne Suspension aus dem Verdampfer wird mit einer Spezialpumpe (axialer Propeller, stopfbuchslos) durch ein außerhalb des Verdampfers senkrecht angeordnetes

1. Kristallisatoren für die einfache Kristallisation

Verdampfungskristallisatoren

Technische Daten	Hinweise (Vor- und Nachteile und dgl.)	Anwendungsgebiet
Pfannen von 30—60 m Länge, 4,5—6 m Breite und 60 cm Tiefe. Erzeugung von 30 t/d. Gröbste Kristalle 0,5—3,0 mm	Nur in diesem Kristallisator kann das trichterförmige Salz erzeugt werden, das die für Verarbeitung in Käse und Butter hohe Lösegeschwindigkeit besitzt	Nur Kochsalz (NaCl).
Verschiedene Arten von Heizelementen (Typ A). Anpassung der Kessel nach Größe und Werkstoff an die speziellen Forderungen	Nachteile: Heizflächenbelastung klein, Krustenbildung unvermeidlich. Vorteile: Leichte Reinigung, Anpassung an besondere System-Eigenschaften möglich.	Viskose Lösungen; $Na_2S_2O_3$ aus wäßrigen Lösungen, hydratwasserfrei
Durchmesser der Siederohre 50—75 mm, Länge 1,2—1,8 m. Heizflächen bis 180 m². Zentrierter Abzug hat 75—150% des Gesamtquerschnittes aller Siederohre. Wärmedurchgangszahlen $k = 750$—2200 kcal/m² h grd. (Abb. 92)	Nachteile: Bei viskosen Flüssigkeiten, kleinen Temperatur-Koeffizienten und niedrigen Temperaturen schlechter Wärmeübergang, verhältnismäßig großer Betriebsinhalt und Platzbedarf. Vorteile: Bei hohen Temperaturen hohe k-Werte, leicht mechanisch zu reinigen, geringe Bauhöhe, relativ billig	KCl, NaCl, Na_3PO_4, Na_2HPO_4, $MnSO_4$, $BaCl_2$ und Na_2SO_4, Zucker (ohne Rührer).
Verdampfer von 1,7—4,6 m $\varnothing$		
Einspeisung der Ausgangslösung in den Verdampfer. Produkt(Brei)-Entnahme auf der Druck-Seite der Pumpe unterhalb (vor) dem Heizregister. Strömungsgeschwindigkeiten in den Heizrohren 1,2—3,0 m/s Wärmedurchgangszahlen $k = 2100$—3200 kcal/m² h grd	Vorteile: Kein Sieden in den Rohren. Durch die Wirkung des Diffusors passieren die Kristalle die Siedezone 5mal so oft wie Heizregister und Pumpe. Vorteile: Sieden und damit Krustenbildung im Heizregister werden vermieden, weil das Flüssigkeitsniveau im Ver-	Wäßrige Lösungen anorganischer Salze. $FeCl_2$, $FeSO_4$, Hexamethylentetramin $[(CH_2)_6N_4]$, NaCl,

Tabelle 36.

Lfd. Nr.	Art des Kristallisators (Kristallisatortyp)	Beschreibung (Wirkungsweise)
17	Verdampfer mit Zwangsumlauf	Heizrohrregister (verhältnismäßig kleine Zahl langer Rohre) von unten nach oben in den Verdampfer zurückgepumpt, der durch Einbau einer konischen Schürze gleichzeitig als Abscheider wirkt. Die abgeschiedenen groben Kristalle werden entweder kontinuierlich als Brei entleert oder diskontinuierlich in einen Salzbehälter abgezogen. Einspeisung von Ausgangslösung auf der Saugseite der Pumpe (Kestner-Langrohr-Verdampfer) (Typ B) [350].
		Beim Swenson-Verdampfer [298] (Typ C) wird der durch ein Langrohr-Register umgewälzte Brei tangential unterhalb des Flüssigkeitsniveaus in den Verdampfer zurückgeleitet. Brei-Entleerung unterhalb des konischen Verdampferbodens, Einspeisung von Ausgangslösung auf der Saugseite der Pumpe (axialer Propeller) oder in die Auswasch-Zone (Abb. 94).
		Drei Heizregister mit den zugehörigen Umwälzpumpen sind an einen sich konisch nach oben und unten verjüngenden Verdampfer angeschlossen, unterhalb dessen ein zweiter konischer Behälter (Kristallisations- und Absitzzone) angeordnet ist, aus dem im oberen Niveau dünne Suspension abgezogen wird, während der Brei grober Kristalle unten entnommen wird. (Thermap-Verdampfer: Études et Applications Thermiques) Typ D) [351].
18	„Ein-Strom"-Verdampfer nach BERGS-MASKIN [352]	Zwölf Paare von Kalander-Rohren, von denen jeweils ein Steigfilm- und ein Fallfilm-Rohr durch einen Glaskrümmer verbunden sind, sind im Verdampfer so angeordnet, daß die Fallfilm-Rohre in den konischen Produkt-Behälter münden, aus dem der Brei abgepumpt wird. Konzentrierung der Lösung im Steigfilm, Kristallisation im Fallfilm (80 m/s Strömungsgeschwindigkeit). Hydrozyklon zur Abscheidung mitgerissener Flüssigkeit.
19	Dünnschichtverdampfer SAMBAY [301] (Abb. 98)	Senkrecht aufgestellter wandbeheizter, zylindrischer Verdampfer, dessen Wischer mit gelenkigen Wischerblättern die Heizwand abkratzen. Zulauf im oberen Teil, Ablauf-Konus unten; Flüssigkeitsabscheider oberhalb des Wischersystems.

1. Kristallisatoren für die einfache Kristallisation

(Fortsetzung)

Technische Daten	Hinweise (Vor- und Nachteile und dgl.)	Anwendungsgebiet
(Abb. 92).	dampfer (Abscheider) höher liegt als im Rohrregister. Hohe k-Werte. Nachteile: Verhältnismäßig hoher Betriebs-Inhalt und lange Verweilzeit. Energiebedarf für Umwälzpumpe, hohe Anschaffungskosten.	Na_2SO_4, Na_2WO_4, Pentaerythrit [$C(CH_2OH)_4$].
Beschränkung der Überhitzung auf ≤ 3 °C durch Umwälzen einer großen Menge an Suspension.		NaCl und $(NH_4)_2SO_4$ (300 bis 500 µm-Kristalle), Zitronensäure, Natriumcitrat (500 bis 800 µm-Kristalle).
Verdampfer 5 m ⌀ und 4,75 m Höhe, Leistung 10 m³/h H_2O bei 100 °C. Drei Kalander von je 160 m² Heizfläche (3 m lange Rohre). Drei Schraubenpumpen je 1300 m³/h, 675 U/min, 17 PS. 2 °C Überhitzung.	Kalander unterhalb des Flüssigkeitsniveaus im Verdampfer, kein Sieden in den Heizrohren. Im Verdampfer schlagartige Verdampfung („flashing")	Kali-Industrie: NaCl aus Sylvinit-Lösungen.
Einheiten mit 1200–4500 kg/h Wasser-Verdampfung und 200 bis 700 kg/h Brei mit 45% Feststoff. Dampfverbrauch 0,5 kg/kg verdampften Wassers bei den kleineren und 0,33 kg/kg bei den größeren Einheiten	Vorteile: Geringe Verweilzeit des Produktes, das nur einen Steig- und Fall-Film passiert (<2 s). Hohe k-Werte. Ökonomischer Dampfverbrauch durch Thermokompression. Keine Umwälzpumpe.	KCl, $NiSO_4 \cdot H_2O$
Größte Einheiten: 1000 mm l. W. mit 8 m² Heizfläche bei 2,7 m beheizter Länge und 12 m² Heizfläche bei 4,1 m beh. Länge. Drehzahl 60 U/min [1200 mm l. W. mit 18 m²	Vorteile: Keine Verkrustungen der Heizflächen. Hohe Wärmedurchgangszahlen (2500 bis 4000 kcal/m² h grd). Nachteile: Bewegte Teile, hoher Preis/m² Heizfläche.	NaCl; hochwertige krustenbildende Substanzen [Adipinsäure aus 60%iger Salpetersäure-Ein-

Tabelle 36.

Lfd. Nr.	Art des Kristallisators (Kristallisatortyp)	Beschreibung (Wirkungsweise)
19	Dünnschichtverdampfer SAMBAY [301] (Abb. 98)	
20	Tauchbrenner [353] (Abb. 99)	Verbrennung von Heizgasen oder Heizölen in Spezial-Brennern unter der Lösungs-Oberfläche. Vollständige und rußfreie Verbrennung ist erforderlich. Das heiße Verbrennungsgas verdampft das Wasser und verläßt mit dem Wasserdampf die Verbrennungskammer bei einer nur wenig über der Flüssigkeitstemperatur liegenden Temperatur. Heizwert des Brennstoffs wird zu 85—95% ausgenutzt. Partialdruck des Wasserdampfes in den Brüden: 450—500 Torr. Verarbeitung von Suspensionen mit Feststoff-Gehalten bis zu 1000 g/l möglich.

Dampfdruck (unterhalb 1 atm) den entsprechenden Siedepunkt angeben kann, wenn die Siedepunkte der gleichen Lösung für zwei verschiedene Drucke bestimmt worden sind. Die in den Heizrohren der Kalander befindliche Flüssigkeit steht unter einem hydrostatischen Druck, der bei Rohrlängen von 1,8 bis 6 m merkliche Werte annehmen kann, dessen Wirkung auf die Siedepunktserhöhung jedoch grundsätzlich nicht berechenbar ist. Man ist nun übereingekommen, die genannten Einflußgrößen (Überhitzung des Heizdampfes, Abkühlung seines Kondensates, Siedepunktserhöhung der Lösung durch Gelöstes

Tabelle 37. *Siedepunktserhöhungen wäßriger Lösungen, die beim atmosphärischen Siedepunkt gesättigt sind* [355]

Substanz (Bodenkörper)	Siedepunktserhöhung °C	Substanz (Bodenkörper)	Siedepunktserhöhung °C
LiCl	68,6	$(NH_4)_2SO_4$	8,2
NaCl	8,8	$MgCl_2$	30,0
Na_2SO_4	3,2	$MgSO_4 \cdot 1\ H_2O$	8,0
$Na_2S_2O_3$	26,0	$CaCl_2 \cdot 2\ H_2O$	78,0
$NaNO_3$	20,0	$Sr(NO_3)_2$	6,3
Na_2HPO_4	6,5	$Ba(NO_3)_2$	1,1
$Na_2CO_3 \cdot 1\ H_2O$	5,0	$MnSO_4 \cdot 1\ H_2O$	2,4
$Na_2B_4O_7 \cdot 5\ H_2O$	4,5	$CuSO_4 \cdot 5\ H_2O$	4,2
KCl	8,5	$ZnSO_4 \cdot 1\ H_2O$	5,0
KJ	18,5	$Pb(NO_3)_2$	3,5
$KClO_3$	4,4	Na-Acetat	25,0
K_2SO_4	2,1	K-Acetat	61,0
KNO_3	15,0	Na-Tartrat	8,4
NH_4Cl	14,8	K-Tartrat	15,0

1. Kristallisatoren für die einfache Kristallisation

(Fortsetzung)

Technische Daten	Hinweise (Vor- und Nachteile und dgl.)	Anwendungsgebiet
Kühlfläche bei 5,2 m gekühlter Länge-Einsatz als Kratzkühler].		satz als Kratzkühler].
Einheiten von $3 \cdot 10^4$ bis $7 \cdot 10^6$ kcal/h (Ozark-Mahoning Co.) [363]. Zur Erzeugung von 250 t/d $(NH_4)_2SO_4$ sind bei Verdampfung von 1140 kg/h H_2O 540 Nm^3/h Gas erforderlich (Leistungsverbrauch: 195 kW). Eine 40%ige Lösung wird auf 70% gebracht; die Suspension enthält 40% Feststoffe von 10 bis 100 μm Größe.	Vorteile: Da keine Heizflächen, keine Krustenbildung. Kein Werkstoffproblem, da Brenner und Brennkammer aus Spezial-Legierungen und nichtmetallischen Werkstoffen herstellbar. Nachteile: Entwickelter Dampf nicht wieder verwendbar, nur feine Kristalle, starkes Mitreißen von Lösung durch Gas und Dampf.	Salze umgekehrter Löslichkeit $(Na_2SO_4,$ $MgSO_4 \cdot H_2O,$ $ZnSO_4 \cdot H_2O)$ $MgCl_2,$ $FeSO_4 \cdot H_2O,$ $(NH_4)_2SO_4.$ Nur für wäßrige Lösungen!

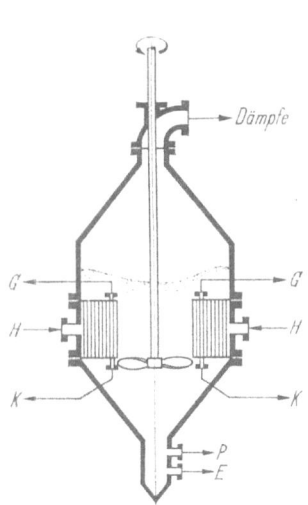

Abb. 91. Verdampfungs-Kristallisator mit Korb-Kalander und Propellerrührer [298], [345].
E = Einspeisung; G = Entlüftung; H = Heizdampf; K = Kondensat; P = Produkt.

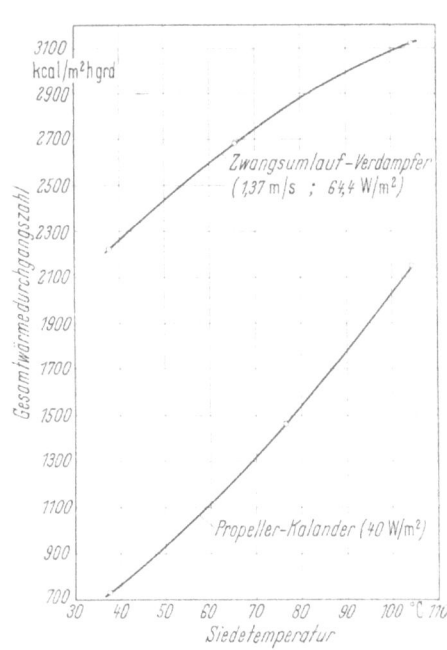

Abb. 92. Gesamtwärmedurchgangszahlen von Verdampfungskristallisatoren nach J. H. PERRY, Chemical Engineer's Handbook 1963 [354]).

Mittlere Temperaturdifferenz $\Delta \vartheta = 13\,°C$.
Kristallisation von NaCl.

und hydrostatischen Druck sowie die Erhitzung der zulaufenden Lösung) nicht zu berücksichtigen, sondern für $\Delta\vartheta$ die Differenz der Temperaturen des Heizdampf- und des Brüdenraumes zu nehmen, die sich auf Grund der gemessenen Dampfdrucke mit Hilfe der Dampftafeln ergeben. Die mit diesen scheinbaren Temperatur-Differenzen berechneten k-Werte nennt man ,,scheinbare Gesamtwärmedurchgangszahlen". Trägt man indessen der durch das Gelöste verursachten Siedepunktserhöhung Rechnung, so bezeichnet man die auf diese Weise ermittelten Gesamtwärmedurchgangszahlen als ,,Wärmedurchgangszahlen mit Berücksichtigung der Siedepunkterhöhung".

Unter den Verdampfern mit Korb-Kalander (Nr. 16, ,,Roberts") ist nur der mit Propeller-Rührer ausgerüstete (Abb. 91) als Verdampfungskristallisator geeignet. Lediglich bei der Kristallisation aus sehr viskosen Lösungen (z. B. Zucker) verzichtet man auf einen solchen Rührer wegen zu hohen Leistungsverbrauches. Über Kalander mit Propeller-Rührer und ihre Leistung unter den gewöhnlich vorherrschenden Kavitationsbedingungen ist auch heute noch zu wenig bekannt. In Abb. 92 ist die Abhängigkeit des k-Wertes von der Siedetemperatur für einen Kalander dargestellt, der mit 1,4 bis 1,5 m langen Kupferrohren (64 bis 76 mm $\varnothing$) ausgestattet und für die Kristallisation von NaCl aus Sole eingesetzt war [298], [345]. Der spezifische Leistungsverbrauch des Propeller-Rührers betrug 40 W/m² Heizfläche. Bei technischen Kristallisatoren wächst der k-Wert mit der Potenz 0,8 des spezifischen Leistungsverbrauches (mindestens bis 60 W/m²). Wie Abb. 92 ferner zeigt, liegen die Gesamtwärmedurchgangszahlen bei Zwangsumlauf-Verdampfern wesentlich höher als beim Propeller-Kalander. Die dargestellte Kurve [298] bezieht sich ebenfalls auf die Kristallisation von NaCl aus Sole; die Strömungsgeschwindigkeit im Kalander (6,1 m lange Kupferrohre von 32 mm Außen-Durchmesser) betrug 1,37 m/s und der Leistungsverbrauch der Umwälzpumpe 64,4 W/m² Heizfläche. Bei allen Verdampfern mit Zwangsumlauf (Nr. 17), die sich infolge der stark verminderten Gefahr der Salzablagerung und Krustenbildung gut für die Kristallisation eignen, liegt das Heizregister (Kalander) außerhalb des Verdampfkörpers. Der ,,Zaremba"-Verdampfer (Abb. 93) [349] benutzt einen waagrechten Kalander und sorgt durch einen lamellierten Diffusor für starke Zirkulation der Suspension im Verdampfer (Nr. 17 A). Der Kestner-Langrohr-Verdampfer (Nr. 17 B) [350] hat einen getrennten Abscheider für das grobe Produkt unterhalb des konisch zulaufenden Verdampfers; das Langrohr-Register ist ebenso wie beim Swenson-Verdampfer (Nr. 17 C; Abb. 94) [298] vertikal angeordnet. Der in Abb. 94 dargestellte Flüssigkeitsabscheider verhindert Produkt-Verluste und schützt die Kondensationsflächen der Brüden vor Korrosion. Verdampfer mit natürlicher Film-Bildung, seien es Steigfilm- oder Fallfilm-Verdampfer, sind im allgemeinen als Verdampfungskristallisatoren ungeeignet, weil Salzablagerungen die Filmbildung beeinträchtigen. Beim „Ein-Strom"-Verdampfer nach BERGS-MASKIN (Nr. 18) [352] sind jeweils ein Steig- und ein Fallfilm-Rohr durch einen Glaskrümmer

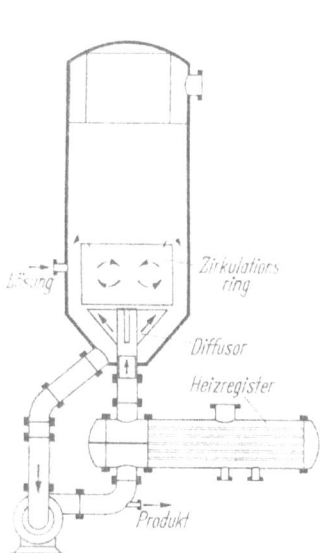

Abb. 93. Zwangsumlauf-Verdampfer System „Zaremba" [349].

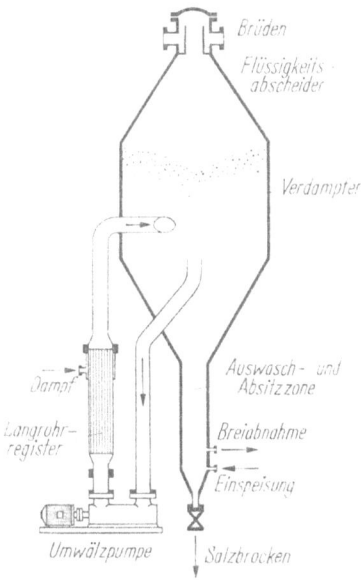

Abb. 94. Verdampfer mit Zwangs-Umlauf (Typ C; Swenson-Verdampfer) nach W. C. BADGER und F. C. STANDIFORD [298].

miteinander verbunden, die Lösung wird im Steigfilm konzentriert, Kristallisation erfolgt im Fallfilm. Durch diese Anordnung werden die Schwierigkeiten, die normalerweise durch Verstopfung des Verteilersystems beim Fallfilm-Verdampfer entstehen, vermieden, und die ausgefallenen Kristalle werden im Fallfilm besser mitgenommen als im Steigfilm.

Die Wirtschaftlichkeit im Dampfverbrauch spielt bei Kristallisationen großen Maßstabes eine entscheidende Rolle. Während bei kleinen Kapazitäten und bei Chargen-Verfahren die einstufige Verdampfung die Regel ist, wird beim Durchsatz größerer Mengen und bei kontinuierlicher Arbeitsweise fast durchweg mehrstufig gearbeitet. Die vier verschiedenen Schaltungen von Verdampfungskristallisatoren, die möglich sind, zeigt Abb. 95. Bei der Gleichstromschaltung (a) strömt sowohl der Dampf wie die Flüssigkeit (Suspension) von der höher temperierten und bei höherem Druck arbeitenden Stufe zur nächst-niederen. Folglich sind wegen des Druckgefälles zwischen den

Stufen nur Drosselventile notwendig. Die konzentrierte Lösung und Suspension muß aus dem letzten Verdampfungskristallisator gepumpt werden, die Ausgangslösung muß in die 1. Stufe, sofern diese bei Atmosphärendruck arbeitet, gepumpt werden. Diese Schaltung ist besonders für Lösungen geeignet, deren Temperaturempfindlichkeit mit steigender Konzentration wächst, empfiehlt sich jedoch weniger,

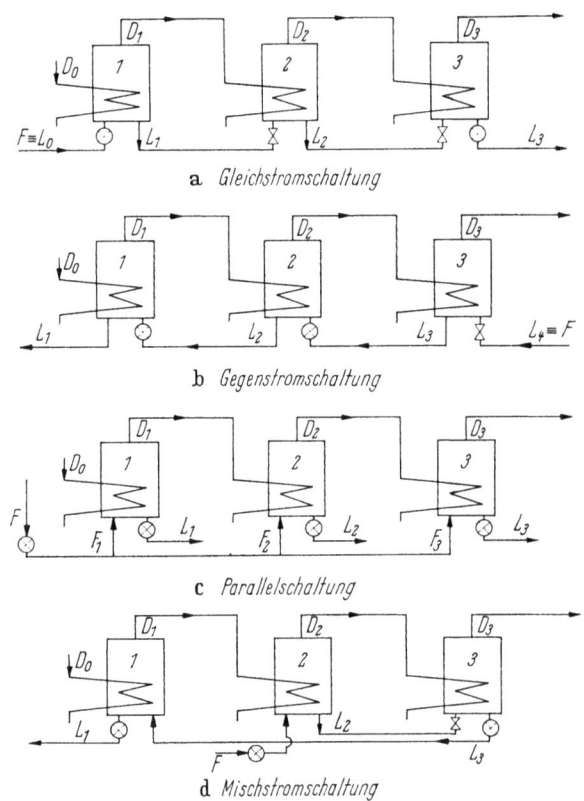

Abb. 95. Die vier verschiedenen Schaltungen von Verdampfungs-Kristallisatoren.

D = Dampf; L = Flüssigkeit (Suspension); F = Einspeisung.

a Gleichstromschaltung; c Parallelschaltung;
b Gegenstromschaltung; d Mischstromschaltung.
Bedeutung der Symbole: ⌇ Heizregister;
⊗ Pumpe; ▽ Drosselventil.

wenn mit der Erhöhung der Konzentration eine starke Zunahme der Viskosität verbunden ist. KNEULE [356] betont, daß bei der Gleichstromschaltung auf die Einspeisung bereits vorgewärmter Lösung geachtet werden sollte, weil der für die Vorwärmung erforderliche Frischdampfanteil für die nachfolgende Stufe nicht mehr genutzt werden kann. Bei der Gegenstromschaltung (b) bleibt die Stromführung des

1. Kristallisatoren für die einfache Kristallisation

Dampfes erhalten, aber die der Flüssigkeit (Suspension) kehrt sich um. Die Ausgangslösung wird daher in die letzte Stufe eingespeist (ohne Pumpe), in der niedrigster Druck und niedrigste Temperatur herrschen. Zwischen den einzelnen Stufen müssen Pumpen eingesetzt werden, da die Flüssigkeit (Suspension) in Richtung steigenden Druckes wandert. Die Gegenstromschaltung hat Vorteile für Lösungen, deren Viskosität mit der Konzentration stark zunimmt, weil die konzentrierte Lösung bei höchster Temperatur gehalten wird, die die Viskositätserhöhung kompensiert. Da die letzte Stufe die niedrigste Temperatur hat, kann die Ausgangslösung ohne nennenswerte Einbuße an Wirtschaftlichkeit kalt eingespeist werden. Bei der Parallelschaltung (c) wird die Ausgangslösung gleichmäßig auf die Verdampfungskristallisatoren aufgeteilt, es bedarf einer Einspeisepumpe und in jeder Stufe einer Pumpe für das Ausbringen der Suspension. Parallelschaltung ist für die Verarbeitung konzentrierterer Ausgangslösungen vorteilhaft und wird in der Salz-Industrie oft angewandt. Die Mischstromschaltung (d) stellt eine Kombination von Gleich- und Gegenstromschaltung dar, die im Vergleich zur Gegenstromschaltung bei höherer Stufenzahl weniger Pumpen erfordert und den Vorteil hat, daß die letzte Eindampfung bei der höchsten Temperatur erfolgt. Die Mischstromschaltung vereinigt einige Vorzüge von Gleich- und Gegenstromschaltung und soll Schaum- und Krustenbildung am geringsten halten.

Unterlagen zur Berechnung mehrstufiger Verdampferanlagen (Verteilung des Temperaturgefälles auf die einzelnen Stufen, Bestimmung der Heizflächen und des spezifischen Dampfverbrauchs) findet man bei KNEULE [356] und RANT [357] sowie COATES [358]. Da der spezifische Dampfverbrauch von zahlreichen Variabeln (Druck, Zulauftemperatur der Ausgangslösung, spezifische Wärme der Lösung, Kristallisationswärme und Temperaturgefälle/Stufe) abhängt, kann man allgemein nur Richtwerte dafür angeben. Nach BAMFORTH [359] hat ein 1-stufiger Verdampfungskristallisator einen spezifischen Dampfverbrauch zwischen 1,4 und 1,05 kg Dampf/kg verdampften Wassers, ein 2-stufiger zwischen 0,64 und 0,5 kg/kg und ein 3-stufiger zwischen 0,4 und 0,33 kg/kg. Durch Kompression der Brüden läßt sich der Dampfverbrauch unter diese Werte senken. Man unterscheidet Dampfstrahl-Brüdenkompressoren und elektrisch angetriebene Turbokompressoren. Am Beispiel eines 1-stufigen Kalander-Verdampfers mit Dampfstrahl-Brüdenkompression zeigt BAMFORTH, daß die Dampfersparnis umso größer, der Treibdampf-Verbrauch also umso kleiner ist, je kleiner das Kompressions-Verhältnis ist, daß aber in gleichem Sinne das Temperaturgefälle $\Delta \vartheta$ abnimmt und die erforderliche Heizfläche größer wird. Ferner bringt BAMFORTH [360] nach Werten der Firma Standard Messo ein Nomogramm, aus dem bei vorgegebenem

Ansaugdruck (der zu verdichtenden Brüden) und Treibdampfdruck die spezifische Treibdampfmenge (kg/kg Wasserdampf) entnommen werden kann, wenn über den Gegendruck verfügt ist, auf den die Brüden komprimiert werden sollen. Nach Untersuchungen von J. WIEGAND [361] erhält man beim Auftragen der angesaugten Menge über dem Gegendruck für die verschiedenen Ansaugdrucke horizontale Geraden bis zu einem Knickpunkt, dessen Lage durch den jeweiligen Ansaugdruck bestimmt ist; daher ist die Ansaugleistung des Brüdenverdichters unabhängig vom Gegendruck, sofern die Betriebspunkte auf diesem horizontalen Ast der Charakteristik liegen. In diesem Bereich kann man durch Änderung des Treibdampfdruckes nur den erzielbaren Gegendruck, fast gar nicht die angesaugte Menge verändern.

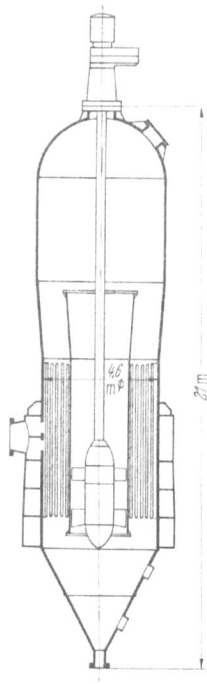

Abb. 96. Escher-Wyss-Salzverdampfer [348].

Brüdenverdichtung mit elektrisch angetriebenen Turbokompressoren ist dort vorteilhaft, wo in reichem Maße Wasserkräfte zur Verfügung stehen und Strom billig ist. Am Beispiel des Escher-Wyss-Salzverdampfers (Abb. 96), eines Kalander-Verdampfers mit speziellem Propeller-Rührer (Nr. 16 B), vergleicht BAMFORTH [348] Dampf- und Leistungsverbrauch einer vielstufigen Anlage, die mit Dampf von 2 kp/cm^2 in der 1. Stufe betrieben wird, und eines Verdampfungskristallisators mit elektrisch angetriebenem Turbokompressor. Während die vielstufige Anlage (Jahres-Ausstoß: 50000 t NaCl) 0,44 kg Dampf/kg verdampften Wassers und 25—30 kWh verbraucht, benötigt der die gleiche Menge produzierende Verdampfungskristallisator mit Turbokompressor 0,04 bis 0,06 kg Dampf/kg verdampften Wassers und 220 kWh. Die Kornverteilung des erzeugten Speisesalzes (99,7% NaCl; 0,3% Na_2SO_4 und 0,002% Fe) zeigt Abb. 97; die mittlere Korngröße beträgt $d' = 700$ μm und die Gleichmäßigkeitszahl $n = 3,9$. Angaben über die Kornverteilungen von NaCl und $(NH_4)_2SO_4$, die in Kalander-Verdampfern kristallisiert wurden, sowie von $Na_2CO_3 \cdot H_2O$, NaCl, Zucker, $NaClO_3$ und $(NH_4)SO_4$, die in Zwangsumlauf-Verdampfern kristallisiert wurden, findet man bei BENNETT [315]. Ergänzungen hierzu gab MATZ [329].

Für die Kristallisation wertvoller, aber zur Krustenbildung neigender Substanzen ist bei nicht zu großen Durchsätzen ein Dünnschichtverdampfer mit gelenkigem Wischersystem gut geeignet, das die Heizwand fortwährend abkratzt (Abb. 98). Der Dünnschicht-

1. Kristallisatoren für die einfache Kristallisation

verdampfer (Nr. 19) ist auf dem Gebiet der Verdampfungskristallisation eine Art Analogon zum Kratzkühler (Nr. 11 und 12) der Kühlungskristallisation. Der wesentliche Unterschied diesem gegenüber besteht in den wesentlich höheren k-Werten bei der Verdampfung (2500—4000 kcal/m² h grd nach Messungen von DIETER [301]) und in

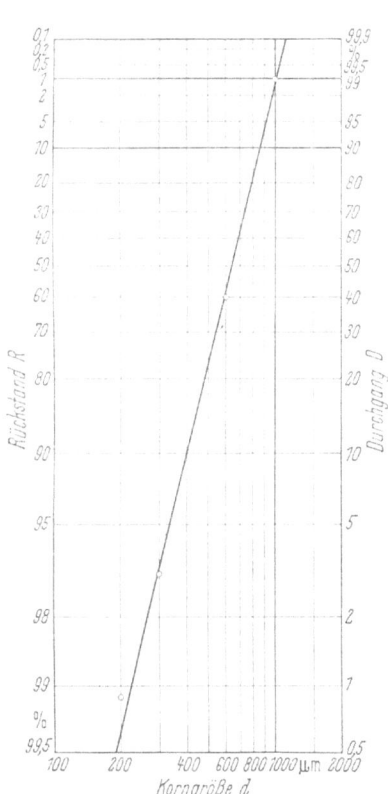

Abb. 97. Kornverteilung von NaCl aus dem Escher-Wyss Salz-Verdampfer.

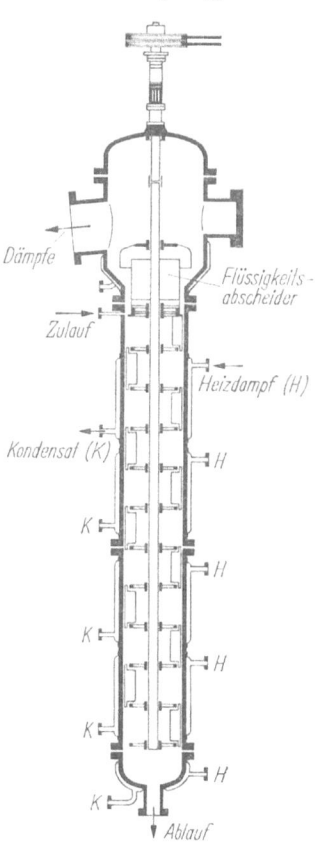

Abb. 98. Dünnschichtverdampfer System „Sambay".

der Bildung und Aufrechterhaltung eines Zwangsfilms. Für die Kristallisation von Adipinsäure aus 60%-iger Salpetersäure hat man den Dünnschichtverdampfer als Kühlungskristallisator eingesetzt. Eine Einheit von 1200 mm l. W. hat bei einer gekühlten Länge von 5,2 m eine Kühlfläche von 18 m² ($k = 500-600$ kcal/m² h grd). Ähnlich wie der Kratzkühler liefert auch der Dünnschichtverdampfer feine Kristalle, weil das Wischersystem Kristallabrieb verursacht. Ebenso muß man bei der Verdampfungskristallisation mit Hilfe eines Tauchbrenners (Abb. 99) mit sehr feinem Kristallisat rechnen. Da die Tauchbrenner

[353] (Nr. 20) keine Heizflächen haben, sind sie besonders gut für die Kristallisation krustenbildender Substanzen geeignet. Das Rauchgas-Brüdengemisch besteht nach Angaben der Firma Plinke [362] zu etwa 55—60 Vol.-% aus Wasserdampf (Taupunkt 80—85 °C). ,,Durch Abkühlung der Rauchgase und Kondensation des Wasserdampfes läßt sich bei gleichzeitiger Aufwärmung oder Voreindampfung des Zulaufes zum Tauchbrenner im indirekten Wärmeaustausch ein großer Teil der erhaltenen Wärme nochmals ausnutzen". Auf diese Weise sinkt der spezifische Dampfverbrauch von 1,3 bis 1,5 kg/kg verdampften Wassers beim einstufigen Verfahren auf 0,75 bis 0,93 kg/kg. Zur Verdampfung von 1000 kg H_2O sind einstufig wahlweise ungefähr notwendig: 75 kg Heizöl oder 180 Nm^3 Leuchtgas oder 35 Nm^3 Propan oder 320 Nm^3 Wasserstoff.

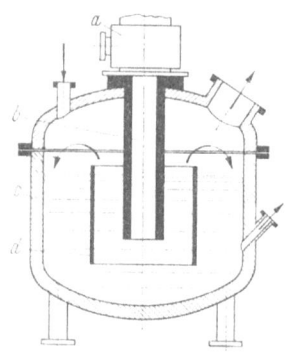

Abb. 99. Verdampfer mit Tauchbrenner.
a Brenner; b Tauchrohr; c Behälter mit Ausmauerung; d Mischsystem. (Adolf Plinke, Chemisch-Technisches Büro, Bad Homburg v. d. H.).

γ) *Vakuumkristallisatoren.* Vakuumkristallisatoren werden eingesetzt, wenn die Löslichkeit des zu kristallisierenden Stoffes mit fallender Temperatur mäßig abnimmt (z. B. KCl in H_2O; vgl. Abb. 20). Während Kühlungskristallisatoren der Kühlflächen und Verdampfungskristallisatoren der Heizflächen bedürfen, um die für die Kristallisation notwendige Übersättigung zu erzeugen, wird das Lösungsmittel im Vakuumkristallisator adiabatisch verdampft, wobei die zuzuführende Verdampfungswärme durch die Wärmemengen gedeckt wird, die beim Abkühlen der Lösung und beim Ausfallen der Kristalle frei werden. Der Vakuumkristallisator benötigt daher weder Kühlnoch Heizflächen, die verkrusten können oder an denen sich Salz ablagern kann. Das erforderliche Vakuum wird im allgemeinen mit Hilfe mehrstufiger (häufig zweistufiger) Dampfstrahlpumpen aufrechterhalten. Zwischen den Brüdenraum des Vakuumkristallisators und den ersten Dampfstrahler wird ein meist barometrisch angeordneter Kondensator geschaltet, in dem die Kondensationswärme der Brüden durch Wärmeaustauschflächen (Oberflächenkondensator) oder unmittelbare Vermischung von Brüden und Kühlmittel (Misch- oder Einspritzkondensator) abgeführt wird. Bei dieser Anordnung ist es unmöglich, die Lösung bis zur Temperatur des Kühlmittels oder sogar unter diese abzukühlen. Dazu bedarf es eines Dampfstrahl-Verdichters (auch Brüden- oder Thermokompressor genannt; im angelsächsischen Schrifttum [344], [7] als ,,Booster" bezeichnet), bei dem ein Dampfstrahl in einem Venturirohr hoch beschleunigt wird und dadurch in

1. Kristallisatoren für die einfache Kristallisation

der Lage ist, die angesaugten Brüden niedriger Temperatur adiabatisch so zu verdichten, daß sie sich auf eine solche Temperatur erwärmen, daß das Kühlmittel sie kondensieren kann. Die spezifische, auf 1000 kcal Kälteleistung bezogene Treibdampfmenge läßt sich einem Nomogramm (Abb. 100) der Firma Standard-Messo [364] entnehmen,

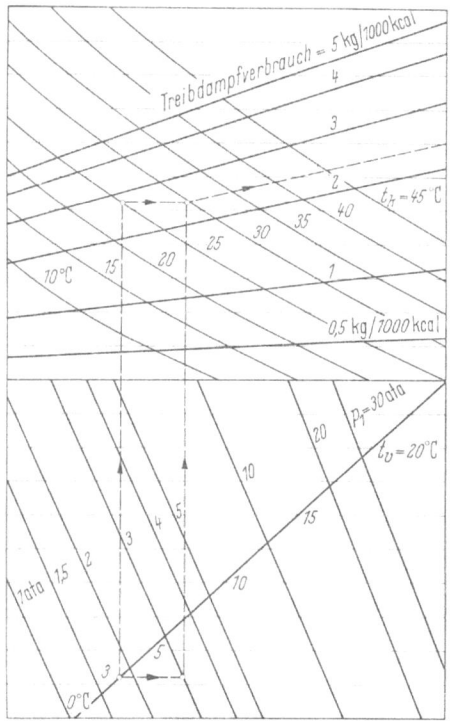

Abb. 100. Spezifischer Dampfverbrauch eines Brüdenkompressors (nach Standard-Messo) [364].
Beispiel: Mit Dampf von 3 ata soll eine Flüssigkeit auf 3 °C gekühlt werden. Die Kondensationstemperatur beträgt 25 °C.
Gesucht: Die Treibdampfmenge, die pro 1000 kcal Kälteleistung benötigt wird.
$p_1 = 3$ ata; $t_k = 25$ °C; $t_v = 3$ °C;
Treibdampfmenge: 2,35 kg/1000 kcal.

wenn über die Temperaturen der Lösung im Vakuumkristallisator, t_v, und des Kühlmittels, t_k, sowie den Druck p_1 des Treibdampfes verfügt ist. Ein Diagramm der Firma Rud. Otto Meyer [365] (Abb. 101) bringt den spezifischen, auf 1 kg angesaugte Brüden bezogenen Dampfverbrauch μ für Strahlapparate in Abhängigkeit von Verdampfer (t_v)- und Kondensatortemperatur (t_k) sowie Treibdampfdruck (p_1) unter Berücksichtigung einer Reserve zur Aufnahme etwa auftretender Betriebsschwankungen. Der der Ansaugtemperatur (t_v) zugeordnete Ansaugdruck (p_0) bezieht sich auf H_2O. Ein Brüdenkompressor ist

246 IV. Technik der Kristallisation

nicht fähig, Brüden beliebig niedrigen Dampfdruckes zu verdichten. Die untere Grenze liegt bei einem Dampfdruck von etwa 2,6 Torr, was im Falle des Wasserdampfs einer Gleichgewichtstemperatur von —6,7 °C entspricht. Ob eine bestimmte, verlangte Endtemperatur der

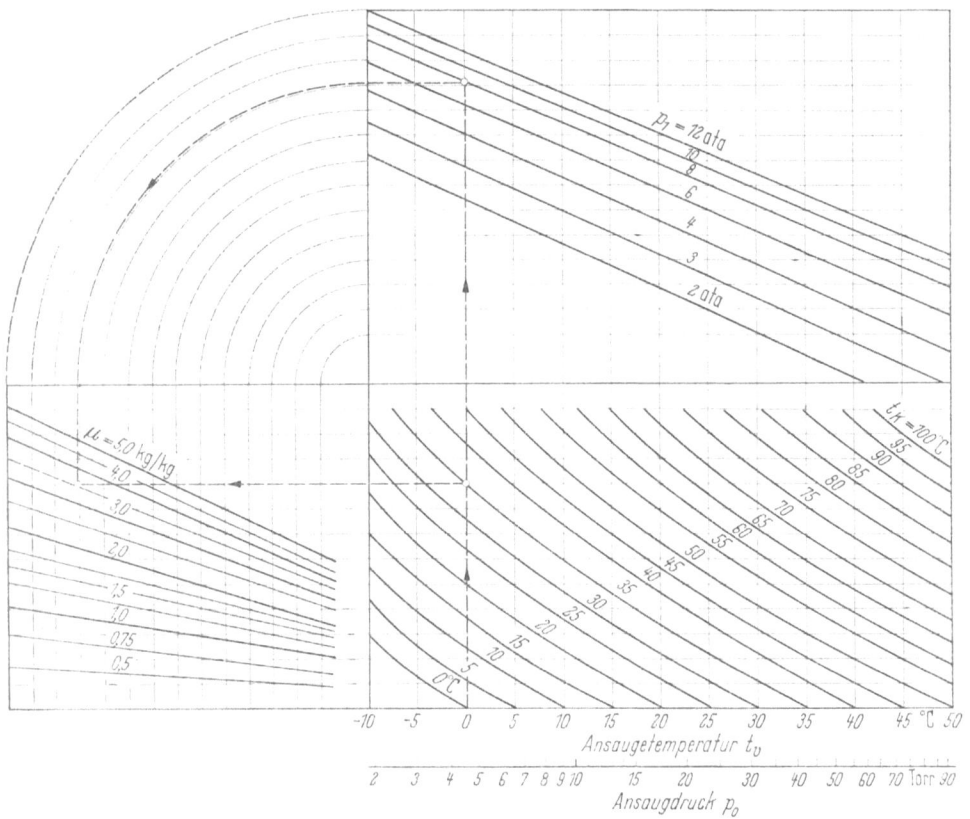

Abb. 101. Spezifischer Dampfverbrauch eines Brüdenkompressors (nach RUD. OTTO MEYER) [365]. Das Diagramm zeigt Überschlagswerte des spezifischen Dampfverbrauchs für Strahlapparate, bezogen auf 1 kg angesaugten Dampf in Abhängigkeit von Kondensator- und Verdampfertemperatur sowie Treibdampfdruck, unter Berücksichtigung einer Reserve zur Aufnahme etwa auftretender Betriebsschwankungen.

Beispiel: für 35 °C Kondensator Temperatur (t_K)
und 0 °C Verdampfer-Temperatur (t_v)
und 8 ata Treibdampfdruck (p_1).
beträgt die spezifische Treibdampfmenge etwa 3,5 kg/kg angesaugte Brüdenmenge.

Lösung ohne Brüdenverdichter erreicht werden kann, hängt von folgenden Gesichtspunkten ab: 1. Der Art und Temperatur des Kühlmittels. Kühlt man mit Sole, die eine merkliche Siedepunktserhöhung (Dampfdruckerniedrigung) hat, durch unmittelbare Vermischung zwischen Brüden und Sole (Mischkondensator), so darf die Temperatur der Sole um einen gewissen Betrag der Siedepunktserhöhung höher sein als die der Brüden. Nimmt man z. B. an, die Brüden hätten eine Temperatur von 38 °C und die Sole hätte eine Siedepunktserhöhung von 7,5 °C, so darf die Sole eine Temperatur von 43 °C haben wenn für den Wärmeübergang ein Temperaturunterschied von 2,5 °C nicht unterschritten werden darf. Dies kommt einfach daher, weil mit dem Wasserdampf von 38 °C nicht nur Wasser der gleichen Temperatur, sondern auch Sole von 45,5 °C im Gleichgewicht steht. Voraussetzung eines solchen Verfahrens ist, daß die durch Niederschlagung der Brüden verdünnten Kühlmittel wirtschaftlich weiterverwendet werden können. So benutzt man in der Kali- und Kunstfaser-Industrie Schwefelsäure als Kühlmittel, weil die verdünnte Säure weiterverarbeitet werden kann; die Dampfdrucke von wäßrigen H_2SO_4-Lösungen sind sehr niedrig. Beispielsweise hat eine Säure mit 80 Gew.-% H_2SO_4 bei 80 °C einen Dampfdruck von nur 4,77 Torr. Abb. 102 zeigt die Abhängigkeit des (Wasser-)Dampfdrucks p wäßriger NaOH-Lösungen von der Temperatur ϑ nach MESSING [177], der 35%-ige NaOH-Lösung bei 5 °C zur Absorption der Brüden vorschlägt, die bei der spontanen Verdampfung von Wasser aus Meerwasser bei −3 °C und 3,5 Torr unter Bildung von Eiskristallen entstehen. Die Lauge wird in diesem Verfahren zur Gewinnung von Süßwasser auf 30% NaOH verdünnt und muß vor ihrer Wiederverwendung in Mehrfach-Verdampfern konzentriert werden. Die Horizontale bei 3 Torr bezeichnet die obere Grenze des im Kondensator zulässigen Wasserdampfdruckes. Unterhalb der Löslichkeitsgrenze muß mit der Ausscheidung von Feststoff aus der Lauge gerechnet werden. Die Benutzung von KOH-Laugen und sogar Kristall-Suspensionen (wäßriger Zucker-Brei) als Absorptions- und Kühlmittel wird von LYLE [366] diskutiert.

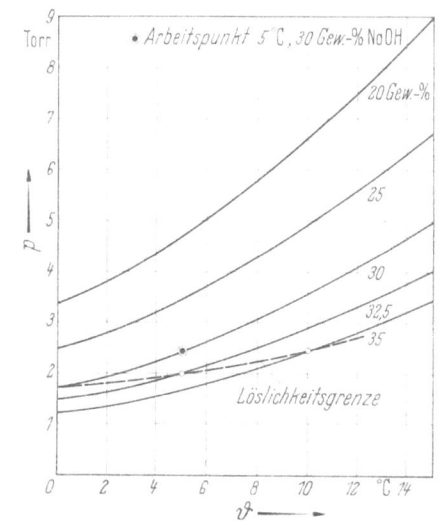

Abb. 102. Wasserdampfdruck über NaOH-Lösungen
Arbeitspunkt 5 °C, 30 Gew.-% NaOH
nach MESSING [177].

°C	20	25	30	32,5	35 Gew.-%
0	3,26 Torr	2,44	1,725	1,425	1,21
5	4,6	3,44	2,55	2,06	1,74
10	6,36	4,76	3,61	2,98	2,46
15	8,78	6,71	4,98	4,12	3,56

248   IV. Technik der Kristallisation

2. Der Siedepunktserhöhung der Lösung. Die von einer Lösung aufsteigenden Brüden sind überhitzt. Je größer die Siedepunktserhöhung (vgl. Tab. 37), desto größer auch der Temperaturunterschied zwischen den mit der Lösung im Gleichgewicht befindlichen (überhitzten) und den im Kondensator niedergeschlagenen (gesättigten) Brüden und desto schwieriger wird es, eine bestimmte niedrige Endtemperatur der Lösung ohne einen Brüdenverdichter zu erreichen. Sogar mit Thermokompressor kann die Lösung bei großer Siedepunktserhöhung nicht genügend weit abgekühlt werden, weil der Sattdampf einen zu kleinen Druck hat, um noch verdichtet werden zu können. SEAVOY und CALDWELL [344] geben als Beispiel eine 50%-ige NaOH-Lösung an, die bei einem Dampfdruck von etwa 50 Torr eine Siedepunktserhöhung von 38 °C hat. Wollte man diese Lösung auf 29 °C abkühlen, so müßte ein Wasserdampf verdichtet werden, der eine Sättigungstemperatur von −8,3 °C besitzt, was nach den voranstehenden Bemerkungen unmöglich ist.

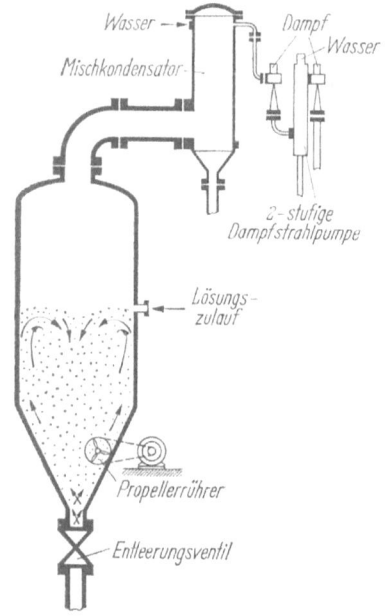

Abb. 103. Diskontinuierlicher Vakuumkristallisator [344].

3. Dem geringsten Temperaturunterschied im Kondensator zwischen Brüden und Kühlmittel, der unbedingt für einen guten Wärmeübergang erforderlich ist. Dies hängt von der Art des benutzten Kondensators ab. Für Mischkondensatoren rechnet man im allgemeinen mit 2,5 °C, für Oberflächenkondensatoren legt man gewöhnlich 5 °C zugrunde.

4. Der zulässigen Temperaturerhöhung des Kühlmittels. Diese richtet sich lediglich nach der weiteren Verwendung des Kühlmittels. Auch hier rechnet man sehr oft mit 5 °C.

5. Der höchstzulässigen Dichte der eingedickten Lösung. SEAVOY und CALDWELL [344] geben an, daß eine Konzentration von 50 bis 55% nicht überschritten werden darf, wenn die Dichten der Kristalle und der Mutterlauge nicht sehr verschieden sind, im anderen Falle darf die Konzentration höchstens 35 bis 40% betragen. Bei höheren Konzentrationen wird es nämlich schwierig, die neu zugeführte Lösung

im Kristallisator dauernd an die Flüssigkeitsoberfläche zu befördern und die eingedickte Suspension auszutragen.

Die wichtigsten Vakuumkristallisatoren sind in Tab. 38 (Nr. 21—28) zusammengestellt. Abb. 103 zeigt einen Vakuumkristallisator für Chargenbetrieb (Nr. 21) [344]. Das Rühren der Suspension dient bei der Vakuumkristallisation hauptsächlich dem Zweck, auch die tieferliegenden Flüssigkeitsbezirke immer wieder an die Oberfläche zu

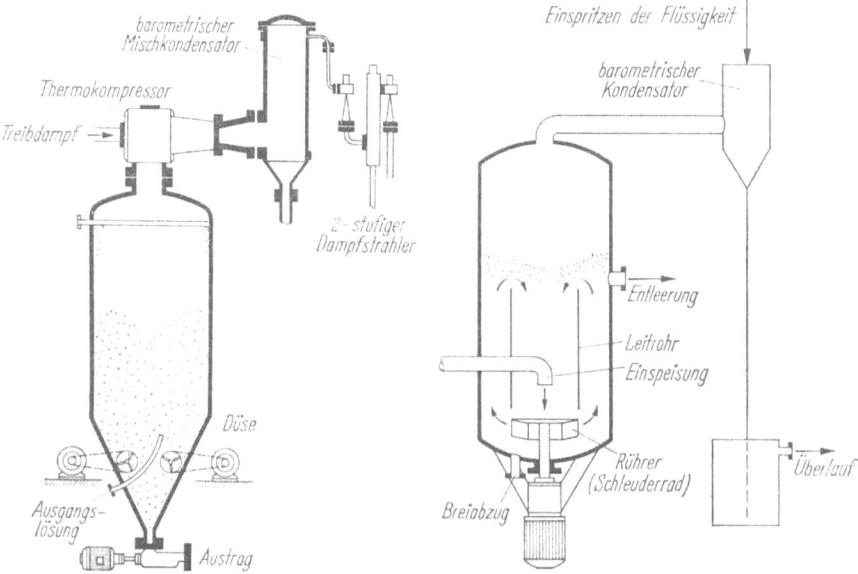

Abb. 104. Kontinuierlicher Vakuumkristallisator mit Thermokompressor [344].   Abb. 105. Vakuumkristallisator mit Zwangsumlauf (System PACHUCA) [302].

wirbeln, so daß die Ausbildung eines hydrostatischen Druckes und eines dadurch verursachten Siedeverzuges vermieden wird. Ein diskontinuierlich arbeitender Kristallisator hat, sofern Brüdenkompression erforderlich ist, geringeren Dampf- und Wasserverbrauch als ein kontinuierlicher Kristallisator, weil beim Chargenbetrieb erst am Ende der Kristallisation Kompressionsverhältnis und Energieverbrauch merklich anwachsen. Bei größeren Durchsätzen an Ausgangslösung (mehr als 500 bis 750 m³/d) werden jedoch die geringeren Betriebskosten von den höheren Anlagekosten überrundet, so daß dann eine kontinuierliche Arbeitsweise ökonomischer ist. Müssen die Brüden nicht komprimiert werden, so empfiehlt sich nach Angaben von SEAVOY und CALDWELL [344] ein kontinuierlicher Vakuumkristallisator schon, wenn der Durchsatz 200 m³/d überschreitet. Der in Abb. 104 dargestellte kontinuierliche Vakuumkristallisator mit Propeller-Rührern (Nr. 22) [344] bedient sich zur Einspeisung der Aus-

Tabelle 38

Lfd. Nr.	Art des Kristallisators (Kristallisatortyp)	Beschreibung (Wirkungsweise)
21	Chargen-Vakuum-Kristallisator [344]	Zylindrischer, sich nach unten konisch verjüngender Behälter mit Bodenentleerung und Propeller-Rührer im konischen Teil. Einfüllstutzen in der Mitte des zylindrischen Teiles (Typ A; Abb. 103). Bei kugelförmig abgerundetem Bodenteil Einführung des Propeller-Rührers von unten, der innerhalb eines Leitrohres, an dessen unterem Ende angeordnet ist (Blaw-Knox Co., Typ B).
22	Kontinuierlicher Vakuumkristallisator mit Propeller-Rührern (Abb. 104) [344]	Verdampferkörper wie bei Nr. 21, aber mit zwei einander gegenüberliegenden Propeller-Rührern. Austrag der Suspension am Boden des Kristallisators mit einer Breipumpe. Einspeisung der Ausgangs-Lösung unterhalb des Flüssigkeitsspiegels zwischen den Rührern durch eine Düse.
23	Vakuumkristallisator mit Zwangsumlauf der Suspension (System PACHUCA) [302]	Zylindrischer Verdampferkörper, in dessen unterem Teil ein von unten angetriebener innerhalb eines Leitrohres umlaufender Propellerrührer (Typ A) oder ein Schleuderrad, das von oben mit Ausgangslösung beschickt wird, für Umwälzung der Suspension im inneren Leitrohr und äußeren Ringraum (Typ Abb. 105) sorgt.
24	Vakuumkristallisator mit Zwangsumlauf der Suspension (System SWENSON) [367] (Abb. 106)	Oben zylindrischer, nach unten konisch zulaufender Verdampferkörper. Aus dem konischen Bodenteil wird die Suspension nach Vereinigung mit frischer Ausgangslösung (Einspeisung auf der Saugseite der Pumpe) tangential in den zylindrischen Teil des Verdampfers (vgl. auch Abb. 94) zurückgepumpt.
25	Garbato-Kristallisator [368] (Abb. 108)	Im ausgedehnten Dampfraum eines zylindrischen, in der Taille aufgewulsteten und sich nach unten konisch verjüngenden Verdampferkörpers ist ein mit flüssigem Ammoniak betriebener Oberflächen-Kondensator angeordnet, unterhalb dessen sich die Auffang-Wanne für das Kondensat befindet. Keine Brüdenkompression, sondern nur Vakuumausrüstung für nicht-kondensierbare Gase. Der Leistungsverbrauch (des Kompressors) steigt an mit abnehmender Arbeitstemperatur und höherem Vakuum.

1. Kristallisatoren für die einfache Kristallisation

Vakuumkristallisatoren

Technische Daten	Hinweise (Vor- und Nachteile und dgl.)	Anwendungsgebiet
Durchmesser bis zu 3,7 m und Chargen bis zu 38 m³. Vakuumerzeugung häufig durch 2-stufigen Dampfstrahler mit Zwischen-Kondensator. Auskleidung des Kristallisators mit verschiedenartigen Schutzstoffen möglich. Kristalle meist kleiner als 250 μm.	Vorteile: Keine Kühlflächen, Kristall-Ansätze an der Flüssigkeitsoberfläche lösen sich in der nächsten Charge auf. Dampfverbrauch für die Dampfstrahler geringer als beim einstufigen kontinuierlichen Vakuumkristallisator. Nachteil: Feine Kristalle.	$Na_2SO_4 \cdot 10\ H_2O$, $MgSO_4 \cdot 7\ H_2O$, $MnSO_4 \cdot n\ H_2O$, $FeSO_4 \cdot 7\ H_2O$, $CuSO_4 \cdot 5\ H_2O$, $ZnSO_4 \cdot n\ H_2O$, Zitronensäure, KCl, Weinsäure, Na-Salicylat, Na-Citrat, Nitroguanidin.
Abmessungen wie bei (21).	Durch Einsatz eines Dampfstrahl-Kompressors ist die Verarbeitung von Lösungen mit größerer Siedepunktserhöhung möglich.	Wie bei Nr. 21 und $K_2NaFe(CN)_6$
Vakuumerzeugung oft mit 3-stufigem Dampfstrahler. Erzeugung eines Kristallisates von 300—500 μm. Auswaschen alle 2—4 Wochen erforderlich.	Vorteile: Infolge sanften Rührens wenig Kristall-Abrieb. Konstruktion nicht kostspielig. Die Zirkulation ist so gut, daß die maximale Übersättigung an der Oberfläche 0,25 °C beträgt.	$Na_2SO_4 \cdot 10\ H_2O$, $Na_2B_4O_7 \cdot$ $\cdot 10\ H_2O$
Auch im Chargenbetrieb eingesetzt: Ein Kristallisator von 3,25 m Durchmesser erzeugt 40 t/d Glaubersalz bei 4 Chargen von 5,5 h Dauer (Abkühlung der Lösung von 42° auf 7 °C).	Vorteil: Durch Einsatz eines Dampfstrahl-Kompressors ist die Verarbeitung von Lösungen mit größerer Siedepunktserhöhung möglich. Nachteil: Breite Kornverteilung (100 bis 1500 μm beim Glaubersalz).	Wie bei Nr. 21.
Temperaturdifferenz zwischen Lösung und Kältemittel etwa 4—5 °C. Bei wäßrigen Lösungen Mindest-Temperatur des Kondensators: 0,2—0,5 °C zur Verhütung von Vereisungen. Bei Kristallisation von 900 kg pro h Glaubersalz (6 Torr und 10—11 °C) 27 kW Leistungs- und 20 m³/h Kühlwasser-Verbrauch.	Vorteile: Geringer Druckverlust des Dampfes, weil Strecke zwischen Oberfläche der Lösung und Kondensator kurz. Geeignet für Kristallisationstemperaturen unterhalb der Kühlwassertemperaturen. Nachteil: Kälteanlage notwendig.	$Na_2SO_4 \cdot 10\ H_2O$, H_3BO_3

IV. Technik der Kristallisation

Tabelle 38.

Lfd. Nr.	Art des Kristallisators (Kristallisatortyp)	Beschreibung (Wirkungsweise)
26	Liegender, mehrstufiger Vakuumkristallisator [369] (Abb. 109)	Liegender Verdampferkörper, der durch mehrere Zwischenwände so in einzelne Kammern unterteilt ist, daß die Dampfräume voneinander getrennt sind, aber die Lösungsräume so miteinander in Verbindung stehen, daß die Suspension von Stufe zu Stufe fließt. Überlauf-Taschen ermöglichen die Niveau-Einstellung in den einzelnen Stufen. Die letzte Stufe arbeitet beim niedrigsten Druck (höchsten Flüssigkeitsstand). Barometrische Ausbringung der Suspension.
27	Vakuumkristallisator mit Rührer und Leitrohr (DTB) [370], [371] (Abb. 110)	Oben zylindrischer, unten konischer, aufrechter Verdampferkörper, der sich in ein Auswasch-Rohr, das als Wäscher und Absitzer dient, fortsetzt. Ein Propeller-Rührer läuft in einem konisch nach oben erweiterten Leitrohr um und bewirkt schonende Zirkulation des Kristallbreies. Äußere Ringzone zur Sedimentation von Feinkorn.
28	Wirbelkristaller nach Standard-Messo [372],[373] (Abb. 111)	Aufrechter, zylindrischer Verdampferkörper mit backenförmigem Bodenteil, Propellerrührer (Antrieb oben), Leitrohr, Injektorrohr, Brei-Abzugsstutzen (unten) und Lösungsaustrittstutzen (oben). Dem Primär-Kreislauf zwischen Leitrohr und Injektorrohr ist ein Sekundär-Kreislauf zwischen Klassierzone und unterem Injektorrohr überlagert, so daß die groben Kristalle im Bereich des Salzaustragstutzens bleiben, während die feineren wieder in den Primärstrom eingesaugt werden.

gangslösung einer isolierten Venturi-Düse, durch die die heiße Lösung mit solchem Druck und solcher Geschwindigkeit eingespeist wird, daß innerhalb der Düse weder Verdampfung noch Salzablagerung eintritt. Im Pachuca-Kristallisator (Abb. 105; Nr. 23) [302] wird der Zwangsumlauf der Suspension durch ein konzentrisch zum Verdampferkörper angeordnetes Leitrohr und einen an dessen unterem Ende umlaufenden Rührer gewährleistet. Trotz guter Zirkulation ist das Rühren sanft genug, daß wenig Kristall-Abrieb entsteht. Abb. 106 zeigt einen kontinuierlichen Vakuumkristallisator ohne Rührer mit „äußerer" Zirkulation der Suspension (Nr. 24). Die heiß zulaufende Ausgangslösung wird auf der Saugseite der Pumpe der umgewälzten Suspension

1. Kristallisatoren für die einfache Kristallisation

(Fortsetzung)

Technische Daten	Hinweise (Vor- und Nachteile und dgl.)	Anwendungsgebiet
Jede Stufe hat ihren eigenen Brüdenkompressor, der an den gemeinsamen barometrischen Kondensator angeschlossen ist. Verdampfer-Abmessungen: 3 m ⌀, 12 m lang (Standard-Messo). Durchsätze von 50 m³/h bei Abkühlung von 25° auf 10 °C (NH_4Cl).	Vorteile: Lange Verweilzeiten des Kristallisates in den Kammern; relativ grobes Korn (700—1000 μm für anorganische und 50—400 μm für organische Stoffe). Nachteil: Kristallablagerungen an den Wänden der Kammern. Reinigung nach ≈3 Wochen.	$FeSO_4 \cdot 7 H_2O$, $Na_2SO_4 \cdot 10 H_2O$, NH_4Cl, Adipinsäure, Fumarsäure
Behälter-Volumen bis zu 35 m³. Mittl. Verweilzeit der Kristalle bis zu 3 h. Hohe Feststoffgehalte der Suspension. Rührerdrehzahlen: 125—400 U/min. Behälterdurchmesser: 0,5—7,9 m.	Vorteile: Wachstum grober Kristalle (500—1000 μm), Entfernung überschüssiger Keime; Überhitzung: 0,2—0,5 °C an der Lösungs-Oberfläche. Nachteil: Höherer Leistungsverbrauch bei dichterem Kristallbrei.	$(NH_4)_2SO_4$, KCl, NH_4NO_3, $Na_2B_4O_7 \cdot 10 H_2O$
Überlaufwehr am Stutzen für den Lösungsaustritt bei Stoffen gefährdet, die bei geringer Verdampfung stark nach-kristallisieren. Verhinderung durch Druckpolster, das über Regeleinrichtung gesteuert wird.	Vorteile: Übersättigung bleibt im metastabilen Bereich, hydraulische Klassifikation, grobes Korn. Nachteil: Bei zu geringer Sedimentationsgeschwindigkeit nicht einsetzbar.	KCl

zugemischt, so daß bei genügend großer Menge der umgepumpten Lösung und Suspension das labile Zustandsgebiet (vgl. Abb. 22) vermieden wird. Die Arbeitsweise eines solchen Vakuumkristallisators mit „äußerem" Zwangsumlauf läßt sich im Temperatur-Löslichkeits-Diagramm veranschaulichen (vgl. Abb. 107). Wenn man annimmt, daß sich die im umgewälzten Kristallbrei enthaltenen (suspendierten) Kristalle während der kurzen Zeitspanne nicht merklich auflösen, die zwischen Einspeisung (neuer Ausgangslösung) und tangentialer Entleerung des Gesamtstromes in den Kristallisator vergeht, dann kann man diese Kristalle als inerte Masse ansehen. Die den Kristallisator unten verlassende Lösung (Zustandspunkt 1) ist entweder gesättigt

254   IV. Technik der Kristallisation

oder so wenig übersättigt, daß Punkt 1 innerhalb der Zeichengenauigkeit auf der Löslichkeits-(Gleichgewichts-)Kurve liegt. Diese Lösung

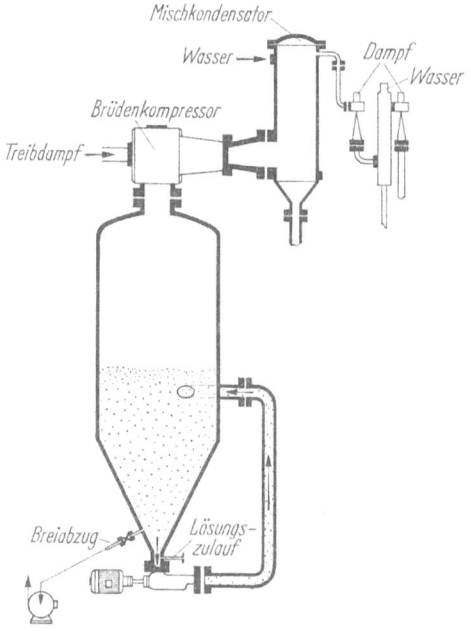

Abb. 106. Kontinuierlicher Vakuum-Kristallisator mit Zwangsumlauf der Suspension (System SWENSON) [367].

wird auf der Saugseite der Pumpe mit warmer und konzentrierter, aber untersättigter Ausgangslösung (Zustandspunkt 2) vermischt. Die entstandene Mischung (Zustandspunkt 3) ist bedeutend kälter und weniger konzentriert als die Ausgangslösung, aber etwas wärmer und konzentrierter als die aus dem Kristallisator kommende Lösung. Punkt 3 liegt auf der Geraden durch die Punkte 1 und 2, und das Verhältnis der Strecken 1—3 und 3—2 entspricht dem Mengenverhältnis von frisch eingespeister und umgewälzter Lösung (Hebelgesetz). Nachdem der Strom der Mischung in den Kristallisator zurückgeflossen ist, erfolgt

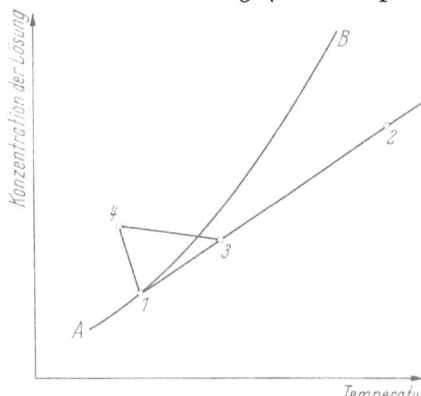

Abb. 107. Arbeitsdiagramm eines Vakuumkristallisators mit „äußerem" Zwangsumlauf von Suspension (Lösung).

Entspannungs-Verdampfung zunächst ohne Kristallisation (Zustands-punkt 4). Dabei kühlt sich die Lösung ab und konzentriert sich infolge des Entzugs von Lösungsmittel. Im Kristallisator baut sich die Übersättigung ab (Gerade 4—1). Punkt 1 liegt nicht senkrecht unter Punkt 4, weil die Kristallisationswärme frei wird und zur Erwärmung der Lösung führt. Punkt 4 muß innerhalb des metastabilen Gebietes liegen, damit ein großer Teil der Übersättigung an den vorhandenen Kristallen abgebaut wird und nur ein kleinerer Teil zur Bildung neuer Keime dient. Die Lage des Zustandspunktes 3 der Mischung ist wesentlich vom Zustand der eingespeisten Ausgangslösung abhängig; er liegt nach Abb. 107 im Untersättigungs-Bereich, kann aber auch, wenn kälter eingespeist wird, auf die andere Seite der Löslichkeitskurve (Übersättigungsbereich) fallen, bleibt jedoch stets im metastabilen Feld.

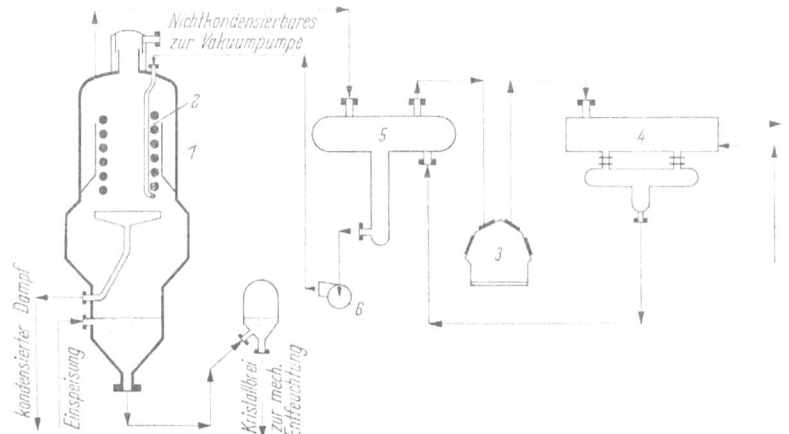

Abb. 108. Garbato-Kristallisator [368].
1 Kristallisator; *2* Kondensator; *3* Ammoniak-Kompressor; *4* Ammoniak-Kondensator; *5* Behälter für flüssiges Ammoniak; *6* Pumpe für flüssiges Ammoniak.

Der Garbato-Kristallisator (Abb. 108; Nr. 25) [368] kann den Druckverlust der Brüden zwischen der Oberfläche der siedenden Lösung und dem Oberflächen-Kondensator gering halten, weil dieser innerhalb des Dampfraumes angeordnet und darunter eine Auffangwanne für das Kondensat angebracht ist. Der ohne Brüdenkompression arbeitende Kristallisator ist für Temperaturen unterhalb der Kühlwassertemperatur, also vor allem für organische Systeme, geeignet, weil der Kondensator Teil einer NH_3-Kälteanlage ist. Wird aus wäßrigen Lösungen kristallisiert, dann darf die Kondensator-Temperatur allerdings 0,2—0,5 °C nicht unterschreiten, weil sonst die Kondensationsflächen vereisen. Hohe Wirtschaftlichkeit im Dampf-

und Wasser-Verbrauch weisen die liegenden mehrstufigen Vakuumkristallisatoren (Abb. 109; Nr. 26) [369] auf, die sich vor allem bei der Kristallisation von $FeSO_4 \cdot 7\,H_2O$ aus Beizbädern und von Glaubersalz aus Spinnbad-Flüssigkeiten bewährt haben.

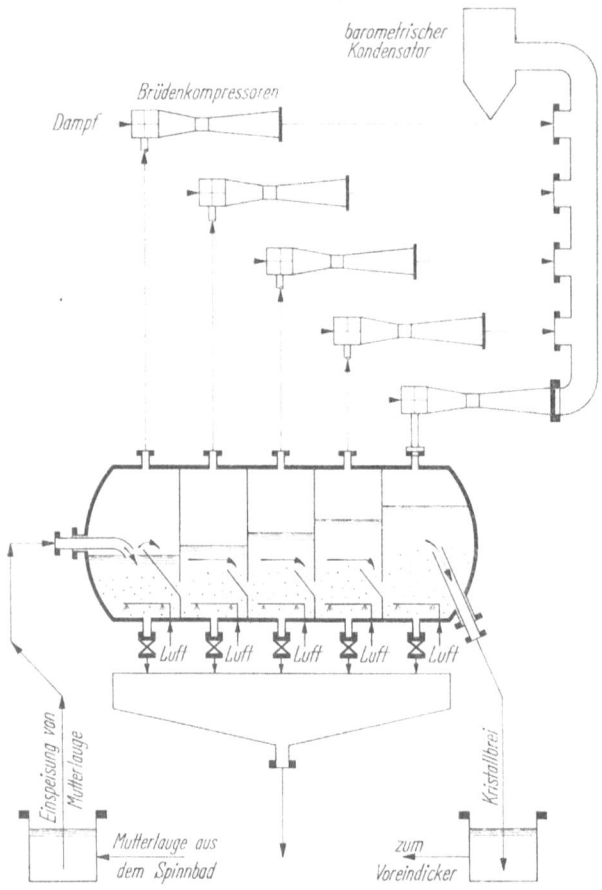

Abb. 109. Liegender, mehrstufiger Vakuumkristallisator nach Standard-Messo [369].

Die Maßstabsvergrößerung von Vakuumkristallisatoren mit „äußerem" Zwangsumlauf ist, wie NEWMANN und BENNETT [374] ausführen, problematisch; denn da hier sowohl die Schwerkraft als auch Zähigkeitskräfte wirken, kommt es auf drei dimensionslose Kenngrößen an, nämlich auf $Fr \approx v^2$, $Re \approx v$ und $Ne \approx 1/v^2$, so daß es schwierig ist, die gleichen hydrodynamischen Bedingungen in verschieden großen Kristallisatoren zu schaffen (v = Lineare Strömungsgeschwindigkeit der umgewälzten Suspension). Ferner ist noch die dimensionslose Kenngröße d/s (mit d = Durchmesser des Verdampferkörpers und

1. Kristallisatoren für die einfache Kristallisation 257

$s =$ erforderliche Tauchtiefe des Einleitungsrohres für die zum Kristallisator zurückkehrende Mischung, um Dampf-Bildung zu unterdrücken) wichtig. Demgegenüber ist bei Kristallisatoren mit Leitrohr und Rührer, unter denen sich der im angelsächsischen Schrifttum DTB (draft tube body oder baffle) genannte Vakuumkristallisator (Abb. 110; Nr. 27) [370], [371] zunehmender Anwendung erfreut, der Einfluß von Froudescher Zahl Fr und Tauchverhältnis d/s vernachlässigbar klein, so daß in großtechnischen Anlagen bei gleicher New-

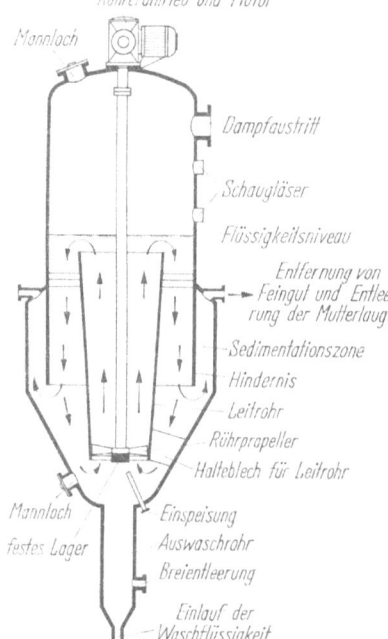
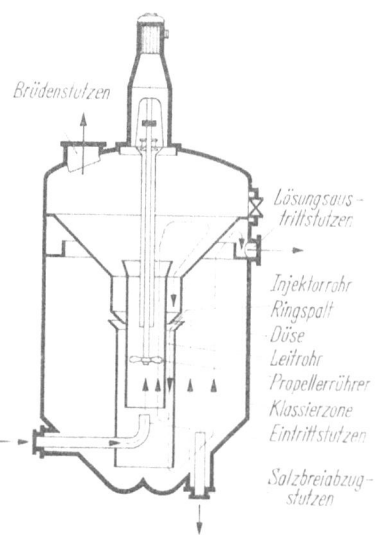

Abb. 110. Vakuumkristallisator mit Rührer und Leitrohr (DTB) [370], [371].

Abb. 111. Wirbelkristaller nach Standard-Messo [372], [373].

tonscher Zahl Ne die gleichen hydrodynamischen Bedingungen für sehr verschiedene Reynoldssche Zahlen Re erhalten werden können. Die früher hohen Rührerdrehzahlen im DTB-Kristallisator hat man im Laufe der Zeit herabgesetzt (bis auf Werte unter höchstens 75 U/min), um den Kristallabrieb möglichst gering zu halten. CALDWELL [371] weist darauf hin, daß die wesentlichsten Gesichtspunkte beim DTB-Kristallisator die Entfernung überschüssigen Feingutes (mit dem Überlauf aus dem Ringraum in Abb. 110), der Transport der Kristalle zur Übersättigungszone (Lösungs-Oberfläche) und die Aufrechterhaltung einer hohen Feststoff-Dichte der Suspension sind. Das für die Erzeugung grober Kristalle erforderliche kontrollierte Wachstum ist auch im Wirbelkristaller nach Standard-Messo (Abb. 111; Nr. 28) [372], [373] sichergestellt. Vor allem ist es hier das Einsaugen der im Sekundärkreislauf befindlichen feinen Kristalle in den Primärstrom, das deren weiteres Wachstum gewährleistet. Die im Injektorrohr abwärts strömende Lösung wird nämlich in der Düse so beschleunigt, daß durch die eintretende Druckabsenkung Lösung aus der Klassierzone angesaugt wird.

Auch in einem kontinuierlichen Vakuumkristallisator ist die Übersättigung, selbst bei gleichmäßigster Betriebsweise, zeitlich nicht konstant, sondern die Lösung durchläuft einen Übersättigungszyklus. Dieser Zyklus ist für einen kontinuierlichen Vakuumkristallisator mit

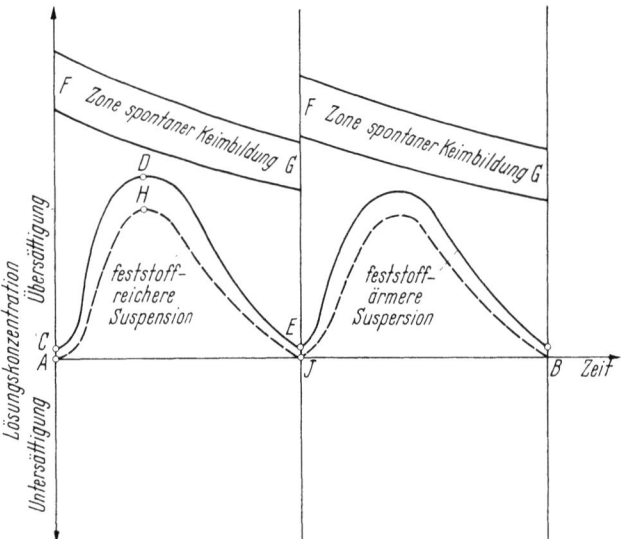

Abb. 112. Übersättigungs-Zyklus eines Vakuumkristallisators.

AB = Löslichkeitsachse (Zustandspunkte der gesättigten Lösung); C = Eintritt in den Kristallisator; D = Entspannungs-Verdampfung; DE = Abgabe der Übersättigung an die Kristalle; E = Austritt aus dem Kristallisator.

,,äußerer'' Zirkulation der Lösung oder Suspension (s. a. Abb. 106; Nr. 24) schematisch in Abb. 112 dargestellt. Die Abszisse AB entspricht der Löslichkeitsachse, also den Zustandspunkten der gesättigten Lösung, wenn man die Konzentration übersättigter Lösungen nach oben und die der untersättigten Lösungen nach unten abträgt. Da die Lösungen in der Regel die Sättigungskonzentrationen nicht unterschreiten, verlaufen die Kurven oberhalb der Abszissenachse, längs deren die Zeit aufgetragen ist. Die Dauer eines Zyklus ($AJ = JB$) wird durch das Verhältnis der gesamten, im System enthaltenen Flüssigkeitsmenge zu der pro Zeiteinheit umgewälzten Flüssigkeitsmenge bestimmt. Dieser Quotient, die mittlere Umwälzdauer $\bar{\tau}_1$, ist eine äußere Stellgröße; denn man kann $\bar{\tau}_1$ durch Regulieren des Flüssigkeitsstandes im Kristallisator oder der umgepumpten Menge, also durch „äußeren" Eingriff, ändern. Das Band FG stellt die Zone spontaner Keimbildung dar, die von vielen Einflußgrößen abhängt (vgl. Kap. III B 2) und daher nicht als scharfe Grenze gezeichnet wurde. Da die Zahl der in der Lösung entstehenden Keime im Laufe der Zeit (Umwälzdauer) zunimmt, fällt diese Zone nach tieferen Übersättigungen ab. Die wenig übersättigte Lösung (Punkt C), die in den Kristallisator einströmt, erfährt dort zunächst durch Entspannungsverdampfung eine starke Konzentrierung (Punkt D) und gibt ihre Übersättigung dann zum größten Teil an die suspendierten Kristalle ab, so daß die den Kristallisator verlassende Lösung oder Suspension (Punkt E) nur noch wenig übersättigt ist. Ist die Suspension im Kristallisator feststoffreicher, so baut sich eine kleinere maximale Übersättigung auf, und der Zyklus durchläuft die (gestrichelte) Kurve AHJ. Steht umgekehrt zu wenig Kristall-Oberfläche zur Begrenzung und zum Abbau der Übersättigung zur Verfügung, so erreicht die Zykluskurve das Band FG, und es setzt spontane Keimbildung ein, was unbedingt zu vermeiden ist. Daher ist es erforderlich, die „äußere" Stellgröße $\bar{\tau}_1$ auf die systemabhängige Größe $\bar{\tau}_2$, nämlich die *mittlere Abgabezeit der Übersättigung*, abzustimmen. $\bar{\tau}_2$ ist keine Konstante, sondern außer vom kristallisierenden Stoff und Lösungsmittel von der mittleren Korngröße der Kristalle und vom Feststoffgehalt der Suspension im Kristallisator abhängig. Macht man $\bar{\tau}_1 \ll \bar{\tau}_2$, so wird die Übersättigung in einem Zyklus nur unvollständig abgebaut, der nächste Zyklus beginnt daher bei höherer Übersättigung, und so kann sich diese so weit aufschaukeln, bis das kontrollierte Kristallwachstum nach Einsetzen spontaner Keimbildung unmöglich geworden ist. Andererseits kann der Vakuumkristallisator bei zu langer Umwälzdauer τ_1 unwirtschaftlich lange Produktionspausen (mit sehr geringer Übersättigung) umfassen, wie SAEMAN [375] für die Kristallisation 1 mm grober NH_4NO_3-Kristalle bei einer Feststoffdichte der Suspension von 320 kg/m³ und für $\bar{\tau}_1 = 40$ s zeigte (vgl. Abb. 113). Er betont ferner, daß bei langer Umwälzdauer auch die Aufenthaltsdauer im Bereich der Entspannungsverdampfung verhältnismäßig lang ist und daß dann dadurch hohe Übersättigungs-Spitzen entstehen. Abb. 113 veranschaulicht, wie stark die tatsächliche Übersättigung mit der Umwälzdauer wechselt, selbst wenn die mittlere Übersättigung konstant ist. Zweifellos ist die Herabsetzung von $\bar{\tau}_2$ durch genügend hohe Feststoffdichte der Suspension das beste Mittel um eine unrationelle Verlängerung von $\bar{\tau}_1$ zu vermeiden. Es muß aber schließlich noch berücksichtigt werden, daß kurze Umwälzdauern vermehrten Leistungsaufwand (für die Pumpe) und erhöhte Abriebsgefahr für die Kristalle bedeuten.

260   IV. Technik der Kristallisation

SEAVOY und CALDWELL [344] verglichen Anlage- und Betriebskosten von Kratzkühlern (vgl. Abb. 86; Nr. 11) und Vakuumkristallisatoren (vgl. Abb. 106; Nr. 24) miteinander. Sie kommen zu dem Ergebnis, daß besonders bei korrodierenden Lösungen ein ausgekleideter (z. B. gummierter) Vakuumkristallisator sowohl in bezug auf Anlage- als auch Betriebskosten trotz der Ausgaben für Kondensation der Brüden

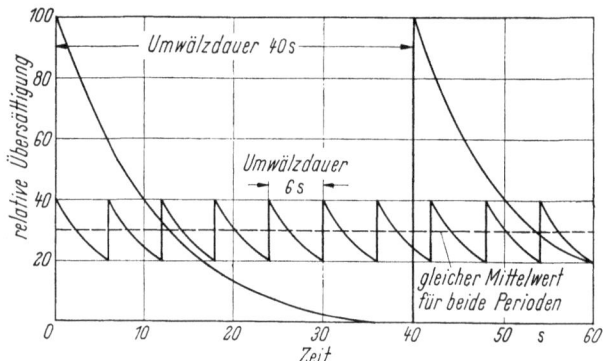

Abb. 113. Zeitliche Änderung der relativen Übersättigung mit der Umwälzdauer nach SAEMANN [375]

und Vakuum-Erzeugung entschieden billiger ist als ein Kratzkühler. Bei großen Durchsätzen empfiehlt sich der Vakuumkristallisator, weil bei der Kühlungskristallisation die erforderliche große Kühlfläche eine Vielzahl von Kratzkühlern, Antrieben und bewegten Teilen bedingt. GARRETT und ROSENBAUM [297] verglichen Wachstumskristallisatoren (Krystal- und Pachuca-Typ), Zwangsumlaufkristallisatoren und mechanische Kristallisatoren (Kratzkühler) miteinander und gaben ungefähre Anlagekosten für diese Typen an. Für eine Produktionsgeschwindigkeit zwischen 10 und 1000 t/d sind die Anlagekosten von Vakuumkristallisatoren mit Zwangsumlauf (vgl. Abb. 105; Nr. 23, Abb. 106; Nr. 24 und Abb. 110; Nr. 27) nach einer groben Abschätzung etwa der 0,6-ten Potenz der Produktionsgeschwindigkeit proportional. Für Verdampfer (Kristallisator-)-Durchmesser über 2 m sind DTB-Kristallisator (Abb. 110; Nr. 27) und Pachuca-Kistallisator (Abb. 105; Nr. 23) teurer als der Vakuumkristallisator mit „äußerer Zirkulation" (Abb. 106; Nr. 24) bei Herstellung aus rostfreiem Stahl. In gummierter Ausführung ist dies schon bei einem Durchmesser über 1,5 m der Fall. Bei richtiger Betriebsweise von Vakuumkristallisatoren sollte eine Salzablagerung nur an der Verdampfer-Wandung innerhalb eines Streifens an der Lösungsoberfläche stattfinden. Diese läßt sich vermeiden, wenn man die Wände des Kristallisators berieselt, wozu nur verhältnismäßig geringe Lösungsmittelmengen erforderlich sind. Nach SEAVOY und CALDWELL [344] genügen für einen Vakuumkristallisator von etwa 3 m Durchmesser rund 4 bis 8 l/min. CALDWELL [371] empfiehlt die Anordnung eines Waschrings 1 m oberhalb des Flüssigkeitsspiegels oder periodisches Anheben und Absenken des Spiegels.

δ) *Klassierende Kristallisatoren.* Kristallisatoren, innerhalb deren eine Trennung der Kristalle nach der Korngröße stattfindet, werden klassifizierende, kürzer klassierende Kristallisatoren genannt. In der Regel kommt diese Trennung dadurch zustande, daß sich die gröberen Körner weiterer Kristallisation durch Sedimentation in eine Zone entziehen, aus der das Produkt entnommen wird, während der feinkristalline Anteil fernerhin im Wachstumsbereich bleibt. Mitunter wird auch das Allerfeinste aus dem Kristallisator abgezogen und durch Erwärmen der Suspension wieder in Lösung gebracht, wenn die Zahl der entstandenen Keime zu groß ist. Zweck der Klassierung ist es, ein grobes und möglichst einheitliches Kristallisat zu erzeugen. Man spricht deshalb auch von Wachstums-Kristallisatoren. Nicht alle Stoffe sind für eine klassierende Kristallisation geeignet, aber eine große Zahl vor allem anorganischer Substanzen kann auf diese Weise grobkörnig erhalten werden. Die wichtigsten

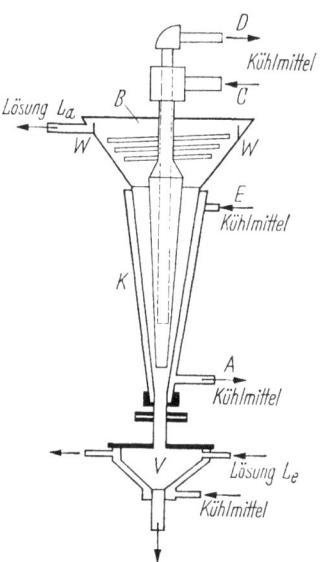

Abb. 114. Der Howard-Kristallisator [376].

klassierenden Kristallisatoren sind in Tabelle 39 zusammengestellt. Einer der ältesten klassierenden Kristallisatoren ist der Howard-Kristallisator [376] (Abb. 114; Nr. 29), der in der Form eine mantel(K)- und innen(Kühlfinger)-gekühlten Konus mit aufgesetzter Beruhigungszone (Beruhigungsplatten B und Überlaufwehr W) als Schwerkraft-Abscheider wirkt. Die Ausgangslösung tritt bei L_e ein, fließt im Gegenstrom zum Kühlmittel und zu den sedimentierenden Kristallen im Kegel-Ringraum nach oben, passiert das Überlaufwehr und tritt bei L_a aus. Die groben Kristalle, die schwer genug geworden sind, um den Strömungswiderstand zu überwinden, scheiden sich im gekühlten Vorratsgefäß V ab und können kontinuierlich mit der Mutterlauge abgezogen und der Zentrifuge zugeleitet werden. Das Kühlmittel des Kühlfingers läuft bei C zu und verläßt das Tauchrohr des Fingers bei D. Der Schwing-Kristaller nach ZDANSKY-GIOVANOLA [377] (Nr. 30; Abb. 115) nutzt die Krustenbildung an den vertikalen Kühlrohren R aus, die an einem elastisch gelagerten Kopfstück T hängen, das durch den freifliegenden Hammer eines pneumatischen Hammerwerkes M etwa einmal pro

Tabelle 39

Lfd. Nr.	Art des Kristallisators (Kristallisatortyp)	Beschreibung (Wirkungsweise)
29	Konischer Kühlungs-kristallisator mit Eindicker (HOWARD-Kristallisator) [376]	Kühlungskristallisator, der aus drei konischen Zonen besteht (Abb. 114). Die untere, mantelgekühlte Zone V dient als Eindicker, die mittlere Zone, in der die wachsenden Kristalle fluidisiert werden, ist mantelgekühlt und enthält einen Kühlfinger; die obere, erweiterte Beruhigungszone mit Überlaufwehr enthält Kühlschlangen.
30	Schwing-Kristaller nach ZDANSKY-GIOVANOLA [377] (Abb. 115)	Zylindrischer, vertikaler Kühlungskristallisator, innerhalb dessen Kühlrohre gleichmäßig entlang dem Umfang angeordnet sind und in denen das Kühlmittel durch Tauchrohre nach unten, sodann im Ringspalt nach oben (im Gegenstrom zur Lösung) fließt. Ein elastisch gelagertes Kopfstück, an dem die Kühlrohre hängen, wird durch den freifliegenden Hammer eines pneumatischen Hammerwerkes etwa 1-mal pro Sekunde scharf nach unten gestoßen, so daß die an den Kühlrohren sitzenden Kristalle (Krusten) abgeschert werden.
31	Kühlungs-Kristallisator System „Krystal" [379] (Abb. 117)	Die Übersättigung wird in einen Teil der Anlage (Kühler im Lösungs-Kreislauf) erzeugt und in einem anderen (Suspensions-Behälter) abgebaut. Die aus dem (unten leicht konischen) Suspensions-Behälter (mit flachem gewölbtem Boden) oben abgezogene Mutterlauge wird in einem rasch (1—2 m/s) durchströmten Kühler großer Fläche wenig übersättigt und durch das Zentralrohr zum Boden des Kristallisators gepumpt, wo sie, durch das Kristall-Fließbett aufwärts strömend, ihre Übersättigung abgibt. Einspeisung frischer Ausgangslösung auf der Saugseite der vor dem Kühler angeordneten Pumpe oder oben im Suspensions-Behälter.
32	Verdampfungs-Kristallisator System „Krystal" [379] (Abb. 118)	Kristallisator-Aufbau und -Wirkungsweise wie bei Nr. 31 nur Ersatz des Kühlers durch einen Erhitzer. Die dort überhitzte Lösung wird dem Verdampfer-Kopf zugepumpt, wo die Brüden entweichen, während die übersättigte Lösung durch das Zentralrohr in den Kristallisator strömt und nach oben umkehrend das Kristall-Fließbett auf-

1. Kristallisatoren für die einfache Kristallisation

Klassierende Kristallisatoren

Technische Daten	Hinweise (Vor- und Nachteile und dgl.)	Anwendungsgebiet
Nähere Angaben über den kontinuierlich arbeitenden Apparat fehlen; vermutlich existieren keine großtechnischen Einheiten.	Gegenstrom-Anordnung. Die Lösung strömt aufwärts; Kristalle, die schwer genug geworden sind, sedimentieren und werden im Behälter V gesammelt. Nachteile: Die Strömungsgeschwindigkeit darf die Sedimentationsgeschwindigkeit nicht um mehr als 50% überschreiten. Verkrustungen an den Kühlflächen	Stoffe, die weniger stark zur Ablagerung an Kühlfinger und Kühlwand neigen.
Der Kristallisator ist durch konische Lochböden in eine Anzahl von Kammern unterteilt. Labortyp (50—150 l/h Lösungs-Durchsatz) mit 0,5 m² Kühlfläche. Mittlere Durchsätze (0,4—1,5 m³/h) erzielbar mit Typ K6 ($\approx$6 m²). Für größere Produktion (0,6 bis 3,0 m³/h) Typ K12 ($\approx$12 m²) $k = 200-300$ kcal/m² h grd	Vorteile: Keine Verkrustung (wöchentliches Ausspülen wird empfohlen), sanfte Bewegung der Kristalle (kaum Abrieb), einheitliche Kristalle. Nachteile: Kleine Kristalle, maximale Verweilzeit der Lösung $\approx$30 min; maximale Breidichte: 20—30 Vol.-%.	Gut geeignet für spröde Kristalle mit kleiner Sedimentationsgeschwindigkeit, Nadeln und Blättchen. Fumarsäure, Chloressigsäure, Dicyandiamid, Amino-Caprylsäure, $BaCl_2$, $Na_2B_4O_7 \cdot 10\ H_2O$
50 bis 250 Volumenteile umgewälzer Mutterlauge auf 1 Teil Ausgangslösung. Abkühlung der Mischung im Kühler um Bruchteile eines Grades. Temperatur-Differenz zwischen Lösungs- und Kühlmittel <2 °C. Betriebsdauer bis zur Reinigung: 120—150 h. $k = 800$ kcal/m² h grd. Anlage von 2 m ⌀, 6 m Höhe und 200 m² Kühlfläche produziert 7 t/d $Na_2S_2O_3 \cdot 5\ H_2O$	Vorteile: Arbeiten im metastabilen Bereich (Geringe Übersättigung), lange mittlere Verweilzeiten der Kristalle im Kristallisator, Erzeugung groben Korns. Nachteil: Verkrustung der Kühlflächen	$Na_2S_2O_3 \cdot 5\ H_2O$ ($10 \times 5 \times 3$ mm), $AgNO_3$, $CuSO_4 \cdot 5\ H_2O$, $NaClO_3$, $MgSO_4 \cdot 7\ H_2O$, $NaNO_3$, Dicyandiamid, $NaC_2H_3O_2 \cdot 3\ H_2O$
Strömungsgeschwindigkeiten in den Kalanderrohren 1,5 bis 2,0 m/s; Überhitzung nur wenige Grade. Häufige Verwendung von Dreifach-Verdampfern und bei kleineren Durchsätzen von Brüden-Kompressoren. Ein Quadrupel-Ver-	Vorteile: Auswaschperioden von 600—800 h. Erzeugung von grobem Korn bei langer mittlerer Verweilzeit der Kristalle. Der Verdampfer wird häufig so in den Kristallisator eingebaut, daß seine Außenwände auch im konischen Teil	$(NH_4)_2SO_4$, $NaCl$, Na_2SO_4, $Na_2Cr_2O_7$, $NiSO_4 \cdot 6\ H_2O$, $CuSO_4 \cdot 5\ H_2O$, NH_4Cl, Oxalsäure, Hexachlorbenzol.

Tabelle 39

Lfd. Nr.	Art des Kristallisators (Kristallisatortyp)	Beschreibung (Wirkungsweise)
		recht erhält. Kein Sieden in den Rohren des Kalanders, da dieser unterhalb des Flüssigkeits-Niveaus im Verdampfer angeordnet ist.
33	Vakuum-Kristallisator System „Krystal" [379] (Abb. 119)	Kristallisator-Aufbau und -Wirkungsweise ähnlich wie bei Nr. 32, nur Fortfall des Erhitzers (Kalanders). Trichterartige Einführung der zurückgepumpten Lösung (Suspension) in den Verdampfer-Kopf verhindert das Mitreißen von Flüssigkeit bei der Verdampfung weitgehend. Einspeisung von frischer Ausgangslösung, die wärmer als die Mutterlauge ist, auf der Saugseite der Pumpe innerhalb des Suspensionsbehälters.
34	Verdampfungs-Kristallisator mit Trägerluft nach ROBINSON [386] (Abb. 121)	Zylinderischer Suspensionsbehälter mit konischem, als Absitzer wirkendem Unterteil, aus dem der Brei zu einer Kammer gepumpt wird, in der Kristalle und Mutterlauge voneinander getrennt werden. Die Mutterlauge wird in den Kristallisator zurückgeleitet. An das Zentralrohr ist ein Gebläse angeschlossen, das die für die Verdampfungskristallisation erforderliche Luftmenge ansaugt und durch die Suspension preßt. Luft-Austritt durch einen Kamin, an dessen Fuß mitgerissene Flüssigkeit abgezogen und dem Kristallisator wieder zugeführt wird.

Sekunde scharf nach unten gestoßen wird. Die bei jedem Hammerschlag abgescherten Kristalle wandern durch die einzelnen Kammern, die durch konische Lochböden voneinander getrennt sind, nach unten und werden mit einem Teil der Mutterlauge durch das periodisch arbeitende, pneumatisch gesteuerte Ventil V (Öffnungszeit 6—10 s) abgezogen. Die beim Schließen des Ventils durch Stau ausgelöste Wirbelbewegung bricht sich an den Lochböden als Strömungshindernissen. Die Kristalle müssen spröde genug sein, um von den Kühlrohren abzuplatzen, unterliegen aber sonst einer recht schonenden Behandlung (wenig Abrieb), so daß der Kristallisator besonders für zerbrechliche Kristalle wie Blättchen und Nadeln gut geeignet ist. Zwar sind die erzeugten Kristalle im allgemeinen nicht groß, aber die Kornverteilung ist schmal. Abb. 116a zeigt die Kornverteilung von Adipinsäure, die aus salpetersaurer Lösung im Labortyp dieses Kristallisators

1. Kristallisatoren für die einfache Kristallisation

(Fortsetzung)

Technische Daten	Hinweise (Vor- und Nachteile und dgl.)	Anwendungsgebiet
dampfer kann 600 t/d $(NH_4)_2SO_4$ mit 90% über 1,2 mm erzeugen.	von Lösung umgeben sind (Abb. 118)	
Ein Kristallisator vom 1,5 m ⌀ erzeugt 5 t/d $Na_2CO_3 \cdot$ $\cdot 10\,H_2O$, ein solcher von 3,5 m ⌀ erzeugt 40 t/d. Ein Kristallisator von 5 m ⌀ und 87 m³ Volumen mit einem Verdampfer von 2,75 m ⌀ erzeugt 105 t/d NH_4NO_3. Umwälzung von 38 m³/min (1,5—2,1 m/s Strömungsgeschwindigkeit am Boden des Kristallisators)	Kann mit Umwälzung von Brei oder Lösung (allein) betrieben werden. Vorteile: Erzeugung grober Kristalle, bes. bei Einsatz eines Feinkorn-Abtrenners. Lange mittlere Verweilzeit der Kristalle.	NH_4NO_3, KCl, $Na_2CO_3 \cdot 10\,H_2O$ $(NH_4)_2SO_4$, $NiSO_4 \cdot 6\,H_2O$. Na-Salicylat, Na-Glutamat, Melamin, Harnstoff, Zitronensäure, NH_4Cl, $K_2Cr_2O_7$, $NaClO_3$
Durch Einblasen von 0,85 m³ pro min Luft können bei einer Arbeitstemperatur von 63 °C 10 kg $(NH_4)_2SO_4$ pro 100 kg Ausgangslösung erzeugt werden. Einspeisung einer Lösung, die bei 96 °C gesättigt ist.	Gewichtsverhältnis von Produkt und Rücklaufstrom in den Kristallisator 1:1 bis 1:5. Zur Abkühlung der Lösung auf 49 °C sind 2 m³/min Luft notwendig, dabei werden 12,7 kg $(NH_4)_2SO_4$ pro 100 kg Ausgangslösung erzeugt.	$(NH_4)_2SO_4$

kristallisiert wurde (Angaben nach BAMFORTH [378]). Mittlere Korngröße $x' = 438$ µm, Gleichmäßigkeitszahl $n = 6,95$.

Da sich die klassierende Kristallisation das Ziel setzt, ein Korn möglichst einheitlicher Größe, nicht zu fein und innerhalb gewisser Grenzen variabel, zu erzeugen, ist es notwendig, daß diese Kristallisatoren im metastabilen Streifen des Löslichkeitsdiagrammes, im Ostwald-Miers-Bereich (vgl. Abb. 22), arbeiten, damit die Keimbildung beschränkt und das Kristallwachstum gefördert wird. Eine vielbenutzte Anordnung besteht aus einem Fließbett, in dem die Kristalle durch einen Strom wenig übersättigter Lösung fluidisiert werden (im angelsächsischen Schrifttum ist die Bezeichnung circulating liquor crystallizers üblich); dabei gibt dieser Strom zumindest einen Teil seiner Übersättigung ab, und die Kristalle wachsen. Die das Kristall-Fließbett verlassende verarmte Lösung wird mit der zu behandelnden heißen Ausgangslösung vermischt und die Mischung erneut übersättigt. Die Übersättigung erfolgt außerhalb des Fließbettes in

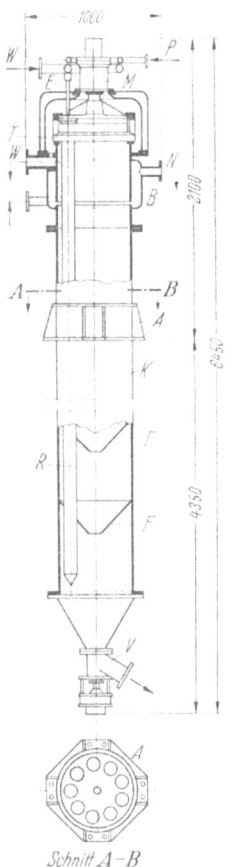

Abb. 115. Schwing-Kristaller nach ZDANSKY-GIOVANOLA [377].

A Pratzen; B Ringspalt zur Verteilung der eingespeisten Lösung; E Tauchrohre innerhalb der Kühlrohre R; F Konische Lochböden; K Kristallisierrohr; M Pneumatisches Hammerwerk; N Überlauf der Lösung; P Zufuhr der Druckluft (2–3 atü); T Elastisch gelagertes Kopfstück, an dem die Kühlrohre hängen; V Abzug-Ventil; W Kühlwasser-Zu- bzw. -Ablauf.

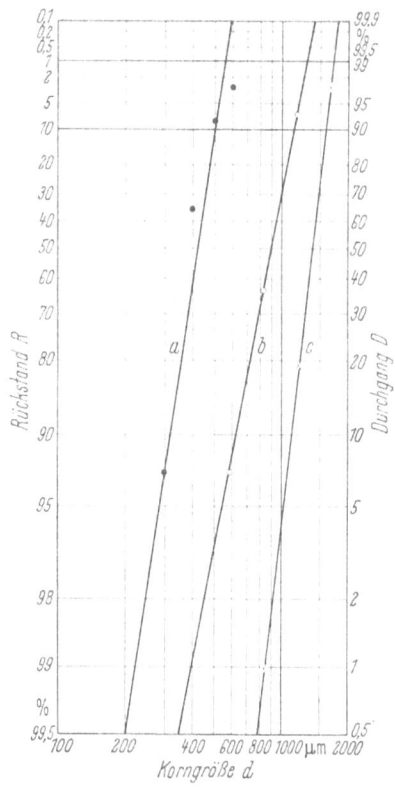

Abb. 116. Kornverteilungen aus klassierenden Kristallisatoren.

a Adipinsäure aus Salpetersäure-Lösung im Schwingkristaller (Nr. 30) nach BAMFORTH [378];
b KCl aus wäßriger Lösung im Vakuumkristallisator „Krystal" (Nr. 33) } nach BENNETT [315]
c $(NH_4)_2SO_4$ im DTB (Nr. 27).

einem Kühler für die Kühlungs-Kristallisation (Nr. 31; Abb. 117) oder Verdampfer für Verdampfungs- (Nr. 32; Abb. 118) und Vakuum-Kristallisation (Nr. 33; Abb. 119); sie wird im Fließbett ganz oder weitgehend abgebaut. Was an Kornzahl als Produkt abgezogen wird, ist an Keimen neu zu bilden; überschüssige Keime werden oft abgeschöpft und wieder aufgelöst. Bezeichnet man (Abb. 120) mit A_0 den Strom

1. Kristallisatoren für die einfache Kristallisation

neu eingespeister Ausgangslösung (kg/h), mit B_0 den Strom umgepumpter Mutterlauge (kg/h), mit P die Produktionsgeschwindigkeit des Kristallisators (kg trockener Feststoff/h) und mit S_a die Übersättigung der nach Vereinigung von A_0 und B_0 entstandenen Mischung

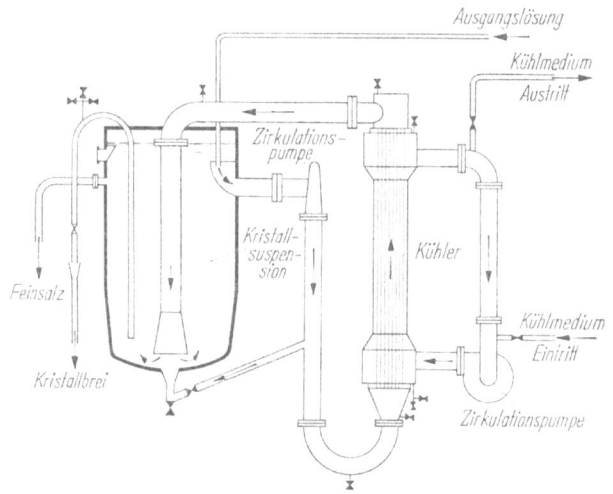

Abb. 117. Kühlungskristallisator System „Krystal" [379].

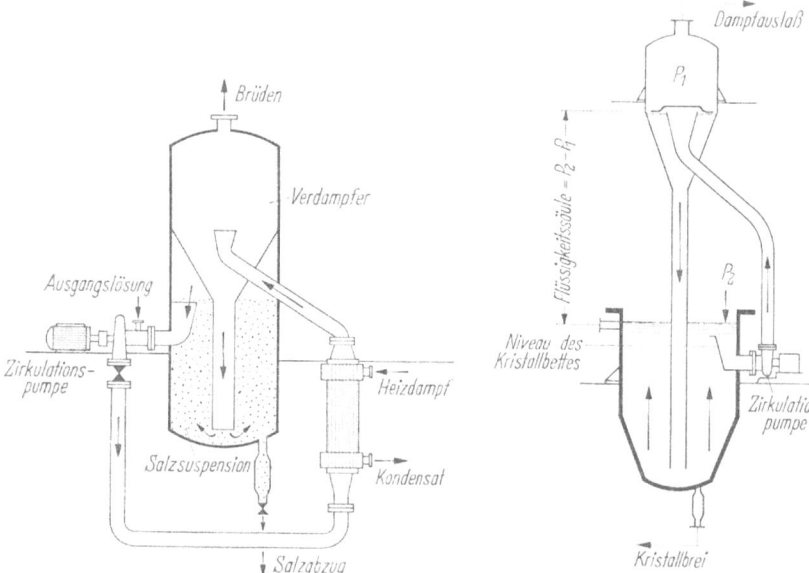

Abb. 118. Verdampfungskristallisator System „Krystal" [379].

Abb. 119. Vakuumkristallisator System „Krystal" [379].

unmittelbar vor Durchströmen des Kristallbettes (kg gelöster Feststoff/kg Mutterlauge), so erhält man

$$A_0 + B_0 = \frac{P}{S_a}, \qquad (204)$$

weil alles Produkt dem Vorrat der Übersättigung entnommen wird. Hierbei ist angenommen, daß die gesamte Übersättigung S_a der Mutterlauge (vor dem Kristallbett) in diesem abgebaut wird. Trifft das nicht völlig zu, so macht es keine Schwierigkeiten, einen Korrektur-Faktor (< 1, z. B. 0,95) auf der linken Seite von Gl. (204) einzufügen. B_0 ist in der Regel groß gegen A_0, damit die Übersättigung klein gehalten und im metastabilen Bereich gearbeitet werden kann. A_0 und B_0 sind fast immer konstant, weil eine konstante Menge heißer Lauge neu eingespeist und eine konstante Menge kalter Mutterlauge umgewälzt wird. Die reine Lösungsmittel-Bilanz, die Gl. (204) indessen nicht betrifft, geht auf, da ein Teil des Lösungsmittels als Mutterlauge mit den Kristallen ausgebracht, ein Teil als Mutterlauge mit den zu vernichtenden Keimen überläuft und (bei der Verdampfungs- und Vakuum-Kristallisation) ein Teil verdampft wird. Gl. (204) sagt aus, daß die Produktionsgeschwindigkeit im Rhythmus der Übersättigung

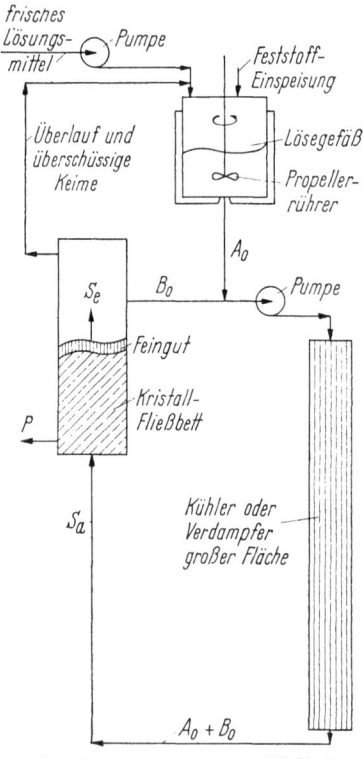

Abb. 120. Arbeitsweise eines Fließbett-Kristallisators (schematisch).

schwankt. Da in der Regel eine konstante Produktionsgeschwindigkeit verlangt ist, muß auch die Übersättigung konstant sein. Da ferner S_a sehr klein sein muß, wenn die Produkt-Güte vorzüglich sein soll, müssen bei großer erforderlicher Produktionsgeschwindigkeit P große Mengen Mutterlauge B_0 umgepumpt werden. Höhe des Kristallbettes und Abbau der Übersättigung sind miteinander verknüpft; ist nämlich das Bett zu niedrig, so wird die Übersättigung nicht vollkommen abgebaut. Der Abbau der Übersättigung ist ferner vom Stoff und von der Korngröße abhängig. Kleine Kristalle haben eine große spezifische Oberfläche und können die Übersättigung wirksamer, d. h. auf kürzerer

1. Kristallisatoren für die einfache Kristallisation

Strecke, abbauen als größere Kristalle. Da aber gröbere Kristalle erwünscht sind, muß das Kristallbett hoch genug oder die mittlere Verweilzeit der Kristalle muß lang genug sein. Unter der Voraussetzung, daß der Kristallisator zylindrisch ist — was für den Hauptteil der Kristallisator-Körper zutrifft (vgl. Abb. 117—119) —, erhält man für die Querschnittsfläche F (in m²) die Beziehung

$$F = \frac{A_0 + B_0}{\varrho_M \, w} \qquad (205)$$

mit

ϱ_M = Dichte der (übersättigten) Mutterlauge bei der Arbeitstemperatur des Kristallisators in kg/m³

w = Lineare, auf den freien Querschnitt bezogene Strömungsgeschwindigkeit der Mutterlauge in m/h.

Setzt man den Wert für $(A_0 + B_0)$ aus Gl. (204) in Gl. (205) ein, so folgt

$$F = \frac{P}{S_a \cdot \varrho_m \cdot w}. \qquad (206)$$

Bezeichnet H die Höhe des Kristallbetts (m), ϱ_B die Bettdichte (kg suspendierter Feststoff/m³ Bettvolumen), M_I die Masse der im Kristallbett befindlichen Kristalle (kg) und $\bar{\tau}_B$ die mittlere Verweilzeit des *Kristallisates* im Kristallbett (h), so ergibt sich weiterhin:

$$M_I = F \, H \, \varrho_B = \frac{P}{S_a \varrho_m w} \varrho_B H = P \, \bar{\tau}_B$$

und daraus

$$H = S_a \frac{\varrho_M}{\varrho_B} w \, \bar{\tau}_B, \qquad (207)$$

Gemäß Gl. (207) muß die Betthöhe umso größer sein, je größer die Übersättigung (Anfangs-Übersättigung), die Strömungsgeschwindigkeit w und die mittlere Verweilzeit $\bar{\tau}_B$ sind und je kleiner die Bettdichte, je lockerer also das Fließbett der Kristalle ist. Die Betthöhe ist von der Produktionsgeschwindigkeit unabhängig. Nun sind aber nicht alle Größen auf der rechten Seite von Gl. (207) unabhängig wählbar; beispielsweise stehen Strömungsgeschwindigkeit w und Bettdichte ϱ_B in engem Zusammenhang: Je höher die Strömungsgeschwindigkeit, desto geringer die Bettdichte. ϱ_M ist (für die Arbeitstemperatur) konstant. Für S_a gibt es Erfahrungswerte, die vom Stoff und seiner Modifikation abhängen. So haben MILLER und SAEMAN [380] bei der Kristallisation von NH_4NO_3 Übersättigungen von 0,24 bis 1,2 g/l (entsprechend $\approx$0,181 g/kg Mutterlauge bis 0,905 g/kg Mutterlauge), vorwiegend von 0,84 g/l ($\approx$0,63 g/kg Mutterlauge) benutzt. RUMFORD und BAIN [56] haben bei der Vakuum-Kristallisation von NaCl mit

Übersättigungen von 0,24 g/l (= 0,201 g/kg Mutterlauge) bis 1,6 g/l (= 1,35 g/kg Mutterlauge) gearbeitet; oberhalb des letzten Wertes erfolgte spontane Keimbildung. Beim NH_4NO_3 ist die obere Grenze der Übersättigung durch die Beobachtung gegeben, daß jenseits davon mit Krustenbildung und Verstopfung im barometrischen Fallrohr zu rechnen ist.

Die Bettdichte ϱ_B ist eine problematische Größe, die in engem Zusammenhang mit dem (relativen) Zwischenkornvolumen ε (der Porosität des Fließbettes) steht. Bezeichnet ϱ die Dichte des Feststoffs (kg/m³; nicht zu verwechseln mit dem Schüttgewicht), so gilt die Beziehung, da $(1 - \varepsilon)$ das (relative) Kornvolumen darstellt:

$$\varrho_B = \varrho\,(1 - \varepsilon)\,. \tag{208}$$

Es ist nun eine Beziehung zu finden zwischen ε, w und der mittleren gesiebten Korngröße $\bar{x}_s$. Im Stokesschen Strömungsbereich ist der Widerstand eines Teilchens seinem Durchmesser proportional, so daß die Endfallgeschwindigkeit mit dem Quadrat des Teilchendurchmessers wächst. Im Newtonschen Strömungsbereich ist der Widerstand eines Teilchens dem Quadrat seines Durchmessers proportional, so daß die Endfallgeschwindigkeit mit der ersten Potenz des Teilchendurchmessers wächst. Für feines Korn und niedrige Endfallgeschwindigkeiten rechnet man im allgemeinen mit dem Stokesschen Gesetz. Nach Untersuchungen von MATZ [92] ist es am zweckmäßigsten, die behinderte Sedimentationsgeschwindigkeit oder die Sinkgeschwindigkeit eines Schwarms für die verschiedenen, bei der klassierenden Kristallisation vorkommenden Kornklassen $\bar{x}_s$ zu messen. (Die Größenordnung der umfaßten, behinderten Sedimentationsgeschwindigkeit beträgt im allgemeinen einige mm/s bis einige cm/s.) Die Grenze zwischen dem Stokesschen Bereich und dem Übergangsbereich ist nicht scharf; man bedient sich unterschiedlicher Konventionen. Im amerikanischen Schrifttum [381] ist es üblich, bis zu einer Reynoldsschen Zahl $Re = 2$ das Stokessche Gesetz zu benutzen. Hierbei bedeutet:

$$Re = \frac{w_\varepsilon\,\bar{x}_s}{\eta}\varrho_M \tag{209}$$

mit

$w_\varepsilon = w/\varepsilon =$ Strömungsgeschwindigkeit im Zwischenkornvolumen in cm/s

$\bar{x}_s\ =$ Mittlerer gesiebter Korndurchmesser in cm

$\eta\ =$ Dynamische Viskosität der Mutterlauge in Poise ⎫ bei Arbeits-
$\varrho_M =$ Dichte der Mutterlauge in g/cm³. ⎭ temperatur

Nach einer in Perry's Chemical Engineer's Handbook [381] angegebenen Formel läßt sich der kritische Teilchendurchmesser d_c, bis zu dem mit dem Stokesschen Gesetz gearbeitet werden darf, folgendermaßen berechnen:

$$d_c = K_c \left(\frac{\eta^2}{g \, \varrho_M (\varrho - \varrho_M)} \right)^{1/3} = 3{,}3 \left(\frac{\eta^2}{g \, \varrho_M (\varrho - \varrho_M)} \right)^{1/3}, \qquad (210)$$

wobei ϱ die Dichte des Feststoffs in g/cm³ ist.

Für Vorgänge im Fließbett muß neben der Reynoldsschen auch die Froudesche Zahl berücksichtigt werden. Deshalb empfiehlt es sich nach Untersuchungen von MATZ [92] auf die Arbeit von LEWIS und BOWERMANN [382] zurückzugehen, die in sehr genauen Messungen dem Einfluß beider dimensionslosen Kenngrößen Rechnung getragen haben. Danach sind zunächst die folgenden dimensionslosen Kenngrößen zu bilden:

$$K = \frac{\eta}{g(\varrho - \varrho_M)} \cdot \frac{w}{x_s^2} \qquad \text{für den Stokesschen Bereich und} \qquad (211)$$

$$K_I = \frac{\varrho_M^{0,29} \cdot \eta^{0,43}}{g^{0,71} \cdot (\varrho - \varrho_M)^{0,71}} \cdot \frac{w}{x_s^{1,14}} \qquad \text{für den Übergangsbereich.} \qquad (212)$$

K stellt den Quotienten der Froudeschen Kennzahl $Fr = \dfrac{w^2}{x_s \, g}$ und einer modifizierten Reynoldsschen Kennzahl $Re' = \dfrac{w \, \bar{x}_s}{\eta} (\varrho - \varrho_M)$ dar und ist gleich dem Verhältnis von Zähigkeitskraft zu Schwerkraft. Das Zwischenkornvolumen ε ist eine Potenzfunktion dieser Kenngrößen; es gilt nämlich:

$$\varepsilon = k \, K^b \qquad \text{für den Stokesschen,} \qquad (213)$$

$$\varepsilon = k'' \, K_I^d \qquad \text{für den Übergangsbereich.} \qquad (214)$$

Trägt man ε logarithmisch in Abhängigkeit von der jeweiligen Kenngröße auf, so muß sich eine Gerade ergeben, wenn die Theorie erfüllt ist. Aus den Neigungen der Geraden lassen sich die Hochzahlen b und d und daraus schließlich die Konstanten k und k'' berechnen.

Die Abgabe der Übersättigung ist, wie erwähnt, vom Teilchendurchmesser oder, besser gesagt, von der spezifischen Oberfläche der Teilchen, A (cm²/g), und von der Strömungsgeschwindigkeit im Zwischenkornvolumen w_ε abhängig. Für den einfachsten und zugleich häufigsten Fall, daß sich die Übersättigung S nach einer Reaktion 1. Ordnung abbaut, hat man:

$$\left. \begin{aligned} \frac{dS}{dt} &= \frac{dS}{dh} \frac{dh}{dt} = \frac{dS}{dh} w_\varepsilon = K_1 \, A \, S, \\ S &= S_o \exp\left(-\frac{K_1 \, A}{w_\varepsilon} h \right). \end{aligned} \right\} \qquad (215)$$

Hierbei bedeuten

S, S_a = Übersättigung und Anfangsübersättigung in g/kg Mutterlauge,
K_1 = spezifische Kristallwachstumsgeschwindigkeit in g/cm² s,
w_ε = w/ε = Lineare Strömungsgeschwindigkeit im Zwischenkornvolumen in cm/s,
h = Höhe der Kristallschicht in cm,
K_1 ist eine von der Temperatur abhängige Stoffkonstante.

Es genügt nicht, K_1 für irgendeine Kristallisation des betreffenden Stoffes zu ermitteln, sondern K_1 muß zusätzlich auch für die Fließbett-Anordnung bestimmt werden, da die Fließbett-Kristallisation ihre eigene Dynamik hat. A in Gl. (215) wird durch den Teilchendurchmesser d bestimmt. Für ein Kugelkorn der Dichte 1 g/cm³ gilt

$$A = \frac{6 \cdot 10^4}{d}. \tag{216}$$

Wenn d in µm eingesetzt wird, folgt A in cm²/g.

Man kann auch den Abfall der Übersättigung längs der Betthöhe experimentell ermitteln und feststellen, ob Gl. (215) gültig ist, was oft der Fall sein wird. Als letzte Größe auf der rechten Seite von Gl. (207) ist die mittlere Verweilzeit $\bar{\tau}_B$ zu erläutern. Auch dafür gibt es Erfahrungswerte. Die mittlere Verweilzeit $\bar{\tau}_B$ der Kristalle im Kristallbett ist eng verwandt mit dem Begriff der „prozentualen Produktionsgeschwindigkeit", wie ihn MILLER und SAEMAN [380] eingeführt haben. Man versteht darunter das mit 100 multiplizierte Verhältnis der Abzugsgeschwindigkeit des Kristallisates (kg/h) und der Masse der im Fließbett befindlichen Kristalle (kg); der Kehrwert dieses Verhältnisses ist gleich der mittleren Verweilzeit $\bar{\tau}_B(h)$. MILLER und SEAMAN stellten bei der klassierenden Vakuumkristallisation von NH_4NO_3 fest, daß bei einer prozentualen Produktionsgeschwindigkeit von 17% und mehr die Kristall-Qualität schlecht, bei 16% genügend und bei 14% und darunter ausgezeichnet war. Hier war also eine mittlere Verweilzeit von mindestens 7 Stunden erforderlich. RUMFORD und BAIN [56] fanden bei der Vakuumkristallisation von NaCl, daß die prozentuale Produktionsgeschwindigkeit 33% nicht überschreiten darf. Diese „Geschwindigkeit" und somit auch die mittlere Verweilzeit $\bar{\tau}_B$ sind also vom Material abhängig. Wird der Abbau der Übersättigung mit zunehmender Höhe des Fließbettes experimentell verfolgt [vgl. Gl. (215)], so erübrigt sich naturgemäß die Abschätzung der erforderlichen Betthöhe nach Gl. (207), die aber dann wesentlich ist, wenn keine oder zu wenig experimentelle Daten zur Verfügung stehen. Auf jeden Fall sollte in Gl. (207) für $\bar{\tau}_B$ kein zu kleiner Wert eingesetzt werden; ein Richtwert ist $\bar{\tau}_B = 10$ h.

1. Kristallisatoren für die einfache Kristallisation

Für den Durchmesser des (zylindrischen) Kristallisators ergibt sich $D = \sqrt{\frac{4F}{\pi}}$ und, wenn man für F den Wert aus Gl. (206) einsetzt:

$$D = \sqrt{\frac{4}{\pi}} \cdot \sqrt{\frac{P}{S_a \varrho_M \cdot w}} \; . \tag{217}$$

Der Durchmesser des Kristallisators ist daher erwartungsgemäß von der Produktionsgeschwindigkeit P abhängig; er wächst mit abnehmender Übersättigung S_a und abnehmender Strömungsgeschwindigkeit w (bezogen auf den freien Querschnitt). Bei kleinerem Korn muß w niedriger sein als bei grobem, damit die Bettdichte ϱ_B nicht zu klein wird; dafür kann S_a etwas größer sein, da das feinere Korn infolge seiner größeren spezifischen Oberfläche die Übersättigung rascher abbaut [vgl. Gl. (215)]. Auch für die Bettdichte ϱ_B gibt es Erfahrungswerte. MILLER und SAEMAN haben bei der Vakuum-Kristallisation von NH_4NO_3 mit Bettdichten zwischen 320 und 560 kg/m³ gearbeitet; die Arbeitsweise und Kontrolle des Verfahrens waren unterhalb von 480 kg/m³ wesentlich leichter. Die im Temperaturbereich von 32 bis 84 °C stabile Kristallmodifikation des NH_4NO_3 hat eine mittlere Dichte von $\varrho = 1600$ kg/m³, so daß sich nach Gl. (208) die folgenden Zwischenkornvolumina ε ergeben:

Für

$\varrho_B = 320$ kg/m³ $\varepsilon = 0{,}80$,

$\varrho_B = 480$ kg/m³ $\varepsilon = 0{,}70$,

$\varrho_B = 560$ kg/m³ $\varepsilon = 0{,}65$.

RUMFORD und BAIN haben bei der Vakuum-Kristallisation von NaCl ($\varrho = 2163$ kg/m³) Bettdichten von ungefähr 675 bis 1010 kg/m³ benutzt, was Porositäten (Zwischenkornvolumina) ε von 0,687 bis 0,532 entspricht. Danach scheint es, daß man beim NaCl mit kompakterem Bett arbeiten kann.

Das Prinzip der in den Abbn. 117—119 dargestellten klassierenden Kristallisatoren System „Krystal" geht auf den Norweger FINN JEREMIASSEN [383] zurück. Daher nennt man diese Kristallisatoren auch häufig „Jeremiassen"- oder „Oslo"-Kristallisatoren. „Krystal" ist das Warenzeichen der Power Gas Corporation (Stockton-on-Tees, England). BENNETT [315] von Swenson Evaporator Co. (Harvey, Illinois, USA), einem anderen großen Hersteller klassierender Kristallisatoren, hat zahlreiche Kornanalysen technischer Kristallisatoren zusammengestellt. Man ersieht aus Abb. 116b, daß im klassierenden Vakuumkristallisator erzeugtes KCl grobkörnig (mittlere Korngröße $\bar{x} = 960$ μm) und recht gleichmäßig (Gleichmäßigkeitsziffer $n = 5{,}4$)

ist. Nach BAMFORTH [384], lassen sich die Stoffe in zwei Gruppen einteilen, nämlich solche, die (wie NaCl und $(NH_4)_2SO_4$) rasch wachsen und die dargebotene Übersättigung schnell und an verhältnismäßig kleinen Mengen suspendierten Feststoffs aufzehren, und andere (wie Pentaerythrit $C(CH_2OH)_4$, die langsam wachsen und einer großen Menge von Feststoff zur vollständigen Absorption der Übersättigung bedürfen. Es gibt naturgemäß Übergänge zwischen diesen beiden Extremfällen. Zu langsam wachsende Stoffe erfordern unwirtschaftlich große Fließbetträume und sind daher für dieses Verfahren ungeeignet. Zu schnell wachsende Stoffe mit schmaler metastabiler Zone machen die Kontrolle der Übersättigung schwierig und scheiden somit ebenfalls für die Fließbett-Kristallisation aus. Dazwischen aber gibt es viele Möglichkeiten. So wird nach BAMFORTH der Krystal-Kristallisator für nicht weniger als 70 verschiedene Chemikalien benutzt; es gibt (1960) 200 verschiedene Anlagen, und der Ausstoß dieses Verfahrens beträgt ungefähr 7 Mio t/Jahr. Auch GARRETT und ROSENBAUM [297] stellen die Vorteile der Wachstums-Kristallisation heraus. Sie betonen aber, ,,daß im allgemeinen die Kristalle nicht in einem Fließbett suspendiert sind, sondern vollständig durch den Wärmeaustauscher (Kühler oder Erhitzer) und Verdampfer zirkulieren". (Circulating magma crystallizers). GARRETT [385] weist in einem Vergleich der einzelnen unterschiedlichen Typen von Kristallisatoren darauf hin, daß für den Wachstums-Kristallisator die erhöhte Breidichte und die Entfernung überschüssigen Feingutes aus dem System wesentlich sind. Er hebt aber hervor, daß es eine obere Grenze für die Breidichte gibt, da mit wachsendem Feststoff-Gehalt die Energie-Erfordernisse ansteigen und die Kristalle sich beträchtlich abreiben können. CALDWELL [371] stellt dem Fließbett-Kristallisator den ebenfalls wie der Standard-Messo-Wirbelkristaller (Nr. 28; Abb. 111) klassierenden Vakuumkristallisator mit Rührer und Leitrohr (DTB; Nr. 27, Abb. 110) gegenüber. Er sagt wörtlich: ,,Die Aufwärtsbewegung durch das Leitrohr im Kristallisator mit Umwälzung des Breies ist eine herkömmliche und billige mechanische Anordnung. Dies ist ein ganz verschiedener und viel günstigerer Entwurf, als wenn man die klare Lösung in einem Teil der Anlage übersättigt und sie dann ein Bett suspendierter Kristalle in einem anderen Teil der Anlage durchströmen läßt, wo die Übersättigung abgebaut werden kann." Der Kristallisator mit Umwälzung des Breies kann — und dies ist sein Hauptvorteil — mit höheren Übersättigungen arbeiten, so daß das Kristallwachstum rascher ist und die Anordnung kleiner wird als beim Fließbett-Kristallisator. Eine typische Kornverteilung für $(NH_4)_2SO_4$ zeigt Abb. 116c ($\bar{x} = 1430$ μm; $n = 8{,}7$). Ein klassierender Verdampfungskristallisator, der mit Trägerluft arbeitet (nach ROBINSON [386]) ist in Abb. 121

(Nr. 34) dargestellt. An das Zentralrohr ist anstelle des Lösungszulaufes ein Gebläse angeschlossen, das Luft durch die Lösung des Kristallisier-Behälters bläst, während der an groben Kristallen angereicherte, unten abgezogene Produktstrom kontinuierlich einer Trennkammer zugepumpt wird, in der Kristalle und Mutterlauge voneinander getrennt werden und diese als „Rücklauf" dem Suspensions-Behälter wieder zugeführt wird.

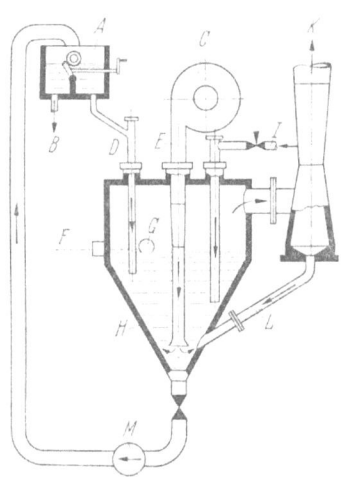

Abb. 121. Verdampfungskristallisator für Ammoniumsulfat [386].
A Wehrgehäuse;
B Kristallisat;
C Gebläse;
D Rücklauf;
E Luft;
F Standregler für die Flüssigkeit;
G Schwimmer;
H Kristallisator;
I Einspeisung;
K Abluft;
L Mitgerissene Flüssigkeit;
M Membran-Pumpe.

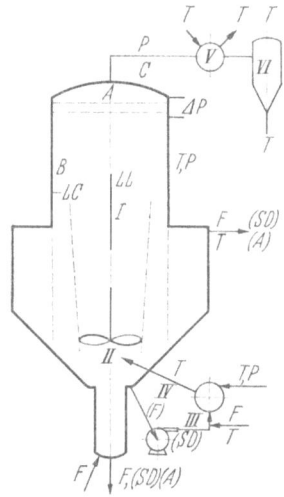

Abb. 122. Typische, meß- und regeltechnische Ausrüstung eines Verdampfungskristallisators mit Rührer und Leitrohr (DTB; Nr. 27) nach GARRETT [385].
LL Stand-Anzeige; LC Stand-Regelung; T Temperatur; P Druck; F Volumenstrom; SD Breidichte; A Analyse; ( ) Probenahme von Hand; I Kristallisator(Suspensions-Behälter); II Rührer; III Umwälzpumpe für die Suspension; IV Dampfbeheizter Erhitzer; V Oberflächenkondensator; VI Einspritzkondensator; A, B und C Spritzdüsen zur periodischen Reinigung von Wandungen und Leitungen;
Keine herkömmliche Anordnung, da verschiedene Hilfsmittel nur zur Verdeutlichung der Ausrüstung hinzugefügt wurden, aber nicht stets und gleichzeitig erforderlich sind.

In Abb. 122 ist dargestellt welcher meß- und regeltechnischen Ausrüstung ein Wachstums-Kristallisator I mit Rührer II und Leitrohr (DTB; Nr. 27) bedarf, damit die Vorteile der Anordnung voll ausgeschöpft werden können [385]. Eine äußere Umwälzung des Kristallbreies mittels Pumpe III durch den Erhitzer IV ist mit eingezeichnet als Schema für andere klassierende Kristallisatoren, obwohl sich der DTB-Kristallisator in der Regel nur der inneren Umwälzung bedient. Fernerhin sind in der Brüdenleitung am Kopf Oberflächen(V)- und Einspritz(VI)-Kondensator hintereinander geschaltet, um deren Überwachung zu verdeutlichen, obwohl diese Kondensatoren meist nur alternativ benutzt werden. Das Auswasch-Rohr am Boden des Kristallisators dient zum Abzug des sedimentierten Grobgutes, das mit frischer Ausgangslösung gewaschen wird. Die Mengen (F) des ausgebrachten Breies und der eingespeisten Lösung müssen gemessen und überwacht werden. Der Brei muß auf seinen Feststoff-Gehalt (SD) und analytisch (A) auf seine chemische Zusammensetzung durch Probenahme von Hand untersucht werden. Wird der Kristallbrei durch eine Pumpe umgewälzt, so müssen ebenfalls Mengenstrom (F) und Breidichte (SD) überwacht werden; außerdem müssen Menge und Temperatur (T) einer Neueinspeisung in diesen Kreislauf gemessen und registriert werden. Temperatur und Druck (P) müssen auf der Heizdampfseite des Erhitzers angezeigt werden, der Dampfdruck ist zu regeln nach Maßgabe der Temperatur des den Erhitzer verlassenden Breies. Beim Propeller-Rührer ist die Konstanz der Drehzahl zu überwachen. Temperatur und Druck im Kristallisator müssen gemessen und angezeigt werden; der Druck ist zu regeln durch Eingriff in die Vakuum-Erzeugung. Menge und Temperatur des Überlaufes des Kristallisators werden gemessen und registriert; seine chemische Zusammensetzung und sein Feststoff-Gehalt werden (wiederum durch Probenahme von Hand) überwacht. Der Flüssigkeitsstand im Kristallisator wird registriert und geregelt. Der Druck in der Brüdenleitung und der Druckverlust im Brüdenraum des Verdampfers werden gemessen. Bei den Kondensatoren werden Zu- und Ablauftemperaturen der Kühlmittel gemessen und angezeigt. Spritzdüsen A, B und C können periodisch mit Lösungsmittel beschickt werden, um Wandungen und Leitungen krustenfrei zu halten.

ε) *Reaktions-Kristallisatoren.* Nicht selten geht der Kristallisation eines Stoffes eine (oder die) Reaktion unmittelbar voraus, bei der er entsteht. Bei Fällungen (vgl. Kap. III B 5) ist dies nahezu die Regel. Wenn Reaktion und Kristallisation gleichzeitig und nebeneinander, also im gleichen Raum, ablaufen, dann hat dies den Vorteil apparativer Einsparungen. Dafür muß mitunter eine Reihe von Nachteilen in Kauf genommen werden: Wenn die Reaktanden keine reinen Substanzen sind, ist es möglich, daß die eingeschleppten Verunreinigungen auch die Kristallisation beeinflussen. Ferner können Verbindungen, die in Neben- oder Konsekutiv-Reaktionen entstehen, ebenfalls Einfluß auf Keimbildung und Kristallwachstum des Produktes ausüben. In manchen Fällen machen diese Faktoren sogar eine Umkristallisation, also eine erneute Kristallisation des (Zwischen-)Produktes in anderem Medium, unumgänglich. Kristallisatoren, in denen Reaktion und Kristallisation eng miteinander verknüpft sind, nennt man Reaktions-Kristallisatoren. Aus der Fülle der benutzten Anordnungen wurde

1. Kristallisatoren für die einfache Kristallisation

eine Auswahl getroffen und in Tabelle 40 zusammengestellt. Ein Musterbeispiel stellt die Erzeugung von $(NH_4)_2SO_4$ aus gasförmigem NH_3 und H_2SO_4 dar gemäß der Umsatzgleichung:

$$2\,NH_3\,(\text{Gas}) + H_2SO_4\,(\text{flüssig}) \rightarrow (NH_4)_2SO_4\,(\text{fest}) \qquad (218)$$

Neutralisationsenthalpie $= -65{,}4$ kcal/mol oder $= -495$ kcal/kg $(NH_4)_2SO_4$, wenn Ammoniak und Schwefelsäure 100%-ig sind [387]. Bei Reaktionen dieser Art, die *stark exotherm* sind, kommt der Wärmebilanz des Verfahrens wesentliche Bedeutung zu, weil sich aus dem Überschuß der eingebrachten über die ausgebrachten Wärmemengen die Menge des zuzugebenden Wassers bestimmen läßt, dessen Verdampfung den Ausgleich der Bilanz gewährleistet. Eine ins einzelne gehende Berechnung findet man bei BAMFORTH [388]. Reaktions-Kristallisatoren für $(NH_4)_2SO_4$ aus den beiden genannten Komponenten werden von alters her als Sättiger bezeichnet. Ältere Typen hatten den Nachteil, daß die Produktionszeiten zwischen zwei Reinigungen zu kurz waren und die Kristalle allmählich feiner wurden. Ferner brachten die Verkrustungen, die sich im Laufe der Zeit bildeten, einen erheblichen Druckabfall mit sich. Eine neuere Entwicklung stellt der Sättiger der Otto Construction Corporation [389] (Nr. 35;

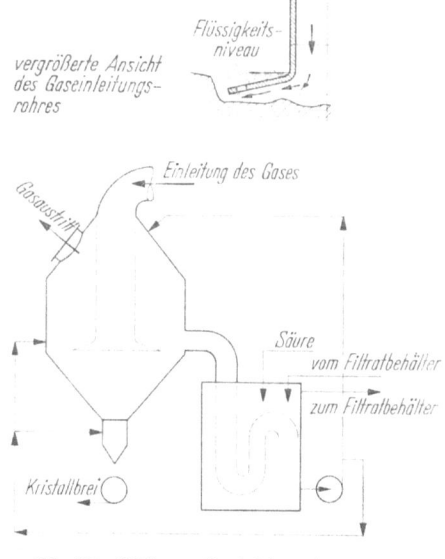

Abb. 123. Sättiger mit niedrigem Druckverlust nach Otto Construction Corpn. [389].

Abb. 123) dar, dessen wesentlichstes Konstruktions-Merkmal das trompetenartige Mundstück des Gaseinleitungsrohres ist, das bei einer Tauchtiefe von nur 50 mm den Druckverlust des Sättigers sehr niedrig hält und mit seinen schlitz- oder lochförmigen Durchbrüchen eine gute Dispergierung des Gases sicherstellt. Die Ammoniumsulfat-Reaktion und -Kristallisation sind ein vielbenutztes Mittel zur Reinigung von Kokereigasen. Während man früher die Gase direkt in den Sättiger einleitete, ist man später zum halb-direkten Verfahren übergegangen, bei dem man das Trägergas von Teer und anderen Flüssigkeiten reinigt, oder zum indirekten Verfahren, bei dem Ammoniak zunächst in Wasser absorbiert und dann durch Wasserdampf-Destillation unter

Tabelle 40

Lfd. Nr.	Art des Kristallisators (Kristallisatortyp)	Beschreibung (Wirkungsweise)
35	Sättiger mit niedrigem Druckverlust nach Otto Corp. [389] (Abb. 123)	Kristallisator von der Form eines Doppelkonus, in den durch ein breites Zentralrohr NH_3 oder NH_3-haltiges Gas (Kokereigas) von oben so eingeleitet werden, daß das Gas horizontal durch die Lösung (Suspension) strömt und diese durchwirbelt. Der Überlauf des Kristallisators fließt einer Kammer zu, in die H_2SO_4 und Filtrat von der Zentrifuge eingespeist werden und aus der der Kristallbrei, teils in den Absitz-Konus, teils zum oberen Flüssigkeits-Niveau des Kristallisators zurückgepumpt wird.
36	Karbonisierungsturm [302] (Abb. 124)	In einem Turm mit Einbauten und drei an einer zentralen Welle senkrecht übereinander angebrachten rotierenden Sieben wird oben Na_2CO_3-haltige Sole und unten Rauchgas mit 10 bis 20 Vol.-% CO_2 eingeleitet. Der Brei mit den entstandenen Kristallen von $NaHCO_3$ wird unten abgepumpt. Verfahrens-Veränderliche: CO_2-Druck, Alkalität, Na_2CO_3-Gehalt der Suspension und Temperatur.
37	Reaktions-Verdampfungs-Kristallisator System „Krystal" [392] (Abb. 125)	Zylindrischer, sich leicht konisch verjüngender Suspensionsbehälter mit flach gewölbtem Boden und Salzabzugsrohr. Der aufgesetzte Verdampfer (Entspannungs-Gefäß) setzt sich als Zentral-Rohr in den Suspensions-Behälter fort. Der Überlauf des Kristallisators wird zum Verdampfer zurückgepumpt. Das Gas (NH_3 oder CO_2) wird auf der Druckseite der Pumpe mit genügend hoher Geschwindigkeit (zur Verminderung von Rückschlägen), die Säure auf der Saugseite durch eine Düse eingeleitet. Die durch die freiwerdende Reaktionswärme erhitzte Lösung entspannt sich im Verdampfer und strömt übersättigt durch das Zentralrohr in den Suspensionsbehälter, wo sie ihre Übersättigung an die suspendierten Kristalle abgibt. Das verdampfte Lösungsmittel wird nach Kondensation dem Verdampfer wieder zugeführt (Verhütung von Säure- und NH_3-Verlusten).

1. Kristallisatoren für die einfache Kristallisation

Reaktions-Kristallisatoren

Technische Daten	Hinweise (Vor- und Nachteile und dgl.)	Anwendungsgebiet
Öffnungswinkel des trompetenartigen Mundstücks des Zentralrohres: 11° gegen die Horizontale. Eintauchtiefe: 50 mm. Ein Sättiger von 3,1 m ⌀ mit einem Mundstück von 2,15 m ⌀ kann bis zu $1,7 \times 10^6$ m³/d Gas verarbeiten. Maximaler Druckverlust von Sättiger- und Zyklon: 225 mm	Die Kontakt-Strecke zwischen Gas und Lösung beträgt ≈ 450 mm. Das Zentralrohr mit Schlitzen oder Löchern am Ende verhindert die Entstehung großer Blasen, die sich aufsteigend zu rasch der Reaktion entziehen.	$(NH_4)_2SO_4$ aus NH_3 und H_2SO_4
Türme von 15 m ⌀. Für Absorption und Kristallwachstum optimale Temperatur: 38 °C, Erzeugung relativ großer Kristalle bei CO_2-Partialdrucken über 1 atm.	Die CO_2-Absorption soll durch die Dispergierwirkung der Siebe in dieser Gegenstrom-Anordnung erhöht sein. Feststoff-Gehalt der Suspension und trachtändernde Substanzen sind von Einfluß.	$NaHCO_3$ aus Rauchgas und Na_2CO_3-Sole
Ein Kristallisator mit einem Suspensionsbehälter von 5 m ⌀ und 6 m Höhe, einem Verdampfer von 2,7 m ⌀ und einem Zentralrohr von 5,1 m Länge erzeugt bei 53 °C etwa 2,5 t/h Diammoniumphosphat (DAP). Arbeitsdruck: 75 Torr. $P_H = 6,5$. Umwälzung von 26,5 m³/min.	Lebensdauer der Düse für die Einspeisung der Säure 8 bis 10000 h bei 97%-iger und 4000 h bei 70%-iger H_2SO_4. Der Betrieb ist oft einfacher, wenn nicht nur Flüssigkeit, sondern Brei umgewälzt wird (z. B. beim DAP). Bei Erzeugung von Na- oder K-Carbonaten Wärmezufuhr von außen erforderlich, um die notwendige Wassermenge abzudampfen.	$(NH_4)_2SO_4$ aus NH_3 und H_2SO_4, $(NH_4)H_2PO_4$ aus NH_3 und H_3PO_4, $(NH_4)_2HPO_4$ aus NH_3 und H_3PO_4, $K_2CO_3 \cdot 1,5\ H_2O$ aus CO_2 und KOH, Hexamethylentetramin aus NH_3 und Formaldehyd-Lösung.

Tabelle 40.

Lfd. Nr.	Art des Kristallisators (Kristallisatortyp)	Beschreibung (Wirkungsweise)
38	Kühlungs-Kristallisator für doppelte Umsetzungen, Ausfällen und Aussalzen System „Krystal" [392] (Abb. 126)	Zylindrischer, sich leicht konisch verjüngender Suspensionsbehälter mit flach gewölbtem Boden und Salzabzugsrohr. Durch Einleitung der beiden Reaktionskomponenten am Kopf nur wenig unterhalb der Flüssigkeits-Oberfläche wird die Übersättigung erzeugt. Die bezügl. eines Reaktionsproduktes übersättigte Lösung wird im oberen Teil des Zentralrohres durch einen Propellerrührer angesaugt, im Rohr abwärts gedrückt und strömt anschließend durch das Kristallbett des Suspensionsbehälters nach oben zurück.

Zusatz von Kalk wieder verdampft wird. Diese Maßnahmen lassen das Bestreben erkennen, die Verunreinigungen des einen Reaktanden abzustreifen und größere Beweglichkeit des Verfahrens durch Unabhängigkeit vom Gasstrom zu erlangen. Die Ammoniumsulfat-Kristallisation zeigt besonders drastisch den großen trachtändernden Einfluß von Lösungsgenossen. Industriell wichtige Trachtänderungen des rhombischen $(NH_4)_2SO_4$ (Gitterkonstanten $a = 5,951$ Å, $b = 10,560$ Å und $c = 7,729$ Å), bei dem normalerweise (wenn es aus reinen Lösungen gewachsen ist) {010} vorherrscht, sind in Tab. 41 zusammengestellt.

Eine besondere Art von Absorptions-Turm stellt der Karbonisierungs-Turm der American Potash & Chemical Corp. (Trona, Kalifornien) dar [302], in dem $NaHCO_3$, durch Reaktion von Na_2CO_3-haltiger ($\approx 8\%$) Sole und Rauchgas (mit 10 bis 20 Vol.-% CO_2) hergestellt und kristallisiert wird (Nr. 36; Abb. 124). Die Gegenstrom-Anordnung mit drei an einer Welle senkrecht übereinander angebrachten rotierenden Sieben verknüpft Absorption, Reaktion und Kristallisation miteinander. Zur Erzeugung relativ grober Kristalle bedarf es eines CO_2-Partialdruckes über 1 atm [302].

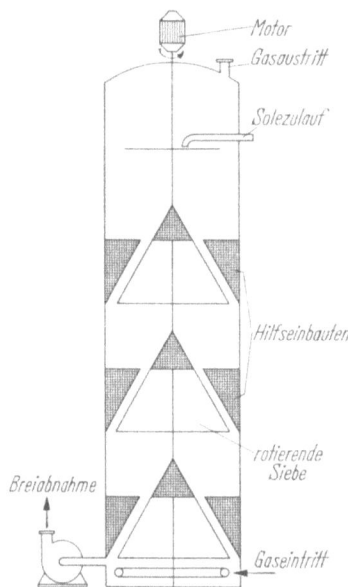

Abb. 124. Karbonisierungs-Turm nach GARRETT [302] zur Kristallisation von $NaHCO_3$ beim Umsatz von Na_2CO_3-haltiger Sole mit CO_2-haltigem Rauchgas.

1. Kristallisatoren für die einfache Kristallisation

(Fortsetzung)

Technische Daten	Hinweise (Vor- und Nachteile und dgl.)	Anwendungsgebiet
Es werden Anlagen von 500 kg pro h bis 600 t/d gebaut. Abmessungen wohl ähnlich wie bei Nr. 31. Produkt-spezifische Angaben fehlen.	Bei merklicher Reaktionswärme werden die Komponentenströme vorgekühlt. Bei starker Reaktionswärme wird die Lösung (Suspension) durch einen Kühler umgewälzt.	$Na_2SO_4 \cdot 10\,H_2O$ aus Na_2CrO_4 und H_2SO_4, KNO_3 aus $NaNO_3$ und KCl, $NaBO_3 \cdot H_2O$ aus $NaBO_2$ und H_2O_2

Für Reaktionen, in deren Verlauf beim Umsatz einer Flüssigkeit mit einem Gas ein Feststoff entsteht und bei denen zur Abführung der Reaktionswärme Lösungsmittel verdampft werden muß und wieder kondensiert, eignet sich der in Abb. 125 dargestellte Reaktions-Verdampfungskristallisator (Nr. 37) [392]. Ähnlich wie bei den Oslo-Kristallisatoren (Nr. 31—33; Abb. 117—119) wird die umgewälzte Lösung, der das Gas auf der Druck- und die Flüssigkeit (Säure) auf der Saug-Seite der Pumpe c zugeführt wird, durch das Zentralrohr b zum Boden des Suspensionsbehälters a geleitet und gibt, aufwärts strömend, ihre durch die Reaktion der beiden Komponenten entstandene Übersättigung an die suspendierten Kristalle ab. Die im Verdampfer d entwickelten Brüden werden nach Kondensation ganz oder teilweise dem Reaktions-Kristallisator zugeführt, weil die Lösungsmittelmenge, deren Verdampfung zum Ausgleich der Wärmebilanz erforderlich ist, wieder zur Verfügung stehen muß. Außer für die oben erwähnte Herstellung und Kristallisation

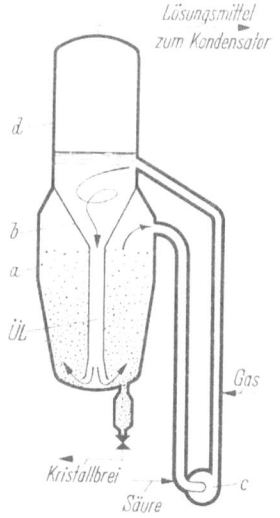

Abb. 125. Reaktions-Verdampfungskristallisator System „Krystal" [392]. $ÜL$ Übersättigte Lösung; a Suspensions-Behälter; b Zentralrohr; c Zirkulationspumpe; d Verdampfer.

von $(NH_4)_2SO_4$ ist dieser Kristallisatortyp gut für die Produktion von grobem Diammoniumphosphat (DAP) geeignet gemäß der Umsatzgleichung [387]:

$$2\,NH_3(\text{Gas}) + H_3PO_4(\text{fest}) \rightarrow (NH_4)_2HPO_4(\text{fest}). \tag{219}$$

Tabelle 41. *Wichtige Trachtänderungen des rhombischen $(NH_4)_2SO_4$*

Verunreinigung	Art der Wirkung	Quellenangabe
0,5% freie H_2SO_4 240 ppm Fe^{2+} 26 ppm Ni^{2+} 58 ppm Cr^{3+}	Verhältnis Länge (L) zu Breite (B) = 2,5:1	KOKOBU, R. und S. SASAKI [390]
60 ppm Cr^{3+}	$L:B = 2,5:1$	
240 ppm Fe^{2+} oder 30 ppm Ni^{2+}	kubische Kristalle	
<25 ppm Fe^{2+} <25 ppm Cr^{3+}	Farblose Kristalle $L:B = 1,25:1$	
100 ppm Fe^{2+} 70 ppm Cr^{3+}	Grünliche Kristalle	
400 ppm Fe^{2+}	Grünliche Schatten. $L:B = 3,5:1$	A. W. BAMFORTH [391]
Cyanidhaltiges Gas, Mutterlauge zu alkalisch	Blaue Kristalle durch Entstehung von Preußisch-Blau $Fe_7(CN)_{18}$	
Teerhaltiges Gas	Braune Kristalle	
Caprolactam-Öle	Grobe Kristalle mit $L:B = 1,25:1$	
Phenol und/oder Pyridin, flüssiger Teer sowie freie Säure	Kornvergröberung; Auflockerung sternartiger Aggregate	
2% freie H_2SO_4, 1000 ppm Oxalsäure 100 ppm Fe^{3+}	Entstehen gedrungener „Zeppelin"-Formen („Reiskörner"). Relative Wachstumsgeschw. d. Kopfflächen parallel der c-Achse reduziert	H. SEIFERT [155]

Neutralisationsenthalpie = — 47,59 kcal/mol oder = — 360 kcal/kg $(NH_4)_2HPO_4$ bei 15 °C.

Nach Angaben von GETSINGER, HOUSTON und ACHORN [393] konnten in einem bei 53 °C und 75 Torr arbeitenden Kristallisator (Suspensionsbehälter von 5 m ⌀ und 6 m Höhe; Verdampfer von 2,7 m ⌀) 2,5 t/h Salz erzeugt werden. Der p_H-Wert der Mutterlauge wurde auf 6,5 gehalten. Die Umwälzung des Kristallbreies gewährleistete ein wesentlich betriebssichereres Arbeiten als die Aufrechterhaltung eines Fließbettes. 43% des Kristallisates waren gröber als 830 μm, 31%

lagen zwischen 830 µm und 500 µm, und der Rest war feiner als 500 µm. Der Feinanteil wird entweder wieder aufgelöst und dem Kristallisator erneut zugeführt oder gesondert gelagert und verkauft. Auch Herstellung und Kristallisation von Monoammoniumphosphat (MAP) sind in einem solchen Kristallisator möglich. Die Umsatzgleichung lautet [387]:

$$NH_3(Gas) + H_3PO_4(fest) \rightarrow NH_4H_2PO_4(fest) . \qquad (220)$$

Neutralisationsenthalpie $= - 29{,}65$ kcal/mol oder $= - 258$ kcal/kg $NH_4H_2PO_4$ bei 15 °C.

Bei der Erzeugung und Kristallisation von Natrium- und Kaliumcarbonaten durch Umsatz der entsprechenden Laugen mit CO_2 reicht die Reaktionswärme nicht zu der für genügende Übersättigung erforderlichen Verdampfung des Lösungsmittels aus, so daß ein Kalander (Erhitzer) im äußeren Kreislauf erforderlich ist [392].

Neben den Additions-Reaktionen [Gl. (218 bis 220)] sind die doppelten Umsetzungen von Bedeutung, bei denen ein Salzpaar entsteht, aber nur ein Salz übersättigt wird und auskristallisieren kann. Ein Beispiel ist die Umsetzung von Natriumchromat und Schwefelsäure zu Natriumsulfat und Natriumdichromat gemäß:

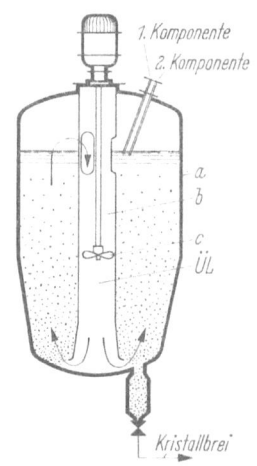

Abb. 126. Kühlungskristallisator für doppelte Umsetzungen, Ausfällen und Aussalzen, System „Krystal" [392].

$\ddot{U}L$ Übersättigte Lösung; a Suspensions-Behälter; b Zentralrohr; c Rührer.

$$2\,Na_2CrO_4 + H_2SO_4 \rightarrow Na_2Cr_2O_7$$
$$+ Na_2SO_4 \downarrow + H_2O . \qquad (221)$$

Da das Dichromat im wäßrigen Medium, in dem die Reaktion abläuft, erheblich besser löslich ist als das Sulfat, wird dieses ausgesalzt. Einen Kühlungskristallisator für doppelte Umsetzungen, Ausfällen (vgl. Kap. III B 5) und Aussalzen [392] (vgl. Kap. III B 6) zeigt Abb. 126 (Nr. 38). Die beiden Reaktanden, z. B. wäßrige Na_2CrO_4-Lösung und H_2SO_4 nach Gl. (221), werden am Kopf des Suspensionsbehälters eingeleitet, die übersättigte Lösung wird oben durch den im Zentralrohr umlaufenden Propellerrührer angesaugt, zum Boden gedrückt und gibt beim Aufwärtsströmen durch das Kristallbett ihre Übersättigung weitgehend ab. Die Kühlung wird entweder durch Vorkühlen der Reaktanden oder, falls dies nicht ausreicht, durch Kühlen der umgewälzten Lösung in einem äußeren (nicht-gezeichneten) Kalander bewirkt. Weitere Umsetzungen, die in diesem Kristallisator vorteilhaft ausgeführt werden können, sind:

$$NaNO_3 + KCl \rightarrow KNO_3 \downarrow + NaCl \qquad (222)$$

$$NaBO_2 + H_2O_2 \rightarrow NaBO_3 \cdot H_2O \qquad (223)$$
(Natrium-   (Natriumperborat)
metaborat

Tabelle 42.

Lfd. Nr.	Art des Kristallisators (Kristallisatortyp)	Beschreibung (Wirkungsweise)
39	Spritzturm [394]—[398] (prilling tower)	Heiße, hochkonzentrierte Lösung oder Schmelze werden durch Düsen entweder am Boden des Turmes (Abb. 127) oder am Kopf oder durch Zerstäuberscheiben am Kopf in einen Strom kalter Luft versprüht, die die Kristallisationswärme abführt. Erfolgt die Kristallisation nach der Bildung der Tropfen, so entstehen kugelförmige kristalline Gebilde, die meist glatt sind. Im anderen Fall wird ein körniges und unregelmäßig geformtes Kristallisat erhalten. Es werden Anordnungen mit Gleich- oder Gegenstrom von Kristallisat und Luft benutzt.
40	Zerstäubungs-Kristallisator (Abb. 128)	In Aufbau und Wirkungsweise dem Zerstäubungstrockner gleich. Meist von kleinerer Abmessung als die Spritztürme, aber wie diese in Gleich- oder Gegenstrom-Anordnung betrieben. Einsatz als Verdampfungskristallisator bei Einspeisung von kalter Lösung und Zufuhr heißer Luft oder als Kühlungskristallisator im umgekehrten Falle.
41	Holland-Verdampfer [409] (Abb. 130a)	Feuerfeste Verdampfungskammer, in die 900° bis 1000 °C heiße Gase auf der einen Seite eintreten und in die auf der entgegengesetzten Seite Ausgangslösung mit einer Dosierschnecke eingebracht wird. Die Lösung wird durch zwei Spiralrührer (Drehzahl: 375—400 U/min), zwischen deren Spiralen sich einzelne Schöpfbecher befinden, in den Gasstrom versprüht. Zwischen den Rührern ist ein Förderband mit Kratzblechen angeordnet, das den Kristallbrei zum Austrag entfernt, von wo er durch eine Schneckenmaschine in einen Rotationsverdampfer gefördert wird, in dem die abschließende Entwässerung erfolgt.

ζ) *Sprühkristallisatoren.* Räume, in denen heiße Lösung oder Schmelze fein verteilt und in einen Strom kalter Luft versprüht wird oder umgekehrt kalte Lösung in einen Strom heißer Gase und aus denen man durch Kühlung oder Verdampfung des Lösungsmittels (oder beides zugleich) kristalline Partikel, sei es als Pulver, sei es als kugelförmige Agglomerate (im angelsächsischen Schrifttum „prills"

Sprühkristallisatoren

Technische Daten	Hinweise (Vor- und Nachteile und dgl.)	Anwendungsgebiet
In einem Turm von 6 m ⌀ und 30 m Höhe werden mit 3400 m³/min Luft (3 Gebläse) 140 t/d NH_4NO_3 erhalten. Die ≈5% H_2O enthaltende Schmelze von 140 °C wird am Kopf durch 28 Düsen versprüht. Die unten ausgebrachten Kügelchen von 1,5–2,5 mm ⌀ (Temperatur 77 °C) werden getrocknet und gekühlt.	Vorteile: Einfache Anordnung ohne bewegte Teile, große Durchsätze. Kurze Erstarrungszeiten. Nachteil: Nicht durchkristallisierte Kügelchen müssen nachgekühlt werden. Überkorn wird anschließend zerkleinert, Staubanteile werden wieder aufgelöst.	Kalksalpeter $[Ca(NO_3)_2]$, NH_4NO_3 und Harnstoff $[CO(NH_2)_2]$.
Ein Kristallisator (Trockner) von 5,5 m ⌀ und 5,5 m Höhe erzeugt bei einer Verdampfung von 326 kg/h H_2O, einer Luftmenge von 310 m³/min (Eintrittstemperatur: 314 °C, Austrittstemperatur: 142 °C) 326 kg/h $MnSO_4$.	Vorteile: Mechanisch schwer entfeuchtbare Kristalle lassen sich hier als trockene Pulver (kugelförmige Teilchen) gewinnen; wärmeempfindliche Stoffe werden schonend (rasch) kristallisiert und getrocknet.	Kühlungskristallisation: $NaHSO_4$, NH_4NO_3. Verdampfungskristallisation: $FeSO_4 \cdot H_2O$, $MnSO_4$, Phenothiazin, $ZnSO_4$.
In der 2,4 m langen Verdampferkammer kühlen sich die vom Exhaustor abgesaugten 680 m³/min Luft auf 60 °C. Die Ausgangslösung hat einen Wassergehalt von 60%, der abgezogene Kristallbrei enthält noch 24% H_2O. Bei einer relativen Feuchtigkeit der Abgase von 80% werden 4,2 t/h H_2O verdampft und 15,8 t/h Na_2SO_4 erzeugt.	Vorteile: Kontinuierliche Kristallisation im Raum, keine Krustenbildung; Brennstoffersparnis von etwa 50% gegenüber älteren Verfahren (mit Rotationstrocknern). Vermeidung von Staubverlusten, da die heißen Gase aus dem Rotationsverdampfer ausgewaschen werden.	Na_2SO_4, andere Salze mit umgekehrter Löslichkeit aus wäßrigen Lösungen.

genannt) erhält, bezeichnet man als Sprühkristallisatoren. Auch wenn das Kristallwachstum dabei zum Teil stark in den Hintergrund tritt, wird trotzdem von einer Kristallisation gesprochen, solange der entstandene Feststoff kristallin ist. Eine Reihe wichtiger Sprühkristallisatoren ist in Tab. 42 aufgeführt. Der in Abb. 127 dargestellte Spritzturm [394] (Nr. 39) dient zur Erzeugung von Kalksalpeter, $Ca(NO_3)_2$, wobei dem Zusatz von NH_4NO_3-Lösung nach Untersuchungen bei der BASF [395] entscheidende Bedeutung zukommt, weil der Erstarrungspunkt des Kalksalpeters auf 100 °C erhöht und der Kristallisationsverzug aufgehoben wird [396]. In der Spritzvorlage wird die auf 85—87% Kalksalpeter vorkonzentrierte Lösung a mit 5% einer etwa 93%-igen Ammoniumnitratlösung b gut vermischt. Die Lösungsmischung wird mit einer Zweistoffdüse g unter Zusatz von Druckluft f und Kühlungsluft vom Gebläse e in einem Turm d von 15 m $\emptyset$ und 25 m Höhe zerstäubt. Die entstandenen Partikel, die sich in der entgegenströmenden Luft abgekühlt haben und teilweise durchkristallisiert sind, werden mit einer Räumvorrichtung durch Schlitze im Turmboden über ein Transportband i und einen Elevator zu einer Kühltrommel gefördert, wo die Kristallisation ihren Abschluß findet. Auch Harnstoff, $CO(NH_2)_2$, wird in Spritztürmen als kristallines Granulat gewonnen [397]. Die durch Düsen versprühte Schmelze enthält nur noch 3 bis 5% Wasser. Durch Nachtrocknen des Granulates im Trommeltrockner mit Heißluft kann der Wassergehalt auf wenige Zehntel Prozent erniedrigt werden. In dem von SHEARON und DUNWOODY [398] beschriebenen Spritzturm von 6 m $\emptyset$ und 30 m Höhe werden 140 t/d NH_4NO_3-Granulate von 1,5—2,5 mm $\emptyset$ erzeugt. Die etwa 5% Wasser enthaltende Lösung (140 °C) wird am Kopf des Turmes versprüht; 3400 m³/min Luft (27 °C) werden im Gegenstrom zum Granulat nach oben geführt. Die Sättigungstemperatur der Lösung beträgt 120 °C; diese Temperatur sollte mindestens 5 °C unter der Einspeisungstemperatur liegen, um Erstarren vor der Granulatbildung zu vermeiden. Da im Turm nur weniger als 1% Feuchtigkeit

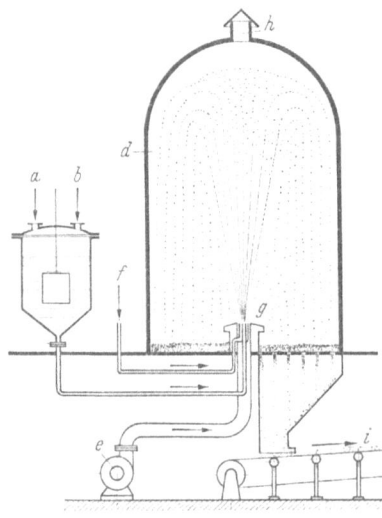

Abb. 127. Schema eines Spritzturmes für Kalksalpeter [394].

a Kalksalpeter-Lösung; b Ammoniumnitrat-Lösung; d Spritzturm; e Kühlluftgebläse; f Druckluft; g Spritzdüse; h Abluft; i Transport zur Kühltrommel.

entfernt wird, bedarf es eines zusätzlichen Trockners für die Granulate. Im Vortrockner wird der Feuchtigkeitsgehalt auf 3%, im Trockner auf 0,5% herabgesetzt; im nachgeschalteten Kühler wird schließlich eine Endfeuchte von 0,3% erreicht.

Die Beispiele zeigen, daß der wesentlichste Zweck der Spritztürme darin besteht, kristalline Feststoffe besonderer Form durch Erstarren aus hochkonzentrierten Lösungen oder nahezu Schmelzen zu erhalten, während eine gleichzeitige Trocknung dieser Feststoffe nur in geringem Umfang vor sich geht. Der Spritzturm liefert also in der Regel kein Endprodukt, sondern die Feststoffe müssen einer Nachbehandlung, sei es durch Kühlung (Nachkristallisation), sei es durch Trocknung, unterworfen werden.

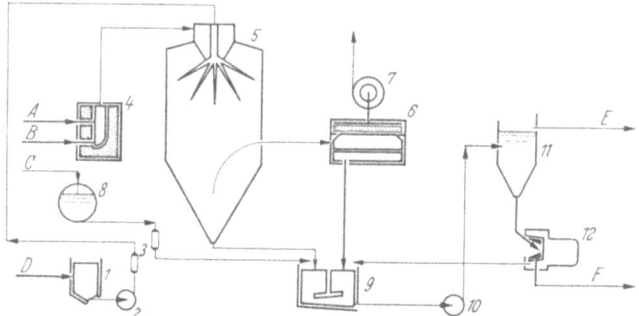

Abb. 128. Anordnung mit Zerstäubungs-Kristallisator zur Regenerierung von Beizlösungen und Erzeugung von $FeSO_4 \cdot H_2O$ nach Zahn & Co. GmbH. [399].
1 Vorgefäß; 2 Säurekreiselpumpe; 3 Durchflußmesser; 4 Brennkammer; 5 Zerstäubungskristallisator; 6 Abscheider; 7 Ventilator; 8 H_2SO_4-Gefäß; 9 Rührgefäß; 10 Kreiselpumpe; 11 Eindicker; 12 Zentrifuge; A Luft; B Brennstoff; C H_2SO_4; D Verbrauchte Beizlösung; E Regenerierte Beizlösung; F Eisensulfat $FeSO_4 \cdot H_2O$.

Demgegenüber erzeugen Zerstäubungs-Kristallisatoren (Nr. 40), die in Aufbau und Wirkungsweise den Zerstäubungstrocknern gleichen, meist ein Endprodukt. In manchen Anlagen, z. B. in der Abb. 128 dargestellten für die Verdampfungskristallisation von $FeSO_4 \cdot H_2O$ (F) aus verbrauchten Beizlösungen (D), wird der Verfahrenszweck schon durch Herstellung einer Kristall-Suspension erreicht [399]. Die Beizlösung wird mit einer Säurekreiselpumpe (2) aus dem Vorgefäß (1) durch den Rotamesser (3) in den Zerstäubungskristallisator (5) gepumpt und dort durch Düsen in das aus der Brennkammer (4) kommende Heizgas versprüht, das einen Teil des Wassers der Lösung verdampft, im Gleichstrom zur Lösung geführt und nach Passieren eines Abscheiders (6) zum Abfangen mitgerissener Tröpfchen von Schwefelsäure durch einen Ventilator (7) abgesaugt wird. Die aus dem Kristallisator unten abfließende Suspension wird im Rührgefäß (9) mit H_2SO_4 versetzt, wodurch in stärkerem Maße $FeSO_4 \cdot H_2O$ auskristallisiert, zum Eindicker (11) gepumpt (10) und zentrifugiert (12). Der Überlauf des Eindickers steht als regenerierte Beizlösung (*E*) wieder zur Verfügung. In einem Zerstäubungs-Kristallisator von 8 m ⌀ können pro Woche 10 000 t Beizlösung regeneriert werden. Zur Regenerierung saurer Beizbäder bei unmittelbarer Abscheidung *trockenen* Feststoffes ($FeSO_4$ mit weniger als 1 mol H_2O aus schwefelsauren Beizbädern oder Fe_2O_3 aus salzsauren Beizbädern) eignet sich der besondere Zerstäubungs-Kristallisator (Abb. 129) ,,Turbulator" (3) der Firma Dr. C. Otto & Co., (Bendorf, Rhein) [400], der eine Schoppe-Kammer [401] darstellt, in die die verbrauchte Lösung (1) eingesprüht

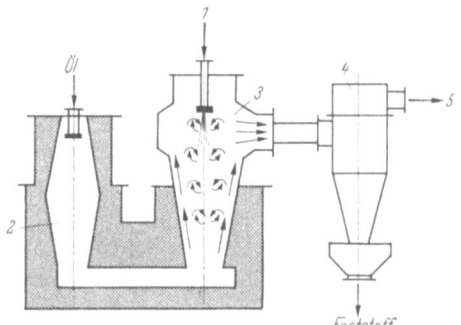

Abb. 129. Regenerationsanlage ,,Turbulator" der Fa. Dr. C. Otto & Comp. (Bendorf, Rhein), für saure Beizbäder [400].
1 Zu regenerierende Beizlösung; *2* Brenn- und Mischkammer; *3* Hochturbulenz-Reaktor (Schoppekammer); *4* Zyklon; *5* Abgas (strömt zum Absorptionsturm für die Säuren).

wird, deren Wasser- und Säure-Anteile im Strom des aus der Brennkammer (2) kommenden Heißgases verdampft werden, wobei ein trockenes Kristallisat entsteht, das aus den Abgasen in einem Zyklon (4) abgeschieden wird. Die Verdampfungsleistung der Schoppe-Kammer ist so hoch, daß die Apparateabmessungen klein gehalten werden können und der Raumbedarf gering ist. Durch die konische, sich nach oben zyklonähnlich erweiternde Kammer wird dem Heißgas (Eintrittstemperaturen bis 1600 °C) eine spiralenförmige Aufwärtsbewegung aufgezwungen; im oberen Teil der Kammer wird durch Ansteigen des statischen Druckes eine teilweise Umkehr der Strömung bewirkt. Die hohe Verdampfungsleistung kommt durch Einsprühen der Lösung in die Zone hoher Turbulenz zustande, die zwischen der außen aufwärts und in der Mitte abwärts gerichteten Strömung entsteht.

In den Zerstäubungs-Kristallisatoren laufen normalerweise Kristallisation und Trocknung nebeneinander ab. Nach Untersuchungen von SCHLÜNDER [402] weisen kristalloide Lösungen (molekulardisperse Verteilung des Gelösten) ein wesentlich anderes Trocknungsverhalten auf als Suspensionen (grobdisperse Verteilung). Mit fortschreitender Trocknung nimmt der Dampfdruck an der Tropfenoberfläche ab und bereits im Bereich der Oberflächenverdunstung sinkt das Produkt von Trockengeschwindigkeit und Tropfengröße stark. Nach Einsetzen der

Kristallisation fällt die Trocknungsgeschwindigkeit steil ab, erreicht aber erst den Wert Null am Ende des dritten Abschnittes, in dem zuletzt das Kristallwasser ausgetrieben wird. Da im Korninnern bei der Kristallisation flüssige Lösung eingeschlossen wird, die im weiteren Verlauf der Trocknung bei steigender Korntemperatur unter Überdruck gerät, nimmt das Kornvolumen nach der Kristallisation zunächst wieder zu. Langsam geht das Kornvolumen dann zurück, wenn sich dieser Überdruck infolge Diffusion des Lösungsmittels aus der Lösung durch die feste Salzkruste abbaut. Die Langsamkeit dieser Diffusion erklärt die geringe Trocknungsgeschwindigkeit im 3. Abschnitt. Das Schüttgewicht eines zerstäubungskristallisierten (oder zerstäubungsgetrockneten) Produktes kann nach SMITH [403] auf folgende Weise beeinflußt werden:

1. Durch Temperaturänderung der eintretenden Heißluft. Mit wachsender Temperaturerhöhung der Luft nimmt das Schüttgewicht ab, was auf eine stärkere Dampfentwicklung innerhalb der Tropfen zurückgeführt werden kann.

2. Durch Änderung der Konzentration der Ausgangslösung. Bei höherer Anfangskonzentration der Lösung ist auch das Schüttgewicht größer, weil sich im einzelnen Tropfen mehr Material befindet.

3. Durch den Gleichmäßigkeitsgrad der Zerstäubung. Das Schüttgewicht ist um so größer, je feiner die Tröpfchen sind. Ungleichmäßige Zerstäubung begünstigt zwar insofern ein größeres Schüttgewicht, weil die kleineren Partikel die „Lücken" zwischen den größeren auffüllen können, aber gleichmäßige Zerstäubung gewährleistet die beste Trocknung.

4. Durch Temperaturänderung der versprühten Ausgangslösung. Wird die Temperatur der Lösung erhöht, so vermindert sich ihre Viskosität, und die Zerstäubung wird dadurch erleichtert; dies hat die Erzeugung kleinerer Tröpfchen und damit ein größeres Schüttgewicht zur Folge.

5. Durch die Trocknungsgeschwindigkeit, die meist durch den konstruktiven Aufbau der Trockenkammer bestimmt ist. In der Regel nimmt das Schüttgewicht mit abnehmender Trocknungsgeschwindigkeit ab.

Nach MC CORMICK [404] wird unter sonst gleichen Bedingungen in einer Gegenstrom-Anordnung ein größeres Schüttgewicht erzielt als in einer Gleichstrom-Anordnung. KRÖLL [405] führt aus, daß man für temperaturempfindliche Stoffe Gleichstrom, für weniger empfindliche Substanzen Gegenstrom bevorzugt. Nach SMITH liegen die Teilchen der meisten zerstäubungsgetrockneten Produkte im Korngrößenbereich von 10 bis 60 µm. D'ANS [406] beanspruchte in einer belgischen Patenteröffnung einen Zerstäubungs-Kristallisator vom Schleuderrad-Typ, bei dem die vom warmen oder kalten Trägergasstrom zum Zyklon oder Filter mitgeschleppten feinsten Teilchen nach Passieren des Zyklons erneut von einem Ventilator angesaugt und zusammen mit der Ausgangslösung dem Schleuder-Rad zugeführt werden, wobei die Rückführungsleitung des Pulvers konzentrisch von der Einspeisungsleitung der Ausgangs-Lösung umgeben wird und die Vereinigung von Pulver und Flüssigkeit erst unmittelbar oberhalb des Schleuderrades erfolgt. Auch die Einspeisung trockener Zusatzstoffe, insbesondere solcher, die empfindlich gegenüber Wasser sind und der wäßrigen Lösung nur kurz ausgesetzt sein dürfen (z. B. Natrium-Bikarbonat), in die Rückführungsleitung des im Zyklon abgeschiedenen Staubes wird beansprucht.

Im Sprüh-Sättiger der Otto Construction Corporation [407] zur Herstellung von $(NH_4)_2SO_4$ wird Ammoniak (aus Kokereigas) durch säurehaltige, gesättigte und *kristallhaltige* Ammoniumsulfat-Lösung absorbiert, die durch Spezial-Düsen in den Gas-Strom (Gegenstrom-Anordnung) versprüht wird. Diese Einspritzung erfolgt in drei verschiedenen Niveaus längs des Reaktionssturmes, nämlich im unteren Drittel, unmittelbar oberhalb des Gaseintritts, im oberen Drittel und am Kopf. 90% des Ammoniak sind nach der ersten, 99% nach der zweiten und 99,7% nach der letzten Sprühstufe absorbiert. Der Turm und der diesem nachgeschaltete Zyklon (Abscheidung mitgerissener Säure) haben einen Druckverlust von nur 100 mm WS. Die den Turm unten verlassende Suspension wird teilweise zurückgeleitet und teilweise einem Vakuumverdampfer zur weiteren Konzentrierung zugepumpt. Das Filtrat der diesem Verdampfer nachgeschalteten Zentrifuge wird zur erneuten Versprühung in den Turm gepumpt. Die Suspension der oberen beiden Sprühstufen wird nach Zugabe von H_2SO_4 erneut rückgeführt. Zur Verarbeitung von $2,55 \cdot 10^6$ m³/d Kokereigas müssen 3 m³/min umgewälzt werden. Die Korngröße des Produktes liegt zwischen 400 und 600 μm. VAN DEN BERG und HALLIE [408] versprühten eine konzentrierte, 140 °C heiße Lösung von $Ca(NO_3)_2$ mit einem Schleuderrad und ließen die Tropfen in ein Ölbad fallen, dessen Temperatur zwischen 50° und 80 °C gehalten wurde und das Impfkristalle enthielt. Das Öl nimmt die fühlbare und die Kristallisationswärme auf, während die Tropfen erstarren. Die entstandenen Granulate werden auf einer Zentrifuge vom überschüssigen Öl getrennt und verpackt. Der die Teilchen umnetzende Ölfilm verhindert den Zutritt von Feuchtigkeit und das normalerweise sehr hygroskopische Produkt neigt daher viel weniger zum Zusammenbacken.

Besonders gut für die Kristallisation von Salzen umgekehrter Löslichkeit (s. a. Abb. 20) ist der in Abb. 130a dargestellte Holland-

1. Kristallisatoren für die einfache Kristallisation 291

Verdampfer [409] (Nr. 41) geeignet, innerhalb dessen Lösung in einem Strom 900° bis 1000 °C heißer Gase versprüht wird. Die den Holland-Verdampfer verlassende Suspension wird einem Rotationsverdampfer zugefördert, in dem die abschließende Entwässerung erfolgt und der von den unmittelbar aus dem Ofen (s. Abb. 130b) kommenden heißen Gasen durchströmt wird, die alle trockenen Teilchen, die leicht genug sind, einem Sammelbehälter zuführen, aus dem das trockene Salz abgezogen werden kann. Schwere Teilchen, die noch feucht sind, können

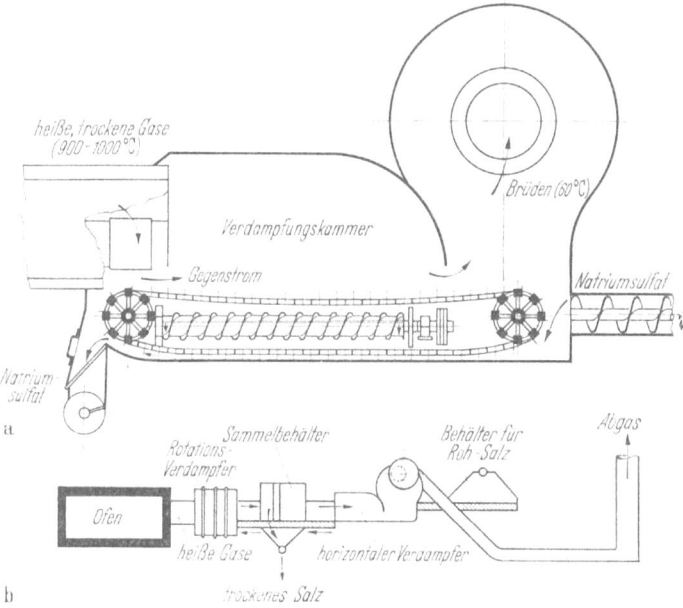

Abb. 130a. Holland-Verdampfer [409].

Abb. 130b. Fließschema, das die Lage des Holland-Verdampfers im Natriumsulfat-Verfahren zeigt [409].

vor und hinter dem Sammelbehälter in die Förderbahn der hier offenen (innerhalb des Sammelbehälters jedoch geschlossenen) Schneckenmaschine zurückfallen und werden so dem Rotationsverdampfer erneut zugeführt. Die den Sammelbehälter verlassenden heißen Gase strömen in die Verdampferkammer des Holland-Verdampfers und werden dort „gewaschen", so daß Staubverluste vermieden werden.

η) *Kristallisatoren zur Züchtung von Einkristallen aus Lösungen.* Während die bislang besprochenen Kristallisatoren eine Vielfalt, ein Kollektiv von Kristallen erzeugen, dienen die jetzt zu beschreibenden dem Zweck, relativ große Einkristalle, Kristallindividuen, zu züchten. Stärker als bei der Massen-Kristallisation hängen die einzuhaltenden Bedingungen hier von der Art der kristallisierenden Substanz und ihrer Lösung ab. Es gibt, wie in Kap. III A 3 zum Teil schon erwähnt, die folgenden vier Züchtungsverfahren: 1. Kühlungskristallisation, bei der die Temperatur des Züchtungs-Thermostaten programmgesteuert erniedrigt wird. 2. Temperatur-Differenz-Verfahren (Krüger-Fincke-Prinzip), nach dem die umgewälzte Lösung in einem Behälter gesättigt und filtriert wird und in einem anderen die Übersättigung an die Impfkristalle abgibt. 3. Verdampfungskristallisation oder Verdunstungskristallisation bei Atmosphärendruck; das Wachstum der Impflinge bei konstanter Temperatur wird durch teilweisen Rücklauf des verdampften Lösungsmittels gesteuert. 4. Hydrothermale Kristallisation, bei der in wäßriger Phase bei überkritischen Temperaturen und Drucken gearbeitet wird.

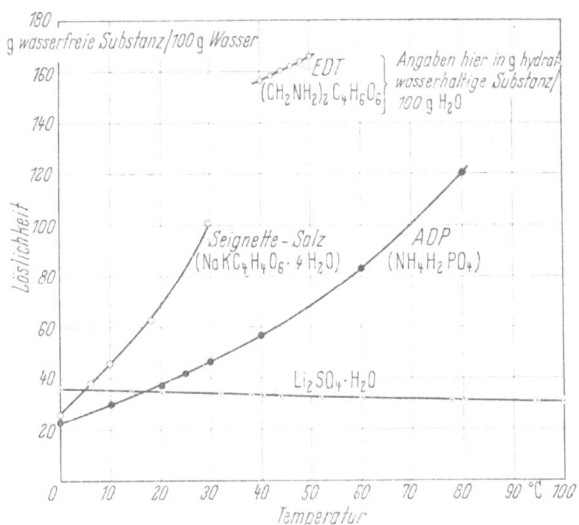

Abb. 131. Temperatur-Löslichkeits-Diagramm vier piezoelektrischer Substanzen.

Voraussetzung für die Züchtung von Einkristallen aus Lösungen sind hohe Löslichkeit und hinreichende Übersättigbarkeit, von NEUHAUS [410] „Komplexität" genannt; denn nur bei hoher Löslichkeit wird eine genügend große Raum-Ausbeute erzielt und nur bei hinreichender „Komplexität" ist gewährleistet, daß labile Bedingungen vermieden werden und temporäre spontane Keimbildung unterbleibt. Es gibt eine Reihe piezoelektrischer Substanzen, die diese beiden Voraussetzungen erfüllen. Wichtige Daten für die Züchtung der 4 piezoelektrischen „Standard"-Substanzen Seignette-Salz, ADP, EDT und Lithiumsulfat-Monohydrat sind in Tab. 43 zusammengestellt. Abb. 131 zeigt die zugehörigen Löslichkeitskurven für Wasser als Lösungsmittel in den für die Züchtung wichtigen Temperatur-Be-

1. Kristallisatoren für die einfache Kristallisation

reichen. Läßt man die Hydrothermal-Züchtung vorerst außer Betracht, so eignen sich außer diesen Stoffen nur wenige andere zur Züchtung von Einkristallen aus Lösungen, nämlich Kaliumdihydrogenphosphat (KDP), dessen Eigenschaften denen des ADP recht ähnlich sind, die Alaune und $NaNO_3$. Selbst bei sehr löslichen Stoffen wie den Alkalihalogeniden scheitert die Züchtung meist an zu geringer „Komplexität". Vielgebrauchte Apparaturen zur Züchtung von Einkristallen aus Lösungen sind in Tab. 44 aufgeführt. Für die Züchtung des Seignette- oder Rochelle-Salzes ($NaKC_4H_4O_6 \cdot 4\ H_2O$), das in Wasser eine hohe Löslichkeit aufweist, die mit der Temperatur stark ansteigt (Abb. 131), und das eine große „Komplexität" besitzt, eignet sich am besten die Kühlungskristallisation in den von der Firma Telefunken

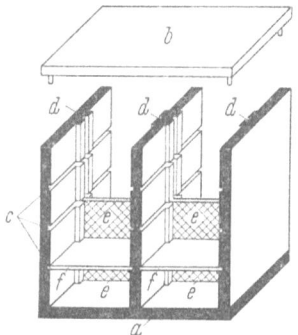

Abb. 132. Kammerzüchtung von Seignette-Salz. Nach DBP 860045 (1950) Telefunken;
a Trägerrahmen aus Kunststoff; b Deckel; c waagerechte Falze zum Einschieben der Kammerwände; d senkrechte Falze zum Einsetzen der etwa quadratischen Impfplatten; $e \parallel (100)$; f Glasplatte.

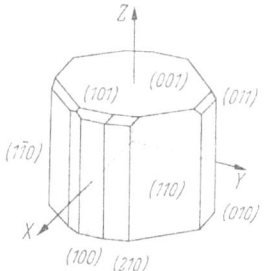

Abb. 133. Seignette-Salz-Kristall (schiefe Parallelprojektion) nach NEUHAUS [412]. Symmetrie: innerhalb der Curie-Punkte monoklin-C_2 (sonst rhombisch-D_2), polare Achse ist die X-Achse.

[411] entwickelten Züchtungskammern (Nr. 42; Abb. 132). Die Technik erstrebt nicht die in Abb. 133 dargestellte idiomorphe Wachstumsform, sondern einen Quader mit den Flächen (001), (010) und (100). Dazu wird eine Keimplatte (e in Abb. 132) aus einem vorhandenen Kristall herausgeschnitten, die ausschließlich nach (001) wächst, wenn sie parallel zu (001) geschnitten wurde. Am Ende der Züchtung ist es notwendig, den Einkristallblock nach (100) zu zersägen. Um diese umständliche Maßnahme zu vermeiden, verwendet man besser Keimplatten, die nach (100) geschnitten sind und durch einen Satz paralleler, gleich großer, quadratischer Glasplatten hindurch wachsen, die Größe und Dicke der gewünschten Kristallplatten bestimmen; hierbei wachsen die Kristalle mit ihrer X-Achse, die die polare Achse ist, parallel zu den Plattenebenen. Der in Abb. 132 dargestellte Träger nimmt in 4 Stockwerken 8 Keimplatten auf, die gleichzeitig nach vorne und

Tabelle 43. *Wichtige Daten für die Züchtung der 4 piezoelektrischen „Standard"-Substanzen aus wäßrigen Lösungen* [94], [412]

Stoff Bezeichnung	NaKC$_4$H$_4$O$_6 \cdot$ 4 H$_2$O Seignette- oder Rochelle-Salz	NH$_4$H$_2$PO$_4$ (Ammoniumdihydrogen- phosphat; ADP)	(CH$_2$NH$_2$)$_2$C$_4$H$_6$O$_6$ (Äthylendiamintartrat; EDT)	Li$_2$SO$_4 \cdot$ H$_2$O (Lithiumsulfat- Monohydrat)
Symmetrie	Rhombisch $D_2 - 222$	Tetragonal $D_{2d} - \overline{42}m$	Monoklin $C_2 - 2$	Monoklin $C_2 - 2$
Aktive Wachstumsfläche	(001)	(101) nach Zusatz von Fe^{3+}	Sphenflächen ($\overline{1}10$) und ($\overline{110}$)	∥ Y-Achse und ⊥ zu (010)
Züchtungs-Temperaturen in °C Anfang		50	41—50	80—85
Züchtungs-Temperaturen in °C Ende	38			
	Raumtemperatur	Raumtemperatur	wie am Anfang (Temp.-Diff.-Verf.)	wie am Anfang (Verdampfungs-Krist.)
Zulässige lineare Wachstumsgeschwindigkeit in mm/d	4,5	2—3	2—3	1,3
Zulässige Kühlungsgeschwindigkeit in °C/d	0,2 (1. Tag) 0,5 (später)	0,1—0,4	Konstante Temperatur	Konstante Temperatur
p_II-Wert		3,6. Für Züchtung von Keimplatten 5	6—7,5	Zuerst 4—5 später 6—7
Abmessungen großer Kristalle und Züchtungsdauer	15 cm Länge, 2×10 cm Querschnitt 4 Wochen	15×15×55 cm (21 kg Masse) 4 Monate	5—7,5 cm „Durchmesser" 6 Monate	5×4×12 cm 4 Wochen

Einfluß von Verunreinigungen	Besonderheiten		pH-Wert von größtem Einfluß
Cu^{2+} erzeugt (210) als vorherrschende Fläche	Oberhalb von 55 °C getrennte Kristallisation des K- und Na-Salzes		Salz umgekehrter Löslichkeit mit schwach negativem Temperaturkoeffizient der Löslichkeit
Fe^{3+} und Cr^{3+} beschleunigen Käppchenbildung	Im 1. Stadium müssen sich auf einer senkrecht z. Z-Achse geschnittenen Platte Käppchen nach (101) gebildet haben.		Wachsende Zusätze von Borsäure erniedrigen die Wachstumsgeschwindigkeit
			Nur über 40,6 °C entsteht die piezoelektrische Modifikation. Oberhalb von 50 °C merkliche Zersetzung der Lösung

hinten wachsen. Die Anfangstemperatur der Lösung darf 55 °C nicht überschreiten, da sonst K- und Na-Tartrat getrennt kristallisieren. NEUHAUS [412] empfiehlt, den Träger a nach vollständiger Beschickung und Einrasterung des Deckels b auf etwa 38 °C vorzuwärmen, in eine anfangs schwach untersättigte Lösung zu hängen und erst nach leichtem Anlösen der Impfplatten die Temperatur programmgemäß abzusenken. Nach SMAKULA [94] verwendet man zweckmäßig eine bei ∼35 °C gesättigte Lösung (Dichte: 1,365 g/cm³), die zuvor 6—7 °C überhitzt und filtriert wird. Im Gegensatz zu den anderen in Tab. 43 aufgeführten Substanzen ist beim Seignette-Salz eine Züchtung in Ruhe, also ohne Rühren, möglich. Nach KJELLGREN [413] ist jedoch eine Schaukelbewegung vorteilhaft; so ermöglichte die Erhöhung der Schaukelfrequenz von 4 auf 7 pro Minute und des Winkels von 9° auf 18° eine raschere Abkühlung und eine um 30% höhere Kristallisationsgeschwindigkeit. Der Kristallisator nach HOLDEN [414] (Nr. 43), der sich für die Züchtung von ADP bewährt hat, ist genau wie die Züchtungs-Kammer ein Kühlungskristallisator, der sich der Methode der langsamen Temperatur-Absenkung nach Programm bedient. Für die genannte Kristallart ist Rühren aber unerläßlich. Um eine größere Relativgeschwindigkeit zwischen Kristall und Lösung zu erzeugen, die nach Abb. 9 von Einfluß auf die Wachstumsgeschwindigkeit ist, wird die Drehrichtung nach einer oder nach einer Reihe von Umdrehungen geändert. Dadurch werden vor allem auch die Schleier vermieden, die bei gleichsinniger Rotation auf den „Kielwasser"-Flächen des Kristalls entstehen. Der Holden-Kristallisator hat eine dampfdichte Deckelplatte mit drei Durchbohrungen. Durch die mittlere ist die Welle geführt, an der waagrechte Arme (Speichen) angebracht sind, die die Impfkristalle tragen; die beiden anderen dienen zur Aufnahme des Kontakt-Thermometers und eines

Meßthermometers. Im allgemeinen ist die Welle ein Stab aus Kunststoff; sie hat (beim 25 l-Thermostaten) eine Länge von 38 cm und einen Durchmesser von 13 mm. Die waagrechten Trägerarme von 1,6 mm Durchmesser sind aus rostfreiem Stahl und werden in die Zentralwelle eingeschraubt; sie ragen 7,6 cm in die Lösung. Die Durchführung der Zentralwelle durch den Deckel hat eine dampfdichte Stopfbuchse, damit gewährleistet ist, daß der von der Flüssigkeitsoberfläche aufsteigende Dampf am Deckel kondensiert und das Kondensat die nicht von der Lösung benetzte Wandzone abspült, so daß sich am Meniskus kein Krustenring ausbilden kann. Dies gilt vor allem für Temperaturen über 50 °C. Zentralwelle und Trägerarme, die gemeinsam oft als ,,Spinne'' (im angelsächsischen Schrifttum: spider) bezeichnet werden, rotieren mit einer Geschwindigkeit von 5 bis 15 U/min. Der gegenüber seiner äußeren Umgebung entweder durch einen Luftspalt von 2,5 cm oder durch Filz isolierte Kristallisator besitzt außen zwei Heizelemente, eines von 100 W Leistung unter der Peripherie des Zylinders, das mit Hilfe eines Kontaktthermometers wie bei einem Thermostaten reguliert wird, und eines von 30 W unmittelbar unter der Bodenmitte, das dauernd eingeschaltet bleibt (Grundlast). Zur Vermeidung größerer Temperaturschwankungen ist es notwendig, daß die Wärmekapazität der Heizelemente klein gegenüber der der Lösung ist. Die Herstellung von Impfkristallen ist beim ADP eine mühselige und zeitraubende Arbeit. ROBINSON [415] und HOLDEN [416] empfehlen ein zweistufiges Züchtungsverfahren, in dem man zuerst Impfkristalle in einem Nebenthermostaten erzeugt (Temperatur-Intervall 35 bis 28 °C; Kühlungsgeschwindigkeit 0,25 bis 0,5 °C/d). Zu Beginn des ersten Verfahrensschrittes, wenn nur kleine Impflinge zur Verfügung stehen, überzieht man zweckmäßigerweise die waagrechten Kristallträger mit einer Litze, wie man sie für die Isolation elektrischer Leitungen gebraucht und läßt diese Litze etwas über den Träger vorstehen, so daß der kleine Impfling in dem verbleibenden Hohlraum gehalten wird, fest genug angebracht ist und etwas herausragt. Sind die Impflinge größer geworden (oder stehen größere zur Verfügung), so werden diese mit einem Drillbohrer durchbohrt, wobei man darauf zu achten hat, daß der Bohrdruck klein ist und die Reibungswärme durch einen starken Druckluftstrom abgeführt wird. Man fädelt nun die Litze durch das Bohrloch und zieht dann die Litze mit Impfling über einen der waagrechten Trägerarme, der sodann in die senkrechte Welle eingeschraubt wird. Als Impflinge sind grundsätzlich alle Kristallbruchstücke geeignet, es ist jedoch günstiger, Kristalle zu verwenden, die schon die natürlichen Flächen aufweisen, weil dann kein ,,Ausheilprozeß'' notwendig ist und damit ein einheitlicheres Wachstum ermöglicht wird. Im Kristallisator nach

WALKER und KOHMAN [417] (Nr. 44; Abb. 134) werden größere Impflinge zwischen den waagrechten Trägerarmen mit Schrauben gehalten;

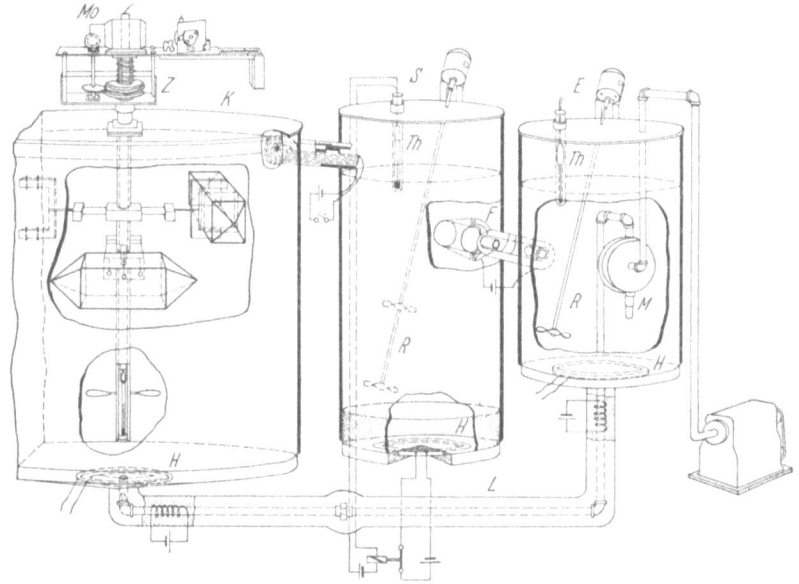

Abb. 134. Kristallisator nach WALKER und KOHMAN [417].
Temperatur-Differenz-Verfahren (Krüger-Fincke-Prinzip).
E Erhitzer oder Entsättiger; *F* Filter; *H* Heizkörper; *K* Kristallisator; *L* Beheizte Leitung; *M* Membranpumpe; *Mo* Motor; *R* Rührer; *S* Sättiger; *Th* Kontakt-Thermometer; *Z* Zahnradübersetzung.

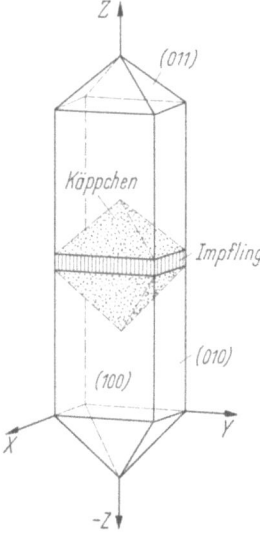

Abb. 135. Ammonium-dihydrogen-phosphat-Kristall = ADP (schiefe Parallelprojektion); Symmetrie: tetragonal-D_{2d} nach NEUHAUS [412].

auch angepreßte Einspannstifte eignen sich für diesen Zweck (vgl. Abb. 18). Für das Züchten von Kristallen, die die Form von länglichen Prismen mit aufgesetzten Endpyramiden haben wie ADP (Abb. 135), eignen sich besonders gut Platten, die senkrecht zur Prismenachse, also beim ADP parallel (001) geschnitten sind. Diese Platten werden so eingespannt, daß die Lösung quer über die Schnittflächen strömt. An den Platten bilden sich dann, von den Kanten ausgehend, die Endpyramiden, die sogenannten „Käppchen", nämlich die tetragonalen Dipyramiden 2. Art ⟨101⟩ aus. In diesem Stadium

Tabelle 44. *Kristallisatoren zur Züchtung*

Lfd. Nr.	Art des Kristallisators (Kristallisatortyp)	Beschreibung (Wirkungsweise)
42	Züchtungskammer [411] (Abb. 132) Kühlungs-Kristallisator	Rechteckiges, in Kammern unterteiltes Züchtungsgefäß mit Zwischenwänden aus Glas oder Kunststoff. In jeder Kammer wird eine „Keimplatte" eingesetzt. Der auf etwa 38 °C vorgewärmte Kristallträger wird zunächst in schwach untersättigte Nährlösung gehängt. Unter langsamer Kippbewegung oder in Ruhe erfolgt sodann die Temperatur-Absenkung nach Programm auf Raumtemperatur.
43	Kristallisator nach HOLDEN [414] Kühlungskristallisator	Zylindrischer Behälter aus Glas mit dampfdichtem Deckel und zwei Bodenheizungen (100 und 30 W) sowie einer Zentralwelle mit Speichen („Spider"), an denen die Impfkristalle befestigt sind. Die Temperatur der Lösung wird nach Programm abgesenkt.
44	Kristallisator nach WALKER und KOHMAN [417] (Abb. 134) Temperatur-Differenz-Verfahren	Drei Behälter, nämlich Sättiger, Entsättiger und Kristallisator, sind in Reihe geschaltet. Die den Sättiger verlassende Lösung wird filtriert, entsättigt und aus dem höher temperierten Entsättiger unten in den Kristallisator gepumpt, aus dem sie nach Passieren der Impfkristalle überläuft.
45	Verdampfungs-Kristallisator nach ROBINSON [419] (Abb. 137)	Zylindrisches, von einem Wasserbad umgebenes Züchtungsgefäß aus Glas mit kugelförmigem Boden und einem Deckel, der Dampfauslaßöffnungen und Ablauf- (bzw. Rücklauf-)Rinnen für des Kondensat hat. Luftgekühlte Kondensationsglocke.
46	Autoklav zur hydrothermalen Synthese [422] (Abb. 138) Temperatur-Differenz-Verfahren	Meist längliche Autoklaven mit einer unteren Nähr-(Lösungs-)Zone und einer oberen Wachstumszone, in der die Impfkristalle an einem Träger aufgehängt sind. Zwischen beiden Zonen ist eine Lochplatte, die die Querschnittfläche auf mindestens 10 bis 20% der freien Fläche vermindert.

wird das Verfahren unterbrochen, die Impflinge werden entfernt und ausgemustert. Nur die am vollkommensten entwickelten Exemplare werden weiterhin als Impflinge benutzt, diesmal aber so eingespannt, daß die „Käppchen" nach außen kommen und eine freie Zirkulation

1. Kristallisatoren für die einfache Kristallisation

von Einkristallen aus Lösungen

Betriebsdaten	Hinweise (Vor- und Nachteile und dgl.)	Anwendungsgebiet
Maximale lineare Wachstumsgeschwindigkeit für (001): 5000 Molekelebenen/min = 4,5 mm/d. Kühlungsgeschwindigkeit 0,2 °C/d (1. Tag), dann 0,5 °C/d. Kristalle von $15 \times 2 \times 10$ cm (Dauer der Züchtung 4 Wochen).	Nach (100) geschnittene „Keimplatten" werden bei Verwendung von Glaskammern benutzt. Die Impfplatte wächst mit X-Richtung parallel zwischen den Glasplatten hindurch.	$NaKC_4H_4O_6 \cdot 4\,H_2O$ (Seignette- oder Rochelle-Salz).
Durchmesser des Behälters 30,5 cm, Höhe 46 cm, Volumen 25 l. Drehzahl der Welle 5 bis 15 U/min. Umkehr der Drehrichtung mindestens 1mal pro min. Trägerarme 7,6 cm lang.	Kühlungsgeschwindigkeit je nach Wachstumsgeschwindigkeit (1,3 bis 2,5 mm/d für Lösungen zwischen 20 und 50 Gew.-% Gelöstes).	Impflinge von Äthylendiamintartrat (EDT); Ammoniumdihydrogenphosphat (ADP).
Kristallisator wie bei (43). Durchmesser und Höhe 1 m und mehr. Leistung der Membranpumpe im Entsättiger: 10–50 l/h.	Der Kristallisator arbeitet bei konstanter Temperatur; die Temperatur im Sättiger liegt etwas höher und die des Entsättigers noch etwas darüber.	EDT, ADP.
Durchmesser des Kristallisators mit Wasserbad und Isolierung 65 cm, Höhe 75 cm (35 l).	Verdampfungsgeschwindigkeit wird mit Bemessung der Rücklaufmenge geregelt.	$Li_2SO_4 \cdot H_2O$, Guanidin-Alsulfathexahydrat, Sorbit-Hexa-Acetat.
Labor-Autoklaven: 9,5 cm Querschnitt und 1,17 bzw. 2,34 m Länge. Pilot plant: 150 mm Innen-Durchmesser, 2,75 m lang, Wandstärke 95 mm, Gewicht 1800 kg.	Beim Quarz: Nährzone 410 bis 425 °C; Wachstumszone 380 °C. Druck: 1500–2000 at, Füllungsgrad: 80–85 Vol.-%. Nährlösung: 1 bis 1,2 n NaOH-Lösung.	Quarz (β-Quarz; SiO_2), Aluminiumphosphat ($AlPO_4$), Aluminiumarsenat ($AlAsO_4$) Beryll ($Be_3Al_2Si_6O_{18}$), Korund (Al_2O_3), Smaragd.

über diese Flächen möglich ist. Die Bildung der Käppchen im ersten Stadium erfolgt nämlich so rasch, daß Mutterlauge eingeschlossen wird, wodurch die „Käppchen" ein milchiges Aussehen erhalten. Eisen- und Chromionen blockieren das Wachstum der $\langle 100 \rangle$-Flächen und beschleunigen daher die „Käppchen"-Bildung, sind aber später (im 2. Wachstumsstadium) unerwünscht, da die Kristalle dadurch dazu neigen, spitz zuzulaufen.

Beim EDT ist nur die oberhalb von 40,6 °C stabile hydratwasserfreie Modifikation piezoelektrisch. Oberhalb von 41 °C zeigt die Lösung Zersetzungs-Erscheinungen, so daß eine Temperatur von 50 °C nicht überschritten werden sollte. Eine solche Substanz läßt sich mithin nur bei konstanter Temperatur züchten, so daß man auf das Temperatur-Differenz-Verfahren angewiesen ist, das im Kristallisator nach WALKER und KOHMAN [417] (Nr. 44; Abb. 134) angewendet wird. Die Anordnung besteht aus drei Behältern, nämlich dem Sättiger S, dem Erhitzer oder Entsättiger E und dem Kristallisator K. Alle Behälter werden am Boden durch Heizkörper H beheizt, und ihre Flüssigkeitsinhalte werden mit Kontaktthermometern Th auf bestimmten konstanten, aber nicht untereinander gleichen Temperaturen gehalten. Im Sättiger wird ein ausreichender Überschuß an zu lösendem Salz vorgelegt, der Rührer R erhöht die Lösungsgeschwindigkeit und sorgt für schnellen Ausgleich von Temperaturunterschieden sowie für Homogenisierung der Lösung, die durch das Filter F in den Erhitzer E strömt. Das Filter, das aus einem feinen Maschendrahtgewebe besteht, das mit einem Filtertuch überzogen ist, hält die gröberen suspendierten Kristalle zurück. Im Entsättiger wird die Lösung über ihre Sättigungstemperatur erhitzt, damit möglichst alle Eigenkeime vernichtet werden. Der Rührer R sorgt für kräftige Durchwirbelung und damit raschen Temperaturausgleich. Die entsättigte Lösung wird von der Membranpumpe M aus dem Entsättiger durch eine isolierte oder auch beheizte Leitung L in den Kristallisator K gepumpt (Pumpgeschwindigkeit: 10—50 l/h). Im Kristallisator bewegt sich eine durch den Motor Mo unter Zwischenschaltung der Zahnradübersetzung Z angetriebene senkrechte Welle mit waagrecht angesetzten Armen, an denen die Impfkristalle befestigt sind. Die aus dem Erhitzer kommende Lösung ist zwar bei ihrem Eintritt in den Boden des Kristallisators K noch entsättigt, wird aber rasch auf die nur wenige Grade unter der Sättigungstemperatur liegende Kristallisatortemperatur abgekühlt und daher übersättigt. Da diese Abkühlung nur einige Grade beträgt, ist ein einheitliches Wachstum der Impfkristalle möglich. Durch die Drehbewegung des Impfkristallträgers wird entlang der Achse der Trägerwelle ein Wirbelfaden erzeugt, so daß winzige Kriställchen, deren Entstehung sich mitunter nicht vermeiden läßt, zur Mitte des Kristallisators strömen, zu Boden fallen und dort von dem wärmeren Strom der entsättigten Lösung rasch wieder aufgelöst werden. Die Lösung, die im Kristallisator ihre Übersättigung abgegeben hat, fließt überlaufend in den Sättiger zurück.

Alle Gefäßwandungen sind wärmeisoliert, entweder bei Verwendung von Glas durch Luftspalte oder bei nichtrostendem Stahl durch Filz. Für EDT beträgt beispielsweise die Temperatur des Kristallisators 41 °C, die des Sättigers 42 °C und die des Erhitzers 43 °C. Für die Züchtung von EDT verwendet man Kristallbruchstücke, die die keilförmigen Endflächen (Sphen-Flächen) $\langle 1\bar{1}0 \rangle$ und $\langle \bar{1}\bar{1}0 \rangle$ ausgebildet haben, die die Hauptwachstumsfläche des monoklinen Kristalls darstellen (Abb. 136; vgl. auch Abb. 18). Die meisten der aus Lösungen gezüchteten piezoelektrischen Kristalle bekommen leicht Risse und Sprünge, wenn sie zu großen Temperatur-Unterschieden ausgesetzt werden. Auch EDT muß nach Beendigung der Züchtung langsam auf Raumtemperatur heruntergetempert werden. Noch wichtiger ist diese Maßnahme für Salze wie $Li_2SO_4 \cdot H_2O$, die im Verdampfungskristallisator nach ROBINSON [419] (Nr. 45; Abb. 137) bei wesent-

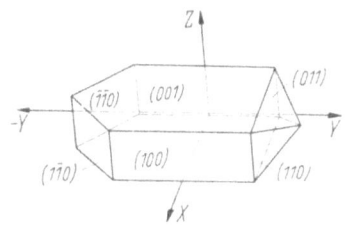

Abb. 136. Äthylendiamin-tartrat-Kristall (EDT).
Symmetrie: monoklin-C_2; polare Achse ist die horizontale Y-Achse; Hauptwachstumsflächen $(1\bar{1}0)$ und $(\bar{1}\bar{1}0)$ nach KLIER und SHAKI [418].

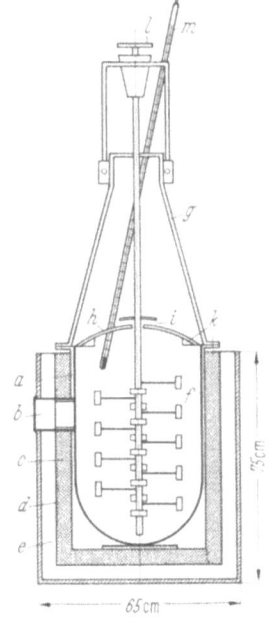

Abb. 137. Verdampfungskristallisator nach ROBINSON [419].
a Glasbehälter; b Fenster; c Wasserbad; d Kupferblech; e Filz-Isolierung; f Kristallträger; g Kondensationsglocke; h Deckel mit Dampfauslaß; i Dampfauslaß; k Kondenswasser-Rinne; l Motor; m Thermometer.

lich höherer Temperatur (80—85 °C) gezüchtet werden als EDT. NEUHAUS [412] empfiehlt für diesen Fall, die Mutterlauge am Ende der Züchtung abzusaugen und die Zuchtkörper im Kristallisator selbst oder in Paraffinöl, das auf Zuchttemperatur gebracht wurde, behutsam herunterzutempern. Wichtig ist auch, daß keine Mutterlauge am Kristall haften bleibt und keine spontane Nachkristallisation in der Grenzschicht erfolgt, weil sonst der klare Kristall mit einer trüben Schicht überzogen wird. Lithiumsulfat-Monohydrat hat, wie Abb. 131 ausweist, einen schwach negativen Temperaturkoeffizienten der Löslichkeit, so daß die Züchtung nur durch Verdampfungskristallisation möglich ist. Dazu beschickt man den Kristallträger (f in Abb. 137), der ähnlich konstruiert ist wie der Träger in Abb. 134, mit Impflingen und füllt den Kristallisator mit gesättigter und sorgsam filtrierter Li_2SO_4-Lösung, die innerhalb von 7 bis 8 Stunden auf Temperaturen von 80° bis 85 °C gebracht und danach für die gesamte Dauer der Züchtung auf dieser Temperatur belassen wird. Die an der luftgekühlten Kondensationsglocke g niedergeschlagenen Brüden werden als Kondenswasser im rinnenförmigen Ringspalt k aufgefangen; ist die Verdampfungsgeschwindigkeit zu hoch, so läuft diese Rinne in den Zuchtbehälter über. Nur bei Züchtungstemperaturen oberhalb von 50 °C ist die lineare Wachstumsgeschwindigkeit ausreichend. Beim raschen Aufheizen zu Beginn des Verfahrens werden die Impflinge zwar wunschgemäß angelöst, aber es besteht die Gefahr ihrer Auflösung, wenn die Verdampfung nicht rechtzeitig einsetzt und die Untersättigung nicht schnell genug in Übersättigung übergeht. Es gibt nur wenige andere Substanzen, die als Einkristalle durch Verdampfungskristallisation gezüchtet wurden. Nach Angaben von RES, RUSAKOV und STOIKOV [420] wird Guanidin-Al-sulfat-hexahydrat $\{[C(NH_2)_3]Al(SO_4)_2 \cdot 6\,H_2O\}$ aus gesättigten wäßrigen Lösungen bei Temperaturen von 40—45 °C bei einer günstigsten Wachstumsgeschwindigkeit von 1,5 mm/d gezüchtet, so daß es 28 Tage dauert, bis ein Einkristall von 234 g entstanden ist. Die gleichen Autoren geben an, daß Sorbit-Hexa-Acetat $[C_6H_8O_6(COCH_3)_6]$ in einer bei 60 °C gesättigten Lösung von 96% Äthanol und 5 g/l KOH mit Wachstumsgeschwindigkeiten von 2—3 mm/d in der y-Achse und von 0,4 bis 0,6 mm/d in der z-Achse gezüchtet wurde. Die Kristalle sind ähnlich wie ADP prismatisch und nach der z-Achse orientiert (vgl. Abb. 135).

Von den bislang besprochenen Züchtungsverfahren, die unter Atmosphärendruck ablaufen, unterscheidet sich wesentlich die Hydrothermal-Züchtung bei überkritischen Drucken und Temperaturen des Wassers. Man greift zu dieser Methode, deren sich die Natur während der Erdgeschichte in großem Maße bedient hat, wenn die Wasser-Löslichkeit eines Stoffes bei tieferen Temperaturen und Drucken nur gering ist. Das am besten durchgearbeitete Beispiel stellt die Züchtung von Quarz (β-Quarz, Tiefquarz, SiO_2) dar. Wie das auf die grundlegenden Untersuchungen von NACKEN [122] und KENNEDY [124] zurückgehende Löslichkeits-Diagramm (vgl. Abb. 21) zeigt, bedarf es eines Druckes in der Größenordnung von 1000 at, um von den Löslichkeitsanomalien in der Nähe des kritischen Punktes freizukommen. Nach NACKEN [122] gibt es zwei wesentlich verschiedene Züchtungsmethoden: Isotherme Kristallisation, bei der man von der gegenüber dem Kristall höheren Löslichkeit des Quarzglases Gebrauch macht (diese ist bei 400 °C und 2000 at etwa 10mal größer, nämlich 15 g/l anstatt 1,5 g/l), und Kristallisation nach dem Temperatur-Differenz-Verfahren mit körnigem oder pulverfeinem Tiefquarz als Nährsubstanz. Das erste Verfahren hat den Nachteil, daß es infolge der großen Löslichkeit des Quarzglases mitunter zu spontaner Keimbildung kommt, so daß das zweite Verfahren sicherer ist, wenn auch dort der spontanen Keimbildung durch organische (Na-Oleat) bzw. anorganische Zusätze vorgebeugt werden muß. Für das Temperatur-Differenz-Verfahren, das beim Quarz auf SPEZIA [421] zurückgeht, benutzt man längliche Autoklaven [422] (Nr. 46; Abb. 138), an deren Boden sich die Nährmasse befindet, während die Quarz-Impflinge darüber an einer Aufhängevorrichtung befestigt sind. Zwischen Nähr- und Wachstumszone ist ein Strömungshindernis angebracht, das den freien Querschnitt auf mindestens 10 bis 20% reduziert. Da die Nährlösung unten auf Temperaturen von 410 bis 425 °C gehalten wird, während die Temperatur in der Wachstumszone mehr als 380 °C beträgt, entsteht ein Konvektionsstrom der heißen Lösung nach oben und der kälteren und schwereren Lösung nach unten. Das Strömungshindernis begrenzt den Austausch-Strom und ermöglicht einen höheren Temperaturunterschied zwischen Nährlösung und Wachstumszone, als er sonst möglich wäre. Als Nährlösung wird Wasser mit NaOH oder Na_2CO_3 benutzt. Nach WALKER [422] ist es vorteilhafter, Lösungen von NaOH (optimale Konzentration 0,5 mol/l) einzusetzen, weil dann die gezüchteten Kristalle viel klarer und durchsichtiger als aus Karbonat-Lösungen werden. Die Füllungsgrade des Autoklaven liegen zwischen 80 und 85 Vol.-% und die Arbeitsdrucke zwischen 1050 und 1250 at. Als Impflinge benutzte WALKER Platten von 3 mm Dicke, die parallel (10$\bar{1}$1) und (0001) geschnitten waren und einen Querschnitt von etwa 4×5 cm hatten. In einem Autoklaven von 9,5 cm ⌀ und 2,34 m Länge konnten bis zu 60 Impfkristalle untergebracht werden. Die linearen Wachstumsgeschwindigkeiten (hauptsächlich in Richtung

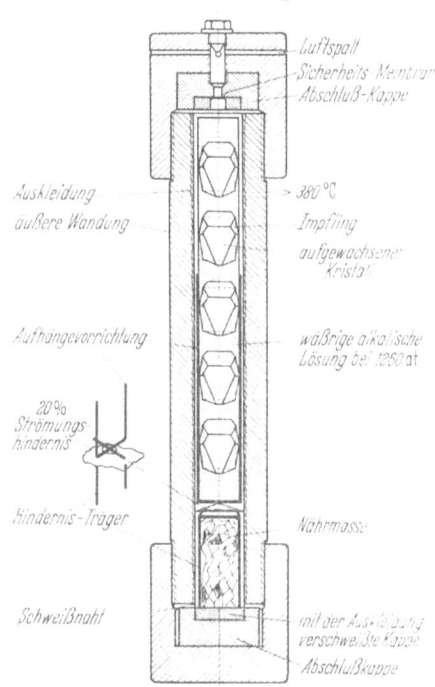

Abb. 138. Antoklav nach WALKER [422] zur hydrothermalen Synthese.

der c-Achse) lagen zwischen 0,38 und 1,14 mm/d, so daß sich Versuchszeiten zwischen 30 und 72 Tagen ergaben. 16 Kristalle mit insgesamt 4,5 kg konnten beispielsweise in 30 Tagen gezüchtet werden. Bei den oben aufgeführten hohen Drucken und Temperaturen stehen mit festem Quarz in NaOH-Lösungen zwei Phasen im Gleichgewicht, eine flüssige und eine gasförmige. WALKER [422] hat die Zusammensetzung dieser Phasen, nämlich ihren Gehalt an H_2O, Na_2O und SiO_2, in Abhängigkeit von der Normalität der benutzten NaOH-Lösungen untersucht. Einige der gefundenen Werte sind in Tab. 45 zusammengestellt.

Tabelle 45. *Zusammensetzung der mit festem Quarz im Gleichgewicht stehenden fluiden Phasen. Verwendung von NaOH-Lösungen, 400° C und 1000 at.*

Komponente	Zusammensetzung der *flüssigen Phase* in g bei einer NaOH-Lösung			Zusammensetzung der *Gasphase* in g bei einer NaOH-Lösung		
	1 n	0,5 n	0,25 n	1 n	0,5 n	0,25 n
H_2O	2,08	0,38	0,19	104,6	106,3	106,5
Na_2O	1,41	0,26	0,13	1,76	1,79	0,72
SiO_2	4,21	0,77	0,38	3,74	3,80	—

Die flüssige Phase enthält danach 27% H_2O, 18,3% Na_2O und 54,7% SiO_2, wohingegen in der Gasphase 95% H_2O, 1,6% Na_2O und 3,4% SiO_2 enthalten (gelöst) sind. Während bei einer 1-normalen NaOH-Lösung absolut genommen noch mehr SiO_2 in der flüssigen Phase enthalten ist als in der Gas-Phase, ist bei niedrigerer Normalität der Sachverhalt gerade umgekehrt.

LAUDISE und SULLIVAN [423] haben eine kleintechnische Versuchsanlage zur hydrothermalen Erzeugung von Quarz entwickelt. In Autoklaven von 150 mm Innen-Durchmesser, 95 mm Wandstärke und 2,75 m Länge wurde mit Wachstumstemperaturen von 345—360 °C und 40 bis 60 °C heißerer Nährzone unter Drucken von 1500 bis 2000 at gearbeitet. Die offene Fläche der als Hindernis zwischen beide Zonen geschalteten Lochplatte betrug 2 bis 3%. Die verwendeten NaOH-Lösungen waren 1- bis 1,2-normal. Von den Kristallflächen wächst die Basis-Ebene (0001) am schnellsten und nach dieser Ebene geschnittene Platten sind auch technisch als Oszillator-Platten am wichtigsten. Der Logarithmus der Wachstumsgeschwindigkeit ist linear von der reziproken absoluten Temperatur abhängig und nimmt linear mit der Temperatur-Differenz zwischen Nähr- und Wachstumszone zu. In der beschriebenen pilot plant konnten Wachstumsgeschwindigkeiten bis zu 1,5 mm/d erzielt werden. Die Temperaturen wurden am Boden und im Kopf mit Thermoelementen gemessen, die sich in tiefgehenden Bohrungen befanden, die Temperaturen oberhalb und unterhalb der Lochplatte wurden mit Thermoelementen gemessen, die an der Außenfaser des Druckgefäßes angebracht waren.

Trotz der günstigen Möglichkeiten, die die hydrothermale Synthese bietet, sind außer Quarz nur wenige andere Substanzen auf diese Weise so gründlich und erfolgreich gezüchtet worden, weil einerseits hohe apparative Anforderungen an die Autoklaven-Technik gestellt werden und andererseits die Phasenbeziehungen nicht einfach sind. STANLEY [424] züchtete $AlPO_4$-Einkristalle aus Mischungen von Phosphorsäure- und Natriumaluminat-Lösungen (in H_2O) bei Arbeitsdrucken zwischen 7 und 35 at und Wachstumstemperaturen zwischen etwa 150 und 200 °C. Die umgekehrte Löslichkeit des Stoffes erlaubt es, mit langsam ansteigender Temperatur (0,5 bis 1 °C/d) zu arbeiten. LAUDISE und KOLB [425] konnten Yttrium-Eisen-Granat ($Y_3Fe_5O_{12}$) aus 50%iger NaOH-Lösung züchten. Bei einer Lösetemperatur von 420 °C, einer Kristallisationstemperatur von 370 °C und einem Druck von 200 atm konnte eine lineare Wachstumsgeschwindigkeit von 0,08 mm/d in (111)-Richtung erzielt werden. LAUDISE, KOLB und CAPORASO [426] gelang es, große und fehlerfreie Einkristalle von ZnO hydrothermal zu züchten. Folgende andere Substanzen [94], [412] wurden hydrothermal als Einkristalle gezüchtet: Aluminiumarsenat ($AlAsO_4$), Beryll ($Al_2O_3 \cdot 3\, BeO \cdot 6\, SiO_2$), Kalkspat ($CaCO_3$), Glimmer, Korund ($Al_2O_3$), Eukryptit ($LiAlSiO_4$), Spodumen ($LiAlSi_2O_6$), Turmalin, Smaragd, α-Petalit, Hydroxylapatit, Feldspat, Kryolith (3 $NaF \cdot AlF_3$) und Topas ($Al_2SiO_4[F, OH]_2$) sowie $K(Ta, Nb)O_3(KTN)$ [427], TiO_2(Rutil), GeO_2, SnO_2 [428] und Yttrium-Aluminium-Granat ($Y_3Al_5O_{12}$) [429], der neodym-dotiert als Laser Verwendung findet.

b) Schmelzkristallisatoren. Schmelzkristallisatoren zeigen im allgemeinen einen wesentlich anderen Aufbau als Lösungskristallisatoren. Während Lösungen auf verschiedene Weise übersättigt werden können — nämlich durch Kühlen, Verdampfen, Evakuieren oder eine unmittelbar vorausgegangene Reaktion —, wird die Kristallisation aus der Schmelze in der Regel durch Kühlen (mitunter im Vakuum oder unter Inertgas) bewirkt. Außerdem liegt häufig — z. B. bei den Salzschmelzen — der Temperaturbereich der Schmelzkristallisation bedeutend höher als der der Lösungskristallisation, so daß schon aus Werkstoff-Gründen die apparative Anordnung in beiden Fällen verschieden sein muß.

α) *Schmelzkristallisatoren zur Erzeugung von Kristallisaten.* Das Kristallisat eines Schmelzkristallisators ist nur selten körnig. Man trifft eine Fülle verschiedener anderer Formen an, die u. a. Schuppen, Schollen, Pastillen, Schnitzel, Hörnchen (halbmondförmige Gebilde), Brocken und Klumpen umfassen. Beim kristallinen Erstarren aus der Schmelze ist die Keimbildung eines der wichtigsten Probleme. Wie in Kap. III C 1 erwähnt, muß die Temperatur der maximalen Keimbildungsgeschwindigkeit ermittelt und eingehalten werden. Der mechanischen Einwirkung auf die Schmelze, sei es durch Wischen und Kratzen, sei es durch Druckluftstöße, sowie dem Vorlegen von Impflingen kommt besondere Bedeutung zu. Dennoch gelingt es nicht immer, den Kristallisatoren ein vollkommen durchkristallisiertes Produkt zu entnehmen, so daß manchmal Nachkühlen, Kühlen während des Transportes oder Kühlen und Umwenden zu Beginn der Lagerung erforderlich sind. Ist das Produkt zwar durchkristallisiert aber von zu ungefüger Form, so wird eine anschließende Zerkleinerung (meist durch einen Brecher, seltener durch eine Mühle) notwendig, wobei natürlich darauf zu achten ist, daß die investierte Leistung nicht zu stark in Wärme umgesetzt wird und zum Wiederaufschmelzen des Gutes führt. Bei Substanzen, die zunächst glasig erstarren, wird nur

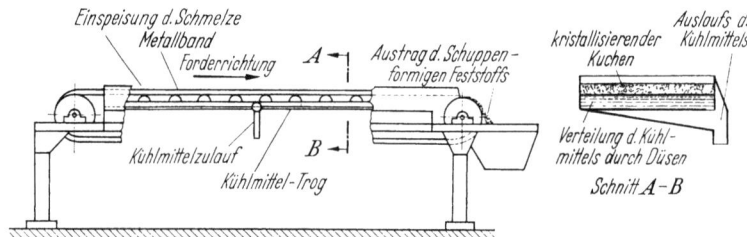

Abb. 139. Kristallisierband der Fa. Stahlwerke Sandvik AG. [430], [431], [432].

eine Formgebung erreicht; setzt dann Kristallisation außerhalb des Kristallisators ein, so können niedrigschmelzende Produkte wieder aufgeschmolzen werden, wenn nicht für Abführung der Kristallisationswärme während der Lagerung (z. B. mit Hilfe von Durchbelüftung) gesorgt wird. Die wichtigsten Schmelzkristallisatoren zur Erzeugung von Kristallisaten sind in Tab. 46 zusammengestellt. Sind kleine Mengen zu verarbeiten, so wird man der diskontinuierlich betriebenen Kristallisierwanne (Nr. 47) den Vorzug geben, die zwar geringe Anschaffungskosten hat, aber viel Handarbeit erfordert. Ein recht anpassungsfähiger Kristallisator stellt das Kristallisierband (Nr. 48) dar. Bei den Kühlbändern der Firma Sandvik [430], [431] befindet sich unterhalb der oberen Hälfte des Bandes ein Kältebad (Abb. 139). Das Kühlmittel wird durch Düsen verteilt. In einer anderen Anordnung [431] wird auf das Kältebad verzichtet und das Kühlmittel unmittelbar auf die Unterseite der oberen Bandhälfte gesprüht. Es gibt Bänder bis zu 60 m Länge (Abstand der Endtrommelmitten), die Bandgeschwindigkeiten betragen einige m/min (bis 15 m/min), die Schichtdicken liegen vielfach zwischen 3 und 15 mm. Abb. 140 zeigt die Abkühlungskurve für eine Schmelze von $Na_2SiO_3 \cdot 9\,H_2O$ im eigenen

1. Kristallisatoren für die einfache Kristallisation

Hydratwasser, die auf einem 32 m langen Band in Form von 30 bis 50 mm dicken Strängen kristallisiert wurde. Das charakteristische Verharren der Temperatur zwischen etwa 55° und 60 °C (Haltepunkt) ist auf das Freiwerden der Kristallisationswärme zurückzuführen. Bei dickeren Schichten (25—30 mm) ist es notwendig, das Band auch von oben zu kühlen. Die Pastillier-Maschine der Firma Gebr. Kaiser [433] erzeugt durch Verdüsen der Schmelze (Anordnung zahlreicher Düsen neben- und hintereinander) auf einem von unten mit Wasser, von oben mit Luft (Düsen) gekühlten Band sehr gleichförmige Pastillen konstanten Gewichts. SANDVIK [430] verwendet bei sehr beweglichen Schmelzen, die über die Bandkanten hinüberlaufen würden, im Bereich der vorderen Kühlzone Gummistauleisten. Ist die Keimbildungsgeschwindigkeit einer Schmelze zu niedrig, so kann man sich nach R. VETTER [434] bohnerartiger Wischer bedienen, die Impflinge aus dem Kristallisationsbereich in die Zulaufzone der Schmelze übertragen und durch ihre intensive Mischwirkung zu einer Vervielfachung der Keimzahl beitragen können, falls der Temperatur-Verlauf so abgestimmt ist, daß das Intervall der größten Keimhäufigkeit nicht zu rasch durchlaufen wird. Natürlich ist auch die Zugabe von anderem, verfügbarem Impfgut in einer Temperaturzone möglich, die dem Maximum der Keimbildungsgeschwindigkeit entspricht. Nach Untersuchungen von MAURER [435] ist bei photoempfindlichen Gläsern durch energiereiche Strahlung (ultraviolettes Licht, Röntgenstrahlen) Keimbildung zu erreichen. Auch bei organischen Stoffen, die zur Glasbildung neigen, kann das Verfahren mitunter Nutzen bringen. Zumindest mit UV-Licht läßt sich die Bandoberseite leicht bestrahlen. Die Dauer der Strahlungs-Einwirkung ist wesentlich. Immerhin kann man bei einer Bandlänge von 60 m und einer Bandgeschwindigkeit von 1 m/min eine Erstarrungszeit von 1 h erzielen. Zuvor muß aber, vor allem bei organischen Stoffen, geklärt werden, ob die Bestrahlung nicht unerwünschte Nebenreaktionen im Gefolge hat. In vielen Fällen zerreißt die Schicht bei der Umlenkung des Bandes, und die Bruch-

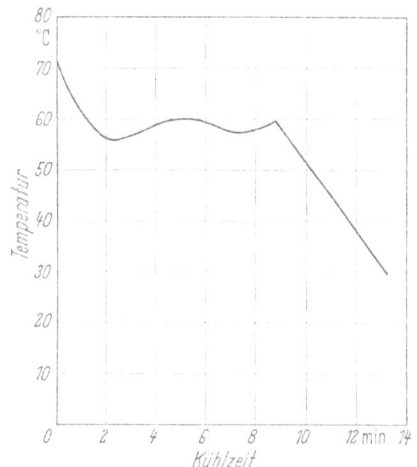

Abb. 140. Abkühlungskurve für $Na_2SiO_3 \cdot 9\,H_2O$ (Natriummetasilikat).
Kristallisierband der Sandvik AG. [430] 32 m Länge.

Tabelle 46. *Schmelzkristallisatoren*

Lfd. Nr.	Art des Kristallisators (Kristallisatortyp)	Beschreibung (Wirkungsweise)
47	Kristallisier-Wanne	Flacher Behälter, in dem die Schmelze durch Wärmeabgabe an die Atmosphäre oder Kühlung des Bodens erstarrt. Mäanderförmiger Pfad des Kühlmittels im Temperiermantel unter dem Boden. Auflockerung des Kristallisates durch Rechen oder Kratzer verbessert den Wärmeübergang und erhöht die spezifische Keimzahl. Vorlegen von Impflingen möglich und mitunter vorteilhaft.
48	Kristallisier-Band [430], [431], [432]	Endloses Band nicht zu großer Breite (bis 1,5 m), auf das die Schmelze gleichmäßig verteilt (z. B. verdüst) wird. Abkühlung durch darübergeblasene Luft oder ein unterhalb der oberen Hälfte des Bandes angeordnetes Kältebad (Abb. 139) oder durch unmittelbares Untertauchen des Bandes im Kältebad (Abb. 141). Animpfen der Schmelze durch bohnerartige, im 1. Abschnitt über das Band gleitende Wischer möglich. Zerbröckeln der Produkt-Folie nach Umlenkung des Bandes, aber auch Abnahme mit Schaber möglich.
49	Walzen-Kristallisator [432]	Gekühlte, meist hochglanzpolierte Trommel von der die kristalline Folie durch Schaber abgenommen wird. Benutzung von Tauchwalzen (Abb. 142) oder Zweiwalzen-Sumpfkristallisatoren (Abb. 143). Bei Schmelztemperaturen über 150 °C ist die Versprühung des Kühlmittels erforderlich. Bei stärker unterkühlenden Schmelzen Benutzung von (gekühlten) Auftragswalzen.
50	Teller-Kristallisator [432] (Abb. 144)	Rotierende und gekühlte, übereinander angeordnete, aber parallel geschaltete (betriebene) Teller werden kontinuierlich mit Schmelze beschickt, die im Laufe einer Drehung erstarrt. Der Feststoff wird vom Teller durch Schaber in eine Förderschnecke gekratzt, die ihn dem Entleerungsschacht zuschiebt. Mäanderförmiger Pfad des Kühlmittels unter dem Teller.
51	Kristallisier-Schnecke [437] (Abb. 145)	Meist waagrecht gelagerte, sich selbst abkratzende, in der Regel zu kühlende Schneckenspindeln schieben die erstarrende Schmelze durch einen gekühlten Zylinder zum Austrag. Durch Unterteilung des Kühlmantels kann die Kühlung abgestuft werden.

1. Kristallisatoren für die einfache Kristallisation

zur Erzeugung von Kristallisaten

Technische Daten	Hinweise (Vor- und Nachteile und dgl.)	Anwendungsgebiet
Meist Schichtdicken von 12 bis 25 mm. Abmessungen häufig orts- und zweckgebunden. Überwiegender Eigenbau.	Bei kleineren Chargen oder merklicher Änderung der Eigenschaften einzelner Chargen einsetzbar, weil kontinuierlicher Betrieb zu teuer kommt. Vorteil: Geringe Anschaffungskosten. Nachteil: hohe Betriebskosten.	Wie Nr. 48–50.
Abstand der Endtrommelmitten i. a. unter 45 m (Bänder von 60 m sind im Einsatz). Bandgeschwindigkeiten bis zu 15 m/min. Schichtdicken: 3 bis 15 mm. Für 25–30 mm starke Schichten doppelseitige Kühlung nötig. $k \approx 80$ kcal/m² h grd für 8 mm Schichtdicke	Vorteil: Kontinuierliche Arbeitsweise für Stoffe, die nicht zu langsam erstarren. Für stark haftende Stoffe ist das Tauchband günstiger, besserer Wärmeübergang.	$Na_2SiO_3 \cdot 9H_2O$, (Schmelze), NH_4NO_3, Chloride, Insektizide.
Sprühwasser-Kühlung bis zu Schmelztemperaturen von 540 °C möglich. $k \approx 250$ kcal/m² h grd für Hydratwasser-Salz von 80 °C Schmelztemperatur. $k \approx 300$ kcal/m² h grd für organische Stoffe (FP = = 130 °C).	Schichtdicken: 0,4–6 mm. $k = 300–400$ kcal/m² h grd für NaOH (FP: 318 °C). Für unterkühlende Schmelzen ist der Zwei-Walzen-Kristallisator besser geeignet.	Stearinsäure, NaOH, Trinitrotoluole, $MgCl_2 \cdot 6H_2O$, (Schmelze), Phthalsäureanhydrid, $Na_3PO_4 \cdot 12H_2O$
Bis zu 10 Böden können übereinander angeordnet werden. Höchstzulässige Schmelztemperaturen: 200–230 °C. k-Werte ähnlich wie bei Nr. 48	Gut geeignet für dickere Schichten und schwankende Erstarrungstemperaturen. Durch Aufsprühen von Kühlmittel zweiseitige Kühlung möglich.	Schwefel
Es werden Schnecken bis zu 250 mm Wellen-Durchmesser und mehreren m Länge benutzt. Spezifische Kühlfläche bis 5,7 m²/m Länge.	Optimale Kühlbedingungen und erforderliche Erstarrungszeiten müssen sehr genau eingehalten werden.	Stoffe, die nicht zu rasch (starke Konsistenz-Änderung), aber auch nicht zu langsam (fehlende Verweilzeit) erstarren.

stücke fallen leicht vom Band herunter. Haftet die Substanz jedoch ein wenig am Band, so bedient man sich eines Schabemessers zum Abkratzen der Schicht im Bereich der Umlenk-Trommel. Starkes Haften der kristallinen Schicht an der metallischen Unterlage bringt im allgemeinen, nicht nur beim Band, große Schwierigkeiten mit sich und ist der Krustenbildung bei der Kristallisation aus Lösungen vergleichbar. In solchen Fällen kann man sich durch Einsatz eines Tauchbandes [431], [432] helfen, das mittels zweier zusätzlicher

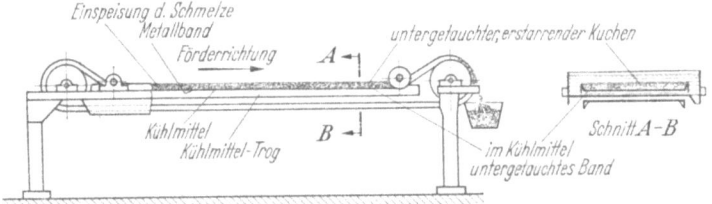

Abb. 141. Tauchband der Fa. Stahlwerk Sandvik AG. [431], [432].

Führungsrollen unmittelbar durch das Kühlmittel geführt wird, so daß die Haftung durch einen Kühlmittelfilm abgemildert und eine doppelseitige (allseitige) Kühlung erreicht wird (Abb. 141). Ein solches Verfahren der direkten Kühlung, das noch mannigfach abgewandelt werden kann (z. B. Aufsprühen des Kühlmittels auf die Bandoberseite), setzt aber voraus, daß das Kühlmittel inert ist, also nicht mit der Schmelze oder der kristallinen Schicht reagiert (z. B. durch Hydrolyse, Auflösung und dgl.). Während die Kristallisier-Wanne als Chargen-Apparat praktisch jede gewünschte Kristallisationszeit zuläßt und sich auf den kontinuierlichen Kristallisierbändern noch Zeiten bis zu größenordnungsmäßig einer Stunde erzielen lassen, ist die auf Walzenkristallisatoren für Erstarren und Durchkristallisieren zur Verfügung stehende Zeit erheblich geringer: Bei einer Drehzahl von 1 U/min — die Drehzahlen der meisten Walzenkristallisatoren sind von dieser

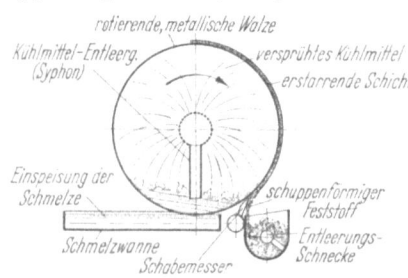

Abb. 142. Walzenkristallisator mit Schmelzwanne (Buflovak Equipment Div., Blaw-Knox Co. [432]).

Größenordnung und selten wesentlich niedriger — müssen Keimbildung und Kristallisation innerhalb einer Minute erfolgen und abgeschlossen sein. Walzenkristallisatoren sind daher ungeeignet für Substanzen, die zu starker Unterkühlung und beträchtlichem Kristallisationsverzug neigen. Man unterscheidet [432] den Kristallisator mit Tauchwalze (Abb. 142), die von innen gekühlt wird und sich während des Durchgangs durch die mit heißer Schmelze gefüllte Tauchwanne mit einem Film überzieht, und den Zweiwalzen-Sumpfkristallisator (Abb. 143), bei dem die Schmelze einen Sumpf in dem von den beiden gekühlten Walzen gebildeten oberen Zwickel bildet. Für unterkühlende Schmelzen ist der Zweiwalzen-Sumpfkristallisator besser geeignet als die Tauchwalze, bei der die Filmbildung unter diesen Umständen Schwierigkeiten bereitet, sofern man nicht eine gekühlte Auftragswalze benutzt. Die Sprühwasser-Kühlung, wie sie die Abbildungen 142 und 143 zeigen, ist unerläßlich, wenn die Schmelztemperaturen 150 °C überschreiten. Mit dieser Anordnung ist es möglich, bis zu Schmelztemperaturen von 540 °C zu arbeiten. Nach HOLLAND-MERTEN [436] gibt es Kristallisierwalzen bis 12 m² Kühlfläche; man kann mit einer mittleren Gesamtwärmedurchgangszahl

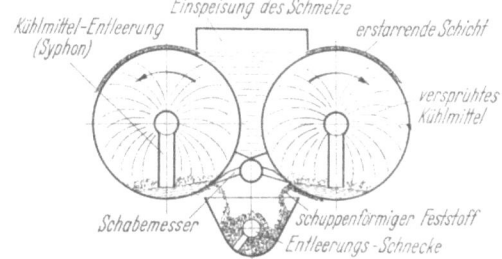

Abb. 143. Zweiwalzen-Sumpfkristallisator (Buflovak Equipment Div., Blaw-Knox Co. [432]).

von $k = 300$ kcal/m² h grd rechnen. Nach Angaben in Perry's Chemical Engineers Handbook [432] hängen die pauschalen k-Werte von Art und Temperatur der behandelten Schmelze ab: Während man für ein bei 80 °C im eigenen Hydratwasser schmelzendes Salz 250 kcal/m² h grd zu Grunde legen kann, steigt der k-Wert auf 300 kcal/m² h grd für organische, bei etwa 130 °C schmelzende Stoffe und beim relativ hoch schmelzenden Ätznatron (NaOH; FP = 318 °C) lassen sich k-Werte bis 400 kcal/m² h grd erreichen. Die Schichtdicken liegen zwischen 0,4 und 6 mm, und CHATY und O'HERN [340] halten spezifische Kristallisationsgeschwindigkeiten von 25—50 kg/m² Kühlfläche und h für möglich. Kristallisierwalzen und Walzenstühle haben dem Kristallisierbad gegenüber den Vorteil geringeren Flächenbedarfs, den sie mit dem Tellerkristallisator (Abb. 144) teilen, bei dem man durch Anordnung einer Reihe (bis zu 10) von rotierenden Tellern übereinander die meist zur Verfügung stehende Bauhöhe ausnutzt [432]. Die Teller werden parallel betrieben, also gleichzeitig mit Schmelze beschickt, so daß sich die verfügbare Kristallisationszeit nach der Drehzahl der Teller richtet. Die Größenordnung dieser Dauer beträgt etwa eine Minute. Der Tellerkristallisator erlaubt größere Schichtdicken und ist auch für Stoffe geeignet, deren Erstarrungstemperaturen schwanken. Da das Kühl-Prinzip dem des Bandes entspricht — im Grunde stellen die Teller eine raumsparende Variante des Bandes dar, die allerdings mit wesentlich höherem Aufwand für die gleichmäßige Verteilung von Schmelze und Kühlmittel sowie für das Ausbringen des Feststoffes erkauft wird —, sind auch die k-Werte annähernd die gleichen.

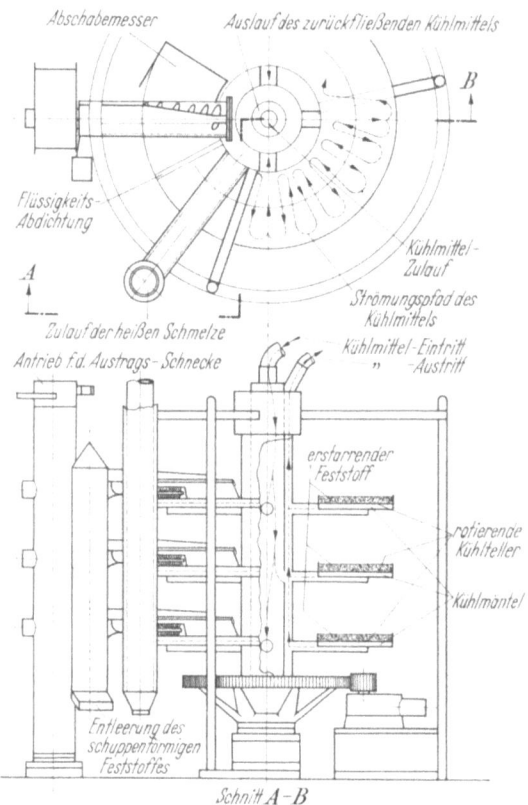

Abb. 144. Teller-Kristallisator (Buflovak Equipment Div., Blaw-Knox Co. [432]).

Kristallisierwanne, Kristallisierband und Kristallisierwalze sind offene Anordnungen, die man im allgemeinen nur kapselt, wenn es unumgänglich nötig ist, weil beispielsweise der Sauerstoff- oder der Feuchtigkeits-Gehalt der Atmosphäre schädlichen Einfluß ausüben. Diese Kapselung ist meist aufwendig. Demgegenüber stellt der Tellerkristallisator eine geschlossene Maschine dar, bei der dieser Nachteil entfällt, doch wird die Anordnung durch die Reihe der Austragsschnecken kompliziert, die der Zahl der erforderlichen Böden entspricht. Eine kompakte und geschlossene Maschine, in der nicht zu langsam erstarrende Schmelzen kristallisiert werden können, falls der Feststoff nicht zu stark am Metall haftet, sondern noch duktil bleibt, ist die in Abb. 145 dargestellte Schneckenmaschine nach ERDMENGER [437], bei der sich innerhalb eines gekühlten Gehäuses zwei (gegebenenfalls auch kühlbare) Gleichdrall-Schneckenspindeln gegenseitig abkratzen und dabei das Kristallisat zum Austrag fördern. Die Kristallisierschnecke ist ideal für sehr stark geruchsbelästigende Stoffe, die in kurzer Zeit nahezu durchkristallisiert werden können, aber noch bis zur Entleerung einen ,,Schmierfilm" aufweisen, der für gute Gleiteigenschaften sorgt. Bei der Kristallisierschnecke ist die Einhaltung

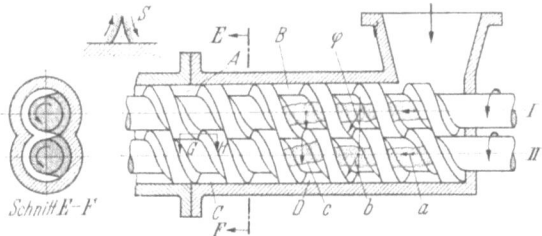

Abb. 145. Zweiwellen-Gleichdrall-Schnecke mit vollständigem Eingriff und mit gegenseitiger Abschabung der Wellen.
Zwischen A, B, C, D usw. besteht eine durchgehende Verbindung.
Die möglichen Stoffbewegungen sind im Prinzip:
a   rein axialer Schub eines starren, gleitenden Stoff-Körpers;
b   schraubenlinienartige Schleppung deformierbarer homogener Substanzen (z. B. zäher Flüssigkeiten);
c   rein tangentiale Mitnahme von auf den Schnecken festklebenden Stoffen mit kleiner Axialkomponente beim Übertritt von Welle I auf Welle II;
φ mittlerer Neigungswinkel zur Rotationsachse.
Mitnahme von Substanz im Dreiecksspalt S.
Entwicklung: Farbenfabriken Bayer AG., Leverkusen [437].
Herstellung: Werner & Pfleiderer, Stuttgart.

optimaler Kühlbedingungen besonders notwendig, weil ausreichende Keimbildung sichergestellt und Sorge dafür getragen werden muß, daß die investierte Leistung nicht zum Wiederaufschmelzen des Kristallisates führt. Da Schneckenmaschinen sehr viel häufiger für den entgegengesetzten Vorgang, nämlich das Aufschmelzen von Feststoffen, eingesetzt werden, mag es überraschen, sie unter den Kristallisatoren aufgeführt zu sehen. Aber die geschlossene Bauweise und die Erzeugung eines halbmondförmigen Produktes (,,Hörnchen"), das oft schon nach dem Ausbringen beim Fallen im Luftstrom völlig durchkristallisiert (nachhärtet), machen die Maschine dem Kristallisierband und dem Walzenkristallisator gegenüber konkurrenzfähig, wenn die Substanz stark riecht, aber eine ausreichende Menge von Keimen bei geeigneter Temperatur-Führung bildet.

β) *Schmelzkristallisatoren zur Züchtung von Einkristallen.* Die Methoden zur Züchtung von Einkristallen aus der Schmelze lassen sich in

Tiegelverfahren, tiegelfreie Verfahren und Hochdruck-Hochtemperatur-Verfahren aufgliedern. Bei den Tiegelverfahren unterscheidet man das Gradientenverfahren, bei dem entweder die Schmelze mit konstanter Geschwindigkeit durch die ortsfeste Zone eines steilen Temperaturgradienten bewegt (abgesenkt) wird oder bei dem die Zone dieses Gradienten selbst langsam und gleichmäßig längs der ortsfesten Schmelze wandert, und das Ziehverfahren, bei dem der entstehende und wachsende Kristall mit konstanter, aber kleiner Geschwindigkeit aus der ortsfesten Schmelze senkrecht herausgezogen wird. Eine Reihe wichtiger Kristallisatoren, die nach dem Gradientenverfahren arbeitet, ist in Tabelle 47 zusammengestellt. Probleme, die bei der Vergrößerung des zur Züchtung großer Fluorid-Einkristalle (LiF, NaF, CaF_2, MgF_2, PbF_2 und CdF_2 für IR- und UV-spektroskopische Zwecke, Cerenkov-Zähler und dgl.) sehr nützlichen Stockbarger-Zuchtofens [438] (Nr. 52; Abb. 146) auftreten, wurden von D. A. JONES, R. V. JONES und STEVENSON [439] behandelt. Von Bedeutung sind hier: Entwurf von Heizung und Tiegel, Lage von Energiezuführung und Temperaturgradient, Materialfestigkeit, Temperaturmessung, Kontrolle und Stabilisierung der zugeführten Energie, Reinheit und Überwachung der Ofen-Atmosphäre, Dehydrierung und Reinigung großer Substanzmengen (z. B. durch Sublimation) und Kontrolle der Kristall-Qualität durch Wahl von Heizgeschwindigkeit, Additiven und Wachstumsgeschwindigkeit sowie Kontrolle der Orientierung des Kristalls durch die Impftechnik. Am Beispiel eines Ofens von 200 mm Innen-Durchmesser und 250 mm Länge mit zwei Graphitheizungen (obere 14 kW, untere 7 kW) wird der Einfluß der einzelnen Variablen erläutert. Vor allem wird auf die im Schmelzbereich der Fluoride (1250—1450 °C) sehr wesentliche Abschirmung der Graphitheizung durch Schirme geringer Emission (Mo) oder Leitfähigkeit (Pulver, Wolle), hingewiesen. Während im Stockbarger-Zuchtofen Schmelze und Tiegel langsam durch die Zone des Temperatur-Gradienten abgesenkt werden, drückt man im Stöber-Zuchtofen [440] (Nr. 53; Abb. 147) die Schmelzisotherme T_s durch Regelung der Heizleistung der unteren Platte langsam nach oben. Die Stöbersche Halbschale ist besonders gut für die Züchtung von Kristallen mit einer ausgezeichneten Richtung größter Leitfähigkeit (z. B. Bi) geeignet, aber regeltechnisch schwerer zu beherrschen

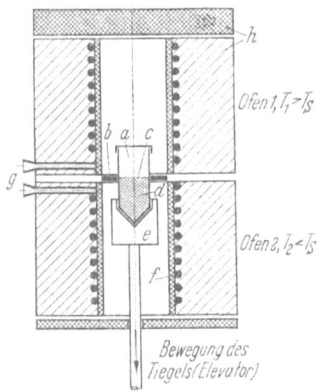

Abb. 146. Stockbarger-Zuchtofen [438].
a Schmelze; b Pt-baffle; c Wachstumsfront; d Kristall; e Tiegelbett (Sinterkorund); f Heizwicklung; g Thermoelemente; h Wärme-Isolation.

1. Kristallisatoren für die einfache Kristallisation 315

als der Stockbarger-Ofen. Die Nachteile des Stöber-Ofens, nämlich schwierige Keimbildung und Gefahr des Entstehens von Spannungen durch die Schalenwand, werden im Zuchtofen nach STÖBER-STRONG [441] (Nr. 54; Abb. 148) vermieden, der eine Kombination von Stockbarger-Ofen und Stöberschale darstellt und nach der Züchtung um 180° gekippt wird, so daß sich der Zuchtkörper vom Tiegel löst und auf dessen Deckel ruht.

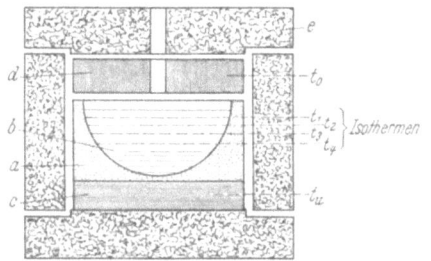

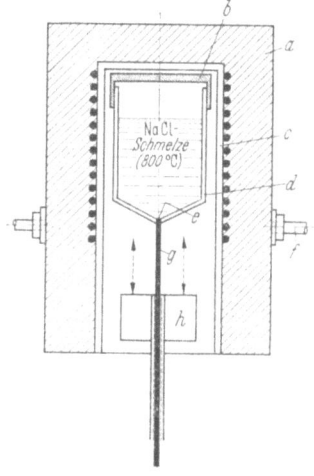

Abb. 147. Stöber-Zuchtofen [440].
a Wärmeschutzmasse; b Kristallisierschale; c Bodenheizung (t_u) bzw. -Kühlung; d Hauptheizung t_o; e Isolation.

Abb. 148. Zuchtofen nach STÖBER-STRONG [441].
a Wärmeisolation; b Wärmekappe zugleich Kristallbett; c Korund-Becher mit Heizwicklung; d Schmelztiegel (Fe, Ni, Pt); e Impfstelle; f Drehzapfen; g Kühlstange für Impfung; h Kühlkörper für Regelung des Temperatur-Gradienten.

Die zwei wesentlich verschiedenen Anordnungen, deren sich die Ziehverfahren bedienen, sind in Tabelle 48 aufgeführt. Nach LAUDISE [442] sind die Ziehverfahren die am häufigsten benutzbare Technik der Einkristallzüchtung aus Schmelzen. Sie haben nämlich den Vorteil, daß die Kenntnis von Phasengleichgewichten keine unerläßliche Voraussetzung der Züchtung ist. Als neue ziehbare Einkristalle,

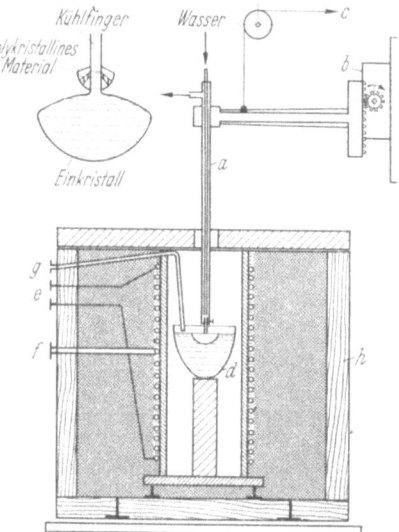

Abb. 149. Nacken-Kyropoulos-Verfahren nach A. NEUHAUS, G. NITSCHMANN und K. RECKER [443].
a Impfträger; b Hebevorrichtung; c Gegengewicht; d Schmelztiegel; e Heizung; f Regelelement; g Kontrollelement; h Aluminium-Folie.

Tabelle 47. *Schmelzkristallisatoren zur Züchtung*

Lfd. Nr.	Art des Kristallisators (Kristallisatortyp)	Beschreibung (Wirkungsweise)
52	Stockbarger-Zuchtofen [438] (Abb. 146)	Ein heißer ($T_1 > T_s$) oberer und ein kälterer ($T_2 < T_s$) unterer Ofen umschließen einen vertikalen, durchgehenden zylindrischen Hohlraum, in dem ein nach unten zugespitzter Schmelztiegel mit der Substanz langsam abgesenkt wird. An der Trennfuge zwischen den Öfen schränkt ein Ring aus Platin (Pt-baffle), an dem ein sehr steiler Temperatur-Gradient liegt, den Querschnitt ein. Eine Sonderform ist als Vakuumofen ausgebildet für Substanzen, die luft- und feuchtigkeits-empfindlich sind.
53	Stöber-Zuchtofen [440] (Abb. 147)	Ein Schmelztiegel von der Form einer Kugelkalotte wird in Material von möglichst der gleichen Wärmeleitfähigkeit wie die Schmelze eingebettet und mit diesem zwischen zwei streng waagrechten Platten eingeschlossen. Die obere Platte wird wesentlich oberhalb der Schmelztemperatur gehalten. Die untere Platte wird zum Aufschmelzen so temperiert, daß die Schmelzisotherme T_s unterhalb des Schalenbodens liegt, dann wird die Heizleistung erniedrigt, T_s nach oben gedrückt, bis sich ein Keim gebildet hat, und schließlich wird die Temperatur immer weiter gesenkt, so daß T_s die ganze Schale nach oben durchwandert.
54	Zuchtofen nach STÖBER-STRONG [441] (Abb. 148)	Kombination der Kristallisatoren Nr. 52 und 53. Die Stöberschale ist durch einen ortsfesten Tiegel ersetzt. Die Schmelze wird mit Hilfe eines beweglichen Kühlblocks geimpft, der zur Kegelspitze des Tiegels hochgeschoben wird und nach der Keimbildung für die Wanderung der Schmelzisotherme T_s nach oben sorgt. Zur Vermeidung von Spannungen durch die Gefäßwand wird der Ofen nach der Züchtung um 180° gekippt und der Zuchtkörper so aus dem Tiegel gelöst, daß er nur noch auf dessen Deckel ruht.

die als Piezoelektrika und Lasermodulatoren, zum Teil auch als Ferroelektrika und harmonische Generatoren Bedeutung haben, werden von LAUDISE $LiNbO_3$, $LiTaO_3$, $Bi_4(GeO_4)_3$, $6\,Bi_2O_3 \cdot GeO_2$, $Ca_2Nb_2O_7$ und $LiGaO_3$ genannt. Der in Abb. 149 dargestellte Nacken-Kyropoulos-Kristallisator (Nr. 55) nach NEUHAUS, NITSCHMANN und RECKER [443]

1. Kristallisatoren für die einfache Kristallisation 317

von Einkristallen nach dem Gradientenverfahren

Betriebsdaten	Hinweise (Vor- und Nachteile und dgl.)	Anwendungsgebiet
Absenkgeschwindigkeiten unter 2, meist um 1 mm/h. Größte Kristalle im Vakuumofen: 15 cm ⌀ und 15 cm Höhe. Größte Kristalle im normalen Ofen: 20 cm ⌀ und 20 cm Höhe. Temperaturgradient soll möglichst groß sein (LiF: $T_1 = 930\,°C$, $T_s = 870\,°C$, $T_2 = 810\,°C$).	Vorteil: Temperaturkonstanz beider Ofenteile und konstante Absenkgeschwindigkeit technisch vollkommen erreichbar. Nachteile: Sehr reines Ausgangsmaterial nötig, Entfernung und Heruntertempern des fertigen Kristalls, Keimauslese nicht völlig sicher.	LiF und CaF_2 (Vakuumofen); NaCl, KCl, KBr, KJ, AgCl, TlBr, TlJ, Anthracen, Stilben, Naphthalin.
Züchtung von 3–4 kg schweren, gut gewachsenen Einkristallen aus $NaNO_3$, KNO_3, NaCl und Bi. Genügend hohe Temperatur der oberen Platte ist wesentlich; aber nur völlige Durchkristallisation möglich, wenn auch die Temperatur der oberen Platte langsam gesenkt wird.	Vorteil: Einfaches und universelles Verfahren. Nachteile: Wie bei Nr. 52 und regeltechnisch schwieriger zu handhaben. Bessere Impfung mit einer an den Schalenboden angeschweißten Metallnadel.	Gut geeignet für Kristalle, deren Wärmeleitfähigkeit in einer kristallographischen Achse sehr viel größer als in anderen Achsen ist: $NaNO_3$, Bi, Zn und Eis.
Züchtung von 3–4 kg schweren Einkristallen.	Die Nachteile des Kristallisators Nr. 53, schwierige Keimbildung und Entstehen von Spannungen im Kristall durch die Wandung, sind beseitigt.	NaCl, KCl, KBr, KJ.

stellt eine Weiterentwicklung und Verbesserung der Zuchtapparate dar, die NACKEN und KYROPOULOS unabhängig voneinander gefunden hatten. Ein Kristallzucht-Ofen der Arthur D. Little, Inc. (Cambridge, Massachusetts, USA), nämlich das ADL-Modell MP [444], ermöglicht die Züchtung von Einkristallen (Halbleiter, Metalle, Oxide, Alkalihalo-

IV. Technik der Kristallisation

Tabelle 48. *Schmelzkristallisatoren zur Züchtung*

Lfd. Nr.	Art des Kristallisators (Kristallisatortyp)	Beschreibung (Wirkungsweise)
55	Nacken-Kyropoulos-Kristallisator [443] (Abb. 149)	Ein wasserdurchflossener Kühlfinger, an dessen Spitze sich der Impfkristall befindet, taucht in die in einem Tiegel erhitzte Schmelze ein und wird langsam und gleichmäßig nach oben gezogen, so daß die mitgeführte Schmelze in der kälteren Umgebung allmählich einkristallin erstarrt. Die Schmelze wird überhitzt, also auf einer Temperatur $T_1 > T_s$ gehalten, der Kühlfinger hat eine Temperatur $T_2 < T_s$. Die für das Wachstum wirksame Unterkühlung beträgt $(T_s - T_2)$.
56	Czochralski-Kristallisator [445] (Abb. 150)	Langsames und gleichmäßiges Herausziehen eines kapillaren Impfhäkchens aus der Schmelze, die überhitzt $(T > T_s)$ sein muß. Die Temperatur der Impfspitze muß unter der Schmelzisotherme (T_s) liegen. Bedecken der Schmelzoberfläche mit einem Glimmerblättchen (Vermeidung von Keimbildung). Seitliche Kühlung des entstehenden Kristalldrahtes. Ziehgeschwindigkeit muß auf die Tragfähigkeit der Impfkapillaren und die lineare Wachstumsgeschwindigkeit der sich vorschiebenden Kristallfläche abgestimmt sein.

genide) sowohl nach dem Bridgman-Stockbarger-Verfahren (Gradienten-Verfahren) als auch nach dem Ziehverfahren. Die Ofenkammer ist ein doppelwandiger, wassergekühlter Behälter aus rostfreiem Stahl (≈ 200 mm Innendurchmesser), die Tiegel (aus Graphit oder Edelmetall z. B. Ir, Rh) sind 63,5 mm tief und haben einen Innen-Durchmesser von 50 mm; sie sind im Standard-Fall mit Induktions-Heizungen ausgerüstet. Die „Zieh-Köpfe" lassen sich mit vorgeschriebener Geschwindigkeit (3 bis 1500 mm/h) vertikal auf- und abwärts bewegen, unabhängig davon sind Rotationsgeschwindigkeiten von 0,5 bis 17 U/min bei Wahl der Drehrichtung möglich. Die erreichbare Temperatur ist von der Art der Heizung abhängig; mit der Induktions-Heizung kann man bis mindestens 1750 °C gelangen. Das verfügbare Druck-Intervall reicht von 10^{-5} Torr bis 5,3 kp/cm². Die Drehung des Tiegels beim Bridgman-Stockbarger-Verfahren (Gradientenverfahren) und des Kristalls beim Ziehverfahren ist ein wichtiges Hilfsmittel, um asymmetrisches Wachstum des Kristalls, das durch nicht vollkommen symmetrische Temperaturverteilung des Ofens verursacht wird, zu vermeiden.

1. Kristallisatoren für die einfache Kristallisation

von Einkristallen nach dem Ziehverfahren

Betriebsdaten	Hinweise (Vor- und Nachteile und dgl.)	Anwendungsgebiet
Ziehgeschwindigkeit ≤ 2 mm/h. Für zahlreiche Substanzen sind Anordnungen günstig, in denen der Kühlfinger rotiert oder in denen Kühlfinger und Tiegel, aber mit unterschiedlicher Drehzahl, rotieren. Kristalle bis zu $25 \times 25 \times 25$ cm von NaCl.	Nachteile: Wachstumsvorgang theoretisch kompliziert, streng gleichförmiger Wachstumsvorschub schwierig realisierbar. Vorteile: Schmelze überhitzt und dünn, Wachstum von oben nach unten. Wachstum vor Erreichen der Tiegelwand beendet.	NaCl, KCl, KBr, KJ, TlBr, TlJ, CsBr, Tl-aktiviertes KJ und NaJ, Ag-aktiviertes NaCl, $KTaO_3$ (KT), $K(Ta{\sim}0{,}35, Nb {\sim}0{,}65) O_3$, Naphthalin.
Verwendung von Seidenfäden und Edelmetalldrähten als Kristallträger. Erzeugung von Kristallen mit $0{,}2-1$ mm ⌀ und maximal 19 cm Länge. Ziehgeschwindigkeiten von 90 bis 140 mm/min.	Vorteile: Verfahren leicht zu handhaben ohne Kenntnis von Phasengleichgewichten. Wichtige Begrenzungen: Substanz muß kongruent schmelzen, darf nicht flüchtig sein und nicht mit dem Tiegelmaterial reagieren.	Pb, Al, Bi, Sn, Zn, Rb, Cd. [Rubin, GaAs, Saphir, $Y_3Al_5O_{12}$, Se, Aluminium-Granate der Seltenen Erden, $LaAlO_3$].

Zur Einkristallzüchtung nach dem klassischen Czochralski-Verfahren [445] (Nr. 56; Abb. 150) zieht man anstatt eines Kühlfingers mit Impfkristall wie beim Nacken-Kyropoulos-Verfahren ein kapillares Impfhäkchen aus der Schmelze. Die Ziehgeschwindigkeiten der entstehenden Kristalldrähte liegen erheblich über denen des Nacken-Kyropoulos-Verfahrens. CZOCHRALSKI zog Drähte aus Blei, Zink und Zinn von 0,2 bis 1 mm Durchmesser mit Geschwindigkeiten von $90-140$ mm/min. Wohl wurde das klassische Czochralski-Verfahren von MARK, POLANYI und SCHMID [446] verbessert, die ebenso wie von GOMPERZ [447] den Kristalldraht seitlich mit inertem Gas (N_2,

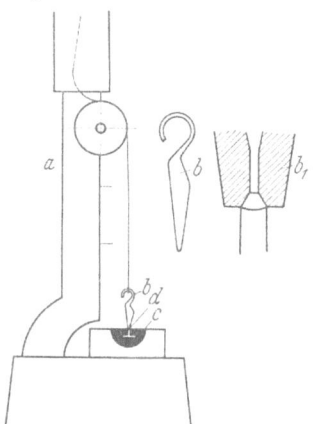

Abb. 150. Ziehverfahren für Einkristalldrähte nach CZOCHRALSKI [445].
a Zuchtaggregat; *b* Impfhaken; b_1 Spitze des Impfhakens mit kapillar haftendem Drahtende (stark vergrößert); *c* Schale; *d* Kristall.

CO_2 und dgl.) kühlten, aber einer weiteren Anwendung des Verfahrens war die fehlende Rotation abträglich, die sich nur durch Drehen des Tiegels sicher erreichen läßt. Im angelsächsischen Schrifttum wird das Ziehverfahren mit rotierendem Kühlfinger, das hier als Nacken-Kyropoulos-Verfahren bezeichnet wurde, meist Czochralski-Verfahren genannt. Die in Tab. 48 unter Nr. 56 in Klammern aufgeführten Substanzen wurden am rotierenden Kühlfinger gezogen, aber als nach dem Czochralski-Verfahren gezüchtete Einkristalle bezeichnet. CHARVAT, SMITH und NESTOR [448] züchteten Rubine von 25 mm $\emptyset$ und 625 mm Länge bei Ziehgeschwindigkeiten zwischen 6 und 25 mm/h und Drehzahlen von 10—60 U/min. STEINEMANN und ZIMMERLI [449] gelang es, vollkommen fehlstellenfreie Einkristalle von Galliumarsenid (maximal 15 mm $\emptyset$) bei anfänglichen Ziehgeschwindigkeiten von 6 bis 12 mm/h und späteren von 30 bis 48 mm/h zu züchten. BARDSLEY und COCKAYNE [450] benutzten während der Züchtung von Aluminium-Granaten der Seltenen Erden Ziehgeschwindigkeiten von 1—5 mm/h und bei Saphiren bis zu 10 mm/h; die Drehzahlen der Kristalle lagen zwischen 0 und 80 U/min. Zentimetergroße Kristalle des hexagonalen, thallium-dotierten Selens konnten KEEZER und WOOD [451] bei Ziehgeschwindigkeiten bis 2,5 mm/h und Drehzahlen bis 100 U/min erhalten. KESTIGIAN und HOLLOWAY [452] züchteten bei Ziehgeschwindigkeiten von 2,5—10 mm/h und Drehzahlen von 35—85 U/min Einkristalle des $Y_3Al_5O_{12}$ von 7,5 mm $\emptyset$ und 35—50 mm Länge. MILLETT, BRICE, WHIFFIN und WHIPPS [453] benutzten zur Züchtung von chrom- und lithium-dotierten Zinkwolframat eine Ziehgeschwindigkeit von 7,5 mm/h und eine Drehzahl von 100 U/min. LAUDISE [442] weist darauf hin, daß Temperaturschwankungen (z. B. ± 10—30 °C mit Frequenzen von 10—20 min^{-1} beim Ziehen von CaF_2 nach Beobachtungen von MUELLER und WILHELM [454] sowie von WILCOX und FULMER [455] durch Verminderung des vertikalen Temperaturgradienten in der Schmelze und durch Anbringen von Reflektoren und Nachheizern um den Kristall merklich verringert werden können. UTECH und FLEMINGS [456] konnten zeigen, daß Magnetfelder von 250 Gauß Stärke und darüber thermische Schwankungen reduzieren und die unangenehme „Bänderbildung" an der Kristalloberfläche unterdrücken. LAUDISE führt den Einfluß des Magnetfeldes auf eine Erhöhung der Schmelzviskosität zurück. Das älteste der tiegelfreien Verfahren, das sich durch große Flexibilität und Anpassungsfähigkeit auszeichnet, ist (vgl. Tab. 49) das Flammenschmelzverfahren [457] nach VERNEUIL (Nr. 57; Abb. 151). Dieses Verfahren, das 1902 von VERNEUIL [458] entwickelt und später hauptsächlich im Bitterfelder Werk der I. G. Farbenindustrie [459] zur Erzeugung synthetischer Edelsteine benutzt wurde, hat, wie NEUHAUS [460] betont, eine Reihe von Verbesserungen

1. Kristallisatoren für die einfache Kristallisation

durchlaufen, die sich im wesentlichen auf einen Ersatz des Hammerwerks für die Dosierung des Zuchtpulvers durch einen elektromagnetischen Vibrator (50 Hz), äußerst genaue Regelung der Gaszufuhr und sorgsamste Keimauslese durch geeignete Koppelung von Ausspitzung des heißesten Teiles des Flammenkegels und Absenken des Kristallträgers (Abb. 152) bezieht. Die nachteilige Blasenbildung, die auf Überhitzung der herabfallenden Schmelztröpfchen oder der Kristall-

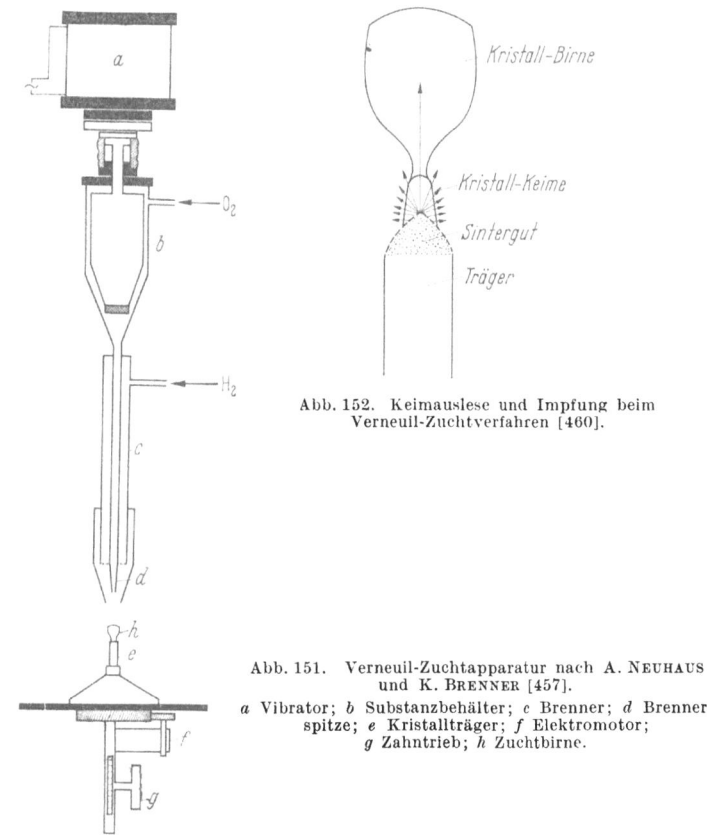

Abb. 152. Keimauslese und Impfung beim Verneuil-Zuchtverfahren [460].

Abb. 151. Verneuil-Zuchtapparatur nach A. NEUHAUS und K. BRENNER [457].
a Vibrator; *b* Substanzbehälter; *c* Brenner; *d* Brennerspitze; *e* Kristallträger; *f* Elektromotor; *g* Zahntrieb; *h* Zuchtbirne.

oberfläche zurückzuführen ist, kann man durch geeignete Temperatureinstellung und Rotation des Kristalls vermeiden. Viel Mühe hat man darauf verwendet, die Gasflamme durch andere Heizungsarten zu ersetzen, weil es häufig erforderlich ist, Kristalle im Vakuum oder unter Schutzgas zu züchten. KECK, LEVIN, BRODER und LIEBERMANN [461] benutzten eine Induktionsheizung, aber nach dieser Methode (tip fusion) konnten bislang nur polykristalline „Birnen" erhalten werden. Das Flammenschmelzverfahren liefert i. a. birnen-

322   IV. Technik der Kristallisation

förmige Einkristalle bis zu 2 cm dick und 5 cm lang oder Einkristallstäbe von 50 cm Länge und einigen mm Dicke oder schließlich Scheiben bis 12 cm ⌀ [94]. LA RUE und HALDEN [462] bedienen sich als Heizquelle des durch Spiegel konzentrierten Lichtes des Kohlebogens (im angelsächsischen Schrifttum arc-image furnace genannt), der ausreichend hohe Temperaturen liefert und in beliebiger Atmosphäre brennt. Da die Lebensdauer der Kohle kurz im Vergleich zur Züchtungsdauer ist, muß man mit zwei wechselweise betriebenen Kohlebögen arbeiten. REED [463] entwickelte das Verfahren des Hochfrequenz-Plasmabrenners, nach dem die elektrische Energie elektrodenlos in das Arbeitsmedium eingekoppelt werden kann. Durch den Wegfall der Elektroden wird auch deren Angriff durch die Arbeitsatmosphäre, der beim elektroden-gekoppelten Plasmabrenner sehr

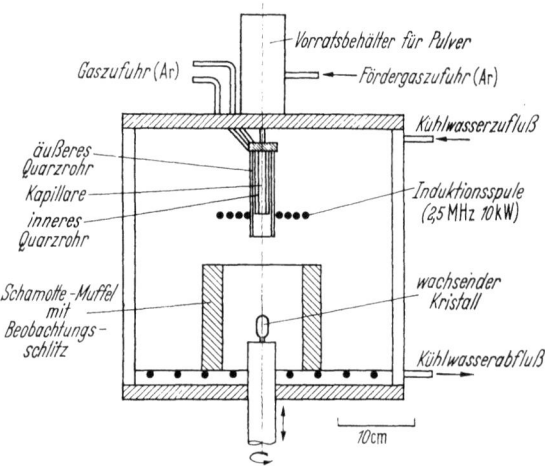

Abb. 153. Schema der Verneuil-Einkristall-Zieheinrichtung mit Hochfrequenz-Plasmabrenner im Forschungsinstitut Manfred von Ardenne [464].

nachteilig war, ausgeschaltet. Nach v. ARDENNE [464] lassen sich mit diesem elektrodenlosen Brenner Temperaturen bis 15000 °K erzeugen. Er konnte bei einer Ziehgeschwindigkeit von 25 mm/h und 90%-iger Ausbeute Korundkristalle von 13 mm Durchmesser und 35 mm Länge züchten, deren Oberfläche nicht den typischen Seidenschimmer zeigte, sondern wasserklar war oder opalähnlich aussah. Die Korngröße des jeweils zuzuführenden Pulvers hängt von Wärmeaufnahmevermögen, Dampfdruck und Dichte der Substanz ab, liegt aber beträchtlich über der des alten Verneuil-Verfahrens. WENCKUS [465] beurteilt den elektrodenlosen Plasmabrenner (s. Abb. 153) skeptisch, ,,weil es schwierig, wenn nicht unmöglich ist, die Temperaturen unter Kontrolle zu halten". A. D. LITTLE, Inc. [465] benutzt in ihrem Zuchtofen als

1. Kristallisatoren für die einfache Kristallisation

Heizquelle eine 10 kW Xenon-Lampe mit den zugehörigen parabolischen Reflektoren, die eine Beheizung des Gutes von zwei Seiten ermöglichen, so daß Temperaturen über 2400 °C erreicht werden können. Die von der Firma Philips (Eindhoven) entwickelten Xenon-Lampen haben eine Lebensdauer von etwa 1500 h. O'BRYAN und O'CONNOR [466] berichteten über die Züchtung von $Y_3Al_5O_{12}$ mit Hilfe eines Xenon-Lichtbogens. Die Xenon-Lampe hat neben der langen Lebensdauer den Vorteil kontinuierlicher Arbeitsweise, einfachen Aufbaus und einfacher elektronischer Regelung. REISS [467] machte einen Vorschlag für die meß- und regeltechnische Überwachung des klassischen Flammenschmelzverfahrens nach VERNEUIL. VERGNOUX, GIORDANO und FOEX [468] konstruierten einen Sonnenofen von 2,5 kW und züchteten bei Ziehgeschwindigkeiten bis zu 30 mm/h (optimal: 10 mm/h) und Umdrehungszahlen von 1—10 U/min Rutil-Einkristalle bis 30 mm Länge und 12 mm ⌀; die besten Exemplare hatten 8 mm ⌀ und waren 15 mm hoch. ALFORD und BAUER [469] züchteten Rubine und Saphire bei optimalen Ziehgeschwindigkeiten von 3—6 mm/h mit einem elektrodenlosen Plasmabrenner und wahlweise kapazitiver und induktiver Kopplung (Generator von 10 kW, Frequenz 5—50 MHz). Neben dem Verneuil-Verfahren hat als tiegelfreies Züchtungsverfahren

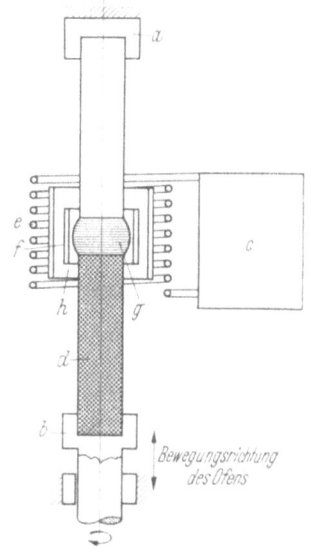

Abb. 154. Tiegelfreies Züchten von Einkristallen nach EMEIS-PFANN [470].
a festes Stabende; b drehbares Stabende; c Hochfrequenz-Generator; d Sinterstab (Ge, Si); e Induktionsofen; f Wolfram-Ringstrahler; g Schmelzzone; h Reflektor (geschlitzter Mo-Zylinder).

nur noch das Schwimmzonenschmelzen nach EMEIS-PFANN [470] (Nr. 58; Abb. 154) Bedeutung. Dieses in Kap. III C 2 und Tab. 49 erläuterte Verfahren ist von ähnlicher Flexibilität wie jenes. BARTHEL und SCHARFENBERG [471] bedienten sich des Elektronenzonenschmelzens, bei dem der Zonenschmelzstab als Anode geschaltet ist, und züchteten bei Zonengeschwindigkeiten zwischen 3 und 30 mm/min Einkristalle von Molybdän, das mit radioaktivem Wolfram dotiert war. Die Stäbe hatten einen Durchmesser von 4,5 mm, die Zonenlängen lagen zwischen 3 und 6 mm; die Stäbe wurden nicht gedreht. REED, GUBERMAN und BALDWIN [472] gelang es, Niob-Einkristalle von 4,8 mm ⌀ und 175 mm Länge unter Benutzung der Elektronenstrahlheizung zu züchten. Die Wanderungsgeschwindigkeit der Zone betrug 1,5 mm/min bei einem Druck von

Tabelle 49. *Tiegelfreie Schmelzkristallisatoren*

Lfd. Nr.	Art des Kristallisators (Kristallisatortyp)	Beschreibung (Wirkungsweise)
57	Flammenschmelzverfahren nach VERNEUIL [457] (Abb. 151)	Einer nach unten brennenden chemischen Flamme (meist Wasserstoff und Sauerstoff im wechselnden Mengenverhältnis) wird von oben feinstes Zuchtgut (<20 mµ) zudosiert, das in der Flamme schmilzt. Diese Schmelztröpfchen schlagen sich auf der Oberfläche des wachsenden Kristalls nieder, die sich in der unteren Zone der Flamme befindet. In dem Maße, wie sich die Schmelzzone verbreitert, wird der Kristallträger langsam und gleichmäßig abgesenkt, so daß die Phasengrenze ihre Lage innerhalb des Muffelofens behält, der die Wachstumszone gegen den Außenraum abschirmt. Kristallträger rotiert.
58	Schwimmzonenschmelzen nach EMEIS-PFANN [470] (Abb. 154)	Eine schmale Schmelzzone, die durch Kapillarkräfte zwischen den festen Teilen eines vertikal eingespannten und langsam rotierenden Stabes gehalten wird, wandert infolge langsamer und gleichmäßiger Bewegung der Heizung durch den Stab. Folgende Heizungsarten werden benutzt: Induktive Heizung und Elektronenstrahlheizung.

10^{-6} Torr. CLASS, NESSOR und MURRAY [473] züchteten nach dem Schwimmzonenverfahren mit dem Plasma einer Hohlkathode als Heizquelle Einkristalle von Al_2O_3, Y_2O_3 und TiO_2. Die Saphire hatten Stabdurchmesser von 3 und 4,5 mm. Der oben beschriebene Zuchtofen ADL-Modell MP der Arthur D. Little, Inc. erlaubt Reinigung und Kristallwachstum polykristalliner Stäbe von 6—9 mm ⌀ und 200 mm Länge. Einkristallstäbe kann man erzeugen, wenn man die Schmelze von der Verbindungsstelle eines Impflings mit dem polykristallinen Material ausgehen läßt. Alle bislang beschriebenen Verfahren setzten voraus, daß die Substanz das Erhitzen bis zum Schmelzpunkt und darüber verträgt. Dies ist jedoch häufig nicht der Fall. Bei hohen Temperaturen ist ferner die Temperatur-Regelung problematischer als bei tiefen, das Tiegelmaterial kann kritisch sein und beim Heruntertempern der fertigen Kristalle ist die Gefahr der Rißbildung nicht unerheblich. So ist es verständlich, daß die *Flußmittel-Verfahren* zunehmend an Bedeutung gewonnen haben, die es gestatten bei mitunter wesentlich tieferen Temperaturen zu arbeiten. WHITE [202] gab, wie in Kap. III C 4 erwähnt, einen Überblick über die aus Flußschmelzen gezüchteten Kristalle. Zu diesen gehören außer den ein-

1. Kristallisatoren für die einfache Kristallisation

zur Züchtung von Einkristallen

Betriebsdaten	Hinweise (Vor- und Nachteile und dgl.)	Anwendungsgebiet
Die Flamme wurde durch andere Heizungsarten ersetzt: Strahlungsheizung, Induktionsheizung, Hochfrequenz-Induktions-Plasmabrenner (mit und ohne Elektroden), Lichtbogen und Xenon-Lampe. Mit der Xenon-Lampe sind Temperaturen bis 2500 °C erreichbar, mit dem Plasmabrenner bis 15000 °C.	Vorteile: Weil kein Tiegel nötig ist, ist die Züchtung feuerfester Materialien möglich. Nachteile: Kontrolle von Temperatur und Gasatmosphäre bei Flammen schwierig. Beim Hochfrequenz-Induktions-Plasmabrenner Gasatmosphäre wählbar, aber Temperaturkontrolle schwierig.	Korund, Rubin, Saphir, Spinell, ($MgAl_2O_4$), Rutil (TiO_2), $CaWO_4$, $CdWO_4$, $SrTiO_3$, Mullit (3 Al_2O_3 · · 2 SiO_2) Mischkristalle: $NiO · Al_2O_3$, $CdO · Fe_2O_3$, $MgO · Fe_2O_3$.
Zone kann entweder auf- oder abwärts wandern; Silicium mit <1 ppm Verunreinigungen wurde erzeugt. Für Si maximale Zonenlänge 1,5 cm, Stabdurchmesser bis 25 mm. Ziehgeschwindigkeiten der Zone: 1−30 mm/min.	Vorteil: Das tiegelfreie Verfahren erlaubt eine Züchtung sehr reiner Materialien. Nachteil: Stabdurchmesser begrenzt, nur eine Zone kann pro Durchgang den Stab durchwandern.	Ge, Si, Mo, W. Ni, Ta, Rh, Ru. Co, Re, Pt, Jr. Fe, Cu, Ti, Zr. Nb, V.

fachen Oxiden eine Reihe komplexer Oxide, nämlich Perowskite, Wolframate, Molybdate, Borate, Spinelle, Granate und Silikate sowie folgende sauerstofffreie Verbindungen ZnS, SiC, Fe, Sn, B, Cu_5FeS_6, GaP u. a. mehr. Ähnlich wie bei der Lösungskristallisation (vgl. Kap. IV D 1 a η) unterscheidet man auch bei der Kristallisation aus Flußschmelzen Kühlungskristallisation (z. B. für ZnS, Ga_2O_3, ThO_2, CeO_2, TiO_2, $ThSiO_4$, ZnO), Kristallisation durch Verdampfen des Flußmittels (z. B. für $MgAl_2O_4$, MgO) und Kristallisation nach dem Temperatur-Differenz-Verfahren (v. LAUDISE und Mitarbeitern [474]) in die Verfahren der Züchtung aus Flußschmelzen eingeführt) (z. B. für CuCl, $Y_3Fe_5O_{12}$, $CoFe_2O_4$, TiO_2, Al_2O_3). Die Flußschmelzverfahren haben den Nachteil Tiegelverfahren zu sein, als hauptsächliche Vorteile führt WHITE [202] auf: Wachstum unterhalb des Schmelzpunktes des Gelösten, Züchten von Kristallen hoher Qualität möglich, Dotieren mit geeigneten Elementen leicht erreichbar, Mischkristalle (feste Lösungen) können gezüchtet werden, stöchiometrische Formen sonst schwierig zu erhaltender Kristalle (z. B. $MgAl_2O_4$) sind leicht zu züchten und Verfahren und Apparatur sind einfach und im Labor zu erstellen. Die Kühlungskristallisation kann selbst bei den langsamen Kühlungs-

IV. Technik der Kristallisation

Tabelle 50. *Hochdruck-Hochtemperatur-*

Lfd. Nr.	Art des Kristallisators (Kristallisatortyp)	Beschreibung (Wirkungsweise)
59	Druckkammer „The Belt" der General Electric nach HALL [482] (Abb. 156)	Dreiteilige Druckkammer, bestehend aus zwei konischen Kolben oben (a) und unten (nicht gezeichnet) und einem zwischen ihnen befindlichen toroidförmigen Ring („Belt")", dessen mittlerer Hohlraum ein als Widerstandsheizkörper dienendes Metall- oder Graphitrohr c zur Aufnahme der Substanz d enthält. Der „Belt" besteht aus einer Reihe aufeinandergeschrumpfter Ringe, um hohe Druckbelastbarkeit zu erzielen, und ist mit je zwei Pyrophyllittmanschetten b und einer kürzeren dazwischen liegenden Stahlmanschette auf jeder Seite gegen die ringförmige Hochdruckkammer abgedichtet. Stromzuführung zum Graphitrohr über die konischen Kolben und die Stahlscheiben ober- und unterhalb der Rohre. Die Sandwich-Dichtungen b aus Pyrophyllit sorgen für thermische und elektrische Isolierung der Probekammer gegenüber der Hochdruckkammer.
60	Würfelpresse der ASEA nach PLATEN [485] (Abb. 157)	In einem zylindrischen, zwischen den Abschlußplatten 1 und 2 befindlichen Niederdruckteil ist eine kubische Hochdruckkammer 3 eingeschlossen, die durch sechs gleiche Kugelsegment-Kolben 4 komprimiert wird. Die von der elastischen Kupferschale 5 umgebenen Kolben werden allseitig zusammengepreßt, indem durch Leitung 6 Wasser eingepumpt wird. Innerhalb der Hochdruckkammer 3 befindet sich ein elektrischer Heizstab 7 aus Graphit (Stromzuführung 8), der von einer Schicht 9 elektrisch isolierenden Materials (z. B. Bornitrid) umgeben ist. Nach außen schließt sich der Probebehälter 14 (die Zuchtkammer) an, der im sphärischen Hohlraum der kubischen Hochdruckkammer durch z. B. Speckstein 10 wärmeisoliert ist. Die Rippen 11 aus gehärtetem Stahl verhüten, daß die Kupferschale 3 zwischen die Kolben 4 gepreßt wird. Die Gummi-Auskleidung 12 dichtet den Niederdruckteil gegen die äußere Atmosphäre ab. Die Leisten 13 verhüten, daß der Gummi zwischen Zylinder und Abschlußplatten gequetscht wird.

1. Kristallisatoren für die einfache Kristallisation

Anordnungen zur Züchtung von Einkristallen

Betriebsdaten	Hinweise (Vor- und Nachteile und dgl.)	Anwendungsgebiet
Bei der Diamant-Synthese konnten Temperaturen von 2000 bis 3000 °C bei Drucken von etwa 100000 at über mehrere Stunden aufrecht erhalten werden.	Die Temperatur-Messung erfolgt im allgemeinen mit Thermoelementen (Einfluß des Druckes auf die Thermokraft nicht sehr groß). Zur Druckmessung werden Substanzen benutzt, die an Fixpunkten Umwandlungen erfahren. Polymorphe Umwandlung von Bi (24800 at), Tl (37000 at), Cs (43000 at), Ba (59000 at) bei 25 °C.	Synthese von Diamant in Schmelzen von Ni, Co, Fe, Mn, Cr, Ta; Synthese von Borazon (Kub. BN), Coesit (SiO_2 der hohen Dichte 3,01 g/cm³), Kyanit ($Al_2O_3 \cdot SiO_2$).
Die Schale 5 hat einen Durchmesser von ungefähr 52 cm. Der Niederdruckteil ist für maximal 6000 at, der Hochdruckteil für 100000 at. Synthese-Temperatur: 4000 °K. Volumen der Hochdruckkammer: 400 cm³. Kantenlänge der kubischen Hochdruckkammer: 7,5 cm.	Die Zuchtkammer der Würfelpresse, bei der 6 Kolben durch die Flächenmitten eines Würfels simultan und konzentrisch auf den Würfelmittelpunkt zustoßen, ist oft geändert worden. Um den Druck auf die Zuchtkammer zu konzentrieren, werden in die Würfelflächen sechs mit den Kolben koaxiale Löcher gebohrt und mit Steatit gefüllt, der die Krümmung der Isoliermasse 10 eliminiert.	Synthese von Diamant

328   IV. Technik der Kristallisation

geschwindigkeiten von 1—5 °C/h keine sichere Keimbildung gewährleisten, so daß dem Temperatur-Differenz-Verfahren besondere Bedeutung für die Züchtung aus Flußschmelzen zukommt, weil hier, ähnlich wie beim Hydrothermal-Wachstum (vgl. Tab. 44; Nr. 44), ein Impfkristall benutzt wird, den man zusätzlich rotieren läßt. Die Drehzahl ist eine kritische Einflußgröße. Auf der Internationalen Konferenz über Kristallwachstum in Boston (20./24. 6. 1966) war den Flußschmelzverfahren eine ganze Session (E) gewidmet. VAN UITERT und Mitarbeiter [442] haben Flußschmelzöfen größerer Abmessungen entwickelt. BONNER, DEARBORN und VAN UITERT [475] gelang es, Einkristalle von $K(Ta,Nb)O_3$ aus Schmelzen von K_2CO_3, Li_2CO_3 und Ta_2O_5 in einem Ofen von 0,18 m² Querschnitt (vertikale Muffel von 75 mm Innen-Durchmesser) zu züchten. In einem Tiegel von 200 mm Innen-Durchmesser und 250 mm Höhe züchteten GRODKIEWICZ, DEARBORN und VAN UITERT [476] Yttrium-Eisen- und Yttrium-Aluminium-Granat.

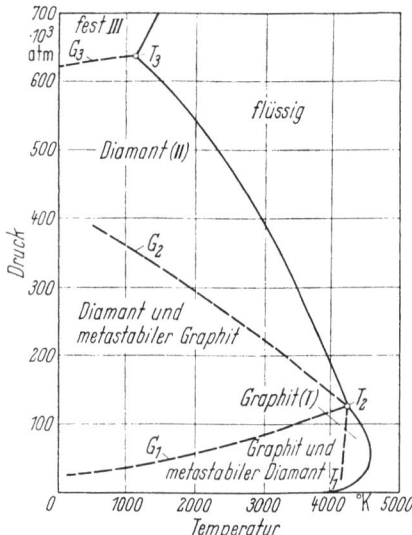

Abb. 155. Zustands-Diagramm des Kohlenstoffs nach BUNDY [481].

Die Flußschmelzverfahren nehmen eine Übergangsstellung ein zwischen den Züchtungen aus Schmelzen und aus Lösungen. In gleichem Maße gilt dies für die verhältnismäßig jungen Hochdruck-Hochtemperatur-Verfahren, die im Verlaufe der Diamantsynthese entwickelt wurden und die sowohl Züge der Schmelz- wie der Hydrothermaltechnik aufweisen. Der Tripelpunkt T_1 (s. Abb. 155) des Graphits, also der Zustandspunkt, in dem fester Graphit, flüssiger und dampfförmiger Kohlenstoff miteinander im Gleichgewicht stehen, liegt (vgl. auch Tab. 23) bei 4000 °K und 100 atm. Erst bei Drucken über 100 atm kann also neben festem und gasförmigem auch flüssiger Kohlenstoff auftreten. T_1 liegt nahezu auf der Abszissenachse von Abb. 155; die Dampfdruckkurve fällt bis 5000 °K fast mit der Abszissenachse zusammen. Die Grenzlinie G_1 zwischen den Stabilitätsbereichen von Graphit (unten) und Diamant (oben) ließ sich aus der seinerzeit von BERMAN und SIMON [477] ermittelten Kurve durch Extrapolation gewinnen; ferner wurde diese Linie durch Umwandlungen in verschiedenen katalytischen (also mit Metallen zur Katalyse der Diamant-

1. Kristallisatoren für die einfache Kristallisation

keimbildung versetzten) Metallschmelzen von BRIDGMAN [478] und GÜNTHER [479] sowie durch die von BRIDGMAN [480] untersuchte Graphitisierung von Diamant ohne Katalysatoren gut bestätigt. Die Schmelzdurckkurve des Graphits verläuft von T_1 aus nicht geradlinig sondern gekrümmt, so daß die Schmelztemperatur mit zunehmendem Druck ein Maximum (4600/4700 °K, 60/70 kbar) durchläuft und zum Tripelpunkt T_2 hin wieder abfällt. Auch die Schmelzdruckkurve des Diamanten weist eine ähnliche, aber noch stärkere Krümmung in das Gebiet tieferer Temperaturen auf [481]; schon TAMMAN soll einen solchen Verlauf der Schmelzdruckkurven vermutet haben. Explosionsdruckversuche im Bereich von 600 kbar (1 kbar = 1000 bar = 986,92 atm = 1019,7 kp/cm² = 1019,7 at) und über 1300 °K erbrachten eine Umwandlung des Diamanten in einem Feststoff (Gebiet III) vom metallischen Zustand, der 15 bis 20% dichter als Diamant sein soll. Zwei wichtige Hochdruck-Hochtemperatur-Anordnungen, die auch in der Geschichte der Diamantsynthese eine große Rolle gespielt haben, sind in Tab. 50 aufgeführt und beschrieben. Die lineare Presse „The Belt" [482] der General Electric (Nr. 59; Abb. 156) geht auf die grundlegenden und bahnbrechenden Arbeiten und Versuche BRIDGMANS [483] zurück, der zu konischen Kolben (a in Abb. 156) überging, um auch bei hohen Drucken die Bruchgefahr an den Kolben zu verringern.

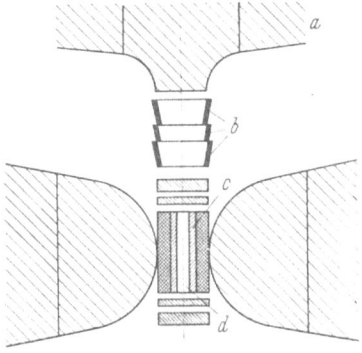

Abb. 156. Druckkammer „The Belt" der General Elektric nach HALL [482].

a konischer Kolben; b Sandwich-Dichtungen (Pyrophyllit-Manschetten); c Metall- oder Graphitrohr; d Substanzkammer.

Die von HALL eingeführte Sandwich-Dichtung (b in Abb. 156) ermöglicht eine größere Hubhöhe und vergrößert die Probekammer d gegenüber früheren Anordnungen. Das Metall- oder Graphitrohr c ist von einem Pyrophyllitmantel und den Pyrophyllit-Manschetten b umgeben und dadurch thermisch und elektrisch gegen die Druckkammer isoliert. Ohne dieses Material Pyrophyllit, $Al_2O_3 \cdot 4 SiO_2 \cdot H_2O$, wäre die Diamantsynthese nicht möglich gewesen. Pyrophyllit hat nach Angaben WENTORFS [484] eine Dichte von 2,8 gcm⁻³, eine Wärmeleitfähigkeit von $2 \cdot 10^{-3}$ bis $1,1 \cdot 10^{-2}$ cal/cm s grd und bei Raumtemperatur einen spez. elektrischen Widerstand von 85×10^6 Ω cm; der Schmelzpunkt liegt bei etwa 1400 °C. Bei den Synthesedrucken und Temperaturen schmilzt er jedoch nicht, weil der Schmelzpunkt mit dem Druck anwächst. Die Substanz ist nicht zu hart und steif, so daß sie sich zur Druckübertragung eignet. Mit „The Belt" gelang der General Electric die Diamantsynthese nach einer Bekanntmachung in der Presse am 15. 2. 1955. Die bei 53000 atm und Temperaturen zwischen 1300 und 2200 °C nach 16 h erhaltenen Diamanten waren 1,2 mm groß; bei 100000 atm und etwa 2700 °C entstanden in wenigen Minuten 500 µm große Kristalle (Oktaeder, 15% Verunreinigungen, darunter 0,2% Nickel).

Die Allgemeine Schwedische Elektrizitäts A.G. (ASEA) benutzte für ihre Diamantsynthese eine Würfelpresse [485] (Nr. 60; Abb. 157), bei der 6 Kugelsegmentkolben, die allseitig hydraulisch komprimiert

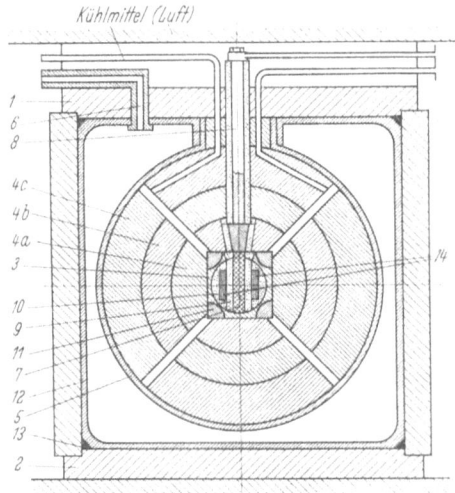

Abb. 157. Querschnitt (schematisch) der Würfelpresse der ASEA nach PLATEN [485].

1, 2 Abschlußplatten; *3* kubischer Körper aus Kupfer; *4a, b, c* Kugelsegment-Schalen; *5* Kupferschale; *6* Zuleitung des Wassers (Hydraulik); *7* Elektr. Heizstab (Graphit); *8* Stromzuführung; *9* Elektr. isolierendes Material (hexag. BN); *10* Wärmeisolierendes Material (z. B. Speckstein); *11* Rippen aus gehärtetem Stahl; *12* Gummi-Auskleidung; *13* Leisten; *14* Probebehälter.

werden (Niederdruckteil), durch die Flächenmitte eines Würfels simultan und konzentrisch auf den Würfelmittelpunkt zustoßen (Hochdruckteil). Nach einer Mitteilung von LILJEBLAD [486] soll die ASEA bereits 1953 bei 70000 atm und 3000 °C sandkorngroße Diamanten erhalten haben. Als elektrisch isolierendes Material (9 in Abb. 157) zwischen Graphit-Heizstab 7 und Probebehälter 14 wird Bornitrid (hexagonales BN) verwendet. Die technische Weiterentwicklung der Synthese-Anordnungen setzt sich vor allem das Ziel, größere Zuchtvolumina zu beherrschen. NEUHAUS [487] betonte, daß die Bedeutung der Diamantsynthesen in der Erschließung einer ganz neuen Höchstdruck-Höchsttemperatur-Chemie und der Erzeugung von Phasen liegt, die bislang nur in größeren Erdtiefen existenzfähig sind. So konnte [488] beispielsweise kubisches Bornitrid (BN, Borazon), eine Substanz so hart wie Diamant, erzeugt werden, die bis zu Temperaturen von 1900 °C in Luft stabil ist, wohingegen Diamant schon bei 850 °C verbrennt.

2. Fraktionierende Kristallisatoren

Anordnungen zur fraktionierten Kristallisation oder fraktionierende Kristallisatoren haben die Aufgabe, zwei nicht miteinander im Gleichgewicht stehende Phasenströme, nämlich in der Regel einen Feststoffstrom und einen Flüssigkeitsstrom, so lange und wirksam zu vermischen, bis das Phasengleichgewicht unter den gewählten Zustandsbedingungen ganz oder annähernd erreicht ist, und sodann für erneute und möglichst vollständige Trennung der in ihrer Zusammensetzung geänderten Phasen zu sorgen (vgl. Kap. III B 8). Die Bezeichnung „Strom" in dieser Definition weist auf ein kontinuierliches oder zumindest periodisches (kontinuierlicher Durchsatz einer Charge) Verfahren hin. Aber nicht alle fraktionierten Kristallisationen sind kontinuierlich oder periodisch; spezielle, schwierige Trenn- und Reinigungs-Probleme sind nur im Chargenbetrieb befriedigend zu lösen. Hier sind es bestimmte Mengen oder Bezirke (Zonenschmelzen) der festen und der flüssigen Phase, die miteinander in Stoffaustausch treten. In Tab. 51 sind zwei für die fraktionierte Kristallisation aus Lösungen wichtige Anordnungen zusammengestellt und beschrieben. Obwohl die Unterscheidung zwischen Kristallisation aus Lösungen und aus Schmelzen keine grundsätzliche ist und Übergänge (vgl. Flußmittel-Verfahren in Kap. IV D 1 b β) bestehen, was besonders für die fraktionierte Kristallisation gilt, ist diese Einteilung für die fraktionierenden Kristallisatoren beibehalten worden, weil zwar die meisten der später zu erläuternden fraktionierenden Schmelzkristallisatoren auch für Trennungen aus Lösungen herangezogen werden können, nicht in gleichem Maße jedoch die in Tab. 51 aufgeführten fraktionierenden Lösungskristallisatoren auch für Schmelzen geeignet sind. Bei wechselnden Konzentrationen der zu trennenden Mischung oder bei unterschiedlichen Kristallisationsbedingungen in den einzelnen Stufen, jedenfalls aber dort, wo der Verfahrensablauf durch Ziehen vieler Proben überwacht, mitunter angehalten und wieder nach Vollzug merklicher Korrekturen freigegeben wird, ist Chargenbetrieb unerläßlich und eine Kaskade von Rührwerksbehältern (Nr. 61), die nach dem jeweils zugrundegelegten Arbeitsschema (vgl. Abb. 41, 43 und 44) betrieben werden, ein universelles Hilfsmittel. Ein Beispiel dafür ist

Tabelle 51. *Fraktionierende*

Lfd. Nr.	Art des Kristallisators (Kristallisatortyp)	Beschreibung (Wirkungsweise)
61	Kaskade von Rührwerksbehältern im Chargenbetrieb	Absatzweises, meist in Rührkesseln (vgl. Nr. 7 A) ablaufendes Verfahren, bei dem jedes Kristallisat bis zur Beendigung der Fraktionierung mit einer bestimmten Mutterlauge neu versetzt und umkristallisiert wird und jede Mutterlauge zum Auflösen und Umkristallisieren eines bestimmten anderen Kristallisates dient. Die Zuordnung von umzukristallisierendem Kristallisat und der als „Lösungsmittel" zu verwendenden Mutterlauge richtet sich nach dem zugrundegelegten Arbeitsschema (vgl. Abb. 41, 43 und 44).
62	Teller-Kristallisator [491] („RBC") (Abb. 160)	Kolonne mit zahlreichen, sektorenartig durchbrochenen Böden, deren Durchbruchs-Sektoren gegeneinander versetzt sind und über die Wischer langsam gleiten, so daß die auf einem Boden sedimentierten Kristalle allmählich zum nächsten, darunterliegenden geschoben werden. Die den Kristallen entgegenströmende Lösung verarmt aufsteigend mehr und mehr an der leichterkristallisierenden Komponente, während die abwärts rieselnden und geschobenen Kristalle die leichterlöslichen Anteile (ihrer Oberfläche) verlieren.

die von POULOS, GREINER und FEVIG [489] berichtete großtechnische, absatzweise Gegenstrom-Kristallisation (Kristallisation nach planmäßiger Vereinigung zahlreicher intermediär anfallender Kristallisate und Mutterlaugen) zur Reindarstellung des Sexualhormons Stigmasterin. Aus Nebenprodukten bei der Gewinnung von Sojabohnen-Öl läßt sich durch Extraktion eine Sterin-Mischung erhalten, die 12 bis 25% Stigmasterin und größere Mengen gemischter Sitosterine, vor allem β-Sitosterin, enthält. Stigmasterin und β-Sitosterin unterscheiden sich durch eine Doppelbindung zwischen C 22 und C 23, die Stigmasterin besitzt und β-Sitosterin fehlt. Die Verbindungen sind sehr schwer voneinander zu trennen. Das Trennverfahren der Fa. Upjohn (Kalamazoo, Michigan), das eine 10-stufige Gegenstrom-Kristallisation aus einem selektiven Lösungsmittelgemisch (nämlich einer azeotropen Mischung von n-Heptan und 1,2-Dichlor-Äthan) umfaßt, liefert hohe Erträge an Stigmasterin großer Reinheit. Für diese fraktionierte Kristallisation nach dem Dreiecksschema (vgl. Abb. 41) kann man sich vorteilhaft einiger Begriffe aus der Extraktion bedienen.

2. Fraktionierende Kristallisatoren

Kristallisatoren für Lösungen

Technische u. Betriebsdaten	Hinweise (Vor- und Nachteile und dgl.)	Anwendungsgebiet
Die Betriebsdaten sind sehr wesentlich von den Eigenschaften des zu trennenden Systems (Feststoff-Gemisches) abhängig, so daß allgemeine Richtwerte nicht angegeben werden können.	Nachteil: Das Chargenverfahren erfordert eine Vielzahl von Behältern und einen genauen Zeitplan zur Vermeidung von Zeitverlusten. Vorteil: Anpassung an wechselnde Ausgangskonzentrationen und wechselnde Kristallisationsbedingungen in den Stufen gut möglich. Leichte Probenahme.	$BaCl_2/RaCl_2$, $BaBr_2/RaBr_2$, $BaCrO_4/RaCrO_4$; Isomerentrennung: cis/trans-Dinitrostilben, Zinkammonium-D,L-Lactat; Ausfrieren von Eis aus Obstsäften.
Die Anordnung, die die Sedimentation des Feststoffs zur Voraussetzung hat, wird technisch für andere Verfahren (z. B. Adsorption in Flüssigkeiten; Auslaugen oder Fest-Flüssig-Extraktion) genutzt; über technische Anwendung für die Kristallisation nichts bekannt. In Laboranordnungen waren einige theoretische Böden pro m Trennsäule erreichbar.	Vorteil: Kontinuierliche Anordnung mit Gegenstrom von Kristallisat und Lösung. Rücklauf an beiden Kolonnenenden möglich. Nachteil: Die Strömungsgeschwindigkeit der Lösung muß auf die Sedimentationsgeschwindigkeit der Kristalle abgestimmt werden.	$K_2S_2O_8/(NH_4)S_2O_8$ (Kalium-/Ammoniumpersulfat), $Ba(NO_3)_2/PbNO_3$ (Barium-/Bleinitrat).

Die Autoren definieren folgende Größen:

$$E_s = \frac{\text{Extraktionsfaktor des Stigmasterins } (s)}{} = \frac{\text{Masse } s \text{ im Filterkuchen}}{\text{Masse } s \text{ im Filtrat}} \quad (224)$$

$$E_{ns} = \frac{\text{Extraktionsfaktor des Nicht-Stigmasterins } (n\,s)}{} = \frac{\text{Masse } n\,s \text{ im Filterkuchen}}{\text{Masse } n\,s \text{ im Filtrat}} \quad (225)$$

$$\beta = \text{Trennbarkeit (nicht Trennfaktor)} = E_s/E_{ns} \quad (226)$$

$$Y_s = \frac{\text{Ertrag an Stigmasterin}}{} = \frac{(\text{Masse des Feststoffes im Kuchen})}{(\text{Masse des Feststoffes in der Einspeisung})} \times \quad (227)$$

$$\times \frac{(\% \text{ Stigmasterin darin})}{(\% \text{ Stigmasterin darin})}$$

$$Y_s = \left(\frac{E_s}{E_s + 1}\right)^N \text{ bei } N\text{-stufiger Kristallisation} \quad (228)$$

$$Q = \text{Qualität an Stigmasterin} = 100 \frac{\text{Masse } s}{\text{Masse } s + \text{Masse } n\,s}, \quad (229)$$

jeweils für Filterkuchen und Filtrat.

334   IV. Technik der Kristallisation

Eine einzelne Kristallisationsstufe umfaßt folgende Arbeitsgänge: Vermischen des Filterkuchens der einen Stufe mit dem Filtrat der anderen (oder mit frischem Lösungsmittel), Erwärmen auf 50 bis 60 °C, Abdestillieren des im Rohprodukt und in den Lösungsmitteln enthaltenen Wassers als ternäres Azeotrop mit Äthylenchlorid und

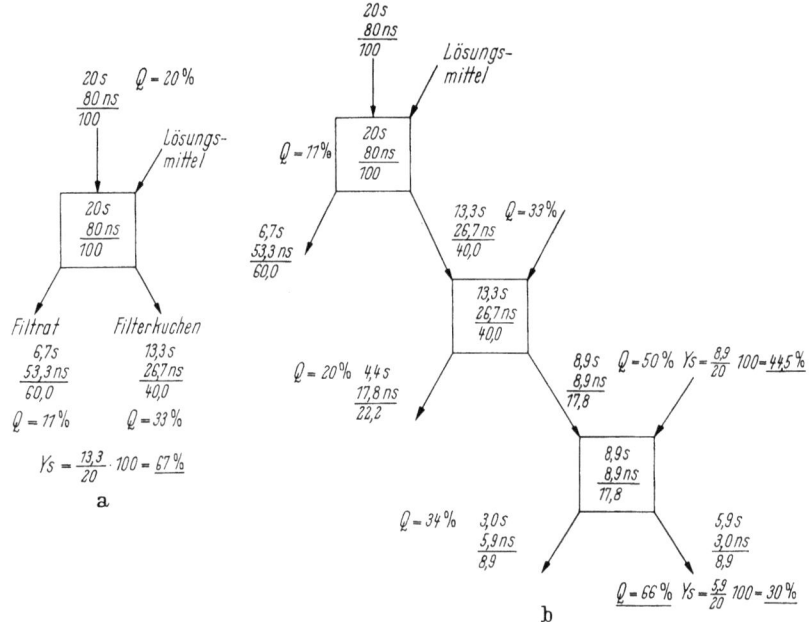

Abb. 158a. Einzelstufen-Kristallisation für Stigmasterin nach POULOS, GREINER und FEVIG [489].

Abb. 158b. Drei Verstärkungs-Stufen, einzelner Zyklus für Stigmasterin, nach POULOS, GREINER und FEVIG [489].

n-Heptan (Wasser vermindert nämlich die Selektivität der Lösungsmittelmischung in den Verstärkungs-Stufen), Abkühlen auf ∼30 °C, 1/2 h auf 30 °C halten, Trennung von Feststoff und Mutterlauge auf einem Druck-Drehfilter. Abb. 158a zeigt das Schema einer einzelnen Stufe; der Ertrag ist zwar hoch (67%), aber die Qualität noch gering (33%). In einer 3-stufigen Anordnung (Abb. 158b) läßt sich die Qualität auf 66% steigern, der Ertrag geht aber auf 30% zurück, weil die Stigmasterin-Gehalte der hier verworfenen Filtrate nicht klein sind. Verwertet man auch diese, wie im Dreiecksschema (Abb. 159) für einen stationären Zyklus gezeigt, so kann bei einem Ertrag von 88% ein Produkt mit 96,6% Stigmasterin gewonnen werden, während der verworfene Rückstand nur noch 2,8% Stigmasterin enthält. In der Einspeisungs-Stufe (Nr. 5 in Abb. 159) wird die erhitzte Lösung zur Entfernung unlöslicher Verunreinigungen zunächst klarfiltriert. In den

2. Fraktionierende Kristallisatoren 335

Abtriebs-Stufen wird die Selektivität des Lösungsmittels durch kontrollierte kleine Mengen von Wasser verbessert (nicht jedoch in den Verstärkungsstufen!). Das Druck-Drehfilter (Hersteller: Eimco Corp.,

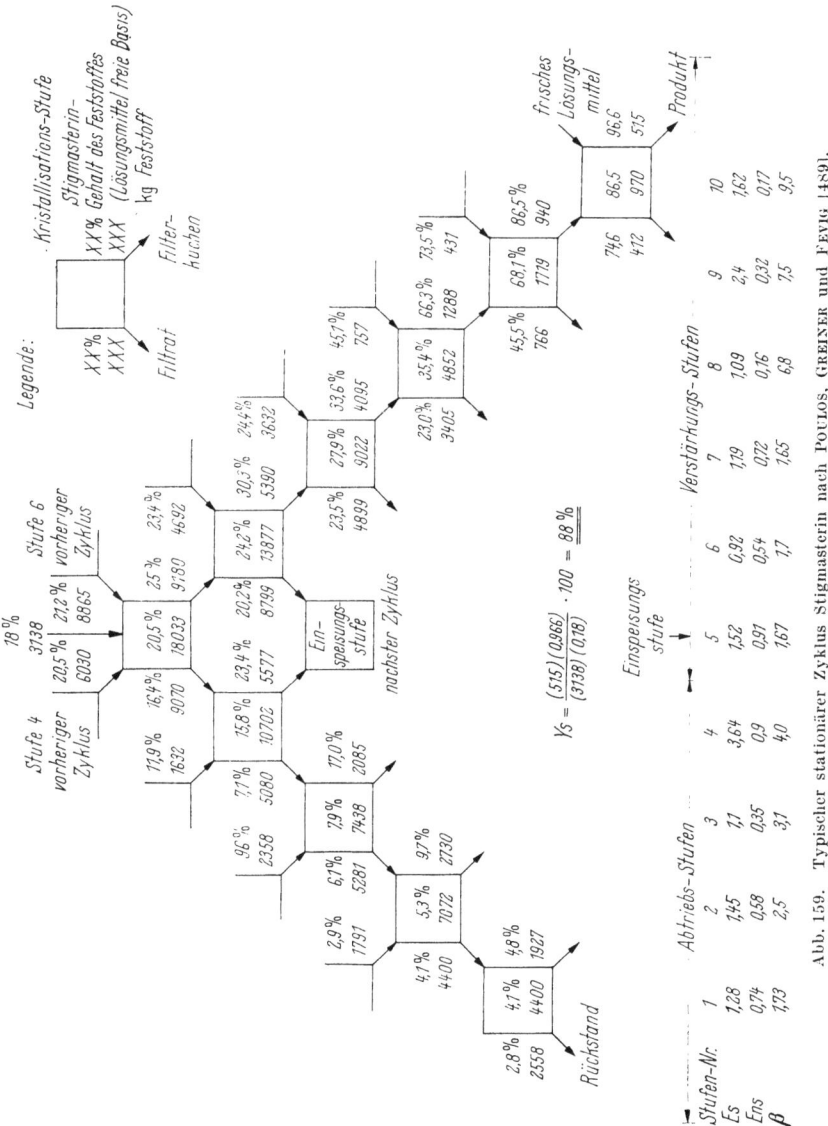

Abb. 159. Typischer stationärer Zyklus Stigmasterin nach POULOS, GREINER und FEVIG [489].

Salt Lake City, Utah) ist so konstruiert, daß es in seinem Bodenteil das Filtrat einer Stufe aufnehmen kann, dem später der Filterkuchen einer anderen Stufe zugemischt wird. Der Bodenteil ist daher mit

Propeller-Rührer und einer Heizschlange ausgerüstet. Dieser Kunstgriff ermöglicht es, 10 Kristallisations-Stufen in 5 Kesseln unterzubringen. Das bedingt die Einhaltung folgender Reihenfolge bei der Filtration: Stufe 10, 8, 6, 4, 2; 9, 7, 5, 3, 1; 10, 8, 4, 6, 2 usw. Das Verfahren arbeitet absatzweise, so daß genügend Gelegenheit gegeben ist, unerwartete Änderungen im Ablauf oder im Ausgangs-Material auszugleichen. Die Qualität wird infrarotspektroskopisch überwacht; Stigmasterin hat eine starke Absorption bei 10,26 μm. Die Kristallisierkessel (4 Behälter von je 38 m^3, 1 Behälter von 30 m^3 und 1 Behälter von 19 m^3) sind Rührwerkskessel mit innen angeordneten Kühlschlangen (Doppelschlangen; geschätzte Gesamtwärmedurchgangszahl 250 kcal/m^2 h grd). Schnellaufende Turbinenrührer sorgen für gute Umwälzung der Suspension; kleine Breiproben können nahe am Boden jedes Kessels entnommen werden. Der Speisungskessel hat 15 m^3 Fassungsvermögen. Ist das Ausgangsmaterial eingespeist, so geschieht jeder Materialtransport nur durch Pumpen, bis das Endprodukt anfällt. Das vom Drehfilter abgestreifte Endprodukt wird unmittelbar in einen konischen Taumeltrockner entleert. Der nach Abdestillieren des Lösungsmittels flüssige, teerartige Rückstand wird in Kippwagen entleert und erstarrt darin unter Kontraktion innerhalb einer Woche; die entstandenen Pyramidenstümpfe werden auf Halde gekippt. Die Alternative besteht in einer Änderung des Abtriebsverfahrens und anschließender Rekristallisation aus n-Heptan, wobei 50 Gew.-% des Rückstandes als β-Sitosterin gewonnen werden können. Der Brennpunkt der Anlage ist das kontinuierlich arbeitende Druck-Drehfilter (Filterfläche 10,5 m^2; Filtertrommel 1,8 m Durchmesser und 1,8 m lang; Tauchung 25—30% der Filterfläche; Druckkessel 3,5 m Durchmesser und 7,3 m hoch; Arbeitsdruck 3,5 atü; treibendes Druckgefälle 0,4—0,6 kp/cm^2; Teilchengrößen 150—500 μm; Restfeuchten des 25—35 mm dicken Kuchens etwa 50%). Es müssen 25 t Filterkuchen aus ≈250 m^3 Brei filtriert werden um 454 kg Stigmasterin zu erbringen. Die Filtrationsgeschwindigkeiten liegen je nach der Beschaffenheit des Kuchens, die von Stufe zu Stufe wechselt, zwischen 1,6 und 3,2 m^3/m^2 Filterfläche und h.

Eine kontinuierliche Anordnung, in der Kristallisat und Lösung im Gegenstrom zueinander geführt werden, stellt der Teller-Kristallisator dar, der aus einer Folge sektorenförmig durchbrochener Böden besteht, deren Durchbruchs-Sektoren gegeneinander versetzt sind; da jeder Teller oder Boden von einem Wischer immer wieder frei von sedimentierten Kristallen gefegt wird, ist im angelsächsischen Schrifttum die Bezeichnung rotating blade column (RBC) üblich. (Nr. 62; Abb. 160). Diese Kolonne wird nach Angaben von FOUST und Mitarbeitern [490] vielfältig, auch im technischen Maßstab, für

2. Fraktionierende Kristallisatoren

Verfahren eingesetzt, bei denen Feststoffe mit Flüssigkeiten in Stoffaustausch treten, z. B. für das Auslaugen (Fest-Flüssig-Extraktion) oder die Adsorption von Verunreinigungen in Flüssigkeiten durch geeignete Absorbentien. Über den Einsatz der Kolonne zur fraktionierten Kristallisation aus Lösungen ist bislang wenig bekannt geworden. WAGNER und MATZ [491] benutzten als Verstärkungssäule (im Sinne der in Kap. III B 8 gegebenen Definition) eine Labor-Kolonne mit 15 Tellern von 45 mm ⌀ (Länge der Trennzone: 520 mm) zur fraktionierten Kristallisation von $Ba(NO_3)_2$ aus wäßrigen Lösungen, deren Gelöstes wahlweise 50 Gew.-% $Pb(NO_3)_2$ und 50 Gew.-% $Ba(NO_3)_2$, 35%/65% oder 20%/80% enthielt. Wie Abb. 45 zeigt, ist $Pb(NO_3)_2$ die leichterlösliche und $Ba(NO_3)_2$ die leichterkristallisierende Komponente. Der Trennfaktor [vgl. Gl. (92)] des Systems

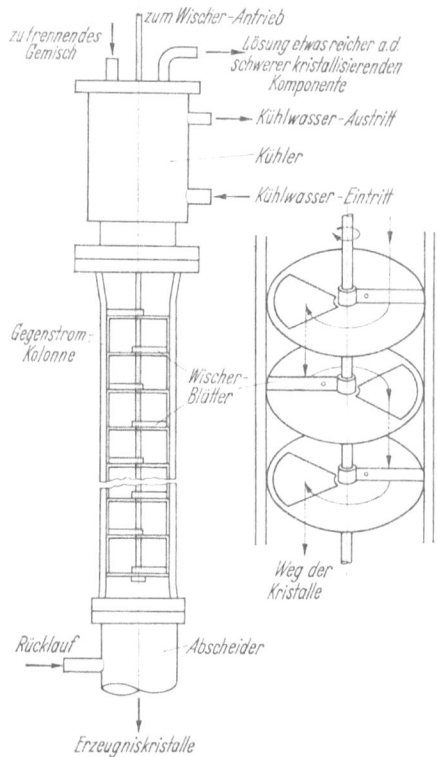

Abb. 160. Teller-Kristallisator (,,RBC'') [491].
Die Kolonne dient hier als Verstärkungssäule (vgl. Kp. III B 8 und Abb. 45). Eine vollständige Kolonne erfordert eine zusätzliche Kristallisations-Säule oberhalb der Einspeisung.

$$\varphi = \frac{[Pb(NO_3)_2 \text{ i. Gelösten d. Lg.}] \cdot [Ba(NO_3)_2 \text{ i. Kristall}]}{[Pb(NO_3)_2 \text{ i. Kristall}] [Ba(NO_3)_2 \text{ i. Gelösten d. Lg.}]} \qquad (92'')$$

ist verhältnismäßig hoch und nicht stark konzentrationsabhängig; man kann mit einem Mittelwert $\overline{\varphi} = 11{,}5$ rechnen. Im günstigsten Falle konnten 1,9 theoretische Böden erhalten werden. Wenn diese Bodenzahl, ähnlich wie bei Rektifikationskolonnen, der Länge der Trennzone proportional ist, dann ergibt sich eine Wertungszahl von 3,66 theor. Böden/m Trennsäule. Für den Bodenwirkungsgrad findet man

$$B = 100 \frac{1{,}9}{15} = 12{,}7\% \, . \qquad (230)$$

Dieser Bodenwirkungsgrad ist im Vergleich zu den Bodenwirkungsgraden kontinuierlicher Rotationskolonnen der Extraktion, bei denen

(z. B. im RDC, rotating disc contactor nach REMAN [492]) Werte von 30 bis 40% erreicht werden, verhältnismäßig gering, was auf den schwierigeren Stoffübergang zurückzuführen ist. Die Wischerdrehzahl der Kolonne betrug ungefähr 2 U/min, die Produktionsgeschwindigkeit konnte ohne merkliches Nachlassen der Produktreinheit nicht über 12 kg/m² Kolonnenquerschnitt und h gesteigert werden, und die mittlere Verweilzeit der Kristalle in der Kolonne lag unter 8 Minuten. Die Kolonne wurde zur Reinigung der durch Kühlungskristallisation (40° → 20 °C; der Rücklauf hatte 20 °C, der Zulauf an Ausgangslösung 40 °C) erhaltenen, bariumnitrat-reichen Kristalle eingesetzt, eine Anreicherung der oben überlaufenden Lösung in bezug auf $Pb(NO_3)_2$ war nicht beabsichtigt und fand auch kaum statt (nur Verstärkungssäule). Bei ,,Rücklaufverhältnissen'' von 10 und darüber lag der $Ba(NO_3)_2$-Gehalt des Kristallisates über 96 Gew.-%, wenn das Gelöste der Einspeisung 80 Gew.-% $Ba(NO_3)_2$ enthielt, bei 95,5 Gew.-%, wenn es 65 Gew.-% $Ba(NO_3)_2$ enthielt, und bei 93,5 Gew.-%, wenn es 50 Gew.-% $Ba(NO_3)_2$ enthielt. Als ,,Rücklaufverhältnis'' wurde das Verhältnis der im Gelösten der Rücklauflösung rückgeführten Menge an reinem $Ba(NO_3)_2$ zur Menge des Erzeugniskristallisates bezeichnet. (Streng genommen müßte das gelöste Erzeugniskristallisat, das weniger als 100% $Ba(NO_3)_2$ enthält, rückgeführt werden.) Das Kristallisat hatte Korngrößen von 20—80 µm. Die Food Machinery and Chemical Corp. (San José, Californien) bediente sich, wie aus einer Patenteröffnung [493] hervorgeht, der Gegenstromführung beider Phasen im leeren Rohr, was beim System Kalium-/Ammoniumpersulfat, dessen Gleichgewichtskurve noch wesentlich bauchiger als die in Abb. 45 ist, bei einer ,,Berührungs''-Dauer der Phasen von 1—2 Stunden und 90 bis 120 cm langen Trennsäulen zu guten Trennergebnissen führte. Die leichterlösliche Komponente ist in diesem Falle Ammoniumpersulfat, am Fuß der Trennsäule konnte reines Kaliumpersulfat abgezogen werden. Bei Raumtemperatur verhalten sich die Löslichkeiten von Ammonium- zu Kaliumpersulfat wie 10:1 in Wasser; die Löslichkeiten von $Pb(NO_3)_2$ und $Ba(NO_3)_2$ stehen im Verhältnis 5,8:1.

Die wichtigsten fraktionierenden Kristallisatoren für Schmelzen sind in Tab. 52 zusammengestellt. Das im Jahre 1952 von PFANN [190] entwickelte Zonenschmelzen (Nr. 63), sei es in der horizontalen (Abb. 161), sei es in der für organische Substanzen besser geeigneten vertikalen oder schließlich in der ringförmigen Anordnung hat sich als ein hervorragendes und recht universelles Hilfsmittel erwiesen, um aus vorgereinigten Stoffen Substanzen höchster Reinheit oder mit gleichmäßiger Verteilung der gewünschten Beimengungen zu gewinnen. Für Verteilungskoeffizienten $k < 1$, wenn sich also die Verunreinigung in der Schmelze anreichert, sollte die Breite der Schmelzzone höchstens

2. Fraktionierende Kristallisatoren

1/20 bis 1/10 der Stablänge betragen, wie in Kap. III C 2 schon erwähnt, während für den Zonenausgleich (Zone levelling), also die gleichmäßige Verteilung von Beimengungen längs des Stabes, breitere Schmelzzonen günstiger sind. Auch im Falle $k > 1$, wenn sich also die Verunreinigung nicht in der Schmelze, sondern im Kristall anreichert, empfiehlt SCHILDKNECHT [494] zunächst breitere und erst nach wiederholten Zonendurchgängen schmalere Schmelzzonen, weil sonst die Verunreinigungen zu langsam zum Barrenende hin wandern. Die langsamen Ziehgeschwindigkeiten (5 mm/h bis ungefähr 25 cm/h)

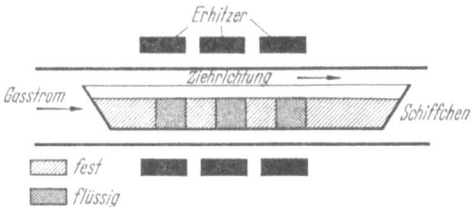

Abb. 161. Horizontales Zonenschmelzen nach PFANN [190].

lassen sich zwar durch mechanisches oder elektromagnetisches Rühren beträchtlich steigern, beispielsweise [495] bei der Reinigung des InSb von Te von 5 auf 20 cm/h, aber sie wirken sich nachteilig aus, das Zonenschmelzen kontinuierlich zu gestalten. LAWSON und NIELSEN [496] machen darauf aufmerksam, daß beim Zonenerstarren (vgl. Kap. III C 2) und beim Zonenschmelzen organischer Stoffe die Ziehgeschwindigkeit durch die maximale Geschwindigkeit begrenzt ist, mit der Atome oder Moleküle ins Gitter eingebaut werden können; Werte von 10—15 cm/h werden als obere Grenze angesehen. Da nach Gl. (99) der wirksame Verteilungskoeffizient durch den Ausdruck $f\delta/D$ bestimmt wird, kann man bei Kenntnis von k und k_0 (Gleichgewichts-Verteilungskoeffizient) umgekehrt auf das Produkt von Erstarrungsgeschwindigkeit f und Diffusionsgrenzschicht δ schließen. Versuche mit Germanium zeigten, daß δ die Größenordnung $10 \ \mu m = 10^{-3}$ cm hat, so daß bei dieser Substanz eine maximale Ziehgeschwindigkeit von 10^{-2} cm/s = 36 cm/h möglich ist. Für eine Übertragung des Zonenschmelzens in technischen Maßstab müssen die Kosten der Apparatur, die Dauer des Vorgangs, die erforderlichen Mengen von Ausgangsmaterial und Reinprodukt, die Unterhaltungskosten, besonders aber die Heizkosten berücksichtigt werden, die von überragender Bedeutung werden können, so daß die Isolation von Barren und Schmelzzone äußerst wichtig ist. Da diese Faktoren infolge zu spärlicher Daten noch nicht so miteinander verknüpft werden können, daß eine mathematische Optimierung einer kontinuierlichen Anordnung möglich ist, begnügt man sich meistens mit der Automation des Chargenverfahrens,

IV. Technik der Kristallisation

Tabelle 52. *Fraktionierende*

Lfd. Nr.	Art des Kristallisators (Kristallisatortyp)	Beschreibung (Wirkungsweise)
63	Zonenschmelzen nach PFANN [190]	Eine schmale Schmelzzone wandert langsam, oft viele Male durch einen Stab des ursprünglich gesinterten Materials. Die Verunreinigungen werden, falls sie in der Schmelze stärker als im Kristall angereichert sind, durch die Zonen in zunehmendem Maße nach dem in Ziehrichtung gelegenen Stabende getragen. Häufig werden mehrere, in festem Abstand aufeinander folgende Heizzonen (bei organischen Stoffen gefolgt von Kühlzonen) benutzt. Bewegung von Stab oder Heizung möglich. Es gibt horizontale (Abb. 161), vertikale und Ringzonen-Anordnungen.
64	Kristallisierschnecke [498] (Abb. 162)	Senkrecht angeordnete, einander abkratzende und aufwärts fördernde Schneckenspindeln. Der Auffangbehälter am Kopf ist am stärksten beheizt zum Aufschmelzen der nach oben geförderten leichter-kristallisierenden Komponente. Die Beheizung des zylindrischen Mantels ist so abgestuft, daß die Temperatur im Produktraum von oben nach unten abnimmt. Die an der leichterschmelzenden Komponente angereicherte Schmelze wird am Fuß in einem Vorratsbehälter aufgefangen. Die Ausgangsmischung wird in einem mittleren Niveau eingeleitet.
65	Kristallisationskolonne nach SCHILDKNECHT [499]	Im Ringraum zwischen zwei starren konzentrischen Rohren fördert eine metallische Schneckenspindel von linsenförmigen Querschnitt die in der oberen Kristallisations-(Ausfrier-)Zone entstandenen Kristalle zu der am Fuße befindlichen Schmelz-(Heiz-) Zone. Bei kontinuierlichem Betrieb wird die Ausgangsmischung in der Mitte der Kolonne eingespeist, das höherschmelzende (leichterkristallisierende) Produkt wird am Boden, das tieferschmelzende am Kopf abgezogen. Beim Chargenbetrieb (Abb. 163) wird der Ringraum nur einmal beschickt und, da die Entnahme von Sumpfprodukt unterbleibt, wird bei unendlichen Rücklauf der Schmelze gearbeitet.

2. Fraktionierende Kristallisatoren

Kristallisatoren für Schmelzen

Technische Daten	Hinweise (Vor- und Nachteile und dgl.)	Anwendungsgebiet
Als Heizquellen finden Verwendung: Widerstandsheizung, Induktionsheizung, Lichtbogen, Elektronenstrahl und Kupferrohre mit Heizflüssigkeiten (für organische Stoffe). Ziehgeschwindigkeiten von 5 mm/h bis ≈25 cm/h; bei Rühren (z. B. elektromagnetisch) höhere Werte.	Vorteile: Vorgereinigte Substanzen lassen sich nach verschiedenen Zonendurchgängen bis zu einem Fremdstoff-Gehalt von wenigen ppm reinigen. Nachteil: Das diskontinuierliche Verfahren erfordert einen hohen Zeitaufwand.	Metalle (Ge, Si, Al, Bi, Ga, Fe, Pb, Mo, Re, Sn, Ti, Sb und Zr). Organische Stoffe (Benzol, Naphthalin, Antracen, Diphenyl, Phenol, Benzoesäure). Eis beim Zonenerstarren.
Die Kristallisationszone befindet sich unten, die Rücklaufzone, in der die nichtabgezogenen Anteile des Kopfproduktes herabrieseln, oben; diese Zone soll nicht überflutet sein. Keine technische Anordnung eröffnet. Durchsätze der Laboranordnungen: 100 bis 600 cm³/h (in einzelnen Fällen 2−8 l/h).	Vorteil: Kontinuierliche Arbeitsweise in einer abgeschlossenen Maschine. Nachteil: Verhältnismäßig großer apparativer Aufwand bei kleinen Durchsätzen. Die Temperaturführung längs der Schnecke ist wichtig.	$CaCl_2$/KCl/ NH_4Cl aus wäßriger Lösung; Styrol/Äthylbenzol, 1,2-Dichlor/1,2-Dibrom-Äthan, p-Dichlorbenzol aus Isomerengemisch, p-Xylol aus Isomerengemisch.
Laboranordnungen mit Innen-Durchmessern von 10−20 mm und Außen-Durchmessern von 20−30 mm sowie Längen von 15−75 cm werden vielfältig benutzt. Die Drehzahlen der Schneckenspindel sind vom System abhängig. Bei organischen Verbindungen: 80 bis 150 U/min. Bei Salzschmelzen: 20−30 U/min. Über technische Kolonnen ist nichts bekannt.	Vorteil: Bei Gemischen, die Komponenten in größenordnungsmäßig gleichen Konzentrationen enthalten, ist das Verfahren dem Zonenschmelzen überlegen, weil es rascheren Stofftransport erlaubt. Nachteil: Für Feinst-Reinigungen ist die Methode dem Zonenschmelzen unterlegen.	Azobenzol/Stilben, p-Terphenyl aus Isomerengemisch, Trennung von Triglyceriden höherer Fettsäuren, $NaNO_3$/KNO_3.

Tabelle 52

Lfd. Nr.	Art des Kristallisators (Kristallisatortyp)	Beschreibung (Wirkungsweise)
66	Kristallisierwalzenstuhl nach GRAHAM [502]	Rotierende, gekühlte, meist hochglanzpolierte Trommel, die sich nach Durchgang durch die Schmelzwanne mit einem Film überzieht, der im Verlaufe einer Umdrehung erstarrt. Die kristalline Folie wird mit Schabemessern abgenommen und in einem Auffangbehälter, der einer folgenden Kristallisierwalze als Vorratsbehälter dient, erneut aufgeschmolzen. Vielfach werden oberhalb der Kristallisierwalzen synchron mit diesen umlaufende und durch Federn an diese angepreßte Auspreßwalzen benutzt (Abb. 164a). Bei einer Kaskade von Kristallisier- und Auspreßwalzen (jeweils auf der gleichen Welle angeordnet) kann die höherschmelzende (leichterkristallisierende) Komponente aus dem Auffangbehälter zur äußeren Rechten und die tieferschmelzende Komponente aus der Schmelzwanne zur äußersten Linken des Walzenstuhls abgezogen werden. Ausgangsgemisch wird in die Schmelzwanne einer „mittleren" Kristallisierwalze eingespeist Abb. 164.
67	Druck-Kolonne [503] [505] (A) und Pulsierkolonne [200] [508] (B)	Ein der Kolonne mit einem Kratzkühler oder Kolben zugeführtes Gemisch von Kristallen und Schmelze wird in der vertikalen Kolonne von einem perforierten Preßkolben erfaßt; die Schmelze wird abgepreßt, strömt aufwärts und verläßt die im oberen Teil als Filter ausgebildete Kolonne. Im unteren Teil der Kolonne ist ein flacher Heizkörper eingebaut, der die ihm zugeschobenen, abgepreßten Kristalle völlig aufschmilzt. Ein Teil dieser Schmelze wird als Produkt abgezogen, der Rest strömt als Rücklauf durch das Kristallbett nach oben und erstarrt wieder teilweise (Rückfrieren) (Abb. 165). In einer anderen Anordnung, der Pulsierkolonne, ist der Preßkolben durch eine Pulsiereinheit im Produktablauf ersetzt, die die Energie für Filtration, Bewegung des Kristallbettes und Druckverlust des Rücklaufstromes erzeugt (Abb. 167).

2. Fraktionierende Kristallisatoren

(Fortsetzung)

Technische Daten	Hinweise (Vor- und Nachteile und dgl.)	Anwendungsgebiet
Ein Teil der höherschmelzenden Komponente kann als Rücklauf abgezweigt und der äußersten rechten Schmelzwanne wieder zugeleitet werden. Spezifische Kristallisationsgeschwindigkeiten von 25 bis 50 kg/m² Kühlfläche und h möglich. Die Auspreßwalzen werden etwas höher als die Kristallisierwalzen temperiert. Die Stufenwirksamkeit steigt mit wachsendem Anpreßdruck der Auspreßwalzen, steigender Kühlmitteltemperatur der Walzenpaare, abnehmender Drehzahl, geringerer Konzentration der Verunreinigung und erhöhter Durchmischung der Schmelzwannen.	Vorteil: Es stehen verhältnismäßig viele Variable zur Optimierung zur Verfügung. Nachteil: Beträchtlicher technischer Aufwand, Empfindlichkeit der Walzenoberflächen.	β-Naphthol/ Naphthalin, p-Xylol/ m-Xylol, Benzol/ n-Hexan, Eis/NaCl-Lösung, Naphthalin/Benzoesäure.
Es gibt Kolbenkolonnen technischer Größe von 100, 150 und 200 mm ⌀. Für größere Kolonnen bedient man sich der Pulsierkolonnen (200, 250, 400, 600, 700, 1200 und 1300 mm ⌀). Die Reinigungszone (adiabatische Zone) ist kürzer als 450 mm. Die spezifischen Produktmengen hängen vom System, den Eingangs- und Produktkonzentrationen ab. Bei festen Lösungen <1 m³/m² h. Für p-Xylol (80%→99%) 8 m³/m² h, für p-Xylol (80%→98%) 12 m³/m² h. Bei Pulsierkolonnen weniger.	Vorteile: Robuste, technische Anordnungen, aus denen nur Flüssigkeiten abgezogen werden, hohe spezifische Durchsätze bei guter Reinigung von Stoffen, die keine festen Lösungen bilden. Nachteile: Bei Einheiten größeren Durchmessers ist die Kolbenführung problematisch; die abfiltrierten Restschmelzen sind noch reich an der Produktkomponente.	n-Heptan/Benzol, p-Xylol aus Isomerengemisch, Cyclohexan/n-Heptan, 2-Methyl-5-vinylpyridin/2-Methyl-5-Äthylpyridin, Ausfrieren von Eis aus Obstsäften, Bier, Wein und dgl.; 1,2-Dibrom/1,2-Dichlor-Äthan.

beispielsweise durch Kopplung mehrerer Erhitzer (s. Abb. 161) oder durch Verbesserung der Technik des Einfüllens von Roh- und des Entnehmens von Rein-Produkt. PFANN [190] hat verschiedene Vorschläge zum kontinuierlichen Zonenschmelzen gemacht: Eine Anordnung besteht aus einem endlosen Kristallisierband, auf dem das Rohgut zunächst erstarrt und dann durch hintereinander, längs des Bandes

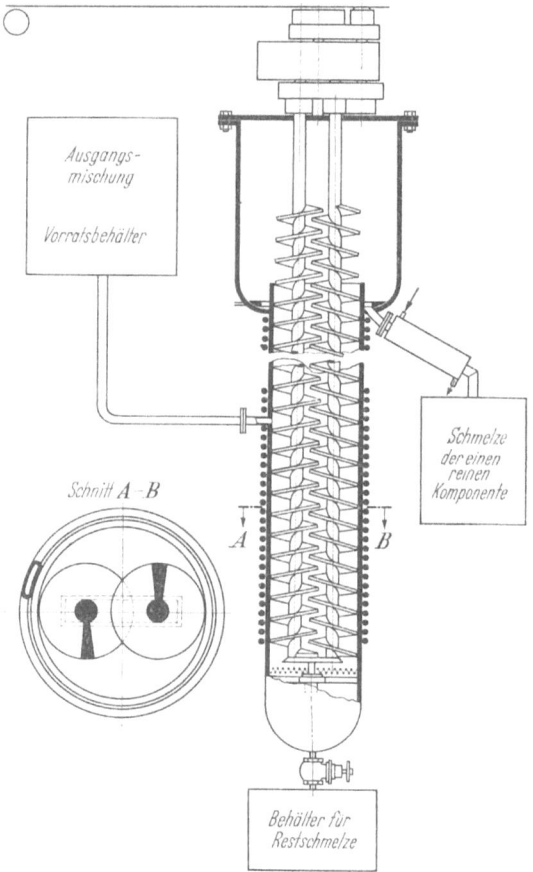

Abb. 162. Kristallisierschnecke nach FREVEL und KRESSLEY [498].

angeordnete Heizer (z. B. fokussierte Lampen) zonal aufgeschmolzen wird; das gereinigte Produkt bröckelt während der Umlenkung des Bandes von diesem ab. Eine andere Anordnung bedient sich einer Folge von Kristallisierwalzen, jede von denen eine Kühl- und eine Heizzone hat, so daß das an der einen Walze angefrorene Kristallisat auf dieser Walze wieder aufgeschmolzen und dem Schmelzbehälter der nächsten Walze zugeführt wird. Das Zonenschmelzen, dem wir

2. Fraktionierende Kristallisatoren

z. B. ein Germanium verdanken, das nach 6 Zonendurchgängen nur noch 1 Teil Verunreinigung auf 10^{10} Teile Germanium im reinsten Teil des Barrens enthält, setzt ein Material voraus, das ohne Zersetzung schmilzt, ohne zu große Unterkühlung kristallin erstarrt, keinen übermäßig hohen Dampfdruck am Schmelzpunkt hat und das durch Stoffe verunreinigt ist, deren effektiver Verteilungskoeffizient $k \neq 1$ ist. Die maximalen Durchmesser der Barren oder Stäbe sind durch die Forderung bestimmt, daß die gewählte Heizung in der Lage sein muß den Querschnitt homogen durchzuschmelzen. Bei größeren Durchmessern kann es zu einer Verzerrung der Schmelzzone kommen, die PFANN, MILLER und HUNT [497] durch Rotation des den Stab umschließenden Rohres vermieden. Sie konnten bei horizontalen 75 mm-Rohren streng vertikale Grenzflächen der Zone erreichen. Nach einer Patenteröffnung von FREVEL und KRESSLEY [498] läßt sich eine senkrecht angeordnete Kristallisierschnecke (Nr. 64; Abb. 162) mit aufwärts fördernden, einander abkratzenden Schneckenspindeln für die fraktionierte Kristallisation verhältnismäßig allgemein einsetzen, wenn man ein Temperaturgefälle längs der Maschine aufrecht erhält und den Vorratsbehälter, in den die Kristalle gefördert werden, 1—30 °C über dem Schmelzpunkt der reinen Komponente hält, die oben abgezogen wird. Die flüssige Ausgangsmischung wird in einem mittleren Niveau der Schneckenmaschine eingeleitet, die zumindest an der anderen (niedrigerschmelzenden) Komponente angereicherte Restschmelze läßt sich unten flüssig abziehen. In den von SCHILDKNECHT [499] entwickelten Kristallisationskolonnen (Nr. 65; Abb. 163) werden metallische Schneckenspindeln von linsenförmigem Querschnitt

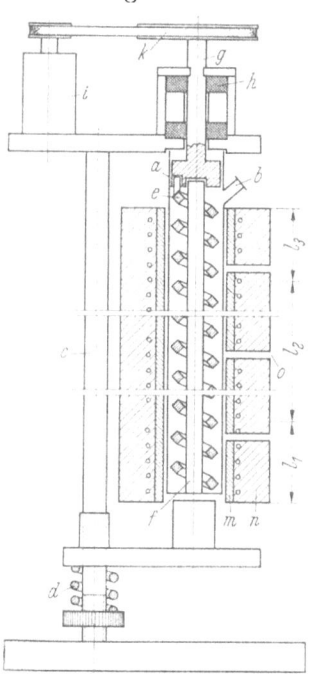

Abb. 163. Kristallisationskolonne nach v. AMMON [500].

a Außenrohr aus Pyrexglas; b Stutzen zum Beschicken des Rohrs; c Stativ; d Halterung; e Spirale aus Edelstahl; f Innenrohr aus Edelstahl; g Antriebswelle für Spirale; h Graphit-Lager; i Antriebsmotor; k Keilriemenscheibe; l_1 bis l_3 Heizwicklungen; m Stahlrohr; n Isolierung; o Beobachtungsfenster.

benutzt, die im Ringraum zwischen konzentrischen Rohren die in der oberen Ausfrierzone entstandenen Kristalle zu der am Fuße befindlichen Schmelzzone fördern. (Umgekehrt wie bei Nr. 64). Diese Gegenstrom-Anordnung hat sich im Labor-Maßstab als eine das Zonenschmelzen gut ergänzende Apparatur erwiesen. SCHILDKNECHT und Mitarbeiter [499] haben zahlreiche, vor allem organische Substanzen, darunter solche, die mit der Verunreinigung feste Lösungen bilden, in Kristallisationskolonnen gereinigt. Untersuchungen an einem anorganischen System, nämlich an Gemischen von KNO_3 und $NaNO_3$, verdanken wir v. AMMON [500]. Er konnte mit Hilfe der in Abb. 163 dargestellten Kolonne zeigen, daß ,,Gemische, in denen die Komponenten in großen Konzentrationen vorliegen, gut in eine reine Komponente und das Gemisch mit Schmelzpunktminimum (46 Gew.-% $NaNO_3$) getrennt werden konnten und die Trennung weit besser als beim Zonenschmelzen nach 10 Durchgängen war". Bei der Feinreinigung einer Komponente, wenn also nur geringe Mengen der anderen Komponente zu entfernen waren, erwies sich das Verfahren jedoch dem Zonenschmelzen unterlegen. Die Komponenten KNO_3 und $NaNO_3$ bilden abgesehen vom Minimumschmelzpunkt eine lückenlose Mischkristallreihe. Das von v. AMMON verwendete $NaNO_3$ war i. a. mit ^{22}Na markiert; die Kolonne wurde unter unendlichem Rücklauf (der am Fuße erzeugten Schmelze), also beim Durchsatz Null betrieben. Nach POWERS [501] sind die technischen Anwendungen der kontinuierlichen Kristallisationskolonne (mit Einspeisung der Ausgangsmischung in einem mittleren Niveau) sehr begrenzt.

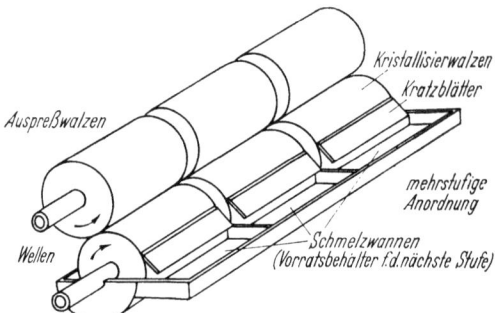

Abb. 164a. Kristallisierwalzenstuhl nach GRAHAM [502].

GRAHAM [502] entwickelte einen Kristallisierwalzenstuhl (Nr. 66; Abb. 164a), bei dem besonderer Wert auf das Auspressen des an der unteren Walze angefrorenen Kristallisates durch die höher temperierte obere Walze gelegt wird. Bei Verwendung eines Walzenpaares von je 75 mm ⌀ und 100 mm Länge konnten am System Benzol-n-Hexan (eutektikum-bildend) folgende Beobachtungen gemacht werden: Für eine Drehzahl der synchron betriebenen Walzen von 3,6 U/min, eine Temperatur der oberen Walze von +24 °C und eine Temperatur der unteren Walze von −40 °C ließ sich die leichter kristallisierende Komponente (Benzol) bei einer Anpreßkraft von 182 kp nur in 90 bis

92%iger, bei einer Anpreßkraft von 273 kp dagegen in 97%iger Reinheit gewinnen. Die Ausgangsschmelze hatte einen Gehalt von 76%, ohne Anpreßdruck enthielt das Kristallisat nur 77—78% Benzol. Eine Zunahme der Walzendrehzahl bewirkt eine Verminderung der Reinheit des Kristallisates: Bei einer Ausgangsmischung von 51% Benzol ergab sich im Kristallisat bei 8,5 U/min ein Benzolgehalt von 77%, bei 3,6 U/min von 82% und bei 0,55 U/min von 88%. Temperaturerhöhung der Ausfrierwalze bringt größere Produktreinheit. Diese betrug bei 182 kp Anpreßkraft und 1,28 U/min (bei 76% Benzol enthaltender Ausgangsmischung) 95% für −62 °C, 97% für −40 °C und 99,5% für −29 °C. Auch durch Temperaturerhöhung der Preßwalze läßt sich die Reinheit des Kristallisates steigern. Für 0,55 U/min und 273 kp Anpreßkraft wurden folgende Reinheitsgrade erzielt: 86% für +15,5 °C, 87% für 24 °C, 88% für 27 °C und 95% für 32,5 °C (Benzolgehalt der Ausgangsmischung 51—53%), was offensichtlich von einem besseren Herausschmelzen der schwerer kristallisierenden Bestandteile

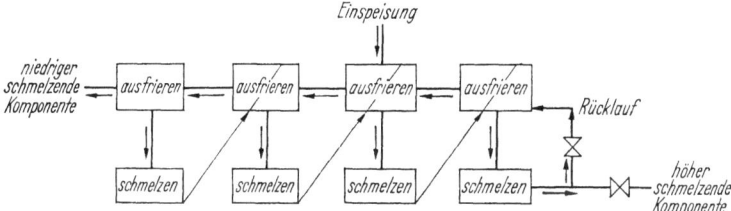

Abb. 164. Kaskade von Kristallisierwalzenstühlen.

herrührt. Ein reines Endprodukt ist um so schwerer zu erhalten, je niedriger der Gehalt der betreffenden Komponente im eingesetzten Gemisch ist. Hat die Ausgangsmischung eutektische Zusammensetzung (für das System Benzol–n-Hexan unter 10 Gew.-% Benzol), so ist keine Trennung möglich, für 20 Gew.-% im niedriger schmelzenden (schwerer kristallisierenden) Produkt enthält das leichter kristallisierende Produkt schon 60 Gew.-% Benzol bei einer Drehzahl von 0,55 U/min, für 30 Gew.-% Benzol bereits 88 Gew.-% Benzol und für 40 Gew.-% mehr als 92%. Rücklauf- und Gegenstromprinzip lassen sich bei einem aus mehreren Walzenpaaren bestehenden Walzenstuhl (s. Abb. 164) verwirklichen. Die Ausgangsmischung wird einer mittleren Einheit, z. B. der dritten zugeleitet, die darin nicht kristallisierende Schmelze der vorhergehenden Einheit und die dort nicht kristallisierende schließlich der ersten Einheit. Hier läuft eine an der schwerer kristallisierenden Komponente angereicherte Flüssigkeit ab. Das Kristallisat eines jeden Walzenpaares fängt man in einer Schmelzwanne auf und leitet die Schmelze dem nächstfolgenden Walzenpaar zu. Kristallisat (Schmelze) und Mutterlauge (Restschmelze) bewegen sich also in entgegengesetzter Richtung. Die Schmelze der letzten (in Abb. 164 der vierten) Stufe wird zum Teil abgezogen, zum Teil als Rücklauf der 4. Doppelwalze wieder aufgegeben. CHATY und O'HERN [340] untersuchten an einer einzigen Walze von 115 mm ⌀ und 170 mm Länge neben anderen Systemen die fraktionierte Kristallisation von β-Naphthol aus Mischungen mit Naphthalin (beide Komponenten bilden eine lückenlose Folge fester Lösungen ohne ausgezeichneten Punkt). Die durch die Gleichung

$$E = 100 \frac{X_l - X_s}{X_l - X_0} \qquad (231)$$

X_l = Gew.-Bruch der leichterschmelzenden Komponente (Naphthalin) in der Flüssigkeit,

X_s = Gew.-Bruch der leichterschmelzenden Komponente im Feststoff,

X_0 = Gew.-Bruch der leichterschmelzenden Komponente im Feststoff, der mit der Flüssigkeit im Gleichgewicht steht.

definierte Stufenwirksamkeit nahm bei konstanter Kühlmitteltemperatur mit wachsender Rührerdrehzahl in der Schmelzwanne zu; sie war ferner bei höherer Kühlmitteltemperatur (94,5 °C) merklich höher als bei tieferer (93,6 °C). Mit einer bei 100 °C gehaltenen Ausgangsschmelze, die 44 Gew.-% β-Naphthol enthielt, konnten bei einer Walzendrehzahl von 0,367 U/min je nach Rührerdrehzahl in der Schmelzwanne Stufenwirksamkeiten zwischen 8 und 16% (für 93,6 °C Kühlmitteltemperatur) sowie zwischen 19 und 23% (für 94,5 °C Kühlmitteltemperatur) erzielt werden.

In der von J. SCHMIDT [503] erfundenen Druckkolonne (Nr. 67 A; Abb. 165) wird ein beispielsweise in einem vorgeschalteten Kratzkühler erzeugtes Gemisch von Kristallen und Schmelze mit einem perforierten Preßkolben von einem großen Teil der Schmelze befreit. Am unteren Ende der Kolonne werden die Kristalle völlig aufgeschmolzen, und die entstehende Flüssigkeit wird teils als Produkt abgezogen, teils als Rücklauf benutzt, der wiederum teilweise erstarrt (Rückfrieren) und dabei Restschmelze mit Verunreinigungen verdrängt. Die Druckkolonne hat zahlreiche Anwendungen gefunden. Großtechnisch werden Druckkolonnen hauptsächlich in der Petrolchemie benutzt und besonders zur Abtrennung von sehr reinem (98,5–99,5%igem) p-Xylol aus einem Gemisch von Xylol-Isomeren verwendet. J. SCHMIDT hat die theoretischen Grundlagen und die Arbeitsweise der Druckkolonne eingehend beschrieben. Mc KAY, DALE und WEEDMAN [504] erläuterten den Aufbau einer Laboratoriumskolonne und zeigten, wie man diese mit Hilfe des Systems n-Heptan/Benzol überprüfen kann. Als weitere Testgemische, deren Komponenten ein Eutektikum bilden, werden aufgeführt: p-Xylol/m-Xylol, 2-Methyl-5-vinylpyridin/2-Methyl-5-äthylpyridin und Cyclohexan/n-Heptan. Am Beispiel des Systems Cyclohexan/Methylcyclopentan, dessen Komponenten bereichsweise feste Lösungen bilden, erwies sich, daß „die Kolonne weniger wirksam ist als bei Systemen, die keine (theoretisch) mehrstufige Trennung erfordern". Der Wirkungsmechanismus der Druckkolonne wurde von MC KAY und GOARD [505] erläutert (Abb. 166). Die Beschaffenheit des Kristallbettes, das durch den Kolben von oben und durch Rückfrieren von unten soviel an

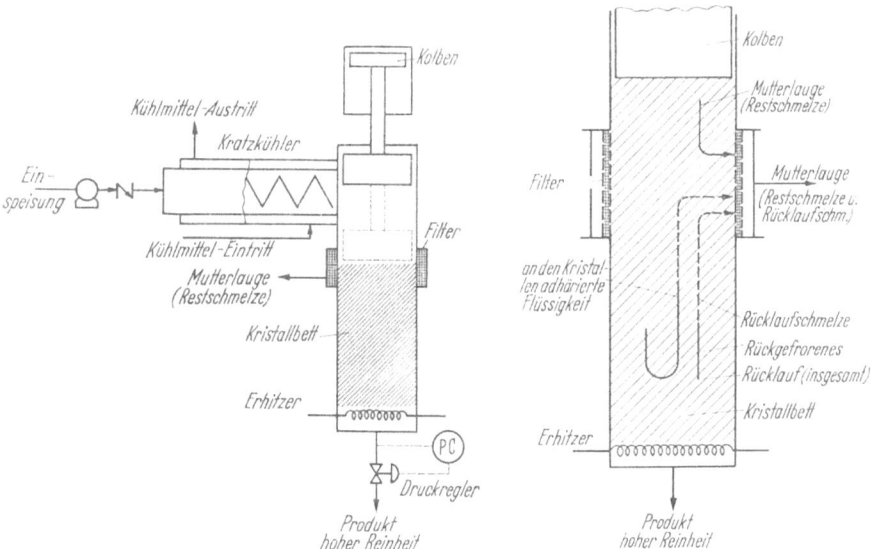

Abb. 165. Kontinuierliche Druckkolonne mit periodischem Transport des Feststoffs.
(Fa. Phillips Petroleum) nach MCKAY und GOARD [505].

Abb. 166. Wirkungsmechanismus der Druckkolonne nach MCKAY und GOARD [505].

Masse nachgeliefert bekommt, wie unten abgeschmolzen wird, das also aufrecht erhalten werden muß und nicht schwinden darf, ist für die fraktionierte Kristallisation von wesentlicher Bedeutung. Eine wichtige Größe ist das (relative) Zwischenkornvolumen ε des Kristallbettes, das nach der Gleichung von CARMAN-KOZENY

$$\frac{\dot{V}}{F} = \frac{\varepsilon^3}{5(1-\varepsilon)^2 A^2} \frac{\Delta P}{\eta \cdot y} \quad \left[\frac{\text{cm}}{\text{s}}\right] \tag{232}$$

berechnet werden kann, wenn die folgenden Größen bekannt oder gemessen sind:

$\dot{V}$ = Flüssigkeitsstrom durch das Bett in cm³/s,
F = Freier Kolonnenquerschnitt in cm²,
A = Spezifische Oberfläche der Kristalle in cm²/cm³,
y = Betthöhe in cm,
ΔP = Druckverlust oder Druck vor der Entnahme in dyn/cm² (1 kp/cm² = 9,81 · 10⁵ dyn/cm²),
η = Dynamische Viskosität der Flüssigkeit in P (= g/cms).

Bei zu geringem Preßdruck ist das Bett zu locker, also ε zu groß, und die Reinigungswirkung der Kolonne zu klein; bei zu großem Preßdruck wird ε so vermindert, daß der Rücklauf-Betrieb behindert ist und das Bett schließlich „vergletschert". Bei konstantem Preßdruck nimmt ε linear mit der Produktmenge (l/h oder m³/h) zu. So beträgt nach Angaben von Mc Kay und Goard für die Reinigung von p-Xylol $\varepsilon = 0{,}34$ bei einer Produktionsgeschwindigkeit von 41,7 l/h, und bei einer Produktionsgeschwindigkeit von 7,6 l/h ergibt sich $\varepsilon = 0{,}27$, wenn eine Kolonne von 100 mm l. W. benutzt und ein Preßdruck (vor dem Produktabnahme-Ventil; s. a. Abb. 165) von 21 kp/cm² aufrecht erhalten wird. Hält man die Produktionsgeschwindigkeit konstant und steigert den Preßdruck, so nähert sich ε schließlich einem asymptotischen Wert. So fanden die genannten Autoren bei einer Produktionsgeschwindigkeit von 22,7 l/h $\varepsilon = 0{,}295$ für 21 kp/cm² und $\varepsilon = 0{,}286$ für 28 kp/cm². Das Kristallbett erwies sich sowohl in vertikaler Richtung als auch innerhalb eines Querschnittes als recht einheitlich in bezug auf (relatives) Kornvolumen und p-Xylol-Gehalt. An der Grenzfläche zwischen kaltem Kristallbett und warmer Schmelze existiert jedoch ein steiler Konzentrationsgradient.

Der Durchsatz einer Druckkolonne ist durch Preßdruck und Heizaufwand bestimmt. Nach Mc Kay und Goard kann man das für die Reinigungswirkung der Druckkolonne wichtige Rückfrierungsverhältnis R_+ (kg rückgefrorener Rücklauf/kg eingespeister Kristalle) an Hand folgender Näherungsformel abschätzen.

$$R_+ = \frac{(T_p - T_c) C_p}{\Delta H_f} \qquad (233)$$

T_p = Schmelztemperatur des hochgereinigten Produktes⎫
T_c = Kristall-Einspeisungstemperatur am Kolon.-Einlaß⎭ (°K oder °C)
ΔH_f = Schmelzenthalpie des hochgereinigten Produktes (kcal/kg)
C_p = Mittlere spez. Wärme der Kristalle zwischen T_c und T_p (kcal/kg grd).

R_+ sollte unter 0,5 liegen, d. h. es sollten weniger als 50% der eingespeisten Kristallmasse im Rücklauf rückgefroren werden. Bei „unendlichem Rücklauf" ist $R_+ = 1$, wenn dieser völlig rückfriert. MATZ [506] untersuchte die fraktionierte Kristallisation von 1,2-Dibromäthan (Äthylenbromid; $F = 10\ °C$) aus Mischungen mit 1,2-Dichloräthan (Äthylenchlorid; $F = -35,4\ °C$) in einer Druckkolonne von 55 mm l. W. Die beiden Komponenten sind schwierig zu trennen; denn sie bilden feste Lösungen und ein Peritektikum (70 Gew.-% Bromid; $-22\ °C$). Das System, dessen Zusammensetzung sich durch Messen des Brechungsindex bei Raumtemperatur leicht bestimmen läßt, ist zur Prüfung von fraktionierenden Kristallisatoren deshalb gut geeignet. Bei Zulauf-Konzentration zwischen 75 und 80 Gew.-% Äthylenbromid konnte höchstens ein Bromid von 96,3 Gew.-% als Produkt abgezogen werden. Es konnten ungefähr 1—3 kg/h Produkt erzeugt werden, was spezifischen (auf den freien Kolonnenquerschnitt bezogenen) Produktmengen zwischen $\approx 0,2$ und $0,6\ m^3/m^2$ h entspricht. Mit steigender Produktionsgeschwindigkeit fällt die Produktgüte ab. Zusammen mit einer vorgeschalteten Kristallisierrinne (Nr. 11) konnten in der Druckkolonne maximal 1,34 theoretische Böden erzielt werden. Eine Zuordnung zwischen der theoretischen Stufenzahl und der Länge des Kristallbettes (adiabatische Zone von 33 cm Länge) entsprechend etwa der Wertungszahl bei Füllkörper-Säulen ist nicht sinnvoll, da eine Erhöhung des Kristallbettes um fast 100% die Zahl der theoretischen Böden nicht mehr ansteigen ließ. Bei einem Kristallbett von 62 cm Länge konnte aus einem 80%igen Bromid sogar nur ein Produkt von höchstens 94,2 Gew.-% Bromid gewonnen werden. Der erforderliche Preßdruck ist vom Durchsatz abhängig: Für einen Durchsatz von 1 kg/h (entsprechend $0,2\ m^3/m^2$ h) waren 5 atü notwendig, für 3 kg/h (entsprechend $0,6\ m^3/m^2$ h) jedoch 10 atü. Bei einer Einspeisung von 11,8 kg/h und einer Produktion von 1,3 kg/h sowie einem Preßdruck von 5 atü ergab sich nach Gl. (232) ein (relatives) Zwischenkornvolumen von 35%, was sehr gut mit Werten von MC KAY und GOARD übereinstimmt. Die Korngröße der Kristalle lag zwischen 130 und 160 μm. Bei einer Einspeisungstemperatur der Kristalle von $-11\ °C$ hatte das Rückfrierungsverhältnis den Wert 0,21. YAGI, INOUE und SAKAMOTO [507] haben ebenfalls eine Laboratoriums-Druckkolonne untersucht und dabei das Gemisch p-Xylol/m-Xylol verwendet; im Vordergrund ihrer Betrachtungen und Berechnungen steht der Wärmeübergang in der Kolonne. Für Durchmesser von 200 mm und darüber bevorzugt man anstelle der Druckkolonnen Pulsierkolonnen [200], [508] (Nr. 67 B; Abb. 167), bei denen das im Kratzkühler erzeugte Gemisch von Kristallen und Schmelze durch diesen unmittelbar in die Kolonne geschoben wird, die im Produktablauf eine Pulsiereinheit besitzt, die die Energie für Filtration, Bewegung des Kristallbettes und Druckverlust des Rücklaufstromes erzeugt. MC KAY und GOARD [509] betonen, daß es bei dieser Anordnung auf möglichst konstanten Feststoffgehalt des zugeführten Kristallbreies ankommt. Zur Erzeugung eines 98%igen p-Xylols muß der Feststoffgehalt auf ±2 Gew.-% konstant sein, zur Erzeugung eines 99,5%igen p-Xylols schon auf ±0,5 Gew.-%. Die Feststoff-Gehalte der eingespeisten Suspensionen liegen i. a. zwischen 30 und 50%. Die Pulsationsfrequenzen bewegen sich zwischen 90 und 350 min^{-1} (vorzugsweise zwischen 200 und 250 min^{-1}), und das optimale spezifische Pulsationsvolumen hat Werte zwischen 0,25 und 0,5 cm^3/cm^2 Kolonnenquerschnitt. Pulsierkolonnen lassen sich ohne nennenswerte Schwierigkeiten ins Größere übertragen: Einheiten von 700 mm ⌀ sind in Betrieb und eine Einheit von 1400 mm ⌀ ist im Entwurf (Stand: November 1966). Bei der Übertragung ist aber zu berücksichtigen, daß die in einer pilot plant erhaltenen Korngrößen in der großtechnischen Anlage merklich unterschritten werden können, so daß eine Anpassung der Konzentration der Einspeisung und gegebenenfalls der Kühlungsgeschwindigkeit im Kratzkühler erforderlich werden kann.

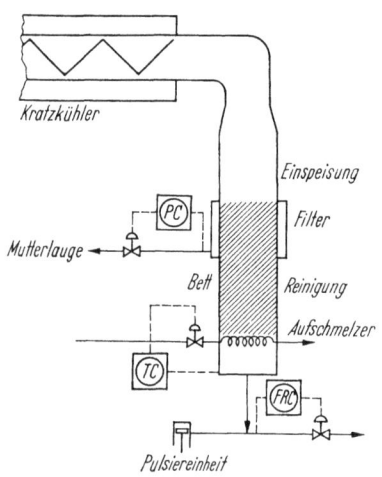

Abb. 167. Pulsierkolonne (Fa. Phillips Petroleum) nach MCKAY, DALE und TABLER [200], [508].
FRC Durchfluß-Anzeige und Regler; *PC* Druckregler; *TC* Temperaturregler.

3. Sublimatoren und Anordnungen zur Kristallisation aus der Gasphase

Ähnlich wie im Falle der Lösungen und der Schmelzen unterscheiden sich auch bei der Kristallisation aus der Gasphase Anordnungen zur Erzeugung von Kristallisaten (also einer Vielzahl von Kristallen) wesentlich von Apparaten zur Züchtung von Einkristallen. Sublimatoren und Anordnungen zur Erzeugung von Kristallisaten aus der Gasphase, von denen einige in Tab. 53 aufgeführt sind, ähneln entweder Destillations-Anlagen, Trocknern oder anderen Apparaten zur Behandlung von Feststoffen. Schon in Kap. III D 5 wurde erwähnt, daß sich zahlreiche Trockner auch als Sublimatoren verwenden lassen, wenn man berücksichtigt, daß nicht der zurückgebliebene Feststoff, sondern der entwickelte und niedergeschlagene Dampf das (wertvolle)

3. Sublimatoren und Anordnungen zur Kristallisation aus der Gasphase 353

Produkt darstellt. So ist der für die Vakuum-Sublimation geeignete Horden-Sublimator (Nr. 68; Abb. 168) ein Analogon zum Horden-Trockenschrank. In dem von der Fa. Leybold [510] entwickelten Sublimator ist der Abstand zwischen Sublimationsfläche (Gut auf den Sublimationshorden) und Desublimationsfläche (gekühlte Wand) klein gehalten, so daß der Dampf nur geringen Druckverlust erfährt. Da die Kühlfläche durch rotierende Bürsten dauernd freigekehrt wird, verschlechtert sich die bei der Desublimation ohnehin geringe Wärmeübergangszahl während des Verfahrensablaufs nicht, und das Reingut fällt in die Vorlage. Hordentemperatur und Arbeitsdruck müssen so aufeinander abgestimmt werden, daß die Dampfentwicklung nicht zu heftig ist (kein „flashing"), weil dann besonders bei pulvrigem Rohgut die Gefahr des Mitreißens von nicht-sublimierbarem Rückstand besteht. Wird in der Nähe des Tripelpunktes (s. Abb. 56) gearbeitet und der

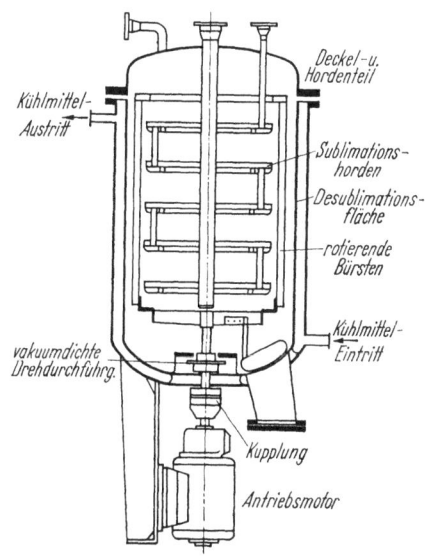

Abb. 168. Horden-Sublimator (Fa. Leybold-Hochvakuum-Anlagen G.m.b.H.) [510].

Hauptteil des Dampfes (als Flüssigkeit) kondensiert, so kann es vorkommen, daß eine Nachkondensation erstarrter (ausgeschneiter) Teilchen, also eine Desublimation, erforderlich ist, um die Substanzverluste möglichst niedrig zu halten. Für diese Fälle empfiehlt LEYBOLD [510] Sublimatabscheider, die im oberen Teil beheizbar sind, sich nach unten konisch verjüngen und mit rotierenden Schabern zur Entfernung des Desublimates von der Kühlfläche ausgerüstet sind. Es gibt Sublimatabscheider von 1,2 und 5,8 m² Kühlfläche. Unter Pseudo-Sublimation (vgl. Kap. III D 2 b) versteht man einen Arbeitsgang, bei dem der Feststoff zunächst geschmolzen, die Schmelze destilliert und der Dampf als Feststoff niedergeschlagen, also desublimiert wird. Der Teller-Sublimator [511] (Nr. 69; Abb. 169), der im wesentlichen aus einem vakuumdichten Gehäuse besteht, innerhalb dessen ein Kühlteller über einen ortsfesten und sektoriell mit Schabemessern versehenen Destillierteller umläuft, ist für kontinuierliche Pseudo-Sublimation geeignet. Der Abstand zwischen Drehteller und Destillierteller beträgt nur wenige Millimeter, so daß der Dampf einen kurzen Weg zurückzulegen hat und wenig Druckverlust erfährt. Diese Kurzweg-

354   IV. Technik der Kristallisation

Sublimation (wenig Druckverlust) kann zur Molekular-Sublimation (ohne Druckverlust) werden, wenn der Arbeitsdruck hinreichend niedrig gewählt werden kann. Bei einem Druck von 1 μm Hg = 10^{-3} Torr

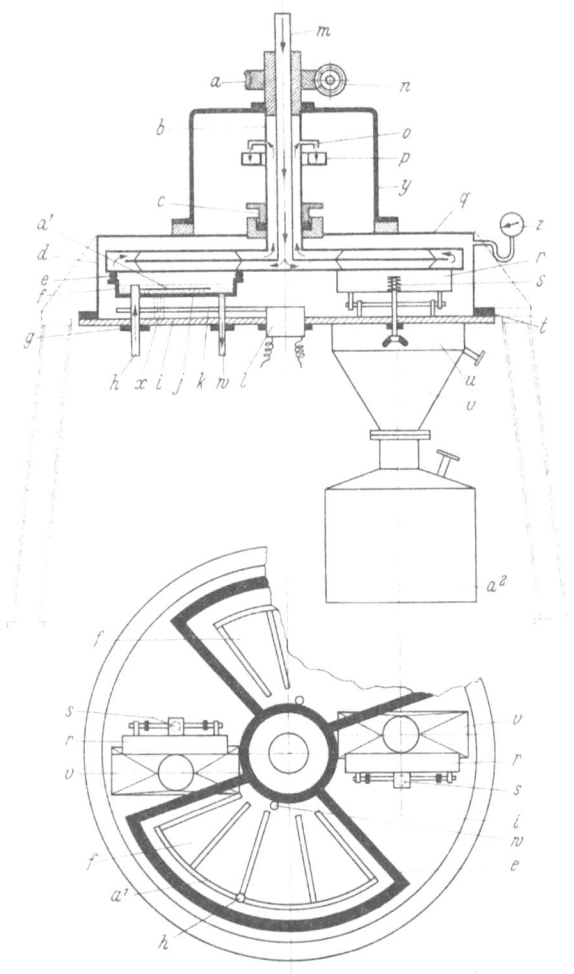

Abb. 169. Teller Sublimator (DBP 1048872) [511].

a Schneckenrad; a^1 Verteilungsrampe; a^2 Produkt-Behälter; b Hohl-Welle; c Stopfbüchse; d Bewegliche, hohle Scheibe (Drehteller); e Dichtung; f Ruhender Teller; g Gehäuse; h Zuführungs-Stutzen; i Inerte Masse; j Belag; k Heizvorrichtung; l Kasten; m Kühlmittel-Zuleitungsrohr; n Schnecke; o Überlaufrohre; p Kreisförmige Tasse; q Kreisrunder Deckel; r Schabemesser; s Zugfedern; t Dichtungsnut; u Äußere Kammer; v Trichter zum Auffangen des Produkts; w Austragsstutzen für den Rückstand; x Federn; y Bügel; z Manometer.

hat die mittlere freie Weglänge der Moleküle größenordnungsmäßig den Wert 1 cm. Eine vollkontinuierliche Arbeitsweise ist beim Teller-

Sublimator allerdings nur dann gewährleistet, wenn sich der nichtsublimierbare Rückstand, der durch eine Verteilungsrampe (a^1 in Abb. 169) dem tiefsten Punkt des Destillierteller-Sektors, nämlich dem Abzugsstutzen (w), zugeleitet wird, in flüssiger Form ausbringen läßt. Ist dies nicht der Fall, so muß man sich entweder mit periodischem Betrieb (kontinuierlicher Durchsatz einer Charge) begnügen oder man muß den Rückstand durch größere Anteile der Schmelze flüssig halten und mit frischem Rohprodukt erneut in den Sublimator einspeisen. Infolge des geringen Abstandes von Destillations- und Desublimationsfläche ist das Abkratzen der Kühlfläche notwendig, das außerdem, wie beim Horden-Sublimator, der Verbesserung des Wärmeübergangs und dem Ausbringen des Reinproduktes dient. Als Beispiel für die Anwendung des Teller-Sublimators wird von der Compagnie Française des Matières Colorantes (Paris) die Reinigung des 2-Nitro-p-toluidins genannt, das im Rohprodukt mit 3% nicht-sublimierbaren Rückstandes verunreinigt war. Unter den in Tab. 53 genannten Bedingungen konnte ein feines, gelb-orangefarbenes Reingut mit einem Schmelzpunkt von 115 °C erhalten werden, das unmittelbar diazotiert werden konnte.

Anordnungen zur Trägergas-Sublimation (s. Abb. 58, Betriebs-Apparatur zur Sublimation von Salicylsäure, und Abb. 60, Laboranordnung zur Fließbett-Sublimation) werden in der Regel bei Atmosphärendruck betrieben und sind grundsätzlich anders aufgebaut als Vakuum-Sublimatoren, weil Sublimator und Desublimator relativ weit auseinander liegen, ein zwischen ihnen angeordnetes Heißfilter zur Abscheidung von mitgerissenem Rohprodukt oder nicht-sublimierbarem Rückstand erforderlich ist und die fast stets kontinuierliche Betriebsweise die stetige Eindosierung von Feststoff und Umwälzung des Trägergases verlangt. Nach Angaben in Perry's Chemical Engineers' Handbook [512] werden häufig Trommeltrockner sowohl als Sublimatoren als auch als Desublimatoren benutzt; ferner setzt man gekühlte (oft auch luftgekühlte) Behälter oder weiträumige Kammern, deren Wände mitunter abgekratzt werden, und sogar Teller-Trockner als Desublimatoren ein. Eine pneumatische Sublimation ist, wie in Kap. III D 5 erwähnt, möglich, wenn das Rohgut in so feiner Form vorliegt, daß es pneumatisch getrocknet werden könnte. Bei groberem Rohgut gibt man dem Turbinen-Sublimator [224] (Nr. 70; Abb. 170) den Vorzug, der eine Modifizierung des bekannten Turbinentrockners darstellt. Er hat den Vorteil, daß der Feststoff in nur dünnen Schichten auf den sektorenförmig unterteilten, untereinander angeordneten Dreh-Tellern ausgebreitet und beim Rieseln von Teller zu Teller immer wieder umgeschaufelt wird. Der Transport des Feststoffes darf allerdings nicht durch Klebrigkeit, Haften und Krustenbildung des Roh-

Tabelle 53. *Sublimatoren (Anordnungen zur*

Lfd. Nr.	Art des Kristallisators (Kristallisatortyp)	Beschreibung (Wirkungsweise)
68	Horden-Sublimator [510] (Vakuum-Sublimation) (Abb. 168)	In einem vakuumdichten Gehäuse, das einen abflanschbaren Deckel hat und dessen Mantel und Bodenteil gekühlt werden, sind übereinander mehrere ortsfeste Horden (flache Schalen) angeordnet, die mit Dampf oder einem anderen Wärmeübertragungsmittel beheizt werden und zur Aufnahme des festen Rohgutes dienen. Der durch Sublimation entstandene Dampf wird an der Desublimationsfläche niedergeschlagen und das Kristallisat von dieser durch rotierende Bürsten entfernt und in einer Vorlage gesammelt.
69	Teller-Sublimator [511] (Vakuum-Pseudo-Sublimation) (Abb. 169)	Innerhalb eines vakuumdichten Gehäuses ist ein ortsfester Teller mit zwei einander gegenüberliegenden Sektoren zur Aufnahme der Roh-*Schmelze* angeordnet. Wenige Millimeter über diesem befindet sich ein gekühlter, langsam rotierender Drehteller (Desublimator). Jeder der beiden Produkt-Sektoren des unteren Tellers ist (in Drehrichtung) gefolgt von gelenkigen Schabemessern, die an den Drehteller angepreßt werden, so daß sie von diesem das Kristallisat abkratzen, das in darunter angebrachte Vorratsbehälter fällt.
70	Turbinen-Sublimator [224] (Trägergas-Sublimation) (Abb. 170)	Zahlreiche, übereinander angeordnete Teller drehen sich langsam. Jeder Teller besteht aus einer Ringfläche zwischen innerem und äußerem Rand, die in eine Vielzahl von Sektoren aufgeteilt ist, zwischen denen Abstände eingehalten sind. Das Roh-Gut wird oben aufgegeben und wandert von Teller zu Teller abwärts. Sobald der Feststoff von einem Teller zum nächst-tieferen fällt, wird er auf diesem durch einen ortsfesten Verteiler gleichmäßig über den Ringsektor verteilt und am Ende einer Umdrehung wird er von einem Abstreifer zum folgenden Teller entleert. Das Trägergas strömt unten in den Sublimator ein und verläßt diesen oben. Längs des Sublimators sorgen Turbinen für Umwälzung des Trägergases, das alternierend über die Teller nach außen zu den Heizregistern und umkehrend nach innen zur nächsten Turbine strömt.

3. Sublimatoren und Anordnungen zur Kristallisation aus der Gasphase

Erzeugung von Kristallisaten aus der Gasphase)

Technische Daten	Hinweise (Vor- und Nachteile und dgl.)	Anwendungsgebiet
Ähnlich wie ein Vakuumtrockenschrank kann der Horden-Sublimator der Größe der gewünschten Charge angepaßt werden. Die Sublimationsdauer richtet sich nach dem sublimierenden Stoff und hängt von Arbeitstemperatur und -Druck ab.	Vorteil: Geringer Druckverlust, da der Abstand zwischen Sublimations- und Desublimationsfläche gering ist; relativ guter Wärmeübergang an der Desublimationsfläche. Nachteil: Vakuumdichte Durchführung des Bürstenrotors nötig.	Salicylsäure, Anthrachinon, Benzoesäure, d-Campher, Pyrogallol.
In einem Sublimator mit nicht eröffneter Tellergröße wurden bei einer Heiztemperatur) (Schmelze) von 120–122 °C, einer Desublimationstemperatur von 15 °C, einem Druck von 12 Torr und einer Teller-Drehzahl von 1,4 U/min bei Einspeisung von 1,5 l/h Roh-Gut 2 kg/h Rein-Produkt (m-Nitro-p-toluidin) erzeugt. 650 W Heizleistung. 3% nichtverdampfter Rückstand.	Vorteile: Kontinuierliche Arbeitsweise bei geringem Druckverlust des Dampfes (Kurzweg-Sublimation); Desublimationsfläche bleibt frei. Nachteil: Vakuum- und dampfdichte Durchführung der Welle des Drehtellers erforderlich.	2-Nitro-p-toluidin, Benzanthron, Pyrogallol, Phthalsäureanhydrid.
Die kleinsten Sublimatoren haben 1,8 m äußeren ⌀ und 5,6 m² Nutzfläche, die größten 10 m ⌀ und 1700 m² Nutzfläche. Die Bauhöhen können 1,8 bis 20 m betragen. Die Drehzahlen richten sich nach der erforderlichen Aufenthaltsdauer des Feststoffes (einige Minuten bis einige Stunden).	Vorteile: Kontinuierliche Arbeitsweise; mitgerissene, nicht sublimierbare Anteile werden im nachgeschalteten Heiß-Filter abgeschieden. Nachteile: Schlechter Wärmeübergang an das Rohgut auf den Tellern und vom Reinprodukt in den Desublimatoren. Voluminöses Produkt.	Jod, Salicylsäure, Anthrachinon, Phthalsäureanhydrid, Naphthalin, Anthracen.

358 IV. Technik der Kristallisation

Tabelle 54. *Anordnung zur Züchtung*

Lfd. Nr.	Art des Kristallisators (Kristallisatortyp)	Beschreibung (Wirkungsweise)
71	Zuchtofen nach NEUHAUS und RECKER [514] (Sublimation-Desublimation) (Abb. 171)	Ein ortsfestes, einseitig verschlossenes, evakuierbares Quarzschutzrohr (S), das in seinem Inneren das Zuchtgefäß (Z) enthält, ist von einem Ofen umschlossen, der aus drei Kanthal-Heizelementen (H_1, H_2, H_3) besteht, die von einer Isoliermasse und einem Keramikrohr (R) umgeben sind, das ein Fenster (F) zur Beobachtung des Wachstums besitzt. Der Ofen ist starr mit einem Wagen (W) verbunden, der durch das Getriebe (G) mit konstanter Geschwindigkeit bewegt werden kann. Das Zuchtgefäß ist ein einseitig verschlossenes Quarzglasrohr, das den Substanzbarren und am zugeschmolzenen Ende einen Quarzglasstab zur Vermeidung der Desublimation an dieser Stelle enthält. Das andere Ende verengt sich zur Keimauslese auf etwa 2 mm, erweitert sich kugelförmig und läuft in eine spitze, offene Kapillare aus. Die Kapillare befindet sich zunächst an der heißesten Temperaturzone und wird nach Einstellung der gewünschten Temperaturverteilung langsam durch die mittlere heiße Temperaturzone hindurchgefahren.
72	Anordnung zum Wachstum von Wolfram-Einkristallfäden [250] nach VAN ARKEL (Chemische Transport-Reaktion) (Abb. 172)	In ein durch die Leitung (B) evakuierbares Gefäß (A) sind durch Schliff (D) Wolframdrähte eingeführt; auf dem Boden dieses Gefäßes befindet sich ein Vorrat an Wolfram-Pulver. Ein zweites Gefäß (C), das mit WCl_6 gefüllt ist, steht mit A in Verbindung, so daß der durch Erhitzen des WCl_6-Pulvers entstehende Dampf an die Wolfram-Fäden gelangt, wo er sich in W und Cl_2 zersetzt. Das entstandene W lagert sich an den Wolfram-Drähten, die homogen und einkristallin bis zur 3- oder 4-fachen Dicke fortwachsen, ab, während Cl_2 mit dem am Boden von Gefäß A befindlichen, kälteren W-Pulver zu WCl_6 rekombiniert.

gutes behindert werden, auch der nicht-sublimierbare Rückstand muß sich vom untersten Boden abstreifen lassen.

Obwohl die Verhältnisse bei der Züchtung von *Einkristallen* aus der Gasphase insofern einfacher sind als bei der Züchtung aus Lösungen und Schmelzen, weil das Kristallwachstum durch Lösungsmittel *von Einkristallen aus der Gasphase*

Betriebsdaten	Hinweise (Vor- und Nachteile und dgl.)	Anwendungsgebiet
Beim CuCl wurden folgende Bedingungen eingehalten: Temperatur an der Oberfläche des wachsenden Kristalls 360 °C, Sublimationstemperatur 380 °C, Druck $2 \cdot 10^{-6}$ Torr. Ziehgeschwindigkeit: 0,2 mm/h. Erzeugte Kristalle: 20 mm lang, 9 mm $\varnothing$, farblos und ideal transparent. Im Zuchtgefäß sind von der ersten Verengung 2 einander gegenüberliegende Löcher ($\varnothing = 0,5$ mm) zur Führung des Vakuums.	Vorteile: Die Hilfsheizungen H_2 und H_3 setzen die Mittelheizung H_1 in Stande, eine relativ hohe Temperatur an der Verdampfungsfront zu erzeugen und einen steilen Temperaturgradienten aufrecht zu erhalten. Die besondere Form des Zuchtgefäßes bewirkt eine mehrfache Keimauslese.	CuCl, CuBr, CuJ.
Die W-Drähte werden elektrisch auf Temperaturen von 1600 bis 1700 °C geheizt. Der Vorrat des Wolfram-Pulvers wird auf 400 °C gehalten. WCl_6 schmilzt bei 275 °C, sein Kp_{760} beträgt 347 °C. Alle Gefäße aus Glas.	Der Transport eines ursprünglich polykristallinen Stoffes, der zum kristallisierenden Stoff durch eine (reversible) Reaktion umgewandelt wird, die die Keimbildung kontrolliert, hat sich zu einem wichtigen Hilfsmittel entwickelt.	W gemäß der Reaktion $WCl_6 \rightleftarrows W + 3\,Cl_2$.

oder Schmelze nicht gestört wird, hat es lange gedauert, bis dieses Verfahren technisch genutzt wurde und größere Kristalle gezüchtet werden konnten, weil die Kontrolle des Wachstums an einem Impfkristall nicht einfach ist. NEUHAUS [513] nennt folgende unerläßliche Voraussetzungen für die Züchtung: Sichere Beherrschung und Konstanz der Temperatur der dampfförmigen Nährphase (Dampfquelle), der Temperatur des wachsenden Kristalls (oder seines Trägers), also auch der Temperaturdifferenz beider als Maß der Übersättigung, sowie der Transportleistung in der Nährphase, Kenntnis unspezifischer

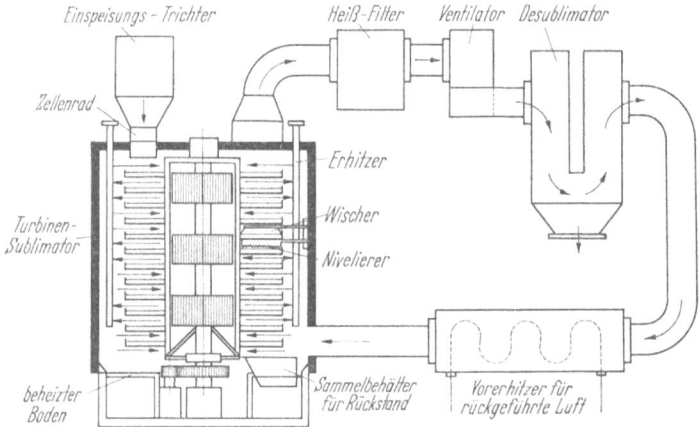

Abb. 170. Turbinen-Sublimator (Wyssmont Co.) nach Nord [224].

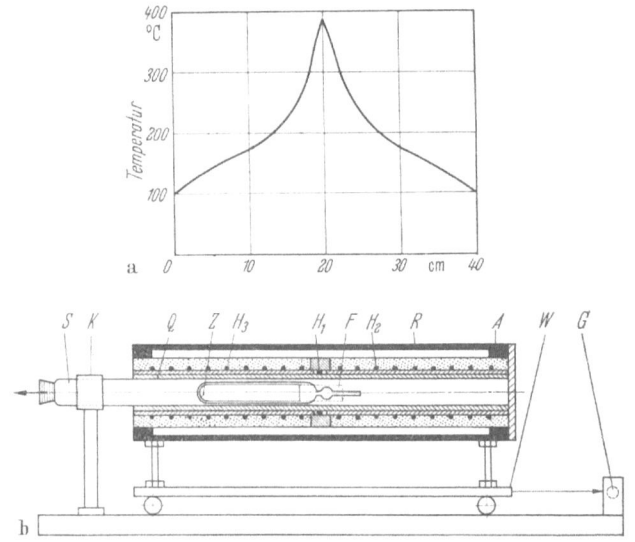

Abb. 171. Zuchtofen (b) nach Neuhaus und Recker [514] mit Temperaturverteilung (a).
A Abstandsringe; F Fenster; G Getriebe; H_1 bis H_3 Heizelemente; Q Quarzzylinder: R Keramikrohr; S Quarzschutzrohr; W Wagen; Z Zuchtgefäß.

(Schleppgase) oder spezifischer („Lösungsgenossen") Zusätze und Verbleiben der Übersättigung im metastabilen Bereich. Allgemein gibt es zwei grundsätzlich verschiedene Methoden zur Züchtung von Einkristallen aus der Gasphase, nämlich durch Sublimation–Desublimation (im angelsächsischen Schrifttum „vapor deposition" oder „vapor condensation technique" genannt) und durch chemische Transport-Reaktionen. Tab. 54 bringt für jede Verfahrensart ein Beispiel. NEUHAUS und RECKER [514] gelang es mit ihrem Zuchtofen (Nr. 71; Abb. 171), der ein ortsfestes Quarzschutzrohr mit dem Zuchtgefäß in dessen Inneren umschließt und fahrbar auf einem langsam (0,1 — 1 mm/h) und gleichmäßig abziehbaren Wagen angebracht ist, farblose und ideal transparente Einkristalle von CuCl, 20 mm lang, 9 mm $\varnothing$, zu züchten. Cu(I)-Halogenide sind wegen ihrer elektro-optischen Eigenschaften (Modulation von Licht, speziell Laserstrahlen) von großem technischen Interesse. HONIGMANN [515] konnte ebenfalls durch Sublimation–Desublimation fehlerfreie Rhombendodekaeder von Hexamethylentetramin $[(CH_2)_6N_4]$ mit den Abmessungen $10 \times 10 \times 3$ mm erzeugen. Er verwendete horizontal in einem Heizofen gelagerte Glasröhrchen von 2,5 cm $\varnothing$ und ungefähr 15 cm Länge, an deren Enden sich das Hexamethylentetramin befand, das unter Hochvakuum durch mehrfache Sublimation gereinigt und einsublimiert worden war. In Röhrenmitte war eine eng eingepaßte gekühlte Kupferplatte angeordnet, auf der bei Temperaturdifferenzen von 5 bis 15 °C Keimbildung induziert wurde. Für das anschließende Einkristall-Wachstum wurde das treibende Temperaturgefälle auf Werte zwischen 0,5 und 6 °C herabgesetzt. SMILTENS [516] züchtete in einem den besonderen Anforderungen (Graphit-Tiegel, Temperaturen bis 2460 °C) angepaßten Bridgman-Stockbarger-Ofen (vgl. Nr. 52; Abb. 146) unter einem Argon-Druck von 12 Torr Einkristalle von SiC durch Sublimation–Desublimation. SiC-Dampf dissoziiert oberhalb von 2390 °C in Kohlenstoff und Silicium, und beide Komponenten rekombinieren unterhalb dieser Temperatur wieder, so daß bei sehr langsamer und gleichmäßiger Verschiebung des Tiegels (3 mm/h) und genügend steilem Temperaturgradienten einkristalline Ablagerungen erhalten werden können. SCHIEBER [517] stellt in einer Untersuchung über das Wachstum von Samarium, Europium, Thulium und Ytterbium fest, daß große Einkristalle der Metalle der Seltenen Erden durch Sublimation–Desublimation gezüchtet werden können. GATTI, MANCUSO, FEINGOLD und MEHAN [518] sublimierten pulverförmiges B_4C ($F = 2450$ °C) bei 1950 °C in einem Widerstandsofen (Graphit) und desublimierten die Dämpfe als Haarkristalle (im angelsächsischen Schrifttum „whiskers" genannt) bei 1850 °C. Fehlerhaftes Wachstum hat großen Einfluß auf die Zerreißfestigkeit der Haarkristalle. Ein von Wachstumsdefekten relativ freier Haarkristall hatte eine Zerreißfestigkeit von 1400 kp/mm^2; bei 1000 °C behielten die gezüchteten Whisker ihre hohen Zerreißfestigkeiten, oberhalb davon nehmen diese jedoch, wohl durch Oxidation, rasch ab.

Chemische Transport-Reaktionen wurden zuerst von KOREF [519] und VAN ARKEL [520] zur Züchtung von Einkristallen aus der Gasphase herangezogen. Die von VAN ARKEL benutzte Anordnung zum Wachstum von Wolfram-Einkristallfäden (Nr. 72) ist in Abb. 172 dargestellt. Das Transportmedium ist hier WCl_6, das sich an den 1600 bis 1700 °C heißen W-Drähten in Wolfram und Chlor zersetzt. Während sich Wolfram am Draht niederschlägt, rekombiniert Chlor am Boden des Zuchtgefäßes mit kälterem W-Pulver zu WCl_6. KOREF reduzierte demgegenüber bei ungefähr 1000 °C WCl_6 im Wasserstoffstrom ($p_{H_2} \approx$ ≈ 12 Torr) zu Wolfram (Trägergas-Sublimation des WCl_6 am günstigsten bei 110 °C) und konnte einkristalline Ablagerung des Wolframs an 1000 °C heißen W-Drähten erreichen. Auch eine orientierte Abscheidung von Mo, Ta, Va, Fe, Zr und Ti auf W-Drähten war mit der gleichen Methode möglich. AHMAD und CAPSIMALIS [521] züchteten Haarkristalle von NiO, indem sie Mischungen von Argon und Sauerstoff ($p_{O_2} = 2,1 \cdot 10^{-3}$ atm) bei 1300 °C über Nickelstreifen leiteten; ferner gelang ihnen die Herstellung von Whiskern der Stoffe WO_3, $W_{20}O_{58}$, $W_{18}O_{49}$ und WO_2, indem sie Gemische von Argon und Wasserdampf ($p_{O_2} \approx 2 \times$ $\times 10^{-3}$ atm) über 1000—1200 °C heiße Wolfram-Fäden strömen ließen. LAUDISE [442] stellt fest, daß irreversible Reaktionen, die zur Bildung von Kristallen führen, in der Regel kleine Kristalle erbringen, weil sich das Wachstum nur schwierig kontrollieren läßt, während reversible Reaktionen leichtere Wachstums-Kontrolle gestatten und die Möglichkeit schaffen, eine polykristalline Substanz durch die Reaktion von einer Zone in eine andere zu bringen, wo die Umkehr-Reaktion und gesteuerte Keimbildung die Ablagerung von Kristallen merklicher Größe (z. Teil auch epitaktisch auf einem Substrat) begünstigen. Sehr viele Untersuchungen liegen über die Züchtung von CdS-Einkristallen vor; man geht in der Regel von Cd-Pulver aus und leitet ein Gemisch von H_2S und H_2 darüber. BUBE und THOMSEN [522] benutzten einen in drei Temperaturzonen eingeteilten Ofen bei waagrechter Anordnung des Reaktions- und Zuchtrohres. In der 650 °C heißen ersten Zone wird Cd verdampft ($p_{Cd} = 200$ Torr bei 658 °C), in der bei 900 °C gehaltenen Zone reagieren Cd und H_2S miteinander und in der letzten, 800 °C heißen Zone schlagen sich die

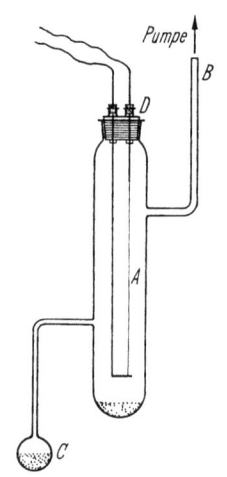

Abb. 172. Anordnung zum Wachstum von Wolfram-Einkristallfäden nach VAN ARKEL [520].

A Zuchtgefäß; B Leitung zum Evakuieren; C Vorrat an WCl_6; D Schliff mit Draht-Durchführungen.

CdS-Kristalle nieder. Auch BOYD und SIHVONEN [523] verwendeten einen dreigeteilten Ofen und konnten bei Temperaturen zwischen 785 und 1200 °C und Drucken zwischen 200 und 760 Torr bei Restgas-Atmosphären von H_2S, Helium und Argon aus verhältnismäßig stark verunreinigtem CdS-Pulver sehr reine CdS-Einkristalle gewinnen. SCHÄFER [524] gab einen Überblick über chemische Transport-Reaktionen und stellte die für die Kristall-Synthese wichtigen Reaktionen zusammen. Ähnliche Zusammenstellungen findet man auch bei SMAKULA [94] und NITSCHE [525], der das Einkristallwachstum von binären (ZnS, ZnSe), ternären ($MnIn_2S_4$, $CoCr_2S_4$) und Mischkristall-Chalkogeniden (z. B. SnS_2/SnO_2) untersuchte. MIERZEJEWSKA-APPENHEIMER und NIEMYSKI [526] stellten Borkristalle durch Produktion von Borhalogeniden im Wasserstoffstrom her, ferner gelang ihnen die Synthese von B_4C durch Reaktion von BCl_3 und CCl_4 in H_2-Atmosphäre. MEE und PULLIAM [527] züchteten bis 1 mm dicke MgO-Einkristalle, die an rotierenden MgO-Impfkristallen durch gesteuerte Hydrolyse von Magnesiumhalogenid-Dämpfen bei 1000 °C wuchsen. WAGNER und ELLIS [528] konnten sehr vollkommene Siliciumkristalle, haardünn bis bleistiftminendick, durch das Dreiphasen-Verfahren (im angelsächsischen Schrifttum „VLS technique" = „Vapor-Liquid-Solid technique" genannt) erhalten. Legt man kleine Goldstückchen auf ein Silicium-Substrat, so bilden sich bei dessen Erhitzung auf 950 °C Tröpfchen einer Gold–Silicium-Schmelze. Leitet man anschließend über die Schmelztröpfchen ein Gasgemisch von H_2 und $SiCl_4$, so nehmen die Tröpfchen aus dem Gas Silicium auf und scheiden es am Substrat so ab, daß die Schmelztröpfchen auf den Spitzen der Siliciumkristalle „reiten" und die weitere Stoffzufuhr aus der Gasphase gewährleistet ist. WAGNER [529] hat ferner die Entstehung von Ästen und Stufen sowie die Bildung von Fehlstellen während des VLS-Wachstums untersucht.

4. Anordnungen zur adduktiven Kristallisation

Von den in Kap. III E genannten adduktiven Kristallisationen sind bislang nur die Verfahren zur Bildung von Harnstoff-Addukten und Gashydraten großtechnisch bedeutsam geworden. Je eine kennzeichnende Anordnung ist in Tab. 55 beschrieben. Die Deutsche Erdöl A.G. benutzt in ihrer Anlage [530], [531] zum Entparaffinieren von Erdöl mit wäßriger Harnstofflösung (Nr. 73; Abb. 173) als „Aktivator" und Kältemittel Methylenchlorid. Dieses Lösungsmittel erlaubt zwar keine so hohe Trennwirksamkeit wie beispielsweise Methyl-isobutylketon, was sich am höheren Tropfpunkt des Raffinates (entwachsten Öles) und der geringeren Reinheit des Paraffins zeigt, es hat aber den Vorteil, daß Reaktions- und Kristallisations-Wärme der Addukte durch

364   IV. Technik der Kristallisation

Tabelle 55. *Anordnungen zur*

Lfd. Nr.	Art des Kristallisators (Kristallisatortyp)	Beschreibung (Wirkungsweise)
73	Anlage der Deutschen Erdöl A.G. [530], [531] zum Entwachsen von Erdöl mit wäßriger Harnstofflösung und Methylenchlorid (Abb. 173)	Ein Rührwerkskessel a wird mit gleichen Volumenteilen des zu entwachsenden Öls, einer wäßrigen Harnstofflösung und des Aktivators Methylenchlorid gefüllt. Die bei der Bildung des Harnstoff-Adduktes entstehende Reaktionswärme wird durch Verdampfung des Methylenchlorid abgeführt; das kondensierte Lösungsmittel läuft in den Reaktor-Kristallisator zurück. Die groben Addukt-Kügelchen ($\varnothing \geq 10$ mm) werden auf einem Sieb von der Lösung getrennt, die in einer Rektifikations-Kolonne c in Methylenchlorid und entwachstes Öl zerlegt wird. Das feuchte Kristallisat wird in einem zweiten Rührwerkskessel (b) mit Sattdampf behandelt und bei 75 °C zerlegt. Nach Abdestillieren des Methylenchlorids, das in den Reaktor zurückgeleitet wird, und nach Zersetzung des Adduktes wird der Bodenablauf des Kessels in einen Abscheider d gepumpt. Dessen (untere) wäßrige Harnstoff-Schicht wird auf 80 °C erhitzt und nach Abgabe überschüssigen Wassers (Verdampfer) zum Reaktionskessel a zurückgeleitet. Die (obere) organische Schicht des Abscheiders wird in einer Rektifikationskolonne e in Wachs und Methylenchlorid, das zum Reaktor zurückkehrt, zerlegt.
74	Anlage der Sweet Water Development Co. zur Erzeugung von Süßwasser mit Propanhydrat [535], [536] (Abb. 174)	Meerwasser wird nach Filtration und Entgasung (Desorption von CO_2 und O_2) in den Wärmeaustauschern für das erzeugte Süßwasser und die ablaufende Sole in einem mit flüssigem Propan betriebenen Kratzkühler und schließlich in den Wäschern für die Hydrat-Kristalle gekühlt und dem Reaktor-Kristallisator zugeleitet, in den gleichzeitig flüssiges Propan eingespeist wird. Das dort nicht für die Hydratbildung verbrauchte, sondern nur als Kältemittel verdampfte Propan wird nach Passieren des 1. Abscheiders dem 1. Kompressor zugeführt, während der Brei der Hydrat-Kristalle nach Zumischung von flüssigem Propan in einer mehrstufigen Gleichstrom-Waschanlage nach dem Verdrängungsprinzip mit einem Teil des erzeugten Süßwassers gewaschen wird. Die verdrängte Sole läuft nach Pas-

adduktiven Kristallisation

Technische Daten	Hinweise (Vor- und Nachteile und dgl.)	Anwendungsgebiet
Produktion (1955): 50 t/d. Die Einspeisung hat eine Dichte von 0,87 g/ml, das Öl von 0,885 g/ml nach dem Entwachsen (beides für 15 °C). Die Einspeisung hat einen Stockpunkt von 15 °C und einen Tropfpunkt von 14 °C. Für das entwachste Öl lauten die Werte: Stockpunkt -21 °C, Tropfpunkt -24 °C. Das Wachs enthält, da die Adduktkristalle nicht gewaschen werden, 50 Gew.-% Öl und schmilzt bei 30 °C.	Vorteile: Methylenchlorid hat einen atmosphärischen Siedepunkt (40,1 °C), in dessen Bereich die Adduktbildung optimal ist; es vermindert die Viskosität des Öls, erhöht die Reaktionsgeschwindigkeit und dient als Kältemittel. Keine Gefahr der Verkrustung von Kühlflächen. Durch Verwendung einer mindestens 60%-igen wäßrigen Harnstofflösung wird das Entstehen einer zweiten flüssigen (wäßrigen) Phase vermieden. Die Addukt-Kügelchen sind im Innern frei von Öl.	Entparaffinierung von Erdöl.
Der Reaktor-Kristallisator arbeitet (vgl. Abb. 68) bei 1,7 °C und 4 kp/cm², der Aufschmelzer bei 7 °C und 5 kp/cm². Anlage für 75 m³/d in Erprobung (1966). Der Reaktor-Kristallisator ist ein horizontaler Zylinder von 1,5 m ⌀ und $\approx$ 9 m Länge mit 6 senkrecht angeordneten Rührern. Mittlere Verweilzeit des Zulaufes im Kristallisator: 20 min. Als Wäscher werden Hydrozyklone benutzt, in denen 3 Phasen auftreten: Propan (flüssig) Dichte 0,705 g/cm³), H_2O (Dichte 1,0 g/cm³) und Hydrat-Kristalle (Dichte 0,9 g/cm³).	Vorteil: Die Hydratkristalle können oberhalb des Schmelzpunktes von reinem Wasser gewaschen werden (keine Verkrustungs- oder Verstopfungs-Gefahr). Propan ist leicht verfügbar, nicht toxisch und wenig in Wasser löslich. Die Arbeitstemperaturen liegen den Meerwassertemperaturen wesentlich näher als beim Eindampfen von Sole. Nachteil: Die Hydratkristalle sind dendritisch und faserig. Maximale Feststoff-Konzentration eines pumpfähigen Breies 15 Gew.-%.	Süßwasser-Gewinnung aus Meerwasser.

Tabelle 55

Lfd. Nr.	Art des Kristallisators (Kristallisatortyp)	Beschreibung (Wirkungsweise)
74	Anlage der Sweet Water Development Co. zur Erzeugung von Süßwasser mit Propanhydrat [535], [536] (Abb. 174)	sieren eines Wärmeaustauschers ins Meer zurück, während die gewaschenen Hydrat-Kristalle oben einem Aufschmelzer zugeführt werden, in dem Propangas aus dem 1. Kompressor, das unten einströmt, für die notwendige Wärmezufuhr sorgt. Das den Aufschmelzer oben verlassende Propangas passiert den 2. Abscheider, den 2. Kompressor, wird verflüssigt und gekühlt. Das flüssige Propan gelangt von einem Vorratsbehälter in eine Trennvorrichtung in der sich das durch das Aufschmelzen der Hydrat-Kristalle entstandene Gemisch von Propan und Süßwasser trennt. Das in diesem Abscheider oben ablaufende Propan wird zum Reaktor-Kristallisator zurückgeleitet, während das Süßwasser teilweise zum Waschen der Hydrat-Kristalle abgezweigt und teilweise nach Passieren eines Wärmeaustauschers (für das Meerwasser) als Produkt abgezogen wird.

seine Verdampfung abgeführt werden können und die Addukt-Bildung im Bereich seines atmosphärischen Siedepunktes maximal ist. Da Harnstoff ein temperaturempfindlicher Stoff ist, wird eine wäßrige Lösung benutzt. Infolge der Verwendung einer bei 70 °C gesättigten Harnstoff-Lösung, die nicht über 40 Gew.-% H_2O enthält, kristallisiert der Addukt aus homogener flüssiger Phase aus, und die Bildung einer zweiten flüssigen, also wäßrigen Phase wird vermieden. Bei Wassergehalten zwischen 10 und 40 Gew.-% bilden sich kugelförmige Agglomerate der Harnstoff-Einschlußverbindungen bis 10 mm Durchmesser und darüber, die durch Naßsieben von der Mutterlauge leicht getrennt werden können, während bei Wassergehalten unter 10 Gew.-% mit dem Ausfall sehr feiner Kristalle gerechnet werden müßte, die eine Abtrennung auf der Zentrifuge erforderten. Es ist wesentlich, daß im zweiten Rührwerkskessel (b) die Temperatur von 75 °C zur Zerlegung der Addukte nicht überschritten und die Reaktionsdauer so kurz wie möglich bemessen wird, da sich der Harnstoff sonst zersetzt. Infolge der Zugabe von Sattdampf erniedrigt sich die Sättigungstemperatur der Harnstoff-Lösung auf 40 °C und die aus dem nachfolgenden Abscheider (d) abgezogene Lösung muß nach sehr kurzzeitiger Erhitzung auf 80 °C in einem Verdampfer (f) auf eine Sättigungstemperatur von 70 °C gebracht werden; sie verläßt, durch Entspannungsverdampfung auf 70 °C abgekühlt, diesen Verdampfer und wird zum Reaktor-

(Fortsetzung)

Technische Daten	Hinweise (Vor- und Nachteile und dgl.)	Anwendungsgebiet
Als Verdrängungsmittel (der die Kristalle umgebenden Sole) dient flüssiges Propan.		

Kristallisator (*a*) zurückgeleitet. Jedes Harnstoff-Verfahren umfaßt die vier, in Abb. 173 veranschaulichten Verfahrensschritte: Bildung des kristallinen Adduktes, Trennung von Addukt und flüssiger Phase, Zerlegung des Addukts in Harnstoff-Lösung und Kohlenwasserstoffe und Reinigung der Produktströme sowie Wiedergewinnung von Harnstoff und Lösungsmittel. Auch L. SONNEBORN SONS [531], [532] bedient sich in der frühesten (1950) technischen Anlage zur Entparaffinierung mit Harnstoff des Chargenbetriebes. Das Verfahrensziel ist hier nicht die völlige Entparaffinierung des säurebehandelten Roh-Öls aus West-Texas, sondern die Herstellung „weißen" Öls mit niedrigem Tropfpunkt ($-18\,°C$). Man verwendet eine methanolische Harnstoff-Lösung.

Die dritte großtechnische Anlage zur adduktiven Kristallisation mit Harnstoff ist die von Standard Oil Co. (Indiana) [533], in der Öle mit Tropfpunkten von -32 bis $-48\,°C$ erzeugt werden, indem man einem herkömmlichen Entparaffinierungsverfahren, das ein Öl mit einem Tropfpunkt von $-18\,°C$ liefert, eine adduktive Kristallisation nachschaltet. Diese Anlage verarbeitete (1956) $\approx 78\,m^3/d$, das als Aktivator dienende Lösungsmittel wurde nicht eröffnet, obwohl in der Patent-Literatur [532] Methanol oder Ketone erwähnt sind. Der Addukt-Kuchen wird auf einem Drehfilter von der „Mutterlauge" getrennt und mit Lösungsmittel nachgewaschen, um anhaftendes Öl zu entfernen. Das entparaffinierte Öl wird in einem Verdampfer mit nachgeschaltetem Desorber vom Lösungsmittel befreit. BAILEY und Mitarbeiter [534] beschrieben eine von der Shell Oil Co. (Wilmington, Californien) betriebene kleintechnische Anlage zur Verarbeitung von ≈ 250 l/d, in der wäßrige Harnstoff-Lösung und als „Aktivator" Methyl-isobutyl-keton benutzt werden. Nach diesem Verfahren wird

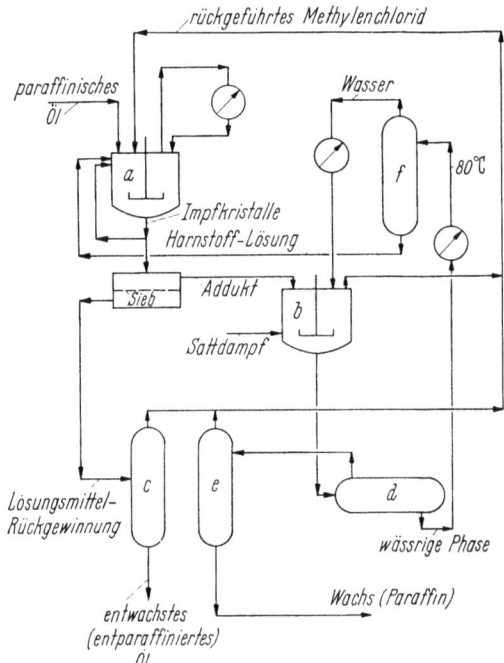

Abb. 173. Anlage der Deutschen Erdöl AG. zum Entwachsen von Erdöl mit wäßriger Harnstofflösung und Methylenchlorid.

    a Reaktor-Kristallisator (40 °C);
    b Rührkessel zur Zersetzung des Addukts (75 °C);
    c Rektifikationskolonne zur Trennung von Methylenchlorid und entwachstem Öl;
    d Abscheider zur Trennung von wäßriger und organischer Phase;
    e Rektifikationskolonne zur Trennung von Methylenchlorid und Wachs;
    f Verdampfer zum Konzentrieren der Harnstoff-Lösung.

ein Paraffin mit einem Reinheitsgehalt von 95—99% erzeugt; der Tropfpunkt der verarbeiteten leichten Schmier- und Dieselöle kann von -4 auf -62 °C herabgesetzt werden.

Zur Gewinnung von Süßwasser aus Meerwasser durch Ausfrieren wird die Bildung von Gashydraten oft bevorzugt, weil eine ganze Reihe von ihnen oberhalb des Schmelzpunktes von Wasser noch beständig ist und beim Nachwaschen mit einem Teil des erzeugten Süßwassers keine Verstopfungen eintreten können. Die Sweet Water Development Co. (Dallas, Texas) bedient sich des Propanhydrat-Ver-

4. Anordnung zur adduktiven Kristallisation 369

fahrens [535]. Die in Wrightsville Beach (North Carolina) [536] aufgestellte Anlage (Nr. 74) für (1966) 75 m³/d ist in Abb. 174 schematisch dargestellt. Sie besteht aus den folgenden sieben Gruppen: Einspeisung des Meerwassers (Filtern, Entgasen, Wärmeaustausch und Vorkühlen), Waschen (Gleichstrom-Waschen nach dem Verdrängungs-Prinzip; Gegenstrom-Waschung je nach Wahl), Kristallisieren (Aus-

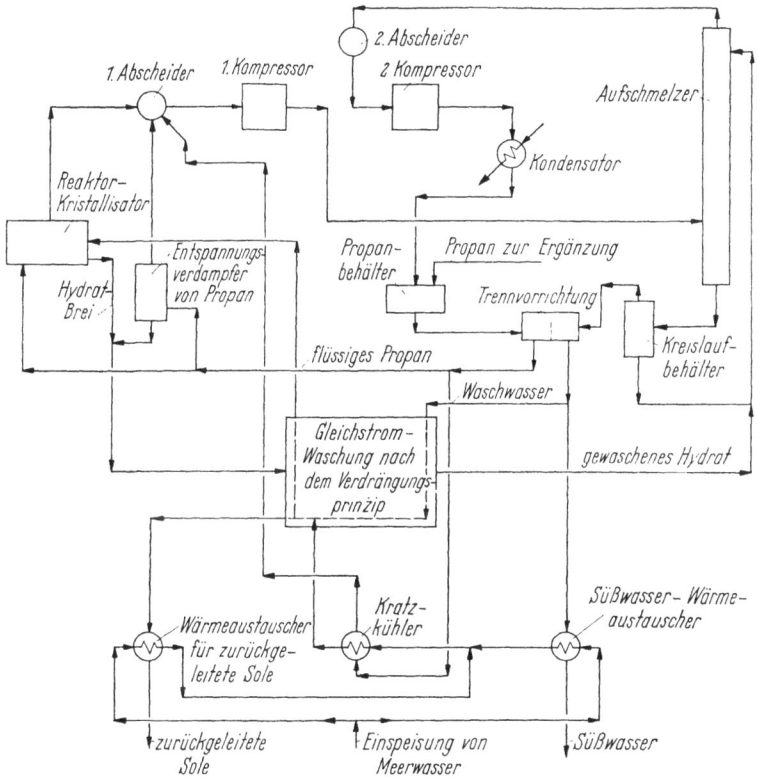

Abb. 174. Schema der Anlage [536] der Sweet Water Development & Co. zur Erzeugung von Süßwasser aus Meerwasser mit Propanhydrat [535].

frieren des Hydrates durch unmittelbaren Kontakt), Kompression (1. Kompression des Propan-Gases nach dem Kristallisator und vor dem Aufschmelzer; 2. Kompression nach dem Aufschmelzer zur Kondensation), Aufschmelzen (durch unmittelbaren Kontakt von komprimiertem Gas und Gashydrat), Abtrennen des Süßwassers (Kältemittel-Rückgewinnung und Entfernung von Propan) und Sole-Rückführung (Kältemittel-Rückgewinnung und Entfernung von Propan). Ähnlich wie bei anderen Ausfrierverfahren ist auch bei den Gashydrat-Verfahren die Trennung der Hydratkristalle von der Sole einer der wichtigsten Verfahrensschritte. Wie Abb. 174 zeigt, hat die Sweet Water Development Co. auf die Trennung von Kristallen und Sole in einer Zentrifuge oder auf einem Filter verzichtet und verdrängt anstatt dessen die Sole mit flüssigem Propan in einer Reihe von Hydrozyklon-Wäschern im Gleich- oder wahlweise Gegenstrom-Betrieb. Die Koppers Company, Inc. (Pittsburgh, Pennsylvania), die schon 1959 mit der technischen Erprobung ihres Propanhydrat-Verfahrens [537], [252] begann, benutzte in ihrer Versuchs-Anlage für 40 m³/d ein Filter zur Abtrennung der Hydratkristalle von der Sole. Die Kristalle werden auf dem Filter mit einem Teil des erzeugten Süßwassers (mit einem Salzgehalt unter 500 ppm) gewaschen. Die Gashydrat-Verfahren zeichnen sich durch Flexibilität aus. So wurden als hydratbildende Zusatzstoffe außer C_3H_8 (Propan) C_2H_6 (Äthan), C_2H_4 (Äthylen), CO_2, Cl_2, $CHCl_2F$ (Dichlor-fluor-methan, F 21) und Mischhydrate von $CFCl_3$ (Trichlor-fluor-methan, F 11) und CCl_4 (Tetrachlorkohlenstoff) mit H_2S sowie Mischhydrate von CO_2 und C_2H_6 untersucht. Da bei feinen Kristallen Filtrieren und erst recht Zentrifugieren problematisch sein können, sind Waschverfahren zur Verdrängung der Sole von besonderer Bedeutung geworden. HAHN [538] hat sich mit den Entwurfsparametern für eine Gegenstrom-Waschkolonne beschäftigt, der der Kristallbrei unten zentral zugepumpt wird. Die Kristalle erfahren Auftrieb, ein großer Teil der Sole wird im mittleren Niveau des Turmes durch die Kolonnenwand abgezogen; zur Verdrängung der die Kristalle umgebenden Sole werden diese mit einem Teil des erzeugten Süßwassers im Gegenstrom gewaschen. Ein elektrisch angetriebener Rührer verteilt dieses Waschwasser gleichmäßig auf den Turmquerschnitt. Bei Eiskristallen (Dichte $\varrho_{0\,°C} = 0{,}917$ g/cm³) mit einer mittleren Korngröße von 500 µm beträgt die Auftriebsgeschwindigkeit 5—10 mm/s bei einer Strömungsgeschwindigkeit der einströmenden Sole von etwa 1 mm/s. Die Ausfrierverfahren haben nach Meinung von HAHN gute Chancen für Leistungen zwischen 15 und 150 m³/h; man strebt Durchsätze bis zu 750 m³/h Süßwasser an, darüber hinaus sind die Destillationsverfahren überlegen.

V. Die Kristallisation im Rahmen der anderen thermischen Trennverfahren

Die Kristallisation ist ein thermisches Trennverfahren, zu denen außerdem Destillieren und Rektifizieren, Absorption, Adsorption, Extraktion und Trocknung gehören, um nur die wichtigsten zu nennen. Es bedarf nämlich in der Regel der Zufuhr *thermischer Energie*, um die Kristallisation einzuleiten oder aufrecht zu erhalten. Ferner sind

V. Die Kristallisation im Rahmen der anderen thermischen Trennverfahren

es Temperaturdifferenzen, und häufig nicht unerhebliche, die Keimbildung und Kristallwachstum beeinflussen und durch deren Verhältnis die Kristallisation steuern. Meist müssen im Verlaufe des Kristallisierens merkliche Wärmemengen übertragen werden, sei es durch Wandungen, sei es durch unmittelbaren Kontakt der beteiligten Phasen; aber selbst dort, wo dies nicht der Fall ist (z. B. mitunter beim Ausfällen oder Aussalzen) hängt das erzielbare Ergebnis im wesentlichen von Phasen-Gleichgewichten (vgl. Abb. 38) ab, die nur durch thermodynamische Betrachtungen zugänglich sind. Kristallisation ist ein thermisches Trennverfahren *mit Phasenbildung*; denn es wird mindestens eine feste Phase erzeugt, sei es aus der Lösung, aus der Schmelze, aus dem Dampf oder sei es in einer anderen festen Phase. Auch Destillieren und Rektifizieren sowie Extraktion verlaufen unter Phasenbildung, im ersten Falle entsteht die gasförmige Phase, im zweiten Falle eine zweite, flüssige Phase. Trocknung ist ein thermisches Trennverfahren mit Phasenschwund (die flüssige Phase schwindet), während Absorption und Adsorption unter Phasenkonstanz ablaufen. Häufig pflegt man die Verfahren, an denen nur flüssige Phasen oder flüssige Phasen und die gasförmige Phase beteiligt sind, als „fluide" Verfahren zu bezeichnen. Dieser Begriffsbestimmung zufolge, ist die Kristallisation mit der Trocknung, der Adsorption und dem Auslaugen (auch mitunter „Fest-Flüssig-Extraktion" genannt) den nicht-fluiden thermischen Trennverfahren zuzurechnen. Bei den thermischen Trenn-Verfahren, also den Trennverfahren mit Stoffübergang, wandert mindestens eine Komponente von einer Phase in eine andere, die Phasen werden getrennt und damit ist eine (mehr oder minder vollkommene) Trennung der Komponenten möglich. Da es sich bei der Kristallisation um die Abtrennung der festen Phase(n) handelt, ist die Kristallisation so stark wie kaum ein anderes thermisches Trennverfahren auf die *Hilfe der mechanischen Trennverfahren* (z. B. Zentrifugieren, Filtrieren, Sichten, Sieben) angewiesen. Manche Kristallisatoren stellen sogar eine Kombination von thermischer und mechanischer Trennung dar (vgl. z. B. Abb. 88, 94 und 111) und ohne Zufuhr mechanischer Energie während des Verfahrensablaufes ist nur selten (vgl. Tab. 34; Nr. 1) und unter äußerst günstigen Umständen (vgl. Tab. 35; Nr. 6) eine geregelte Kristallisation möglich. Man kann sich das thermische Trennverfahren „Kristallisation" als räumliches Gebilde im dreidimensionalen Koordinatensystem von Temperatur, Druck und Zeit veranschaulichen. Der Wertebereich der Temperatur geht von $-272,4\ °C$ (Schmelzpunkt des Heliums bei 26 atm; vgl. Tab. 21) bis $3700\ °C$ (Temperaturbereich der Diamant-Synthese; vgl. Tab. 50), der Wertebereich des Druckes von 10^{-3} Torr ($= 1,33 \cdot 10^{-9}$ kbar; Molekular-Sublimation; vgl. Kap. IV D 3) bis 100 kbar (Druckbereich der

Diamant-Synthese) und der Wertebereich der Zeit, also der erforderlichen Kristallisationsdauer, von größenordnungsmäßig 0,1 s (Fällungen) bis ≈ 6 Monate (längste Einkristallzüchtungen aus Lösungen; vgl. Tab. 43). Die Größe dieser Wertebereiche macht verständlich, daß die Ausrüstung für die Kristallisation nicht einheitlich sein kann und keine Standardisierung zuläßt, wie dies bei den Verfahren Destillieren und Rektifizieren oder Absorption möglich ist. Die Fülle der in ihrer Wirkungsweise beträchtlich unterschiedlichen Kristallisatoren (vgl. Tab. 34—Tab. 55) ist jedoch der Vielzahl von Trocknern [237] vergleichbar. Ganz ähnlich wie bei dem nicht-fluiden thermischen Trennverfahren Trocknung überwiegen auch bei der Kristallisation die Maschinen (Vorrichtungen mit bewegten Teilen), während die Apparate (starre Vorrichtungen, durch die die Phasenströme geleitet oder gepumpt werden) deshalb an Bedeutung zurücktreten, weil es ohne mechanisch bewegte Teile nicht leicht ist, Ablagerung, Agglomeration und Krustenbildung von Kristallen zu vermeiden oder fehlerfreie Einkristalle zu züchten.

Die für die Kristallisation erforderlichen Zustandsdiagramme (vgl. Kap. III B 1, C 3, D 1 und E 2) zeichnen sich durch große Mannigfaltigkeit aus, was eine erhebliche Erschwernis darstellt. Daher sieht es LAUDISE [442] als einen besonderen Vorzug an, wenn Verfahren wie beispielsweise die Ziehverfahren zur Züchtung von Einkristallen aus der Schmelze (vgl. Tab. 48) auch ohne Kenntnis der Phasenbeziehungen leicht und erfolgreich betrieben werden können. Die Schmelzdiagramme binärer Systeme (Temperatur-Konzentrations- oder T,x-Diagramme; vgl. Abb. 51) ähneln zwar in manchem den Dampfdruck- bzw. den Siede- und Kondensationsdiagrammen (p,x- und T,x-Diagrammen) der Rektifikation. So entspricht das Schmelzdiagramm in Abb. 51 (ausgezogene Kurven; ideale Werte), das zwei Komponenten kennzeichnet, die in der flüssigen und in der festen Phase vollkommen miteinander mischbar sind, ganz dem Siede- und Kondensationsdiagramm zweier in jedem Verhältnis mischbarer Flüssigkeiten ohne ausgezeichneten Punkt (z. B. Benzol-Toluol). Der Liquidus-Kurve im ersten Fall ist die Taulinie im zweiten Fall vergleichbar und entsprechend der Solidus-Kurve die Siedelinie. Ferner kann man dem Minimum-Siedepunkt-Gemisch (z. B. Äthanol–Wasser) das Minimum-Schmelzpunkt-Gemisch (z. B. 2-Methyl-naphthalin-Fluoren) zur Seite stellen und dem Maximum-Siedepunkt-Gemisch (z. B. Aceton–Chloroform) das Maximum-Schmelzpunkt-Gemisch (z. B. d- und l-Carvon). Die physikalischen Ursachen für die Entstehung der Siedepunkt- und Schmelzpunkt-Extrema sind indessen verschieden. Außerdem sind Maximum-Schmelzpunkt-Gemische im Gegensatz zu Maximum-Siedepunkt-Gemischen verhältnismäßig selten. Andererseits spielen Ent-

V. Die Kristallisation im Rahmen der anderen thermischen Trennverfahren

mischungen im festen Zustand für die Kristallisation eine wesentlich größere Rolle als Entmischungen im flüssigen Zustand bei der Rektifikation. So trifft man teilweise Entmischung im festen Zustand häufig an, und Systeme mit Peritektikum (vgl. Abb. 51; gestrichelte Kurven, eigene Meßwerte) kommen oft vor. Das Eutektikum (vgl. Abb. 19 und 40), das ein System kennzeichnet, dessen Komponenten im festen Zustand überhaupt nicht mischbar sind, sondern lediglich ein Gemenge bilden, ist eine nur für die Kristallisation charakteristische Erscheinung. Es ist z. B. für die Kristallisation aus Lösungen maßgebend. Häufig bilden die Komponenten auch eine Verbindung stöchiometrischer Zusammensetzung (z. B. m- und p-Kresol, CCl_4 und p-Xylol, CBr_2Cl_2 und 1, 2, 4, 5-Tetramethyl-benzol, $SbBr_3$ und m-Xylol- oder p-Xylol), was eine weitere Unterteilung des Zustandsdiagrammes zur Folge hat. Schon bei Auftreten einer stöchiometrischen Verbindung und teilweisen Entmischungen, die zwei Eutektika zur Folge haben, kann das Schmelzdiagramm sehr komplex sein [250].

Die thermischen Trennverfahren sind durch ein starkes inneres Band miteinander verknüpft, und es gibt eine Reihe allen gemeinsamer, elementarer und in den Erfahrungstatsachen wurzelnder Grundsätze *(Prinzipien)*, die für den Entwurf von Trenn-Apparaturen unentbehrlich und hilfreich sind. Dazu gehört das bei der Rektifikation, Absorption und Extraktion vielbenutzte *Gegenstrom-Prinzip*, also der Grundsatz, die beiden miteinander in Stoffaustausch tretenden Phasen im Gegenstrom zueinander zu führen. Man tut dies bei den fluiden thermischen Trennverfahren, weil sich im Gleichstrom nur höchstens eine theoretische Stufe (dieser Begriff ist in Kap. III B 8 und III C 3 erläutert) erzielen läßt. Auch bei der Wärmeübertragung ist Gegenstrom günstiger als Gleich- oder Kreuzstrom, weshalb man die Kühlluft im Rollkristaller (Tab. 34; Nr. 3, Abb. 83) im Gegenstrom zur heißen Lösung führt, die abgekühlt und zur Kristallisation gebracht werden soll. Für die fraktionierte Kristallisation, also ein Verfahren, bei dem entweder mehr als eine theoretische Austauschstufe gebraucht wird oder für eine theoretische Stufe mehrere apparative Austauschstufen erforderlich sind, ist es unerläßlich, feste und flüssige Phase im Gegenstrom zu führen. Das Gegenstrom-Prinzip ist verwirklicht beim Teller-Kristallisator („RBC"; Tab. 51, Nr. 62; Abb. 160), bei der Kristallisierschnecke (Tab. 52; Nr. 64, Abb. 162), der Kristallisationskolonne nach SCHILDKNECHT (Tab. 52; Nr. 65, Abb. 163), beim Kristallisierwalzenstuhl nach GRAHAM (Tab. 52; Nr. 66, Abb. 164) und bei der Druck-Kolonne (Abb. 165) sowie der Pulsier-Kolonne (Abb. 167). Bei der einfachen Kristallisation aus Lösungen (vgl. Kap. IV D 1) bleiben Kristalle und Mutterlauge oft zusammen, so daß man im Hinblick darauf von einem Gleichstrom der festen und der flüssigen Phase sprechen kann, wenn auch die Strömungsverhältnisse im einzelnen recht kompliziert sein können. So werden die Stromlinien beider Phasen fast nie übereinstimmen, und Sedimentationen eines Teiles der festen Phase werden sich meistens nicht oder nicht ganz vermeiden lassen oder sind sogar erwünscht, wenn der Eindicker ein Teil des Kristallisators ist (vgl. Abb. 94). Die Kristallisation teilt mit den anderen nicht-fluiden thermischen Trennverfahren (z. B. der Trocknung) die Eigenschaft, daß *Gleichstrom-Anordnungen* viel häufiger benutzt werden als bei den fluiden thermischen Trennverfahren. Im benetzten Rohr nach CHANDLER (Tab. 34; Nr. 5, Abb. 85) kühlt man beispielsweise die heiße Lösung im Gleichstrom mit Luft durch Verdunsten des Lösungsmittels ab und bewirkt dadurch Kristallisation. Rühr-Anordnungen sind bei der Rektifikation verhältnismäßig selten (nur im Arbeitsbereich von Zwischen- und Feinvakuum), werden aber bei der Extraktion (als Mischer) häufig verwendet. Sehr viele Kristallisatoren bedienen sich des *Rühr-Prinzips*, das für besseren Wärmeübergang, gleichmäßigeren Abbau der Übersättigung, Freihalten der wärmeübertragenden Flächen von Krusten, gleichmäßigere Temperatur-Verteilung in der Schmelze u. a. mehr sorgt. Das Prinzip ist, um nur einige Beispiele zu nennen, verwirklicht bei der Kristallisierwiege nach WULFF-BOCK (Tab. 34; Nr. 2, Abb. 82), beim Pachuca-Kristallisator (Tab. 35; Nr. 8, Abb. 88), beim Swenson-Walker (Tab. 35; Nr. 11, Abb. 86), beim Votator (Tab. 35; Nr. 12, Abb. 87), beim Vakuumkristallisator DTB (Abb. 110), beim Nacken-Kyropoulos-Kristallisator (Tab. 48; Nr. 55) und beim Schwimmzonenschmelzen nach EMEIS-PFANN (Tab. 49; Nr. 58, Abb. 154). Kreislaufführungen (z. B. Rezirkulation von Mutterlauge) spielen bei der Kristallisation eine große Rolle. Unter den anderen thermischen Trennverfahren machen am meisten Verdampfen und Trocknen von diesem *Umpump-Prinzip* Gebrauch. Beispiele für seine Anwendung bei der Kristallisation sind der Zaremba-Verdampfer (Abb. 93), der Verdampfer mit Zwangs-Umlauf nach BADGER und STANDIFORD (Abb. 94), der kontinuierliche Vakuum-Kristallisator mit Zwangsumlauf (Abb. 106) und der Kristallisator nach WALKER und KOHMAN zur Züchtung von Einkristallen aus Lösungen nach dem KRÜGER-FINCKE-Prinzip (Tab. 44; Nr. 44, Abb. 134). Beim Turbinen-Sublimator (Tab. 53; Nr. 70, Abb. 170) ist es das Trägergas, das umgewälzt wird. Mitunter kann Umpumpen das Rühren in den Kristallisatoren ersetzen, aber weit häufiger hat es den Zweck, die Mutterlauge (oder das Trägergas) nach erneuter Sättigung wieder verfügbar zu machen. Bei den klassierenden Kristallisatoren (vgl. Kap. IV D 1 a δ) ist das Umpumpen der Mutterlauge unerläßlich, weil nur bei verhältnismäßig hoher Strömungsgeschwindigkeit und kleinem treibenden Temperaturgefälle die notwendigen, hinreichend niedrigen Übersättigungen eingehalten werden können. *Phasenzerteilung* ist ein sehr allgemeines Prinzip der thermischen Trennverfahren, was darin begründet ist, daß eine Vergrößerung der Phasengrenzflächen i. a. und bis zu bestimmten Dispersitätsgraden eine Erhöhung des Stoffaustausches bewirkt. So wird bei der Rektifikation in den Bodenkolonnen die Gasphase, in den Füllkörperkolonnen die flüssige Phase zerteilt, und bei der Extraktion ist die Feinverteilung der dispersen Phase für die erzielbare Reinheit des Raffinates von besonderer Bedeutung. Bei der Kristallisation ist meist das Kristallisat die disperse Phase (eine Ausnahme stellen die Fließbett-Kristallisation und die Kristallisation in Druck- und Pulsier-Kolonnen dar). Eine möglichst gute Verteilung des Kristallisates in der Lösung oder Mutterlauge ist notwendig, um eine gleichmäßige Abgabe der Übersättigung zu gewährleisten. Da an die Kornverteilung des Kristallisates in der Regel besondere Anforderungen gestellt werden, gilt es, während der Kristallisation der Bildung größerer Agglomerate entgegenzuwirken, die sonst durch zusätzliche Arbeitsgänge (Sieben, Mahlen) nach der Kristallisation beseitigt werden müßten. Den fluiden thermischen Trennverfahren gegenüber, die als Kurzzeit-Verfahren angesehen werden können (die mittleren Verweilzeiten betragen in der Gasphase bei der Rektifikation größenordnungsmäßig einige Sekunden und in der flüssigen Phase einige Minuten), haben wir es bei der Kristallisation, wenn man Aussalzen und Fällungen ausnimmt, mit einem *Langzeit-Verfahren* zu tun: Kristalle wachsen langsam (vgl. Kap. III A 2 g), wenn sie aus Lösungen oder der Dampfphase entstehen, und sie müssen besonders vorsichtig und behutsam gezüchtet werden, wenn Einkristalle mit möglichst wenig Baufehlern entstehen sollen. Man kann den Vorgang der Kristallisation, und zwar sowohl die Keimbildung (vgl. Kap. III B 5) als auch das Kristallwachstum (vgl. Kap. III A 2 c und Abb. 8), mit einer Reaktion vergleichen. Die Reaktionsdauer oder beim kontinuierlichen Verfahren die mittlere Verweilzeit der Kristalle im Kristallisator, sind für Kornverteilungen (vgl. Kap. IV B) und Kornform von ausschlaggebender Bedeutung. Es gibt Keimbildungskatalysatoren und Wachstums-Aktivatoren. Allen thermischen Trennverfahren ist gemeinsam, daß ohne Zufuhr von *Energie* keine Trennung der Komponenten möglich ist. Bei den großtechnischen Kristallisatoren zur Erzeugung von Kristallisaten wird meist mechanische Leistung zum Antrieb von Rührern und Pumpen oder thermische Energie (Dampf, Heißluft) oder Energie zur Erzeugung von Kälte (Kompressoren) zugeführt. Für die anspruchsvollen Züchtungen von Einkristallen aus der Schmelze werden verschiedene Arten von Energiezufuhr benützt, sei es Induktionsheizung, Elektronenstrahl oder Plasmabrenner (vgl. Tab. 49). Die

Größe des von der Kristallisation überdeckten Temperaturbereiches ist Ursache für die Mannigfaltigkeit der Energiezufuhr. Großtechnische Kristallisationen pflegen im allgemeinen entweder bei Atmosphärendruck, nicht sehr großem Überdruck oder im Bereich des Grobvakuums (760—100 Torr), äußerstenfalls im Gebiet des Zwischenvakuums (100—1 Torr), abzulaufen. Der Sachverhalt ist nicht viel anders wie bei der Rektifikation. Aber schon die hydrothermale Synthese, die zumindest beim Quarz technischen Maßstab erreicht hat, führt in wesentlich höhere Druckbereiche (1500—2000 at; vgl. Tab. 44, Nr. 46), von den extremen Druckbedingungen der Diamantsynthese (100 kbar; vgl. Tab. 50, Nr. 59 und 60) ganz zu schweigen. Sublimation zeigt eine Reihe von Ähnlichkeiten mit der Trocknung, so auch in der häufigen Anwendung von Unterdruck. Molekular-Sublimation (vgl. Kap. IV D 3) hat vieles mit der Molekulardestillation gemeinsam, vor allem die kurzen Dampfwege und einen hinreichend niedrigen Arbeitsdruck, der eine genügend große mittlere freie Weglänge der Dampfmolekeln sicherstellt. Für die Rektifikation, also fraktioniertes Verdampfen und Kondensieren, ist die Ermittlung der Zahl der erforderlichen theoretischen Stufen nach dem Mc Cabe-Thiele-Diagramm oder dem $I - x$-Diagramm von großer Bedeutung. Das Gleiche gilt auch für die fraktionierte Kristallisation aus Schmelzen, also wiederholtes Schmelzen und Kristallisieren. Ist die mühevolle Arbeit der Bestimmung des vollständigen $I - x$-Diagrammes des binären Systems erst geleistet, so bereitet die Stufenabzählung im Mc Cabe-Thiele-Diagramm, das durch Umzeichnung leicht aus dem $I - x$-Diagramm erhalten werden kann, keine Schwierigkeiten, wie in Kap. III C 3 an Hand von Abb. 52 erläutert wurde. Die fraktionierte Kristallisation aus Lösungen läßt sich vorteilhaft mit der Extraktion vergleichen. Der Raffinatphase entspricht das an der leichterkristallisierenden Komponente angereicherte Kristallisat und der Extraktphase die an der leichterlöslichen Komponente angereicherte Mutterlauge. Das Ponchon-Savarit-Diagramm auf lösungsmittelfreier Basis verhilft bei der Extraktion zur Bestimmung der theoretischen Stufenzahl. Man kann dieses Diagramm auch gut für die fraktionierte Kristallisation aus Lösungen gebrauchen, wie in Kap. III B 8 an Hand von Abb. 45 gezeigt wurde. Rücklauf wird bei allen Fraktionierungen gegeben, also überall dort, wo es gilt, dem abzuziehenden Produktstrom, der zum größten Teil aus einer Komponente besteht, die letzten Bestandteile der Verunreinigung (also der anderen Komponente) zu entziehen. Die Rektifikation bedient sich unter den thermischen Trennverfahren wohl am häufigsten des *Rücklaufprinzips*, doch es gibt auch zahlreiche Extraktionen, bei denen Rücklauf, manche sogar, bei denen doppelter Rücklauf (Raffinat-

V. Die Kristallisation im Rahmen der anderen thermischer Trennverfahren

und Extrakt-Rücklauf) gegeben wird. Rücklauf hat Gegenstrom zur Voraussetzung, nicht jedoch umgekehrt. In der fraktionierten Kristallisation macht man heute schon vielfach vom Rücklauf-Prinzip Gebrauch. Hier sind folgende Kristallisatoren zu erwähnen: Der Teller-Kristallisator („RBC"; Abb. 160), die Kristallisierschnecke (Abb. 162), die Kristallisationskolonne nach SCHILDKNECHT (Abb. 163), der Kristallisierwalzenstuhl nach GRAHAM (Abb. 164), die Druck-Kolonne (Abb. 165) und die Pulsierkolonne (Abb. 167). *Hilfsstoffe*, die nicht mit den Komponenten des zu trennenden Systems identisch sind, sondern bei deren Trennung helfen, spielen in der gesamten thermischen Verfahrenstechnik eine große Rolle. Beispiele dafür sind: Wasserdampf-Destillation, azeotrope und extraktive Rektifikation, Absorption, Adsorption, Extraktion und Konvektionstrocknung. Die Kristallisation macht von Hilfsstoffen in großem Umfang Gebrauch; ein weiter Bogen spannt sich von Lösungsmitteln zu Flußmitteln und Adduktbildnern. Auch die Trägergas-Sublimation ist ein Verfahren mit Hilfsstoff (Trägergas). Lösungsmittel, Flußmittel und Trägergase ermöglichen eine Kristallisation (Sublimation) bei tieferen Temperaturen, was für thermisch empfindliche Stoffe besonders wichtig ist. Adduktbildner (vgl. Kap. III E und Tab. 55) lassen die Kristallisation eines unter sonst gleichen Umständen nicht kristallisierenden Stoffes überhaupt erst zu. Trachtändernde Substanzen (vgl. Kap. III B 3), Keimbildungskatalysatoren (vgl. Tab. 50) und Wachstums-Aktivatoren (vgl. Tab. 55; Nr. 73) sind nicht weniger wichtige Hilfsstoffe, wenn sie auch mengenmäßig zurückbleiben oder kaum eine Rolle spielen. Nur einfache und fraktionierte Kristallisation aus der Schmelze sowie trägergasfreie Sublimation, meist im Vakuum, mitunter auch bei Atmosphärendruck, sind Verfahren ohne Hilfsstoffe. Ist die Erzielung der Reinheit des Kristallisates oder der Güte des Einkristalls ein wichtiges Problem der Kristallisation, so sind Fördern, gleichmäßiges Verteilen, Abscheiden und Ausbringen eines Feststoffes, der weder zertrümmert werden noch zu stark agglomerieren darf, Aufgaben von genauso entscheidender Bedeutung. So ist ein Verdampfer nicht automatisch schon ein Verdampfungskristallisator, sondern seine Eignung muß unter diesem Gesichtspunkt geprüft werden. Beispielsweise wird die Bildung natürlicher Filme (Steigfilm oder Fallfilm) bei höheren Feststoff-Gehalten der Lösungen gestört (vgl. Tab. 34; Nr. 5, Abb. 85), und man ist, wenn man eine Filmströmung beibehalten will, auf Verdampfer mit Zwangsfilm (Abb. 98) angewiesen. Andererseits ließen sich Pulsationsströmungen, die in der Extraktion große Bedeutung haben, ohne Schwierigkeiten für die Zwecke der fraktionierten Kristallisation (vgl. Abb. 167) einsetzen. Nicht immer ist die kontinuierliche Kristallisation die fortschrittlichere, und man muß sorgfältig prüfen, ob ein kontinuierliches Verfahren genügend Steuerungsmöglichkeiten bietet, mit veränderlichen Einspeisungsbedingungen, steigendem Spiegel an Verunreinigungen und wachsender Verkrustung wärmeübetragender Flächen fertig zu werden, oder ob die ,,Korrektur'' nach jeder Charge vorzuziehen ist.

Kristallisation fügt sich als nicht-fluides thermisches Trennverfahren zwar gut in die Reihe der übrigen thermischen Trennverfahren ein, aber sie hat eine Reihe von Besonderheiten, die durch Begriffe wie Keimbildung, Kristallwachstum, fehlerfreie Züchtung, Feststoff-Beschaffenheit, Zeitaufwand und Krustenbildung angedeutet sein mögen. Kristallisation ist ein riesiges Gebiet; in der Mannigfaltigkeit ihrer Erscheinungen liegt die Schwere der Aufgabe, aber auch der Reiz der Erkenntnis.

Schrifttum

I. Begriffsbestimmung der Kristallisation

1 DIETZEL, A.: Glastechn. Ber. 22 (1948/49) 36.
2 LUYET, B. J.: Phys. Rev. 56 (1939) 1244.
3 LÖCSEI, B.: Silikattechn. 10 (1959) 589—595.
4 DONNAY, J. D. H., W. NOWACKI und G. DONNAY: Crystal Data, New York, Geol. Soc. America 1954.
5 NAGORSEN, G., H. PICK, K. KOHLER und A. NEUHAUS: Kristalle. In Foerst, W.: Ullmann's Encyclopädie d. techn. Chemie 10. Bd. 3. Aufl. München/Berlin: Urban und Schwarzenberg 1958, S. 796—828.

II. Überblick über das thermische Trennverfahren Kristallisation

6 VAN HOOK, A.: Crystallization, New York: Reinhold Publishing Corp. 1961.
7 MULLIN, J. W.: Crystallization, London: Butterworths 1961.
8 MC CABE, W. L.: Crystallization. In Perry, J. H.: Chemical Engineer's Handbook, 3. Aufl., New York/Toronto/London: Mc Graw Hill Book Co. 1950, S. 1050—1072.
9 GARRETT, D. E.: Chem. Engng. Progr. 54 (1958) 65—69.
10 SAEMAN, W. C.: Crystallization equipment. Design. Ind. Engng. Chem. 53 (1961) 612—622.

III. Grundlagen der Kristallisation

A. Allgemeine Grundlagen

1. Keimbildung

11 VOLMER, M. und H. FLOOD: Z. physik. Chem. 170 A (1934) 273.
12 VOLMER, M. und A. WEBER: Z. physik. Chem. 119 (1926) 277.
13 FARKAS, L.: Z. physik. Chem. 125 (1927) 236.
14 STRANSKI, J. N. und R. KAISCHEW: Z. Krist. 78 (1931) 373.
15 BECKER, R. und W. DÖRING: Ann. Physik 24 (1935) 732.
16 VOLMER, M.: Kinetik der Phasenbildung, Dresden–Leipzig: Steinkopff 1939.
17 TAMMAN, G.: Aggregatzustände, Leipzig: Barth 1922.
18 TURNBULL, D. und B. VONNEGUT: Ind. Engng. Chem. 44 (1952) 1292—1298.
19 TURNBULL, D.: Phase Change. In: Solid State Physics, Vol. 3 New York 1956, S. 283.
20 POUND, G. M.: Ind. Engng. Chem. 44 (1952) 1278—1283.
21 PRECKSHOT, G. W. und G. G. BROWN: Ind. Engng. Chem. 44 (1952) 1314—1321.
22 WILSON, J. G.: Principles of Cloud Chamber Technique, Cambridge, England, Cambridge University Press 1951.

23 HÄHNERT, M. und W. KLEBER: Kolloid-Z. 162 (1959) 36—46.
24 DUNNING, W. J. und N. R. NOTLEY: Z. Elektrochem., Ber. Bunsenges. physik. Chem. 61 (1957) 55—59.
25 STRANSKI, J. N. und R. KAISCHEW: Z. Physik 36 (1935) 393/403; Z. physik. Chem. 35 (1937) 427—432.
26 FRANK, F. C.: Discussions Faraday Soc. 5 (1949) 48.
27 VOLMER, M.: Z. Elektrochem. 35 (1929) 555.
28 TURNBULL, D.: J. appl. Physics 21 (1950) 1022; J. chem. Physics 18 (1950) 198.
29 NEUHAUS, A.: Angew. Chemie 64 (1952) 158—162.
30 WALTON, A. G.: Science 148 (1965) 3670, 601—607.
31 VON ENGELHARDT, W. und H. P. HINRICHSEN: Z. Elektrochem., Ber. Bunsenges. physik. Chem. 65 (1961) 793.
32 MELIA, T. P. und W. P. MOFFITT: Ind. Engng. Chem., Fundamentals 3 (1964) 313—317.
33 POWERS, H. E. C.: Ind. Chemist 39 (1963) 351.
34 MASON, R. E. A. und R. F. STRICKLAND-CONSTABLE: Nature [London] 197 (1963) 987.
35 VAN HOOK, A.: Nucleation in supersaturated sucrose solutions. In Principles of sugar technology Vol. 2 Amsterdam, Elsevier 1959.
36 LA MER, V. K.: Ind. Engng. Chem. 44 (1952) 1270—1277.

2. Kristallwachstum

a) Grenzflächentheorie

37 GIBBS, W.: The equilibrium of heterogeneous substances. In Sci. Pap. Vol. 1, 1906.
38 VON LAUE, M.: Z. Krist. 105 (1943) 124—133.
39 VOLMER, M.: Kinetik d. Phasenbildung, Dresden–Leipzig: Steinkopff 1939, S. 90—91.
40 DINGHAS, A.: Z. Krist. 105 (1943) 304.
41 STRANSKI, I. N.: Disc. Faraday Soc. 5 (1949) 13.
42 STRANSKI, I. N.: Bull. Soc. franc. Min. Crist. 79 (1956) 359.
43 WULFF, G.: Z. Krist. 34 (1901) 449—530.
44 HONIGMANN, B.: Gleichgewichts- und Wachstumsformen von Kristallen, Darmstadt: Steinkopff 1958, S. 112—113.
45 TOLMAN, R. C.: J. Chem. Phys. 17 (1949) 333.
46 KIRKWOOD, J. G. und F. P. BUFF: J. Chem. Phys. 17 (1949) 338.
47 HERRING, C.: Phys. Rev. 82 (1951) 87.
48 HONIGMANN, B.: Gleichgewichtsformen von Kristallen und spontane Vergröberungen, Colloques Internationaux du Centre national de la Recherche scientifique, Adsorption et croissance cristalline, Nancy, 1965, S. 141—169.
49 TURNBULL, D.: Symposium on Thermodynamics of Physical Metallurgy. Am. Soc. Metals, Cleveland 1950, S. 282.
50 STRANSKI, I. N. und R. KAISCHEW: Z. Physik 36 (1935) 393.

b) Volmersche Grenzschichttheorie

51 KUCZYNSKI, G. C.: Metal Trans. Febr. 1949, S. 169.
52 GJOSTEIN, A.: Surface self-diffusion of Gold (III): A comparative study of Mass Transfer methods, Colloques Internationaux du Centre national de la Recherche scientifique, Adsorption et croissance cristalline, Nancy 1965, S. 97—118.

53 TAYLOR, J. B. und J. LANGMUIR: Phys. Rev. 44 (1933) 455.
54 MÜLLER, E. W.: Ergebn. d. exakt. Naturw. 27 (1953) 290.

c) *Diffusionstheorien*

55 VAN HOOK, A.: Ind. Engng. Chem. 37 (1945) 782.
56 RUMFORD, F. und J. BAIN: Trans. Instn. Chem. Engrs. 38 (1960) 10—20.
57 FRIZ, H. und V. FREISE: Diffusion, In FOERST, W.: Ullmanns Encyclopädie d. techn. Chemie 5. Bd. 3. Aufl. München/Berlin: Urban und Schwarzenberg 1954, S. 853.
58 WILKE, C. R.: Chem. Engng. Progr. 45 (1949) 218—224.
59 MC CABE, W. L. und R. R. STEVENS: Chem. Engng. Progr. 47 (1951) 168—174.
60 COULSON, J. M. und J. F. RICHARDSON: Chem. Engng. 2 (1955) 817.
61 HIXSON, A. W. und K. L. KNOX: Ind. Engng. Chem. 43 (1951) 2144.
62 GOLDSZTAUB, S. und R. KERN: Acta Cryst. 6 (1953) 842—845.
63 BERG, W. F.: Proc. Roy. Soc. A164 (1938) 79.
64 BUNN, C. W.: Disc. Faraday Soc. 5 (1949) 132.
65 HUMPHREYS-OWEN, S. P. F.: Proc. Roy. Soc. A 197 (1949) 218.

d) *Theorie von Kossel und Stranski*

66 KOSSEL, W.: Nachr. Ges. Wiss. Göttingen Mathem.-phys. Klasse 1927, S. 135—143 und Leipziger Vorträge 1928, S. 1.
67 STRANSKI, I. N.: Z. phys. Chem. (A) 136, 259—278 (1928): Z. Elektrochem. 36 (1929) 25; Z. phys. Chem. B11 (1931) 342; Naturw. 19 (1931) 689.
68 HONIGMANN, B.: Gleichgewichts- und Wachstumsformen von Kristallen, Darmstadt: Steinkopff 1958. S. 100.
69 STRANSKI, I. N.: Z. phys. Chem. 38 (1938) 451.
70 STRANSKI, I. N. und R. KAISCHEW: Z. Physik 36 (1935) 393/403; Z. physik. Chem. 35 (1937) 427—432.
71 LACMANN, R.: Gleichgewichtsform und Oberflächenstruktur von NaCl-Kristallen, Colloques Internationaux du Centre national de la Recherche scientifique, Adsorption es croissance cristalline, Nancy 1965, S. 195—214.

e) *Schraubenversetzungen*

72 VOLMER, M. und W. SCHULTZE: Z. phys. Chem. A 156 (1931) 1.
73 HOCK, F. und K. NEUMANN: Z. phys. Chem. [Frankfurt/Main] 2 (1954) 241.
74 FRANK, F. C.: Discussions Faraday Soc. 5 (1949) 48.
75 BURTON, W., N. CABRERA und F. C. FRANK: Phil. Trans. Roy. Soc. (London) 243 (1950/51) 300.
76 BUCKLEY, H. E.: Crystal Growth, New York/London: John Wiley & Sons/Chapman & Hall 1951, S. 155.
77 VERMA, A. R.: Z. Elektrochem., Ber. Bunsenges. physik. Chem. 56 (1952) 268—274.
78 FORTY, A. J.: Phil. Mag. [7] 43 (1952) 72.

f) *Adsorptionstheorie*

79 KNACKE, O. und I. N. STRANSKI: Z. Elektrochem., Ber. Bunsenges. physik. Chem. 60 (1956) 816—822.
80 STRANSKI, I. N., W. GANS und H. RAU: Z. Elektrochem., Ber. Bunsenges. physik. Chem. 67 (1963) 965—970.
81 MOISAR, E. und E. KLEIN: Z. Elektrochem., Ber. Bunsenges. physik. Chem. 67 (1963) 949—957.

g) Kristallwachstumsgeschwindigkeiten

82 SPANGENBERG, K.: Z. Krist. 61 (1924/25) 189/225.
83 HONIGMANN, B. und H. HEYER: Z. Elektrochem., Ber. Bunsenges. physik. Chem. 61 (1957) 74—79.
84 TIPSON, R. S.: Crystallization a. Recrystallization in Weißberger, A.: Techn. of Org. Chem. Bd. III, Kap. 6 New York; Interscience publishers, S. 363—484.
85 HASSELBLATT, M.: Z. anorg. allg. Chem. 119 (1921) 325.
86 CARTIER, R., D. PINDZOLA und P. F. BRUINS: Ind. Engng. Chem. 51 (1959) 1409—1414.
87 NEUHAUS, A.: Z. Krist. 68 (1928) 15—77.
88 BENTIVOGLIO, M.: Proc. Roy. Soc., London — Ser. A: Math. a. physic. 115 (1927) 59—87.
89 DANILOW, W. U. und W. J. MALKIN: J. physik. Chem. 28 (1954) 1837—1844 (russisch).
90 FRANCE, W. G.: Colloid Sympos. Monogr. 7 (1930) 59—87.
91 HONIGMANN, B. und H. HEYER: Z. Krist. 106 (1955) 199—212.
92 MATZ, G.: Wärme 70 (1964), 99/107 und 70 (1964) 137—152.

3. Einkristalle

93 NEUHAUS, A.: Chemie-Ing. Techn. 28 (1956) 155—161.
94 SMAKULA, A.: Einkristalle, Berlin/Göttingen/Heidelberg: Springer 1962.
95 KUNISAKI, Y.: J. Inst. Elect. Comm. Engrs. Japan 36 (1953) 672; J. Chem. Soc. Japan, Ind. Chem. Soc. 60 (1957) 987.
96 HOLDEN, A. N.: Disc. Faraday Soc. 5 (1949) 312—315.
97 WALKER, A. C.: Ind. Engng. Chem. 46 (1954) 8, 1670—1676.
98 LAUDISE, R. A. und R. A. SULLIVAN: Chem. Engng. Progr. 55 (1959) 5, 55—59; Chem. Engng. News 36 (1958) 51, 24—25; Chem. Engng. 66 (1959) 72, 74.
99 PFANN, W. G.: Zone melting, New York; John Wiley & Sons 1958.
100 BISHOP, M. und S. LIEBSON: J. appl. Phys. 24 (1953) 660.
101 BOYD, D. R. und Y. T. SIHVONEN: J. appl. Phys. 30 (1959) 176—179.

4. Realkristalle

102 PICK, H.: Kristalle (Fehlordnung) in FOERST, W.: Ullmann's Encyclopädie d. techn. Chemie 10. Bd. 3. Aufl. München/Berlin: Urban und Schwarzenberg 1958, S. 810—812.
103 FRENKEL, J.: Z. Physik. 35 (1926) 652.
104 SCHOTTKY, W. und C. WAGNER: Z. physik. Chem. B 11 (1930) 163.
105 DARWIN, C. G.: Phil. Mag. 43 (1922) 800.
106 ZEHENDER, E. und A. KOCHENDÖRFER: Phys. Z. 45 (1944) 93.
107 GRAF, L.: Z. Phys. 73 (1943) 121.
108 BUERGER, M. J.: Am. Mineralogist 30 (1945) 469.
109 SMAKULA, A. und M. W. KLEIN: J. opt. Soc. America 40 (1950) 148.
110 DEHMELT, F. W. und O. ROESNER: Germanium (Reinstdarstellung von Germanium) in FOERST, W.: Ullmann's Encyclopädie d. techn. Chemie 8. Bd. 3. Aufl. München/Berlin: Urban und Schwarzenberg 1957, S. 11.
111 SMEKAL, A.: Handbuch der Physik, 2. Aufl. 24 (1933) 795—922.
112 NIGGLI, P.: Lehrbuch d. Mineralogie, 2. Aufl. Berlin: Gebr. Borntrâger 1933, S. 393.
113 BRENNER, S. S.: J. appl. Physics 33 (1962) 33—39.

114 Herzog, A.: Metall 17 (1963) 7–14.
115 Morley, J. G. und B. A. Proctor: Nature 196 (1962) 4859, 1082.
116 Kochendörfer, A.: Z. Elektrochem., Ber. Bunsenges. physik. Chem. 56 (1952) 283/294.

B. Grundlagen der Kristallisation aus Lösungen

1. Temperatur-Löslichkeitsdiagramm

117 vgl. z. B. D'Ans, J. und E. Lax: Taschenbuch f. Chemiker und Physiker, Berlin/Göttingen/Heidelberg: Springer. Hodgman, Ch. D.: Handbook of Chemistry and Physics, Cleveland, Ohio, Chemical Rubber Publishing Co. 1964., 45. Auflage; Seidell, A.: Solubility of Inorganic and Organic compounds. Toronto/New York/London. D. van Nostrand Co. Inc. 1958, 4. Aufl., 2 Bände. Stephen, H. und T. Stephen: Solubility of Inorganic and Organic compounds. Oxford/London/New York/Paris. Pergamon Press. 1963, 2 Bände.
118 Thompson, A. R.: Crystallization in Kirk, R. E. und D. F. Othmer: Encyclopedia of Chemical Technology Vol. 4 New York. Interscience Publishers. 1949, S. 622.
119 DBP 1032216 – 25. 5. 1955/19. 6. 1958.
120 Eucken, A.: Lehrbuch d. chem. Physik, Bd. II, 2, Leipzig: Akademische Verlagsgesellschaft Geest & Portig K.-G. 1944, S. 1162.
121 Prider, R. T.: Am. Min. 25 (1940) 591–605.
122 Nacken, R.: Chemiker-Ztg. 74 (1950) 745.
Nacken, R.: Techn. Mitt. Haus d. Technik, Essen, April 1953, S. 87–94.
Nacken, R. und J. Franke: DBP 913649 Kl. 12c – 26. 6. 1943/18. 6. 1954.
123 Morey, G. W.: J. Amer. ceram. Soc. 36 (1953) 279.
Morey, G. W. und E. Ingerson: Econ. Geol. Suppl. 32 (1937) 607.
Morey, G. W. und I. M. Hesselgesser: Trans. Amer. Soc. Engrs. 73, (1951) 865.
124 Kennedy, G. C.: Econ. Geol. 39 (1944) 29; Econ. Geol. 45a (1950) 629, Amer. J. Sci. 248b (1950) 540.
125 Mosebach, R.: Neu. Jahrb. Mineral. 87 (1954) 351, Chemiker-Ztg. 79 (1955) 583.

2. Löslichkeit und Überlöslichkeit

126 Ostwald, Wilh.: Z. physik. Chem. 34 (1900) 493–503.
127 Miers, H. A. und F. Isaac: J. chem. Soc. 89 (1906) 413–454.
128 Miers, H. A. und F. Isaac: Proc. Roy. Soc. A79 (1907) 322.
129 Mc Cabe, W. L. und Hsü Huai Ting: Ind. Engng. Chem. 26 (1934) 1201/1207.
130 Matz, G.: Kristallisieren, Ausfrieren, Sublimieren, Gefriertrocknen in Miessner, H. und U. Grigull: Fortschritte der Verfahrenstechnik, Bd. 2 Weinheim/Bergstr.; Verlag Chemie GmbH. 1956, S. 347–352.
131 Matz, G.: Wärme 70 (1964) 141–142.
132 Young, S. W.: J. Amer. chem. Soc. 33 (1911) 148–162.
133 Buckley, H. E.: Crystal Growth, New York/London: John Wiley & Sons/Chapman & Hall 1951, IX.
134 Enüstin, B. V. und J. Turkevich: J. Amer. chem. Soc. 82 (1960) 4502–4509.
135 Freundlich, H.: Kapillarchemie, Leipzig 1909, S. 144.

136 KNAPP, L. F.: Trans. Faraday Soc. 17 (1922) 457–464.
137 LEWIS, W. C. Mc C.: Kolloid-Z. 5 (1909) 91.
138 DUNDON, M. L. und E. MACK: J. Amer. chem. Soc. 45 (1923) 2479–2485.
139 ALEXANDER, G. B.: J. Phys. Chem. 61 (1957) 1563.
140 VAN ZEGGEREN, F. und G. C. BENSON: Canad. J. Chem. 35 (1957) 1150.
141 VAN HOOK, A. und E. J. KILMARTIN: Z. Elektrochem., Ber. Bunsenges. physik. Chem. 56 (1952) 302.
142 O'HERN, H. A. und F. E. RUSH, JR.: Ind. Engng. Chem., Fundamentals 2 (1963) 267/272.
143 FIGUROVSKI, N. A. und A. KOMAROVA: Zhur. Neorg. Khim. 1 (1956) 2820.

3. Trachtänderung von Kristallen

144 BUCKLEY, H. E.: Crystal Growth, New York/London: John Wiley & Sons/ Chapman & Hall 1951, S. 340/387.
145 BUCKLEY, H. E.: Crystal Growth, New York/London: John Wiley & Sons/ Chapman & Hall 1951, Tabellen im Anhang.
146 BLIZNAKOV, G. und E. KIRKOVA: Z. physik. Chem. (Leipzig) 206 (1957) 271/280.
147 vgl. auch BLIZNAKOV, G.: Sur le mécanisme de l'action des additifs adsorbants dans la croissance cristalline, Colloques Internationaux du Centre national de la Recherche scientifique, Adsorption et croissance cristalline, Nancy 1965, S. 291–301.
148 FOLLENIUS, M.: Bull. Soc. Franç. Minér. Crist. 82 (1959) 343–360.
149 KERN, R.: Bull. Soc. Franç. Minér. Crist. 76 (1953) 325 und 391.
150 BIENFAIT, M., R. BOISTELLE und R. KERN: Formes de croissance des halogénures alcalins dans un solvant polaire, Colloques Internationaux du Centre national de la Recherche scientifique, Adsorption et croissance cristalline, Nancy 1965, S. 515–535.
151 PAPAPETROU, A.: Z. Kristallogr. A 92 (1935) 89–130.
152 VOGEL, R.: Z. anorg. allg. Chem. 116 (1921) 21–41.
153 HILLE, M., H. RAU und J. SCHLIPF (presented by I. N. STRANSKI): Concerning the crystallographic orientation of salt dendrites in Doremus, ROBERTS und TURNBULL: Growth and perfection of crystals John Wiley & Sons 1958.
154 NEUHAUS, A.: Angew. Chemie 64 (1952) 158–162.
155 SEIFERT, H.: Chemie-Ing.-Techn. 27 (1955) 135–142.
156 GARRETT, D. E.: Brit. chem. Engng. 4 (1959) 673–677.
157 MATZ, G.: Kornkristallisation von Natriumchlorat mit und ohne Natriumsulfat als Verunreinigung, Colloques Internationaux du Centre national de la Recherche scientifique, Adsorption et croissance cristalline, Nancy 1965, S. 451/474.

4. Der Grundversuch

158 SUDGEN, S.: J. chem. Soc. [London] 125 (1924) 27.
159 VÁHL, L.: Dechema-Monographien 23 (1954) 275–282, 66–78.
160 BECKER, F.: Calorimetrie in FOERST, W.: Ullmann's Encyclopädie d. techn. Chemie, Bd. II/1. 3. Aufl. München/Berlin: Urban und Schwarzenberg 1961, S. 678.

5. Ausfällen (Fällungs-Kristallisation)

161 CHRISTIANSEN, J. A. und A. E. NIELSEN: Acta chem. Scand. 5 (1951) 673/674.
162 LA MER, V. K. und R. DINEGAR: J. Am. Chem. Soc. 73 (1951) 380.
163 VAN HOOK, A.: Crystallization, New York, Reinhold Publishing Corp. 1961, S. 177.
164 SUITO, E. und K. TAKIYAMA: Bull. Chem. Soc. Japan 27 (1954) 121—123, 123—125.
165 GINNINGS, P. M. und Z. T. CHEN: J. Amer. Chem. Soc. 53 (1931) 3765—3769.
166 FRANKFORTER, G. B. und S. TEMPLE: J. Amer. Chem. Soc. 37 (1915) 2697—2716.
167 VENER, R. E. und A. R. THOMPSON: Ind. Engng. Chem. 42 (1950) 464—467.
168 GEE, E. A., W. K. CUNNINGHAM und R. A. HEINDL: Ind. Engng. Chem. 39 (1947) 1178—1188.
169 GEE, E. A.: J. Amer. Soc. 67 (1945) 179—182.

6. Aussalzen

170 LONG, F. A. und W. E. MC DEVIT: Chem. Rev. 51 (1952) 119—169.
171 KELLY, F. H. C.: J. appl. Chem. 4 (1954) 401—413.

7. Ausfrieren

172 HEISS, R. und L. SCHACHINGER: Kältetechn. 9 (1949) 216—221.
173 HENDRICKSON, H. M.: Refrigerating Engng. 66 (1958) 31—37.
174 STEINBACH, A.: Chemie-Ing.-Techn. 23 (1951) 296—298.
175 TRÉPAUD, G.: Dechema-Monographien 47, Nr. 805—834 (1962) 823—828.
176 OKABE, T.: Dechema-Monographien 47, Nr. 805—834 (1962) 815—821.
177 MESSING, TH.: Dechema-Monographien 47, Nr. 805—834 (1962) 793—804.
178 WINANS, C. F.: Dechema-Monographien 47, Nr. 805—834 (1962) 839—848.
179 HENDRICKSON, H. M. und R. W. MOULTON: Saline water research and development progress report 10 (1956).
180 DÖGE, F.: Dechema-Monographien 47, Nr. 805—834 (1962) 829—838.

8. Fraktionierte Kristallisation aus Lösungen

181 TIPSON, R. S.: Crystallization and Recrystallization in WEISSBERGER, A.: Techn. of Org. Chem. Bd. III, Kap. 6 New York, Interscience publishers, S. 425.
182 JOY, E. F. und J. H. PAYNE: Ind. Engng. Chem. 47 (1955) 2157—2161.
183 MATZ, G.: Wärme 69 (1963) 127—133.
184 DOERNER, H. A. und W. N. HOSKINS: J. Amer. Chem. Soc. 47 (1925) 662.

C. Grundlagen der Kristallisation aus Schmelzen

1. Der Grundversuch

185 LUYET, B. J.: Phys. Rev. 56 (1939) 1244.
186 DEDEK, J.: Zuckerindustrie 4 (1954) 227—238.
187 JENCKEL, E.: Kunststoffe 43 (1953) 454—461.
188 LANDMANN, W., N. V. LOVEGREN und R. O. FEUGE: J. Am. Oil Chemists' Soc. 38 (1961) 681—685.

189 LOVEGREN, N. V. und R. O. FEUGE: J. Am Oil Chemists' Soc. 42 (1965) 308—312.

2. Normales Erstarren und Zonenschmelzen

190 PFANN, W. G.: Trans. AIME 194 (1952) 747, Zone melting, New York/London: John Wiley & Sons, Chapman & Hall 1958.
191 SCHREIBER, G. und R. SCHUBERT: Z. physik. Chemie (Leipzig) 206 (1957) 1—2, 102—123.
192 MATZ, G.: Chemie-Ing.-Techn. 36 (1964) 381—394.
193 HIMES, R. C., S. E. MILLER, W. H. MINK und H. L. GOERING: Ind. Engng. Chem. 51 (1959) 1345—1348.
194 ELDIB, J. A.: Ind. Engng. Chem. Process design and development 1 (1962) 2—9.
195 BURTON, J. A., R. C. PRIM und W. P. SLICHTER: J. chem. Physics 21 (1953) 1987.

3. Betrachtungen am Zustandsdiagramm

196 vgl. dazu: EUCKEN, A.: Lehrbuch der Chemischen Physik, Leipzig: Akademische Verlagsgesellschaft, Geest & Portig 1950, 2. Bd./1. Teilbd., S. 84—85.
197 MICHEL, J.: Bull. Socs. chim. belg. 48 (1939) 132.
198 WETTIG, F.: Diss. Wien 1949: Über binäre flüssige Mischungen; vgl. auch LANDOLT-BOERNSTEIN, Berlin/Göttingen/Heidelberg: Springer. 6. Aufl. Bd. 2, T 2, Bandteil c (1964), S. 24.
199 KIRSCHBAUM, E.: Destillier- und Rektifiziertechnik, Berlin/Göttingen/Heidelberg. Springer-Verlag (1960), S. 162.
200 MC KAY, D. L., G. H. DALE und D. C. TABLER: A. I. Ch. E., Preprint 8 E, Fifty-ninth national Meeting (1966), Table 2.
201 PITZER, K. S. und D. W. SCOTT: J. Amer. Chem. Soc. 65 (1943) 803—829.

4. Vergleich zwischen Kristallisation aus Lösungen und Schmelzen

202 WHITE, E. A. D.: Brit. J. appl. Physics 16 (1965) 1415—1428.
203 KOFLER, L. und A.: Thermo-Mikro-Methoden zur Kennzeichnung organischer Stoffe und Stoffgemische, 3. Aufl. Weinheim/Bergstr.: Verlag Chemie GmbH, 1954.
204 UBBELOHDE, A. R.: Chem. and Ind. (1961) 7 (Febr.) 186—197.
205 FRIZ, H. und V. FREISE: Diffusion in FOERST, W.: Ullmann's Encyclopädie d. techn. Chemie 5. Bd. 3. Aufl. München/Berlin: Urban und Schwarzenberg 1954, S. 853.
206 WIRTZ, K.: Z. Elektrochem. 58 (1954) 109.
207 PERRY, J. H.: Chemical Engineeers' Handbook, 3. Aufl. New York/Toronto/London: Mc Graw Hill Book Co. 1950, S. 755.
208 WILKE, C. R.: Chem. Engng. Progr. 45 (1949) 218.
209 TREYBAL, R. E.: Mass-Transfer Operations New York/Toronto/London: Mc Graw Hill Book Co. 1955, S. 26—28.
210 HODGMAN, C. D., R. C. WEAST und S. M. SELBY: Handbook of Chemistry and Physics, 40. Aufl. Cleveland (Ohio): Chemical Rubber Publishing Co. 1958—59, S. 2609.
211 GOPAL, R.: Z. anorg. Chemie 278 (1955) 46—52.
212 VAN HOOK, A.: Crystallization, New York: Reinhold Publishing Corp. 1961, S. 252.

213 VAN HOOK, A.: Crystallization, New York: Reinhold Publishing Corp. 1961, S. 166—167.
214 ADDINK, N. W. H.: Nature 157 (1946) 764.
215 NEUHAUS, A.: Chemie-Ing. Techn. 28 (1956) 5, 354.

D. Grundlagen der Sublimation und Desublimation

1. $p - T$-Diagramm

216 EGGERT, S. J.: Lehrbuch d. physik. Chemie Stuttgart, 8. Aufl. Hirzel 1960, S. 435.
217 SCHMIDT, E.: Thermodynamik 10. Aufl. Berlin/Göttingen/Heidelberg: Springer 1963, S. 7.
218 STEINLE, H. und J. BASSET: Z. angew. Mineralog. 2, 344 (1940) und Brennstoff-Chem. 23 (1942) 127.
219 DIELS, K. und R. JAECKEL: Leybold Vakuum-Taschenbuch, 2. Aufl. Berlin/Göttingen/Heidelberg: Springer 1962, S. 221.

2. Die beiden Arten der Sublimation

220 BEBIE, J.: Chem. metallurg. Engng. 41 (1934) 247.
221 NEUMANN, K.-H.: Grundriß d. Gefriertrocknung, 2. Aufl. Göttingen/Frankfurt/Berlin: Musterschmidt 1955.
222 NORD, M.: Food Manufact. 27 (1952) 452—457.
223 VERNON, H. C.: Sublimation in PERRY, J. H.: Chemical Engineers' Handbook, 3. Aufl. New York/Toronto/London: Mc Graw Hill Book Co. 1950, S. 660/665.
224 NORD, M.: Chem. Engng. 58 (1951) 157—166.
225 MULLIN, J. W.: Ind. Chemist 31, 11 (1955) 540—546.

3. Begrenzende Faktoren

226 SHERWOOD, T. K. und C. JOHANNES: A. I. Ch. E. Journ. 8 (1962) 590—593.
227 ALTY, T.: Proc. Roy. Soc. [London] Ser. A 161 (1937) 68.

4. Fließbett-Sublimation

228 MATZ, G.: Chemie-Ing.-Techn. 30 (1958) 319—329.
229 DBP 1016236 — 28. 1. 1958 und DBP 1017141 — 22. 1. 1958.
230 Nachr. Chem. Techn. 10 (1962) 382.
231 DBP 1020958 — 24. 4. 1958 und USA-Pat. 3113140 — 18. 7. 1956/3. 12. 1963.
232 RUSHTON, A.: J. appl. Chem. 14 (1964) 492—500.
233 MATZ, G.: Chemie-Ing.-Techn. 38 (1966) 299—308.
234 SCHYTIL, F.: Wirbelschichttechnik. Berlin/Göttingen/Heidelberg: Springer 1961.
235 BRÖTZ, W.: Chemie-Ing.-Techn. 24 (1952) 60.

5. Andere Arten der Sublimation

236 PERRY, J. H.: Chemical Engineers' Handbook, 3. Aufl. New York/Toronto/London: Mc Graw Hill Book Co. 1950, S. 837.
237 KRÖLL, K.: Trockner und Trocknungsverfahren Berlin/Göttingen/Heidelberg: Springer 1959, S. 288.

6. Arten der Desublimation

238 RISCHE, E. A.: Chemie-Ing.-Techn. 29 (1957) 603—614.
239 HAUSEN, H.: Chemie-Ing.-Techn. 20 (1947) 177—182.
240 CIBOROWSKI, J. und S. WRONSKI: Int. Chem. Engng. 2 (1962) 105—108.
241 CIBOROWSKI, J. und S. WRONSKI: Chem. Engng. Sci. 17 (1962) 481—489.
242 CIBOROWSKI, J. und J. SURGIEVICZ: Brit. Chem. Engng. 7 (1962) 763—767.

7. Fraktionierte Sublimation

243 MATZ, G.: Symposium über Zonenschmelzen und Kolonnenkristallisieren, Karlsruhe 1963, S. 345—372.
244 PICON, M. und J. FLAHAUT: C. R. hebd. Séances Acad. Sci. 230 (1950) 1954—1956.
245 SLOAN, G. H.: Symposium über Zonenschmelzen und Kolonnenkristallisieren, Karlsruhe 1963, S. 277—292.
246 WEISBERG, L. R. und R. O. ROSI: Rev. sci. Instruments 31 (1960) 2061.

E. Grundlagen der adduktiven Kristallisation

1. Art und Aufbau der Addukte

247 JEFFREY, G. A.: Dechema-Monogr. 47 (1962) 805—834, S. 850.
248 POWEL, H. M. und J. H. RAYNER: Nature 136 (1949) 566—567.
249 EVANS, D. F., O. ORMROD, B. B. GOALBY und L. R. R. STAVELY: J. Chem. Soc. (1950) 3346.
250 FINDLAY, R. S.: Adductive Crystallization in SCHOEN, H. M.: New Chemical Engineering Separation Techniques, New York/London, Interscience Publishers 1962, S. 257—318.
251 SCHLENK, W. JR.: Liebigs Ann. Chem. 565 (1949) 204—240.

2. Thermodynamische Betrachtungen

252 vgl. WINANS, C. F.: Dechema-Monogr. 47 (1962) 805—834, S. 840—841.
253 MOCK, J. E., J. E. MYERS und E. A. TRABANT: Ind. Engng. Chem. 53 (1961) 1007—1010.
254 vgl. KOBE, K. A. und W. G. DOMASK: Petroleum Refiner 31 (1952) 3, 106—113, 5, 151/157 und 7, 125/129. MCKETTA, J. J., W. G. DOMASK, K. A. KOBE und L. C. FETTERLY: Petroleum Refiner 34 (1955) 4, 127—137.
255 FETTERLY, L. C.: Petroleum Refiner 36 (1957) 7, 145—152.
256 REDLICH, O., C. M. GABLE, L. R. BEASON und R. W. MILLAR: J. Am. Chem. Soc. 72 (1950) 4161—4162 und REDLICH, O., C. M. GABLE, A. K. DUNLOP und R. W. MILLAR: J. Am. Chem. Soc. 72 (1950) 4153—4160.

F. Einwirkungen besonderer äußerer Einflüsse auf die Kristallisation

1. Ultraschall

255a WOOD, R. W. und A. L. LOOMIS: Phil. Mag. 7 (1927) 417.
256a SOLLNER, K.: Chem. Rev. 34 (1944) 388.
257 SCHMID, G. und A. JETTER: Z. Elektrochem., Ber. Bunsenges. physik. Chem. 56 (1952) 760—767.

258 TIPSON, R. S.: Crystallization and Recrystallization in WEISSBERGER, A.: Techn. of Org. Chem. Bd. III, Kap. 6 New York, Interscience publishers, S. 417.
259 VAN HOOK, A.: Crystallization, New York: Reinhold Publishing Corp. 1961, S. 207—208.
260 KAPUSTIN, A. P.: The effects of Ultrasound on the Kinetics of Crystallization, New York: Consultants Bureau 1963.

2. Strahlungen radioaktiver Stoffe

261 FRISCHAUER, L.: Compt. rend. 148 (1909) 1251.
262 SAMURACAS, D.: Compt. rend. 96 (1933) 418.
263 POHL, R. W.: Einführung in die Elektrizitätslehre, 7. Aufl. Berlin: Springer 1941, S. 182.

3. Elektrische Felder

264 KONDOGURI, W.: Z. Physik 47 (1928) 589.
265 SCHAUM, K. und E. A. SCHEIDT: Z. anorg. allg. Chem. 188 (1930) 52—59.
266 SWINNE, R.: Wiss. Veröff. Siemens-Werk 15 (1936) 124—128.

4. Magnetische Felder

267 MAYR, GIOVANNA: Z. Naturforsch. 6a (1951) 467.
268 BAGDASAROV, K. SH. und M. SCHIEBER: International Conference on crystal growth Boston 1966: Studies of crystallization and dissolution of alum and tutton salts at high magnetic fields, Abstracts. S. 36.

IV. Technik der Kristallisation

A. Wärmetechnische Gesichtspunkte der Kristallisation

1. Latente Wärmen

269 vgl. z. B. D'ANS, J. und E. LAX: Taschenbuch für Chemiker und Physiker, 2. Aufl. Berlin/Göttingen/Heidelberg: Springer 1949, S. 312—343, 710—721, Zitat 210, 2312—2316.
270 WENNER, R. R.: Thermochemical calculations New York/London: Mc Graw Hill 1941, S. 24.
271 ROSSINI, F. D.: Selected values of Physical and Thermodynamic Properties of Hydrocarbons and related compounds. A P I Research Project 44. Carnegie Press. Pittsburgh, Pa. 1953.
272 DREISBACH, R. R.: Physical properties of chemical compounds-1. Advances in Chemistry Series — 15. American Chemical Society, Washington, D.C. 1955.
273 GIACALONE, A.: Gazz. chim. Ital. 81 (1951) 180.
274 MATZ, W.: Die Thermodynamik des Wärme- und Stoffaustausches in der Verfahrenstechnik, Frankfurt (Main): D. Steinkopff 1949, S. 141.
275 EUCKEN, A.: Grundriß der physikalischen Chemie, 5. Aufl. Leipzig: Akad. Verlagsgesellschaft 1942, S. 147.
276 WATSON, K.: Ind. Engng. Chem. 35 (1943) 398.
277 vgl. z. B. D'ANS, J. und E. LAX: Taschenbuch f. Chemiker und Physiker, 2. Aufl. Berlin/Göttingen/Heidelberg: Springer 1949, S. 1084—1087.

278 STAUDE, H.: Phys.-chem. Taschenbuch, Leipzig: Geest & Portig 1949, S. 1244—1252.
279 SEIDELL, A.: Solubility of inorganic and organic compounds Toronto/New York/London. D. van Nostrand Co. Inc. Supplement z. 3. Aufl. 1951, S. 1132.
280 WICKE, E. und M. EIGEN: Z. Elektrochem., Ber. Bunsenges. physik. Chem. 56 (1952) 551 und 57 (1953) 140, 318.
281 FALKENHAGEN, H. und G. KELBG: Z. Elektrochem., Ber. Bunsenges. physik. Chem. 56, 834 (1952) u. Z. physik. Chem. [Leipzig] 202 (1953) 56.
282 vgl. dazu: EUCKEN, A.: Lehrbuch der Chemischen Physik, Leipzig: Akad. Verlagsgesellschaft, Geest & Portig 1950, 2. Bd./1. Teilbd., S. 30.

2. Krustenbildung

283 CHANDLER, J. L.: Trans. Instn. chem. Engrs. 42 (1964) T 24/T 34.
284 JUNGHAHN, L.: Chemie-Ing.-Techn. 36 (1964) 60—67.
285 BADGER, L.: Heat Transfer and Crystallization. Swensen Evaporator Co. 1945, S. 32.
286 MC CABE, W. L. und C. S. ROBINSON: Ind. Engng. Chem. 16 (1924) 478.

3. Betrachtungen zum Wärmeübergang und Wärmedurchgang

287 STAUDE, H.: Phys.-chem. Taschenbuch, Leipzig: Geest & Portig 1949, S. 1319—1327.
288 KRAUSSOLD, H.: Chemie-Ing.-Technik 23 (1951) 177—183.
289 CHILTON, J. H., I. B. DREW und R. H. JEBENS: Ind. Engng. Chem. 36 (1944) 510.
290 FORD, T. F.: J. phys. Chem. 64 (1960) 1168—1174.
291 VAND, V.: J. phys. Chem. 52 (1948) 300.
292 KUHN, W. und H. KUHN: Helv. Chim. Acta 28 (1945) 97—127.
293 RIEDEL, L.: Chemie-Ing.-Technik 23 (1951) 59/64 und 465—469.
294 HAMILTON, R. L. und O. K. GROSSER: Ind. Engng. Chem. Fundamentals 1 (1962) 187—191.
295 CUMMINGS, G. H. und A. S. WEST: Ind. Engng. Chem. 42 (1950) 2303.
296 HEGELMANN, E. und C. BECK: Kristallisierapparat in FOERST, W.: Ullmann's Encyclopädie d. techn. Chemie 1. Bd. Chemischer Apparatebau und Verfahrenstechnik, 3. Aufl. München/Berlin: Urban & Schwarzenberg 1951, S. 551—552.
297 GARRETT, D. E. und G. P. ROSENBAUM: Chem. Engng. 65 (1958) 125—140.
298 BADGER, W. L. und F. C. STANDIFORD: Chem. Engng. 62 (1955) 173—177.
299 BAMFORTH, A. W.: Industrial Crystallization, London: Leonard Hill 1965, S. 54.
300 HOSKING, A. P.: The Chemical Engeneer 161 (1962) A97—A102.
301 DIETER, K.: Chemie-Ing.-Technik 32 (1960) 521—524.
302 GARRETT, D. E.: Chem. Engng. Progr. 54 (1958) 65—69.

B. Kornverteilung von Kristallisaten

1. Problemstellung und Begriffsbestimmungen

303 RUMPF, H.: Staub 25 (1965) 15—22.
304 BATEL, W.: Einführung in die Korngrößentechnik, 2. Aufl. Berlin/Göttingen/Heidelberg: Springer 1964.

2. Messen von Kornverteilungen

305 STROH, W.: Korngrößenbestimmung in FOERST, W.: Ullmann's Encyclopädie d. techn. Chemie, Bd. 2/1, 3. Aufl. München/Berlin: Urban & Schwarzenberg 1961, S. 747—753.
306 NASSENSTEIN, H.: Chemie-Ing.-Techn. 26 (1954) 661—667.
307 ZEIDLER, G.: Arch. techn. Messen (März 1964) 59—62.
308 ANDREASEN, A. H. M.: VDI-Forschungsheft 399 (1939) 1—25 und Staub 43 (1956) 5—9.
309 vgl. LEHMANN, H.: Tonind.-Ztg. 78 (1954) 326—331.
310 BACHMANN, D. und H. GERSTENBERG: Chemie-Ing.-Techn. 29 (1957) 589—594.
311 LESCHONSKI, K.: Staub 22 (1962) 475—486.
312 TELLE, O.: Tonind.-Ztg. keram. Rdsch. Jg. 76 (1952) 23—24, 369—373. Chemie-Ing.-Techn. 26 (1954) 684—686.
313 ROSE, H. E.: Engineering 169 (1950) 350/351 und 405—408.

3. Mathematische Darstellung von Kornverteilungen

314 ROSIN, P. und E. RAMMLER: Kolloid-Z. 67 (1934) 16—26 und RAMMLER, E.: VDI-Z. Beihefte Verfahrenstechnik 5 (1937) 161—168.
315 BENNETT, R. C.: Chem. Engng. Progr. 58 (1962) 76—80.
316 POWERS, H. E. C.: Intern. Sugar J. 50 (1948) 149.
317 VAN HOOK, A.: Crystallization, New York: Reinhold Publishing Corp. 1961, S. 225 und VAN HOOK, A.: Ind. Engng. Chem. 44 (1952) 1306.
318 RUMPF, H. und K. F. EBERT: Chemie-Ing.-Techn. 36 (1964) 529 und GEBELEIN, H.: Chemie-Ing.-Techn. 28 (1956) 775—776.
319 MATZ, G.: Ing.-Arch. 20 (1952) 3—11.
320 WEIDENHAMMER, F.: Tonindustrie Ztg. 75 (1951) 9—10, 133—135.
321 BATEL, W.: Chemie-Ing.-Techn. 26 (1954) 72/74.

4. Theorien zur Kornverteilung

322 MC CABE, W. L.: Ind. Engng. Chem. 21 (1929) 30—33 und 112—119.
323 BRANSOM, S. H., W. J. DUNNING und B. MILLARD: Discuss. Faraday Soc. 5 (1949) 83—95.
324 SAEMAN, W. C.: A. I. Ch. E. J. 2 (1956) 107—112.
325 ROBINSON, J. N. und J. E. ROBERTS: Canad. J. chem. Engng. 35 (1957) 105—112.
326 BRANSOM, S. H.: Brit. chem. Engng. 5 (1960) 838—844.
327 SCHOEN, H. M.: Ind. Engng. Chem. 53 (1961) 607—611.
328 RANDOLPH, A. D. und M. A. LARSON: A. I. Ch. E. J. 8 (1962) 639—645.
329 MATZ, G.: Chemie-Ing.-Techn. 38 (1966) 431—439.
330 SCHOENEMANN, K.: Dechema-Monographien Bd. 21, S. 203—207, Weinheim/Bergstr. 1952.
331 MC MULLIN, R. B.: Trans. Am. Inst. chem. Engrs. 31 (1935) 409.
332 MASON, D. R. und E. L. PIRET: Ind. Engng. Chem. 42 (1950) 817.

C. Das Zusammenbacken der Kristalle

333 HÜTTIG, G. F.: Arch. Metallk. 2 (1948) 93.
334 HEDVALL, J. A.: Einführung in die Festkörperchemie, Braunschweig: Vieweg & Sohn 1952, S. 126.

335 SHALER, A. J.: Trans. Amer. Inst. min. metallurg. Engrs. 185 (1949) 796.
336 LOWRY, J. M. und F. C. HEMMINGS: J. Soc. chem. Ind. 39 (1920) 101.

D. Kristallisatoren

1. Kristallisatoren für die einfache Kristallisation

a) Lösungskristallisatoren

α) Kühlungskristallisatoren

337 BAMFORTH, A. W.: Industrial Crystallization, London: Leonard Hill 1965, S. 43.
338 CHANDLER, J. L.: Brit. chem. Engng. 4 (1959) 83—87.
339 TOUBIN, M. und S. KRUSNORA: Zhur. Fiz. Khim. 23 (1949) 863.
340 CHATY, J. C. und H. A. O'HERN: A. E. Ch. E. J. 10 (1964) 74—78.
341 THOMPSON, A. R.: Crystallization in KIRK, R. E. und D. F. OTHMER: Encyclopädie of Chemical Technology, New York: Interscience Publishers, 1955, Bd. 4, S. 629.
342 VAN HOOK, A.: Crystallization, New York, Reinhold Publishing Corp. 1961, S. 212—214.
343 BAMFORTH, A. W.: Industrial Crystallization, London: Leonard Hill, 1965, S. 41.
344 SEAVOY, G. E. und H. B. CALDWELL: Ind. Engng. Chem. 32 (1940) 627/636.

β) Verdampfungskristallisatoren

345 DIAMOND, H. W. und A. S. HESTER: Ind. Engng. Chem. 47 (1965) 672.
346 PERRY, J. H.: Chemical Engineers' Handbook, 4. Aufl. New York/San Francisco/Toronto/London/Sydney: Mc Graw Hill Book Co. 1963, S. 11—28 bis 11—29.
347 PERRY, J. H.: Chemical Engineers' Handbook, 4. Aufl. New York/San Francisco/Toronto/London/Sydney: Mc Graw Hill Book Co. 1963, S. 11—25, und 11—26 bis 11—27.
348 BAMFORTH, A. W.: Industrial Crystallization: London, Leonard Hill 1965, S. 109—111.
349 THOMPSON, A. R.: Crystallization in KIRK, R. E. und D. F. OTHMER: Encyclopedia of Chemical Technology, New York: Interscience Publisthers, 1955, Bd. 4, S. 630 und THOMPSON, A. R.: Chem. Engng. 57 (1950) 10, 132.
350 BAMFORTH, A. W.: Industrial Crystallization, London: Leonard Hill 1965, S. 113—115.
351 BAMFORTH, A. W.: Industrial Crystallization, London: Leonard Hill 1965, S. 115—118.
352 BAMFORTH, A. W.: Industrial Crystallization, London: Leonard Hill 1965, S. 105—108.
353 PERRY, J. H.: Chemical Engineers' Handbook, 4. Aufl. New York/San Francisco/Toronto/London/Sydney: Mc Graw Hill Book Co. 1963, 11—29; BAMFORTH, A. W.: Industrial Crystallization, London: Leonard Hill 1965, S. 101—104 und MATZ, G.: Chemie-Ing.-Techn. 36 (1964) 1260—1263.
354 PERRY, J. H.: Chemical Engineers' Handbook, 4. Aufl. New York/San Francisco/Toronto/London/Sydney: Mc Graw Hill Book Co. 1963, S. 11—30.
355 vgl. z. B. D'ANS, J. und E. LAX: Taschenbuch f. Chemiker und Physiker, Berlin/Göttingen/Heidelberg 1949 Springer. S. 896.
356 KNEULE, F.: Wärme 68 (1961) 2—8.

357 RANT, Z.: Verdampfen in Theorie und Praxis, Dresden/Leipzig: Th. Steinkopff 1959.
358 COATES, J.: Chem. Engng. Progr. 45 (1949) 25—32.
359 BAMFORTH, A. W.: Industrial Crystallization, London: Leonard Hill 1965, S. 12 und 98—99.
360 BAMFORTH, A. W.: Industrial Crystallization, London: Leonard Hill 1965, S. 225.
361 WIEGAND, J.: Wirkungsweise von Dampfstrahl-Apparaten im Prospekt der Fa. Wiegand Apparatebau GmbH, Karlsruhe-West.
362 Prospekt von Plinke, A., Chemisch-Technisches Büro, Bad Homburg v. d. H.
363 Ozark-Mahoning Co., Chemical Division, Oklahoma, U. S. A.

γ) Vakuumkristallisatoren

364 Prospekte „Kälte durch Dampf" der Fa. Standard-Messo, Ges. f. Chemietechnik m.b.H. & Co., Duisburg.
365 Prospekt „Dampfstrahler mit höherem Wirkungsgrad" der Fa. R. O. Meyer, Hamburg-Wandsbek.
366 LYLE, O.: The efficient Use of Steam, H. M. Stationary Office, London 1947.
367 THOMPSON, A. R.: Chem. Engng. 57 (1950) 10 125—132.
368 BAMFORTH, A. W.: Industrial Crystallization, London: Leonard Hill 1965, S. 76.
369 Prospekt „Vakuum-Kristallisation" der Fa. Standard-Messo, Ges. f. Chemietechnik m.b.H. & Co., Duisburg.
370 HOUGHTON, J.: Chem. Process Engng. 46 (1965) 639—646, 653 (London).
371 CALDWELL, H. B.: Ind. Engng. Chem. 53 (1961) 115—118.
372 Prospekt „Wirbelkristaller" der Fa. Standard-Messo, Ges. f. Chemietechnik m.b.H. & Co., Duisburg.
373 MATZ, G.: Chemie-Ing.-Techn. 36 (1964) 1260—1263.
374 NEWMAN, H. H. und R. C. BENNETT: Chem. Engng. Progr. 55 (1959) 65—70.
375 SAEMAN, W. C.: Ind. Engng. Chem. 53 (1961) 612—622.

δ) Klassierende Kristallisatoren

376 OSBURNE, J. O.: Crystallization in PERRY, J. H.: Chemical Engineers' Handbook, 4. Aufl. New York/San Francisco/Toronto/London/Sydney: Mc Graw-Hill Book Co. 1963, S. 17—16.
377 Prospekt „Giovanola-Schwingkristaller" der Fa. Giovanola Frères, S.A., Monthey (Valais), Schweiz.
378 BAMFORTH, A. W.: Industrial Crystallization, London, Leonard Hill 1965, S. 52.
379 vgl. z. B. SVANOE, H.: Ind. Engng. Chem. 32 (1950) 636—639 und BAMFORTH, A. W.: Industrial Crystallization, London: Leonard Hill 1965, S. 53—55 (Kühlungs-Kristallisation), 119—125 (Verdampfungs-Kristallisation) und 90—95 (Vakuum-Kristallisation).
380 MILLER, P. und W. C. SAEMAN, Chem. Engng. Progr. 43 (1947) 667—690.
381 Mc CABE, W. L. Crystallization. In PERRY, J. H.: Chemical Engineer's Handbook, 3. Aufl. New York/Toronto/London: Mc Graw Hill Book 1950, S. 1019.
382 LEWIS, E. W. und E. W. BOWERMAN: Chem. Engng. Progr. 48 (1952) 603—610.

383 JEREMIASSEN, F. (Oslo): Angew. Chemie 38 (1925) 318.
384 BAMFORTH, A. W., Chem. Products 23 (1960) 117—120.
385 GARRETT, D. E.: Ind. Engng. Chem. 53 (1961) 623—628.
386 Anonym: Chem. Engng. 60 (1953) 338—340 und USA-Pat. 2, 614,035.

ε) Reaktions-Kristallisatoren

387 vgl. z. B. THEOBALD, H.: Ammonium-Verbindungen. In FOERST, W.: Ullmann's Encyclopädie d. techn. Chemie 3. Bd. 3. Aufl. München/Berlin: Urban und Schwarzenberg 1953, S. 602—619.
388 BAMFORTH, A. W.: Industrial Crystallization, London: Leonard Hill 1965, S. 139—141.
389 Prospekt der Fa. Otto Construction Corp., New York, U.S.A.
390 KOKOBU, R. und S. SASAKI: Kagaku Kogaku (Chem. Eng. Japan) 28 (1964) 386.
391 BAMFORTH, A. W.: Industrial Crystallization. London: Leonard Hill 1965, S. 137—138.
392 Prospekt „Reaction Crystalliser" der Power-Gas Corp. Ltd., Stockton -on-Tees, Großbritannien.
393 GETSINGER, J. G., E. C. HOUSTON, und E. P. ACHORN: Agricult. and Food Chem. 5, 6 (1957) 433—436.

ζ) Sprühkristallisatoren

394 HEGELMANN, E. und C. BECK: Kristallisierapparate in FOERST, W.: Ullmann's Encyclopädie d. techn. Chemie 1. Bd. Chemischer Apparatebau und Verfahrenstechnik, 3. Aufl. München/Berlin, Urban & Schwarzenberg 1951, S. 555—556.
395 I.G., DRP 429477 (1924) und 431765 (1925).
396 SOMMER, W.: Salpetersäure in FOERST, W.: Ullmann's Encyclopädie d. techn. Chemie 15. Bd. 3. Aufl. München/Berlin: Urban & Schwarzenberg 1964, S. 63—64.
397 GEISEL, W.: Harnstoff in FOERST, W.: Ullmann's Encyclopädie d. techn. Chemie 8. Bd. 3. Aufl. München/Berlin: Urban und Schwarzenberg 1957, S. 387.
398 SHEARON, W. H. und W. DUNWOODY: Ind. Engng. Chem. 45 (1953) 496.
399 Prospekt „Regenerierung schwefelsaurer Beizbäder" der Fa. Zahn & Co. GmbH, Hameln/Weser.
400 Prospekt „Säure-Regenerationsanlagen" der Fa. Dr. C. Otto & Co. GmbH, Bendorf/Rhein.
401 SCHOPPE, F.: Ölfeuerung 7 (1962) 1064—1080; 1169—1175.
402 SCHLÜNDER, E. U.: Chemie-Ing.-Techn. 34 (1962) 524—525; 646—649.
403 SMITH, D. A.: Chem. Engng. Progr. 45 (1949) 703—707.
404 McCORMICK, P. Y.: „Pneumatic Systems" in PERRY, J. H.: Chemical Engineer's Handbook, 4. Aufl. New York/San Francisco/Toronto/London/Sydney: McGraw Hill Book Co. 1963, 20—59.
405 KRÖLL, K.: Trockner und Trocknungsverfahren Berlin/Göttingen/Heidelberg: Springer 1959, S. 315.
406 D'ANS, P.: Belg. Patent 571774 — 4. 10. 1958.
407 KENNAWAY, T., C. W. WOOD und P. L. BOX: Gas world (Coking sect. supp.) 147 (1956) 49—58.
408 VAN DEN BERG, P. J. und G. HALLIE: New developments in granulation techniques Proc. Fertilizer Soc., London 1960.
409 HOLLAND, A. A.: Chem. Engng. 58 (1951) 106—107.

η) Kristallisatoren zur Züchtung von Einkristallen aus Lösungen

410 NEUHAUS, A.: Chemie-Ing.-Techn. 28 (1956) 159.
411 DBP 860045 — 1950 Telefunken.
412 NEUHAUS, A.: Chemie-Ing.-Techn. 28 (1956) 350—357.
413 KJELLGREN, B. R. F.: USA-Patent 2,483,647 — 4. 10. 1959.
414 HOLDEN, A. N.: Discussions Faraday Soc. 58 (1958) 106—107.
415 ROBINSON, A. E.: Discussions Faraday Soc. 5 (1949) 315.
416 HOLDEN, A. N.: Discussions Faraday Soc. 5 (1949) 312.
417 WALKER, A. C. und G. T. KOHMAN: Bell Telephon. Techn. Pub. Monograph. B-1562, dgl. Trans. Amer. Inst. Elec. Engrs. 67 (1948) 565.
418 KLIER, E. und M. SHAKI: Czechoslov. J. Physics 5 (1955) 408.
419 ROBINSON, A. E.: Discussions Faraday Soc. 5 (1949) 318.
420 RES, J. S., L. S. RUSAKOV und G. N. STOIKOV: Acta Crystallographica 10 (1957) 841.
421 SPEZIA, G.: Atti Accad. sci. Torino 44 (1908) 95—107.
422 WALKER, A. C.: Ind. Engng. Chem. 46 (1954) 1670—1676.
423 LAUDISE, R. A. und R. A. SULLIVAN: Chem. Engng. Progr. 55 (1959) 5, 55—59; Chem. Engng. News 36 (1958) 51, 24—25; Chem. Engng. 66 (1959) 3, 72, 74.
424 STANLEY, J. M.: Ind. Engng. Chem. 46 (1954) 1684—1689.
425 LAUDISE, R. A. und E. D. KOLB: J. Amer. ceram. Soc. 45 [2] (1962) 51—53.
426 LAUDISE, R. A., E. D. KOLB und A. J. CAPORASO: J. Amer. ceram. Soc. 47 [1] (1964) 9—12.
427 MARSHALL, D. J. und R. A. LAUDISE: Crystal growth, Proceedings of an International Conference on Crystal growth, Boston, 20—24 June 1966, Oxford/Edinburgh/London/New York/Toronto/Sydney/Paris/Braunschweig: Pergamon Press 1967, S. 557—561.
428 HARVILL, M. L. und R. ROY: Crystal growth, Proceedings of an International Conference on Crystal growth, Boston, 20—24 June 1966, Oxford/Edinburgh/London/New York/Toronto/Sydney/Paris/Braunschweig: Pergamon Press 1967, S. 563—567.
429 PUTTBACH, R. C., R. R. MONCHAMP und J. W. NIELSEN: Crystal growth, Proceedings of an International Conference on Crystal growth, Boston, 20—24 June 1966, Oxford/Edinburgh/London/New York/Toronto/Sydney/Paris/Braunschweig: Pergamon Press 1967, S. 569—571.

b) *Schmelzkristallisatoren*

α) Schmelzkristallisatoren zur Erzeugung von Kristallisaten

430 Prospekt ,,Kühlung am laufenden Band'' der Fa. Stahlwerke Sandvik A. G. Sandviken, Schweden.
431 Prospekt ,,Sandvik-Förderbänder'' der Fa. Stahlwerke Sandvik A.G., Sandviken, Schweden.
432 HOLT, A. D.: ,,Indirect Heat-transfer Equipment for Solidification'' in PERRY, H. J.: Chemical Engineer's Handbook, 4. Aufl. New York/San Francisco/Toronto/London/Sydney: Mc Graw Hill Book Co. 1963, 11—42/11—44.
433 Prospekt ,,Maschinen, Apparate und Anlagen für die Verfahrenstechnik'' (Pastillieranlage System BASF/Kaiser) der Fa. Gebr. Kaiser, Krefeld-Uerdingen.
434 VETTER, R.: Persönliche Mitteilung.
435 MAURER, R. D.: J. appl. Phys. 29 (1958) 1.

436 HOLLAND-MERTEN, E. L.: Chem. Techn. 17 (1965) 335—345.
437 ERDMENGER, R.: Chemie-Ing.-Techn. 36 (1964) 175—185.

β) Schmelzkristallisatoren zur Züchtung von Einkristallen

438 STOCKBARGER, D. C.: J. opt. Soc. America 39 (1949) 731.
439 JONES, D. A., R. V. JONES und R. W. H. STEVENSON: Crystal growth, Proceedings of an International Conference on Crystal growth, Boston, 20—24 June 1966, Oxford/Edinburgh/London/New York/Toronto/Sydney/Paris/Braunschweig: Pergamon Press 1967, S. 57—62 (B4).
440 STÖBER, F.: Z. Kristallogr. 61 (1925) 299—314.
441 STRONG, J.: Physic. Rev. 36 (1930) 1663.
442 LAUDISE, R. A.: Crystal growth, Proceedings of an International Conference on Crystal growth, Boston, 20—24 June 1966, Oxford/Edinburgh/London/New York/Toronto/Sydney/Paris/Braunschweig: Pergamon Press 1967, S. 3—16 (A1).
443 RECKER, K.: Dissertation Bonn, Jan. 1956.
444 Bulletin MPF-236 S der Division 500 der Arthur D. Little Inc. (Cambridge, Massachusetts, USA und Zürich, Schweiz) — ADL Model — MP Crystal Growing Furnace.
445 CZOCHRALSKI, J.: Z. physik. Chem. 92 (1918) 219—221.
446 MARK, H., M. POLANYI und E. SCHMID: Z. Physik 12 (1923) 58—77.
447 VON GOMPERZ, E.: Z. Physik 8 (1921) 184—190.
448 CHARVAT, F. R., J. C. SMITH und O. H. NESTOR: Crystal Growth, Proceedings of an International Conference on Crystal growth, Boston 20—24 June 1966, Oxford/Edinburgh/London/New York/Toronto/Sydney/Paris/Braunschweig: Pergamon Press 1967, S. 45—50 (B2).
449 STEINEMANN, A. und U. ZIMMERLI: Crystal growth, Proceeding of an International Conference on Crystal growth, Boston 20—24 June 1966, Oxford/Edinburgh/London/New York/ Toronto/Sydney/Paris/Braunschweig: Pergamon Press 1967, S. 81—87 (B9).
450 BARDSLEY, W. und B. COCKAYNE: Crystal growth, Proceedings of an International Conference on Crystal growth, Boston 20—24 June 1966, Oxford/Edinburgh/London/New York/Toronto/Sydney/Paris/Braunschweig: Pergamon Press 1967, S. 109—113 (B14).
451 KEEZER, R. und C. WOOD: Crystal growth, Proceedings of an International Conference on Crystal growth, Boston 20—24 June 1966, Oxford/Edinburgh/London/New York/Toronto/Sydney/Paris/Braunschweig: Pergamon Press 1967, S. 119—123 (B16).
452 KESTIGIAN, M. und W. W. HOLLOWAY, JR.: Crystal growth, Proceedings of an International Conference on Crystal growth, Boston 20—24 June 1966, Oxford/Edinburgh/London/New York/Toronto/Sydney/Paris/Braunschweig: Pergamon Press 1967, S. 451—456 (E5).
453 MILLETT, E. J., J. C. BRICE, P. A. C. WHIFFIN und P. W. WHIPPS: Crystal growth, Boston 20—24 June 1966, Oxford/Edinburgh/London/New York/Toronto/Sydney/Paris/Braunschweig: Pergamon Press 1967, S. 673—677 (I7).
454 MUELLER, A. und WILHELM, M.: Z. Naturforsch. 19a (1964) 254.
455 WILCOX, W, R. und L. D. FULMER: J. appl. Physics 36 (1965) 2201.
456 UTECH, H. P. und M. C. FLEMINGS: J. appl. Physics 37 (1966) 2021.
457 BRENNER, K.: Dissertation Bonn, Juli 1955.
458 VERNEUIL, A.: C. R. hebd. Séances Acad. Sci. 135 (1902) 791.
459 SCHIEBOLD, E.: Z. Krist. A 92 (1935) 435—473.
460 NEUHAUS, A.: Chemie-Ing. Techn. 28 (1956) 357—362.

461 KECK, P. H., S. B. LEVIN, J. BRODER und R. LIEBERMAN: Rev. Sci. Instr. 25 (1954) 298.
462 LA RUE, R. E. und F. A. HALDEN: Rev. Sci. Instr. 31 (1960) 35.
463 REED, T. B.: J. appl. Physics 32 (1961) 821, 2534—2535.
464 v. ARDENNE, M., E. D. KNEBEL, H. WACHTEL und P. WIESE: Kristall und Technik 1. Jg., 3. Heft, S. 437—442.
465 WENCKUS, J. F. in Cryogenics, Cryoelectronics and Materials Research, Proceedings sponsored by Division 500 of Arthur D. Little, Inc. (23. 6. 1964, Frankfurt a. Main), S. 89—118.
466 O'BRYAN, H. M. JR. und P. B. O'CONNOR: Bull. Am. Ceram. Soc.
467 REISS, F. A.: Crystal growth, Proceedings of an International Conference on Crystal growth, Boston 20—24 June 1966, Oxford/Edinburgh/London/New York/Toronto/Sydney/Paris/Braunschweig: Pergamon Press 1967, S. 63—65 (B5).
468 VERGNOUX, A. M., J. GIORDANO und M. FOEX: Crystal growth, Proceedings of an International Conference on Crystal growth, Boston 20—24 June 1966, Oxford/Edinburgh/London/New York/Toronto/Sydney/Paris/ Braunschweig: Pergamon Press 1967, S. 67—70 (B6).
469 ALFORD, W. J. und W. H. BAUER: Crystal growth, Proceedings of an International Conference on Crystal growth, Boston 20—24 June 1966, Oxford/Edinburgh/London/New York/Toronto/Sydney/Paris/Braunschweig: Pergamon Press 1967, S. 72—74 (B7).
470 EMEIS, R.: Z. Naturforsch. 9a, 67 (1954); ferner DEHMELT, F. W.: Chemie-Ing.-Techn. 27 (1955), 275 sowie KECK, P. H. und M. J. E. GOLAY: Phys. Rev. 89 (1953) 1297.
471 BARTHEL, J. und R. SCHARFENBERG: Crystal growth, Proceedings of an International Conference on Crystal growth, Boston 20—24 June 1966, Oxford/Edinburgh/London/New York/Toronto/Sydney/Paris/Braunschweig: Pergamon Press 1967, S. 133—139 (B19).
472 REED, R. E., H. D. GUBERMANN und T. O. BALDWIN: Crystal growth, Proceedings of an International Conference on Crystal growth, Boston 20—24 June 1966, Oxford/Edinburgh/London/New York/Toronto/Sydney/Paris/Braunschweig: Pergamon Press 1967, S. 829—832 (L7).
473 CLASS, W., H. R. NESSOR und G. T. MURRAY: Crystal growth Procedings of an International Conference on Crystal growth, Boston 20—24 June 1966, Oxford/Edinburgh/London/New York/Toronto/Sydney/Paris/Braunschweig: Pergamon Press 1967, S. 75—80 (B8).
474 LAUDISE, R. A., R. C. LINEARES und E. F. DEARBORN: J. appl. Phys. 33 (1962) 3.
475 BONNER, W. A., E. F. DEARBORN und L. G. VAN UITERT: Crystal growth Proceedings of an International Conference on Crystal growth, Boston 20—24 June 1966, Oxford/Edinburgh/London/New York/Toronto/Sydney/Paris/Braunschweig: Pergamon Press 1967, S. 437—440 (E2).
476 GRODKIEWICZ, W. H., E. F. DEARBORN und L. G. VAN UITERT: Crystal growth Procceedings of an International Conference on Crystal growth, Boston 20—24 June 1966, Oxford/Edinburgh/London/New York/Toronto/Sydney/Paris/Braunschweig, Pergamon Press 1967, S. 441—444 (E3).
477 vgl. dazu NEUHAUS, A.: Chemie-Ing.-Techn. 33 (1961) 220—224.
478 BRIDGMAN, P. A.: Phys. Rev. 48 (1935) 832.
479 GÜNTHER, P.: Z. anorg. allgem. Chemie 250 (1943) 357.
480 BRIDGMAN, P. W.: J. chem. Physics 15 (1947) 92.

481 BUNDY, F. P.: Science 137 (1962) Nr. 3535, 1055–1057 und Ind. Engng. Chem. 55 (1963) 25.
482 HALL, H. T.: USA-Patent 2941 248 (1960).
483 BRIDGMAN, P. W.: J. appl. Physics 12 (1941) 461.
484 WENTORF, R. H.: Modern very high pressure technique, London: Butterworths 1962.
485 LIANDER, H. und E. LUNDBLAD: Ark. Kemi 16 (1960) 139.
486 LILJEBLAD, R.: ASEA, Techn. Mitteilg. 8216 vom 2. März 1955.
487 NEUHAUS, A.: Edelsteine, synthetische; Diamant in FOERST, W.: Ullmann's Encyclopädie d. techn. Chemie 6. Bd. 3. Aufl. München/Berlin: Urban & Schwarzenberg 1955. S. 220–229.
488 WENTORF, R. H.: Industrial Labs. 8 (1957) 84.

2. Fraktionierende Kristallisatoren

489 POULOS, A., J. W. GREINER und G. A. FEVIG: Ind. Engng. Chem. 53 (1961), 949–962.
490 FOUST, A. S., L. A. WENZEL, C. W. CLUMP, L. MAUS und L. B. ANDERSEN: Principles of Unit operations, New York: John Wiley Sons 1960.
491 WAGNER, M. und G. MATZ: Trennung von Bariumnitrat und Bleinitrat durch fraktionierte Kristallisation. Unveröffentlichte Arbeit; MATZ, G.: Symposium über Zonenschmelzen und Kolonnenkristallisieren Karlsruhe 1963, S. 345–372.
492 REMAN, G. H.: USA-Patent 2,601,674 – 13. 6. 1949/24. 6. 1952.
493 Food Machinery and Chemical Corporation (San José, Californien): DBP-Auslegeschrift 1044 767 – 27. 11. 1958.
494 SCHILDKNECHT, H.: Chimia 17, 5, 145/157 (1963); MATZ, G.: Chemie-Ing.-Techn. 36 (1964) 381–394.
495 MULLIN, J. B. und K. F. HULME: J. Electronics Control 4 (1958) 170–174.
496 LAWSON, W. D. und S. NIELSEN: Zone melting in SCHOEN, H. M.: New Chemical Engineering separation techniques New York/London; Interscience Publishers 1962, S. 183–255.
497 PFANN, W. G., C. E. MILLER und J. D. HUNT: Rev. Sci. Instr. 37 (1966) 649–652.
498 FREVEL, L. K. und L. J. KRESSLEY: USA-Patent 2,659,761 – 23. 8. 1948/17. 11. 1953.
499 SCHILDKNECHT, H. und H. VETTER: Angew. Chemie 73 (1961) 612 und SCHILDKNECHT, H. und K. MAAS: Wärme 69 (1963) 4, 121.
500 v. AMMON, R.: Chemie-Ing.-Techn. 39 (1967) 428–432.
501 POWERS, J. E.: Hydrocarbon Process. 45 (1966) 97–102 (USA).
502 GRAHAM, B. L.: USA-Patent 2,651,922 – 2. 9. 1949/15. 9. 1953 und Chem. Engng. 61 (1954) 260.
503 SCHMIDT, J.: Schweiz. Patent-Anm. 41908 vom 9. 2. 1949 – DBP 900209 vom 25. 1. 1950 und 12. 11. 1953 – USA-Patent 2617274 vom 2. 2. 1950 und 11. 11. 1952, ferner SCHMIDT, J.: Dissertation T. H. Karlsruhe 1950. Ref. in Kältetechnik 8 (1952) 140 und Chemie-Ing.-Techn. 35 (1963) 410–421.
504 MCKAY, D. L., G. H. DALE und J. A. WEEDMAN: Ind. Engng. Chem. 52 (1960) 197–200.
505 MCKAY, D. L. und H. W. GOARD: Ind. Engng. Chem., Proc. Design Development 6 (1967) 16–21 (USA).
506 MATZ, G.: Chemie-Ing.-Techn. 39 (1967) 269–274.
507 YAGI, S., H. INOUE und H. SAKAMOTO: Chem. Engng. (Japan) 1, (1963) 115–121.

508 MC KAY, D. L., G. H. DALE und D. C. TABLER: Chem. Engng. Progr. 62, 11 (1966) 104—112.
509 MC KAY, D. L. und H. W. GOARD: Chem. Engng. Progr. 61, 11 (1965) 99—104.

3. Sublimatoren und Anordnungen zur Kristallisation aus der Gasphase

510 Prospekt „Vakuum-Dünnschichtdestillation M/3" der Fa. Leybold-Hoch-Vakuum-Anlagen GmbH (Köln).
511 Compagnie Française des Materières Colorantes (Paris): DBP 1048872 — 6. 12. 1957/16. 7. 1959.
512 MAJOR, C. J.: Sublimation in PERRY, J. H.: Chemical Engineer's Handbook, 4. Aufl. New York/San Francisco/Toronto/London/Sydney: Mc Graw Hill Book Co. 1963. 17—26.
513 NEUHAUS, A.: Chemie-Ing.-Techn. 28 (1956) 362—363.
514 NEUHAUS, A. und K. RECKER: Crystal growth, Proceedings of an International Conference on Crystal growth, Boston 20—24 June 1966, Oxford/Edinburgh/London/New York/Toronto/Sydney/Paris/Braunschweig: Pergamon Press 1967, S. 235—240 (C5).
515 HONIGMANN, B.: Z. Elektrochem., Ber. Bunsenges. physik. Chem. 58 (1954) 322.
516 SMILTENS, J.: Crystal growth, Proceedings of an International Conference on Crystal growth, Boston 20—24 June 1966, Oxford/Edinburgh/London/New York/Toronto/Sydney/Paris/Braunschweig: Pergamon Press 1967, S. 221—224 (C2).
517 SCHIEBER, M.: Crystal growth, Proceedings of an International Conference on Crystal growth, Boston 20—24 June 1966, Oxford/Edinburgh/London/New York/Toronto/Sydney/Paris/Braunschweig: Pergamon Press 1967, S. 271—275 (C10).
518 GATTI, A., C. MANCUSO, E. FEINGOLD und R. MEHAN: Crystal growth Proceedings of an International Conference on Crystal growth, Boston 20—24 June 1966, Oxford/Edinburgh/London/New York/Toronto/Sydney/Paris/Braunschweig: Pergamon Press 1967, S. 317—323 (C19).
519 KOREF, F.: Z. Elektrochem. 28 (1922) 511—517.
520 VAN ARKEL, W. E.: Physica 2 (1922) 56.
521 AHMAD, I. und G. P. CAPSIMALIS: Crystal growth, Proceedings of an International Conference on Crystal growth, Boston 20—24 June 1966, Oxford/Edinburgh/London/New York/Toronto/Sydney/Paris/Braunschweig: Pergamon Press 1967, S. 325/331 (C20).
522 BUBE, R. H. und S. M. THOMSEN: J. Chem. Phys. 23 (1955) 15.
523 BOYD, D. R. und Y. T. SIHVONEN: J. appl. Physics 30 (1959) 176—179.
524 SCHÄFER, H.: Chemical Transport Reactions, New York: Academic Press 1964.
525 NITSCHE, R.: Crystal growth, Proceedings of an International Conference on Crystal growth, Boston 20—24 June 1966, Oxford/Edinburgh/London/New York/Toronto/Sydney/Paris/Braunschweig: Pergamon Press 1967, S. 215—220 (C1).
526 MIERZEJEWSKA-APPENHEIMER, S. und T. NIEMYSKI: Crystal growth, Proceedings of an International Conference on Crystal growth, Boston 20—24 June 1966, Oxford/Edinburgh/London/New York/Toronto/Sydney/Paris: Braunschweig: Pergamon Press 1967, S. 229—233 (C4).

527 MEE, J. E. und G. R. PULLIAM: Crystal growth, Proceedings of an Internation Conference on Crystal growth, Boston 20—24 June 1966, Oxford/ Edinburgh/London/New York/Toronto/Sydney/Paris/Braunschweig: Pergamon Press 1967, S. 333—335 (C21).
528 WAGNER, R. S. und W. C. ELLIS: Applied Phys. Letters 4 (1964) 89—90.
529 WAGNER, R. S.: Crystal growth, Proceedings of an International Conference on Crystal growth, Boston 20—24 June 1966, Oxford/Edinburgh/London/ New York/Toronto/Sydney/Paris/Braunschweig: Pergamon Press 1967, S. 347—350 (C24).

4. Anordnungen zur adduktiven Kristallisation

530 HOPPE, A. und H. FRANZ: Erdöl und Kohle 8 (1955) 411 und HOPPE, A. und H. FRANZ: Petroleum Refiner 36 (1957) 221—224.
531 Anonym: Chem. Engng. 63 (1956) 114—6.
532 FETTERLY, L.: Petroleum Refiner 34 (1955) 4, 134—137.
533 ROGERS, T. H., J. S. BROWN, R. DICKMAN und G. D. KERNS: Petroleum Refiner 36 (1957) 5, 217—220.
534 BAILY, W. A. JR., R. A. BANNEROT, L. C. FETTERLY, und A. G. SMITH: Ind. Engng. Chem. 43 (1951) 2125.
535 USA-Patent 2,974,102 — 9. 11. 1959/7. 3. 1961.
536 USA-Department of the Interior, Office of Saline Water: Saline water conversion Report (1964), S. 191 und 216.
537 USA-Patent 2,904,511.
538 HAHN, W. J.: Office of Saline Water Research & Development, Test Station Wrightsville Beach, North Carolina, ,,Countercurrent Wash Separation column design" (1966).

Namenverzeichnis

Achorn, E. P. 282
Addink, N. W. H. 131
Ahmad, J. 362
Alexander G. B. 67,
Alford, W. J. 323
Alty, T. 141
Andersen, L. B. 398
Andreasen, A. H. M. 193

Bachmann, D. 391
Badger, W. L. 183, 190, 239
Bagdasarov, K. Sh. 173
Bailey, jr., W. A. 368
Bain, J. 26, 27, 269, 273
Baldwin, T. O. 323
Bamforth, A. W. 190, 218, 241, 242, 266, 274, 277, 282
Bannerot, R. A. 400
Bardsley, W. 320
Barthel, J. 323
Basset, J. 137
Batel, W. 192, 195, 199, 200
Bauer, W. H. 323
Beason, L. R. 388
Bebie, J. 387
Beck, C. 190
Becker, F. 384
Becker, R. 13
Bennett, R. C. 197, 198, 204, 205, 242, 256, 266, 273
Benson, G. C. 67
Bentivoglio, M. 382
Berg, W. F. 29
Bienfait, M. 72, 73
Bishop, M. 382
Bliznakov, G. 71, 72, 89
Boistelle, R. 72, 73
Bonner, W. A. 328

Bowerman, E. W. 271
Box, P. L. 394
Boyd, D. R. 382
Bransom, S. H. 201, 203, 204, 205
Brenner, K. 321
Brenner, S. S. 49, 321
Brice, J. C. 320
Bridgman, P. W. 329
Broder, J. 321
Brötz, W. 147
Brown, G. G. 14, 19, 84
Brown, J. S. 400
Bruins, P. F. 40, 41, 42
Bube, R. H. 362
Buckley, H. E. 27, 35, 64, 69, 70
Buerger, M. J. 382
Buff, F. P. 380
Bundy, F. P. 328
Bunn, C. W. 29
Burton, J. A. 386
Burton, W. 34

Cabrera, N. 34
Caldwell, H. B. 230, 248, 249, 257, 260, 261, 274
Caporaso, A. J. 305
Capsimalis, G. P. 362
Cartier, R. 40, 41, 42
Chandler, J. L. 181, 182, 218, 219, 221, 374
Charvat, F. R. 320
Chaty, J. C. 228, 311, 348
Chen, Z. T. 92
Chilton, J. H. 186
Christiansen, J. A. 85, 86
Ciborowski, J. 153, 154
Class, W. 324
Clump, C. W. 398
Coates, J. 241
Cockayne, B. 320

Coulson, J. M. 28
Cummings, G. H. 189
Cunningham, W. K. 385
Czochralski, J. 318, 319

Dale, G. H. 348, 352
Danilow, W. J. 382
D'Ans, J. 383, 389, 392
D'Ans, P. 289
Darwin, C. G. 382
Dearborn, E. F. 328
Debye, P. 129, 180, 181
Dedek, J. 385
Dehmelt, F. W. 382, 397
Diamond, H. W. 392
Dickman, R. 400
Diels, K. 387
Dieter, K. 190, 243
Dietzel, A. 1
Dinegar, R. 86
Dinghas, A. 19
Doerner, H. A. 102
Döge, F. 99
Domask, W. G. 388
Donnay, G. 379
Donnay, J. D. H. 4
Döring, W. 13
Dreisbach, R. R. 175
Drew, I. B. 186
Dundon, M. L. 66, 67
Dunlop, A. K. 388
Dunning, W. J. 15, 16, 201
Dunwoody, W. 286

Ebert, K. F. 391
Eggert, S. J. 387
Eigen, M. 129
Eldib, I. A. 117
Ellis, W. C. 363
Emeis, R. 323, 324
Enüstün, B. V. 65, 66, 67

Erdmenger, R. 313
Eucken, A. 57, 58, 178, 181
Evans, D. F. 157

Falkenhagen, H. 129, 181
Farkas, L. 13
Feingold, E. 361
Fetterly, L. C. 161
Feuge, R. O. 109, 110
Fevig, G. A. 332, 334, 335
Figurovski, N. A. 67
Findlay, R. A. 157, 164
Flahaut, J. 155
Flemings, M. C. 320
Flood, H. 12
Foerst, W. 381, 382, 384, 386, 390, 391, 394, 398
Foex, M. 323
Follenius, M. 72
Ford, T. F. 187
Farkas, L. 13
Forty, A. J. 35
Foust, A. S. 398
France, W. G. 382
Frank, F. C. 33, 34
Franke, I. 383
Frankforter, G. B. 92
Franz, H. 400
Freise, V. 381, 386
Frenkel, J. 10
Freundlich, H. 65
Frevel, L. K. 344, 345
Frischauer, L. 169, 170
Friz, H. 381, 386
Fulmer, L. D. 320

Gable, C. M. 388
Gans, W. 37
Garrett, D. E. 9, 75, 76, 190, 260, 274, 275, 280
Gatti, A. 361
Gebelein, H. 391
Gee, E. A. 91, 93
Geisel, W. 394
Gerstenberg, H. 391
Getsinger, J. G. 282
Giacalone, A. 175
Gibbs, W. 10, 19, 21
Ginnings, P. M. 92
Giordano, J. 323
Gjostein, A. 24

Goalby, B. B. 388
Goard, H. W. 349, 350, 352
Goering, H. L. 386
Golay, M. J. E. 397
Goldsztaub, S. 28, 29, 42
Gopal, R. 130, 134
Graf, L. 48
Graham, B. L. 342, 346, 373, 377
Greiner, J. W. 332, 334, 335
Grigull, U. 383
Grodkiewicz, W. H. 328
Grosser, O. K. 188
Gubermann, H. D. 323
Günther, P. 329

Hahn, W. J. 370
Hähnert, M. 85, 86, 87, 89
Halden, F. A. 322
Hall, H. T. 326, 329
Hallie, R. G. 290
Hamilton, R. L. 188
Harvill, M. L. 395
Hasselblatt, M. 40
Hausen, H. 151
Hedvall, J. A. 212
Hegelmann, E. 190
Heindl., R. A. 385
Heiss, R. 96
Hemmings, F. C. 213
Hendrickson, H. M. 97, 99
Herring, C. 22
Herzog, A. 383
Hesselgesser, I. M. 59
Hester, A. S. 392
Heyer, H. 39, 40, 142
Hille, M. 384
Himes, R. C. 117
Hinrichsen, H. P. 17
Hixson, A. W. 28, 204
Hock, F. 33
Hodgman, C. D. 383, 386
Holden, A. N. 45, 295, 296, 298
Holland, A. A. 394
Holland-Merten, E. L. 311
Holloway, jr., W. W. 320
Holt, A. O. 395

Honigmann, B. 20, 21, 22, 39, 40, 142, 361
Hoppe, A. 400
Hosking, A. P. 190
Hoskins, W. N. 102
Houghton, J. 393
Houston, E. C. 282
Hsü Huai Ting 60, 63
Hückel, E. 129, 180, 181
Hulme, K. F. 398
Humphreys-Owen, S. P. F. 29
Hunt, J. D. 345
Hüttig, G. F. 212

Ingerson, E. 59
Inoue, H. 351
Isaac, E. 383

Jaeckel, R. 387
Jebens, R. H. 186
Jeffrey, G. A. 157
Jenckel, E. 109
Jeremiassen, F. 273
Jetter, A. 165, 166, 167, 168
Johannes, C. 141
Jones, D. A. 314
Jones, R. V. 314
Joy, E. F. 102
Junghahn, L. 182

Kaischew, R. 13, 16, 20, 21, 23, 33
Kapustin, A. P. 169
Keck, P. H. 321
Keezer, R. 320
Kelbg, G. 129, 181
Kelly, F. H. C. 94
Kennaway, T. 394
Kennedy, G. C. 58, 59, 302
Kern, R. 28, 29, 42, 72, 73
Kerns, G. D. 400
Kestigian, M. 320
Kilmartin, E. J. 67
Kirk, R. E. 383, 392
Kirkova, E. 71, 72, 89
Kirkwood, J. G. 22
Kirschbaum, E. 121
Kjellgren, B. R. F. 295

Kleber, W. 85, 86, 87, 89
Klein, E. 38, 90
Klein, M. W. 382
Klier, E. 301
Knacke, O. 36
Knapp, L. F. 66
Knebel, E. D. 397
Kneule, F. 240, 241
Knox, K. L. 28, 204
Kobe, K. A. 388
Kochendörfer, A. 48
Kofler, A. 137
Kofler, L. 137
Kohler, K. 379
Kohman, G. T. 297, 298, 300, 374
Kokobu, R. 282
Kolb, E. D. 305
Komarova, A. 67
Kondoguri, W. 171
Koref, F. 362
Kossel, W. 29
Kraußold, H. 186, 189
Kressley, L. J. 344, 345
Kröll, K. 150, 289
Krusnora, S. 392
Kuczynski, G. C. 24
Kuhn, H. 188
Kuhn, W. 188
Kunisaki, Y. 45
Kyropoulos, S. 317, 318

Lacmann, R. 29
La Mer, V. K. 86, 87
Landmann, W. 109
Langmuir, J. 24
Larson, M. A. 204
La Rue, R. E. 322
Laudise, R. A. 46, 304, 305, 315, 320, 325, 362
Lawson, W. D. 339
Lax, E. 383, 389, 392
Lehmann, H. 391
Leschonski, K. 194
Levin, S. B. 321
Lewis, E. W. 271
Lewis, W. C. McC. 66
Liander, H. 398
Liebermann, R. 321
Liebson, S. 382
Liljeblad, R. 330
Lineares, R. C. 397

Löcsei, B. 379
Long, F. A. 94
Loomis, A. L. 165, 168
Lovegren, N. V. 109, 110
Lowry, J. M. 213
Lundblad, E. 398
Luyet, B. J. 107
Lyle, O. 247

Maas, K. 398
Mack, E. 66, 67
Major, C. J. 399
Malkin, W. J. 382
Mancuso, C. 361
Mark, H. 319
Marshall, D. J. 395
Mason, D. R. 391
Mason, R. E. A. 18
Matz, G. 42, 61, 62, 63, 64, 76, 84, 106, 114, 137, 144, 153, 206, 242, 270, 271, 337, 351
Matz, W. 176
Maurer, R. D. 307
Maus, L. 398
Mayr, Giovanna 173
McCabe, W. L. 27, 28, 60, 63, 183, 201, 208, 210
McCormick, P. Y. 289
McDevit, W. F. 94
McKay, D. L. 122, 123, 348, 349, 350, 352
McKetta, J. J. 388
McMullin, R. B. 391
Mee, J. E. 363
Mehan, R. 361
Melia, T. P. 18
Messing, Th. 98, 247
Meyer, R. O. 245, 246
Michel, J. 118, 119
Miers, H. A. 60
Mierzejewska-Appenheimer, S. 363
Mießner, H. 383
Millar, R. W. 388
Millard, B. 201
Miller, C. E. 345
Miller, P. 269, 273
Miller, S. E. 386
Millet, E. J. 320
Mink, W. H. 386

Mock, J. E. 160
Moffitt, W. P. 18
Moisar, E. 38, 90
Monchamp, R. R. 395
Morey, G. W. 59
Morley, J. G. 50
Mosebach, R. 58, 59
Moulton, R. W. 99
Mueller, A. 320
Müller, E. W. 24
Mullin, J. B. 398
Mullin, J. W. 26, 140, 175
Murray, G. T. 324
Myers, J. E. 388

Nacken, R. 58, 59, 302, 317, 318
Nagorsen, G. 379
Nassenstein, H. 391
Nessor, H. R. 324
Nestor, D. H. 320
Neuhaus, A. 17, 43, 74, 131, 292, 293, 295, 297, 301, 315, 316, 320, 321, 330, 358, 359, 361
Neumann, K. H. 33
Newman, H. H. 256
Nielsen, A. E. 85, 86
Nielsen, J. W. 395
Nielsen, S. 339
Niemyski, T. 363
Niggli, P. 49
Nitsche, R. 363
Nitschmann, G. 315, 316
Nord, M. 360
Notley, N. T. 15, 16
Nowacki, W. 379

O'Bryan, jr., H. M. 323
O'Connor, P. B. 323
O'Hern, H. A. 67, 88, 90, 228, 311, 348
Okabe, T. 98
Ormrod, O. 388
Ostwald, Wilh. 59, 65
Othmer, D. F. 383, 392

Papapetrou, A. 73
Payne, J. H. 102
Perry, J. H. 237
Pfann, W. G. 113, 323, 324, 339, 340, 344, 345

Pick, H. 379, 382
Picon, M. 155
Pindzola, D. 40, 41, 42
Piret, E. L. 391
Pitzer, K. S. 123
Pohl, R. W. 171
Polanyi, M. 319
Poulos, A. 332, 334, 335
Pound, G. M. 14
Powel, H. M. 157
Powers, H. E. C. 18, 198
Powers, J. E. 346
Preckshot, G. W. 14, 19, 84
Prider, R. T. 58
Prim, R. C. 386
Proctor, B. A. 50
Pulliam, G. R. 363
Puttbach, R. C. 395

Rammler, E. 195, 199, 200
Randolph, A. D. 204
Rant, Z. 241
Rau, H. 37
Rayner, J. H. 157
Recker, K. 315, 316, 358, 361
Redlich, O. 163
Reed, R. E. 323
Reed, T. B. 322
Reiss, F. A. 323
Remann, G. H. 338
Res, J. S. 302
Richardson, J. F. 28
Riedel, L. 188
Rische, E. A. 151, 152
Roberts, J. E. 202, 204, 206
Robinson, A. E. 296, 298, 301
Robinson, C. S. 183
Robinson, J. N. 202, 204, 206
Roesner, O. 382
Rogers, T. H. 400
Rose, H. E. 194
Rosenbaum, G. P. 190, 260, 274
Rosi, R. O. 155, 156
Rosin, P. 195, 199, 200
Rossini, F. D. 175

Roy, R. 395
Rumford, F. 26, 27, 269, 273
Rumpf, H. 191, 192, 195
Rusakov, L. S. 302
Rush, F. E. jr. 67, 88, 90
Rushton, A. 144, 145

Saeman, W. C. 9, 202, 204, 205, 206, 209, 259, 260, 269, 273
Sakamoto, H. 351
Samuracas, D. 170
Sasaki, S. 282
Schachinger, L. 96
Schäfer, H. 363
Scharfenberg, R. 323
Schaum, K. 171
Scheidt, E. A. 171
Schieber, M. 173, 361
Schiebold, E. 396
Schildknecht, H. 339, 340, 345, 373, 377
Schlenk, W. jr. 158, 161
Schlipf, J. 384
Schlünder, E. U. 288
Schmid, E. 319
Schmid, G. 165, 166, 167, 168
Schmidt, E. 137
Schmidt, J. 348
Schoen, H. M. 204
Schoenemann, K. 205, 206
Schoppe, F. 394
Schottky, W. 382
Schreiber, G. 114
Schubert, R. 114
Schultze, W. 33, 35, 39, 40, 142
Schytil, F. 146, 148
Scott, D. W. 123
Seavoy, G. E. 230, 248, 249, 260
Seidell, A. 180
Seifert, H. 74, 282
Selby, S. M. 386
Shaki, M. 301
Shaler, A. J. 212
Shearon, W. H. 286
Sherwood, T. K. 141
Sihvonen, Y. T. 382

Slichter, W. P. 386
Sloan, G. H. 155, 156
Smakula, A. 43, 295, 363
Smekal, A. 49
Smiltens, J. 361
Smith, A. G. 400
Smith, D. A. 289
Smith, J. C. 320
Sollner, K. 165, 168
Sommer, W. 394
Spangenberg, K. 38
Spezia, G. 303
Standiford, F. C. 190, 239
Stanley, J. M. 305
Staude, H. 390
Stavely, L. R. R. 388
Steinbach, A. 385
Steinemann, A. 320
Steinle, H. 137
Stephen, H. 383
Stephen, T. 383
Stevens, R. R. 27, 28, 210
Stevenson, R. W. H. 314
Stockbarger, D. C. 396
Stöber, F. 314, 315, 316
Stoikov, G. N. 302
Stranski, I. N. 13, 16, 20, 21, 23, 29, 31, 32, 33, 36, 37, 73
Strickland-Constable, R. F. 18
Stroh, W. 391
Strong, J. 315, 316
Sudgen, S. 80
Suito, E. 88
Sullivan, R. A. 46, 304
Surgievicz, J. 154
Svanoe, H. 393
Swinne, R. 171, 172

Tabler, D. C. 352
Takiyama, K. 88
Tamman, G. 13, 14, 15, 39
Taylor, J. B. 24
Telle, O. 391
Temple, S. 92
Theobald, H. 394
Thompson, A. R. 92, 93
Thomsen, S. M. 362

Tipson, R. S. 68, 168
Tolman, R. C. 22
Toubin, M. 392
Trabant, E. A. 388
Trépaud, G. 98
Treybal, R. E. 129
Turkevich, J. 65
Turnbull, D. 14, 15, 17, 23, 130

Ubbelohde, A. R. 128
Utech, H. P. 320

Váhl, L. 80
van Arkel, A. E. 358, 362
van den Berg, P. J. 290
van Gomperz, E. 319
van Hook, A. 19, 26, 39, 41, 67, 68, 86, 130, 131, 168, 197, 198
van Uitert, L. G. 328
van Zeggeren, F. 67
Vand, V. 187
Vener, R. E. 92, 93
Vergnoux, A. M. 323
Verma, A. R. 35
Verneuil, A. 320, 323, 324
Vernon, H. C. 140
Vetter, H. 398

Vetter, R. 307
Vogel, R. 73
Volmer, M. 12, 13, 16, 20, 23, 33, 35, 39, 40, 73, 87, 142
von Ammon, R. 345, 346
von Ardenne, M. 322
von Engelhardt, W. 17
von Gomperz, E. 319
von Laue, M. 19
Vonnegut, B. 14

Wachtel, H. 397
Wagner, C. 382
Wagner, M. 337
Wagner, R. S. 363
Walker, A. C. 297, 298, 300, 303, 374
Walton, A. G. 17
Watson, K. 178
Weast, R. C. 386
Weber, A. 13
Weedman, J. A. 349
Wehn, J. 144, 151
Weidenhammer, F. 391
Weisberg, L. R. 155, 156
Weißberger, A. 382, 385, 389
Wenckus, J. F. 322
Wenner, R. R. 174

Wentorf, R. H. 329
Wenzel, L. A. 398
West, A. S. 189
Wettig, F. 118, 119
Whiffin, P. A. C. 320
Whipps, P. W. 320
White, E. A. D. 125, 324, 325
Wicke, E. 129
Wiegand, J. 242
Wiese, P. 397
Wilcox, W. R. 320
Wilhelm, M. 320
Wilke, C. R. 27, 129
Wilson, J. G. 379
Winans, C. F. 98, 159
Wirtz, K. 128
Wood, C. 320
Wood, C. W. 394
Wood, R. W. 165, 168
Wronski, S. 153
Wulff, G. 21, 216

Yagi, S. 351
Young, S. W. 64, 82

Zehender, E. 48
Zeidler, G. 391
Zimmerli, U. 320

Sachverzeichnis

Abgabezeit der Übersättigung, mittlere 259
Ablagerung 372
Abrieb 153, 257
Abtauen 221
Abtrennarbeit 29
Abtriebsgerade 122
Aceton 93, 94, 156, 161
Acetonitril 157
Acetophenon 165, 171
Acetylen 136
Acetylsalicylsäure 63
Adduktbildner 377
Addukte 6, 156
—, Harnstoff- 158, 363
Adipinsäure 243, 264, 266
Adsorption 69
Adsorptions-Isotherme, Langmuirsche 36, 71
— -Theorie 35
Agglomeration 5, 14, 84, 90, 147, 193, 372
Aktionskonstante 13
Aktivator 164, 363, 367, 375
Aktivierungsenergie der Diffusion 14
— der Grenzflächenreaktion 28
— des Platzwechsels 24
Aktivität, mittlere 65, 122, 162
Aktivitäten-Löslichkeitsprodukt 85
Aktivitätskoeffizient 65, 94, 129, 180
Allotropie 4
Allylalkohol 92
Alterung der Fällungsreagenzien 89
Aluminium 49
— -antimonid 43
— -arsenat 305
— -chlorid 136, 177
— -granat der Seltenen Erden 320
— -oxid 50, 139, 324, 325
— -phosphat 57, 305
— -sulfat 91, 181
Ameisensäure 157

Ammoniak 90, 93, 277
Ammoniakate 156
Ammonium-alaun 27
— -azid 136
— -bromid 18, 136
— -carbamat 136
— -chlorat 211
— -chlorid 18, 73, 75, 136, 137
— -cyanid 136
— -dihydrogenphosphat (ADP) 43, 45, 69, 75, 292, 293, 294, 295, 297
— -Eisen-Sulfat 173
— -jodid 136
— -nitrat 75, 94, 211, 212, 259, 269
— -salze, alkylierte, quaternäre 156
— -sulfat 74, 75, 92, 176, 242, 274, 275, 277, 282
— -persulfat 338
Amylacetat 160
Anilin 157
Anisotropie 1
Anreicherung 102
Ansaugdruck 242
Anthracen 43, 137
Anthrachinon 137, 148, 149, 151, 174
Antimon 127
— -tribromid 373
Apparate 372
Argon 47, 157, 160, 363
Armstrong-Wärmeaustauscher 224
Arrhenius-Diagramm 25
Arsen 136, 155, 177
— -trioxid 47
Äthan 370
Äthanol 12, 67, 91
Äther 160
Äthyl-acetat 12
— -benzol 175
— -bromid 157
— -chlorid 157
Äthylen 370
— -bromid s. 1,2-Dibromäthan

Äthylen-chlorid s. 1,2-Dichloräthan
— -diamintartrat (EDT) 43, 45, 69, 292, 294, 300, 301
Auflösungsvermögen 192
Ausbeuteziffer 96
Ausfällen 84, 200, 276, 371
Ausfrieren 51, 94
—, Vakuum- 98
Auspressen des Kristallisates 99
Ausrüstung eines Kristallisators, meß- und regeltechnische 275
Aussalzen 93, 371
Autoklav zur hydrothermalen Synthese 298, 303
Azobenzol 41

Bänderbildung 320
Bandgeschwindigkeit 306
Barium 24
— -chlorid 89, 102, 126
— -chromat 102
— -fluorid 126
— -hydroxid 88
— -nitrat 61, 63, 337, 338
— -succinat 86
— -sulfat 66, 67, 86, 87, 88, 89, 165
— -titanat 43
Baufehler 131
Behälter mit eingehängten Kühlelementen 222
Benzil 41
Benzoesäure 94, 137, 144
Benzol 41, 94, 126, 127, 157, 161, 171, 172, 346, 349, 372
Benzonitril 172
Benzophenon 17, 23, 171
Bernsteinsäure 93, 94
Beryll 305
Beryllium-borhydrid 136
— -bromid 136
Betol 60, 170
Betrieb, periodischer 214, 355
Bett-dichte des Fließbetts 270, 273
— -höhe des Fließbetts 269
Blasendruckmethode 80
Blattrührer 186
Blei 118, 127, 319
— -chlorid 126
— -fluorid 126, 314
— -jodid 17, 86, 87
— -nitrat 71, 87, 89, 337, 338
— -selenid 19

Bleisulfat 86, 89
— -tellurid 19
Blockeis-Verfahren 97
Bodenwirkungsgrad 337
Bor 325
Borax (Natriumtetraborat-Dekahydrat) 75
Borcarbid 361
d-Borneol 165
Bornitrid, hexagonales 330
—, kubisches (Borazon) 331
Bornscher Abstoßungsterm 30
Borsäure (Orthoborsäure) 75
Bravaisgitter 3
Brechungsindex 78, 79
Bridgman-Stockbarger-Ofen s. Stockbarger-Zuchtofen
Brüteperiode s. Wartezeit
n-Butan 98
Butanol, kritische Keimbildungsdaten 12
—, tertiäres 92
Buttersäure 161
Butylacetat 160
—, sekundäres 117
γ-Butyrolacton 94

Cadmium 32, 47, 173
— -fluorid 43, 314
— -jodid 35, 94
— -oxid 136, 177
— -sulfid 17, 47, 362, 363
— -wolframat 43
Caesium 24
— -jodid 43
Calcium 137
— -carbonat 75, 305
— -chlorid 64, 94, 118, 125
— — -Dihydrat 236
— -fluorid 43, 314
— -nitrat 286, 290
— — -Tetrahydrat 40
— -oxalat 86
— -sulfat 58, 183
— — -Dihydrat 18, 59, 66, 75, 86
— -wolframat 43
d-Campher 137, 141, 144, 165
Carman-Kozeny, Gleichung von 349
d-, l-Carvon 372
Cerdioxid 325
Chemisches Potential 11, 19
Chlor 157, 359

Chloranil 136
Chloroform 157
Chlorwasserstoff 157
Chrom 45
Clathrate, s. Käfig-Einschluß-Verbindungen
Clausius-Clapeyronsche Gleichung 12, 126, 135, 161, 173
Coulter-Counter 193
Cyan-bromid 177
— -fluorid 136
— -jodid 136
Cybomas 168
Cyclo-hexan 127, 349
— -pentan 165

Dampfdruckerniedrigung 246
Dampfstrahl-Brüdenkompressor 241, 244, 245, 246
Dampfzone 155
Dehydratation 66
Delta-L-Gesetz 201, 208, 210
Dendriten 5, 73, 131
Desublimation 8, 132, 138, 151—155, 353
—, fraktionierte 8, 151
Diaceton-Alkohol 94
Diamant 24, 74
—, Synthese des 6, 126, 328—330, 371, 376
„Diamant"-Schema 103
Diammoniumphosphat (DAP) 92, 281
1,2-Dibromäthan 118, 120, 351
1,2-Dichloräthan 118, 120, 121, 332, 351
p-Dichlorbenzol 131
Dichlor-fluor-methan 370
Dichte, von Lösungen 79, 80
Dichteverteilung 192
Diffusions-faktor 128
— -koeffizient 128, 129
— -theorie des Kristallwachstums 24
Digerieren 90
Dilatometer 109
Dinatriumhydrophosphat 52, 181, 183
p-Dinitrobenzol 131
Diphenyl 41, 43
Dispersitätsgröße 191
Dissoziations-gerade 163
— -konstante 162, 163
Dodecylamin 17
Doppelte Entnahme, Schema für 103

Dreiecks-Schema 100, 334, 335
Dreiphasen-Verfahren (VLS) 363
Drierit 139
Druck-Drehfilter 335, 336
— -Kolonne 126, 342, 348, 349, 373, 377
— -verhältnis, kritisches 138, 142
Dühringsche Regel 231
Dünnschichtverdampfer 234, 236, 243
Durchgang 192, 196, 202

Eigenadsorption 37
— -fluidisation 144/145, 146
— -keimbildung 153, 165
Eindicker 220, 374
Einkristalle 5, 8, 9, 18, 42—47, 116, 130, 132, 352, 358, 372, 375
Einsalzen 94
Einschluß 69
Eis 38, 137, 177
Eisen 45, 325
— -(III)-oxid 288
— -sulfat 57
— — -Monohydrat 183, 287
— — -Heptahydrat 256
Eiskurve 50, 95
Elektrete 172
Elektronenstrahl 375
— -Zonenschmelzen 323
Elektrophorese 172
Elementar(Fundamental)zellen 2, 3
Enantiotropie 4
Endfallgeschwindigkeit 270
Energie, thermische 370
—, Zufuhr von 375
Enthalpie-Konzentrationsdiagramm 119, 120, 185
Entmischungen im festen Zustand 373
Entspannungs-Verdampfung 255
Entwachsen von Erdöl, Anlage zum 364, 368
Epitaxie 17, 74
Erstarren, glasiges 128
Ertrag 54, 56, 333
Essigsäure 161
Eukryptit 305
Europium 361
Entektika, binäre 123
Eutektikum 6, 50, 95, 373
—, ternäres 123
Entektische Kurve 123, 125
Explosionsdruckversuche 329

Extinktion 15
Extinktionskoeffizient 194
Extrakt 104
Extraktionsfaktor 333

Fallrohr, barometrisches 270
Fällungs-Kristallisation s. Ausfällen
— -mittel 93
— -zeit 85, 165
Fehl-ordnung 47
— -stellen, Trenkelsche 47
— —, Schottkysche 47
Felder, elektrische 171
—, magnetische 173
Feldspat 305
d-Fenchon 172
Feststoff-Konoden 91
Feuchtigkeit, kritische 211, 212
Flammenschmelzverfahren 126, 320, 321, 324
Fließbett-Kristallisation s. Kristallisation
— -Sublimation s. Sublimation
Fließmittel 144
Flotation 99
Flüchtigkeit, relative 164
Fluidität 187
—, spezifische 187
p-Fluorphenol 161
Flüssigkeits-Konoden 91
Flußmittel 6, 125, 377
— -Verfahren 324, 331
Flußschmelze 125
Formamid 72, 73
Formfaktor 204
Fraktionierte Desublimation
— Kristallisation s. Kristallisation
— Sublimation s. Sublimation
Freiheitsgrade, Zahl der 52
Fremdkerne, s. Kerne
Froude-Zahl 146, 154, 256, 257
Fruktose 94
Füllungsgrad d. Autoklaven 303
Furan 157

Gallium 15, 127
— -arsenid 116, 320
— -phosphid 325
— -sesquioxid 325
Gammafunktion 200
Gashydrate 98, 156, 363, 368
Gefrier-punktserniedrigung 122
— -trocknung 137, 138

Gegendruck 242
Gegenstrom 117, 219, 229, 336
— -Anordnung 185, 289
— -Betrieb 370
— -Prinzip 347, 373
— -Schaltung 240
Germanium 15, 43, 47, 49, 114, 115, 339
— -dioxid 49, 305
Gesamtwärmedurchgangszahl 183, 186, 189, 230, 237, 311
Gesamtwärmedurchgangszahlen, pauschale 190
Gestaltsfaktor 11
Gibbs'sches Phasengesetz 52, 159
Gibbs-Thomson-Gleichung 11, 33
Gips s. Calciumsulfat-Dihydrat
Gitterkonstante 67
Glas s. Vitroid
Gläser, photoempfindliche 307
Glaubersalz (Natriumsulfat-Dekahydrat) 53, 56, 75, 93, 183, 212, 218, 256
Gleichgewichtskonstante 161
Gleichstrom-anordnung 289, 373, 374
— -Betrieb 370
— -Schaltung 239, 240
Glimmer 24, 305
Glukose 94
Glycerin 41
Glykol 93
Gold 118, 363
Gradientenverfahren 314, 316
Granalien 153
Graphit 126, 136, 137, 328
Grenzflächen-spannung 67
— -theorie des Kristallwachstums 19
Grenzvakuum 144
Grund-spanne 201
— -versuch 76, 106
Guanidin-Al-sulfat-hexahydrat 302

Habitus 4, 69
Halbkristall-Lage 20, 30, 37
Harnstoff 72, 75, 89, 158, 161, 211, 212, 286, 363, 364, 367
Harze 2
Häufigkeitskurve s. Dichteverteilung
Hebelgesetz 96, 254
Helium 8, 126, 135, 137, 160, 363, 371
n-Heptan 160, 163, 176, 332, 349
Hexachloräthan 136

n-Hexadecan 163, 164
Hexa-fluordisilan 177
— -methylentetramin 39, 40, 47, 135, 142, 361
n-Hexan 346
Hexanol 161
Hilfsstoff 5, 377
Hochdruck-Hochtemperatur-Verfahren 314, 326—331
Hochfrequenz-Plasmabrenner 322
Höchstdruck-Höchsttemperatur-Chemie 331
Hörnchen 313
Hydrate 50, 91, 156, 210
Hydrochinon 157, 160
Hydrothermale Kristallisation s. Kristallisation
Hydrotopie 94
Hydroxylapatit 305
Hydrozyklon-Wäscher 370
Hypertektischer Punkt 60

Impfen 18
Impfkristalle 2, 43, 76, 84, 201, 290, 328
—, Herstellung der 296
Indiumantimonid 339
Induktions-heizung 375
— -periode s. Wartezeit
Invertzucker 211
Isochromaten 42
Isopolymorphie 4
Isopropanol 19, 92, 161
Isopyknen 58, 59, 79
Itaconsäure 40, 41

Jeremiassen-Kristallisator s. Kristallisatoren (Krystal)
Jod 24, 33, 35, 39, 40, 47, 137, 142, 147, 177
— -heptafluorid 136, 177
Jonen-aktivität 85
— -beweglichkeit 27, 129
— -hydratation 181

Käfig-Einschlußverbindungen 6, 157
Kalium 33
— -acetat 176
— -alaun (Kalium–Aluminium–Alaun) 27, 38, 173
— -bromid 18, 38, 43, 74
— -carbonat 92
— -chlorat 212

Kalium-chlorid 18, 43, 53, 54, 56, 75, 92, 94, 118, 125, 183, 212, 244, 273
— -dichromat 27
— -dihydrogenphosphat (KDP) 293
— -fluorid 92, 125
— -hydroxid (KOH-Lauge) 185
— -jodid 43, 87
— -niobat 305, 328
— -nitrat 52, 53, 54, 56, 62, 92, 127, 183, 212, 228, 346
— -oxalat 181
— -permanganat 70
— -persulfat 338
— -sulfat 27, 70, 212
— -tantalat 305, 328
— -tartrat 212
— -thiocyanat 130
Kalkspat s. Calciumcarbonat
Kanal-Einschlußverbindungen 157
Käppchen 44, 45, 297, 298, 299
Kapselung 312
Karbonisierungsturm 278, 280
Kaskade von Rührwerkskesseln 202, 331, 332
Kautschuk 109
Kavitationsbedingungen 238
Keim, kritischer 10, 67, 191
— -auslese 46, 321
— -bildung 2, 9, 153, 371, 375
— —, heterogene 10, 168
— —, homogene 9
— —, spontane 270, 292
Keimbildungs-arbeit 10, 37, 74
— -geschwindigkeit 10, 73, 84, 107, 129, 142
— —, maximale 306
— -katalysatoren 375
Keime, primäre 10, 77
—, sekundäre 2, 10, 62
—, zweidimensionale 15, 23, 33
Keimzahl, spezifische 182
— -zentren 169/170
Kerne (Fremdkerne) 2, 165
Kettenkeim 37
Kirchhoffscher Satz 177
Kobalt-chlorid 173
— -nitrat 64
Kohlebogen 322
Kohlen-dioxid 136, 157, 177, 280
— -oxid 50, 157
— -stoff 118, 126, 136
— —, Zustandsdiagramm des 137, 328

Kombination 4, 69
Komplexität 292
Komponenten, Zahl der 52
Kondensations-grad 153
— -koeffizient s. Sublimationskoeffizient
Konstanten kryoskopische 122, 174, 175
Kontraktion, lineare, Messung der 110
Korngrenzen 48, 131
Korngröße, mittlere 196, 199, 202, 207, 209, 242, 351
Körnungswanne (grainer) 230, 232
Kornverteilung 190, 197, 198, 200, 242, 243, 266, 375
— -zahl, spezifische 84
— — -Verteilung 202
Korund 43, 74, 305, 322
Kossel-Kristall 20, 21, 32
Kratz-Kondensator 151
— -kühler 126, 185, 189, 348, 351
m-Kresol 373
p-Kresol 373
Kristall-abrieb s. Abrieb
— -form 211
Kristallinität 1
Kristallisation, adduktive 156, 363 bis 370
— aus Lösungen 50—106
— aus Schmelzen 106—132
—, einfache 215
—, Fließbett- 268, 272, 375
—, fraktionierte 95, 99, 373, 377
—, hydrothermale 6, 43, 125, 292, 302 bis 305, 376
—, Kühlungs- 54, 56, 266
—, Vakuum- 54, 266
—, Verdampfungs- 54, 185, 266
Kristallisationskolonne 340, 345, 373, 377
— -Säule 104
— -verzug 2
— -wärme 184, 228, 255
Kristallisator(en) 214—370
—, Rollkristaller 216, 219, 373
—, Schlauchkristaller 216, 219, 220
—, Schwingkristaller 261, 262, 266
—, Wirbelkristaller 252, 257, 274
—, Czochralski- 318, 319
—, Drehrohr- 222
—, fraktionierende 331—352
—, Garbato- 250, 255

Kristallisator(en), Howard- 261, 262
—, klassierende 261—276, 374
—, Kühlungs- 218—230
—, Kühlungs-(Krystal) 262, 273
—, Kühlungs-, für doppelte Umsetzungen 280, 283
—, Lösungs- 215
—, Lösungs-, mit Wandkühlung 221, 222—225
—, mit verschieden geformten Heizflächen 232
—, nach Holden 295, 298
—, nach Walker u. Kohman 297, 298, 300, 374
Kristallisator(en)
—, Nacken-Kyropoulos- 315, 316, 318, 374
—, Pachuca- 222, 226, 227, 374
—, Reaktions- 276—284
—, Verdampfungs- (Krystal) 278, 281
—, Rührwerks- 222, 226
—, Schmelz-, zur Züchtung von Einkristallen 313—331
—, —, zur Erzeugung von Kristallisaten 305—313
—, Sprüh- 284, 285
—, Swensen-Walker- 224, 226, 229, 374
—, Teller- 224, 226, 227, 308, 311, 312
—, — („RBC") 332, 336, 337, 373, 377
—, Vakuum- 230, 244—261
—, —, Chargen-, 248, 250
—, — (Krystal) 264, 273
—, —, liegender, mehrstufiger 252, 256
—, —, kontin. mit Propellerrührern 249, 250
—, —, mit Zwangsumlauf der Suspension (Pachuca) 249, 250, 252
—, —, — — — (Swensen) 250, 252, 254, 258, 374
—, —, mit Rührer und Leitrohr (DTB) 205, 252, 257, 274, 374
—, Verdampfungs- 230—244
—, — (Krystal) 262, 273
—, —, mit Trägerluft (Robinson) 264, 274, 275
—, — (Einkr.) nach Robinson 298, 301
—, Verdunstungs- 221
—, Votator- 224, 374
—, Wachstums- 260

Kristallisator(en), Walzen- 215, 224, 227, 228, 308, 310
—, Wulff-Bocksche Kristallisierwiege 216, 218, 374
—, Zerstäubungs- 284, 287
—, zur Züchtung von Einkristallen aus Lösungen 291—305
—, Zweiwalzen-Sumpf- 311
Kristallisatpol 106
Kristallisier-band 215, 306, 308
— -rinne, s. Kratzkühler
— -schnecke 308, 313, 340, 344, 345, 373, 377
— -trog 216, 306
— -walzenstuhl 342, 346, 347, 373, 377
— -wanne 216, 308
Kristall-wachstum 2, 19, 38, 371, 375
— -wachstumsgeschwindigkeit, mittl. lineare 26, 39, 107, 130, 142, 203, 207, 209, 303
— -zahl, spezifische 168
— -zucht-Ofen d. A. D. Little, Inc. 317
Kritische Daten 175
Krüger-Fincke-Prinzip 43, 71, 292, 303, 328, 374
Krusten-bildung 80, 181, 221, 241, 372
— -bildner 54
Kryohydrat 50
Kryolith 126, 305
Krypton 157
Kugelpackung, dichteste 187
Kühlband s. Kristallisierband
— -fläche, erforderliche 228, 229
Kühlungs-gerade 139, 140
— -luft 139
Kupfer 24, 118
— -(I)-chlorid 325, 359, 361
— -folie 167
— -sulfat-Pentahydrat 28, 40, 75, 94, 210, 212

Labiles Gebiet 65
Langzeit-Verfahren 375
Le Chateliersches Prinzip 57
Leitfähigkeit, elektr. 82, 84
Lewis'sche Zahl 152
Liquidus-Kurve 60, 95, 118, 372
Lithium-bromid 98
— -chlorid 118, 125, 211, 212
— -fluorid 43, 314
— -niobat 316
— -sulfat 66

Lithium-sulfat-Monohydrat 43, 292, 294, 301
— -tantalat 316
Löchermodell der Flüssigkeiten 128
Lockerungsgeschwindigkeit 145
Löslichkeit 52, 59
—, umgekehrte 54
Löslichkeits-Isobare 58, 59
— -kurve 50, 77
Lösungen, feste s. Mischkristalle
Lösungs-pol 106
— -wärme bei unendlicher Verdünnung 82, 132, 179, 184
— —, differentielle 178
— —, integrale 130, 178, 179
Luft, flüssige 107

Magnesium 47, 137
— -chlorid 211, 212
— -fluorid 314
— -jodid 137
— -nitrat 212
— -oxid 325, 363
— -sulfat 57, 92, 94
— — -Heptahydrat 18, 28, 60
— — -Monohydrat 57
Mangan 118
— -sulfat-Monohydrat 236
Maschinen 372
Maßstabsvergrößerung 9
Maximum-Schmelzpunkt-Gemisch 372
McCabe-Thiele-Diagramm 104, 105, 120
Mechanische Trennverfahren 371
Medianwert 196, 199
Mehrzonen-Verfahren 115
Mengenart 191
Metastabile Zone 64, 77, 274, 360
Methanol 12, 66, 127, 157, 161, 164
Methyläthylketon 117
2-Methyl-5-äthylpyridin 349
Methyl-cyclohexan 165
— -cyclopentan 349
3-Methyl-Eikosan 161
Methylenchlorid 363, 364, 368
Methyl-isobutylketon 363, 368
— -jodid 157
2-Methyl-5-vinylpyridin 349
Mikroreibungsfaktor 129
Millersche Indizes 3
Mindestrücklaufverhältnis 106
Minimum-Schmelzpunkt-Gemisch 372

Misch-kondensator 244, 248
— -kristalle 4, 70, 111
— -stromschaltung 240, 241
Mischungs-lücke 104
— -zeit 87
Modell, des geplanten Kristallisators 186
Molekülpakete (cluster) 127, 128
Molybdän 323
Monoaminnickelcyanid 157
Monoammoniumphosphat (MAP) 283
Monotropie 4
Morphodrom 72, 73
Mosaikblöcke 48

Nachkristallisation 287, 301
Nährzone 303
Naphthalin 35, 40, 43, 47, 116, 118, 127, 137, 142, 144, 153, 348
β-Naphthol 89, 118, 137, 348
Natrium 41, 346
— -acetat 236
— -benzoat 94
— -bisulfat 213
— -bromid 92
— -carbonat (Soda) 92, 280, 303
— — -Monohydrat 75, 183, 198, 242
— -chlorat 70, 71, 76, 78, 79, 80, 81, 242
— -chlorid 26, 27, 29, 43, 53, 56, 67, 72, 73, 75, 92, 94, 118, 125, 131, 174, 212, 220, 230, 242, 274
— -chromat 283
— -dichromat 283
— -fluorid 125, 314
— -hydrogencarbonat 280
— — -sulfit 156
— -hydroxid (Natronlauge) 98, 211, 212, 247, 303, 304, 311
— -hyposulfit 165, 168
— -jodid 43
— -metaborat 284
— -monoxid 304
— -nitrat 92, 212, 293, 346
— -oleat 303
— -oxalat 86
— -perborat 284
Natrium
— -pikrat-Monohydrat 86
— -sesquicarbonat-Dihydrat 75
— -silikat-Nonahydrat 306, 307

Natrium-sulfat 53, 57, 65, 71, 76, 78, 79, 183, 212, 230
— -tartrat 236
— -tetraborat-Pentahydrat 236
— -thiosulfat 28
Nebelkammertechnik 15
Neon 160
Netzebene 31, 37
Newtonsche Flüssigkeit 187, 188
— Zahl 256, 257
Nickel-chlorid 136
— -nitrat 173
— -sulfat 173
Niob 323
Nitrobenzol 171, 172
Nitrochlorbenzole 124, 125
— -methan 12
2-Nitro-p-toluidin 355, 357
Normales Erstarren 110, 112
Normalverteilung, Gaußsche 195
—, logarithmische 195, 198
Nukleatoren 2, 19
Nußelt-Zahl (1. Art) 186
— — (2. Art) 28

Oberflächen-energie, spezifische (freie) 22, 36
— -kondensator 244
— -selbstdiffusionskoeffizient 24
— -spannung von Lösungen 80, 81
Oktaeikosan 161
Ölsäure 161
Orthoklas 74
Oslo-Kristallisator s. Kristallisatoren (Krystal)
Ostwald-Miers-Bereich 60, 65, 68, 265
— -Reifung 66, 90

Packungsdichte, kubische 187
2-Palmito-oleostearin 109
Paraffin, geschmolzenes 165
Parallelschaltung 240, 241
Pastilliermaschine 307
Pech 2
Pentaerythrit 274
n-Pentan 160, 161
Peritektikum 118, 351, 373
Perowwskite 325
α-Petalit 305
Phasen, Zahl der 52
— -bildung 371
— -zerteilung 375
Phenol 76, 93, 94, 157

Phenylsalicylat 168
Phosphoniumjodid 136
Phosphor 35, 40, 41, 47, 131
— (violett) 136, 177
— (weiß) 142
Photosedimentometer 193, 194
o-Phthalimid 137
Phthalocyanin 24
Phthalsäureanhydrid 94, 137, 154
Piezoelektrische Substanzen 292, 294
Pikrinsäure 89
Pilot plant 190, 352
Piperin 168
Pipette-Gerät 193
Plasmabrenner 375
Platzwechselzahl, mittlere 23
Poissonsches Verteilungsgesetz 203
Polariskop, Lavartsches 42
Polyäthylen 109
Polymorphie 4
— -saccharide 2
— -urethan 109
Ponchon-Savarit-Diagramm 104, 105, 376
Porosität s. Zwischenkornvolumen
Prandtl-Zahl 186
Preßkolonne s. Druck-Kolonne
Prinzipien, d. therm. Trennverfahren 373—378
Produktionsgeschwindigkeit 268
—, prozentuale 272
Propan 98, 157, 159, 178, 369, 370
— -hydrat 368, 369
i-Propanol 12, 92
n-Propanol 12, 92, 166
Pseudomorphie 213
p—T-Diagramm 132, 135
Pulsations-frequenz 352
— -volumen 352
Pulsierkolonne 342, 351, 352, 373, 377
Pyridin 76
Pyrogallol 137
Pyrophyllit 329
Pyrrol 157

Quadrupelpunkt (System Wasser/Propan) 159
Quarz 24, 43, 46, 57, 58, 59, 74, 302, 303, 304, 376
Quecksilber 15, 64
— -bromid 137
— -chlorid 137

Quekksilber-jodid 137
— -kristall 23
— -sulfid (Substrat f. Eisbildung) 17

Radioaktive Stoffe, Strahlungen der 169
Radium-bromid 169
— -chlorid 102
— -chromat 102
Radon 157, 170
Raffinat 104
Rand-energie, spezifische freie 37
— -winkel 17
Raoultsches Gesetz 211
Raum-ausbeute 57
— -gruppen 4
— -Zeit-Ausbeute, d. Desublimation 155
Realkristalle 47
Reif 152
Reifen 90
Rekristallisation 100, 210
Relativgeschwindigkeit (zw. Kristall u. Lösung) 27, 295
Resorcin 212
Reynolds-Zahl 28, 182, 186, 256, 257
Ringabreißmethode 80
Ringzonen-Verfahren 115
Rohr, benetztes n. Chandler 218, 219, 221, 374
Röhreneis-Verfahren 97
Rohrzucker 212
Rotating disc contactor 338
RRS-Verteilung 195, 199, 200, 208, 209
Rubin 43, 320, 323
Rückfrieren 348
Rückfrierungsverhältnis 350, 351
Rücklauf, (fester) 155, 275, 348
— -prinzip 347, 376, 377
— -verhältnis 106, 121, 122, 338
Rückstand 192, 202
Rühren, elektromagnetisches 339
Rühr-prinzip 374
— -werksbehälter 222
Rutil 43, 305, 323

Saccharose 26, 67, 94, 107, 211
Salicylsäure 56, 137, 140, 355
Salol 60, 171
Salpetersäure 201, 243
Salpetrige Säure 94

Salzablagerung 183, 190, 231, 239, 260
Samarium 361
Santonin 170
Saphir 43, 320, 323
Sättiger mit niedrigem Druckverlust 277, 278
Sauerstoff 93, 94
Schaufeltrockner 151
Schaumbildung 241
Schleuderrad 222
Schmelz-diagramm 51, 126, 372
— -punkt, Druckabhängigkeit des 126
— —, Messung des 106
— -wärme 12, 174
Schmelzen, fraktioniertes 99
Schmidt-Zahl 28
Schneckenmaschine s. Kristallisierschnecke
Schnee 152
Schnittpunktsgerade 121
Schoppe-Kammer 288
Schraubenversetzung 33
Schritt, wiederholbarer 29
Schüttgewicht 289
Schwebegeschwindigkeit 150
Schwefel 15, 107, 137, 169
— -blumen 137
— -dioxid 94, 157
— -hexafluorid 136, 177
— -kohlenstoff 170
— -säure 86, 88, 98, 247, 277, 283, 287, 290
— -trioxid 136
— -wasserstoff 47, 157, 362, 363
Schwimmzone 116
Schwimmzonenschmelzen 323, 324, 374
Schwingungszentrifuge 99
Sedimentations-geschwindigkeit, behinderte 82, 270
— -verfahren 192
— -waage 193, 194
Seignette-Salz 43, 292, 293, 294
Selbst-diffusionskoeffizient 129
— -reinigungsvermögen 6
— -verteilungskoeffizient 111
Selen 47, 320
— -dioxid 136
— -hexafluorid 136, 177
Sherwood-Zahl 28
Siebanalyse 194
Siedepunkt, atmosphärischer 136

Siedepunktserhöhung 51, 176, 230, 231, 236, 246, 248
Siedeverzug 249
Silber 24, 118
— -acetat 27
— -bromid 38
— -chlorid 17, 43
— -jodid 17
— -nitrat 38
Silicium 43, 114, 115, 363
— -carbid 35, 325, 361
— -dioxid 67, 304
— -tetrachlorid 363
— -fluorid 177
Silikagel 139
Sinterung 212
β-Sitosterin 332
Smaragd 305
Solidus-Kurve 118, 372
Solvate 50, 55, 70, 127, 156
Sonnenofen 323
Sorbit-Hexa-Acetat 302
Sphärizität 189
Sphärolithen 5
Spinell 43
Spinne (spider) 296
Spiralenwachstum 16
Spodumen 305
Spritzturm 284, 286
Sprüh-Sättiger 290
Stabilitätsfelder, d. Addukte 163
Standardabweichung 196
Standardisierung (d. Ausrüstung) 372
Stickstoff 151
Stigmasterin 332
Stilben 43
Stöber-Zuchtofen 314, 315, 316
Stockbarger-Zuchtofen 314, 316, 361
Stokes-Einsteinsche Gleichung 128
Stokesscher Bereich 271
Stokessches Gesetz 193, 270
α-Strahlen 170
β-Strahlen 170
Strontium-chlorid 66, 118
— — -Dihydrat 212
— -nitrat 236
— -sulfat 66, 67, 86
Strukturuntersuchung 107
Stufen (Böden), Zahl der 95, 106, 376
— -wirksamkeit 348
Sublimation 9, 132—156, 376
— -Desublimation 358, 361

Sublimation, einfache 136
—, Fließbett- 140, 143, 355
—, fraktionierte 155
—, Kurzweg- 354
—, Molekular- 141, 354, 371, 376
—, pneumatische 148, 355
—, Pseudo- 139, 353, 356
—, Trägergas- 5, 8, 138, 139, 140, 355, 356, 377
—, Vakuum- 138, 356
—, — -Fließbett- 144
—, Wasserdampf- 151
Sublimations-Azeotrop 155
— -druckkurve 134, 135, 176
— -koeffizient 141
— -punkt 136
— -wärme 135, 176, 177
— -zeit 150
Sublimator(en) 352—363
—, Horden- 353, 356
—, Strom- 148
—, Teller- 353, 354, 356
—, Turbinen- 150, 355, 356, 360, 374
Substitution 49
Summenverteilung 191, 192
Süßwasser, Anlage zur Erzeugung mit Propanhydrat 364, 366
Suszeptibilität, magnetische 173
Symmetriezentrum 4
Systeme, Kristall-
— —, hexagonales 9
— —, kubisches 1, 3
— —, monoklines 3
— —, rhombisches (orthorhombisches) 3
— —, tetragonales (quadratisches) 3
— —, trigonales 3
— —, triklines 3

Tauchband 310
— -brenner 236, 243, 244
— -verhältnis 257
— -walze 310
Taumeltrockner 151
Taupunkt 152, 220
Teer 2
Teflon (Substrat für Eisbildung) 17
Tellur 118, 339
— -hexafluorid 177
Temperatur-Absenk-Verfahren 43
— -Differenz-Verfahren s. Krüger-Fincke-Prinzip

Temperatur-gefälle, mittl. log. 185, 229
— -Konzentrations-Diagramm 95, 372
— -Löslichkeitsdiagramm 50, 77, 126, 253
Tempern 107
Terphenyl 43
Testfällung 165
Tetracen 155
Tetrachlorkohlenstoff 17, 41, 161, 165, 370, 373
1,2,4,5-Tetramethyl-benzol 373
Texturänderung 213
Thallium-bromid 43
— -jodid 17, 43
The Belt, Druckkammer 326, 329
Theobromin 126
Theorem, v. Herring 22
Theorie, v. Debye u. Hückel 65, 129, 180, 181
—, v. Kossel u. Stranski 29
Thermische Trennverfahren 370—378
Thioharnstoff 158, 165
Thiophen 157
Thoriumorthosilikat 325
Thulium 361
Thymol 40, 141
Tiegelfreie Verfahren 314, 324, 325
Tiegel-Verfahren 46, 314
Titandioxid 324, 325
Toluol 41, 160, 189, 372
Topas 305
Tracer-Technik, radioaktive 66
Tracht 5, 19, 69, 127
— -änderung 69, 167, 213, 280, 282
Transmission 194
Transport-Reaktionen, chem. 358, 361, 362
Treibdampfmenge, spez. 242, 245, 246
Trenn-barkeit 333
— -faktor 110, 113, 337
— -verfahren, präparative 192
— -wirksamkeit 97, 228
Trichlor-fluor-methan 370
Trimethylamin 94
Tripelpunkt 134, 135, 177, 353
Trockensubstanz 95
Trocknungsverhalten 288
Trommeltrockner 355
Tropfenkeim 16
Tropfpunkt 363, 367
Troutonsche Regel 174

Turbinenrührer (m. geschränkten Flügeln) 186
Turbokompressor 241
Turbulator 288
Turmalin 305
Tyndalleffekt 77

Übergangsbereich 271
Überhitzung, d. Heizdampfes 231, 236
Überlappungsprinzip 38
Überlöslichkeit 59, 66
Überlöslichkeitskurve 60
Übersättigung, Abgabe der 271
Übersättigungs-zahl 12
— -zyklus 258
Ultraschall 15, 89, 165
Umpump-Prinzip 374
Umwälzdauer, mittl. 258
Umwandlung, allotrope 213
—, polymorphe 119
Unterkühlungspunkt 137
Untrennbarkeits-Gerade 101
Uran-hexafluorid 136, 137, 144, 177
— -tetrafluorid 144
Urethan 171
UV-Licht 307

van't Hoff, Gleichung von 163
Variationskoeffizient 197
Verbindung, stöchiometrische 373
Verdampfer 230, 232, 234, 239, 242, 243, 244
—, „Einstrom"- 234, 239
—, Escher-Wyss-Salz- 232, 242
—, Holland- 284, 291
—, Kalander- 183, 205, 241
—, Kestner-Langrohr- 234, 238
—, mit Korb-Kalander („Roberts") 232, 237, 238
—, Swenson- 234, 238, 239, 374
—, Zaremba- 232, 238, 239, 374
—, Zwangs-Umlauf 205, 232, 234
Verdampfungswärme 175
Verdünnung 166, 178
Verdünnungswärme, differentielle 178
Verfahren, fluide 371
Verkrustungen 54, 83, 183, 277
Vermischungspläne 100
Verneuil-Verfahren s. Flammenschmelzverfahren
Versetzungen 34, 47, 48
Verstärkungssäule 104

Verteilungskoeffizient 110, 115
—, effektiver 111, 339
Verunreinigungen 69, 131, 211, 276
Verweilzeit, mittlere 202, 204, 207, 209, 229, 269, 272, 338, 375,
Verwerfungen 47
Viskosität 127, 187
—, spezifische 187
—, von Lösungen 80, 81
Vitroid 1
Vizinalflächen 73
Volmersche Grenzschicht 127, 153
— — -theorie 23
Volumen, spez. Messung des 108, 109
von Szyskowskische Gleichung 36

Wachstumszone 303
Wahrscheinlichkeitsnetz, arithmetisches 196
Walzen-Kristallisation 98
— -Kristallisator s. Kristallisatoren
Wärme-durchgang 183
— -inhalt-Konzentrations-Diagramm 120, 376
— -leitfähigkeit 188
Wärmen, latente 174
Wärmeübergang 183
— -übergangszahl 186
Wartezeit (Brüte- oder Induktionsperiode) 10
Wasser 108, 127
—, kritische Keimbildungsdaten 12
—, niedrigste Temperatur spontaner Keimbildung 15
— -dampf (Keimbildungsgeschwindigkeit u. Induktionsperiode) 13
— -stoff 50, 93, 94, 362, 363
Weglänge, mittl. freie 354, 376
—, — Volmersche 34
Wertungszahl 337
Whisker 49
Wirksamkeit, relative bei der Desublimation 153
Wischer 307
Wismut 15, 41, 108, 127
— -fluorid 126
Wolfram 24, 42, 323, 359, 362
— -dioxid 362
— -Einkristallfäden, Anordnung zum Wachstum von 358, 362
— -hexachlorid 359, 362
— -trioxid 362

Wulff-Punkt 11, 19, 20
Wulff'scher Satz 19
Würfelpresse (d. ASEA) 326, 330

Xenon 157
—, Lampe- 323
m-Xylol 123, 124, 349, 373
o-Xylol 123, 124
p-Xylol 8, 41, 123, 124, 126, 348, 349, 373

Ytterbium 361
Yttrium-Aluminium-Granat 305, 320, 323, 328
— -Eisen-Granat 305, 325, 328
— -oxid 324

Zählverfahren 192
Zerreißfestigkeit 49
Zersetzungstemperatur 160
Ziehgeschwindigkeit 113, 115
— -verfahren 46, 314, 315, 372
Zink 47, 319
— -fluorid 126
— -oxid 305, 325
— -selenid 363
— -sulfat-Monohydrat 237
— -sulfid 325, 363
— -wolframat 320

Zinn 15, 319, 325
— -dioxid 305
— -tellurid 19
Zirkontetra-bromid 136, 177
— -chlorid 136, 137, 177
— -jodid 136, 177
Zitronensäure 40, 41
Zonen-ausgleich 115, 339
— -breite 115
— -erstarren 117, 339
— -fällen 117
— -schmelzen 6, 9, 46, 49, 110, 113, 331, 338, 339, 340
— —, kontin. 344
Zuchtofen, nach Neuhaus u. Recker 358, 360, 361
—, nach Stöber-Strong 315, 316
Züchtungskammer 293, 298
Zucker 8, 19, 25, 68, 93, 107, 127, 130, 168, 197, 226, 238, 242
Zusammenbacken, d. Kristalle 210
Zusatz-pulver 213
— -stoffe 213, 214
Zustandsdiagramm 51, 107, 117, 159, 372
Zwillingsbildung 47, 48
Zwischenkornvolumen 270, 273, 349, 351
Zyklonit (Hexogen) 16, 201

MIX
Papier aus verantwortungsvollen Quellen
Paper from responsible sources
FSC® C105338

If you have any concerns about our products,
you can contact us on
ProductSafety@springernature.com

In case Publisher is established outside the EU,
the EU authorized representative is:
**Springer Nature Customer Service Center GmbH
Europaplatz 3, 69115 Heidelberg, Germany**

Printed by Libri Plureos GmbH
in Hamburg, Germany